林草发展"十四五"规划战略系列研究报告

# 青海省
## 林业和草原发展"十四五"规划战略研究

国家林业和草原局发展研究中心 ◎ 编

中国林业出版社
China Forestry Publishing House

**图书在版编目(CIP)数据**

青海省林业和草原发展"十四五"规划战略研究/国家林业和草原局发展研究中心编. —北京：中国林业出版社，2022.9

(林草发展"十四五"规划战略研究丛书)

ISBN 978-7-5219-1665-2

Ⅰ.①青… Ⅱ.①国… Ⅲ.①林业经济-五年计划-研究-青海-2021-2025 ②草原建设-畜牧业经济-五年计划-研究-青海-2021-2025　Ⅳ.①F326.23②F326.33

中国版本图书馆CIP数据核字(2022)第073157号

责任编辑：于晓文　于界芬　李丽菁　　　电话：(010)83143542　(010)83143549

| 出版发行 | 中国林业出版社有限公司(100009　北京市西城区刘海胡同7号) |
|---|---|
| 网址 | http：//www.forestry.gov.cn/lycb.html |
| 印　刷 | 河北华商印刷有限公司 |
| 版　次 | 2022年9月第1版 |
| 印　次 | 2022年9月第1次印刷 |
| 开　本 | 889mm×1194mm　1/16 |
| 印　张 | 23.25 |
| 字　数 | 610千字 |
| 定　价 | 138.00元 |

未经许可，不得以任何方式复制或抄袭本书之部分或全部内容。

**版权所有　侵权必究**

# 《青海省林业和草原发展"十四五"规划战略研究》
# 编委会

## 总报告组

中心组：李　冰　王月华　菅宁红　王亚明　刘　珉　曾以禹
　　　　张　升　赵海兰　王　海　李　想　汪　洋　赵广帅
　　　　崔　嵬　王　信　衣旭彤　王雁斌　余　涛　文彩云
　　　　彭　伟　刘　鹏　任海燕　白宇轩　赵　正

青海组：李晓南　邓尔平　高静宇　赵海平　王恩光　张德辉
　　　　徐生旺　董君来　张　奎　童成云

## 分报告组

**林草产业发展研究**
中心组：毛炎新　马龙波　钱　淼　孙　华
青海组：邓尔平　才让旦周　徐有学　李永良

**自然保护地体系示范省建设研究**
中心组：陈雅如　赵金成　侯延军　韩俊魁
青海组：王恩光　张德辉　张学元　韩　强　张更权　董得红

**草原资源保护研究**
中心组：张志涛　王建浩　张　宁　任海燕　王铁梅
青海组：赵海平　张洪明　宋华清　朱永平　徐有学

**荒漠化及其防治研究**
北京林业大学组：张宇清　赖宗锐
青海组：徐生旺　董君来　李永良　赵丰钰

**区划布局研究**
国家林业和草原局产业发展规划院和中心组：赵英力　张中华　尚　榕　郭常西
　　　　　　　　　　　　　　　　　　　　刘　浩　吕　尧　马昭羊
青海组：高静宇　张更权　赵洪钱　李永良

**政策研究**
西北农林科技大学组：高建中　吕卫东　骆耀峰　郭　倩　何德贵
青　海　组：高静宇　李永良　林兆才　才让旦周

**综合覆盖度指标体系研究**
北京林业大学组：张宇清　秦树高
青海组：赵海平　田　剑　马建平　张洪明　董君来

**退耕还林还草、退牧还草工程后续政策研究**
中心组：彭　伟　张　升　衣旭彤　曾以禹
青海组：邓尔平　蔡佩云　樊彦新　李文渊

**重点生态工程研究**
中心组：张　升　彭　伟　韩　峰　唐肖彬　张　坤
青海组：赵海平　李文渊　白永军　蔡佩云

**湿地保护修复制度研究**
中心组：苗　垠　夏一凡
青海组：王恩光　王孝发　马建海　赵洪钱

**天然林保护修复制度研究**
中心组：崔　嵬　夏一凡
青海组：张德辉　马建平　胡小兵　王孝发

# 前　言

"十四五"时期，是我国"两个一百年"奋斗目标的历史交汇期，也是开启全面建设社会主义现代化强国新征程的第一个五年规划，准确研判"十四五"时期林业草原改革发展新特征新变化新趋势，明确林草改革发展的指导思想、基本原则、目标要求、战略任务、重大举措，描绘好未来5年林草发展蓝图，对于抓住我国重要战略机遇期，推动生态文明和美丽中国建设，具有重大意义。青海省林业和草原局站位高、谋划早、措施实，深入学习贯彻习近平生态文明思想，认真贯彻省委、省政府"一优两高"战略部署，牢牢把握"三个最大"的省情定位，强化"源头意识"，展现"干流担当"，勇担保护三江源、保护"中华水塔"的历史重担，牢记新时代赋予林草部门的职责使命，积极对接服务新时代黄河流域生态保护和高质量发展、长江经济带发展等国家战略，高起点、高水平、高标准谋划全省林业和草原融合以来的第一个五年发展规划，力争打牢基础，促进林草事业发展开好局、起好步，必将对推动青海林草事业高质量发展、实施生态保护优先战略、维护"中华水塔"安全、推进大美青海建设产生重大深远影响。

2019年3月，青海省林业和草原局与国家林业和草原局发展研究中心达成共识，共同开展青海省林业和草原发展"十四五"规划战略研究，在西宁市签订了战略协作框架协议，成立了研究课题组，标志着规划研究和编制工作正式启动实施。

课题组集中人力和精力，认真组织完成了一系列研究活动，形成了1个研究总报告和11个专题报告。该成果凝聚着大家的集体智慧，既有专家学者的理论贡献，又有一线林草工作者的实践创新，取得这样的成果实属来之不易。

一是深入开展规划调研。2019年3月13~20日，课题组组建了包括国家林业和草原局发展研究中心、北京林业大学、西北农林科技大学等8家单位在内的4个调研组共40余人的专家团队，每个调研组由1位司局级领导干部带队，赴青海省2个市6个自治州全面开展前期调查研究工作，了解基层林草发展现状，既分析了"十三五"规划实施的成效和问题，又听取了对青海"十四五"规划的意见建议，让规划基本做到了顶层设计充分吸纳参考基层探索和创新。

二是基本实现对主要业务工作的研判全覆盖。行业规划关键在于全面体现行业承担的职能职责。课题组认真梳理机构改革后青海省林业和草原局承担的主责主业，确定了分11个专题推进规划研究工作，内容涉及林草产业、自然保护地管理、草原保护、防沙治沙、区划布局、林草发展政策、林草综合覆盖度、退耕（牧）还林还草后续政策、生态保护修复重点工程、湿地保护、天然林保护等，这些基本实现了职能任务全覆盖，基本做到研究和判断工作精准无死角。

三是多次进行专家论证。在调研结束后，课题组组织召开了调研座谈会，对各组调研情况进行了汇总分析研判，充分吸收了有关各单位专家的意见建议。研究期间多次征求省林业和草原局和相关专家的意见。2019年9月，在北京专门召开了专家咨询论证会，研讨总报告和专题报告框架结构、主要观点以及数据准确性，收到各方面专家提出的超过200条修改建议，课题组全面汇总、逐条分析了这些建议，做到了能吸收的尽量吸收。2019年12月，组织课题组组长专门赴青海听取当地有关部门，特别是青海省林业和草原局领导和各处室对总报告和专题报告的意见，并全面梳理吸收采纳。2020年1月，将研究报告初稿书面征求青海省林业和草原局意见。2020年9月25日，又专门向青海省林业和草原局党组汇报并再次征求了对报告的修改意见。研究报告中很多判断、主张和部署也借鉴吸收了其他规划，这些举措有效提升了报告档次和水平。

四是深入对接国家前沿。课题组抓住质量和深度这个关键，坚持面向前沿、博采众长，广泛发动各方面力量，强化开放式研究，积极把事关青海省"十四五"林草发展的战略性、基础性和关键性问题研究透彻，特别是重点开展了林草事业在"中华水塔"、长江、黄河、祁连山等生态保护和高质量发展中的战略定位和重大任务研究。

课题组积极发挥自身优势，主动对接中央有关决策机构规划编制专家，多次组织学习研究国家最新战略设想并征求林草行业资深专家建议，使规划研究进一步提高站位、做深做实。

五是顺利通过专家组评审。2020年9月26日，青海省林业和草原局组织中国林业经济学会、中国科学院、中国国际工程咨询有限公司、北京林业大学、国家林业和草原局林草调查规划院、青海大学、青海省农林科学院、青海省草原总站等单位的9位专家组成评审专家组，对本书研究课题进行评审。专家评议认为，本书充分体现了习近平生态文明思想和"四个扎扎实实""三个最大"的重大要求，遵循了青海省委、省政府"一优两高""五个示范省建设"和"四种经济形态"等决策部署，突出了战略研究的宏观性、前瞻性。研究报告指导思想明确、研究内容全面，为青海省中长期生态保护与修复工作谋划了蓝图，为青海省林草发展"十四五"规划提供了重要参考。总报告研究基于青海省生态极具独特性和重要性的省情、林情和草情，研究提出的总体目标适宜，定位准确，区划布局符合青海省生态保护修复要求，战略任务目标明确，重点工程谋划合理，政策和措施保障有力。总报告研究借鉴国内外发展前沿，理论联系实际，数据翔实，针对性和可操作性强，具有重要的理论和现实意义，将会对青海省国家公园示范省建设的重大使命，保护"中华水塔"的历史责任，建设生态文明高地，为青海林草现代化进程和高质量发展起到引领和促进作用。11个专题报告，总结了"十三五"经验，分析了"十四五"期间的机遇与挑战，从指导思想、总体目标、基本原则、区划布局、战略任务、政策支持、保障措施等方面开展了专题研究，具有创新性和互补性，为总报告提供了扩展补充和有力支撑。经评议，专家组一致同意通过评审。

在本书编写过程中，国家林业和草原局各司局及相关直属单位给予了大力支持，北京林业大学、西北农林科技大学、青海省农林科学院等科研院所积极参与，青海省林业和草原局各部门提供了大量的资料，青海省各市（州）、县等为调研工作顺利开展提供了力所能及的帮助。另外，写作过程中引用了一些专家学者的数据和观点，参考文献可能没有全部列出。在此一并表示感谢！

编 者

2022年5月

# 目 录

前 言

## 总报告

### 1 青海林业和草原发展"十四五"规划战略研究 ... 3
1.1 青海省省情、林情和草情 ... 3
1.2 林草发展进入新时代 ... 6
1.3 "十四五"时期林草发展总体思路 ... 16
1.4 林草发展区划格局 ... 19
1.5 战略任务 ... 23
1.6 林草重点生态工程 ... 35
1.7 加强政策扶持 ... 37
1.8 组织保障建设 ... 41
参考文献 ... 43

## 专题报告

### 2 林草产业发展研究 ... 47
2.1 研究概况 ... 47
2.2 现状分析 ... 51
2.3 环境分析 ... 56
2.4 总体思路 ... 58
2.5 基本目标 ... 61
2.6 产业布局 ... 63
2.7 重点任务 ... 71
2.8 保障措施 ... 77
参考文献 ... 80

## 3 自然保护地体系示范省建设研究 ... 81
- 3.1 研究概况 ... 81
- 3.2 自然保护地概况 ... 82
- 3.3 制约因素及存在问题 ... 84
- 3.4 国家公园体制试点探索与实践 ... 85
- 3.5 自然保护地体系构建 ... 90
- 3.6 国家公园示范省建设实践成果 ... 92
- 3.7 "十四五"时期积极探索国家公园新示范 ... 96
- 参考文献 ... 102

## 4 草原资源保护研究 ... 104
- 4.1 研究概况 ... 104
- 4.2 草原资源基本情况 ... 105
- 4.3 草原保护及管理情况 ... 109
- 4.4 草原资源保护成效及存在问题 ... 114
- 4.5 草原保护修复机遇与挑战分析 ... 118
- 4.6 草原资源保护对策建议 ... 122
- 参考文献 ... 126

## 5 荒漠化及其防治研究 ... 127
- 5.1 研究概况 ... 127
- 5.2 荒漠化和沙化土地现状 ... 128
- 5.3 荒漠化和沙漠化的危害及成因分析 ... 134
- 5.4 青海省荒漠化和沙化防治措施、成效及存在的问题 ... 136
- 5.5 荒漠化和沙化防治的建议 ... 142
- 参考文献 ... 144

## 6 区划布局研究 ... 145
- 6.1 研究概况 ... 145
- 6.2 资源环境承载力分析 ... 147
- 6.3 总体思路 ... 150
- 6.4 研究方法和数据 ... 151
- 6.5 区划依据 ... 153
- 6.6 区划结果与分析 ... 156
- 6.7 结 论 ... 160
- 参考文献 ... 161

## 7 政策研究 ... 162
- 7.1 研究概况 ... 162
- 7.2 政策现状 ... 163
- 7.3 政策问题 ... 173

7.4 政策机遇与挑战 … 177
7.5 政策建议 … 179

# 8 综合覆盖度指标体系研究 … 191
8.1 研究概况 … 191
8.2 国内外主要森林和草原覆盖指标 … 194
8.3 森林和草原覆盖指标应用分析 … 202
8.4 林草资源基本情况及潜力分析 … 208
8.5 林草覆盖状况规划目标 … 220
8.6 研究建议 … 224
参考文献 … 226

# 9 退耕还林还草、退牧还草工程后续政策研究 … 228
9.1 研究概况 … 228
9.2 工程政策梳理 … 230
9.3 后续政策研究 … 246
9.4 相关政策建议 … 270
9.5 结论与说明 … 281
参考文献 … 282

# 10 重点生态工程研究 … 284
10.1 研究概况 … 284
10.2 "十三五"建设现状 … 285
10.3 形势与任务分析 … 290
10.4 总体思路 … 294
10.5 推进重点生态工程建设 … 295
10.6 重点任务 … 305
10.7 政策措施 … 310
参考文献 … 311

# 11 湿地保护修复制度研究 … 312
11.1 研究概况 … 312
11.2 湿地概况 … 313
11.3 湿地利用与保护现状 … 316
11.4 现行湿地保护修复制度 … 320
11.5 湿地保护修复的主要经验 … 324
11.6 湿地保护修复面临的主要问题 … 326
11.7 湿地保护修复的中长期目标与任务 … 328
11.8 建立健全湿地保护修复制度的建议 … 330
11.9 结论 … 333
参考文献 … 333

## 12 天然林保护修复制度研究 ········ 334
12.1 研究概况 ········ 334
12.2 天然林概况 ········ 335
12.3 天保工程建设成效与经验 ········ 337
12.4 天然林保护制度建设 ········ 341
12.5 完善天然林保护修复制度面临的主要问题 ········ 343
12.6 健全天然林保护修复制度体系相关建议 ········ 345
参考文献 ········ 347

**附录 天然林保护修复国际经验借鉴** ········ 348
附录1 世界主要国家天然林保护修复情况 ········ 348
附录2 美国天然林管护相关政策法规及其启示 ········ 356

# 1 青海林业和草原发展"十四五"规划战略研究

该项研究采用理论联系实际、规划引领实践的方法,目标导向和问题导向相结合,边研究、边推广、边应用,充分发挥了国家林草核心智库指导地方林草发展与实践的关键作用。研究成果基本思路被及时应用在《中共青海省委关于制定国民经济和社会发展第十四个五年规划和二〇三五年远景目标的建议》《青海省国民经济和社会发展第十四个五年规划和二〇三五年远景目标纲要》,研究成果的核心内容全面应用于《青海省林业和草原发展"十四五"规划战略研究》。

## 1.1 青海省省情、林情和草情

青海生态资源丰富,生态区位重要但生态环境脆弱,生态保护修复任务尤为繁重也十分艰巨。近年来,全省经济社会快速发展,生态环境明显改善,为"十四五"时期加快林草事业发展奠定了良好基础。

### 1.1.1 省 情

青海省位于我国西部,介于东经 89°25′~103°04′、北纬 31°39′~39°11′,是联结西藏、新疆与内地的纽带,地理位置特殊,战略地位重要。全省东西长 1200 多千米,南北相距约 800 千米,总面积 69.66 万平方千米(青海省第二次土地调查数据),位列全国第 4,是我国除自治区以外面积最大的省份。青海下辖 2 个地级市 6 个自治州①。全省常住人口 607.82 万人,少数民族人口 289.99 万人,占总人口的 47.71%。2019 年,全省生产总值 2965.95 亿元,人均 4.77 万元,分别在全国排名第 30 位和第 23 位。人均可支配收入 20757 元,居全国第 27 位,是全国平均水平的 73.5%。2018 年,全省地方一般公共预算收入 272.9 亿元,全省一般公共预算支出 1647.45 亿元,

---

① 地级市:西宁市、海东市;自治州:海北藏族自治州(简称海北州)、黄南藏族自治州(简称黄南州)、海南藏族自治州(简称海南州)、果洛藏族自治州(简称果洛州)、玉树藏族自治州(简称玉树州)、海西蒙古族藏族自治州(简称海西州)。

近90%财政支出资金依靠中央转移支付。

青海属高原大陆性气候,具有日照时间长、辐射强、冬季漫长、夏季凉爽、气温日较差大、年较差小的特点。气候地域差异大,东部雨水较多,西部干燥多风。多年平均降水量350毫米,降水分布不均,年际变化大。降水空间分布差异较大,呈东多西少、南多北少的格局。降水量最多的在黄南、玉树和果洛地区,可达400毫米以上;海东地区200~400毫米;最少的地区柴达木盆地、格尔木地区不足200毫米。全省年平均气温为-5.1~9.0℃,自南向北递增;最冷月(1月)平均气温为-8.2℃,最热月(7月)为17.2℃。年平均太阳总辐射量为5860~7400兆焦/平方米,年日照时数2336~3341小时,仅次于西藏高原,太阳能资源丰富。

青海生态区位极具独特性和重要性,青海地处青藏高原腹地,是我国重要的水源地,长江、黄河、澜沧江及黑河发源于此,被称为"三江之源",素有"中华水塔"之美誉,是极为重要的水源涵养地和国家生态安全屏障。生态资源总价值达18.39万亿元,生态系统服务总价值为7300亿元,每年向下游输送600多亿立方米的清洁水,惠及20个省份和5个国家。青海是全球重要的生态调节区、我国和亚洲地区重要生态屏障、北半球气候变化的启动区及调节区,有全球高海拔地区重要湿地生态系统和高原生物种质资源基因库,也是全球生物多样性的热点地区。独特的地理环境和气候特征,孕育了高原独特的生物源系,造就了青海独一无二的大面积湿地生态系统,其基础性生态效益直接维系着中华民族的未来发展和长治久安。加之原始的生态环境和多民族多元文化相融共存的特点,使青海生态文明建设直接关系国家生态文明建设大局。

青海省地势总体呈西高东低、南北高中部低的态势,西部海拔高峻,向东倾斜,呈梯形下降,东部地区为青藏高原向黄土高原过渡地带,地形复杂,地貌多样。从北向南大致分为三部分:北部祁连山阿尔金山系,中部柴达木盆地、茶卡-共和盆地与西秦岭山地,南部青南高原。全省平均海拔4058米,海拔3000米以下地区面积为11.1万平方千米,占全省总面积15.9%;海拔高度3000~5000米地区面积为53.2万平方千米,占全省总面积76.3%;海拔高度5000米以上地区面积为5.4万平方千米,占全省总面积7.8%。在全省土地空间中,高原、山地、丘陵约占土地总面积的60%,盆地和沙漠、戈壁面积占35%,河谷地面积占5%。全省土壤类型多样,主要包括柴达木盆地东部和祁连山中段的灰褐色土,祁连山东段的暗褐土,省内西倾山地两侧的山地褐土,省内西南边缘的玉树、果洛等地的暗棕壤,以及海拔3700米以上区域分布的棕壤土等。

青海是全国的资源富集区,石油天然气、新能源、有色金属、盐化工、水资源、畜牧资源等资源丰富。在已探明的129种矿产资源中,有54种储量居全国前10位,23种储量居全国前3位,9种储量居全国首位,钾镁盐储量占全国总储量的96.37%。青海还是我国水能、太阳能、风能等资源最丰富的地区之一,是我国的清洁能源示范省,太阳能资源有10亿千瓦,风能总储量超过4亿千瓦,水能资源总蕴藏量2400万千瓦,可燃冰储量近100亿吨油当量。资源的富集性和多样性,使青海成为支撑我国未来发展的战略资源储备接续地。

黄河流域青海段处于整个黄河的最上游地区,黄河干流在省内流程为1983千米,流经果洛、海南、黄南和海东4个市(州)的15个县,占黄河全长的36.3%,占全省总面积的20%以上。黄河流域青海段林地总面积517.5万公顷,湿地总面积143.7万公顷,沙漠化土地总面积85.7万公顷,天然草地面积1105.1万公顷。流域内林草资源丰富,植被物种多样,是青海省主要的畜牧业生产基地,也是重要的水源涵养区及水土保持生态功能区。

## 1.1.2 林草资源基本情况

截至2019年,青海省森林面积520.89万公顷,森林覆盖率7.26%,国家重点公益林管护面积397.71万公顷，天然林管护面积367.82万公顷，森林蓄积量5093万立方米。根据青海省2019年度森林资源"一张图"更新数据，天然林面积548.5万公顷（其中天然乔木林面积50.4万公顷，仅占9.1%），人工林面积37万公顷（人工乔木林面积10.8万公顷），主要分布在长江、黄河上游及祁连山东段等水热条件较好的地区。全省按流域和山系分为九大林区[①]，森林面积中灌木林面积所占比重较大。森林以寒温性常绿针叶林和山地落叶阔叶林为主，其次为中温性针阔混交林，少量暖温性落叶阔叶林在东部低海拔河谷地区分布，灌木林主要以高寒灌丛为主，柴达木盆地、共和盆地分布有荒漠灌丛。

青海草原资源丰富，是全国五大草原之一，草地类型复杂多样。2019年，全省天然草原面积为3882.33万公顷，占全省土地面积的55.73%，约占全国草原面积的9.3%，位居全国第4。天然草原鲜草产量8418.1万吨（平均亩产178千克），折合干草2680.9万吨，位居全国第5。青海草原类型分为9类10亚类93型，高寒草甸草原和高寒草原是青海省分布面积最大的两类草原。其中，高寒草甸草原（植被盖度约80%）主要分布于山地的阳坡、阴坡、圆顶山、滩地和河谷阶地，海拔在3200~4700米，由耐寒的多年生中生植物组成，植物种类丰富，一般每平方米有植物25~30种，优势种主要有高山嵩草、线叶嵩草、风毛菊等。高寒草原（植被盖度一般小于60%），较为稀疏，植被盖度较小，植被低矮，层次简单，植物生长期短，生物量较低。

青海省湿地资源极为丰富，2019年湿地面积达814.36万公顷，占全国湿地总面积的15.19%，居全国第1位。其中，自然湿地面积800.1万公顷。国际重要湿地3处，国家重要湿地17处。湿地类型丰富，共有4类17型。其中，沼泽湿地6型、湖泊湿地4型、河流湿地3型、人工湿地4型。此外，还有大面积的现代冰川和雪山，具有海拔高、类型多、分布广、面积大、功能多样等特点。青藏高原独特的地质、地形和气候植被条件为高原湖泊湿地、沼泽湿地、河流湿地的广泛发育提供了有利的条件。

青海省荒漠化和沙化土地面积仍然较大。据2014年第五次荒漠化及沙化监测，全省荒漠化土地共19.04万平方千米，占全省土地面积的26.5%，占全国荒漠化土地总面积的7.29%，位列全国第5。其中，一半的土地属于重度和极重度荒漠化，局部地区荒漠化仍在扩张。荒漠化类型包括水蚀、风蚀、冻融、盐渍，其中，风蚀荒漠化土地面积最大，为12.91万平方千米，占青海省荒漠化土地总面积的67.8%。荒漠化土地主要集中在"三盆二源"5个区域，即柴达木盆地、共和盆地、青海湖盆地、长江源区和黄河源区。全省沙化土地12.46万平方千米，占全省总面积的17.4%，主要集中在6个沙区，即柴达木盆地沙区、共和盆地沙区、青海湖环湖沙区、黄河源头沙区、长江源头沙区和泽库沙区。有明显沙化趋势的土地总面积4.13万平方千米。荒漠化和沙化土地监测结果显示，青海省荒漠化土地面积减少5.1万公顷，沙化土地面积减少5.7万公顷，荒漠化和沙化面积呈现出"双缩减"态势，其中，柴达木盆地、三江源地区沙化土地面积总体减少，沙化程度降低，共和盆地、环青海湖地区沙化程度持续逆转，总体上实现了从"沙进人退"到"人进沙退"的历史性转变。

青海是全球高原生物多样性最集中的地区之一，是世界高寒种质资源自然基因库和具有全球意义的生物多样性重要地区。全省陆生脊椎野生动物有502种，占全国的16.8%；被列入国家重点保护的陆生野生动物有85种，占全国保护种类的26.1%；全省有维管束植物2483种，占全国

---

① 祁连山林区、大通河林区、湟水林区、柴达木林区、黄河下段林区、隆务河林区、黄河上段林区、大渡河上游林区、通天河及澜沧江上游林区。

的 1/13。国家一级保护野生动物 22 种,国家二级保护野生动物 63 种。

青海承担国家公园体制试点 2 个,是我国目前唯一的国家公园示范省,其中三江源国家公园是我国首个国家公园体制试点,面积 12.31 万平方千米。祁连山国家公园体制试点面积 5.02 万平方千米,其中青海片区 1.58 万平方千米。除国家公园外,全省共有各级各类保护地 14 类 223 处。根据《关于建立以国家公园为主体的自然保护地体系的指导意见》要求及现状调查评估结果,确定青海省以国家公园为主体的自然保护地体系整合优化范围为已有的国家公园(试点)、自然保护区、水产种质资源保护区、风景名胜区、地质公园、湿地公园、森林公园、沙漠公园等 8 类 109 处自然保护地及经全域分析识别出的保护空缺区域。

## 1.2 林草发展进入新时代

林业草原事业是生态文明建设的重要阵地。党中央、国务院和青海省委、省政府对林业草原建设高度重视并寄予厚望,青海林草部门承担着重大使命。经过多年发展,青海林草事业取得了历史性突破,进入了新时代。当前,站在全面建设国家公园示范省的新起点上,全省各级林草部门肩负新任务,面临新机遇和新挑战。总的看,机遇大于挑战,必须抢抓机遇、迎难而上,把林草事业推向全面发展新阶段。

### 1.2.1 "十三五"时期林草事业取得了明显成效

"十三五"以来,在省委、省政府的坚强领导和国家林业和草原局的关心支持下,全省各级林草部门以习近平生态文明思想为指引,深入学习贯彻落实总书记对青海"三个最大""四个扎扎实实"的重大要求,按照省委、省政府"五四战略""一优两高"部署,扎扎实实推进林草生态保护建设,全省林草生态资源安全形势持续好转,资源环境承载能力不断增强,为守好"中华水塔",筑牢国家生态安全屏障,确保"一江清水向东流"作出了积极贡献。统一部署推进森林、草原、湿地、荒漠、生物多样性保护和国家公园等自然保护地建设,以大工程推动大发展,林草发展质量效益不断提升,产业效益明显。全省生态资源稳定增长,重点生态工程顺利实施,重大改革稳步推进,生态治理能力显著提升,林草发展迈入历史上最快最好时期。到 2020 年年底(规划目标),青海森林覆盖率达 7.5% 以上,草原综合植被盖度将达到 57.0%,湿地面积保有量为 814.36 万公顷,区域生态状况得到明显改善(表 1-1)。

表 1-1 "十二五"与"十三五"主要指标完成情况对比

| 指 标 | "十二五"指标完成情况<br>(2015 年) | "十三五"指标完成情况<br>(规划目标) |
| --- | --- | --- |
| 森林覆盖率(%) | 6.3 | 7.26(规划 7.5) |
| 林地保有量(万公顷) | 1120 | 1093(规划 1120) |
| 森林蓄积量(万立方米) | 5010 | 5093 |
| 沙化土地治理面积(万公顷) | 45 | 45 |
| 林业产业总产值(亿元/年) | 42 | 69.42 |

注:根据青海省 2019 年度森林资源管理"一张图"更新成果,截至"十三五"末期,全省林地面积为 1093 万公顷。

(1)国土绿化扎实推进。统筹山水林田湖草一体化保护修复,全方位、大规模、高质量推进国土绿化，形成了点、线、面结合，城乡一体推进的大绿化格局，森林覆盖率增加近1个百分点，蓝绿空间占比超过70%，"一屏两带"国家生态安全格局更加完善。年度国土绿化面积达到历年平均任务量的2.5倍，完成新一轮退耕还林2.93万公顷，巩固现有19.3万公顷退耕还林建设成果。三北防护林、天然林资源保护、重点公益林建设等重点生态工程进展顺利，完成营造林面积18.9万公顷。大力开展"绿色城镇、绿色乡村、绿色庭院、绿色校园、绿色机关、森林企业、绿色营区"创建工作，全省城市建成区绿地率达31.84%，人均公共绿地面积达11.45平方米。创新国土绿化机制，省委省政府高规格召开全省绿化动员大会，高位推动造林绿化事业。各市(州)、县成立了党政主要领导任"双组长"的绿化委员会，主要领导亲自抓，分管领导一线靠前指挥，形成党政齐抓共管，各部门通力协作，全社会共同参与，合力推进大绿化，建设大生态的良好格局。累计完成营造林63.29万公顷，其中，造林48.95万公顷(人工造林19.47万公顷、封山育林28.48万公顷、退化林分修复1.0万公顷)，森林抚育任务14.34万公顷，森林覆盖率达到7.26%，草原综合植被盖度达到57.2%，区域生态环境得到明显改善。

(2)国家公园建设率先突破。青海省成为全国首个承担双国家公园体制试点的省份，率先启动了以国家公园为主体的自然保护地体系示范省建设，着力打造国家公园建设的"青海模式"。三江源国家公园体制试点得到国务院通报表扬，祁连山国家公园体制试点稳步推进，出台了《以国家公园为主体的自然保护地体系示范省实施方案》。三江源国家公园组建了管理局(正厅级)，设立长江源(可可西里)、黄河源、澜沧江源三个园区管委会(正县级)，并派出治多管理处、曲麻莱管理处、可可西里管理处3个正县级机构，对3个园区所涉4县进行大部门制改革，整合林业、国土、环保等部门相关职责，设立生态环境和自然资源管理局(副县级)、资源环境执法局(副县级)，实现集中统一高效的管理和执法。颁布施行《三江源国家公园条例》，构建"1+5"国家公园规划体系，建立国家公园规划、政策、制度等15项标准体系，制定生态管护公益岗位、科研科普、访客管理等13个管理办法，形成了"四梁八柱"生态文明建设制度体系。引导牧民参与国家公园保护管理，设置生态公益岗位1.72万个，户平均年增收2.16万元。资金保障机制日益完善，省财政投入17亿元建设三江源国家公园。与中国科学院共建三江源国家公园研究院，实施生态大数据中心建设项目，推进天地空一体化全域生态监测，科技支撑全面增强。祁连山国家公园组建了青海片区管理机构，在省林业和草原局加挂祁连山国家公园青海省管理局，成立省委书记、省长任"双组长"的试点工作领导小组和分管副省长为组长的试点工作协调推进领导小组，与国家林业和草原局和甘肃片区建立了三方会商机制。建立了大数据智能化监测平台，开展了自然资源本底调查，实现了数据实时监测上传，推进天空地一体化监测。制定了全省保护区内矿业权退出补偿工作方案，注销违规矿权26宗。完善试点保障，省级财政累计投入近2亿元，统筹对原有22处管护站进行升级改造。

(3)湿地保护深入开展。湿地面积保持在814.36万公顷，稳居全国第1，截至2019年湿地保护率达52.19%，青海湿地成为世界影响力最大的生态调节区。颁布了《青海省湿地保护条例》《青海省草原湿地生态管护员管理办法》《贯彻落实湿地保护修复制度方案的实施意见》《青海省湿地名录管理办法》《青海省湿地保护条例》等一系列法规，制定了全省湿地保护规划，严守湿地生态红线，促进湿地保护制度化。制定全省湿地保护规划，将湿地保护纳入全省生态保护建设体系。启动青海湖、扎陵湖、鄂陵湖等国际重要湿地保护工程，在三江源、祁连山、柴达木等生态地位重要地区，规划实施了退耕(牧)还湿、退化湿地修复、小微湿地保护等工程。湿地面积稳步增加，三江源区湿地面积由3.9万平方千米增加到近5万平方千米，20世纪60年代消失的千湖竞流景观再现三江源头。湿地保护投入持续加大，2012—2018年，全省各类湿地保护与恢复项目累计投入资金5.26亿元。增加国家湿地公园4处，已建成19处，保护面积达到32.51万公顷。增加省级湿地公园1处，保护面积2.14万公顷。发布了第一批重要湿地名录，包括国际重要湿地3处、国家湿地公园19处、省级湿地公园1处，保护总面积215.05万公顷，其中，湿地保护总面积104.23万公顷，湿地保护范围扩大到523.75万公顷。展现青海担当，保护成果喜人，"中华水塔"保护更加稳固，一江清水向东流正在实现。

（4）草原生态明显改善。对草原生态体系开展系统性保护治理，实施退牧还草工程、三江源生态保护建设二期工程、青海湖流域生态治理工程、祁连山生态综合治理工程，累计封育草原1113万公顷，划定禁牧区1633万公顷，改良退化草地373.33万公顷，治理黑土型退化草原75.2万公顷，建设划区轮牧围栏302.7万公顷，防控草原有害生物171.3万公顷。建成了天地空综合观测的草地监测及预警系统。全省共聘用草原生态管护员4.28万名。全面落实草原生态补助奖励政策，每年对政策实施情况进行绩效考核并兑现奖惩。全面落实草原承包工作和草原确权承包登记试点，全省草原流转面积达542.7万公顷，涉及流转牧户61016户。全省退化草原生态明显好转，草原植被盖度由2010年的50.17%提高到2018年的56.8%。鲜草产量8418.1万吨，折合干草2680.9万吨，位居全国第5，产草量从每亩[①]159千克提高到195千克，超载率下降为3.74%。出台了《青海省实施〈中华人民共和国草原法〉办法》《草原野生植物保护名录（第一、二批）》《草原植被恢复费征收管理办法》《草原植被恢复费征收标准》《青海省天然草原禁牧和草畜平衡管理暂行办法》等一系列法律法规，规范了草原执法监管工作。大力开展草原执法监督，5年累计查处各类草原违法案件248起，结案205起，结案率82.7%。

（5）防沙治沙稳步实施。认真履行防沙治沙目标责任，分别与6个自治州政府签订了《"十三五"防沙治沙目标责任书》，分解落实责任。通过防沙治沙综合示范区、沙化土地封禁保护区、退牧还草、黑土滩治理和水土保持小流域综合治理等国家重点工程，推进荒漠化治理。5年来，荒漠化土地年均减少1.02万公顷，沙化土地年均减少1.14万公顷，新增沙漠化土地治理32.26万公顷，治理黑土滩10.25万公顷，重点沙区实现了"沙逼人退"到"绿进沙退"的历史性转变。依托三北防护林、天然林资源保护工程造林、公益林造林项目，建成乌图美仁、大柴旦等12个沙化封禁保护区和茫崖千佛崖等12个国家沙漠公园。不断强化都兰、贵南、海晏、格尔木、共和5个防沙治沙综合示范区建设。

（6）资源保护全面加强。全省各类自然保护地109处，90%的土地是限制和禁止开发区，64%的高原重要湿地、30.7%的森林、85%的野生动物栖息地纳入自然保护地管理，国家一级保护野生动物22种、国家二级保护野生动物63种，成为名副其实的生态省。全省397.71万公顷国家级公益林全部得到有效管护，367.82万公顷的天然林得到了有效管护。在全省110个林场和20个试点县开展了国家级公益林管护奖补考核评比试点，在25个县开展了森林生态效益补偿基金绩效评价试点。严格执行林地定额管理制度，开展非法侵占林地清理排查，规范办理使用林地项目116项1993.3公顷。县级和国有林场编制森林经营方案得到全面落实，林地"一张图"全面推进，资源管理实现科学化、精细化。开展野生动植物保护和濒危物种拯救行动，强化疫源疫病防控，雪豹、藏羚羊、野牦牛、藏野驴、普氏原羚等珍稀濒危动物种群数量逐年增加。政策性森林保险投保面积190.33万公顷，全省连续32年未发生重特大森林草原火灾，完成林草有害生物防治面积20.28

---

① 1平方千米＝1500亩

万公顷，无害化防治率达98%以上，形成了资源越管越多越好的良好态势。

（7）林草改革和产业发展成效明显。全面推进集体林权制度改革，出台了《林地、林权管理办法》《林权流转管理办法》，各市（州）、县搭建了集体林权流转交易平台。出台了《林下经济发展项目与资金管理办法》，提供林下经济发展专项资金。在全国率先实行国有林场绩效考核评比，制定了《国有林场绩效考核办法（试行）》，各市（州）、县完成了《国有林场改革实施方案》，110个国有林场改革任务基本完成，全部确定为全额拨款事业单位。建立了公益林、天然林管护单位综合绩效考核新机制。出台了支持林草产业、有机枸杞、中藏药材发展的《关于加快林草产业发展推进生态富民强省的实施意见》等一系列文件，新建特色经济林基地24.75万公顷，逐步形成"东部沙棘、西部枸杞、南部藏茶、河湟杂果"的产业布局。全省经济林种植面积达到25.43万公顷，其中沙棘16.06万公顷，枸杞4.96万公顷，种植规模跃居全国第2。中藏药材种植面积突破1.04万公顷，是西部地区重要的当归、黄芪生产基地。生态旅游业蓬勃发展，建成国家级森林公园、自然保护区、湿地公园以及国家沙漠公园和森林康养基地等82处。生态旅游人数增加到1081万人（次），首次突破千万大关，旅游收入达到8.8亿元，来青生态旅游人次年均增长17.7%，旅游总收入年均增长24.7%。截至2018年，林草产业产值达到65.21亿元，带动就业人数65.87万人，保持了高速增长态势、成为农民增收新途径。

（8）生态文化蓬勃发展。深化生态文明理念和制度研究，加强生态环境省情和绿色价值观教育，积极培育生态文化和生态道德，努力保护利用生态文化资源，动员全社会力量参与生态保护。制定了《祁连山国家公园青海片区生态文化研究实施方案》，积极推进祁连山生态文化研究、教育展示、产业发展等工作。开展生态课堂进校园和自然体验活动，探索建立规范、现代、专业的自然教育体系。可可西里列入世界自然遗产名录，加强昆仑山世界地质公园保护。建设了一批以自然保护区、森林公园、湿地公园、博物馆等为依托的生态文化体验和教育基地，开展了创建国家级森林城市、"创绿色家园、建富裕新村"活动。开展"三江源国家公园全国媒体行"大型采访活动，开展"美丽江源行""走进可可西里"等大型活动，完成了《中华水塔》《绿色江源》两部纪录片。开展祁连山国家公园媒体作家采访采风活动，制作了《青海林业——祁连山专刊》，拍摄祁连山国家公园专题宣传片。成立青海省祁连山自然保护协会，制作播出了一批生态科普文化作品。

（9）支撑保障全面增强。颁布了《青海省生态文明建设促进条例》等地方法规，建立了生态保护司法合作机制，组建三江源生态法庭，成立了三江源国家公园法治研究会，编制了《祁连山国家公园（青海片区）自然资源管理综合执法工作方案》。出台了《青海省林业科学技术奖励办法（试行）》等，增强科研人员积极性。到2019年，全省取得林草科技成果87项，完成科研项目12项，储备各类项目254项，科技成果183项，林草科技成果转化率为50%。制定了适合青海实际的林草地方标准61项，行业标准2项，新认定省级林业标准化示范区5个。全省草原一级科研机构3个，专业技术人员91人，省、市（州）、县三级草原监理机构39个、417人。草原技术推广机构48家，技术推广人员647人。在牧草品种选育引种、人工草地建植等领域共取得近100项草地科研成果，其中，重要科技奖励14项。通过多年引种驯化筛选出了20多个适宜高寒牧区栽培的牧草品种。取消了育林基金，增加了育林基金减收财政转移支付额度，激发了发展活力。国有林区（林场）道路、安全饮水等基础设施建设纳入相关行业投资计划。天然林资源保护工程、退耕还林还草工程、三北防护林工程等国家重点工程的财政投入长期稳定，5年累计完成投资176.79亿元，营造林69.33万公顷，分别是前5年的2.8倍和2倍。公益林全面纳入政策性森林保险范围，国家财政承担了80%的森林保险保费投入。建立了完整的林权抵押贷款流程和规则，建立了林草贴息贷款制度，林草贴息贷款规模大幅增加。

### 1.2.2 青海林草进入了新时代

经过长期不懈努力，青海林草事业发展取得了全方位突破，已经为青海进入新时代作出了巨大贡献、奠定了坚实基础。新时代青海林草事业发展的总方向是林草事业现代化，总目标是打造生态文明新高地和建设大美青海，总任务是维护生态安全，总追求是满足人民美好生活特别是优美生态环境的需要。青海林草事业进入新时代的主要标志和内涵体现在：

第一，新思想引领新高度。习近平总书记指出，青海"中华水塔"是国家的生命之源，保护好三江源，对中华民族发展至关重要；青海最大的价值在生态，最大的责任在生态，最大的潜力也在生态，必须把生态文明建设放在突出位置来抓，尊重自然、顺应自然、保护自然，筑牢国家生态安全屏障，实现经济效益、社会效益、生态效益相统一；一定要生态保护优先，扎扎实实推进生态环境保护，像保护眼睛一样保护生态环境，像对待生命一样对待生态环境，推动形成绿色发展方式和生活方式，保护好三江源，保护好"中华水塔"，确保"一江清水向东流"等。这些重要论述，是习近平生态文明思想的重要内容，准确定位了青海在国家生态安全大局和区域发展中的地位、作用和使命，深刻阐述了生态保护是青海最大的发展机遇、最大的政治责任这一重要内涵，体现出党对青海生态文明建设的规律性认识提升到一个新高度。在全国31个省份中，对青海生态文明建设作出数量如此多，并且规格最高、含金量最足、分量最重的集中论述，是新时代青海林草发展最鲜明的标志。青海全力打造生态文明先行区，树立和弘扬生态文明理念，优化国土空间开发利用，建立生态保护修复长效体制机制，完善生态文明业绩考核体系，为全国生态文明建设先行先试，打造大美青海升级版，率先走在践行习近平生态文明思想的前列，推动习近平生态文明思想在青海大地落地生根、开花结果。

第二，新定位开启新坐标。习近平总书记对青海"三个最大"的定位，突出了生态文明在"五位一体"总体布局中的重要地位，标志着林草事业更加接近全省经济社会发展的中心。特别是，在党中央提出建立国家公园体制后，青海率先开展我国第一个国家公园体制试点——三江源国家公园，随后又开展祁连山国家公园体制试点，把党中央最关心、最应该保护的地方都严格保护起来，把最珍贵的自然遗产留给子孙后代。近年来又深入谋划建立昆仑山、青海湖国家公园，在全国独一无二，赋予了青海十分独特的省域坐标。林草事业作为青海建设国家公园示范省的主体责任部门，随之也处在新的历史坐标，标志着林草事业的战略定位已经发生深刻变化，林草部门当之无愧、责无旁贷。新时代青海林草工作不能仅仅从部门出发，必须从建设全省乃至全国生态文明先行区、国家公园示范省的高层次、新坐标上去思考、谋划和推进。另外，青海是西部大开发、区域协调发展等多项国家战略和"一带一路"倡议交汇区，随着这些重大战略实施，也必定开启林草事业发展新篇章。

第三，新成绩坚定新信心。近年来，青海林草事业发展迈入历史上最快最好时期，保护"中华水塔"取得巨大成就，为全省"五位一体"总体布局作出了表率。林草事业呈现出重视程度之高、参与人数之多、投入力度之大、发展成效最好的历史新局面，创造了保护力度最高、保护成就最好等多项前所未有的记录。①前所未有的力量格局，省委、省政府高位推动林草发展，每年召开全省林草工作及国土绿化动员会议安排部署，全省形成了党政重视、部门推动、社会参与的局面。②前所未有的时空格局，拥有世界最大面积的高寒湿地、高寒草原、灌丛和森林等生态系统，各类自然保护地面积占全省总面积的35%，形成了林草事业发展新的有利局面。③前所未有的工作力度，森林、草原、湿地、荒漠生态系统得到全面保护，形成了较为完善的生态文明制度体系，全省90%的面积列入限制开发区和禁止开发区，初步建立了生态补偿政策体系。④前所未有的保护成就，森林、湿地面积稳定增加，草原退化得到有效遏制、沙化土地和荒漠化土地面积持续缩减，野生动物种群恢复最快，藏羚羊由20世纪90年代的不足3万只恢复到现在的7万多只，普氏原羚从300多只恢复到2000多只，雪豹在三江源区、祁连山区频繁出没，数量超过1000只，几十年不见的金钱豹出现在杂多县，祁连县发现"鸟中大熊猫"黑鹳。⑤前所未有的发展动力，林草资源优势、生态优势正成为青海发展的最大动力、最大优势，助力青海绿色高质量发展和经济转型升级。这些格局、成效、动力等重大转折性变化，表明青海林草事业发展已经站在新的历史起点上，既是青海林草事业取得成效的缩影，也牢固树立起全系统广大干部职工必将建成大美青海的坚定信心和决心。

第四，新路径需要新转型。随着内外部形势变化，青海省委、省政府审时度势，提出实施"一优两高"战略，以生态保护优先协调推进青海经济社会的全方面，引领高质量发展和创造高品质生活。实施这一战略，必须坚持保护就是发展和绿色发展的理念，走好具有青海特色的绿色高质量发展之路，青海最大的财富是生态，最大的发展就是保护生态，最大的成就主要体现在绿色GDP；实施这一战略，林草自身首先必须实现高质量发展，由数量增长转变为质量效益、由要素驱动转变科技信息驱动、由生态效益转变为三大效益并重；实施这一战略，生态经济比重必将迅速提升，全省越来越演变为主要依靠绿水青山转化的生态经济模式，林草也从附属产业型、支撑原料型、资源供给型，转变为生态经济的主路径、主渠道和主要支撑实体，林草事业必须勇于担当、积极作为。特别是，党的十九大将"两山"理念写入了党章。新发展理念、生态文明和建设美丽中国等内容也写入了宪法。这些历史性的制度和法治升华，为林草事业保护绿水青山提供了有力的法治保障，推动青海生态价值实现机制上更加顺畅、社会上更加认同，林草事业必将加快转型升级，为青海绿色高质量发展作出更大贡献。

第五，新目标要有新要求。党的十九大明确了基本实现现代化的目标提前15年，基本建成美丽中国随之提前。相应地，大美青海目标也必须提前15年，青海林草部门责无旁贷。青海林草已经在三江源、青海湖、祁连山等重大保护修复建设中发挥了主体作用，取得了巨大成效。新时代随着大美青海建设提前，林草事业发展必须在思路、速度、质量、规模上大大提速和加快转变，必须勇于担当，倒排工期，着力推进国土绿化，增加林草资源总量，提高林草资源质量，加强湿地保护和荒漠治理，着力推进国家公园建设，让林草为大美青海增绿添彩。同时也要看到，新时代青海林草事业自身发展水平还不高，大美青海目标提前，必须全面加快推进林草事业现代化建设。

第六，新机构必须新作为。机构改革，青海林草部门在空间上实现对林业、草原、湿地、荒漠统一监管，几乎覆盖了青海大部分土地面积；在保护修复上，具备了实施山水林田湖草一体化综合治理、系统治理的有利条件；在保护参与上，全民参与林草建设，全民义务植树尽责率超过60%；在生产生活上，监管范围和监管工作领域几乎涵盖畜牧经济、生态经济、旅游经济等主要经济活动范畴；在体制建设上，三江源国家公园组建五级综合管理的"大部门制"实体，彻底解决了"九龙治水"问题，实现了从小行业到大资源管理的新体制。青海林草事业在全省高质量发展中的分量更重、成色更足、贡献必将更加显著，必须拿出新作为，充分体现主体责任部门的担当，从重视生产向重视生态转变，从生态建设部门向资源综合监管部门转变，从传统粗放管理向现代精细管理转变，从地方眼光向全国视角、全球视野转变。

综上所述，青海林草事业进入新时代是科学把握中央定位、省情实际和林草事业发展阶段的深刻内涵、全新要求，林草发展的定位、格局、速度、阶段都已发生根本性变化。这些新的历史变化是长期艰苦奋斗的必然结果，也是林草事业继续开创美好未来的必然要求。

### 1.2.3 新时代林草发展的重大机遇

新时代，是青海全面开启国家公园示范省建设、大力实施"一优两高"战略、维护国家生态安全的重要机遇期，也是实现青海林草事业全面提档升级的黄金时期，林草改革发展面临难得的重大历史机遇。

（1）加强生态文明建设为林草事业发展指明了前进方向。党的十八大以来，以习近平同志为核心的党中央高度重视生态文明建设工作，将生态文明建设纳入中国特色社会主义"五位一体"总体布局和"四个全面"战略布局。党中央、国务院尤为重视青海生态文明建设，习近平总书记从战略和全局的高度，对青海生态保护与建设做出了一系列重要指示，指明了青海在全国生态文明建设格局中的战略地位和未来发展方向，就是要打造生态文明新高地。2016年，习近平总书记在青海视察时明确要求要保护好生态，他多次对青海生态文明建设做出重要批示，指出青海和西藏的主要区域是重点生态功能区，是世界第三极，生态产品和服务的价值极大，要求青海干部群众要当好生态的"保护神"。青海省委、省政府认真贯彻落实中央要求，2007年12月确立了生态立省战略，2012年5月提出"打造生态文明先行区"，先后制定了《青海省生态文明制度建设总体方案》《青海省生态文明建设促进条例》《青海省创建全国生态文明先行区行动方案》《青海省主体功能区规划》等一系列重要文件，2018年进一步深化确立了"一优两高"战略，对生态文明建设作出了系统部署。特别是，省委、省政府把发展林草事业作为建设生态文明的重要使命和具体抓手，高度重视林草工作，克服自然条件差、财政收入少等困难，大力推进林草事业发展，出台了《关于创新造林机制激发国土绿化新动能的办法》《青海省人民政府办公厅关于完善集体林权制度的实施意见》《青海省国土绿化提速三年行动计划》等一系列政策措施，建立了政府主导、公众参与、社会协同的机制，取消了全省重点生态功能区28个县国内生产总值指标考核，增加了国土绿化、生态保护指标，建立健全了相应的考核机制，有效激发了林草事业发展的活力和动力。通过推进林草改革发展，加强生态文明建设，在青海大地不仅是一种政府行为，而且日益成为全体人民群众的自觉意识和行动。林草事业必须坚持这些指导思想和根本原则，勇担重担，抢抓地位提升、制度完善、体制优化和政策倾斜等全方位的战略机遇。

（2）保护"中华水塔"和建设国家公园示范省的战略定位赋予林草事业重大历史使命。青海是"三江之源""中华水塔"，多年平均出省水量达600多亿立方米，这是源头活水、水中"钻石"，维系着全国乃至亚洲水生态安全命脉。区域内发育和保持着世界面积最大的原始高寒生态系统，尤其是冰川雪山、江源河流、湖泊湿地、高寒草原草甸，具有极其重要的水源涵养功能，是全球气候变化反应最为敏感的区域之一，是我国生物多样性保护优先区之一，素有"高寒生物自然种质资源库"之称。湿地面积居全国首位，可可西里是我国面积最大、全球海拔最高的世界自然遗产地。同时，也是我国重要的防沙保土和碳汇功能区，是国家生态安全格局的重要组成部分。从国家层面到省委、省政府，全面强化组织领导，在深化体制改革、优化国家公园功能布局、强化国家公园制度建设等全方位给予大力支持，成立了由省委书记、省长任双组长的国家公园体制试点领导小组，形成了调动省、市（州）、县各级积极性，纵向贯通、横向融合的领导体制，组建了大部门制综合管理实体，出台了《三江源国家公园条例》，对国家公园范围内各类自然保护地实行集中统一管理，有序扩大社会参与国家公园的管理水平。各级领导的高位推动、体制机制创新、以及先进经验做法，为林草事业发展带来了强大动力和支撑，林草部门作为国家公园主管部门，责无旁贷扛起"国家公园示范省"这个重大责任，切实担负起筑牢国家生态安全屏障的重大使命，全力加强国家公园示范省建设，实现自然生态的承载力和人类发展生产力有机协同，为全国探索路子、积累经验提供"青海方案"、贡献"青海智慧"。

（3）实施黄河流域生态保护等国家战略要求林草事业在源头意识、干流担当中充分展现责任作为。黄河在青海流域面积达 15.31 万平方千米、干流长度占黄河总长的 31%、多年平均出境水量占黄河总流量的 49.4%，既是源头区，也是干流区，对黄河流域水资源可持续开发利用具有决定性影响。实施黄河流域生态保护和高质量发展国家战略，必将为青海林草改革发展注入强大动力。第一，地位提升机遇。这一国家战略以保护生态为主线、以维护黄河生态安全为重要目标，青海作为黄河源头地区，当之无愧承担源头责任、干流担当，必将赋予林草事业在保护治理黄河中的主体地位和无可替代的特殊作用。第二，战略定位机遇。2019 年 9 月，习近平总书记在黄河流域生态保护与高质量发展座谈会上特别强调，黄河上游要以三江源、祁连山水源涵养区等为重点，推进实施一批重大生态保护修复和建设工程，提升水源涵养能力。这就为青海林草事业在黄河保护中指明了方向，找准了定位，也明确了战略任务。第三，发展平台机遇。在实施这一重大战略中，青海将积极探索发展生态旅游、生态畜牧、林下经济、特色林草产品等绿色富民产业体系和富有地域特色的高质量发展新路子，为林草事业在完善发展思路、创新发展平台、抢占绿色高质量发展制高点等方面带来转型升级的重大机遇。第四，有利政策机遇。随着黄河流域生态保护和高质量发展国家战略的深入实施，各级政府将谋划实施一大批林草重点工程和重大项目，在加大生态保护补偿、强化科技支撑保障、建立稳定长效生态保护建设投入机制、形成黄河流域生态保护建设工作机制等方面进一步深化推进，必将为林草事业增添发展新内容，带来政策新机遇。

另外，国家继续大力实施西部大开发、乡村振兴、精准脱贫、长江经济带等重大战略，在青海落地了一大批重大生态项目，陆续推出了一大批重大政策举措，为加快林业草原改革发展提供了重要平台和机遇。通过参与实施这些重大战略，为青海对接国家林草高水平建设、落实国家重大目标和任务、实现林草持续健康发展，创造了十分有利的条件。

（4）国家支持藏区发展政策为林草事业发展带来了新机遇。党中央、国务院从战略高度出发，近年来出台了一系列有关藏区和青海经济社会发展的若干政策和措施，确定了 33 个中央国家机关、18 家中央企业、6 个对口支援省市参与援青的基本政策，保护生态是重要内容，实行了生态补偿政策和区域差别化的优惠政策。中央第七次西藏工作会议上，习近平总书记强调了六个"坚持"尤其是必须坚持生态保护第一。他指出，保护好青藏高原生态就是对中华民族和发展的最大贡献。要牢固树立"两山"理念，坚持对历史负责、对人民负责、对世界负责的态度，把生态文明建设摆在更加突出的位置，守护好高原的生灵草木、万水千山，把青藏高原打造成为全国乃至国际生态文明高地。要深入推进青藏高原科学考察工作，揭示环境变化机理，准确把握全球气候变化和人类活动对青藏高原的影响，研究提出保护、修复、治理的系统方案和工程举措。要完善补偿方式，促进生态保护同民生改善相结合，更好调动各方面积极性，形成共建良好生态、共享美好生活的良性循环长效机制。各种援青结对帮扶工作对林草基础设施建设和民生项目给予扶持，青海林草发展必须抓住这个有利的时机，加快生态保护和建设的步伐。

（5）良好的国际合作机遇为林草事业发展提供了广阔空间舞台。"十四五"时期，青海林草改革发展面临有利的国际机遇。一方面，青海处在中国与中亚经济板块中的中心位置，是丝绸之路的途经之地，联结着中国与漠北、新疆、印度等国内外地区，处在"一带一路"倡议实施的重要节点，率先举办了中国·青海绿色发展投资贸易洽谈会、在西部省份中率先举办了丝绸之路沿线国家经贸合作圆桌会议，面临着充分展示我国绿色"一带一路"建设成就、深化拓展与"一带一路"沿线国家合作的窗口机遇，这必将有利于青海林业草原事业融入绿色"一带一路"建设，提供全新的合作平台、合作窗口、合作机制，进一步拓展林草建设的空间；另一方面，随着中国日益走近世界舞台中央，绿水青山就是金山银山等中国理念、防沙治沙的中国方案日益受到全球广泛关注，青海作为影响全球的生态调节区，作为我国高寒地区特有珍稀物种保护、防沙治沙示范地区，在展示我国生态文明建设成就方面发挥独特作用，"十四五"时期必将为青海林草带来新的历史任务，为增添重要渠道、扩大合作平台、扩大国际影响等创造十分有利的外部条件。

### 1.2.4 新时代林草发展面临的困难和挑战

虽然青海省林草建设取得了明显成就，但必须看到，林业草原发展不平衡不充分问题依然突出，与实现两个一百年奋斗目标和满足人民群众生态需求相比还有较大差距。青海自然条件恶劣，灾害频繁，土地荒漠化和水土流失严重，生态环境脆弱，一些制约林草发展的深层次矛盾仍然比较突出，生态保护修复挑战不少、任务十分艰巨。

（1）维护生态安全的难度越来越大。青海生态地位十分重要、维护国家生态安全的职责尤为重大，但青海自然条件十分严酷，维护生态安全的难度越来越大。全省境内平均海拔4058米，其中54%以上的地区海拔在4000米以上，高寒缺氧、生态脆弱、条件艰苦；青海是全国7个地震重点防御区之一，全省93%的地区处于Ⅶ度以上高烈度区，雷电、大风、暴雨、暴雪和山洪地质灾害及次生灾害频发；青海地处黄土高原与青藏高原的结合部和过渡带，地形破碎，沟壑纵横，土壤侵蚀剧烈，水土流失严重，生态安全形势严峻。近年来，青海气候暖湿化明显，气候变化导致青海冰川退化、湿地萎缩、冻土消融、土地沙化等，特别是对可可西里、柴达木盆地等影响较大。全省森林覆盖率低且分布不均，大部分分布于省域东南部，森林生态系统脆弱；荒漠化土地占全省总面积的17.2%，是全国荒漠化危害严重的省份之一；水土流失面积占全省总面积的45%；部分湿地仍存在退化风险，总体保护形势依然严峻；中度和重度退化草地面积仍占50%以上，退化草原治理率尚未达到退化面积的30%，草畜矛盾突出，草地植被盖度、牧草质量下降，总体未扭转草原退化趋势。重点生态工程覆盖面积不足需要生态治理面积的40%，生态工程区外生态退化趋势短期内难以根本扭转，维护生态安全的难度越来越大。

（2）生态保护的压力越来越大。青海经济基础薄弱，是欠发达地区，财政自给率不足20%，财政自身调控能力弱，加快经济发展的需求十分迫切，全省90%的土地面积列入限制开发区和禁止开发区，集中连片贫困地区占全省范围80%以上，生态"富饶"而经济贫困的现象十分突出，生态保护和加快发展的矛盾尖锐。虽然近年来青海在生态保护修复方面作了大量工作，取得了突出成就，生态系统整体退化得到初步遏制，但局部恶化趋势尚未得到根本扭转，生态保护修复任务依然繁重，经济发展与生态保护的矛盾仍将长期存在。同时，受发展阶段、经济布局、产业结构等因素影响，人口、资源与环境矛盾依然突出，统筹生态保护、经济发展和民生改善仍需做大量艰苦工作。比如，牧民生计与野生动物保护矛盾凸显，因牲畜数量增加、野生动物种群逐步恢复，以及野生动物生存区域空间缩小，野生动物与牛羊争食牧草、野生动物伤害家畜等现象较为常见，严格保护野生动物导致牧民经济损失，贫困户增收困难，严重影响了民生改善。随着退耕还林还草政策补助即将到期，青海退耕农户生计面临较大压力，特别是国营农牧场职工收入主要靠退耕补助，补助停发后复耕风险大增。生物多样性遭受威胁的趋势仍在加剧，部分地区草原超载过牧的问题仍在恶化；保护区通过旅游开发获取利益的现象时有发生，保护为发展让路的情况依然存在；保护区内原住居民按照法律主张生存与发展权益，退出补偿资金规模大、难度高，保护和执法中管理人员与原住居民矛盾加剧。同时，从林草自身发展态势来看，近几年通过大规模造林，人工幼龄林面积逐年增加，由于缺乏必要的抚育措施，林分质量差、生长量低；林草有害生物对生态建设成果危害相当严重，特别是退耕还林还草地鼠害危害重大，导致补植成果巩固难度大。

(3) 生态保护修复的任务越来越繁重。青海地处高原地区，自然条件恶劣，生态恢复具有长期性，生态系统脆弱，一旦破坏就很难恢复，这些地区大面积的水土流失、土地荒漠化、沙化和草原退化未能得到彻底治理与保护，区域生态整体退化的风险较高，生态保护修复任务十分艰巨繁重。特别是，经过长期生态治理，剩下的都是难啃的"硬骨头"，尽管政府通过各类工程进行资金投入，但投入渠道较为单一，缺乏长期的投融资机制，加之青海自身财力有限，生态保护修复任务艰巨繁重与投入严重不足的矛盾突出。具体体现在生态工程没有按照工程预算进行投资，而是给予工程补助资金，但标准低、配套难，国土绿化难度大等问题仍然制约着生态保护修复；重点生态工程建设投资受国家投资计划影响很大，社会投资不足，融资困难；全省人工造林种草、封育林草、草原治理实际投入与国家投资差距较大，特别是高原资源管护难度更大，生态修复恢复周期更长，成本更高，加之地方财政配套能力差，影响了工程进度和质量；由于缺少重点区域生态保护与建设专项资金支撑，导致黄河两岸南北山绿化、环龙羊峡百万亩水土保持林基地、柴达木盆地百万亩防沙治沙林基地建设等重点工程一直未能立项。

(4) 林草基础支撑保障能力十分薄弱。青海林草部门承担着维护中华民族生态屏障和全国首个国家公园示范省等事关全局、事关历史的重大职责，承担着维系国家生态安全、涵养水源、保护生物多样性、创造生态产品等多项艰巨使命，与之相比，林草事业支撑保障能力薄弱，两者之间极不相称的矛盾十分突出。主要体现在省级层面机构队伍整体力量还比较薄弱，各级林草管理部门人才紧缺、年龄结构老化严重，后继乏人；科研经费短缺、基础设施差，缺少科技攻关投入差别化支持政策，林草水源涵养、生态服务价值核算、灌木林保护恢复等技术难题仍未得到根本解决；科研监测体系不完善，生态定位站数量过少，科研监测基础设施健全，科研人员严重不足，生态效益监测进展缓慢；森林草原防火体系建设不完善，防火设施设备老化，防火道路年久失修，森林草原火灾的综合预防和扑救能力脆弱；森林草原有害生物防治体系不健全，大多数地区没有完全独立的森林草原病虫害防治机构，没有相关监测、检疫、应急防控的交通工具和器械等；林草执法体系不健全，森林草原警力和林政执法力量不足；政策的精准度和配套性不够，林木采伐管理、自然资源产权确权、林草投融资政策、生态补偿机制等配套制度、配套政策还没有完全建立健全；森林、草原、湿地、荒漠、野生动植物等资源监测和保护，还没有完全实现落在"一张图"和山头地块上，实现精准管理难度很大。林区牧区基础设施落后，水电路网等未能实现全覆盖。因缺少资金保障，祁连山国家公园核心区生态搬迁和矿权退出难度很大。

(5) 山水林田湖草系统治理理念落实不到位。人与自然是生命共同体，山水林田湖草是生命共同体，这要求我们要从系统工程和全局的角度寻求新的治理之道，必须统筹兼顾、整体施策、多措并举，全方位、全地域、全过程开展生态文明建设，深入实施山水林田湖草一体化保护和修复。在一定程度上，青海省对于山水林田湖草生命共同体的内在机理和规律认识还不够，与落实整体保护、系统修复、综合治理的要求还有差距，解决自然生态系统各要素间割裂保护、单项修复等问题手段缺乏，没有形成系统治理的整体合力。

(6)绿水青山转化为金山银山的路径机制不成熟。青海在三江源、祁连山国家公园试点的基础上，建设具有开创性意义的以国家公园为主体的自然保护地体系示范省，带动全省绿水青山持续转化为金山银山，推动习近平生态文明思想在青海大地落地生根、开花结果，从国家到省委、省政府以及各族群众都寄予厚望，但当前绿水青山转化为金山银山路径仍不顺畅、机制还不成熟，绿水青山与经济落后之间的矛盾比较大。主要表现在林草提供优质生态产品补偿的能力有限，林草特色产业还不能完全满足群众需求，林草自身还没有实现高质量发展，与人民群众期盼相比还有不小差距，林草生态产品价值实现还有不少瓶颈；受制于交通不便、经济基础弱等因素，生态旅游产业和绿色工业经济、服务经济等整体还不发达，绿水青山还没有变成金山银山；受高原、高寒、干旱等地理条件限制，维护绿水青山所需成本高，发挥地域比较优势和增加农牧民收入的带动作用还不强；自然与人文景观比较优势还没有深入挖掘，各方资金投入、社会资本投资的积极性还需提升。

## 1.3 "十四五"时期林草发展总体思路

### 1.3.1 基本思路和指导思想

经过多年努力，青海林草事业取得了明显成效，作出了重要贡献。但是，与维护"中华水塔"生态安全、实现高质量发展需求和广大人民群众优美生态环境需要相比，差距较大，"十四五"时期必须加快林草事业现代化进程，不断提高林草事业发展质量和效益，切实巩固青海生态屏障和"中华水塔"的重要地位。基于这一判断，青海省"十四五"时期林草事业发展，以习近平新时代中国特色社会主义思想为指导，践行习近平生态文明思想，高举生态文明旗帜，牢固树立和践行"两山"理念，认真贯彻落实省委、省政府"一优两高""五四战略"和国家公园示范省战略，充分用好林业草原国家公园融合发展的机遇，以保护"中华水塔"和林草高质量发展为主题，以完善制度体系、提升治理效能、推进林草治理体系和治理能力现代化为目标，以国土空间绿化、生态保护修复、产业提质增效、基础保障建设为重点，以实施重大战略、推进重大工程、深化重大改革、完善重大制度为抓手，推进整体保护、系统修复、综合治理，深化依法治绿和科技兴绿，守住存量、扩大增量、提高质量，推动林草治理体系和治理能力现代化，在全国率先构建以国家公园为主体的自然保护地体系，加快建设生态文明新高地和大美青海。

根据上述指导思想，"十四五"时期青海林草发展要确定好主题、主线、主轴和主业，主题是打造国家生态文明新高地，主线是建设国家公园示范省，主轴是建设国家生态安全屏障，主业主要包括12个方面的内容，即林业要有新站位、草业要有新提升、湿地要有新保护、沙化土地要实现新治理、野生动物要有新推进、林草产业要有新业态、政策体系要有新创举、国家公园要有新示范、科技支撑要有新保障、人才工程要有新动能、防火体系要有新构成、宣传教育要有新氛围。

"十四五"时期青海林草发展的基本思路：着力深化青海"三个"最大的省情定位和保护"中华水塔"生态安全的战略任务，优化林草事业空间格局、健全制度体系、增强支撑保障，筑牢林草事业发展的"四梁八柱"，巩固全国生态文明先行示范区建设成果，全力维护国家"两屏三带"生态安全大格局；着力抓好国家公园示范省建设这个百年大计，深入推进国家公园体制试点，加快自然保护地整合优化归并，创新自然保护地管理体制，强化自然保护法制建设和资金保障，实现自然生态的承载力和人类发展生产力的协同,建成具有国际影响力的世界自然保护地典范;着力加快林草高质量发展,探索完善林草生态保护体制机制,以山水林田湖草全域治理和全面保护为目标和重点,以国家重点林草工程为抓手,全面推进生态保护和城镇乡村绿化美化。聚焦提升林草资源质量,加强生态保护与修复,深入开展国土绿化和生态报国行动,构建林草一、二、三产业融合发展的现代产业体系,全面提升生态产品供给类型、质量和规模,推动林草事业发展质量提升、结构优化、动力转换、贡献升格,为推进全省高质量发展、高品质生活提供稳固的生态资源基础、有力的项目和政策支撑、强大的绿色经济引擎、成熟多样的生态产品价值实现路径,并整合现有资金项目,拓宽多元化投资渠道;着力对接服务黄河流域生态保护与高质量发展、长江经济带发展、乡村振兴、"一带一路"倡议、区域协调发展和西部大开发等国家战略,紧紧把握战略机遇,认真梳理自身承担的重大任务,充分发挥自身职能定位、发展格局和历史积淀的独特优势,加快形成与国家战略实施相匹配的高质量生态系统、生态资源、生态产业,为国家战略实施提供坚实的生态基础保障;着力全方位强化自身建设,在制度建设、政策制定、保障机制等方面加大改革创新力度,扎实推进能力提升建设,加大基础设施、科技支撑、人才队伍、机构建设力度;着力抓好试验示范建设,力争将青海打造为生态保护建设的政策改革试验区(林草改革政策和补偿政策先行先试)、生态保护建设的模式路径示范区(山水林田湖草系统治理、工程模式和投入模式的实践示范)、生态管理和治理能力的引领示范区(国家公园示范省的体制建设、制度体系、架构)、生态保护与区域发展、民生改善的共赢示范区("三生"共赢、草原文化、草地畜牧业、民族文化传承)。

### 1.3.2 基本原则

(1)生态优先、绿色发展。坚持"两山"理念,坚持尊重自然、顺应自然、保护自然,坚持生态优先、保护优先、自然修复为主,守住自然生态安全边界。严守生态保护红线,强化用途管制,构建全面保护森林、草原、湿地、荒漠植被、重要生物物种和自然保护地的新体系。坚持生态产业化、产业生态化,充分利用和发挥林草资源的多种功能和综合效益,协调推进生态改善、产业发展、经济增长、农民增收、社会进步。

(2)因地制宜、以水定绿。结合各区域自然地理特点和水、土等资源情况,突出特色,考虑水资源承载力,合理规划分布格局。针对不同区域和不同海拔,分区施策,宜林则林、宜草则草、宜乔则乔、宜灌则灌、宜荒则荒,坚持自然恢复为主、人工修复为辅,减少或禁止人工干预。大力发展雨养林业、节水型林业,坚持以水定林、以水定绿,乔灌草结合、封飞造并举,推广使用良种壮苗和乡土树种草种,科学营造林草植被,不断提高生态系统稳定性和质量。

(3)整体保护、系统治理。坚持山水林田湖草沙是一个生命共同体,遵循生态系统内在机理,突出生态本底和自然禀赋,通盘谋划,合理布局,对区域进行整体保护、系统修复、综合治理。按照不同区域特点,实施重大生态修复工程,推进林草治山、固土、防沙、保水、护田、净湖等一体化生态保护修复,建设防风固沙、水源涵养、水土保持、农田防护、人居环境等区域性林草防护植被体系,扩大林草植被面积,保护生物多样性,推进荒漠化和水土流失治理,恢复生态系统完整性、提升生态系统服务功能。

(4)深化改革、依法治绿。多渠道争取国家政策和平台支持,不断创新林草体制机制和政策制度,激发林草事业发展活力和动力,推动林草事业发展转型升级,切实发挥林草事业在大美青海建设中的引领、带动和示范作用。深化林草各项改革,推进国家公园体制试点,建立健全生态文明制度体系,用严密完整的制度为大美青海建设保驾护航。完善林草法律体系和执法体系,完善配套政策措施,加大执法力度,强化执法监督,保障林草事业健康持续发展。

(5)提高质量、注重人本。要由以扩大林草面积为主向着力提高林草质量发展转变,由追求单一生态功能向发挥多种生态功能转变,由粗放经营向集约化、精细化经营转变,着力培育健康稳定优质高效的林草生态系统,充分发挥森林、草原、湿地在"中华水塔"保护中的主体作用。要把改善民生作为林草事业发展的重要任务,坚持生态资源保护与合理利用相结合,创造更丰富的生态产品,发展绿色富民产业,推动生态优势转化为经济优势,促进农牧民不断增收致富。

(6)政府主导、全民共治。牢牢把握林草事业的公益属性,加强政策引导,建立以政府公共财政为主的多渠道投融资体系。综合运用法律、经济、技术、行政等手段,调动全社会积极参与林草事业建设,激发林草发展新动能。建立起政府主导、公众参与、社会协调的体制机制,多层次多形式推进林草事业建设,即各级党委政府主导,相关部门配合,领导干部带头,加强组织领导,调动社会各界和干部群众积极性,营造人人参与林草事业发展、全民共享绿色成果的良好氛围。

### 1.3.3 规划目标

(1)总体目标。"十四五"时期,全省林业草原发展按照生态保护和高质量发展要求,建立以国家公园为主体的自然保护地体系,进一步健全国家公园体制,完成自然保护地整合归并优化,全面科学地保护森林、草原、湿地、荒漠等自然生态系统和生物多样性,有效提升和发挥生态服务功能,为到2035年基本实现林业草原现代化奠定基础。到2025年,全省林业草原发展的主要目标:

①山水林田湖草沙系统治理水平稳步提升。生态安全格局进一步优化,生态系统稳定性和质量进一步提升,生物多样性网络不断完善。森林覆盖率达8.0%以上,森林蓄积量达到5300万立方米;草原综合植被盖度达到58.5%,湿地面积保有量不少于814万公顷;自然保护地面积占全省面积比例不少于40%;新增沙化土地治理面积达到35万公顷。

②林草产业发展取得新突破。巩固和发展以枸杞、核桃、沙棘、中药材、藏茶为主的优势特色林草产业,大力发展以自然保护地为依托的生态旅游业,林业草原生态旅游人数力争突破2000万人次,林草产业年产值达200亿元以上。

③治理体系和治理能力明显提升。林草事业现代制度体系不断健全,创新能力进一步增强,法治保障体系进一步健全。林草改革稳步推进,国有林场(区)改革取得明显成效,集体林权制度改革更加完善。

④人居环境"增绿工程"取得重大成效。以河湟流域人口聚集区和重点城镇等为重点,提高国土绿化质量,创出高原干旱地区改善"人居环境"的新路子,城市人均公共绿地面积达到12.0平方米。

(2)主要指标。"十四五"时期,青海省林业草原发展的主要指标见表1-2。

表1-2 "十四五"时期青海林草发展的主要指标

| 序号 | 指标 | 2020年 | 2025年 | 属性 |
| --- | --- | --- | --- | --- |
| 1 | 森林覆盖率(%) | 7.5 | 8.0 | 约束性 |
| 2 | 森林蓄积量(万立方米) | 5093 | 5300 | 约束性 |
| 3 | 草原综合植被盖度(%) | 57 | 58.5 | 约束性 |
| 4 | 湿地面积保有量(万公顷) | 814 | >814 | 约束性 |

(续)

| 序号 | 指标 | 2020年 | 2025年 | 属性 |
| --- | --- | --- | --- | --- |
| 5 | 自然保护地面积占总面积比例(%) | 35 | >40 | 约束性 |
| 6 | 国家公园面积占自然保护地面积比例(%) | 40 | >70 | 预期性 |
| 7 | 天然草原面积(万公顷) | 3882.33 | >3882.33 | 预期性 |
| 8 | 国家级公益林保护面积(万公顷) | 397.71 | >397.71 | 预期性 |
| 9 | 新增沙化土地治理面积(万公顷) | 32 | 35 | 预期性 |
| 10 | 林草产业年总产值(亿元/年) | 160 | 200 | 预期性 |
| 11 | 城市人均公共绿地面积(平方米) | 10.8 | 12.0 | 预期性 |
| 12 | 村庄绿化覆盖率(%) | 28 | 30 | 预期性 |
| 13 | 义务植树尽责率(%) | 60 | 70 | 预期性 |

## 1.4 林草发展区划格局

按照国家战略在青海布局实施、区域生态主体功能定位、林草业生产力布局、区域地貌特点和林草资源禀赋、区域气候和水土条件等基本原则和实际情况，坚持山水林田湖草生命共同体理念，按照生态系统的整体性、系统性、规律性，统筹考虑生态要素、山上山下、地上地下、水域陆地、流域上下游、左右岸，深入推进全域综合治理，整体施策，全面保护，维持生态平衡。推进形成合理的林业草原发展分区，着力形成全省生态平衡、维护生态安全、广大群众共享优质生态产品的格局、功能适当的林草资源空间布局。

### 1.4.1 区划依据和主要结果

依据《中国林业发展区划》《青海省主体功能区规划》《青海省林业发展"十三五"规划》《青海省草业发展"十三五"规划》和《青海省贯彻落实西部大开发"十三五"规划实施方案》等发展区划内容，结合全省自然地理条件、林草业发展条件及需求变化，把水源涵养和生态保护作为最大的刚性约束，按照山水林田湖草系统治理和黄河、长江、澜沧江等流域协同保护发展思路，坚持尊重自然、顺应自然、保护自然的生态文明理念，坚持保护优先、自然恢复为主的方针，坚持以提升发展质量和效益为重点，以"中华水塔"生态保护和高质量发展为核心，结合全省特点，按照"保护优先、统筹规划、空间均衡、整体提升"的总体思路，进一步完善青海"五大生态板块"发展格局，全面提升草原、森林、湿地、冰川、河湖、荒漠等生态功能和自然生态系统稳定性，形成"五区多点"的区划发展格局。

"五区"即5个林草生态功能区，包括南部三江源生态功能区、北部祁连山生态功能区、西部柴达木盆地生态功能区、中部青海湖流域生态功能区、东部河湟地区生态功能区。在"五区"基础上划分成8个林草发展功能区，包括三江源生态保育区、三江源生态修复区、祁连山东部生态修复区、祁连山西部生态保育区、青海湖流域生态功能区、柴达木盆地东部生态修复区、柴达木盆地西部生态保育区、河湟谷地生态功能区。

"多点"主要指的是以改善城乡人居环境、提高生态宜居水平为目的的多点串连的城乡绿化网络。

三江源生态功能区，构建黄河源、长江源(可可西里)、澜沧江源"一园三区"的三江源国家公园，重点是保护现有林草资源，以自然恢复为主。

祁连山生态功能区，全面实施生态保护与建设综合治理工程，通过林草地保护、水土保持、冰川环境保护等工程，切实保护和改善黑河、疏勒河、石羊河、大通河等水源地的林草植被。加强矿区环境综合整治，实施好祁连山山水林田湖草生态修复，推进祁连山国家公园体制试点。

青海湖流域生态功能区，建立青海湖国家公园，启动环湖地区生态保护与环境综合治理工程，促进流域林地、草地、湿地生态系统和生物多样性生态系统良性循环，加强裸鲤、鸟类以及其他珍稀野生动物保护，加大荒漠化、沙化土地治理力度。

柴达木盆地生态功能区，建立昆仑山国家公园，启动柴达木生态环境保护和综合治理工程，以封禁为主、管造结合。努力保护原生态地表地貌，恢复沙区林草植被，保护好土壤盐壳，适度开发利用农田、草原、水土、光热资源。

河湟谷地生态功能区，实施生态环境综合治理工程，推进青海省东部干旱山区国家生态屏障建设工程，以造林育草为主，推行管封结合。持续推进林草植被保护和建设，加强水土流失预防和治理，持续推进湟水规模化林场、西宁市南北山绿化等重点工程建设。

## 1.4.2 区划分区和重点发展方向

### 1.4.2.1 三江源生态功能区

该区域分为三江源生态保育区、三江源生态修复区两个亚区。

（1）三江源生态保育区。在中国林业发展二级区划里，属于江河源湿地保护区，主要发展方向为加强三江源地区濒危野生动物保护及高原湿地生态系统保护；在青海省主体功能区规划里属于禁止开发区域。

①区域范围：行政区域包括玉树州曲麻莱、治多、杂多3县，果洛州玛多县，格尔木市唐古拉山镇，总面积22.79万平方千米。

②综合评价：区域持续推进大规模国土绿化难度大，水热条件好的地区已基本绿化，剩余立地条件差，造林种草成本高；重点绿化、治理等工程覆盖面较小，荒漠化、水土流失等问题仍然突出；自然保护地保护难度大，生态类型多样，立地条件复杂，缺少全面有效的保护方案；退化草原治理难度较大，中度以上退化草原治理率不到15%。

③发展方向：区域内宜林则林，宜草则草；以三江源国家公园建设、三江源生态保护和建设工程为抓手，加强森林、草原、湿地、荒漠生态系统的保护与治理，维护生物多样性，努力实现生态系统良性循环；保护好多样独特的湿地及草原生态系统，发挥湿地及草原涵养大江大河水源和调节气候的作用；加快退化草地治理、草原有害生物防治，积极推行禁牧、休牧和草畜平衡制度，保护和恢复天然草原植被；依托国家公园、自然保护区、湿地公园开展生态旅游和探险旅游，发展中药材开发利用、特色经济动物养殖等林草产业。

（2）三江源生态修复区。在中国林业发展二级区划里，属于江河源湿地保护区，主要发展方向为加强三江源地区濒危野生动物保护及高原湿地生态系统保护；在青海省主体功能区规划里为禁止开发区。荒漠化现象较为严重，以三江源地区生态保护及修复为主。

①区域范围：行政区域包括玉树州称多、囊谦、玉树3县(市)，果洛州玛沁、甘德、久治、班玛、达日5县，海南州兴海、同德、贵南、共和、贵德5县，黄南州尖扎、同仁、泽库、河南4县，总面积16.75万平方千米。

②综合评价：水土流失严重，草地退化、土壤沙化、土壤肥力下降，多次出现地质灾害；湿

地萎缩，水源涵养功能减弱，生物多样性保护面临危机；草地黑土滩情况严重，治理难度大；生态保障体制不健全；林草产业发展缓慢，林草生态产品种类相对单一。

③发展方向：加强片区水土保持林、水源涵养林的营造；加强生态系统修复和野生动物保护，加大退化湿地保护修复力度；加强草原综合治理；依托自然保护地，充分开展生态体验、森林康养，发展藏茶、林菌、中藏药产业；适宜地区发展黄果、核桃、杏、苹果、枣、梨、大樱桃等杂果产业。

#### 1.4.2.2 祁连山生态功能区

该区域分为祁连山东部生态修复区、祁连山西部生态保育区两个亚区。

(1) 祁连山东部生态修复区。在中国林业发展二级区划里，属于祁连山防护特用林区，主要发展方向为水源涵养、加强生物多样性保护和提高森林质量；在青海省主体功能区规划里属于禁止开发区。

①区域范围：以祁连山国家公园(青海片区)为主体，行政区域包括海北州祁连、门源2县，海东市的民和县、互助县、乐都区的一部分，总面积2万平方千米。

②综合评价：林牧矛盾和草牧矛盾突出，草地退化现象明显；生态管理体制、生态补偿机制还不健全，国家重要生态功能区、生态脆弱敏感地区生态修复存在制度性缺陷；生态产业结构布局单一，生态产业还处于较低层次，生态产品精深加工产品少。

③发展方向：以祁连山国家公园(青海片区)为重点，以"丝绸之路经济带"建设为契机，全面实施祁连山生态保护与建设综合治理工程，加强森林、湿地、草原等生态系统保护和综合治理；增加林草植被，提高水源涵养功能，有效遏制祁连山地区生态环境恶化的趋势；依托自然保护地开展生态旅游，发展中藏药开发利用、特色经济动物养殖等林草产业。

(2) 祁连山西部生态保育区。在中国林业发展二级区划里，属于柴达木—共和盆地防护经济林区，主要发展方向为营造防护林，保护祁连山及青海湖生态系统；在青海省主体功能区规划里属于禁止开发和限制开发区域。

①区域范围：行政区域包括海北州刚察县，海西州德令哈市、天峻县的一部分，总面积1.46万平方千米。

②综合评价：立地、气候条件差，适宜造林的树种少；草原退化和土地荒漠化现象比较严重；林草基础设施薄弱。

③发展方向：修复草原和荒漠生态系统，建立草原和荒漠生态安全体系，保护现有植被；实施祁连山生态环境保护和综合治理工程，将区域建设成为祁连山及其周边的生态屏障。

#### 1.4.2.3 青海湖流域生态功能区(环青海湖流域生态综合治理区)

该区域在中国林业发展二级区划里，属于柴达木—共和盆地防护经济林区，主要发展方向保护草地、湿地、森林等生态系统，防治沙漠化；在青海省主体功能区规划里属于限制开发区域。

①区域范围：行政区域包括海北州刚察、海晏2县，海西州天峻县(布哈河流域)，海南州共和县倒淌河、江西沟、黑马河、石乃亥乡(镇)，总面积2.98万平方千米。

②综合评价：青海湖及周边湿地保护修复难度大；青海湖渔业资源减少，珍稀野生动物普氏原羚保护任务重；草原退化情况严重，治理难度大；自然保护地建设与国土、住建规划相冲突。

③发展方向：以青海湖国家公园建设为重点，以维护青海湖流域生态系统的稳定为核心，以退化草地治理、荒漠化治理、湿地保护修复为重点，推进青海湖流域生态保护与环境综合治理。着力解决刚毛藻、紫色微囊藻、微塑料等问题，实施山水林田湖草生态保护修复系统工程，适当

迁出青海湖岛屿湿地居民；加强普氏原羚等珍稀野生动物保护，维护生物多样性。结合实施退牧还草、青海湖和祁连山生态治理重大工程，切实加强天然草原保护和合理利用，积极开展退化草地治理和草原有害生物防治，加快退化草地生态修复。依托青海湖品牌发展生态旅游。

**1.4.2.4 柴达木盆地生态功能区**

在《全国生态保护与建设规划》中，柴达木地区被纳入国家层面"两屏三带一线多点"为骨架的生态安全格局中，成为构建国家层面生态安全屏障和全国生态安全的重要组成部分。该区域分为柴达木盆地东部生态修复区、柴达木盆地西部生态保育区两个亚区。

（1）柴达木盆地东部生态修复区。中国林业发展二级区划里，属于柴达木—共和盆地防护经济林区，主要发展方向为保护修复草原、营造防护林、发展林草产业；在青海省主体功能区规划里属于限制开发区域。

①区域范围：行政区域包括海西州乌兰、都兰、德令哈3县（市）部分区域，总面积10.10万平方千米。

②综合评价：适宜造林的树种少，林分结构单一，树木抗逆性差、存活率低；防护林退化严重，大多数防护林尤其是农田防护林进入老化、退化、病化时期，功能衰退，抵御自然灾害能力弱；草原治理难度大，草原退化情况严重，治理率低；林草生态修复缺少重大项目支撑。

③发展方向：加强防沙治沙，加强沙化土地封禁保护区建设，实施生态保护修复，增加林草植被，改善防护林林分结构和质量，增强植物抗逆性；利用柴达木盆地独特的气候条件，发展以枸杞为主的沙产业，打造"柴达木枸杞"品牌，努力建成全国最大的有机枸杞种植基地及精深加工出口基地。充分利用农牧交错区的比较优势，整合耕地和草地资源，大力发展标准化饲草料基地和牧草良种繁育基地，积极培育扶持饲草生产加工龙头企业、专业合作社和种养大户等新型经营主体，推进饲草料生产加工规模化经营，提高饲草料产业化水平。

（2）柴达木盆地西部生态保育区。在中国林业发展二级区划里，属于柴达木—共和盆地防护经济林区，主要发展方向为封沙育草、营造城镇防护林、适度发展枸杞等经济林产业；在青海省主体功能区规划里属于重点开发和限制开发区域。

①区域范围：功能区行政区域包括海西州格尔木、茫崖、冷湖和大柴旦4县（市、行委），总面积14.09万平方千米。

②综合评价：林草植被稀少、土地沙化严重、草地退化沙化加剧。

③发展方向：启动生态环境保护和综合治理工程，保护草原和荒漠生态系统，加强防沙治沙，加强沙化土地封禁保护区建设，实施生态保护修复，增加林草植被，恢复草地、湿地，构建草地、湖泊、湿地点块状分布的圈形生态格局。

**1.4.2.5 河湟谷地生态功能区**

区域在中国林业发展一级区划里属于蒙宁青森林草原治理区，在中国林业发展二级区划里属于青东陇中黄土丘陵防护经济林区；在青海省主体功能区规划里属于重点发展区域。

①区域范围：行政区域包括西宁市所辖的城北、城东、城西、城中、大通、湟中、湟源7县（区），海东市的互助、平安、乐都、民和、化隆、循化6县（区），总面积1.93万平方千米。

②综合评价：总体绿化量不够，绿化率仍不高，尤其在西宁等中心城区，绿化质量还有待提升；林草科技创新辐射带动作用能力不强；林草产业发展起步晚，可利用资源缺乏，加工水平较低；非法占用草地等现象时有发生。

③发展方向：以造林种草、减少水土流失为重点，山水林田湖草综合治理；实施河湟沿岸绿

化工程，巩固退耕还林还草成果，提高林草植被覆盖度，改善人居和生态环境；形成以祁连山东段和拉脊山为生态屏障、以河湟沿岸绿色走廊为骨架的生态网络；积极发展核桃、大果樱桃、树莓、沙棘、中藏药材种植、生态旅游、林下经济、苗木生产等特色林草产业，建设"河湟谷地百里长廊"经济林带；充分利用弃耕地、轮歇地、秋闲田等土地资源，扩大草田轮作和种植规模，提高青贮饲料和秸秆加工利用率。

## 1.5 战略任务

"十四五"时期，围绕推进青海林草事业发展总体目标，以"五大生态功能区"发展格局为基础，从"中华水塔"和国家公园示范省统筹考虑，整体保护、综合治理、系统修复一体化推进，协调兼顾重大项目、重大工程、重大政策、重大改革，强化共抓生态保护修复的共建共享机制建设。研究提出实施七大战略任务（简称1115566战略）：即着力突出"中华水塔"生态保护和林草高质量发展这个主题，重点构建一个体系（以国家公园示范省为主体的自然保护地体系）、创新一个机制（推进绿水青山持续转化为金山银山机制）、落实五大生态保护修复制度（天然林、湿地、沙化土地、草原、生物多样性）、大力开展五大行动（国土空间绿化、林草质量精准提升、林草产业提质增效、林草资源管理创新、生态文化振兴）、深化林草六大改革（林草改革）、夯实林草发展六大基础保障（科技、种苗、灾害防控、人才、基础设施、生态资源监测），认真落实"生态立省""一优两高"战略，加快建设大美青海。

### 1.5.1 突出一个主题

突出保护"中华水塔"和林草事业高质量发展这条主题，按照习近平总书记"三个最大"战略要求，切实担负起保护"中华水塔"的重大责任，坚守"生态环境质量只能变好，不能变坏"的底线，牢固树立不抓生态就是失职，抓不好生态就是不称职的理念，探索林草高质量发展新路子，形成人与自然和谐发展新格局。保持加强生态文明建设战略定力，坚决扛起生态保护的责任，充分展现林草在"中华水塔"保护中的主体作用，推动"中华水塔"高水平保护，让良好生态成为高质量发展的增长点、高品质生活的支撑点、展现大美青海底色的发力点。

### 1.5.2 构建一个体系

认真落实中共中央办公厅、国务院办公厅印发的《关于建立以国家公园为主体的自然保护地体系的指导意见》，坚决执行青海省贯彻落实的该指导意见实施方案。坚持生态保护第一，遵循自然法则、生态规律和人与自然是生命共同体的理念，以在全国率先建立以国家公园为主体的自然保护地体系为总目标，在"十四五"期间，完成国家公园体制试点任务，探索设立三江源国家公园、祁连山国家公园，规划青海湖、昆仑山国家公园。完成自然保护地优化整合，进一步理顺管理体制机制，建立财政事权划分和资金保障机制，加快解决移民搬迁和水电工矿企业退出等历史遗留问题。构建以国家公园为主体、自然保护区为基础、自然公园为补充的自然保护地体系，建立布局合理、保护有力、规范高效的自然保护地管理体系。着力打造国家公园示范省品牌，突出管理体制、资金保障、两山转化机制、法律法规、自然生态系统保护、科学有效管护、人与自然和谐共生等方面的示范引领作用。构建起以国家公园为主体的自然保护地管理体系基本框架，建成全国生态保护修复示范、以国家公园为主体的自然保护地体系典范区、人与自然和谐共生先行区、高原大自然保护展示区、优秀生态文化传承区。

#### 1.5.2.1 深入推进国家公园示范省建设

(1) 推进国家公园管理体制示范。完善全省自然保护地统一管理体制，整合和理顺各类自然保护地管理职能，由省林业和草原局统一行使全部自然保护地管理职责，属地政府行使辖区相关职责。完善三江源国家公园管理局—管委会—管护站三级管理机构和祁连山国家公园青海省管理局—管理分局机构，协调省编办增加祁连山国家公园青海省管理局和管理分局编制。科学设置国家公园管理机构级别，国家公园管理机构按照副厅级以上和正县(处)级设置，确保管理机构人员编制不减少。制定国家公园管理机构与地方政府权力清单和责任清单。由省级林草部门统一行使国家公园管理职责，属地政府行使辖区内经济社会发展的综合协调、公共服务、社会管理和市场监管等职责，积极做好国家公园内生态保护、基础设施等建设任务。建立统一的生态管护、项目资金、确权登记、土地流转、特许经营、生态奖补等管理制度。充分发挥规划引领作用，加快编制形成以《国家公园示范省建设总体规划》为统领，专项规划、年度实施计划等为支撑的规划体系，强化规划间的协调衔接，实现"一张蓝图干到底"。充分发挥示范省共建领导小组作用，定期召开会议，指导和统筹示范省建设的组织实施，部署督导工作落实情况。

(2) 推进国家公园资金保障机制示范。建立以财政投入为主的多元化资金保障机制，科学合理划分中央与地方财政事权和支出责任。中央政府履行国家公园内全国性、战略性自然生态保护和自然资源管理事权，省政府履行辖区经济社会发展方面的地方事权。国家公园原则上由中央政府出资保障，整合中央各有关单位生态保护与建设资金渠道，设立青海国家公园示范省建设专项资金，制定相应的青海省级财政保障政策，按事权完善国家公园资金保障。将特许经营费、社会捐赠资金、绿色金融体系等作为资金机制的重要补充。构建高效的资金使用管理机制，严格实行收支两条线管理，建立财务公开制度。

(3) 推进国家公园两山转化机制示范。坚持"两山"理念，通过国家公园体制探索将绿水青山持续转化为金山银山的生态产品价值实现机制。开展生态产品价值核算和实现机制研究，构建物质产品、调节服务和文化服务价值的核算指标体系，研究提出不同区域、不同类型生态产品价值的实现路径，构建与生态产品价值实现相适应的政策制度体系。建立市场化多元化生态补偿机制，通过中央转移支付、流域横向补偿等手段，探索国家和受益地区购买补偿国家公园优质生态产品价值的制度。建立用能权、用水权、排污权、碳排放权初始分配制度，体现生态环境权益。探索建立碳汇交易等市场化生态补偿机制，推动建立流域生态补偿等横向补偿关系。

(4) 推进国家公园立法执法示范。完善国家公园立法体系，出台青海省国家公园管理条例等地方性法规。完善国家公园执法体系，健全综合执法体制，逐步形成与国际接轨的职业化管理队伍。根据实际需要，依法授权国家公园管理机构履行管辖范围内必要的资源环境行政综合执法职责。建设高效有力的国家公园综合执法队伍，加强区域生态环境保护和联防联治，逐步实现保护管理队伍职业化和装备标准化。建立系统完善的综合执法制度体系，自然资源刑事司法和行政执法高效联动，形成符合当地实际的综合执法模式。建立完善自然保护地联盟合作机制，开展毗邻地区联合执法，严厉打击破坏生态环境和野生动植物资源的违法犯罪行为。

(5) 推进国家公园自然生态系统保护示范。以加强自然生态系统原真性、完整性保护为基础，以实现国家所有、全民共享、世代传承为目标，全面加强国家公园自然生态系统保护，形成自然生态系统保护的新体制新模式，促进生态环境治理体系和治理能力现代化，保障国家生态安全。

力争正式设立三江源、祁连山国家公园，实现"两个统一行使"，成为国家生态安全屏障的保护典范。加快完善三江源和祁连山国家公园范围边界，抓紧完成青海湖、昆仑山国家公园规划编制和申报，因地制宜推动条件成熟的地区申报国家公园。到2025年，青海的国家公园面积占全省自然保护地面积不低于70%，确立国家公园在自然保护地体系中的主体地位。以三江源、祁连山国家公园体制试点为基础，对国家公园核心保护区和一般控制区实行差别化管控，实现"三生空间（生产、生活、生态空间）"科学合理布局。大力推进国家公园山水林田湖草整体保护、系统修复和综合治理，开展山水林田湖草系统工程，着力提高国家公园水源涵养和生物多样性服务功能，提高优质生态产品供给能力和生态评估监测能力。实施生物多样性保护重大工程，加强以旗舰物种为核心的生物多样性监测评估，巩固珍稀野生动植物保护成效。

（6）推进国家公园科学有效管护示范。建立健全高等院校和科研机构合作参与机制，在中国科学院三江源国家公园研究院的基础上，依托中国科学院和青海大学等科研院所和高校建立青海省国家公园研究院，提高科技支撑力度。进一步建立完善科研监测体系，依托大数据、云计算等技术，高标准建设大数据信息平台，全面构建天空地一体化的生态监测网络，开展生态系统结构演变、自然资源资产核算、生态系统服务价值等生态评估试点，制定和完善监测指标体系和技术体系，建立健全第三方评估和"红黑名单"制度，形成常态化的生态监测评估机制。开展生态体验和自然环境教育，建立访客中心和宣教展示平台，提高公众保护自然生态意识。

（7）推进国家公园人与自然和谐共生示范。坚持节约优先、保护优先、自然恢复为主的方针，统筹山水林田湖草系统治理，扎实推进三江源、祁连山等生态保护建设工程，实施大规模国土绿化提速行动，深度参与第二次青藏高原综合科考活动，持续抓好木里等矿区生态修复工作，不断提升蓝绿空间占比，还自然以宁静、和谐、美丽。合理分区，差别管控，创新自然资源使用制度，建立健全特许经营制度，完善生态管护公益岗位政策，普及设置生态管护公益岗位，依法保护原住居民权益，规划入口社区建设，推进国家公园内群众转产转业，促进各利益主体共建国家公园、共享资源收入、人与自然和谐共生。同时，牢固树立生命共同体发展理念，推动建立长江、黄河、澜沧江流域省份协同保护三江源生态环境的共建共享机制，建立碳交易等市场协调机制，以及科技、人才、文化、教育、宣传、资源等合作平台。搭建国内外"友好国家公园"关系，加强国内外交流与学术合作，开创生态共建、环境共治、成果共享的新局面。

（8）与西藏共建国家公园群。依托青海、西藏两省份同处青藏高原的地位区位，以第二次青藏高原科考为契机，联合打造"第三极"国家公园群，成为展示美丽中国的重要窗口，为全球生态安全作出贡献。加强与西藏的沟通对接，建立两省份共建国家公园群联席会议制度，统筹研究"第三极"国家公园群自然资源和人文遗产价值，编制国家公园群建设规划方案、基础规程和监测评估规范，为国家公园群建设奠定基础。积极探索青藏高原重点生态功能区以国家公园规划为主导的区域综合规划，探索以国家公园建设为引领的区域协调发展新模式，实现区域生态资本增值与绿色发展、生态优先。

#### 1.5.2.2 加快自然保护地整合优化归并

开展自然保护地本底调查，制定《青海省自然保护地整合优化办法》《青海省自然保护地整合优化方案》，以保持生态系统完整性为原则，按照保护面积不减少、保护强度不降低、保护性质不改变的总体要求，坚持保护从严、等级从高，整合交叉重叠保护地，归并优化相邻保护地。加快地质公园、森林公园、湿地公园、风景名胜区、水利风景区和水产种质资源保护区等优化整合，着力解决区域交叉、空间重叠的问题。将未整合进国家公园和自然保护区的保护地，保留类型名称，统一划为自然公园。在科学评估、合理确定保护等级的基础上，按照保护地面积不减少、保护强度不降低原则，做到一个保护地一块牌子、一个机构、一套人马、一张地图，彻底解决自然保护地区域交叉、空间重叠、保护管理分割、破碎化和孤岛化等问题，实现应保尽保。编制青海省自然保护地总体规划，加快编制专项规划和年度实施计划。制定《青海省自然保护地管理条例》，授权自然保护地管理机构履行管辖范围内必要的综合执法职责，建设自然保护地综合执法队伍，构建自然资源刑事司法和行政执法联动机制。

#### 1.5.2.3 进一步理顺管理体制机制

建立分级统一管理体制，国家级自然保护地属于中央事权，由中央和青海省政府商议管理体制。省级自然保护地由青海省林业和草原局统筹管理，行使全民所有自然资源资产所有者管理职责，建立各类省级保护地管理机构，作为省林业和草原局直属或派出机构，明确职能和编制，履行管理职责。完善管理机构，国家级自然保护区按正县（处）级、省级自然保护区按不低于副县（处）级，各类自然公园国家级按副县（处）级、省级按科级设立。建立完善自然保护地内自然资源产权体系，清晰界定产权主体，划清所有权与使用权的边界，逐步落实保护地内全民所有自然资源资产代行主体的权利内容，非全民所有自然资源资产实行协议管理。建立以地方标准和内控标准为主的自然保护地系列标准。建立健全政府、企业、社会组织和公众参与自然保护的长效机制。

#### 1.5.2.4 建立财政事权划分和资金保障机制

建立财政投入为主的资金保障机制。完善中央和青海省财政事权和支出责任划分机制，推动中央与青海省按照事权划分分别出资保障国家级自然保护地。明确省林业和草原局与地方政府在省级自然保护地方面的财政事权和支出责任划分，加大建设力度。建立多元化市场化的生态补偿机制，探索建立自然保护地森林、草原、湿地碳汇交易补偿。加强保护地特许经营和社会捐赠资金管理，定向用于保护地生态保护、设施维护等。鼓励金融机构对自然保护地建设项目提供信贷支持，发行长期专项债券。鼓励社会资本发起设立绿色产业基金参与保护地建设。

#### 1.5.2.5 有序解决历史遗留问题

对自然保护地进行科学评估，将保护价值低的建制城镇、村或人口密集区域、社区民生设施以及基本农田等调整出自然保护地范围。编制全省自然保护地生态移民安置专项规划，结合精准扶贫、生态扶贫，将国家公园、自然保护区核心保护区的居民逐步搬迁到区外，严格限制自然保护地一般控制区内的居民数量，妥善解决移民安置后就业。涉及需要征收农村集体土地的，依法办理土地征收手续，并结合生态移民搬迁进行妥善安置。对实施移民搬迁家庭中具备劳动能力的成员优先安排生态公益岗位，争取做到移民户"一户一岗"。暂时不能搬迁的，设立过渡期，允许开展必要的、基本的生产活动，但不能再扩大发展。全面排查统计青海自然保护地内的工矿水电企业家底情况，研究制定全省自然保护地水电矿产退出条例或办法。采取注销退出、扣除退出、限期退出、自然退出等多种方式，对作业范围涉及国家公园和自然保护区核心区的工矿水电企业，可结合财力推行补偿退出，加快核心生态系统和自然资源的保护修复。同时，明确在全省自然保护地内，不再受理新的探矿权和采矿权。制定青海省自然保护地矿山废弃地修复方案，实现对自然保护地内山水林田湖草的系统治理和保护修复。根据历史沿革与保护需要，依法依规对自然保护地内的耕地实施退田还林还草还湖还湿。

### 1.5.3 创新一个机制

青海是我国首批生态文明先行示范区，也是首批生态产品价值实现机制试点省份，必须深入践行"两山"理论，创建成熟完善的转化机制，做好绿水青山这篇大文章，积极探索以森林、草原、湿地、自然保护地、生物多样性为主体的"绿水青山"转化为人民群众手中的"金山银山"，切实变"活树"为"活钱"，推动实现从生态大省转变为生态强省。

#### 1.5.3.1 完善转移支付机制

青海在保护"中华水塔"中积累了庞大的生态财富，作出了巨大的生态贡献，生态资产总价值达 18.39 万亿元，三江源、青海湖、祁连山三大重点生态功能区资产为 15.19 万亿元，占到全省总资产的 82.7%。由此产生的全省生态系统服务总价值为 7300.77 亿元/年，三大重点生态功能区生态服务价值为 5811.41 亿元/年，占全省总服务价值的 79.6%。青海为下游地区提供的生态系统服务就有 4726.56 亿元/年，占总价值的 64.7%。要充分考虑青海主体功能区生态保护和藏区发展等因素，充分考虑青海独特自然条件造成的一些特殊性成本差异，适当提高转移支付系数，进一步加大对青海的财政转移支付力度，特别是加大对青海重点生态功能区的均衡性转移支付力度。要从大区域大尺度算好"生态欠账"，加大转移支付力度和横向补偿，探索建立地区间横向援助机制，生态环境受益地区应采取资金补助、定向援助、对口支援等多种形式，对青海重点生态功能区因加强生态环境保护造成的利益损失进行补偿。支持青海创建生态补偿综合试验区，逐步实现青海森林生态效益补偿和草原奖补全覆盖。设立生态公益管护岗位给予专项补助，增加护林员、草管员，让更多的农牧民参与到生态保护事业中。对青海藏区林草改革发展设立更高的补偿补贴标准，提高造林种草、抚育经营和林草管护的标准。健全绿色发展财政奖补机制，探索政府采购生态产品试点，探索建立根据生态产品质量和价值确定财政转移支付额度、横向生态补偿额度的体制机制。建立全国性绿色利益分享机制，推动长江、黄河全流域一体化发展和保护，开展流域中下游对上游的生态补偿试点，探索建立资金补偿之外的对口支援、人才引进、人员培训等合作方式，开展省内流域横向生态保护补偿试点，推动流域生态补偿"青海模式"向"中国方案"升级，为建设美丽中国作出更大贡献。

#### 1.5.3.2 创新生态产品价值实现路径

建立标准化和规模化的绿色有机林草产品基地，建设珍稀濒危植物类、药用植物类、生态修复植物类等种质资源库，带动农牧民和农民合作社发展适度规模经营。开展林下种植养殖，发展林下经济。以三江源、祁连山等国家公园为依托，开展生态旅游、生态康养和生态体验向高端化、智慧化、融合化发展，建设生态文化小镇、森林小镇，推进林草生态服务业稳步发展，打造区域农家乐综合体和精品民宿示范品牌。完善共建共享机制和政策，引导全民全领域、全过程参与国土绿化、生态工程、资源保护、国家公园建设等林草建设行动，让全体人民在保护建设绿水青山中获得源源不断的金山银山。依托巨大的生态价值优势，挖掘生态价值的巨大潜力，强化"绿水青山"价值转化的政策、技术和制度供给。

#### 1.5.3.3 推进生态产品市场增值交易

开展生态产品价值核算和实现机制研究，构建物质产品、调节服务和文化服务价值的核算指标体系，研究提出不同区域、不同类型生态产品价值的实现路径，构建与生态产品价值实现相适应的制度政策体系。建立用能权、用水权、排污权、碳排放权初始分配制度，体现环境权益。加快构建自然资源资产产权制度、生态产品价值核算、市场交易平台、质量和技术标准认证在内的新体系，实现生态美、百姓富。探索公益林分类补偿和分级管理机制，提高生态公益林补偿标准。推行公益林收益权质押贷款模式。探索建设生态产品交易平台，推进森林、草原、湿地碳汇交易。推动金融机构与青海省合作设立生态产品价值实现专项基金，争取国家开发银行等支持。支持提供生态产品的企业发行绿色债券融资工具。支持探索绿色林草产品收益保险和绿色企业贷款保证保险。用"中华水塔""三江之源""生态屏障"等冠名林草产品，打造林草绿色生态产品品牌，制定行业标准，建立认证体系，整合构建网商、电商、微商融合的营销体系和品牌推介平台。突出枸杞、花卉苗木等生态产品优势，建立"生态+""品牌+""互联网+"等市场化模式，培育具有青海特色的区域生态品牌，不断探索完善生态产品价值实现机制。

### 1.5.4　落实五大保护修复制度

#### 1.5.4.1　全面保护修复天然林

落实《天然林保护修复制度方案》，严格保护所有天然林，科学修复退化天然林，到2025年，青海省367.82万公顷天然林得到有效管护，加快建立全面保护、系统恢复、用途管控、权责明确的天然林保护修复制度体系，实现天然林质量效益根本好转，天然林稳定性明显增强。将天然林保护修复按目标、任务、资金、责任分解落实到县并加以组织实施，实行天然林保护修复绩效目标责任制和天然林资源损害责任追究制。开展天然林保护与公益林管理并轨试点，加强天然林管护站点等建设，构建全方位、多角度、高效运转、天地一体的管护网络。严控天然林地转为其他用途，除特殊需要外，禁止占用重点保护区域的天然林地。在不破坏生态前提下，可在天然林地适度发展生态旅游、休闲康养、特色种植养殖等产业。科学开展天然林修复性经营，人工促进稀疏退化天然林更新，强化天然中幼林抚育。组织开展天然林科研攻关，加强天然林修复研究示范，完善天然林监测评价制度，建立高素质监测队伍。

#### 1.5.4.2　切实加强草原生态保护修复

落实中央出台的加强草原保护修复意见，全面加强草原保护管理，推进发展方式转变，根本遏制草原退化，确保全省3882.33万公顷天然草原得到全面保护，实现草原生态保护和牧民增收双赢。严格实行草原生态空间用途管控，严守草原生态保护红线，统筹协调草原"三生"空间，采取严格环境准入、用途准入、审批管理和修复提升等手段，加强草原保护，减少人类活动对草原的扰动。动态调整草原补奖机制，落实好草原禁牧休牧轮牧和草畜平衡制度。充分考虑野生动物增多带来的新挑战，推进草地用半留半，减轻天然草场承载压力。按照草地类型和退化原因，科学修复退化草原，持续推进适度封育、补播改良、饲草地建设、舍饲棚圈、毒杂草治理、鼠虫害防治、草原防火等生态治理，恢复和提高草地草场生态质量。

#### 1.5.4.3　深入开展湿地保护修复

认真落实国务院出台的《湿地保护修复制度方案》，加快推动湿地保护修复制度体系建设。建立健全湿地总量管控制度，严格落实征占用湿地"先补后占、占补平衡"，确保814.36万公顷湿地面积不减少，稳步提高湿地保护率。建立湿地分级管理制度，对纳入省级以上重要湿地名录的湿地进行严格保护和重点修复。探索建立湿地资源利用监管制度，提出水生、野生生物、景观等湿地资源可开发利用阈值，建立产业引导和退出机制。加强退化湿地修复，编制《青海省湿地保护修复工程中长期规划》，出台《湿地修复技术标准》和相关奖励办法。开展退耕还湿、退牧还湿试点。制定《省级以上重要湿地监测和评价技术规程》，查清青海省湿地资源现状。深化中央财政青海省湿地生态效益补偿试点，加强湿地生态公益管护工作。建立湿地保护修复绩效奖惩制度，鼓励各级政府和领导干部在湿地保护修复工作上要真抓实干，惩戒破坏湿地生态系统的行为，并进行追责。

#### 1.5.4.4 持续推进沙化土地治理

认真落实国家制定的《沙化土地封禁保护修复制度方案》，加强沙化土地封禁保护，持续推进沙化土地综合治理。在国家层面上，针对青海特殊地理区位和生态特殊性，设立防沙治沙专项工程，在"三盆地二源区"基础上，设立防沙治沙综合示范区。以防为主，防治结合，分区施策：对三江源地区，实施以草定畜、治理退化草地、休牧还草为主的保护措施，开展封禁保护、封育林草和围栏封育，促进林草植被自然恢复；对柴达木盆地，在西部人为活动较少的乌图美仁、大柴旦、冷胡沙区，划定封禁保护区，在其他地区加强天然植被保护，严格控制开垦、采矿和放牧，对退化防护林进行更新改造；对共和盆地，严格保护现有植被，实施生态移民、禁牧、全面封育措施，在水分较好地段实施人工造林种草，形成乔灌草结合的防护体系；对青海湖地区，在保护现有植被基础上，采取以封为主、人工促进天然恢复的治理措施。鼓励各类社会主体投资治沙造林。强化后期管护责任，确保建成一片、管护一片，严厉打击和查处乱砍、乱垦、乱牧、乱挖及乱用水资源等违法行为。同时，充分利用国家公园、沙漠公园等机制，积极发展沙产业、林下经济和生态旅游产业，扶持龙头企业发展，努力实现生态改善、沙区群众增收。

#### 1.5.4.5 加强生物多样性保护

持续落实《中国生物多样性保护战略与行动计划（2011—2030 年）》《青海省生物多样性保护战略与行动计划（2016—2030 年）》，划定生物多样性保护优先区域，在三江源、祁连山国家公园开展生物多样性保护专项行动，加强自然保护地建设，建立珍稀濒危及青海省特有野生动植物保护小区和水产种质资源保护区，开展珍稀濒危野生动植物抢救性保护、野生动植物拯救和栖息地质量提升行动，加强对雪豹、白唇鹿、岩羊、猞猁、野牦牛、黑颈鹤、藏羚羊和油麦吊云杉、角盘兰、小花火烧兰、贝母、羽叶丁香、淫羊藿、大花红景天、羌活、川赤芍、川西獐牙菜等珍稀野生动植物的保护。加强野生动物栖息地和特殊种群的监测评估，完善监测体系，切实掌握珍稀濒危野生动物的生存状态。加强入侵物种对生物多样性危害防控，加强重点时节、重点区域和重点疫病的监测防控，建立陆生野生动物疫源疫病监测防控体系。完善疫病疫情防控应急制度，完善野生动物源人兽共患病防控策略，提高分类监测和主动预警水平。完善生物多样性保护与可持续利用的政策和法规体系。建设生物多样性保护基础信息系统，建立青海省物种资源数据库。开展全省生物多样性状况评估，建立信息化的生物多样性监测体系，加强生物多样性监测及保护研究，开展气候变化对生物多样性保护影响评估与应对战略研究。完善生物多样性保护资金保障机制，建立青海省生物多样性保护基金，鼓励非政府组织（NGO）、企业、个人参与生物多样性保护。加强人兽冲突、家畜与野生动物争夺栖息地和食料等问题研究，开展野生动物肇事赔偿试点。加强生物多样性保护与山水林田湖草系统治理保护的关系研究。深入开展公众生物多样性保护宣传和国际合作。

### 1.5.5 大力开展五大行动

#### 1.5.5.1 科学国土绿化行动

树立正确的绿化发展观，科学节俭开展城乡绿化美化，推动国土绿化由数量增长向质量提升转变，由人工增绿为主向自然增绿为主、人工增绿促进转变，为人民种树，为群众造福。采取人工造林种草、封山（沙）育林育草、退化林分草原修复，宜林则林、宜草则草，强化生物多样性、树种多样化、乡土树种，走科学、生态、节俭的绿化发展之路。推进山水林田湖草系统治理，以三北防护林、天然林资源保护、退耕还林还草等国家工程为依托，以三江源、祁连山、柴达木等为主战场，实施三江源、祁连山、隆务河生态综合治理、黄河两岸国土绿化、龙羊峡库区水土保持林建设，开展退化林分草原修复抚育，提高生态功能。坚持科学造林种草，人工与自然结合为主，提高造林种草标准，对重点生态脆弱区25°以上坡耕地和严重沙化耕地实施新一轮退耕还林。实施家园美化升级工程，建设森林公园、湿地公园和环城林带草地，推进"四边"绿化，启动"蚂蚁森林"建设，创建森林草原城镇和乡村，加强通道、河岸绿化，打造城乡生态空间网络。"十四五"时期，人工造林33.4万公顷，到2025年全省森林覆盖率达到8%，草原综合植被盖度达到58.5%，绿色生态屏障更加稳固。把握好种、养、管、防的规律，坚持科学造林种草、科学管林护草、科学修复生态。同时要配合抓好六大重点工程：一是继续实施三江源生态综合治理三期工程。二是继续实施祁连山生态环境保护与建设综合治理二期工程。三是实施黄河两岸国土绿化。四是实施隆务河流域生态保护与建设综合治理。五是实施龙羊峡库区周边水土保持林建设。六是国土绿化及水利等基础设施配套建设。构筑河湟绿色屏障，加强黄河、湟水河两岸国土绿化，开展重点工程造林种草绿化行动，构建片、带、线、点相结合的防护林草体系。

#### 1.5.5.2 林草质量精准提升行动

全面推进林草质量精准提升，由追求单一功能向发挥多种功能转变，由粗放经营向集约精细经营转变，着力培育健康稳定优质高效的林草生态系统，充分发挥林草资源在维护生态安全中的主体作用。按照数量与质量并重，质量优先的原则，科学开展森林经营，精准提升森林质量。加大中幼龄林抚育力度，对密度过大的中幼龄林，采取间密留疏、去劣留优，保留珍贵树种和优质树木，优化林分结构；对目的树种密度偏低或者形成天窗、需要进行树种结构调整的中幼龄林，采取补植补造、人工促进天然更新等方式，优化林分结构。加大灌木林抚育经营力度，根据国家标准《森林抚育规程》(GB/T 15781—2015)制定青海实施细则，并将灌木林平茬复壮等抚育措施作为重要内容纳入其中，推动青海灌木林抚育经营与人造板、饲料生物质发电、颗粒燃料等林草相关产业有机结合。加大低质低效林改造力度，对因结构、生长、立地等不同因素造成的低效林，因林制宜采取抚育改造、补植补造、树种更替、灌改乔等措施，促进形成稳定、健康、生物丰富多样的森林群落结构。推动实施西宁森林精准提升，打造海东新造景观林。加强草原资源监测评价体系和监测网络建设，加大退化草原修复力度，加强草品种选育、草种生产等关键技术研发推广，严禁超载过牧、乱采滥挖草原野生植物，加大草原鼠虫害防治投入，切实提高草原质量。

#### 1.5.5.3 林草资源管理创新行动

合理划定生态保护红线，依靠红线严格保护森林、草原、湿地、荒漠等自然资源。建立青海省林地、草地、湿地、荒漠化土地资源"一张图"机制，将林草资源落实到山头地块、牧区草地、湿地沙地、田间地头，全天候、无死角、广覆盖开展生态巡查监测。推进"互联网+资源管理"建设，建立覆盖全省林草行业的信息化体系，建成省、市(州)、县三级自然保护地管理、林草资源管理、营造林管理、荒漠化管理、湿地管理、网上审批服务等多个业务系统，健全林草电子商务、林产品信息服务、林草资源资产交易、林权管理系统等平台，加快形成智慧监管框架。建立省、市(州)、县一体化的林草生态状况动态监测评价体系，推进装备现代化，用高新技术和现代交通装备升级改造森林草原防火系统，完善森林草原消防队伍营房、应急物资储备等基础设施。打造智能化、人性化的生态旅游公共服务平台，加快发展生态标识系统、绿道网络、环卫、安全等公共服务设施，开发提供优质的自然教育、生态科普、游憩休闲等生态服务产品，积极发展自然生态学校基地等服务，营造生态优美、景观多样、绿色宜人的生态空间。

#### 1.5.5.4 林草产业提质增效行动

出台支持青海林草产业发展的政策意见,制定《青海省林草产业发展条例》,实施"东部沙棘、西部枸杞、南部藏茶、河湟杂果"林业发展战略,推动林草增绿增收,走产业优质高效绿色发展道路。围绕高原特色生态有机品牌,积极推进全域有机林草产品认证,积极打造地理标志产品,推动青海省有机特色林业种植业的结构升级。选择合适的中藏药材品种,进一步发展规模化、标准化和带动力强的中藏药材种植基地,扶持一批林草专业合作社和龙头企业,建成具有区域优势的中藏药保护和生产区。重点发展林下种植业、林下养殖业、林下采集项目建设,构建全省草产业发展科技服务支撑、标准体系、社会化服务质量安全监测监管和产品营销流通等四大体系建设,建立林草产品检验检疫中心。充分利用优势资源,在不破坏森林资源的前提下,合理利用森林资源,加大高原特色经济型野生动物驯养繁殖标准化示范基地建设力度。以草业综合服务体系建设为依托,引入高科技推广示范项目,推动草产业"上台阶工程"顺利实现。建设一批标准化规模化的草种和草产品生产基地,集中解决草牧业发展中优质饲草供应不足的瓶颈,夯实产业发展基础,推进牧区生产方式转型升级;打造一批效益好、技术精、示范带动能力强的现代草业生产经营主体,推动形成草原生态环境好、产业发展优势突出、农牧民收入水平高的现代草牧业生产经营新格局。建设家庭示范牧场、合作示范牧场、饲草示范基地、良种繁育体系、草原畜牧业综合服务,加快草原保护建设步伐。

打造国际知名生态旅游目的地,优化生态旅游发展布局,重点打造昆仑山—可可西里、青海湖、祁连山、柴达木等国家级生态旅游目的地,共建青海、甘肃、四川国家生态旅游协作区,三江源重点发展生态观光、户外特种旅游、民族文化体验等产品,祁连山重点发展森林步道、山地探险和民族风情体验等产品。串联打造国家级生态旅游线路和风景道,联合毗邻省(自治区)开辟大香格里拉、西北丝路文化、黄河上游草原风情等跨省生态旅游线路,建设黄河、湟水河生态文化旅游带。加快发展国家公园、风景名胜区、自然保护区等自然保护地生态旅游产品,积极发展自然生态游、林草康养游等新业态,开发生态体验、野生动物观光等附加值高的特色旅游产品。加快重点生态旅游目的地到中心城市、交通枢纽专线公路建设,支持区域性旅游应急救援基地、游客集散中心、集散点及旅游咨询中心建设,完善生态旅游宣教中心、生态停车场,生态卫生间、绿色餐饮,生态绿道等配套设施建设,打造国家绿色生态产品供给地和世界级的高端特色生态体验旅游目的地。

#### 1.5.5.5 生态文化振兴行动

依托丰富的森林、草原、湿地和荒漠资源,发挥好区域人文生态的独特性和大尺度景观价值,建设生态文化基地,丰富生态文化内涵,打造"望得见山、看得见水、记得住乡愁"的生态文化基础,构建青海生态文化体系。大力挖掘发展河湟文化、昆仑文化等历史文化资源。依托生态文化基地建设,开展带有明显地域特色和当地多民族特色的各类生态文化节庆活动,全面摸清三江源国家公园和祁连山国家公园青海片区历史文化、民族文化、草原文化、地域文化等基础情况,逐步展示阶段性成果。建立国家公园生态文化数字平台,通过大数据中心的智能化功能,实现生态文化数据的检索浏览。将生态文化研究成果导入自然教育、社区生态道德教育、生态体验、文创产品、生态旅游等领域,让社区居民在生态文化建设中获益。

大力弘扬青海草原生态文化,将青海传统的草原文化进行收集、梳理、拾遗补阙,挖掘推广草原歌曲、诗歌、典故、舞蹈、书法、绘画等艺术作品。搭建草原文化展示平台,举办草原风情文化旅游节,开展各类草原文化活动,充分展示青海草原上的生产、生活方式和风俗习惯。开发

"草原文化+"，利用羊皮画、藏八宝屏风等丰富的草原文化资源。扶持一批重点草原文化产业和一批重点草原特色文化产业示范户，复兴草原文化中特有的剪纸、动物标本、民族服饰等，建设以民族民间工艺品加工、生产、销售为一体的草原特色文化产业园。加强草原文化与旅游的融合，着力建设草原文化旅游产业园、草原文化观光体验园、草原部落民俗村、草原影视外景拍摄基地等一批具有示范、辐射和推动作用草原文化旅游产业示范园。

### 1.5.6 深化林草六大改革

一是推进草原制度改革。深化草原产权制度改革，推进草原资源调查和确权登记，摸清草原资源底数，明确草原产权归属。推进草原监督管理体制机制改革，完善基本草原保护制度，严格草原征占用管理，强化基层监管队伍建设。严格落实禁牧和草畜平衡制度，推行划区轮牧、返青期休牧以及打草场、采种场轮割轮采，促进草原资源可持续利用。探索草原分类经营制度改革，合理划分天然草原恢复区和利用区，执行不同的保护利用政策，对草原恢复区，严格禁止放牧，给野生动物生存空间，最大限度发挥生态效益及生物多样性保护作用，给予利益受损的集体和农牧民补偿；对草原利用区，严格实行草畜平衡，科学利用草原。

二是深入推进国有林场林区改革。完善国有森林资源管理体制，建立权属清晰、权责明确、监管有效的森林资源产权制度，落实国有森林资源资产有偿使用制度。全面建立森林保护培育制度，确保森林资源数量和质量实现稳步增长，提高木材战略储备能力。建设现代化林区林场，大力发展森林观光、生态旅游、森林食品、森林康养等绿色经济，加强林区林场道路、管护用房等设施建设和升级改造，大力发展林区公共事业。实施以政府购买服务为主的国有林场公益林管护机制，认真开展国有林场场长任期森林资源考核和离任审计，建立职工绩效考核激励机制，加快推进绿色林场、科技林场、文化林场、智慧林场建设。

三是继续深化集体林权制度改革。健全集体林三权分置运行机制，赋予经营主体更大生产经营自主权，对集体和个人所有的天然商品林，安排停伐管护补助。引导集体林适度规模经营，鼓励和引导农户采取转包、出租、入股等方式流转林地经营权和林木所有权，培育壮大规模经营主体，兴办家庭林场、股份合作林场。搭建互联互通的林权流转市场监管服务平台，支持社会化服务组织开展统一管护等生产性服务。完善生态公益林补助、特色经济林扶持、退耕还林等惠农政策，支持社会主体发展林下经济。完善林权抵(质)押贷款制度，推行集体林经营收益权和公益林、天然林保护补偿收益权市场化质押担保。

四是探索自然资源资产产权改革。推动自然资源资产确权登记法治化，重点推进各类自然保护地、国有林场、湿地等重要自然资源和生态空间确权登记，将全民所有自然资源资产所有权代表行使主体登记为有关主管部门，逐步实现全省自然资源确权登记全覆盖，清晰界定各类自然资源资产的产权主体，划清各类自然资源资产所有权、使用权的边界。研究制定国有森林、草原资产有偿使用办法，明确使用范围、期限、条件和程序，完善使用权转让和出租具体办法。对国有森林草原资源，允许通过租赁、特许经营等方式积极发展森林草原旅游和康养。

五是加快林(草)长制改革。按照中央统一部署，全面建立省、市(州)、县、乡、村五级党政同责、全面覆盖的林(草)长体系，对生态资源保护、管理、监督、利用等方面形成全方位、强有力监管局面。在全省有林县、牧区县、沙区县要基本建立林(草)长目标责任制，压实党政领导主体责任，明确省、市(州)、县党委、政府主要负责人担任"总林长"，强化工作统筹，形成保护发展林草资源的强有力新格局。注重源头管理、加强基层建设、推动管理创新，整合组建生态管护员队伍，构建全覆盖、网格化、专业化的林草资源源头管理体系。依托各林草工作站，规范、提升林草资源督查，打击各类违法行为，有力保护发展林草资源。

六是深化林草行政审批改革。坚持市场化法治化，顺应机构改革需要，加强机关内部统筹协调，提升"互联网+监管"效率，推动林草审批改革深入开展，为生态建设和经济高质量发展提供有力支撑。推动简政放权向纵深发展，勇于对现有审批和许可事项改革，除关系生态安全和全省重大公共利益等的，能取消或下放的、都要尽快调整，市场机制能有效调节的、不再保留审批和许可。要消除多头审批、多重审批的不合理现象，推行并联式审批或集中审批改革，提高审批效率、服务经济社会发展。加快推进政务服务"一网通办"，深化"最多跑一次"改革和"证照分离"改革，推进投资项目审批提质增效改革。

### 1.5.7 夯实林草发展六大基础保障

#### 1.5.7.1 提高科技创新能力

面向重大国家战略和青海省"一优两高"战略部署，着力加强退化林分修复，荒漠化治理，天然林、湿地和草原保护修复，国家公园等自然保护地资源监测管理等关键技术攻关，争取完成一批国家重大专项，加强科技推广示范。针对地方需求，大力开展省林草科技专项研究，重点对困难立地造林种草、抗逆性乡土树种草种选育、良种引种驯化、退化湿地修复改良、林草有害生物防治、黑土坡治理、荒漠草原治理、次生盐碱地改良与示范、草原鼠害防治、林草产业和林草信息化等进行攻关，计划引种驯化树(品)种共20个。建立重大科技项目揭榜挂帅制度。加强生态定位站、长期科研基地和重点实验室等科技平台建设。创新林草科技推广载体，在现有青海省农林科学院林业研究所和省林业规划院等基础上，设立草原、湿地、荒漠科研机构和勘察设计机构。加强与科研机构等合作，建立林草科技协同创新机制和创新联盟。完善科技标准化建设，同步推进老旧标准废止和新标准的设立。建立政府委托或购买科技服务机制。健全覆盖省、市(州)、县、乡四级的林草技术应用和推广体系，稳定林草技术推广队伍。提高林草科技成果管理使用水平，增强科技推广与林农群体、企业需求的精准度、融合度、匹配度。完善林草科研评价和激励机制。加强对林草各级领导干部职工、林农果农的教育培训，加大林草信息化建设力度，推广林草"互联网+"。打造林草大数据平台，建立林草资源、防火、病虫害、工程、法制等数据模块，实时更新林草动态监测数据。到2025年，科技对林草发展的贡献率达50%以上。

#### 1.5.7.2 提升林草种苗质量

提高良种生产供应能力。改造提升特色种苗基地，新建一批林草种苗基地。加大乡土树(草)种、珍贵树种和适宜困难立地造林的抗逆性树种的良(品)种选育力度，积极培育良种壮苗。建立健全种苗检测联动机制，高标准建成省林草种质检验检疫中心，强化省、市(州)、县三级林木种苗执法站建设。继续深入开展古树名木抢救性保护，集中对全省古树群和散生古树名木全部实行原地保护。加强种质资源保护利用。推进林草种质资源普查，全面摸清种质资源家底。加大乡土树种草种研究攻关、保护和利用力度，制定乡土树种草种推广行动计划，加强国家级和省级林草种质资源保存原地库、异地库、设施保存库建设，科学贮藏林草种质资源。建设一批优良乡土树种基地和青海本土优良牧草种质繁育基地，实施林草种业科技入户工程，满足生态修复治理需要。到2025年，全省基地供种率达到70%，良种使用率达到60%，种子和苗木合格率均保持在90%以上。

#### 1.5.7.3 强化林草有害生物防治和森林草原防火

制定《青海省有害生物防治条例》，加强林草有害生物监测预警体系、检疫御灾体系、防治减灾体系、应急防控体系建设。建立有害生物资料数据库，强化预报工作。完善全省林草有害生物灾害应急指挥制度，强化检疫执法和检查检验队伍建设，更新和配备现代化防治设备，加强应急防治物资储备，强化应急防控演练和技术培训，提升应急处置和防治减灾能力。完善草原有害生物灾害监测预警体系，建设省级监控中心、地级监控站、县级监测防治站，探索建立边境生物灾害防火墙，建立重大入侵生物灾害定点测报系统。吸纳有能力、有经验的企业或组织作为防治主体，推进草原生物灾害专业化统防统治、全程承包服务模式。到2025年，林草有害生物成灾率控制在5‰以下。

贯彻生命至上、安全第一、源头管控、科学施救的根本要求，坚持一盘棋共抓，一体化推进，早发现、早处置，"打早打小打了"全面提升森林草原防灭火能力。健全预防管理体系。坚持预防为先，建立健全森林草原火灾数字化、智能化监测预警体系，综合利用航空、瞭望塔、林火视频、地面巡护等立体化监测手段，提高火情发现能力。严格落实党政同责、行政首长负责制，层层传导市(州)、县、乡、村干部防火责任和压力，强化网格管理队伍，充分发挥护林员、瞭望员预防"探头作用"。完善网格管理制度，定区域、定职责、定任务，推进精细化、常态化、规范化管理。创新科学防火方式方法，积极推进"互联网+防火"。健全各级特别是县级防火机构，保证编制、人员力量。探索实行防火购买服务机制，吸引社会力量参与森林草原防灭火工作。提高早期火情处置能力。完善森林草原火灾应急处置和早期火情处理方案，推行一区一策、一地一案，提高火情处置的针对性和可操作性。全面推进地方专业防扑火队伍标准化建设，深入开展火灾隐患排查和重点区域巡护，做到早发现、早排除、早处置、早扑灭。切实加强风险防范、依法治火、科学施救，预防发生人员伤亡和扑火安全事故。提升防控保障水平。科学优化防火应急道路、林火阻隔带、防火物资储备库、瞭望塔、航空护林站(点)等森林草原防灭火基础设施布局，构建自然、工程、生物阻隔带为一体的林火阻隔系统。加强专业化、现代化装备配备，提升基础通信、指挥调度和数据共享等监控能力。建立多层次、多渠道、多主体的投入机制，实施科学化"闭环式"项目管理，加强项目监督检查。2025年，通过森林草原防火建设，实现全省重点防火区域森林草原火情监测全覆盖，森林草原火灾防控能力显著提高，实现森林火灾24小时扑灭率达99%以上，森林和草原火灾受害率稳定分别控制在0.8‰和0.3‰以内。

#### 1.5.7.4　加强基层组织和队伍建设

明确基层林业、草原工作站(所)的公益属性，解决身份编制，改善基层工作和生活条件。推进林草基层站所标准化、规范化建设。发挥基层林草站、森林管护所、木材检查站等机构人员优势，强化林草执法，成立统一的林草综合执法队伍、综合防火队伍、技术推广队伍，妥善填补森林公安转隶后的执法空白。加快生态护林员、公益林管护员、草管员等林草管护人员职能任务融合，保持生态管护队伍稳定。牧区县、半牧区县设置草原工作站，改善执法检查装备条件。建立健全省林草人才发展规划体系，多渠道引进和培养高水平专业技术和经营管理人才。完善基层林草专业技术人才继续教育体系，加快实施专业技术人才知识更新工程，激励人才向基层流动、到一线创业，优化基层林草人才配置机制。大力培养科技领军人物、科技拔尖人才和基层技术骨干。

#### 1.5.7.5　改善提升基础设施

推进林区牧区林场道路、给排水、供电、供暖、通信等生产生活条件改善。将基层林草工作站基础设施建设和仪器设备的配备纳入林草体系建设专项投资，改善办公条件，配备先进仪器设备。充分利用互联网、物联网、大数据、云计算等信息技术，加强信息化基础设施、林草资源数据库、业务应用、森林草原防火管理系统建设，加强林草信息化保障体系、综合管理、支撑平台等建设，逐步实现林草信息资源数字化、林草系统管控智能化和林草管理服务协同化。

#### 1.5.7.6 健全生态资源监测体系

要全面整合森林、草原、湿地、荒漠和野生动植等物资源监测、生态功能监测等内容，创新监测技术，提高监测水平，建立青海省生态监测及价值资产评估中心，完善省、市（州）、县三级一体化的林草资源监测评估体系。加强林草资源监测队伍建设，形成省级监测队伍为骨干，市（州）、县两级技术力量为基础的监测队伍体系。加快监测样本布点，增设野外观测研究站点和生态地位站，加强国家级生态站建设，逐步改造提升省级生态定位站，构建国家级站、省级站及地方辅站相结合的三级站网观测研究体系，完善生态监测的技术支撑体系，建立全省生态资源监测评估网络。综合运用先进技术，构建"天空地"一体化监测预警体系。研究建立系统科学、准确快捷的生态监测评价标准，为推行生态政绩考核和生态损害责任追究制度提供科学依据。

## 1.6 林草重点生态工程

"十四五"时期，围绕"一优两高"决策部署，聚焦加快大美青海建设的迫切需要，推动"中华水塔"、国家公园示范省建设、林草事业高质量发展，谋划实施好八大工程14项重点建设项目。

### 1.6.1 国家公园示范省建设工程

#### 1.6.1.1 国家公园建设工程

重点推进三江源、祁连山国家公园建设，启动青海湖、昆仑山国家公园建设。主要任务是构建重要原生生态系统整体保护网络，强化重要自然生态系统、自然遗迹、自然景观和濒危物种种群保护。建设重点包括调查评价及勘界立标、生态保护修复、核心保护区生态移民、自然环境宣教、三江源、祁连山国家公园冰冻圈保护等7项内容。

#### 1.6.1.2 自然保护地体系建设工程

加快推动以国家公园为主体的自然保护地体系建设，构建富有青藏高原区域特点的、健康稳定高效的自然生态系统，提升生态产品和生态服务供给能力。整合交叉重叠保护地，归并优化相邻保护地，合理调整自然保护地范围并勘界立标，科学划定自然保护地管控分区，分类有序解决保护地内的历史遗留问题。建设重点包括山水林田湖草生态保护修复、科研监测、宣教等4项内容。

### 1.6.2 绿水青山工程

坚持保护优先、数量和质量并重，以西宁市、海东市乐都区（含平安区）、海西州德令哈市、海南州共和县、海北州海晏县、玉树州玉树市、果洛州玛沁县、黄南州同仁县（含尖扎县）等8个市（州）政府所在地为实施范围，立足现有绿色基础，全面对接国土空间布局和城市总体规划，构建"一城突破，多点支撑"的绿水青山工程空间布局，实现"山水林田湖草城"有机融合，大幅增加人民群众的绿色获得感，缓解"一城独秀"矛盾，打造特色鲜明、层次结构有序的绿水青山发展格局。

### 1.6.3 国土绿化工程

通过人工造林种草，提高林草植被覆盖度，加强森林经营，强化森林抚育、湿地和草原保护修复、退化林修复等措施，精准提升重点生态功能区的林草质量，促进培育健康稳定优质高效的生态系统，具体包括三江源生态综合治理三期工程等9项工程。

### 1.6.4　退耕还林还草工程

巩固退耕还林还草成果、扩大退耕还林还草范围，是党中央、国务院提出的一项重要战略任务，在风沙区、水土流失区域的严重沙化耕地、坡耕地、移民迁出区实施退耕（牧）还林还草。建设重点包括新一轮退耕还林工程和退牧还草工程。

### 1.6.5　防沙治沙工程

依据全国和青海省防沙治沙规划，加强荒漠化土地综合治理。以保护和恢复林草植被、减轻风沙危害为主要手段，重点加大城镇周边、绿洲、交通干线及生态区位特殊地区沙化土地治理力度。加强沙化土地封禁保护区和防沙治沙综合示范区建设，构建林草综合防风固沙体系。坚持规模化、基地化治理，努力建成1个百万亩、5个10万亩、20个万亩规模化防沙治沙基地。启动实施柴达木盆地生态环境保护和综合治理工程、青藏铁路重要枢纽——格尔木城市周边地区防沙治沙工程。

### 1.6.6　保护"中华水塔"行动

认真落实省委、省政府印发的《保护中华水塔行动纲要（2020—2025年）》，积极开展保护"中华水塔"行动。结合工作职责，落实实施方案，坚守源头责任，建立"一核一圈一带"的保护格局（一核：东昆仑山水源地地区；一圈：核心区周围地区；一带：核心区向西保护带）。统筹推进草原、森林、湿地与河湖、荒漠等生态系统的保护建设，实施水资源涵养功能稳固、生态系统功能提升等五大领域25项重点生态工程，加强江河正源水系保护，按照山水林田湖草系统治理要求对自然保护区、重要湿地、重要饮用水水源地保护区、自然遗产地等实行集中统一管理，严格生态空间管控，努力实现保流量、保水质，全力构建"中华水塔"保护三环层级，提供更多优质生态产品，做到全力护塔、塔惠全国。

### 1.6.7　地球第三极保护工程

牢固树立尊重自然、顺应自然、保护自然的理念，坚持生态优先、绿色发展，坚持预防为主、综合治理，注重自然恢复，加强监督管理，创新体制机制，加快实施重要区域水土综合防治，切实抓好重要高原河湖生态保护与修复，保护地球第三极生态系统。

### 1.6.8　林草资源保护修复工程

#### 1.6.8.1　森林资源保护工程
严格执行天然林保护修复制度，对青海省所有天然林实施全面保护。"十四五"时期重点对森林资源进行管护，改造修复退化林等。建设重点包括天然林保护管理等3项内容。

#### 1.6.8.2　草原生态保护修复和草原保护地建设工程
推进新一轮退耕还林还草，建立草原自然保护区和自然公园，加强草原保护修复，加快草原治理力度，促进草原生态自然恢复，遏制草原沙化退化趋势，逐步建立健康稳定的草原生态系统。建设重点包括退化草地人工种草生态修复等5项工程。

#### 1.6.8.3 湿地保护修复工程

加大湿地保护恢复力度,增强湿地生态功能,提升湿地综合管理水平。重点加强黄河等流域湿地、湖泊、水系保护性开发,开展湿地产权确权试点,实施退耕退牧还湿工程,建设湿地公园,建立湿地生态修复机制,规范湿地保护利用行为,基本形成布局合理、类型齐全、功能完善、规模适宜的湿地保护体系。建设重点包括湿地保护与修复、退牧(耕)还湿、小微湿地建设等5项工程。

#### 1.6.8.4 生物多样性保护工程

加强生物多样性丰富区域的基础设施和能力建设,启动实施生物多样性建设工程,推进可可西里、孟达、青海湖等重点区域建设,进一步提高生物多样性保护和管理水平。拯救普氏原羚、麝、雪豹、野生鹿类、黑颈鹤、天鹅、野生雉类、华福花、兰科植物等珍稀濒危野生动植物种,恢复极度濒危的野生动植物及其栖息地,强化就地、迁地和种质资源保护。健全野生动物疫源疫病监测、野生动植物调查监测体系,加强野生动植物保护科研工作。开展古树名木资源普查,抢救和复壮濒危的古树名木,加强古树名木周边生态建设和环境治理。建设重点包括野生动植物资源本底调查、濒危旗舰物种拯救保护与监测等5项工程。

### 1.6.9 林草产业化发展工程

围绕建设特色经济林和草产业格局,着力做好种苗培育提升、示范基地建设、知名品牌建设、新型经营主体培育等项目,做大做强林草产业,再造林草产业发展新优势。建设重点包括特色种植养殖业产业建设、生态旅游业发展等4项工程和项目。

### 1.6.10 林草事业发展支撑保障工程

全面提升发展支撑能力,切实保障林草发展需要。强化森林草原火灾预防、防火应急道路、林(草)火预警监测、通信和信息指挥系统建设。完善有害生物监测预警、检疫御灾、防治减灾三大体系,加强重大有害生物以及重点生态区域有害生物防治。加强国有林场道路、饮水、供电等基础设施建设和林业草原基层站所标准化建设。推进林业科技支撑能力建设,系统研发重大共性关键技术,加强科技成果转化应用,健全林业草原标准体系。开展"互联网+"林草建设,构建林草立体感知体系、智慧林业草原管理体系、智慧林草服务体系。建设重点包括森林草原火灾高风险区综合治理、森林草原有害生物防控能力建设等11项工程。

## 1.7 加强政策扶持

聚焦保护"中华水塔"和林草高质量发展这条主题,实施青海省"十四五"林草发展规划,必须在政策上取得突破,加快建立健全涵盖森林、草原、湿地、荒漠、国家公园等自然保护地、野生动植物等配套协同的政策体系,确保如期高质量完成规划目标任务。

### 1.7.1 完善国家公园示范省支持政策体系

#### 1.7.1.1 机构设置政策

充分考虑青海国家公园示范省建设的创新性、示范性和引领性,以及青海民族地区的代表性,对国家公园等自然保护地的机构设置、机构级别、人员编制等全方位给予特殊政策倾斜，确保以有力的体制保证和充足的基层专业化队伍率先成功打造中国国家公园建设标杆。完善保护地管理机构人才引进和管理办法，大力引进具有一定学历的年轻专业人才，不断提高待遇，确保人才引得进、留得住、干得好。

#### 1.7.1.2　资金保障政策

正确处理保护地管理机构与属地政府的关系，制定事权划分清单，地方政府应行使辖区经济社会发展综合协调、公共服务、社会管理等职责。建立以财政投入为主的自然保护地建设资金机制，完善中央和青海财权事权划分机制，依据不同事权逐项确定中央和青海的投入比例，依据《重点生态功能区转移支付资金管理办法》，积极争取更多转移支付资金，建立国家公园和自然保护地专项投资渠道，实行专款专用。实行自然保护地特许经营和社会捐赠资金收支两条线管理。特许经营费由各保护地管理单位编制单位预算，汇总到省林业和草原局编制部门预算，其收入全额纳入部门预算进行管理，支出按基本支出、项目支出进行编列，严禁各保护地管理机构"坐收坐支"。各保护地管理机构作为特许经营和社会捐赠收入执行部门，必须严格按照规定的特许经营项目、征收范围、征收标准和捐赠性质等进行征收，足额上缴国库。社会捐赠资金必须严格规范管理，及时公开公示，提高使用透明度。特许经营和捐赠资金收入须专款专用，定向用于保护地生态保护、设施维护、社区发展及日常管理等。

#### 1.7.1.3　金融政策

国家公园等自然保护地应大力发展绿色金融，加快构建基于绿色信贷、绿色基金、绿色保险、碳金融等在内的绿色金融体系。鼓励社会资本发起设立绿色产业基金，推进绿色保险事业发展。发挥开发性、政策性金融机构作用，鼓励其在业务范围内，对符合条件的青海自然保护地体系建设领域项目提供信贷支持，发行长期专项债券。联合国内商业银行共同发行青海自然保护地体系建设长期专项债券，筹集资金支持青海自然保护地建设。

#### 1.7.1.4　生态移民政策

完善生态移民政策，提出合理可行的生态移民补偿方案，对国家公园及自然保护区核心保护区原住居民实施移民搬迁。对三江源、祁连山国家公园核心保护区农牧民实行特殊生活补贴，使其达到同期全国农民平均生活水平。探索将45岁以上生态搬迁农牧民全部纳入医疗、养老、失业保险和扶贫救助等社会保障范围，对18岁以上青壮劳动力进行再就业技能培训，并对农牧民子女实行12年义务教育，全额补贴大学学费，不断增加下一代脱贫致富能力。

#### 1.7.1.5　传统产业转型政策

针对自然保护地内的产业如餐饮、住宿、各类生产加工工厂、畜牧业等传统产业进行评估，制定推动传统产业转型的相关政策，鼓励开发标准化的餐饮、住宿、低碳交通、商品销售、高端自然体验和漂流等，突出国家公园示范省品牌价值。

### 1.7.2　完善生态保护修复和自然资源管理政策

#### 1.7.2.1　创新生态保护修复扶持政策

完善生态保护修复政策，因不可抗拒自然因素造成的造林种草面积损失，经省级工程管理部门组织认定后，审核报损，列入下一年度工程建设任务。扩大退化林分修复试点面积，加大三北防护林工程退化林分改造和灌木平茬任务面积，分不同类型区域、针对退化主导因素，制定具体措施，促进防护林建设优化升级。加强自然保护地核心保护区和重要区位森林经营管理办法研究，提出符合青海实际的相关政策建议，按照程序报批。加快推进流域上下游横向生态保护补偿机制，推动开展跨省流域生态补偿机制的试点，建立省内流域下游横向生态保护补偿机制，以市(州)为单元，通过积极争取中央财政支持、本级财政整合资金对流域上下游建立横向生态保护补偿给予引导支持，推动建立长效机制。

制定退化草原保护修复政策，编制草原保护修复规划，建立专项资金，引入社会资本参与草原生态保护修复；制定解决"一地两证"的特殊政策，明确补偿标准；完善草原生态管护员管理办法，建立草原管护员制度，在"一户一岗"基础上，对管护面积超过户均水平一定规模的增加1名管护员。根据不同地区的地理气候和生态区位差异，适当提高青海造林补助标准，建立差异化的生态建设成本补偿机制。

#### 1.7.2.2 完善林草重点工程后续政策

加快完善天然林保护修复制度、管护制度及配套政策。依法合理确定天然林保护重点区域，制定天然林保护规划、实施方案，完善天然林管护体系，建立天然林休养生息促进机制。严管天然林地占用，完善天然林保护修复支持政策，加强天然林保护修复基础设施建设。统一天然林管护与国家级公益林补偿政策，对集体和个人所有的天然商品林，争取中央财政继续安排停伐管护补助。逐步加大对天然林抚育的财政支持力度。鼓励社会公益组织参与天然林保护修复。

制定退耕还林后续补偿政策，退耕补助到期后，按照不低于第一轮补助标准进行后续补助。扩大退耕还林还草规模，对生态地位十分重要、生态环境特别脆弱的退耕还林地区，在替代政策尚未出台前，继续实施补助；将退耕地上营造的生态公益林纳入各级政府生态效益补偿基金，提高补偿标准，逐步将退耕还林地纳入生态护林员统一管护范围。将坡度15°~25°的生态严重退化地区的退耕地纳入耕地休耕制度试点范围。

#### 1.7.2.3 制定自然资源管理和有偿使用政策

在明晰产权的基础上，推动青海国有森林、草原、湿地等所有权和使用权相分离，稳妥开展全民所有森林、草原、湿地等自然资源资产价值核算和清查工作，基于核算标准建立健全国有森林、草原、湿地有偿使用制度。探索并制定国有森林、草原、湿地等有偿使用政策或办法，严禁无偿或低价出让。推动森林、草原、湿地进入碳汇交易市场，制定补贴政策，引导高排放企业购买林草碳信用，建立林草增加碳汇的有效机制。

### 1.7.3 完善林草改革相关配套政策

"十四五"时期，青海林草改革任务繁重，必须完善相关配套政策，为林草深化改革提供适宜的政策土壤环境。

#### 1.7.3.1 完善集体林地承包经营改革政策

稳定和完善集体林地承包制度，大力发展抵(质)押融资担保机制，积极推进林业信用体系建设，加快发展林权管理服务中心，推进集体林业综合改革试验工作。探索在林区实施三权分置，鼓励和支持各地制定林权流转奖补、流转履约保证保险补助、减免林权变更登记费等扶持政策，积极引导林权规范有序流转，重点推动宜林荒山荒地荒沙使用权流转。加快推进"互联网+政务服务"，推进互联互通的林权流转市场监管服务平台建设，提高林权管理服务的精准性、有效性和及时性。探索开展特色经济林确权发证。

#### 1.7.3.2 完善巩固国有林场改革成果配套政策

落实国有林场事业单位独立法人、编制和国有林场法人自主权。加快分离各类国有林场的社会职能，公益林日常管护要面向社会购买服务。建立"国家所有、分级管理、林场保护与经营"的国有森林资源管理制度和考核制度，对国有林场场长实行国有林场森林资源离任审计。充分利用国家生态移民工程和保障性安居工程政策，改善国有林场职工人居环境。

#### 1.7.3.3 完善草原承包经营制度改革配套政策

坚持"稳定为主、长久不变"和"责权清晰、依法有序"的原则，依法赋予广大农牧民长期稳定的草原承包经营权，规范承包工作流程，完善草原承包合同，颁发草原权属证书，加强草原确权承包档案管理，健全草原承包纠纷调处机制，扎实稳妥推进承包确权登记试点。积极引导和规范草原承包经营权流转，草原流转受让方须具有畜牧业经营能力，必须履行草原保护和建设义务，严格遵守草畜平衡制度，合理利用草原。

### 1.7.4 建立产业高质量发展政策

大力培育和合理利用林草资源，充分发挥林草生态系统多种功能，促进资源可持续经营和产业高质量发展，有效增加优质林草产品供给，推动林草产业全环节升级、全链条增值。制定针对枸杞等特色经济林产业的相关政策，推动枸杞等优势产业向精深化发展。制定国家公园等自然保护地生态旅游和高端生态体验相关扶持政策，鼓励形成国家公园集群和品牌效应，打造国家公园冠名的各类品牌，如生鲜产品和农牧产品等。鼓励国家公园入口社区适度发展餐饮、住宿、休闲娱乐等配套产业。制定现代林草经营体系培育政策，着力培育和壮大林草产业新型经营主体，积极鼓励各种社会主体参与林草产业发展。建设一批类型多样、资源节约、产加销一体、辐射带动能力强的省级以上龙头企业。发展"龙头企业+专业合作组织+基地+农牧户"等多种经营模式，引导农牧民开展专业化、标准化种养生产。构建和延伸"接二连三"产业链和价值链，促进一、二、三产业融合发展。培育壮大区域优势主导产业，着力打造知名品牌。探索建立"互联网+林草+大数据"产业信息平台。积极争取进入国家林业和草原局与阿里巴巴集团的战略合作范围，在经济林、林下经济、电子扶贫、电子商务、大数据运用、互联网金融、电商培训等领域，促进林产品销售，打通产销渠道，增强林草产业发展后劲。

### 1.7.5 完善财政金融和科技扶持政策

立足绿水青山守护者的定位，进一步加大公共财政支持力度、强化生态补偿、拓宽生态建设投融资渠道、发挥科技政策服务功能，增强能力、释放活力、提高效率，全面支撑引领林草事业发展。

#### 1.7.5.1 完善生态补偿政策

推动国家通过转移支付等多种方式对青海省实行纵向和横向补偿，建立长效的森林、草原、湿地生态效益补偿机制。积极争取将生态型经济林纳入森林生态效益补偿范围，与当前划定的生态公益林同等享受中央、地方和横向生态补偿。推动国家提高青海灌木林造林和抚育补贴标准。按照生态保护成效，探索开展森林生态效益分档补偿试点。探索湿地资源恢复费相关政策，从水电费等有关湿地资源利用收益中按比例安排湿地保护资金。积极争取中央将省内国际重要湿地、国家重要湿地、国家湿地公园、省级重要湿地纳入湿地生态效益补偿范围。在补偿迁徙鸟类和农作物损失基础上，继续扩大湿地生态补偿对象的范围。制定退耕还湿、退牧还湿统一政策和补偿标准，适时扩大范围，建立长效机制。积极争取中央将未纳入草原生态保护补助奖励政策的草原面积纳入补助范围。在有代表性区域开展沙化土地封禁保护试点，将生态保护补偿作为试点重要内容。推进生态综合补偿试点。依托国家公园示范省建设，在三江源国家公园开展流域生态效益综合补偿试点，探索建立多元化和市场化的流域横向补偿机制。

#### 1.7.5.2　完善财政政策

各级政府根据财力状况，调整财政支出结构，将林草生态建设、林草产业发展纳入公共财政预算体系，建立稳定的投资渠道。完善重点生态工程投资结构，将造林基础设施建设、抚育管护纳入投资范畴。中央财政对青海林草项目实行差别化标准，提高青海造林补助标准，建立差异化的生态建设成本补偿机制。将退化林分修复纳入工程新造林范围，享受新造林补贴政策。完善林业财政贴息政策，提高林权抵押贷款贴息率，延长贴息时间，对林权抵押贷款符合国家林业贷款贴息政策的，优先给予财政贴息补助。探索将水土保持补偿费中一定比例用于林草业生态保护与修复。建立绿色 GDP 核算机制，为生态政绩考核提供依据。对青海采取预防、控制国家重点保护野生动物造成危害的措施支出经费，由中央财政按照一定比例予以补助。国家财政对长期低成本的林草产业投资者给予一定资金的鼓励性补贴。

#### 1.7.5.3　完善投融资政策

引导金融机构开发中长周期、利率优惠、手续简便、服务完善等适应林草业特点的金融产品。鼓励建立合作社信用联盟，探索开展林区、牧区微型金融和农户互助金融。切实增加林业贴息贷款政策覆盖面。大力发展抵(质)押融资担保机制，完善林权抵押贷款政策，将特色经济林纳入政策范围，开展林木所有权证抵押贷款试点。积极开展公益林补偿收益权抵押贷款试点，启动林地、草场承包经营权抵押贷款。在国家公园、湿地公园、沙漠公园优先探索实施 PPP 项目。制定出台林草保险优惠政策，防范林草各类自然灾害损失，有效化解森林和草原经营风险。由政府、企业和个人共同出资解决资金来源问题，推动建立完善保险、贷款和融资担保制度。探索发行长期专项债券，定向投资于国家公园以及自然保护地的建设与开发。积极引进省外、国外资金，探索生态产品价值实现机制，有效利用世界银行、欧洲投资银行等金融项目推进林草建设。

#### 1.7.5.4　完善科技政策

建议国家专项安排青海林草科技和教育经费，切实增加林草科技投入，加大科技创新力度，加快现有科技成果转化及适用技术的推广。加强与科研院校的合作，加大青海林草攻关技术研究、技术储备。促进林草科技对口援助，鼓励和支持国内重点农林高校和相关科研机构在青海设立若干个区域性林草综合试验示范站或推广基地；通过建立林草科技扶贫开发示范样板、选派林草科技扶贫专家、培养乡土技术能人等方式，促进林草科技在贫困地区真正落地。加快编制林草科技发展专项规划，建立不同区域草原生态保护修复技术标准体系，鼓励支持草原实验监测站(点)建设，积极开展草原生态修复专题研究和技术示范。加大林草业技术人才培育和引进，鼓励科技人员通过技术承包、技术转让、技术服务、创办经济实体等形式，加快科技成果转化。推进林草科技体制改革，建设林草科技创新基地，逐步建立产学研紧密结合、多主体协同推进的林草科技成果转移转化新机制。

## 1.8　组织保障建设

实施"十四五"林草发展规划是一项宏大系统工程，对推动落实"中华水塔"生态保护和林草高质量发展、加快建设"大美青海"具有重要作用，要敢于担当作为，勇于攻坚克难，加强协调配合，完善政策制度，强化科技创新，加大投资力度，增加公众参与度，确保规划各项任务落到实处。

### 1.8.1　加强组织领导

成立规划实施领导小组，统一部署、综合决策、监督评估，确保规划实施。各级党委、政府要切实增强"四个意识"，坚定"四个自信"，做到"两个维护"，主动担负起林草改革发展的主体责任。要切实加强对林草工作的领导，把林草建设纳入当地经济社会发展总体规划，提上政府工作的重要议事日程，把打造国家公园省与保护"中华水塔"有机结合起来，把国土空间绿化提质和改善城乡人居环境有机结合起来，把特色林草产业发展与脱贫攻坚、促进乡村振兴、增加农牧民收入有机结合起来，统一规划实施，整体协调推进。要调动领导干部积极性，充分利用督查、考核撬动林草改革发展的杠杆作用，把森林覆盖率、林地草原征占用审核审批率、破坏林草资源和自然保护地案件查结率、森林火灾受害率、林草有害生物成灾率等重要指标，纳入各级政府年度督查和考核体系，对工作滞后的市（州）、县进行通报批评。省林业和草原局要牵头抓总，积极做好规划编制、协调指导、资金争取、服务督促等工作。省发展改革委、财政厅等相关部门要按照职责分工，发挥大局意识，各负其责，通力协作，积极支持，群策群力抓好"十四五"林草发展工作。

### 1.8.2　强化法治保障

完善林草法治体系，提高林草法治水平，用最严格制度和最严密法治为林草改革发展提供可靠保障。推动国家公园等自然保护地、草原等地方立法，积极配合修订林草法律法规及部门规章，逐步建立法律、条例、规定、制度、办法等要素紧密结合的法律法规体系。认真贯彻执行《中华人民共和国森林法》《中华人民共和国草原法》《中华人民共和国野生动物保护法》等法律法规，加大林草执法力度，严格森林、草原、湿地、荒漠植被和野生动植物资源保护管理，严厉打击乱砍滥伐、乱捕滥猎、毁林开垦、非法占用林地等违法行为，严禁随意采挖野生植物，做到有法必依、执法必严、违法必究。特别要对高发多发、社会敏感度高、影响大的破坏林草资源案件，组织开展专项打击行动，持续保持高压震慑态势。要加强林草执法监管体系建设，建立素质过硬、业务精通的林业草原执法队伍。通过林业、草原普法宣传活动，提高林草干部队伍运用法治思维和法治方式推动工作的能力水平。提高社会重视生态保护的意识，形成全社会自觉保护生态、美化环境的共同行动。推动生态保护相关法律进课堂，生态保护意识从娃娃抓起。加大生态保护领域违法典型案例曝光力度，用法治意识构筑保护生态的无形红线。

### 1.8.3　完善制度体系

完善生态文明制度，建立依法开展生态保护和建设的体制机制。加快制定生态保护红线管控办法，健全生态资源用途管制制度，确保生态安全。严格实行生态环境损害赔偿制度，健全生态损害赔偿等法律制度、评估方法和实施机制，建立领导干部自然资源资产离任审计制度。建立生态文明标准体系，逐步建立健全生态监测、生态价值核算、生态风险评估、生态文明考核评价等标准体系。进一步建立健全生态保护和建设的体制机制。探索建立多元化的生态补偿制度。稳定和完善草原承包制度，着力构建产权清晰、多元参与、激励约束并重的草原保护管理制度体系。不断提升林草生态建设治理体系和治理能力现代化水平。

### 1.8.4 加强考核评估

"十四五"规划是指导林草改革发展、实现未来五年发展蓝图的纲领性文件，各级林草部门要切实履行职责，加大工作力度，确保完成规划提出的各项任务和保障措施。要加强统筹各类生态空间规划，做好政策和任务的相互衔接，做到集中发力，重点突破，切实解决生态保护与修复存在的突出问题。强化对规划实施情况跟踪分析，建立规划实施评估机制，开展规划中期评估和终期考核，加强对规划执行情况的监督和检查，定期公布重点工程项目进展情况和规划目标完成情况。省林业和草原局要组织编制一批落实本规划的重点专项规划。基层林草部门要结合地方实际，突出地方特色，做好省规划与地方规划提出的发展战略、主要目标和重点任务的衔接协调。加强年度计划与规划的衔接，确保提出的发展目标和主要任务落地见效。

### 1.8.5 推进合作交流

广泛开展林草工作中生态保护修复中各领域、各层次的对外合作与交流活动，通过对青海独特的生态资源、悠久的生态历史和传统的生态文化的展示，吸引国际、国内有关力量包括非政府组织、企业、个人等参与到青海林草事业建设的项目、技术、资金等各方面，重点推进在三江源、祁连山、青海湖等重点地区以及高原湿地保护、防沙治沙、生物多样性保护、生态修复和林业草原碳汇等重点领域的国际合作，落实"一带一路"国家战略，加强与"一带一路"沿线国家的林草交流合作。优化生态领域对外创新合作的区域、途径与方式，拓展对外合作的视野和渠道，引进先进技术、理念与方法，建设对外科技合作示范平台，建立国际科技合作开放新机制。

### 1.8.6 加大宣传力度

充分认识林草宣传工作的重大意义，以推进建设大美青海为目标，深入开展植树节、湿地日、爱鸟周、创建国家森林城市等专题宣传活动，大力弘扬生态文化，大力宣传林草重要地位和作用。要聚焦青海林草特色和巨大成就，突出宣传国家公园、防沙治沙成就的中国经验，突出宣传保护绿水青山、造福全国和世界的团结奉献精神，持续提升青海林草建设影响力。要全面及时地把青海各地探索实践林草改革发展的成功经验和先进典型挖掘出来，总结推广，加大典型事迹宣传力度，把人民群众和基层的创造性发挥好、引导好、利用好，推动全社会更加关心支持林草事业发展。要加强全民生态道德教育，提高全民维护生态、热爱生态的绿化意识、责任意识、法制意识。要通过持续广泛深入的林草宣传活动，进一步筑牢习近平生态文明思想，树牢绿色发展理念，在全社会形成关心林草、参与生态建设的普遍认识和自觉实践，使林业草原改革发展氛围越来越好。

**参考文献**

国家林业局，2016. 林业发展"十三五"规划[Z].

青海省人民政府办公厅，2016. 青海省"十三五"规划纲要[Z].

青海省人民政府办公厅，2016. 青海省林业"十三五"规划[Z].

中国共产党青海省第十三届委员会，2018. 中共青海省委省政府关于坚持生态保护优先推动高质量发展创造高品质生活的若干意见[Z].

国家发展改革委，2020. 美丽中国建设评估指标体系及实施方案[Z].

国家发展改革委、自然资源部，2020. 全国重要生态系统保护和修复重大工程总体规划（2021—2035 年）[Z].
中共中央办公厅、国务院办公厅，2017. 建立国家公园体制总体方案[Z].
中共中央办公厅、国务院办公厅，2019. 关于建立以国家公园为主体的自然保护地体系的指导意见[Z].
习近平，2017. 决胜全面建成小康社会夺取新时代中国特色社会主义伟大胜利——在中国共产党第十九次全国代表大会上的报告[Z].
国家发展改革委，2018. 三江源国家公园总体规划[Z].
国务院，2016. 青海三江源生态保护和建设二期工程规划[Z].
国家林业和草原局调查规划设计院，2019. 祁连山国家公园总体规划（征求意见稿）[Z].
中共中央办公厅、国务院办公厅，2020. 关于构建现代环境治理体系的指导意见[Z].
常纪文，2019. 国有自然资源资产管理体制改革的建议与思考[J]. 中国环境管理，11(01)：11-22.
刘治彦，2017. 我国国家公园建设进展[J]. 生态经济，33(10)：136-138+204.
姜霞，王坤，郑朔方，等，2019. 山水林田湖草生态保护修复的系统思想——践行"绿水青山就是金山银山"[J]. 环境工程技术学报，9(05)：475-481.
曹巍，刘璐璐，吴丹，等，2019. 三江源国家公园生态功能时空分异特征及其重要性辨识[J]. 生态学报(4).
曲艺，2011. 青海省三江源地区生物多样性保护规划研究[D]. 北京：北京林业大学.
林宣，2013. 国家林业和草原局印发林草产业发展指导意见[J]. 绿色中国，2019(04)：68-69.
刁巍杨，2013. 我国区域资源保障程度评价及空间分异特征研究[D]. 吉林：吉林大学.
刘钟，2017. 中国草地资源现状与区域分析[M]. 北京：科学出版社.
卢欣石，2019. 草原知识读本[M]. 北京：中国林业出版社.
郭振，2017. 三江源国家公园生态旅游业发展路径分析[D]. 青海：青海师范大学.
孙业强，2019. 林业"三变"改革的障碍及其消解[J]. 绿色科技(15)：212-214.
唐晶晶，李生红，2011. 宁夏林业生态产业发展现状与建议[J]. 现代农业科技(22)：235-236.
魏朝晖，陈继红，2019. 林业生态文化建设的有关问题探讨[J]. 现代园艺，42(17)：106-107.
侯盟，黄桂林，崔雪晴，等，2016. 青海省生态区划研究[J]. 林业资源管理(1)：24-31.
张玉龙，2016. 森林立法完善对林业保护的促进分析[J]. 农业与技术，36(04)：181.
中国科学院生态环境研究中心，2019. 中国生态系统评估与生态安全数据库[J/OL]. http：//www.ecosystem.csdb.cn/ecosys/ecosystem_ tree.jsp / 07, 20.
Moreno-de Las Heras M, Merino-Martin L, Nicolau J M, 2009. Effect of vegetation cover on the hydrology of reclaimed mining soils under Mediterranean-Continental climate [J]. Catena, 77：39-47.

# 2 林草产业发展研究

## 2.1 研究概况

### 2.1.1 研究背景

青海省委、省政府高度重视林草产业发展,省委十二届十三次全体会议提出"四个转变"即努力实现从经济小省向生态大省、生态强省的转变;从人口小省向民族团结进步大省的转变;从研究地方发展战略向融入国家战略的转变;从农牧民单一的种植、养殖、生态看护向生态生产生活良性循环的转变。"四个转变"是青海贯彻习近平总书记视察青海时重要讲话精神,深化省情认识,推动"四个扎扎实实"落实的思路创新。2018年,青海省委十三届四次全体会议作出"一优两高"战略部署,"一优两高"战略是在国家发展的大逻辑大背景下提出,是青海省积极践行国家战略与发展政策,因地制宜推动青海省发展的战略部署,也是青海省发挥自身优势,将发展的差距势能转换成发展动力的制度安排,是青海省积极融入国家发展战略,紧抓机遇的主动发展。在此背景下,青海林业和草原产业得到了长足的发展,截至2018年年底①,林草产业产值达到65.21亿元,带动就业人数65.87万人。经济林种植面积达到25.31万公顷,种植涵盖沙棘、枸杞、核桃、树莓、藏茶、樱桃等,其中沙棘240.96万亩,枸杞74.49万亩,初步形成"东部沙棘、西部枸杞、南部藏茶、河湟杂果"的林草产业体系;经济型野生动物养殖34.4万头(只);建成国家级森林公园、国家级自然保护区、国家级湿地公园以及国家沙漠公园和森林康养基地等共计82处,林业生态旅游人数从2017年的500多万人(次)增加到2018年的1081万人(次),林业生态旅游人数首次突破千万大关,旅游收入达到8.8亿元,林草产业发展态势喜人。

"十三五"期间,青海省林草产业得到了长足的发展,不仅仅局限在林草产业本身价值的提升,

---

① 数据来源:中国林业网(http://www.forestry.gov.cn/xdly/5197/20190114/092134135698325.html),2019-01-14。

还将林草强大的生态功能不断延伸，帮助改善环境、发挥生态效益。但是，青海省林草产业发展依然存在着资金不足、经营管理粗放和政策持续性、稳定性不强等问题。以上这些因素共同导致了青海省林草产业总体质量欠佳、发展速度缓慢、区域发展不平衡等问题。因此，如何解决青海省林草产业发展存在的问题，促进林草产业的可持续发展成为青海"十四五"期间林草产业发展迫切需要解决的问题。

### 2.1.2 研究意义

对青海省林草产业如何可持续发展进行细致研究，是以习近平新时代中国特色社会主义思想为指导，全面落实党的十九大和十九届二中、三中全会精神，践行习近平总书记"绿水青山就是金山银山"和"三个最大"（最大的价值、最大的责任、最大的潜力）的重要指示精神，牢固树立创新、协调、绿色、开放、共享和"一优两高"的发展理念，以林草产业绿色发展、增进居民生态福利为主要目标，大力培育和合理利用林草资源，发挥森林和草原生态系统的多种功能，促进资源可持续经营和产业的高质量发展，有效增加林草产品的供给，打造便利的林草产业发展服务设施，建设繁荣的林草生态文化，传播先进的生态理念，为全面建成小康社会、建设生态文明和美丽中国作出贡献。特别是2018年，中共中央、国务院印发的《乡村振兴战略规划（2018—2022年）》，对实施乡村振兴战略作出阶段性谋划，部署了一系列重大工程、重大计划、重大行动，是统筹谋划和科学推进乡村振兴战略的行动纲领。林草产业发展是推进林草现代化和生态文明建设的有力抓手。

### 2.1.3 关键概念界定

关键概念界定主要是对林草产业发展过程中的核心概念进行释义及在本研究中主要涉及的内容进行说明。

(1) 林业产业化。林业产业是一个涉及国民经济第一、第二和第三产业多个门类，涵盖范围广、产业链条长、产品种类多的复合产业群体，是国民经济的重要组成部分；在维护国家生态安全，促进农民就业、带动农民增收、繁荣农村经济等方面，有着非常重要和十分特殊的作用（引自《林业产业振兴规划（2010—2012年）》）。而林业产业化是在林业产业基础上进行延伸，即林业产业化是指以森林资源为依托，以市场为导向，以提高经济效益为中心，对林业主导产业实行区域化布局，规模化生产，集约化经营，社会化服务，建立产供销贸工林一体化生产经营体制，实现林业的自我调节，自我发展的良性可持续循环。

考虑到青海省林草产业发展的实际情况，本研究的林草产业与林草产业化重点仍关注林业第一产业与林业第三产业，林业第二产业涉及相对较少，不是青海省林草产业发展的重点。

(2) 特色林业种植业：即是经济林草产业。经济林是以生产木本油料、干鲜果品、森林药材，以及林产饮料、调（味）料、工业原料和其他森林食品等为主要目的林木，分为木本油料（核桃、油橄榄等）、干果（枣、板栗等）、水果（苹果、梨等）、森林药材（枸杞、人参等）、林产饮料（茶叶、咖啡等）、林产调料（花椒、八角等）、林产工业原料（生漆、松脂等）、其他森林食品（竹笋、食用菌）共八大类，是我国重要的森林资源（周力军，2015）。加快经济林的发展，是优化林草产业结构，满足社会需要，促进林产品向高效化、产业化发展的重大举措，也是实现生态扶贫、绿色产业扶贫与乡村振兴的重要选择。大力发展经济林草产业，具有十分重要的意义。

本研究的青海省特种林业种植业主要是其优势的经济林草产业，主要包括沙棘、枸杞、中藏药材、藏茶和特色杂果等。

(3) 林下经济 (黄春平, 2019)：主要是指以林地资源和森林生态环境为依托，发展起来的林下种植业、养殖业、采集业和森林旅游业，既包括林下产业，也包括林中产业，还包括林上产业。林下经济是在集体林权制度改革后，集体林地承包到户，农民充分利用林地，实现不砍树也能致富，科学经营林地，而在农业生产领域涌现的新生事物。它是充分利用林下土地资源和林荫优势从事林下种植、养殖等立体复合生产经营，从而使农林牧各业实现资源共享、优势互补、循环相生、协调发展的生态农业模式。

根据《青海省林下经济发展规划 (2016—2025 年)》显示，青海省林下经济发展主要包括在林下发展特色林草种植、特色经济型药用野生动物驯养繁殖利用、特色林草生态旅游业等特色产业。

(4) 草原资源 (卢欣石, 2019)：也属于自然资源，是自然界中存在的、非人类创造的自然体，它蕴含着能满足人们生产和生活所需的能量和物质。因此，草原资源可以定义为具有数量、质量、空间结构特征，有一定面积分布，有生产能力和多种功能，主要用于畜牧业生产资料的一种自然资源。随着生产的发展，进一步扩展为天然、人工、副产品饲草料资源的总体。

依据调研实际与青海省未来发展需求，在"十四五"期间关于草产业发展重点集中在人工饲草料基地建设与生态草种的选育两个部分。

(5) 生态旅游业 (丛小丽, 2019)：是指以有特色的生态环境为主要景观的旅游。具体是指以可持续发展为理念，以保护生态环境为前提，以统筹人与自然和谐发展为准则，并依托良好的自然生态环境和独特的人文生态系统，采取生态友好方式，开展的生态体验、生态教育、生态认知并获得心身愉悦的旅游方式。

青海省森林生态旅游应该是以草原、森林、高原生物与各类国家公园为基础，融入青海省独特的人文生态系统，打造新型的生态旅游。

## 2.1.4 研究内容

在对青海省"十三五"期间林草产业发展情况进行评价基础上，分析青海省林草产业发展的面临的优势与劣势、机会与威胁，确定"十四五"期间林草产业发展的定位、思路与目标，进一步优化青海省林草产业发展的重点行业布局，提出林草产业发展的建议，为进一步推进青海省林草产业的全面、健康和可持续发展规划的制定和实施提供科学依据。

## 2.1.5 相关研究方法

### 2.1.5.1 实地调研法

根据研究的需要，采取以普查数据、年鉴数据与代表性调研点调查数据为基础，利用焦点小组访谈和深入访谈等性质的研究方法。具体来说，本课题对青海省林业和草原局相关处室与各州县进行实地调研基础上，进行了二手资料收集。具体收集的二手资料：①林业统计年鉴；②地区统计年鉴或统计公报；③近 10 年来森林资源分布的 GIS 数据；④各类林草产业发展规划；⑤各类林业工程进展资料；⑥各部门汇报材料等。

### 2.1.5.2 系统研究法

系统研究法是从系统观念出发，把林草产业发展看成一个系统，统筹兼顾里面的相互影响、相互作用的各个要素，使各部门协同行动产生整合作用，促进青海省林草产业的发展，提出科学合理的建议。

### 2.1.6 技术路线

本研究按照科学研究的一般思路和过程，从青海省林草产业发展的实际着手，运用文献研究、调查研究、归纳与演绎等研究方法，借鉴相关理论研究和实证研究成果，理论与实践相结合，重点在现有林业政策下青海省林草产业优化发展的研究。具体的技术路线如图2-1所示。

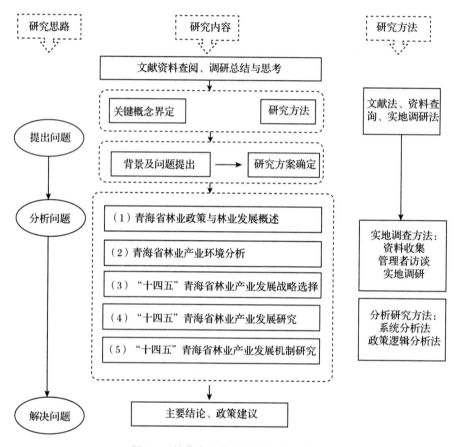

**图2-1 林草产业发展研究的技术路线**

研究的总体思路与技术实现过程：

（1）提出问题。在梳理青海省"十三五"林草产业的现状，分析了林草产业发展规划，总结评价了青海省林草产业发展所处环境的基础上，提出青海省林草产业发展的导向，并提出研究问题。

（2）分析问题。在确定了研究的具体方案之后，对本研究的核心问题逐一进行分析，研究的核心问题主要包括三部分："十四五"青海省林草产业发展的战略选择研究、"十四五"青海省林草产业如何布局与发展研究和"十四五"林草产业发展机制的创新研究。

（3）提出青海省林草产业发展的对策与政策建议。

## 2.2 现状分析

### 2.2.1 林草产业增速较快,但结构尚待优化

#### 2.2.1.1 产值增速快于全国水平,总量依然较低

2010年以来,在青海省委省政府的高度重视及国家林业和草原局的大力支持下,青海省政府对林草产业结构进行大幅度的调整,并在2016年发布了《青海省人民政府办公厅关于加快林草产业发展的实施意见》,具有高原特色的林业现代化路子越来越清晰,林草产业的发展进入了快速发展通道,近10年来保持了高速的增长态势。林草产业总值从2010年的7.49亿元增加到2018年的69.42亿元(图2-2),林草产业总值增长了8.27倍,林草产业总值年平均增速40.25%。在增长速度上远高于青海省同期国内生产总值的增长速度,在青海省国民经济的影响逐年加大。

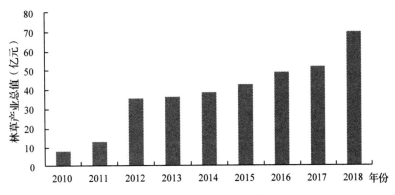

**图2-2　2010—2018年青海省林草产业总值对比**

青海省林草产业总值仅占到全国林草产业总值的0.095%,不到0.1%,远低于广东、山东、广西和福建等林草产业发达省份,在林草产业行业中的整体地位不高。

#### 2.2.1.2 第一产业比重过大,第三产业快速增长

青海林草产业结构特点明显,第一产业长期占主导地位,第二产业发展处于弱势地位,近些年第三产业快速增长。根据林业统计资料,2010年青海仅以林业第一产业为主,三产结构比96.83∶0∶3.17,林业第一产业产值7.25亿元,占青海林草产业总产值的96.83%,在第一产业中,以生态建设为目的林业培育和种苗以及经济林产品种植与采集为主。其中,用林业培育和种苗3.20亿元,占第一产业产值的44.10%,木材采运0.12亿元,经济林产品种植与采集3.77亿元,占第一产业产值的51.95%。第三产业产值为0.24亿元,主要贡献来自林业旅游和休闲服务。

到2018年,林业第一产业产值增加到72.53亿元,占林草产业总值比重与2010年持平。其中,增长最快的是经济林产品的种植和采集,2018年产值达37.68亿元,占第一产业产值的51.95%,林木育种与育苗产业产值31.97亿元,但是占比下降,占第一产业产值的44.08%。以旅游服务为代表的林业第三产业快速增长,2018年第三产业产值增长到2.374亿元。占林草产业总产值的比例上升到3.17%,产业结构进一步优化。其中,林业旅游与休闲服务产值达到2.374亿元,直接带动产值为3.606亿元,林业旅游与休闲服务业的发展是导致林草产业产值快速增长的主要因素。

## 2.2.2 特色种植基础坚实，但产业化程度较低

### 2.2.2.1 沙棘资源分布分散，产业资源利用率低

青海省沙棘资源丰富，自20世纪80年代以来开始大规模种植沙棘，但当时造林的出发点是以防风固沙、水土涵养为目标，较少考虑经济效益。沙棘作为青海高寒地区经济树种之一，截至2018年年底，青海省现有沙棘资源241万亩，其中人工林155万亩，天然林86万亩，分布在青海省6州1地1市的30多个县(图2-3)。沙棘在青海除了西南部高寒地带以及干燥的柴达木盆地之外，都有沙棘资源的分布。总体上来说，资源分布较为分散。由于现阶段青海的沙棘资源发展仍然以生态培育为主，高产复合应用较少，现有241万亩沙棘资源中可采果面积约为40万亩，沙棘产业资源利用率低。

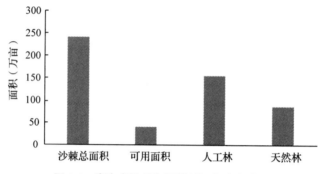

**图2-3 青海省沙棘资源类型面积分布统计**

从沙棘产业发展的行业趋势来看，由于青海地处偏远，经济发展相对于沿海地区较为落后，且人口数量远不及东部沿海地区，在消费市场上处于劣势。此外，从沙棘产品的加工方面来看，青海省沙棘产品的加工以原料为主，科技含量相对较低，资源消耗量大，未能形成规模化生产与深加工能力。沙棘加工的产品数量和质量受到限制，没能形成青海省自主的特色品牌。

沙棘加工的主要对象是其果实和叶，青海现有沙棘资源的开发主要以野生资源为主，产量难以保障。要想发展沙棘产业则需要培育和引进新的品种，来改变沙棘虽然资源丰富，但是产果量较低的难题。虽然2015年青海省发布了《青海省沙棘产业发展规划的通知》，受林业政策的限制，林地责权不明确，导致土地经营权流转、投资融资受挫，严重影响了农民种植经营沙棘的积极性和主动性，也导致了青海省沙棘产业发展进程缓慢。此外，青海省本地科研院所对沙棘的科技研发投入不足，科研人员在技术研发和市场营销上找不到切入点，无法将自然资源科学地转化为市场竞争力。

### 2.2.2.2 高端枸杞认证不足，市场认知度低

在三北防护林工程、退耕还林工程和防沙治沙工程建设的支持下，青海省自2002年起发展枸杞产业。枸杞的种植主要分布在海西州柴达木盆地的都兰、德令哈、格尔木、乌兰等县(市)和海南州共和县。截至2018年年底，青海省的枸杞种植面积达到74.49万亩，种植规模跃居全国第2。伴随着种植面积的不断扩大，青海省枸杞产业的产量与产值增长势头迅猛，但部分区域枸杞种植比较粗放，种植规划存在不合理现象。青海作为全世界四大超净区之一，其地理区位优势没有得到充分体现，截至2018年青海省通过有机枸杞种植基地认定的面积为17.6万亩，通过有机枸杞产品认证面积为8.34万亩，有机认证的规模偏小(图2-4)。2017年，青海省政府出台了《关于加

快有机枸杞产业发展的实施意见》,进一步健全有机枸杞育苗、种植、有害生物防控、经营管理、采摘、储存、加工、检测等标准化体系。

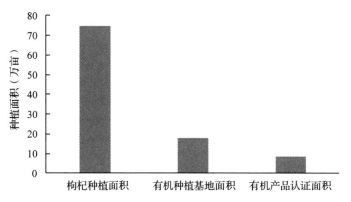

图 2-4 青海省枸杞种植面积分布

青海省枸杞品牌培育滞后,良种选育与栽培技术推广不够,有机枸杞品牌建设标准体系还没有完全与国际市场接轨,导致枸杞品牌的市场认知度低。其主要原因包括几个方面,首先是枸杞经营管理水平总体偏低,没有完全形成"科研机构+企业+合作社+农户"发展模式;其次,高端创新人才储备不足,在有机枸杞检测、品牌建设标准体系建设方面缺乏系统的研究;再次,宣传推介力度小,"互联网+"等电商平台利用不足,没能构建完备的有机枸杞品牌销售网络体系,是国际市场占有率不高的另一个原因;在农村土地"三权分置"政策全面落实有待进一步加强,鼓励和支持龙头企业、集体组织、产业协会以及种植大户等生产经营主体,通过土地经营权流转,促进有机枸杞基地规模化发展政策层面有待进一步深入研究。

#### 2.2.2.3 中藏药种植初具规模,市场尚待开发

青海省中藏药材品种丰富,现已查明的中藏药材资源1660种,其中198种是国家和青海省内确定的重点品种,188种被列入《中国药典》。在全国普查的363个重点药物品种中,青海省占了151个,其中植物类药131种,动物类药11种,矿物类药9种。由于高原过度放牧,以及无节制对药材资源进行采挖,生物多样性出现衰退,也会对中藏药材的生长造成一定影响,甚至导致野生药材资源濒临灭绝。为响应《国务院办公厅关于转发工业和信息化部等部门中药材保护和发展规划(2015—2020年)的通知》精神,加快推动青海省中药材产业健康持续发展,青海省人民政府办公厅连续出台了《关于印发青海省贯彻落实国家中药材保护和发展规划实施意见的通知》和《关于加快中藏药材种植基地建设的意见》文件,鼓励中藏药材规模化种植。截至2018年年底,青海省中藏药材种植面积突破1.04万公顷,是西部地区重要的当归、黄芪生产基地,藏药种植业初具规模。

总体来说,中药材产业发展还处于起步阶段,产业化发育程度不高;政府在产业化过程中的主导作用发挥不够,缺乏对中藏药材资源的有效保护和有序开发;标准化生产水平低,药品标准建设滞后,企业科技研发力量与研发资金严重不足,积极性差,技术服务体系不完善,制约中藏药的市场准入和推广。

#### 2.2.2.4 藏茶、特色杂果重栽轻管,标准化程度低

2016年,青海省出台了《关于加快林草产业发展的实施意见》,提出"东部沙棘、西部枸杞、南部藏茶、河湟杂果"发展战略,将藏茶和特色杂果作为一项重要的林草产业来发展。杂果在青海

主要包括核桃、樱桃、葡萄、苹果、树莓、花椒、梨、油用牡丹等水果产品。截至2018年年底,青海省现有核桃24.39万亩,树莓10.74万亩,藏茶2.26万亩,樱桃3.18万亩,油用牡丹0.5万亩,葡萄、苹果、花椒、梨等其他杂果类23.07万亩(图2-5)。

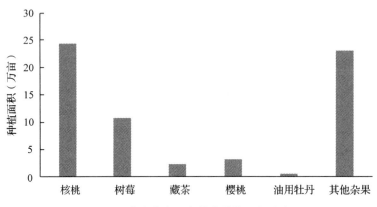

图2-5 青海省杂果和藏茶种植面积分布

在藏茶、特色杂果发展的过程中存在以下问题:第一,由于资金投入少,基地建设质量不高、标准化程度较低,没有形成优质高产的标准化基地,制约产业规模化发展。第二,种植户对栽植、抚育管理的技术掌握不完全,经营管理处于无序状态,造成亩产低。第三,由于缺少专门的研发团队,导致特色杂果自主栽培品种较少,良种选育滞后,同时缺少专门的培训机构,新技术得不到推广和应用。第四,缺乏具有影响力和带动力的龙头企业,企业及农牧民合作经济组织数量少、规模小,带动能力弱,未形成依托龙头带动规模经营的发展格局。在产品销售方面多为一家一户形式,组织化程度低,没有形成强强联手,而是各自为政,各环节的经营者之间没有形成利益共同体。市场牵龙头、龙头带基地、基地连农户的产业化组织形式没有形成,产业体系不健全。缺乏引导、鼓励、扶持藏茶、特色杂果品牌建设方面的配套政策和措施。

## 2.2.3 野生动物保护成效显著,但特色养殖未成规模

### 2.2.3.1 野生动物资源丰富,保护严格

青海省地形复杂,地貌多样,为野生动物提供给了良好的栖息环境。青海省现有陆生野生动物466种,其中鸟类292种、兽类103种、哺乳类115种、两栖爬行类16种、鱼类55种,分别占全国动物种数的24.6%、20.2%、3.2%和6.8%。其中国家一级保护野生动物22种,国家二级保护野生动物63种,省级重点保护野生动物35种。20世纪80年代,由于盗猎分子的偷捕乱猎,一度使得青海境内麝类、白唇鹿、马鹿、藏羚羊的数量急剧下降,有些物种已经濒临灭绝。20世纪90年代以来,国家依照《中华人民共和国野生动物保护法》,加大了对非法盗猎的打击力度,同时还在青海省建立了各类自然保护区,野生动物的保护越来越严格,种群恢复越来越多。

### 2.2.3.2 特色养殖刚起步,总体水平较低

由于人口众多以及经济发展对野生动植物资源的需求,国家和地方政府提倡开展野生动物的驯养繁殖,通过人工繁殖满足市场需求。青海省按照依法管理、突出特色的目标、特色经济型野生动物养殖规模,批准合法野生动物驯养繁殖单位和个人77家。截至2018年年底,青海省经济型野生动物养殖34.4万头(只),其中,梅花鹿等鹿类发展到2344头、林麝300500余只。青海省的野生动物的驯养繁殖已经初见成效,但是没有形成规模化、集约化的繁育、培植体系,总体发

展水平较低。

### 2.2.4 生态旅游资源丰富，但开发利用缺少特色

#### 2.2.4.1 生态旅游资源丰富，发展空间广阔

青海位于"世界屋脊"青藏高原的东北部，平均海拔在3000米以上，境内山脉纵横，峰峦重叠，湖泊众多，峡谷、盆地遍布，是长江、黄河、澜沧江等江河的发源地及水源涵养区，素有"三江之源""中华水塔"之称。青海是农业区和牧区的分水岭，兼具了青藏高原、内陆干旱盆地和黄土高原的3种地形地貌，这里既有高原的博大、大漠的广袤，也有河谷的富庶和水乡的旖旎。省内各地区间之间差异大，垂直变化明显形成了高原独特的山水林田湖草沙区位优势。青海省旅游资源丰富，涵盖湿地、森林公园、沙漠公园、森林公园、草原等类别。截至2018年年底，青海省建成国际重要湿地3处（青海鸟岛自然保护区湿地、扎陵湖湿地、鄂陵湖湿地）、国家级湿地公园19处、省级湿地公园1处、国家级森林公园7处、省级森林公园16处、国家级自然保护区7处、省级自然保护区4处，国家沙漠公园12处，森林康养基地2处、森林景观利用精准扶贫基地3处、森林人家3处、林家乐8处。

#### 2.2.4.2 生态旅游产业快速增长，特色不突出

2018年，林业生态旅游人数达到1081万人（次），首次突破千万人大关，旅游收入达到8.8亿元，生态旅游产业快速增长。但目前青海的旅游路线主要集中在环青海湖地区，其余地区的生态旅游路线没有得到充分的发挥，高原的区位优势没有得到充分体现。同时，很多景点没有显示出独特的旅游形象，由于缺少推广，游客探访量极少，基础的旅游设施和旅游服务薄弱；另外，有些景点缺少标志性建筑，旅游产品推广滞后，缺乏旅游地图标注，甚至没有旅游基础设施和服务。

### 2.2.5 草畜平衡基本实现，但综合利用程度低

#### 2.2.5.1 草场资源丰富，面积分布广

青海省现有天然草场面积5.82亿亩，占青海省面积的55.73%，占全国草原面积近9.3%。草地面积仅次于新疆、内蒙古和西藏，居全国第4位，是重要牧区之一。资源分布上，共有9个草地类93个草地型，主要以高寒草甸、高寒干草原为主体，占青海省草原总面积的85.4%。可利用草场面积4.74亿亩，占天然草场面积的87%。其次，温性草原、草甸到高寒干草原、草甸，从潮湿的疏林、灌丛到极干的荒漠都有分布。

#### 2.2.5.2 草产业初步形成，草地退化防治形势严峻

在国家政策以及项目支持下，青海省三江源自然生态保护和退耕还草工程不断扩大和深入，实施以草定畜、推行舍饲圈养、划区轮牧以及西繁东育工程等草原生态保护性措施和可持续发展战略，积极发展草产业。青海省东部重点发展秸秆、苜蓿秸秆以及玉米秸秆等优质秸秆和饲草的加工利用，形成了青贮、微贮、揉搓拉丝等草产业加工方法，使饲草的利用率得到了较大提升。青海省南部地区牧草资源丰富，主要开展了无芒雀麦、燕麦等优质牧草的种植与加工。截至2015年年底，青海省牧草良种繁育基地建设面积达到23万亩，人工草地建设面积达到779.7万亩，改良草场3534.1万亩，建成饲料加工企业50家、饲草加工企业13家、青贮窖133.85万立方米，并初步建立省、州、县、乡（村）、牧户五级饲草料贮备体系；建成围栏草场1.68亿亩，改良退化草地5600万亩，防治草原鼠虫害和毒草1.38亿亩，一定程度上遏制了天然草场的急剧退化，但整体形势和趋势依然不容乐观，特别是缺乏长期稳定的资金投入。尽管防治的力度在加大，但危害

的程度依然严峻。

#### 2.2.5.3 草原载畜压力降低,基本实现草畜平衡

青海省从 2008 年首先试行草地生态畜牧业建设,探索出适宜青海牧区的"股份制""联户制""大户制""代牧制"等一系列试点方法,全面推进了青海省全国草地生态畜牧业建设。截至 2018 年年底,青海省已组建 961 个生态畜牧业合作社,入社牧户达 11.5 万户,占建设村牧户总数的 72.5%,牲畜、草场集约率分别达到 67.8% 和 66.9%。其中有 38 个合作社以股份制方式进行了资源整合,一、二、三产并举,产加销结合,彻底打破了分散经营的传统生产方式,加快了草牧业转型发展,由过去过度放牧逐渐向以草定畜转变,促进草地生态环境恢复。生态畜牧业建设使青海草原生态也得到了保护,牲畜超载率由 2010 年以前的 35.79% 下降到 3.74%,基本实现草畜平衡。

## 2.3 环境分析

### 2.3.1 林草产业发展面临的机遇

#### 2.3.1.1 "五位一体"总体布局为林草产业发展指明了方向

2012 年,党的十八大把生态文明建设纳入中国特色社会主义事业总体布局,全面推进经济建设、政治建设、文化建设、社会建设、生态文明建设,实现以人为本、全面协调可持续的科学发展。五位一体的战略布局使生态文明建设的战略地位更加明确,有利于把生态文明建设融入经济建设、政治建设、文化建设、社会建设各方面和全过程。2017 年 10 月,党的十九大制定了新时代统筹推进"五位一体"总体布局的战略目标。林草是国家生态文明建设的重要主体,青海地区的沙棘、枸杞、中藏药、藏茶和特色杂果等产业既可以为生态建设服务,也可以产生经济价值。森林、草原、湿地等丰富的自然资源是青海发展生态旅游的重要支撑。

#### 2.3.1.2 保障国家生态安全成为青海林草产业发展的第一要务

2016 年,习近平总书记就贯彻落实"十三五"规划、加强生态环境保护、做好经济社会发展工作调研考察,调研期间指出,青海最大的价值在生态、最大的责任在生态、最大的潜力也在生态,必须把生态文明建设放在突出位置来抓,尊重自然、顺应自然、保护自然,筑牢国家生态安全屏障,实现经济效益、社会效益、生态效益相统一。

#### 2.3.1.3 "四个转变"为青海林草产业带来新的发展模式

青海省委省政府提出"四个转变"新思路,即在认识省情和谋划发展上,要努力实现从经济小省向生态大省、生态强省的转变,从人口小省向民族团结进步大省的转变,从研究地方发展战略向融入国家战略的转变,从农牧民单一的种植、养殖、生态看护向生态生产生活良性循环的转变。四个转变思路为新时期青海林草产业的发展明确了着力点,提供了新的发展机遇。

#### 2.3.1.4 建设国家公园示范省推动着林草产业向更高质量迈进

省委省政府高度重视以国家公园为主体的自然保护地体系建设工作,在全国率先开展"以国家公园为主体的自然保护地体系示范省"建设,是进入新时代青海生态文明建设的新战略、新实践,也是青海省推进生态保护、民生改善、绿色发展、和谐稳定的新路径。"十四五"期间,顺应发展实际,辩证处理好生态环境保护与经济社会发展之间的关系,找到保护与发展的制衡点,在保护

中实现发展,在发展中实现更好地保护,在推动国家公园省建设过程中实现林草产业高质量发展。

### 2.3.2 林草产业发展面临的挑战

#### 2.3.2.1 生态保护和建设任务艰巨,纵深推进难度加大

青海省的大部分地区属于高原地带,林木稀少,森林资源总量少且空间分布不均。目前,绝大部分森林资源集中在东南部,森林生态系统整体功能脆弱。青海省拥有的湿地面积占全国首位,受全球气候变化、人类活动的干扰以及部分区域不合理的开发利用,使得湿地生态系统的保护与管理压力增加,生物量多样性受到影响。此外,青海省是全国沙漠化危害严重的省份,2019年沙漠化土地面积85.7万公顷,防沙治沙任务艰巨。同时,青海省大部分宜林地集中在干旱半干旱地区,能够造林且立地条件较好的地方已经基本造林,剩余的地方立地条件较差,造林难度大,投入高,交通、水利灌溉设施配套难,后期管理矛盾突出。此外,营造林的费用与国家的投入差距较大,加上地方政府的财政困难,难以配套,制约着生态建设工程的进度和质量。现有林业重点工程任务主要依靠国家下达,受国家计划调整影响很大。

#### 2.3.2.2 林草基础支撑保障能力薄弱

青海省林草系统管理队伍相对薄弱,需要承担的森林、湿地和草原资源保护和管理任务繁重。青海省森林防火体系建设不完善,装备老化,制约森林防火工作的正常开展。科研支撑能力不足,难以满足青海省林业有害生物防治、林木良种繁育、森林资源监测等体系建设需要。同时,国有林场、草原基础设施建设和民生保障水平较低,也是林草产业进一步发展面临的挑战。

#### 2.3.2.3 林草产业发展有待提质升级

林草产业结构需要进一步加快调整步伐,产业结构布局单一,第二、三产业发展较慢。资源开发利用水平低。部分区域经济树种及中药材种植比较粗放,种植规划存在不合理现象,经济树种及中药材良种选育与栽培技术推广不够,集约经营水平不高。龙头企业和高科技含量的企业不多,品牌效应不明显,企业自主研发能力和市场综合竞争力亟待加强。林草产业发展的宏观调控和社会化服务有待强化,缺乏产品认证,产销链一体化问题突出。标准化林草基地建设缺乏,节水灌溉、水肥一体化、机械化经营程度低。生态旅游、林下经济等新兴产业需要加速发展林草产业管理机构有待进一步加强和健全完善。

### 2.3.3 林草产业发展的优势

#### 2.3.3.1 气候条件与资源禀赋得天独厚

青海省地处青藏高原,地理气候条件独特。青海大部分地区海拔高、气温低、日照长、气候干、光辐射强、昼夜温差大,植株光合效率高,夜间消耗少,生长期雨热同季,空气相对湿度低,无高温影响,提高了有机物质的积累,为林草产业发展提供了独特的区位和资源优势。青海湿地面积居全国首位,河流和湖泊纵横交错,草地资源辽阔,资源禀赋较好有利于草畜平衡发展,境内野生动植物种类多、数量大,是全国野生动植物重点保护省份,有利于开展生态旅游与自然教育。

#### 2.3.3.2 丰富的土地资源酝酿着林草产业的巨大潜力

目前,青海省还有大量的荒山荒坡尚待绿化,这为沙棘产业提供了重要的土地资源。沙棘不仅适应性强,适应青海高寒、干旱、少雨环境,通过合理开发可获得较高的经济效益,走出一条建设生态经济型防护林的路子。建设生态经济型防护林,既可以改善青海的生态环境,又可以增

加农民的收入，改善农民生活，以林业生态建设带动农民群众脱贫致富，走上林业建设可持续发展道路。

### 2.3.4 林草产业发展的劣势

#### 2.3.4.1 投入不足影响林草产业的基础设施建设

青海省林草资源分布范围遍及青海省各个地区，林草资源丰富的地区交通设施陈旧，亟须改善，但青海省GDP较少，各市(州)财政收入低，难以满足偏远地区基础设施的建设。同时，生态旅游的基础设施建设也无法满足现有旅游的需求，在特色经济林种植、林草资源培育等产业的扶持上缺少资金支持。标准化林草基地建设缺乏，节水灌溉、水肥一体化、机械化经营程度低。

#### 2.3.4.2 林草科技创新力量薄弱

青海林草科研平台尚处于建设过程中，作用发挥不佳，达不到预期目标。全省除青海大学、青海师范大学等高等院校能够承担一些重大林业科技攻关项目外，林草系统自身的科研团队力量非常薄弱，无法独立完成重大科技研究项目。开展大规模国土绿化、困难立地抗旱造林、生态修复与保护、特色经济林发展等技术研究成为林业科技发展的短板。

#### 2.3.4.3 林草人才短缺问题严重

受限于区位与工作条件，青海省对林草人才的吸引力严重不足。全省林业人力资源中中高级人才少，且分布不合理，基层林草机构不健全，队伍不稳定，整体素质不高。青海省森林草地资源丰富，林草产品的开发、林草资源的利用、林草业发展的长期规划、现有林草业资源的可持续利用与经营以及林草业人文价值的挖掘，都需要专业的技术人员来支撑。长期以来，从事林草产业的人才队伍得不到专业知识的更新，从根本上制约了林草产业的发展。

#### 2.3.4.4 水资源不足制约着林草产业发展

青海水资源总量在我国北方地区居前列，人均水资源更是排在第1位，但是可利用水资源不足，水资源分布不均衡，一些条件艰苦地区完全靠地下水来发展林草产业。水资源限制林草产业发展，灌溉用水越来越紧缺，灌溉造林成本逐年增加，水资源的短缺已成为林草产业未来发展的主要限制因素。

## 2.4 总体思路

### 2.4.1 发展思路

紧紧围绕林草绿色发展、林草产业提质增效、农牧民增收的目标，坚持生态林业和民生林业协调发展、改善生态与产业富民协同推进、林草产业发展与精准脱贫紧密结合，不断转方式、调结构、稳规模，加快推进高原特色现代林草产业绿色发展，为以国家公园为主体自然保护地先行示范区建设、生态文明先行示范区建设和全面建成小康社会提供有力支撑，促进山水林田湖草一体化发展。为了实现青海林草产业从传统的资源型向生态友好型、绿色可持续方向转型，"十四五"期间发展思路要实现"三个转变"。

#### 2.4.1.1 转变指导思想

由生态保护与产业开发协同发展向生态优先、生态治理、产业发展融合、协同发展转变。林草产业发展要服从和服务于生态建设的大局，不能以牺牲生态环境为代价。同时，只有林草产业得到极大发展，生态保护建设才能永葆生机和活力，才能实现生态保护建设与产业发展的良性互动和协调发展，更好地满足社会对林草产品的多种需求。按照山水林田湖草综合治理的理念，体现生态优先、保护与开发协同发展的原则，强化林草产业开发与保护并重，加强和改进森林、草原、湿地资源保护管理工作，实现生态保护与林草产业协调发展。

#### 2.4.1.2 转变发展模式

要从扩规模向宜特色则特色，宜规模则规模，实现绿色可持续方向转变。统筹林草产业发展，优化空间区域布局，充分发挥各区域资源和资本等生产要素优势，突出重点、分类指导，发展不同区域各具特色的林草产业，提高林草产品市场竞争力。合理经营传统林草生产基础上，根据林草资源禀赋，加强机制创新，注重增加科技含量，坚持因地制宜、突出特色，培育主导产业、特色产业和新兴产业，培植林草产品和服务品牌，做到资源支撑、产业带动、品牌拉动。同时，培育发展新动能，坚持创新驱动、集约高效，加快林草产品创新、组织创新和科技创新，推动规模扩张向质量提升、要素驱动向创新驱动、分散布局向集聚发展转变。另外，健全发展新机制，坚持市场主导、政府引导，充分发挥市场配置资源的决定性作用，加强政府引导和监督管理。

#### 2.4.1.3 转变发展重点

从扶持林产品基地建设及林下种养殖为主向以国家公园为主体的生态旅游，以保护高原生物多样性为目的的近自然教育与提供高原绿色产品并重方向转变，实现绿色产品和生态服务产品服务和供给能力双增目标。多渠道销售枸杞、沙棘、中藏药、藏茶、林下产品等有机林草产品，重点发展有机化绿色种植、林下经济等等绿色产业，充分利用自然保护区、高原湿地和森林公园等独特丰富的自然景观和神秘纯真的原生态资源，加强森林、湿地、草原的休闲游憩价值、旅游观光价值等生态旅游产品和生态文化产品的开发，大力发展以国家公园为主体的自然保护地生态旅游业，以森林康养、近自然教育、农牧家庭生活体验、生态畜牧业体验为主的林草体验式旅游经济，发挥森林与草原的多种效益，提升林草产业综合富民能力。同时，适应日益增长的多样化需求，充分发挥森林、草原资源的整体优势，从单纯林草资源消耗转向森林、草原、景观和环境资源综合开发利用，提升林草产业的附加值，促进林草产业的纵深发展。

### 2.4.2 总体定位

"十四五"时期，青海省林草业发展在坚持"生态保护与修复优先"的原则下，认真落实生态文明建设，大力推进生态林草业发展，有效增加优质林草产品的供给，实现林草产业的提质增量增效、农牧民持续增收。结合青海省林草业产业发展实际，积极探索林草业发展的"青海模式"，全力推进全域绿色有机高端产品输出基地、野生动物驯养繁育利用示范区、国家级高原生物多样性保护教育示范基地、国家公园为主体的自然保护地生态旅游胜地、草原保护与草产业高质量发展体验区建设，在林草业特色发展中走在前列，在实现由弱到强的战略性转变中奋发有为，实现林草产业的可持续发展(图2-6)。

#### 2.4.2.1 全域绿色有机特色高端产品输出基地

因地制宜，错位发展，以特色林业种植业为基础，适度发展规模经营，深入开展化肥农药零增长行动，推广机械施肥、种肥同播、水肥一体、病虫害统防统治等技术，推进产品的绿色有机认证，构建现代绿色林草产业发展体系、实现高质量发展，全力打造青海省全域绿色有机高端林草产品输出基地。

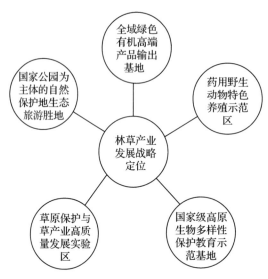

图 2-6　青海省林草产业发展定位

#### 2.4.2.2　药用野生动物特色养殖利用示范区

依托青海省野生动物资源丰富的优势，依法依规推进以利用野生动物为主向利用人工驯养繁育药用野生动物资源为主的战略转变，开展药用野生动物驯养利用繁育示范基地申报、认定与授牌工作，引导与规范药用野生动物驯养繁育利用业的发展，提升药用野生动物驯养繁育利用业规模化、标准化水平，以点带面，全力打造青海省药用野生动物驯养繁育利用示范区。

#### 2.4.2.3　国家级高原生物多样性保护教育示范基地

依托青海省高原生物资源多样的特征，建立和完善生物遗传资源保存体系，加强高校、研究院等科研平台建设，促进生物物种资源利用科技研发和成果转化，努力构建起高原生物安全防范体系。收集整理生物多样性保护传统知识，探索建立生物遗传资源及传统知识获取与惠益分享机制，积极打造国家级高原生物多样性保护教育示范基地。

#### 2.4.2.4　国家公园为主体的自然保护地生态旅游胜地

以青海省国家公园为主体的自然保护地体系试点为基础，实施国家三江源生态保护建设工程、祁连山山水林田湖生命共同体工程、青海湖综合治理工程等，积极探索森林生态旅游业发展与生态建设互为支撑，生态、旅游、文化、城镇化互促、互补、互兴的特色发展路子，积极打造青海省成为以国家公园为主体的自然保护地生态旅游胜地。

#### 2.4.2.5　草原保护与草产业高质量发展实验区

坚持草原生态保护优先，以改革创新为驱动，以探索草产业高质量发展机制为核心，以草业合作社、人工饲草基地、草种产业为载体和突破口，以生产要素整合、发展政策匹配为手段，全力推进传统草场和现有人工饲草基地转型升级，以机制创新、资源整合、股份制经营、制度建设为抓手，着力构建多方联动的工作新举措、新机制，积极打造草原保护与草产业高质量发展实验区。

### 2.4.3　发展原则

在青海省林草产业发展过程中，应该遵循以下基本原则：

——坚持生态优先，绿色发展。正确处理林草资源保护、培育与利用的关系，建立生态产业化、产业生态化的林草生态产业体系，筑牢发展新根基。

——坚持因地制宜，突出特色。根据林草资源禀赋，培育主导产业、特色产业和新兴产业，培植林草产品和服务品牌，形成资源支撑、产业带动、品牌拉动的发展新格局。

——坚持创新驱动，集约高效。加快产品创新、组织创新和科技创新，推动规模扩张向质量提升、要素驱动向创新驱动、分散布局向集聚发展转变，培育发展新动能。

——坚持市场主导，政府引导。充分发挥市场配置资源的决定性作用，积极培育市场主体，营造良好市场环境。加强政府引导和监督管理，完善服务体系，健全发展新机制。

——科技支撑，示范带动。林草业发展离不开科技的支持，要根据各地林草业发展的规律，逐步建立起科技链与产业链相结合的创新机制，健全林草业技术推广和技术服务体系，加快林草业科技成果和实用技术推广应用步伐，依靠林草业科学技术，推动产业发展。

## 2.5 基本目标

### 2.5.1 总体目标

对青海省"十三五"期间林草业发展基本情况总结，在分析林草业优势与劣势、机遇与威胁的基础上，结合林草业发展的趋势，青海省"十四五"期间林草业发展的整体目标是做优做强以枸杞、沙棘为代表的特色种植，实现全域产品有机化。补中藏药发展短板，推进中藏医药特色化、产业化、规模化发展，创新一批具有自主知识产权、安全有效、临床价值高的中藏药产品。持续推进林下种养殖、采集利用、森林景观利用为主的林下产业，实现农牧民增收致富。创新机制，发展特色野生动物驯养与繁育利用，建成野生动物人工繁育产业示范区。创新模式，构建以国家公园为主体的高原生态旅游圈，提升生态服务价值，实现全域旅游。构筑黄河上游生态经济廊道，探索实现生态治理优先与产业发展融合的新模式。

### 2.5.2 具体目标

到2025年，初步建立起生态、经济、社会协调发展，全域保护、全域有机、全域旅游"三个全域"统筹推进，特色林业种植业、药用野生动物驯养与繁育、高原生态旅游、林下经济、草产业、沙产业"六大产业"融合发展，现代林草产业经营体系、林草产业科技服务体系、林草产业市场流通体系、林草产业监测检测体系、林草产业信息化服务体系、林草产业人才战略体系"六项支撑体系"建设，构建起以市场为导向，以科技为支撑，以提质增效为目标，突出林草业特色的青海省林草产业发展体系。

#### 2.5.2.1 实现三个全域

林草产业发展必须符合"一优两高"战略部署的要求，必须在生态保护与恢复的前提下进行林草产业发展布局，促进林草产业高品质、高质量发展。

全域保护是青海省林草产业发展的前提与基础。按照"生态产业化、产业生态化"的原则，在生态保护优先的背景下布局林草产业，实现林草产业的全域绿色生产和循环发展，产业发展和生态建设在空间上耦合，"十四五"期间的重点项目都具有经济和环境两种效益，林草产业项目也是生态建设项目，生态建设项目也带动产业兴旺，产业发展到哪里，生态建设就发展到哪里。

全域有机是林草产品发展的必经之路。随着生活质量的提升，对林草产品品质要求不断提升。在此背景下，对林业特色种植业产品、林下经济产品与畜牧业产业和产品提质升级，整建制推进品牌化和绿色有机认证，提高林草产品的质量与品质，增强市场竞争力。

全域旅游是林草产业发展新的增长点。构建以国家公园为主体的自然保护地体系为契机，充分发挥祁连山、青海湖、三江源、昆仑山、柴达木等资源优势，充分利用森林、草原、沙漠、保护区等新兴资源的开发，发展自然观光、自然教育、体验式旅游与森林康养等新兴旅游方式，实现"旅游+"，从门票经济向全产业链旅游方式转型。

#### 2.5.2.2 构建现代林草产业体系

为确保林草业持续增效，农牧民持续增收，林草产品有效供给，农牧民生产生活条件进一步改善和林草业可持续发展总目标的实现。到2025年，要实现以下具体目标：

（1）特色种植。以水定林草产业发展规模，逐步实现全域有机枸杞、沙棘、中藏药、藏茶种植，实现绿色可持续发展，推动特色林业种植业提质增效。

一是，实现枸杞产业规模化、品牌化、标准化与有机化生产。以水定枸杞发展规模，在稳定目前枸杞种植规模的基础上，逐渐建立规模化的枸杞种植基地，提高枸杞产量。推进枸杞产品地理标志认证，加强枸杞产品原产地保护，构建追溯体系，保护"柴达木枸杞"品牌，将柴达木盆地建设成全国最大的有机枸杞主产区。尝试枸杞深加工，发展品质优良、特色鲜明、附加值高的优势枸杞产品。

二是，促进沙棘产业一、二、三产业融合发展。坚持生态保护前提下，保护与利用相结合，稳定沙棘种植面积，改造低产沙棘林，完善沙棘产品认证和质量保证体系。逐步建立具有现代化的精深加工能力、健全的国内外销售网络。着力开拓国际市场，打造青海"高原沙棘"产业品牌，推动沙棘产业一、二、三产业融合发展。

三是，积极打造藏茶精深加工全产业链。突出青海省藏茶原生态无污染的特点，打造国际著名的"青海藏茶"产业品牌。进一步加强系列推进措施，建立起较为完善的、加工利用和营销体系，基本实现规模化、产业化发展，逐渐形成以藏茶等为主导的藏茶精深加工产业链。

四是，打造青海中藏药生产基地及中藏药精深加工基地。加强中藏药材种苗繁育能力，扩大人工栽培规模并按照GAP规范种植流程，积极打造青海中藏药生产基地。发掘中藏药特有的药用价值，以中藏药颗粒饮片、中藏药提取物为主攻方向，加大技术引进和研发力度，开发一批中藏药新产品、新剂型，发展生物医药产业，打造青海中藏药精深加工基地。

（2）特色养殖。充分利用优势资源，在不破坏林草资源基础上，扩大特色经济型野生动物驯养繁殖的数量，加大高原特色经济型野生动物驯养繁殖标准化示范基地建设力度。加强特色养殖的技术研发与技术推广，重点研究方向集中于动物生理、基因改良、繁殖育种、防病治病、饲料生产、产品加工等各方面，提高资源利用率、扩大经济效益。建立各类野生动植物协会，指导野生动物繁育、产品加工和经营管理、产品销售等各环节，使得动植物产品繁育利用业创造更大的经济、生态和社会价值。

（3）生态旅游。建立以国家公园为主体的自然保护地高原生态旅游廊道。以构建以国家公园为主体的自然保护地体系为出发点，充分发挥祁连山、青海湖、三江源、昆仑山、柴达木等资源优势，充分利用森林、草原、沙漠、保护区等新兴资源的开发，逐渐构建起完善的生态旅游廊道，重点发展近自然高原生物多样性旅游观光、野生动植物保护自然教育、体验式草原畜牧与特色种植，完善森林、草原、湿地康养，疗养度假基地，建设特色观光怀旧线路，开辟特色观光生态骑马线路，发展森林草原民宿点，建设汽车宿营地，高山狩猎场等产业链，实现"旅游+"，从门票经济向全域生态旅游转型。

（4）林下经济。着眼于现代林下经济建设，构筑结构布局合理、区域优势明显的林下经济体系。重点打造林下种植、林下养殖、林下采集利用、森林景观利用等4种类型的林下经济支柱产业。探索现代物流、网络交易、品牌拉动等新型产业模式，不断提升林下经济对区域经济的拉动功能、对生态建设的支撑功能、对广大农牧民增收的促进功能。建成一批特色林下产业园区和多元化林产品市场，建立多元、稳定、安全的资源支撑和产品应用体系。培育一批以知名品牌为引领，以产业链为纽带，具有一定规模和示范辐射影响的林业专业合作社和林草产业龙头企业，基本建成具有青海特色的林下经济产业体系。

（5）草产业。坚持草原生态保护优先，以改革创新为驱动，以探索草产业高质量发展机制为核心，修复天然草场与人工饲料基地建设相结合，创新草地生态保护新模式。完善人工饲草料基地建设内容，提高建设标准，提升草原生态产品生产能力，引导农牧民调整种植业结构，基础设施配套建设，增加饲草料的供应。成立草业合作社、人工饲草基地，全力推进传统草场和现有人工饲草基地转型升级，构建多方联动的工作新举措、新机制。

（6）沙产业。立足于沙区自然环境条件与生产条件的改善，建立管护、治理、利用相结合，农、林、牧协调发展，生态、社会和经济效益相统一的技术路线，以保护、培植和合理利用沙地资源为途径发展沙产业，培植沙区新的经济增长点。重点在沙区发展的符合节水、高效益、新技术特征的高新技术产业包括林业产业、种植业、养殖业、加工业和旅游业。

#### 2.5.2.3 建立林草产业发展的全方位支撑

支撑平台建设强调为保证林草产业发展与林草产业发展重点工程实现而必须进行的保障性工作，具体包括培育林草产业发展六大支撑体系建设，包括现代林草产业经营体系、林草产业科技服务体系、林草产业市场流通体系、林草产业监测检测体系、林草产业信息化服务体系、林草产业人才战略体系。

## 2.6 产业布局

根据青海省林草产业发展的走向，结合林草产业发展的实际，确定青海省林草产业发展主要围绕特色种植、特色养殖、生态旅游、林下经济、草产业5个领域进行布局与发展，逐渐形成具有青海特色的林草产业发展格局。

### 2.6.1 特色种植

稳步推进"东部沙棘、西部枸杞、南部藏茶、河湟杂果"的发展战略，围绕高原特色生态有机品牌，积极推进全域有机林草产品认证，积极打造具有地理标志的产品，进行相关经济林产品的深加工，积极推动青海省有机特色林业种植业的产业结构升级。

#### 2.6.1.1 产业发展布局

立足林业资源禀赋和产业基础，特色林业种植业继续在青海省"十三五"林业产业发展规划布局的基础上，继续优化推进东、西、南、北的林草产业发展体系，主要分布在5个区域，即东部河湟区、南部三江源区、西部柴达木盆地区、北部祁连山区和中部环青海湖区。

(1) 东部河湟区。本区域范围包括西宁市所辖的城北、城东、城西、城中、湟中、大通、湟源7县(区)，海东市的互助、平安、乐都、民和、化隆、循化6县(区)，黄南州的尖扎、同仁县，海南州贵德县。

产业发展内容：一是，稳定河湟杂果的种植面积，优化杂果的种植结构，逐步形成一村一品；二是，提升改造现有沙棘原料基地的基础上，加大沙棘标准化基地建设力度，提高产量和效益；三是，积极发展核桃、大樱桃、树莓、杂果、中藏药材、食用菌种植等特色种植业基地，创建一批示范基地，培育特色优势产业集群；四是，优化林木种苗和花卉产业结构，实现林木种苗和花卉产业提质增效；五是，加强优良品种选育与推广，健全标准体系，推广标准化生产；六是，培育新型的林业经济主体、行业协会，引领产业发展。

(2) 南部三江源区。本区域范围为玉树、果洛、海南、黄南4个自治州21个县。

产业发展内容：一是，以果洛州班玛县、久治县为重点，其他适宜地区为辅，发挥高原独特优势，集中打造藏茶产业基地，提高品质，延长加工链条，增强市场竞争力，促进农牧民收入稳定增长；二是，保护好森林、湿地、野生动植物资源，发展中藏药材种植；三是，依托特色种植业，结合森林、湿地、野生动植物资源，发展特色高原生态旅游业；四是，加强林业新型经营主体的培育，促进产业结构提升。

(3) 西部柴达木盆地区。本区域范围主体指海西州(除格尔木的唐古拉乡、天峻县的布哈河流域外的全部地区)。

产业发展内容：一是，做强做优枸杞产业。通过标准化生产、产品质量有机认证，提高经营管理水平等方式进行改造提升，枸杞生产无公害向绿色、有机枸杞转变；二是，稳定面积，标准化生产，产业化经营，大力发展有机枸杞；三是，支持科技型龙头企业，不断发展壮大德令哈、诺木洪枸杞产业工业园区，加大枸杞系列产品精深加工，延长产业链，提高产品附加值。

(4) 北部祁连山区。本区域范围包括海北州的祁连、门源、刚察3县，海西州的德令哈市、天峻县的一部分，海东市的民和、互助、乐都区的一部分。

产业发展内容：在保护好森林资源的基础上，大力发展以特色经济型野生动物驯养繁殖、中藏药材种植。

(5) 中部环青海湖流域区。本区域范围包括海北州的刚察、海晏2县，海西州的天峻县，海南州的共和县。

产业发展内容：依托林地资源，积极发展特色养殖、中藏药材种植。

#### 2.6.1.2 示范基地建设

以推广具有青海省特色、加工发展潜力大的枸杞、沙棘、中藏药材、藏茶等绿色种植及精深加工产品为重点，推动枸杞、沙棘、中藏药材、藏茶种植基地建设。

(1) 以柴达木盆地为核心的枸杞标准化种植基地建设。海西州和海南州做强做优枸杞产业，稳定枸杞种植面积，实施标准化生产、产业化经营，大力发展有机枸杞产业，继续打造德令哈、诺木洪两个枸杞产业园区，加大枸杞系列产品精深加工，延长产业链，提高产品附加值。同时，加强野生枸杞资源保护。

(2) 沙棘标准化原材料采摘基地建设。以西宁市大通、湟中、湟源县和海东市化隆、互助、乐都、民和县(区)为重点，保护和利用现有沙棘生态经济林资源为首要任务。改建沙棘标准化采摘园；将土地流转给龙头企业，由企业负责，集约化经营，精细化管理，无公害农药防治，达到提质增效，作为企业经营沙棘产业的原材料采摘基地。支持重点龙头企业，加大沙棘系列产品的精深加工、研发和生产，延长产业链，提高产品附加值，提升沙棘产业发展层次和水平，做大做强做好沙棘产业。

（3）藏茶原料种植基地建设。通过种质资源基地保护项目、藏茶原料种植基地建设项目、藏茶产业科技试验示范区项目、藏茶产业加工基地项目和种苗繁育基地建设等，为藏茶产业可持续发展奠定基础。在班玛县栽植藏茶的基础上，逐步向青南地区及青海省扩大种植范围，扶持制茶企业研发藏茶系列产品。

（4）中藏药种植基地建设。在西宁市的大通、湟源、湟中县，海东市的互助、平安、民和、化隆、循化、乐都6县（区），黄南州的泽库县，果洛州的班玛县，海北州的祁连、门源县以及其他适宜栽植中藏药材的地方，在不破坏森林资源的前提下，合理利用森林资源建设种植基地。海西州的德令哈、乌兰、都兰县建设以沙生药材等为主的种植基地。大力推广大黄、当归、党参、羌活、秦艽、柴胡、甘草等适宜林地生长的中藏药材品种，提高土地利用率。

### 2.6.2 特色养殖

#### 2.6.2.1 产业发展布局

特色养殖业主要分布在东部河湟区、南部三江区、北部祁连山区。重点布局在西宁市的大通、湟中、湟源县，海东市的循化、民和、乐都，海南州的贵南、同德，海北州的祁连、门源，玉树州的曲麻莱县，果洛州的玛沁县。

产业发展内容：一是，在生态保护与恢复的前提下，丰富特色养殖的种类，增加药用野生动物驯养繁殖的数量，加大高原药用野生动物驯养繁殖标准化示范基地建设力度。二是，加强特色养殖的技术研发与技术推广，重点研究方向集中于动物生理、基因改良、繁殖育种、防病治病、饲料生产、产品加工等各方面，提高资源利用率。三是，建立各类野生动植物协会，指导野生动物繁育、产品加工和经营管理、产品销售等各环节，使得动植物产品繁育利用业创造更大的经济、生态和社会价值。

#### 2.6.2.2 示范基地建设

（1）药用野生经济动物驯养繁殖基地。在依法保护野外资源的前提下，以基地养殖及"基地+农户"为基础，大力发展药用野生动物驯养繁殖，迅速扩大药用野生动物人工种群，并加强药用产品研发和市场开拓，减轻对野外资源保护的压力，将药用野生动物驯养繁殖产业培育成新兴的支柱产业。

（2）标准化示范基地建设。加大高原特色药用野生动物驯养繁殖标准化示范基地建设力度。支持国有林场和养殖专业合作社等，进一步强化和完善药用野生动物驯养繁殖基地基础设施、卫生防疫设施设备建设，有计划地扩大种群养殖规模。在西宁市的大通、湟中、湟源县，海东市的循化、民和、乐都，海南州的贵南、同德，海北州的祁连、门源，玉树州的曲麻莱县，果洛州的玛沁县建立高原药用野生动物驯养基地。

### 2.6.3 生态旅游

构建以国家森林公园为主体，湿地公园、自然保护区、沙漠公园等相结合的生态旅游休闲体系。重点发展近自然生态观光、自然教育、体验式旅游与森林康养。

#### 2.6.3.1 产业发展布局

全面落实科学发展观，以自然资源魅力为依托，以区域特色为基础，以景区文化为突破，紧紧围绕创建一流的生态景区,科学规划,长远布局,构建"一圈两极三线"战略性空间发展格局,保护、培育和发展生态旅游景区资源,建立青海绿色旅游机制,努力实现人与自然和谐发展。即"一圈"指环西宁—夏都旅游圈;"两极"指格尔木和结古;"三线"指北线的门源—祁连森林草原风光旅游线、中线的兰青—青藏铁路观光旅游线(柴达木、可可西里之旅)、南线的西宁—三江源生态旅游线(三江源头之旅)。

(1)一圈:本区域范围西宁5个区及18个县,有大通县、湟中县、湟源县、门源县、祁连县、海晏县、刚察县、贵德县、共和县、贵南县、尖扎县、同仁县、平安县、乐都县、互助县、化隆县、民和县、循化县等。起点为西宁市。

生态旅游发展内容:一是,整合打造以青海湖、塔尔寺、藏医药文化博物馆、贵德黄河旅游文化度假区、热贡文化旅游区、金银滩—原子城、坎布拉国家地质公园、北山国家森林公园等为代表的龙头精品旅游区。二是,建设青海湖、贵德黄河生态文化、互助土族彩虹故乡休闲等旅游区。三是,建设环青海湖及海北州高原生态旅游示范区。

根据西宁—夏都旅游圈旅游资源的地域分异、交通条件和经济发展水平,可划分为一个旅游中心和三大旅游片区:中国夏都旅游中心、青海湖、河湟谷地和祁连山(表2-1)。

表2-1 一个旅游中心、三大旅游片区景点

| 片区名称 | 夏都旅游中心 | 青海湖旅游片区 | 河湟谷地旅游片区 | 祁连山旅游片区 |
|---|---|---|---|---|
| 包含主景点 | 南山公园、北禅寺、人民公园、高原明珠、青海省博物馆、青海省藏文化馆、沈那遗址、马步芳公馆、塔尔寺、群加国家森林公园、老爷山景区、鹞子沟森林公园、察汗河森林公园、娘娘山、互助土族故土园旅游区、北山国家森林公园、五峰寺、南门峡水库 | 鸟岛、二郎剑、日月山、倒淌河、城隍庙、北极山、火祖阁、湟源古城、王洛宾—金银滩草原、原子城、沙岛、芦苇荡、赞普林卡、祭海台、达赖泉、尼姑庵(海心山)、三块石(鸟类繁殖地)、151基地、油菜花基地、西海郡故城遗址 | 瞿坛寺、柳湾彩陶遗址、喇家遗址、马厂垣遗址、骆驼泉、黄河第一湾、清水河东清真大寺、孟达天池、十世班禅故里、庵古鹿—公柏峡、丹霞地貌、撒拉族民居、文都寺、积石峡、热贡艺术、隆务寺、安多第一塔、同仁国家历史文化名城、麦秀省级森林公园、坎布拉风景名胜区、李家峡水库、昂拉千户府、南宗寺、河谷生态绿洲、千姿湖、文庙、玉王阁、温泉、龙羊峡水库 | 仙米森林公园、油菜花基地、半野生鹿场、黑河大峡谷、小东索生态公园 |

(2)两极:青海未来旅游发展的增长极,格尔木和结古。

格尔木市的旅游资源以昆仑山、干旱荒漠为特色,其开发和组合以世界屋脊探险、长江源头探险、格尔木昆仑山国家地质公园、万丈盐桥、察尔汗盐湖、雅丹地貌、昆仑山口、昆仑山大地震地质奇观、西王母瑶池、纳赤台清泉、将军楼、胡杨林、可可西里国家级自然保护区、蒙古风情、昆仑道教寻祖游等景区景点为主体的产品,打造格尔木市旅游品牌,使旅游业迈上一个新台阶。

玉树结古镇的旅游以地震遗址公园、结古寺旅游景区、当卡寺旅游景区、隆宝滩旅游景区、通天河晒经台、藏娘佛塔及桑周寺、格萨尔广场、新寨嘉那嘛呢石经城、三江源自然保护区纪念碑、勒巴沟—文成公主庙等景区景点为支点,以交通为串联,以生态、康巴风情等为底蕴辐射带动整个三江源区域的核心旅游目的地。树立和打造"天上玉树"青海旅游精品,紧扣"三江源""唐蕃古道"为主题,推出"思源之旅""感恩之旅""探险之旅""朝圣之旅"等青海旅游产品。

(3)三线:北线的门源—祁连森林草原风光旅游线、中线的兰青—青藏铁路观光旅游线(柴达木、可可西里之旅)、南线的西宁—三江源生态旅游线(三江源头之旅),见表2-2。

北线形成以高原生态、民族文化体验、自驾车旅游与观光、休闲度假、摄影、探险等为一体的中高端旅游目的地。中线形成以青藏铁路为纽带，以西宁、格尔木为主要旅游集散地，以沿线其他旅游城镇为配套，以包括西宁多民族文化旅游区、青海湖观光度假旅游区、湟中"八瓣莲花"旅游文化产业园宗教文化旅游区、柴达木昆仑文化旅游区、三江源生态文化旅游区等在内的若干旅游组团为支撑的高端旅游目的地。南线形成以玉树结古镇为中心，以唐蕃古道、高原湿地草原、康巴民俗风情和宗教文化旅游带为支撑的，集人文景观、自然景观、民俗风情为一体的具有高原特色的旅游目的地。

表 2-2 生态旅游三线景点

| 三线名称 | 南线 | 中线 | 北线 |
| --- | --- | --- | --- |
| 主要景区 | 黄河源头、鄂陵湖、扎陵湖、巴颜喀拉山、三江源纪念碑、隆宝自然保护区、文成公主庙、玉树称多拉布民俗村、藏娘佛塔及桑周寺、贝大日如来佛石窟寺和勒巴沟摩崖、新寨嘉那嘛呢、格萨尔三十大将军灵塔和达那寺 | 哈里哈图国家森林公园、热水墓群、塔温搭里哈遗址、格尔木昆仑山国家地质公园、可可西里自然保护区、昆仑山玉珠峰、藏羚羊、格拉丹东冰川、青藏铁路沿线 | 祁连风光旅游景区、油菜花海 |

#### 2.6.3.2 示范基地建设

通过发展高原生态旅游项目，以西宁市为中心，依托周边县区市森林、沙漠、湿地景观资源优势，以全省森林旅游线路为辐射，带动规划区农牧民积极参与到林下经济森林景观利用当中，创办森林人家、林家乐等林下旅游产业项目，极大地增加农牧民收入，加快脱贫致富的步伐。创建一批森林旅游示范户、示范村建设，吸引带动林区群众从事林下旅游业，提升森林休闲旅游的服务品牌。

突出各区域森林公园、沙漠景区、湿地公园和自然保护区的自然景观特色，结合其历史、人文、民俗及风俗等文化背景，确定不同的生态旅游模式定位，展现独具特色的生态文化品位。青海省重点打造以下两种基地：

(1)休闲度假基地。涉及西宁、海东 9 县(区)的森林公园、湿地公园和自然保护区。充分利用西宁、海东两市人口比较密集、交通便利的区域优势，依托森林自然风貌，完善基础设施建设，打造近郊森林旅游休闲线路，重点建设旅游区农家乐特色餐饮业，建设野外宿营基地，塑造休闲度假品牌形象。开展"林区健康"运动，并将"林区、休闲、健身"为主线贯穿整个旅游区的功能布局，策划如自驾游和自行车骑游、徒步爱好者提供森林环游路线，将规划区内的森林、草地、湿地等优美景点串联，形成规划区内独具特色的车行景观线路，供游客品味欣赏，体验生活的悠闲自得。

(2)生态观光基地。涉及西宁市区及 3 县，黄南同仁、尖扎，海南共和、贵德、贵南，海北门源、祁连、海晏，海西都兰、乌兰、德令哈、格尔木，果洛班玛 17 县(市)的森林公园、沙漠公园和湿地公园。利用青藏高原森林所独有的特质，打造森林氧吧游览区，给人以精神上的享受与放松，也符合森林生态旅游的双重精神享受的理念。结合青藏高原民族文化，在尊重自然山水、地域特色文化、本地森林的精神特质的前提下，按照"天人合一"的生态开发理念，将其打造为国家级藏区文化森林户外旅游示范基地。

### 2.6.4 林下经济

"十四五"期间，青海省林下经济发展围绕规模化、产业化为发展重点，重点发展林下种植业、林下养殖业、林下采集业和林下景观利用4个方面的内容。

#### 2.6.4.1 产业发展布局

结合青海省农业及农村经济发展规划、青海省林草产业发展规划，按青海省主体功能区划分，突出林下经济产业优势及产业特色，因地制宜，根据不同区位优势，确定区域林下经济发展方向，着力打造林下经济产业发展区和优势产业带。将青海省林下经济发展在地域上划分"一区两带"的发展格局，即以河湟流域林下经济发展区为重点，祁连—柴达木林下经济发展带和三江源林下经济实验带为两翼的林下经济发展格局。

（1）河湟流域林下经济产业发展区。本区域范围主要包括西宁市大通、湟源、湟中3县，海东市的民和、乐都、互助、平安、循化、化隆6县（区），黄南州同仁、尖扎2县及海南州贵德县，共11个县（区）。

产业发展内容：一是，建设以林菌、林药种植和特色养殖为主的产业基地。二是，开展羊肚菌、猴头菇、双孢菇、鸡腿菇等林菌种植和草原菇以及鹿角菜、蕨菜、柳花菜等山野菜类和林菌的采集与加工。三是，利用河湟流域丰富的林地资源发展大黄、黄芪、党参、柴胡、秦艽、羌活、当归、鬼臼、暗紫贝母、川贝母、甘草、板蓝根等道地中藏药材种植。四是，大力发展以现有森林公园为依托的森林景观利用，建成以西宁市林产品加工与销售集散中心。

（2）祁连山—柴达木林下经济产业发展带。本区域范围包括海北藏族自治州的祁连、门源、海晏3县，海西蒙古藏族自治州的德令哈市、格尔木市、乌兰县、都兰县，共7个县（市）。

产业发展内容：一是，祁连山地开展梅花鹿、白唇鹿、马鹿、环颈雉、藏雪鸡、马鸡等野生经济动物驯养繁殖，建立青海特色野生植物及菌类繁育保护区，开展羊肚菌、牛肝菌、草原菇以及鹿角菜、蕨菜、柳花菜、蕨麻等山野菜类和林菌的采集与加工，利用现有的国有林场、森林公园等发展生态旅游。二是，柴达木盆地利用独特的气候资源发展锁阳、肉苁蓉、甘草、麻黄草等特色中药材种植业和依托现有的沙漠景观、湿地公园等发展生态旅游。

（3）三江源区林下经济实验带。本区域范围包括果洛藏族自治州班玛县，海南藏族自治州的共和、贵南、贵德县，黄南藏族自治州的同仁、尖扎二县的一部分，共计6个县。

产业发展内容：一是，重点发展以唐古特大黄、羌活、桃儿七、贝母、川西獐芽菜等高原特色中藏药材基地和冬虫夏草、唐古特大黄、水母雪莲、独一味等野生中药材抚育区，以梅花鹿、白唇鹿、马鹿、斑头雁、蓝马鸡等特色经济动物的驯养繁殖基地。二是，发展以森林景观、湿地景观为主的生态旅游业。

#### 2.6.4.2 示范基地建设

（1）林下种植示范基地建设。根据地方特色，建立有规模、有效益、有影响的林下经济种植示范基地。把引进龙头企业作为建设示范基地的重要环节，吸纳更多的农户加入林业合作组织中，采取"龙头企业+专业合作组织+基地+农户"的运作模式，形成紧密型经营体，因地制宜发展绿色种植，生产有机食品，强化市场营销，增强盈利能力，辐射带动广大农户和农民专业合作组织发展林下经济。对新建种植示范基地的基础设施给予重点扶持，包括水、电、路、管理房、技术培训等。

（2）林下养殖示范基地建设。根据地方特色，建立有规模、有效益、有影响的林下经济养殖示范基地。把引进龙头企业作为建设示范基地的重要环节，吸纳更多的农户加入林业合作组织中，采取"龙头企业+专业合作组织+基地+农户"的运作模式，形成紧密型经营体，因地制宜发展绿色养殖，生产有机食品，强化市场营销，增强盈利能力，辐射带动广大农户和农民专业合作组织发展林下经济养殖业。对新建养殖示范基地的基础设施给予重点扶持，包括水、电、路、管理房、技术培训等。

(3)林草发展新模式示范基地建设。积极探索符合当地实际的林草产业发展模式，初步形成以枸杞、沙棘、藏茶、中藏药经济林、苗木花卉、森林旅游和多种经营相结合的林草产业新格局，并积极探索优良的林草产业结构和最佳发展模式。在河湟流域林下经济产业发展区，大力发展以现有森林公园为依托的森林景观利用，建成以西宁市林产品加工与销售集散中心。在祁连山—柴达木林下经济产业发展带，利用现有的国有林场、森林公园等发展生态旅游，柴达木盆地依托现有的沙漠景观、湿地公园等发展生态旅游。在三江源区林下经济实验带，发展以森林景观、湿地景观为主的生态旅游业。

(4)林下景观利用示范基地。总结林下养殖、种植经验，加大科技投入，提高经营水平，稳步发展中藏药种植、山野菜开发等多种经营项目；充分利用自身的森林资源和野生动植物资源等，引导兴办"农家乐""生态茶园""乡村旅游接待点"等森林旅游项目。

### 2.6.5 草产业

#### 2.6.5.1 产业发展布局

草产业发展包括天然草地科学合理利用，也包括农业区、半农半牧区饲草料生产的发展。为此，依据不同地区草业发展和畜牧业经济的发展特点，不同地区在产业发展方向和重点上应有所不同，具体可划分为高寒牧业区、半农半牧区、农业区和城镇郊区4个区域来进行草业发展的布局。

(1)高寒牧业区。包含青南高原高寒草地生态保护区和祁连山地生态畜牧业开发区。

①青南高原高寒草地生态保护区范围包括果洛州、玉树州、黄南州、海南州4个藏族自治州以及海西州格尔木市的唐古拉山乡。产业发展内容：一是，以三江源自然保护区的草地生态保护为中心，严格实施"以草定畜"，实行减畜禁牧和阶段性禁牧封育；在有条件的地区积极发展饲草饲料基地建设，减轻天然草地压力，促进天然草地的自然恢复。二是，要加大"黑土滩"退化草地的人工植被恢复、草地改良和鼠虫害防治力度，遏制对天然草地的人为破坏。三是，通过实施退化草地综合治理项目，遏止草地进一步退化，积极推广科学养畜和先进生产技术，逐步实施与生态相适应的草地畜牧业生产经营模式，促进草地生态良性循环和畜牧业的持续发展，成为青海省草地生态环境保护和建设的重点地区。

②祁连山地生态畜牧业开发区范围包括祁连县、海晏县、门源县、刚察县、天峻县和共和县北部4乡。产业发展内容：一是，实施季节性休牧、划区轮牧制度，大力开展舍饲、半舍饲的畜牧生产方式，促使草地生态环境向良性循环转化。二是，以草地建设为中心，大力加强草地基础设施配套建设和饲草料生产基地建设、人畜饮水工程建设，以灌溉、施肥、补播牧草、清除毒杂草、鼠虫害防治等综合措施改良天然草地。三是，以草业综合服务体系建设为依托，同时引入科技含量较高或高科技推广示范项目在本区实施，推动本区畜牧的"上台阶工程"的顺利实现。

(2)半农半牧区。本区域范围主要是柴达木盆地及环青海湖的半农半牧区。产业发展内容：一是，实施保护与建设并举战略，切实保护区域荒漠植被资源，防治土地进一步荒漠化、盐渍化。二是，围绕柴达木盆地资源开发力度大、城镇人口密集，对肉、蛋奶等生活需求品消费量大的特点，结合退耕还草工程，荒漠化治理工程，大力发展绿洲草业，充分利用盐碱地和弃耕地资源，通过种植耐盐作物，如草木犀、苜蓿、紫云英以及禾本科星星草等，实行草田轮作和规模化经营，建立以豆科牧草为主的多年生人工草地生产基地、优良牧草种子生产基地，增强草业可持续发展后劲。三是，环青海湖地区应针对本区内自然条件、资源特点和开发要求，合理利用天然草地资源，在实行以草定畜的基础上实行休牧、封育和划区轮牧，恢复草地生产力。四是，利用各种农业资源发挥本区种植业的优势，大力提倡作物结构调整，提倡种植多年生优良牧草，特别是豆科牧草的种植要依托现有农作物种植资源，并形成规模，成为青海省草业经济发展的"拳头产品"。

（3）农业区。本区域范围主要是东部农区的各农业县。产业发展内容：一是，巩固和扩大退牧还草、退耕还林（草）成果的同时，积极推行种植结构的调整和引草入田战略，以间、套、复种为重点，加大优质青饲料的套种与复种面积，提高青饲料青贮、氨化比例，充分利用川水地区具有水浇地和水热资源的优势发展草业，形成千家万户经营草产品的产业模式。二是，抓好牧草种质基地建设，培育优良豆科、燕麦品种，形成以豆科牧草、燕麦草产品，豆科牧草、燕麦种子生产、经营为主的产业化草业生产、经营的基地。为牧区饲草料基地和牧户圈窝子种草提供优良牧草籽种。

（4）城镇郊区。本区域范围以城市郊区和乡镇为中心，带动周边地区的草业发展。产业发展内容：一是，积极发展草料生产，通过优质饲草生产，为畜牧业的发展提供物质基础。二是，应以现代城市绿化和草地森林建设理论为指导，建立起相对稳定而多样的城市绿地和草地、森林复合生态系统。三是，积极发展草坪产业，用于装饰美化城市，治理环境和提供娱乐。

#### 2.6.5.2　示范基地建设

（1）天然草场保护与恢复。依托省内外草业科研团队，对重度、中度、轻度退化草地采取综合措施，治理黑土滩和沙化草地，逐步将沙化草地和黑土滩变成天然优良草场和草原原生植物种子制种基地。根据气候特点和牧草生长规律，以合作社为载体，积极组织探索天然草地放牧新模式，促进天然草场保护与恢复。

（2）人工饲草料基地建设。突出饲草料基地建设模式创新，种植燕麦等优质牧草，引导农牧民调整种植业结构，增加饲草料的供应。加大暖棚、人工饲草料基地等基础设施的配套建设，推行"放牧+舍饲"，加强牲畜暖棚、人工饲草料基地等牧业基础设施建设力度。在引导、鼓励牧民开展种草养畜、贮备饲料、舍饲补饲的同时，制定合理的草场利用及放牧计划。

### 2.6.6　沙产业

#### 2.6.6.1　产业发展布局

根据《全国防沙治沙规划（2011—2020年）》，确定青海沙区县范围为6州18县（市、区、行委），即海北州（海晏县、刚察县）、黄南州（泽库县）、海南州（共和县、贵德县、贵南县）、果洛州（玛沁县、玛多县）、玉树州（治多县、曲麻莱县）、海西州（格尔木市、德令哈市、乌兰县、都兰县、天峻县、大柴旦、冷湖、茫崖）。

#### 2.6.6.2　示范基地建设

（1）沙区协调发展的复合生态模式示范。对农业生态系统各组分进行合理搭配，构成一个物质良性循环，能量多级利用，时空立体经营，"农、林、牧、副、渔、微生物"协调发展的复合生态模式，并通过对废弃物充分利用和对自然资源节约利用，提高自然资源利用效率，保护生态环境，实现沙区农业生态系统的增值与增益；必须从区域社会、经济及自然资源实际出发，应用系统工程方法，以自然资源可再生能力为限度，实现区域生态平衡和自然资源永续利用、经济持续增长并步入良性发展轨道的目的。

(2)种植业商品生产基地。立足沙生资源的优势,保护和开发利用沙生资源,发展种植业商品生产基地,走加工增值的路子,加快传统农业经济向技术密集型工业经济的转化进程,并以此为依托进行相应的农业内部结构调整,以发展适应于加工增值的农产品为主。根据不同地区的地理环境和资源分布情况,确立不同的发展方向,采取不同的综合管理模式(生态庄园开发模式、农场式开发模式、"公司+农户+基地"开发模式等),调动农牧民生产积极性,提高农牧民的市场经营意识,实现区域性、规模化、专业化、社会化的一体化经营,以实现生态、经济、社会价值最大化。例如,在格尔木发展枸杞和中藏药和大棚菜,在德令哈发展沙棘和沙棘加工业,在乌兰发展沙棘和白刺,在都兰发展白刺和旅游业,在大柴旦建立生态园区。

## 2.7 重点任务

### 2.7.1 特色种植提质升级

继续推进"东部沙棘、西部枸杞、南部藏茶、河湟杂果"的发展战略,围绕高原特色生态有机品牌,积极推进全域有机林草产品认证,积极打造地理标志产品,推动青海省有机特色林业种植业的结构升级。

#### 2.7.1.1 做大做强枸杞、沙棘产业

积极推进枸杞产业布局区域化、栽培品种化、生产标准化、经营产业化,大力实施枸杞产业标准化建设和品质提升工程。一是,优化枸杞产业布局,打造柴达木盆地枸杞产区,稳定枸杞产业种植面积,将枸杞管护纳入符合条件的林业工程。优化青海省黑枸杞和红枸杞种植品种,加强野生枸杞资源保护。二是,新建与改造相结合,强化现有基地标准化改造和升级,进一步加大枸杞标准化基地建设力度,重点对已建的枸杞基地通过采取品种推广、篱架栽培、无公害防治、节水灌溉、水肥一体化、防护林、水电路设施建设等措施,达到标准化枸杞基地要求和提质增效目的,重点打造以柴达木盆地为核心的枸杞标准化种植基地建设。三是,加快青海枸杞标准化体系建设,加快制定青海枸杞干果质量标准,加快枸杞"柴达木枸杞""青海枸杞"品牌化建设,推进"柴杞—高原大枸杞"品牌建设,通过品牌建设全域有机枸杞提质增效。四是,适当探索加大枸杞系列产品精深加工,延长产业链,提高产品附加值。

合理利用沙棘资源,改进沙棘种植技术,建设沙棘标准化基地,打造沙棘品牌,促进沙棘产业提质增效,做强做优沙棘产业,增强沙棘产品竞争力。一是,保护和利用现有沙棘生态经济林资源,通过采取良种推广、复壮、间伐、开通采摘道、补栽、施肥除草、无公害农药防治等措施,加大沙棘低质低效林分的改造,提质增效,增加结实量。二是,推进原有沙棘原料基地利用建设项目、沙棘原料种植基地建设项目、沙棘产业科技试验示范区建设项目、沙棘产业加工基地建设项目提升。三是,加大沙棘产品质量检测和监管力度,加强市场准入管理,推行标准化生产,提高产品质量安全水平,加强农药、化肥等管理工作,打造具有青海高原特色沙棘产业体系,全面提升沙棘产品品质,推进"高原沙棘"品牌体系建设,实现沙棘产业快速可持续发展。四是,加大沙棘系列产品精深加工,延长产业链,提高产品附加值。

#### 2.7.1.2 做优做精藏茶产业

积极推进藏茶种植、强化种苗繁育、合理利用项目推动、打造藏茶品牌,大力推进藏茶与杂

果产业品质提升，实现一、二、三产业融合发展。一是，在班玛栽植藏茶的基础上，逐步向青南地区及青海省扩大种植范围，进一步增加藏茶的种植面积，争取其种植与管护纳入各项林业工程。二是，保护藏茶资源、强化藏茶育苗，稳步扩大藏茶育苗基地建设。通过种质资源基地保护项目、藏茶原料种植基地建设项目、藏茶产业科技试验示范区项目、藏茶产业加工基地项目和种苗繁育基地建设等项目带动、扶持制茶企业研发藏茶系列产品。三是，利用青藏高原无污染无公害的独特优势，着力打造"青海藏茶"品牌，促进青海省藏茶产业的三产融合发展。

**2.7.1.3　培育中藏药材产业**

选择合适的中藏药材品种，进一步发展规模化、标准化和带动力强的中藏药材种植基地，扶持一批林业专业合作社和龙头企业，建成具有区域优势的中藏药保护和生产区。一是，要立足自然条件、资源禀赋和群众意愿，科学选定适生中藏药材品种，开展中藏药资源普查，按照动植物种类，科学划定野生中藏药材资源保护区。二是，根据自然条件、土地、林地、沙地等区域优势，因地制宜，突出重点，科学编制中藏药基地建设实施方案，优先发展中藏药材林下种植和仿生种植基地建设。三是，加大对重点县和重点中藏药材种植基地扶持力度，按照 GAP 要求，示范带动青海省中藏药材产业化发展。抓好种苗繁育基地建设，建立人工培育繁殖基地，重点支持良种选育、新技术推广。四是，建立健全种苗供应可追溯制度，全面推行"四定三清楚"，即定点采种、定点育苗、订单生产、定向供应，品种清楚、种源清楚、销售去向清楚。五是，加大种植大户、专业合作社、龙头企业等新型经营主体扶持培育力度，积极探索"公司+专业合作组织+基地""公司+基地+农牧户""专业合作组织+基地"等多种经营模式，提高产业化经营水平和组织化程度。六是，大力实施品牌战略，加大品牌宣传力度，支持企业参与生产、加工基地和交易市场建设。通过品牌建设，带动地方特色中藏药材产业发展。

**2.7.1.4　因地制宜发展杂果经济林产业**

结合当地的实际情况，因地制宜的布局杂果产业发展。一是，结合各类林业工程，继续积极发展核桃、大樱桃、树莓、杂果等特色种植业，建设杂果经济林基地，建设"河湟谷地百里长廊经济林带"。二是，通过新建、改造、提升、低质低效林改造等，建设经济林果品基地，重点建设苹果、梨、黄果、沙果、杏、花椒等。三是，加大现有资源保护力度、新技术研究、新品种开发，对濒危物种开展抢救性保护。四是，支持微小企业，产品精深加工和研发，延长产业链，提高产品附加值。

## 2.7.2　特种养殖适度开发

充分利用优势资源，在不破坏森林资源的前提下，合理利用森林资源，加大高原药用野生动物驯养繁殖标准化示范基地建设力度。一是，发挥林区生态环境和物种资源优势，以非重点保护动物为主攻方向，培育一批特种养殖基地和养殖大户，提升繁育能力，扩大种群规模，增加市场供给。二是，支持国有林场和养殖专业合作社等，参与种源繁育、扩繁和规模化养殖，进一步强化和完善特色药用野生动物驯养繁殖基地基础设施、卫生防疫设施设备建设、发展野生动物驯养观赏业。三是，加大政府对药用野生动植物繁育利用技术研究的投入力度，建立联合科技攻关机制，鼓励和药用野生动物繁育利用和可持续经营研究，引导企业与科研教学单位开展多种形式的合作，建立产学研连动机制，提高企业的产品开发创新能力。四是，建立各类野生动植物协会，指导药用野生动物繁育，使得药用动植物产品繁育利用业创造更大的经济、生态和社会价值。同时，充分发挥协会在加强行业自律方面的作用，大力培育诚信企业，取信于市场。五是，完善药用野生动物繁育利用制度，加强行业管理和服务，推动保护、繁育与利用规范有序协调发展。

### 2.7.3 生态旅游多业态发展

紧紧围绕创建一流的生态景区，科学规划，长远布局，构建"一圈两极三线"战略性空间发展格局，保护、培育和发展生态旅游景区资源，探索森林康养、近自然教育、体验式旅游等旅游方式，建立青海绿色旅游机制，努力实现人与自然和谐发展。在融入青海省旅游圈基础上，制定森林生态旅游与自然资源保护良性互动的政策机制，推动标准化建设，建立统一的信息统计与发布机制，积极培育森林生态旅游新业态新产品，重点围绕近自然生态观光、自然教育与体验式旅游的旅游新业态。

#### 2.7.3.1 积极发展生态旅游新业态

（1）开展近自然生态观光。青海省自然条件得天独厚，充分利用独特的高原风光，突出生态特色和少数民族民居的优雅舒适风格，结合实际设计开展近自然生态观光。一是，打造一批近自然生态旅游精品。结合生态旅游资源、交通干线、主要城市等布局特点，推动"重点近自然生态旅游目的地""近自然生态旅游精品线路""近自然生态风景道"建设，全面提升青海省生态旅游综合服务供给能力，丰富生态旅游精品内容。二是，打造重点近自然生态旅游目的地。完善青海湖、可可西里、三江源、坎布拉、格尔木昆仑山、贵德黄河、互助北山、门源仙米、茶卡盐湖、大通老爷山—鹞子沟、都兰阿拉克湖、德令哈尕海、乌兰都兰湖、天峻布哈河、祁连牛心山—卓尔山等重点生态旅游目的地。三是，打造近自然生态旅游精品线路。完善以自然生态与人文精神完美结合的以清凉、健康、生态、人文、旅游为丰富内涵的环西宁夏都旅游圈；以青藏铁路为纽带，以大旅游的思路开发青藏高原独特的历史文化、雄浑的山河湖泊、丰富的高原生态、浓郁的民族风情、神秘的宗教文化等旅游精品的青藏铁路旅游中线；以祁连山沿线的自然风光和浓郁的民族风情为主的祁连风光旅游北线；深入挖掘玉树高原奇特的自然景观和特色文化，重点开发观光、生态、科考、猎奇、探险、登山等旅游产品的唐蕃古道旅游南线。四是，打造近自然生态风景道。加强各类生态旅游资源的有机衔接，打造祁连山风景道（青海门源、祁连—甘肃民乐、张掖）与三江源风景道（西宁市、海北州、海南州、果洛州玛多县、玉树市）两条国家生态风景道。

（2）推广拓展自然教育。利用原生态、景观、地理、人文等条件让体验者在生态自然体系下，建设生态旅游环境与科普教育场所。一是，在重点生态旅游景区建设生态旅游宣教中心和环境科普教育场所，向游客普及景区生态环境与科普知识，提高环境意识和生态文明行为规范。二是，按照区域功能划分，按对象开放的自然教育区域。自然保护地管理部门要有专人负责管理、协调、组织、解说和安排社会公众有序开展各类自然教育活动，鼓励著名专家学者亲自为公众讲授自然知识。三是，要加快自然教育区域硬件建设，重点加强资源环境保护设施、科普教育设施、解说系统以及各种安全、环卫设施的建设，加强电信、互联网等建设，创造设施配套、自然环境优美、管理规范的基础环境。四是，加强自然教育人才队伍建设，动员和鼓励各类保护地从业人员积极投身于自然教育事业，选拔、培养一批自然教育工作骨干。五是，可以借鉴国际、国内的先进经验和有效措施，着力推动自然教育专家团队、优质教材、志愿者队伍建设，逐步形成自身的自然教育体系。

（3）设计具体特色的体验式旅游。集合草原、牧民等设计具有特色的体验式旅游项目。一是，设计具有区域特色的体验式旅游产品体系。产品设计以人文、生态、民俗为主，充分利用循化现有资源条件进行设计开发，可以根据产品的类型按行政、地理区划合理为小区域进行产品专项设计。二是，加强高原生态旅游与其他产业的融合发展，各类产业在兼营实业的同时也提供旅游服务。比如奇石加工、沙画制作等产业可以让游客参观工艺品的制作。

#### 2.7.3.2 打造国际生态旅游业热地

充分挖掘丰富的自然生态资源和人文生态资源，开发生态旅游新产品。延伸生态旅游产业链，提升生态旅游供给品质，打造国际知名神态旅游目的地，优化生态旅游发展布局，联合打造青藏高原生态旅游片区。重点打造昆仑山—可可西里、青海湖、祁连山、柴达木等国家级生态旅游目的地，共建青海、甘肃、四川国家生态旅游协作区，三江源重点发展生态观光、户外特种旅游、民族文化体验等产品，祁连山重点发展山地冰川观光、探险运动和民族风情体验等产品。串联打造国家级生态旅游线路和风景道，联合毗邻省份开辟大香格里拉、西北丝路文化、黄河上游草原风情、祁连山冰川观光探险等跨省生态旅游线路，建设黄河、湟水河生态文化旅游带，全面融入国家生态旅游大格局。大力培育生态旅游新业态。加快发展国家公园、风景名胜区、自然保护区、森林公园、湿地公园等重要生态保护地的生态旅游产品，实施贵德千姿湖、囊谦尕尔寺大峡谷、称多通天河古村落等一批生态旅游示范区建设。积极推动"生态+""旅游+""文化+"，大力推进旅游与有关产业融合发展，积极发展自然生态游、民俗文化游、高原健体康养游等新业态，开发温泉疗养、文化体验、体育健身等高附加值特色旅游产品。加强生态旅游配套体系建设，加快重点生态旅游目的地到中心城市、交通枢纽、交通要道的支线公路建设畅通重点生态旅游目的地之间的专线公路，建成高效便捷的旅游交通网络体系。支持区域性旅游应急救援基地、游客集散中心、集散点及旅游咨询中心建设，完善生态旅游宣教中心、生态停车场、生态厕所、绿色饭店、生态绿道等配套设施生态轴，分层次、有重点推进区域基本公共服务均等化。打造文脉相通文化轴，串联现代文化元素与沿湟传统文化风情，协同打造河湟文化共同体，延伸势力文脉、引领时代精神。

#### 2.7.3.3 打造生态旅游重点发展区

(1)打造绿色"江河源"。发挥好区域人文生态的独特性和大尺度景观价值，推动历史文化与现代文明交融，适度发展生态旅游、生态畜牧业等生态型产业，促进发展和保护协同共生，实现自然资源资本增值。统筹城镇发展和生态保护，推进星罗棋布、规模适度、功能配套的生态型城镇建设，打造玉树高原生态学商贸文化旅游城市和三江源地区中心城市，推动玛沁撒县设市，建设高原雪域新域。探索自然和生态敏感地区绿色发展新路径，适度发展江河源头寻根、生态体验、科考观察等高端新业态。建设国家重要生态安全屏障、绿色生态产品供给地、世界级的高端特色生态体验旅游目的地。

(2)打造特色"环湖圈"。打造文化旅游发展新高地，以环湖旅游线路为串联，提升区域城镇关联度，融合红色文化、安多藏文化等多元文化，建设集人文旅游、配套服务及文旅产品为一体的旅游综合体，打响青海湖国际旅游目的地品牌，建设一批旅游商贸型特色镇和特色小镇，加强环湖地区生态保护与环境综合治理，加大沙漠化防治力度。构建青海湖草地湿地生态带，阻止西部荒漠化地区向东蔓延。

(3)打造最美"山之宗"。建设祁连、天骏等具有地域民族特色的高原生态旅游型城镇，适时推动门源撤县设市，打造以旅游、商贸、农牧业为主的新兴城市。适度发展生态旅游和高原有机畜牧业，打造绿色、生态、有机区域品牌，建成全省生态旅游、现代畜牧业发展示范区。完整保护高寒典型山地生态系统、水源涵养功能和生物多样性。

## 2.7.4 林下经济多形式开发

重点发展林下种植业、林下养殖业、林下采集项目建设，构建青海省林下经济发展的科技服务支撑、社会化服务质量安全监测监管和产品营销流通等四大体系建设。

**2.7.4.1 大力开展林下种植**

在不改变林地用途，确保生态安全的前提下，在青海省范围内，根据自然资源条件，保护野生林药、林菌(菜)资源，利用林间空地和林缘宜林地，因地制宜地发展以野生为主的林药、林菌、林菜等林下特色种植业。一是，根据各地资源禀赋条件，合理选择林下种植的品种。二是，依托地方特色，建立有规模、有效益、有影响的林下经济种植示范基地，对各县(市、区)新建种植示范基地的基础设施给予重点扶持，包括水、电、路、管理房、技术培训等。三是，把引进龙头企业作为建设示范基地的重要环节，吸纳更多的农户加入林业合作组织中，采取"龙头企业+专业合作组织+基地+农户"的运作模式，形成紧密型经营体，因地制宜发展绿色种植，生产有机食品，强化市场营销，增强盈利能力，辐射带动广大农户和农民专业合作组织发展林下经济。

**2.7.4.2 适度发展林下采集**

大力发展以云杉、油松、柠条等种子生产加工为代表的林木种子产业，充分利用现有良种生产基地，加大采种母树(母树林)的培育力度，科学经营，提高种子产量和质量。一是，大力发展以枸杞、沙棘、白刺、黑果枸杞、树莓等浆果生产加工为代表的浆果产业，保护好天然浆果林，充分利用现有浆果生产基地，大力推行标准化生产，减少病虫害，确保浆果质量。联合国内外知名科研机构，搞好技术攻关和新产品研发，引进战略投资者进行深度开发利用，整合青海省浆果特色品牌，形成拳头产品，不断开拓国内国际市场，提高知名度和市场占有率。二是，发展枸杞、锁阳、冬虫夏草、贝母、独一味、黄芪、川西獐芽菜、麻黄、羌活等野生中藏药保护性采集利用，加强野生中药材资源的管理和保护，建立中药材野生抚育区，科学制定采集计划，合理确定采集量，保障野生中藏药材资源可持续发展。三是，禁止采集、收购或使用国家重点保护野生动植物资源及制品，确保特有野生中藏药材种质资源安全。

**2.7.4.3 有序发展林下养殖**

以森林资源为依托，户外轮牧散养各类禽类和特色动物等。一是，大力发展以林禽为主，林下鹿等特种养殖为辅，其他林禽、特种养殖加工为补充的多元化林业养殖产业。二是，利用林下良好生态环境资源，建设林下养殖标准化产业基地，借助现代林业技术，改进林下养殖产品品质。三是，通过典型示范、技术改良、品牌经营，进一步提升林业养殖产业化水平，带动农民增收致富，逐步实现由传统养殖向现代生态养殖、由单一养殖方式向多元化养殖方式的转变，打造高原特色肉食品、高质皮毛产品生产和加工基地。

**2.7.4.4 特色发展林下景观**

在充分保护并利用当地自然和文化资源完整性的前提下，依托当地森林、沙漠、湿地特色景观资源优势，与林下种养、林下无公害产品消费结合起来，依托城镇周边旅游线路、森林公园等，开展林下休闲旅游，创建林下旅游示范户、示范村，树立良好的旅游品牌，带动规划区农牧民积极参与到林下经济森林景观利用当中，引导群众通过规范化的林下旅游活动，吸引游客，逐步扩大市场。

## 2.7.5 推动草产业"上台阶工程"

以草业综合服务体系建设为依托，同时引入科技含量较高或高科技推广示范项目，推动本区草产业的"上台阶工程"的顺利实现。

#### 2.7.5.1 天然草场的保护与恢复

划定草原、荒漠植被保护红线，以封育为主，坚持工程措施与自然修复相结合，重点突破与面上治理相结合，进一步加大了退化草地治理力度，有效保护草地生态系统。一是，根据气候特点和牧草生长规律，以草业合作社为载体，积极组织探索"春季休牧，夏季游牧，秋季轮牧，冬季自由放牧"的天然草地放牧新模式，并对牧草返青期禁牧草场辅以施肥、封育等人工干预技术，多途径诱导牧草的补偿性生长。二是，不断完善建设内容，提高建设标准，提高了草原生态产品生产能力，促进了草原生态修复，有序实现了草原休养生息。保护改良天然草场，对风沙危害严重的天然草原实行划管封育，防止草场退化沙化。三是，依托各类草业科研团队，对县域内重度、中度、轻度退化草地采取"封、围、育、种、管"等综合措施，进行了补播、施肥、灌溉等人工干预管护技术，治理黑土滩，治理沙化草地逐步将沙化草地和"黑土滩"变成天然优良草场和草原原生植物种子制种基地。四是，严格控制地下水开采，建设草地防沙林带。加大退牧还草和退耕还草力度，人工种草，发展舍饲养殖，恢复草原植被。以灌草为主，划管封育，综合治理沙化退化土地。重点对农牧交错带、退化沙化草原带、荒漠带的沙漠进行治理，巩固防沙治沙成果，遏制沙漠化扩展。

#### 2.7.5.2 人工饲草料基地建设

引进饲草料新品种，进行试验、示范和推广，培育适宜青海省种植的优良饲草料种质，逐步分区域建立起饲草料种质基地。一是，加强牧草种子管理，依法加大对牧草种子检查力度，坚决打击炒卖低劣牧草种的行为，确保牧草种子质量。二是，围绕饲草料基地建设，主动打破行政地域界限，鼓励草业和饲料加工企业联合重组，扩大生产能力，提高加工水平，壮大产业规模，发挥产业龙头带动作用，促使草业生产向规模化、专业化、集约化方向发展，使之成为支撑畜牧业发展的重要产业。三是，落实优惠政策，鼓励农牧民发展饲草料生产，对种植饲草料的农户，优先承包机动地，优先供应灌溉用水，其生产资料贷款与种植主要农作物贷款同等对待。四是，牧区除水浇地外的所有山旱地，均可纳入退耕还林(草)规划，并逐年组织实施。五是，突出饲草料基地建设模式创新，采取内联外扩方式建植一年生优质饲草料基地，以粮改饲试点县为依托，积极推广饲草青贮技术形成了"农牧互补、借地增草、草畜联动"草牧业发展新格局。六是，加大草畜联动、创新了饲草农区种植，牧区利用的草畜联动新模式。按照牛羊专群饲养、草场按类划区轮牧的要求，优化畜群结构，以试点合作社为载体，将草场划分为母畜草场、种畜草场、幼畜草场，实现按草配畜的目标。

#### 2.7.5.3 推动草种产业发展

一是，加大草种业基础设施投入，加强育种创新、品种测试和试验、种子检验检测等基础设施建设，加快建立一批国家级草种基地及区域性草种繁育基地。二是，努力提高本土草种供给质量和效率，使草种供给数量充足、品种和质量契合草原保护建设需求，真正形成结构合理、保障有力的本土草种有效供给。三是，坚持创新驱动，按照市场化、产业化育种模式开展品种研发，逐步建立以企业为主体的商业化育种新机制，积极推进构建一批草种业技术创新战略联盟，支持开展商业化育种。引导和支持草种经营企业建立自己的研发团队，建设草种生产基地，或采取与院校、科研单位联合协作等方式建立相对集中、稳定的种子生产基地，形成以市场为导向、资本为纽带、利益共享、风险共担的产学研相结合的草种业技术创新体系。四是，优先支持发展当前草原生态修复急需的草种，特别是适应性强的地方品种，保护品种资源，加快建设一批天然采种场和地方品种繁育基地，提高生产能力和质量水平。五是，强化各级林草部门的草种管理职责，明确监管机制和相关责任人员，加大对草种生产和购销环节的管理力度，加强草种质量监督检查。

### 2.7.6 提升沙产业综合效益

#### 2.7.6.1 沙产业与林业产业结合

发展沙产业的产业必须建立防护林。发展防护性林业的过程中，应加强节水树种的选择研究，根据林木耗水规律和区域水资源承载力合理配置林种结构，宜林则林，宜草则草，大力推广节水灌溉，确保区域生态用水安全。在水利先行、建设科学的灌排系统的基础上，建立防护林体系。在绿洲内部要发展防护林网和庄院的四旁植树，在绿洲边缘营造防风沙林带，在绿洲外围培育灌、草丛带。

#### 2.7.6.2 适当发展特色种植业

采用现代工程技术措施，如以温室、塑料棚等为代表的设施农业及其配套技术，运用按需供水、集水和覆盖保墒补墒，配方施肥，接种菌根和其他土壤微生物等措施，综合改造沙漠戈壁提高其土地生产力。运用现代科学技术，利用和开发作物本身所具有的抗逆性因素资源，通过选种育种，进而选择性状优良、耐旱、耐瘠薄、低耗水、高产值的沙性宜栽培种或品种。尤其是柴达木盆地分布着众多经过自然选择的野生植物资源，如罗布麻、白刺、枸杞、沙棘、锁阳等都是经济价值、生态价值、社会价值高的沙生生物资源。

#### 2.7.6.3 重点扶持加工业发展

通过选择资源产业化发展模式，以实现资源优势向经济优势的转变，优先发展适应于加工增值的农产品基地，重点发展农产品的精深加工业，并以此为依托进行相应的农业内部结构调整，以加快由劳动密集型向资金和技术密集型的转化，发展新兴"阳光产业"。按照"围绕基地建龙头、建好龙头带基地"的思路，重点培育一批依托林沙资源，具有市场开发能力、科技开发能力和精深加工能力林沙龙头企业，支持生产加工企业进行优质林产品基地建设、科研开发、生产加工、销售服务一体化经营。在此基础上，进一步延长产业链条，提高加工的档次和水平。

## 2.8 保障措施

### 2.8.1 完善产业发展支撑体系

#### 2.8.1.1 现代林草产业经营体系

以林业专业大户、家庭林场、农民专业合作社、龙头企业和专业化服务组织为重点，加快新型林业经营体系建设，鼓励各种社会主体参与林草产业发展。培育与建设一批类型多样、资源节约、产加销一体、辐射带动能力强的省级以上龙头企业，推动组建国家林业重点龙头企业联盟，加快推动产业园区建设，促进产业集群发展。引导发展以林草产品生产加工企业为龙头、专业合作组织为纽带、林农和种草农户为基础的"企业+合作组织+农户"的林草产业经营模式，引导农牧民开展专业化、标准化种养生产，打造现代林草业生产经营主体，构建和延伸"接二连三"产业链和价值链，促进一、二、三产业融合发展。积极营造林草行业企业家健康成长环境。

#### 2.8.1.2 林草产业科技服务体系

强化经济林、草业良种选育和先进实用技术推广应用，着力提升良种良法水平。集成创新木质非木质资源高效利用技术和草原资源高效利用技术。推动林区网络和信息基础设施基本全覆盖，加快促进智慧林业发展。强化林草产业科技示范基地和标准化示范基地创建，加大林草产业科技示范园区建设。鼓励和支持企业科技创新，加强与科研机构、推广机构合作，加强新技术、新材料、新工艺研究开发和推广应用，提高林草产业机械化水平。支持、引导和鼓励科技特派员及科技人员开展科技创新，培养科技领军人才、青年科技人才和高水平创新团队。切实加强林草产业从业人员实用技能培训，提高林草产业经营者整体素质。加强林草产品知识产权保护，严厉打击侵害知识产权行为。

#### 2.8.1.3 林草产业市场流通体系

推广"互联网+"模式，建设林草产品电子商务体系，搭建电子商务平台，加强大数据应用，促进线上线下融合发展。大力推行订单生产，鼓励龙头企业与农民、专业合作组织建立长期稳定购销关系。整合有效资源，加快建设市场供求信息公共服务平台，健全流通网络，引导产销衔接。建立健全林草产业种植、养殖、加工、仓储、销售等生产标准，完善产品质量标准及其检测方法。建立质量认证体系，加大生态原产地产品保护认定工作力度，加强绿色、有机认证工作。加强市场监管和消费引导，加大对良种使用、基地建设、生产加工、储存流通、销售利用、市场营销等环节监管。充分发挥现有青海省著名商标、生态生产地产品、驰（著）名商标、绿色食品、地理标志、森林产品标志等品牌作用，加大品牌创建力度；鼓励地方政府和龙企业争创驰（著）名商标、申请地理产品标志等。强化市场准入管理和质量监督检查，建立健全产品质量送检、抽检、公示和追溯制度，落实市场监管责任，提高质量管控水平，确保林产品绿色、健康、安全、环保。

#### 2.8.1.4 林草产业监测检测体系

健全林草产品标准体系和质量管理体系，完善林草产品质量评价制度和追溯制度。建立健全青海省、市（州）、县、企业、基地分级负责的林草产品质量安全检验检测体系，强化林草产品质量安全检疫监测工作。林草业部门及时准确地提供市场动态、新品种、新技术、病虫害预测预报、灾害预警及生产资料供求等信息。县级政府要建立林草产业农药化肥定点供应、统一使用机制，加快建立农药、化肥使用和加工等安全生产标准化体系。加快推进标准化生产，大力推进产地标识管理、产地条形码制度。推进高原有机产品质量标准与认证体系，扩大青海林草有机产品的认证范围。培育创建一批林草产品质量提升示范区。建立林草产业市场准入目录、市场负面清单及信用激励和约束机制。建立智能化和信息化为基础的林草产业监测与管理体系，提高抗市场风险能力。

#### 2.8.1.5 林草产业信息化服务体系

推进网上信息化管理，大力推进互联网思维、大数据决策、智能型生产、协同化办公、云信息服务，通过现代信息技术在林草产业的应用和深度融合，打造"互联网+"林（草）产业发展新模式，建立一体化的智慧林草产业决策平台，促进物品、技术、装备、资本、人力等生产要素流动，实现林草产业资源合理配置和高效利用，搭建林草产业云服务平台。提高林草产业管理水平、优化林草产业资源配置、提高产业化经营水平、促进生态文化和提高人员素质、推动科技进步、建设上下贯通的信息高速公路，建立集中共享的统一平台。

#### 2.8.1.6 林草产业人才战略体系

建立政府指导下，以高、中等林业院校为基础，以林草业企业为基地，培养创新人才、管人才、高技能实用人才、复合型市场开发人才以及高层次经营管理人才。给予优惠的人才政策促进专业人才下沉。创新人才培养市场机制，吸纳林草业专业人才培训，拓展培训面，开发培训产品，延长培训产业链。鼓励针对在职人员开展技能培训，对培训活动给予税收减免等优惠政策，培养当地林草专家。对专业技术岗位，建立职业准入资格。

### 2.8.2 创新林草产业发展管理机制

#### 2.8.2.1 拓展金融服务

设立一定数额的林草业产业发展专项资金，支持青海省采用政府购买、特许经营、企业自主经营等市场运作模式进行融资。在补助方式上，转变补助方向，由种植补助转为销售补助。对于林业重点项目造林投资标准应该采用差别化标准，探索按照森林生态服务功能高低和重要程度，实行分类、分级的差别化补偿政策。积极开展包括林权抵押贷款在内的符合林业特点多种信贷融资业务，创新担保机制，探索建立面向林农、林业专业合作组织和中小企业的小额贷款与贴息扶持政策，整合涉农资金，以奖代补，由扶持扩规模转向支持那些具有盈利能力的经营主体。完善草原生态保护补助奖励政策，严格落实禁牧、休牧和草畜平衡制度，以草定畜，科学核定各区域草原载畜量，提高草原禁牧补偿标准加强草原监测和核查监管，制定草原监管的保障措施。出台高原生态旅游相关扶持政策，打造集国家公园(森林、湿地、地质)、野生动植物保护、草原生态畜牧产品体验为一体的生态旅游廊道。完善林草资源资产评估制度和标准。

#### 2.8.2.2 完善投入机制

建立以政府投入为引导，以企业和专业合作组织、农牧民投入为主体的多元化投入机制，持各类政策性金融机构加大对林草产业发展的扶持力度。实施好《建立市场化、多元化生态保护补偿机制行动计划》，创新森林和草原生态效益市场化补偿机制。建立以政府投入为引导，以企业和专业合作组织、农牧民投入为主体的多元化投入机制。统筹各类林草项目资金，加大对林草产业发展的扶持力度，带动地方投资和各类社会投资积极参与。支持各类政策性金融机构加大对林草产业发展的扶持力度。优化林业贷款贴息、科技推广项目等投入机制，重点支持特种经济树种栽培、优质苗木、森林(草原)生态旅游、森林康养等领域。运用政府和社会资本合作(PPP)等模式，引导社会资本进入林草产业。完善多元化生态保护补偿机制，合理提高补偿标准，逐步扩大补偿范围，切实保障造林绿化、草原恢复主体的合法权益，大力推行"先建后补"的机制。落实国家已确定的用地政策，激励各类经营主体投资林草产业基础设施和服务设施建设。

#### 2.8.2.3 健全产业标准

由各级林草业部门负责，协助相关部门、企业、科研单位与管理部门共同配合，加大现有标准宣传贯彻和执行监督检查，建立和完善包括良种选育、基地建设、安全生产、产品加工、市场监管、项目管理等方面的技术标准、办法等标准化管理体系，将标准化贯穿于生产、经营全过程，尽快建立农药、化肥使用和林草产品安全生产标准化体系。大力支持"区块链+林产品"模式和技术创新，确保林产品质量安全及标准贯穿生产、经营全过程。由县级政府负责设立公益性岗位，建立林草产业农药、化肥定点供应，统一使用机制。建立或指定林产品权威的信息发布和网上交易平台，保证森林产品权威渠道的畅通；利用各部门已建立的检测机构、二维码等信息技术，建立"真伪可辨、来源可查、全程可溯"的产品追溯体系。制定出台枸杞、核桃、大樱桃、树莓等经济林标准化基地建设技术规程，为枸杞、核桃、大樱桃、树莓等标准化基地建设提供技术保障。制定出台林产品检验检测标准，为林产品市场销售提供平台。

**2.8.2.4 深化"放管服"改革**

精简和优化林草业行政许可事项,提升行政审批效率。推进行政许可随机抽查全覆盖,加强事中事后监管。深化林木采伐审批改革,逐步实现依据森林经营方案确定采伐限额,改进林木采伐管理服务。建设林业基础数据库、资源监管体系、林权管理系统和林区综合公共服务平台。强化乡镇林业工作站公共服务职能,全面推行"一站式、全程代理"服务。发挥好行业组织在促进林草产业发展方面的作用。

## 参考文献

黄春平,熊英,2019. 生态保护与林下经济的可持续发展[J]. 中国林业经济(5):91-92+99.
卢新石,2019. 草原知识读本[M]. 北京:中国林业出版社.
丛小丽,2019. 吉林省生态旅游系统生态效率评价研究[D]. 长春:东北师范大学.

# 3 自然保护地体系示范省建设研究

## 3.1 研究概况

### 3.1.1 研究内容

青海省以建设以国家公园为主体的自然保护地体系示范省为目标,本专题研究主要包括以下4项内容:

(1)分析梳理青海国家公园体制试点、各级各类自然保护地现状及管理体制和运行机制方面存在的问题。

(2)总结青海省三江源国家公园体制试点、祁连山国家公园体制试点的实践与经验。

(3)提出青海省"十四五"期间自然保护地体系构建的指导思想、基本原则、整合与优化方案。

(4)提出青海省"十四五"期间构建以国家公园为主体的自然保护地体系在体制机制创新方面的实践与探索。

### 3.1.2 研究方法及技术路线

(1)研究方法。本研究以资料搜集、文献分析为基础,采用实地调研、访谈座谈、问卷调查等方法,通过专家咨询和评审,充分吸收青海省林业和草原局的反馈意见、专家学者的专业建议,形成此专题研究报告。

具体研究方法包括以下三方面:

一是通过查阅资料和梳理文献,系统梳理、总结青海各类自然保护地(包括国家公园、自然保护区、风景名胜区、地质公园等)的现状,重点分析在管理体制机制、运营机制及保护效能、社区共建共管共享、资金投入机制等方面存在的问题。

二是实地调研三江源国家公园体制试点、祁连山国家公园体制试点、扎陵湖国际重要湿地、青海湖国家级自然保护区、青海湖国家级风景名胜区、青海湖国家地质公园等不同类型的自然保护地，实地踏查保护效果，听取保护地管理机构汇报，并与管理人员、巡护员、当地居民等进行交流座谈或者深入访谈，了解自然保护地内、外、周边方位各利益相关方对相关问题的认识理解和意见建议。

三是听取专家学者意见建议，通过召开专家座谈会等方式广泛征求专家意见，了解掌握并吸收专家对"十四五"期间，青海构建以国家公园为主体的自然保护地体系的意见与建议，在此基础上，经过修改完善，形成最终的研究报告。

（2）技术路线。综上，根据研究内容及研究方法，本研究的技术路线如图3-1。

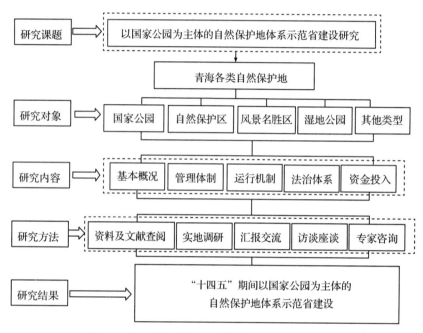

图 3-1　自然保护地体系示范省建设研究技术路线

## 3.2　自然保护地概况

### 3.2.1　基本情况

青海省的自然资源具有国家代表性、典型性和系统性、原真性、完整性；自然景观丰富，生态文化丰厚，科研、观赏、教育价值等无可比拟。青海被誉为"中华水塔"，提供着长江2%、黄河49%、澜沧江16%（国境内）的径流量，是我国淡水资源的重要补给地。青海也是全球高原生物多样性最集中的地区之一，是世界高寒种质资源自然"基因库"和具有全球意义的生物多样性重要地区。同时，作为我国重要的生态功能区，青海省面积的90%为限制开发区和禁止开发区。

通过对青海省8个市（州）42个县（市、区、行委）自然保护地全面系统调查，全省共有各级各类保护地14类223处。根据《关于建立以国家公园为主体的自然保护地体系的指导意见》的要求及现状调查评估结果，确定青海省以国家公园为主体的自然保护地体系整合优化范围为现有的国家公园（试点）、自然保护区、水产种质资源保护区、风景名胜区、地质公园、湿地公园、森林公园、沙漠公园等8类109处自然保护地及经全域分析识别出的保护空缺区域。

现有纳入整合优化的 109 处自然保护地累计批准面积为 4253.53 万公顷。通过对现有自然保护地矢量界线叠加分析，有交叉重叠的 68 处，数量重叠率为 62.39%，面积重叠率为 52.18%。扣除交叉重叠后的全省自然保护地总面积为 2688.39 万公顷，占全省总面积(69.96 万平方千米，下同)的 38.42%。其中，国家公园(试点)2 处，面积 1389.79 万公顷(批准面积，下同)，占全省自然保护地批准总面积的 32.67%；自然保护区 11 处(国家级 7 处、省级 4 处)，面积 2177.74 万公顷，占 51.20%；水产种质资源保护区(国家级)14 处，面积 433.33 万公顷，占 10.19%；风景名胜区 19 处(国家级 1 处、省级 18 处)，面积 105.34 万公顷，占 2.48%；地质公园 8 处(国家级 7 处、省级 1 处)，面积 57.59 万公顷，占 1.35%；湿地公园 20 处(国家级 19 处、省级 1 处)，面积 32.94 万公顷，占 0.77%；森林公园 23 处(国家级 7 处、省级 16 处)，面积 54.48 万公顷，占 1.28%；沙漠公园(国家级)12 处，面积 2.32 万公顷，占 0.05%。

### 3.2.2 管理体制与资金投入

2018 年国家机构改革之前，自然保护区等九大类型保护地分属环保、林业、住建、自然资源、水利和农业 7 个不同部门，各部门根据自身管理职能和自然资源保护与利用的特点，对自然保护区、风景名胜区、自然文化遗产、森林公园、地质公园等各类保护地进行相应管理。党的十九大明确提出"建立以国家公园为主体的自然保护地体系"，中共中央办公厅、国务院办公厅《关于印发〈青海省机构改革方案〉的通知》明确青海省以国家公园为主体的各类自然保护地由青海省林业和草原局负责管理，但是目前改革的职能权责还未到位，省级以下的管理机构还未建立。

近年来，中央及省级财政对青海省自然保护地投入不断加大。2016 年，青海争取和落实中央各类生态保护建设资金 1037 亿元，较上年度增长 19.7%，落实省级财政资金 6.82 亿元，带动地方和社会资金投入 15 亿元。其中，三江源和祁连山(青海)两国家公园体制试点区 2015 年以来累计获得中央、地方两级财政投入超过 10 亿元，自然保护区、森林公园及湿地公园投入也已经超过 1 亿元。从各类型保护地资金投入来源看，国家公园、自然保护区及湿地公园资金来源主要是发展改革委和财政两条线，上述 3 种类型保护地有专项经费投入保证但金额较小，其余各类保护地则没有专项投入，资金保障体系有待进一步完善。

### 3.2.3 法制体系

近年来，青海省先后颁布《青海省生态文明建设促进条例》《青海省湿地保护条例》《青海省国有林场改革实施方案》《西宁市大气污染防治条例》等地方法规，加强生态立法，明确生态保护中的主体责任，同时广泛调动社会资源，形成生态保护、建设的合力；同时，积极落实《青海省国土绿化提速三年行动计划(2018—2020 年)》，确定全省国土绿化目标任务、主要行动和保障措施，指导全省国土绿化事业健康快速发展。青海省根据实际需要，首先，授权自然保护地管理机构履行管辖范围内必要的资源环境行政综合执法职责；其次，建设高效有力的自然保护地综合执法队伍，逐步实现保护管理队伍职业化和装备标准化；再次，建立系统完善的综合执法制度体系，自然资源刑事司法和行政执法高效联动，形成符合当地实际的综合执法模式；最后，发挥三江源、祁连山等国家级自然保护区联盟合作机制作用，加强区域生态环境保护和地区间生态环境联防联治工作，开展毗邻地区联合执法，严厉打击破坏生态环境和野生动植物资源的违法犯罪行为。

### 3.2.4 保护现状与成效

目前，青海省禁牧草场近 1800 万亩，其中围栏禁牧 800 余万亩、搬迁禁牧 786 万亩，累计治理水土流失面积360万亩、退化草场6000多万亩，封山育林1176万亩，黑土滩治理区植被覆盖率提高到80%，三江源出水量增加到715万立方米。重点工程治理区生态环境恶化的趋势已得到有效遏制，生态环境状况明显好转，维护了生态系统的良性循环。

## 3.3 制约因素及存在问题

国家公园体制试点工作稳步推进，管理体制趋于完善，机构运行日益顺畅，管理水平不断提升，试点效应逐步显现。但随着试点的深入推进，各种新情况新问题也逐步显现。随着各类保护地的摸底调查工作地不断深入，各类保护地空间交叉重叠、保护对象重复、保护目标混乱、保护地破碎化、多头管理、权责不明、保护与发展矛盾等问题愈发凸显。

### 3.3.1 范围分区不科学不合理现象普遍

保护地体系缺乏顶层设计，不同类型的保护地相互交叉重叠，不利于生态系统的完整保护和自然资源统一管理；保护地范围边界和功能分区划定不合理，很多保护地内都有人口密集的村镇，以及人类活动频繁的农田和牧场，有的保护地甚至将这些区域划入核心区，存在控制线重叠的问题，对当地发展造成了较大的限制，如三江源国家级自然保护区核心区和缓冲区内有大量乡镇；而有些保护地范围未能将所有需要保护的区域全部划入，如三江源国家公园体制试点就未将源头区域全部划入；很多保护地自申报时即没有明确的边界和分区，有些保护地至今没有明确的四至边界。

### 3.3.2 多头管理、无头无绪管理并存

多头管理主要体现在两个方面：一是由于不同类型的保护地之间存在交叉重叠，导致同一区域内由两个甚至以上的保护地管理机构负责管理的情况，多头管理的现象突出。二是保护地管理机构与地方政府之间职能边界划分不清、权责不对等，自然资源管理主体不明确。不同保护地类型有不同的管控重点和措施，保护地管理机构与地方政府执行不同的法规政策，甚至出现打架问题，导致抵消管理和保护。保护地无头管理现象较为普遍，除少数几个国家公园、国家级自然保护区外，绝大部分保护地都没有设立管理机构，缺编制、缺人员的情况严重，有的保护地甚至只有一块牌子，也存在有机构无人员的现象。

### 3.3.3 缺乏长效资金保障是共性问题

财政渠道是保护地最主要的资金来源，包括地方财政、上级转移支付、中央及地方专项资金等。但除国家公园、自然保护区等少数几类保护地外，大部分保护地均无稳定的资金来源和渠道，都面临着经费短缺的困境，日常工作维持困难。即便是自然保护区，也难以得到足够的地方财政支持。部分保护地虽通过开发自然资源发展旅游业，获取了一定收入，但这部分收入未被用于保护地的建设。保护地公益捐赠机制也尚不健全，缺乏必要的法律和制度保障。大多数保护地由政府主导运行管理，缺乏合理的社会参与机制与投融资机制，社会资本很难投入到保护地建设管理中。

### 3.3.4　缺乏高效科学支撑长期存在

保护地法规体系不健全，部分法规间对关键概念法律内涵和边界不明确，导致针对不同自然保护地的立法定位不清，严重影响了法律体系效应和制度合力。现有法规位阶不高，森林公园、地质公园、湿地公园等自然保护地管理规章缺乏法律层面授权，法规保障不足。当前我国正在开展国家公园体制试点，但目前保障国家公园体制改革的法律基础明显不足，一些改革举措受到现有法律法规和行政授权掣肘，难以有效推动。

大部分保护地建设都没有制定长远发展规划，即便有相关规划，也存在因预算低、人员少而难以落实的情况。保护地建设和管理缺乏科技支撑，对现存的主要问题研究不到位，开展工作理论基础不足，效果往往也难以达到预期。保护地管理和技术人员虽然基层实践经验丰富，但专业素质普遍较低，缺乏高水平人才的支撑，不利于保护地的现代化管理和建设。

部分自然保护地自然资源权属不清，土地所有权、使用权、管理权混乱，部分自然保护区并未获得核心区和缓冲区的土地使用权，无法对保护区内自然资源进行有效管理，甚至无力对保护区内的违法资源开采和建设活动进行干预。

### 3.3.5　生态保护和地方发展由来已久

大量村落、耕地、牧场被划入保护地，有些甚至分布在核心区，由于近年来保护地管理逐渐严格，这些区域的基础设施建设和产业发展受限较为严重。随着生态环境的恢复，野生动物数量逐渐增多，争夺草场、意外伤人等事件也随之增加，人兽冲突不断加剧。机构改革后，"一地双证"的情况在全省仍普遍存在，林草矛盾突出，协调难度较大。现有生态补偿政策还需进一步完善，有待提标扩面。保护地内外关系需要协调，由于内外政策差异，内部社区想划出和外部社区想划入现象并存。很多保护地管理机构既是自然资源的保护者，也是经营利用者，在保护地管理运行过程中保护和发展矛盾难以协调。很多保护地管理机构既是自然资源的保护者，也是经营利用者，在保护地管理运行过程中保护和发展矛盾难以协调。

## 3.4　国家公园体制试点探索与实践

2015年12月9日，习近平总书记主持召开中央全面深化改革领导小组会议审议通过《三江源国家公园体制试点方案》。2016年3月5日，中央办公厅、国务院办公厅正式印发《三江源国家公园体制试点方案》，三江源成为党中央、国务院批复的我国第一个国家公园体制试点。2017年，中央深化改革领导小组又批复了祁连山国家公园体制试点，青海省成为全国唯一具有两个国家公园试点的省份。几年来，青海省牢记习近平总书记关于"确保一江清水向东流""四个扎扎实实""三个最大"的指示与嘱托，发挥先行先试政策优势，立足青海、面向全国、放眼世界，注重实际、突出特色、稳中求进，为我国国家公园建设积累了经验与模式，为全国生态保护提供了好典型、好示范。

### 3.4.1　主要做法

(1) 构建统一管理体制。为了着力破解体制机制"九龙治水"局面和监管执法"碎片化"问题，三江源国家公园体制试点组建了三江源国家公园管理局(正厅级),内设7个处室,并设立了3个正县级局属事业单位。同时,设立长江源(可可西里)、黄河源、澜沧江源3个园区管委会(正县级),其中长江源管委会挂青海可可西里世界自然遗产地管理局牌子,并派出治多管理处、曲麻莱管理处、可可西里管理处3个正县级机构。对3个园区所涉4县进行大部门制改革,整合林业、国土、环保、水利、农牧等部门的生态保护管理职责,设立生态环境和自然资源管理局(副县级)、资源环境执法局(副县级),全面实现集中统一高效的保护管理和执法。整合林业站、草原工作站、水土保持站、湿地保护站等,设立生态保护站(正科级)。国家公园范围内的12个乡镇政府挂保护管理站牌子,增加国家公园相关管理职责。同时,根据《三江源国家公园健全国家自然资源资产管理体制试点实施方案》,组建成立了三江源国有自然资源资产管理局和管理分局,尝试探索自然资源资产集中统一管理。

(2)加强生态保护与修复。体制试点工作启动以来,三江源园区先后累计投入22.5亿元资金,重点实施了生态保护建设工程、保护监测设施、科普教育服务设施、大数据中心建设等基础设施建设项目。扎实推进三江源二期、湿地、生物多样性等生态保护建设工程。并且,扎实开展中央环保督察反馈问题整改和"绿盾"自然保护区监督检查专项行动,全面核查三江源国家公园和国家级自然保护区及可可西里世界自然遗产地人类活动遗迹,核查生态环境部遥感监测人为活动点位,整改中央环保督察反馈问题。全面落实园区河长制,积极推进园区河流保护管理工作。推进山水林田湖草组织化管护、网格化巡查,组建了乡镇管护站、村级管护队和管护小分队,构建远距离"点成线、网成面"的管护体系,使牧民逐步由草原利用者转变为生态管护者,促进人的发展与生态环境和谐共生。

祁连山国家公园扎实推进管护能力建设。管护站巡护信息通报制度全面执行,各类巡护设施设备更加完善,累计购置巡护摩托车157辆、巡护皮卡车36辆、手持终端592台、卫星电话120台、巡护服装480套。管护站标准化建设工程加快实施,新规划建设的18个管护站建设工程和原有22个管护站提升改造工程全面开工建设,建成后国家公园管护站将达到40个,可实现现代化、智能化综合管护。

(3)建立自然资源综合执法机制。三江源国家公园管理局与青海省人民检察院、青海省高级人民法院建立了生态保护司法合作机制,组建了玉树市人民法院三江源生态法庭,成立了三江源国家公园法治研究会,建立了三江源国家公园法律顾问制度,充分发挥司法保护生态环境的作用。先后开展了代号为"三江源碧水行动""绿剑3号""绿剑4号"等专项行动和常规巡护执法行动,发挥了强大的震慑作用,增强了依法管园和建园的水平。祁连山国家公园编制了《祁连山国家公园(青海片区)自然资源管理综合执法工作方案》,集中开展综合执法检查暨"绿盾"专项行动,省州县三级森林公安联合开展巡护执法专项行动,青甘两省交界区域联防管控机制得到进一步加强。建立了执法工作台账,基本掌握了国家公园试点区内开发建设和人类活动等情况,保障了生态安全。

(4)探索民生改革。一是创新建立生态管护公益岗位机制,制定了生态管护公益岗位设置实施方案。全面实现了三江源园区"一户一岗",共有17211名生态管护员持证上岗。3年来青海省财政共投入4.8亿资金,户均年收入增加21600元,并为其统筹购买了意外伤害保险,对牧民脱贫解困、巩固减贫成果发挥了兜底作用。二是在体制试点中稳定草原承包经营基本经济制度,园区牧民草原承包经营权不变,在充分尊重牧民意愿的基础上,通过发展生态畜牧业合作社,尝试将草场承包经营逐步转向特许经营。鼓励引导并扶持牧民从事公园生态体验、环境教育服务以及生态保护工程劳务、生态监测等工作，使他们在参与生态保护、公园管理中获得稳定长效收益；鼓励发展第三产业，支持牧民以投资入股、合作劳务等多种形式开展家庭宾馆、旅行社、牧家乐、民族文化演艺、交通保障、餐饮服务等经营项目，促进增收致富。三是积极探索生态保护与发展体制机制创新。通过公共服务能力的提升，吸引老人和小孩向城镇集中，减轻草场压力，逐步达到转岗、转业、转产和减人减畜的目标。地方和社会组织多方参与野生动物伤害和保护补偿。杂多县政府和山水自然保护中心及牧户共同出资设立"人兽冲突保险基金"，强化人畜冲突管理。

（5）开展多种形式生态文化宣传教育。一是探索建立"村两委+"为基础的社区参与共建共管共享机制。选取9个试点村，签订《"村两委+"共建共管协议书》，创立生态学校和生态课堂，打造党员群众义务宣传、保护"两支队伍"，开展生态课堂进校园和自然体验活动，并在继续深入完善和推广中逐步建立规范的国家公园自然教育体系。二是宣传"可可西里坚守精神"与"两弹一星"精神、玉树抗震救灾精神、尕布龙扎根精神、慕生忠将军开路精神——五大精神板块，共同打造青海精神高地，生动演绎了"五个特别"的青藏高原精神，是建设新青海的强大精神动力。三是组织主流媒体赴三江源进行实地采访，推出系列报道3000多篇，并被广泛转载转播；与全国54家媒体联合开展"三江源国家公园全国媒体行"大型采访活动，开展"美丽江源行""走进可可西里"等大型活动、微电影拍摄，举办"大美江源"三江源国家公园摄影大赛、祁连山国家公园媒体作家采访采风活动，完成了《中华水塔》《绿色江源》两部纪录片，征集确定并发布了三江源国家公园形象标志和识别系统。

（6）深化科研合作机制。一是建立国家长期科研基地。青海省林业和草原局推动祁连山国家公园成为全省首个纳入国家林业和草原局第一批50个国家长期科研基地的单位，为国家公园科研建设发展搭建了广阔平台。三江源国家公园生态大数据中心和卫星通信系统建设项目启动，中国航天"天地一体化"信息技术国家重点实验室在三江源建设基地，充分应用最新卫星遥感技术开展全域生态监测。二是深化科研合作。青海省人民政府与中国科学院组建成立了中国科学院三江源国家公园研究院，设立三江源国家公园院士工作站。祁连山国家公园与中国林科院合作完成了国家公园生物多样性监测第一阶段调查任务，与省气象局合作发布了《2017年祁连山国家公园青海片区生态气象监测公报》。三是加强人才队伍建设。针对省州县乡村干部、生态管护员、技术人员组织开展全面系统的业务培训110场次、36000多人次，提高了业务水平和管理能力。同时，在青海大学生态环境工程学院开设国家公园方向相关课程，首批具有藏汉双语水平的80名学生已入班学习。

### 3.4.2 实践成果

国家公园示范省建设启动以来，青海紧盯"三步走"规划目标，积极探索、勇于实践，推进示范省建设取得阶段性实效。

（1）成功举办第一届国家公园论坛。为借鉴创新国家公园建设理念，确保国家公园示范省建设体现青海特点、中国特色、与国际接轨，2019年8月19~20日，青海省政府与国家林业和草原局在西宁成功举办了第一届国家公园论坛。论坛得到以习近平同志为核心的党中央亲切关怀和大力支持，习近平总书记亲自致信祝贺论坛开幕，深刻阐述了实行国家公园体制的意义、理念、目的和内涵，为建好国家公园提供了根本遵循、注入了不竭动力。来自国内外及国际组织的450位专家学者分享了建设国家公园的最新理念和实践经验，并深入讨论、集思广益，达成"西宁共识"，有力传播了习近平生态文明思想，提升了我国共谋全球生态文明的话语权，对推动我国建立以国家公园为主体的自然保护地体系，促进生态环境全球治理具有重要意义，在国内外引起强烈反响。论坛还举办了一系列摄影艺术展、建设成就展，达成了一系列战略性、建设性绿色发展合作意愿、合作项目，向世界展现了"国家公园省、大美青海情"的美丽画卷，促进了青海对外开放和交流合作，为青海生态文明建设提供了有力支撑。

（2）建立顶层协调推进机制。国家林业和草原局和青海省政府成立了双方主要领导任双组长的共建领导小组，分别在北京和西宁召开了3次领导小组会议，听取情况汇报，审议有关文件，研究部署任务，为示范省建设提供了坚强的组织保障。同时，省林业和草原局与国家林业和草原局国家公园办、自然保护地管理司等相关司局建立了常态化联系机制，及时对接规划方案编制、重点任务进展、政策制度研究等工作，形成了上下联动，合力推进的工作格局。

（3）完成全省自然保护地调查评估。2019年3月，在全国率先启动自然保护地调查评估，对全省14类223处自然保护地进行了全面系统的调查。根据中共中央办公厅、国务院办公厅《关于建立以国家公园为主体的自然保护地体系的指导意见》规定的自然保护地分类标准及现状调查评估结果，确定自然保护地整合优化范围为：国家公园（试点）、自然保护区、水产种质资源保护区、风景名胜区、地质公园、湿地公园、森林公园、沙漠公园等8类109处。同时，完成了全省自然保护地2000坐标系地形图边界范围叠加分析，青海生物多样性保护区划、青海自然遗迹保护区划、青海自然景观保护区划等工作，全面摸清了全省自然保护地"家底"。

（4）自然保护地整合优化归并稳步推进。按照山水林田湖草生命共同体理念，准确把握以国家公园为主体、自然保护区为基础、各类自然公园为补充的自然保护地体系的科学内涵，严格遵从保护面积不减少、保护强度不降低、保护性质不改变的要求，编制完成青海省自然保护地整合优化《青海省自然保护地整合优化办法》和《青海省自然保护地整合优化方案》，有序开展自然保护地整合优化工作，着力解决自然保护地交叉重叠、多头管理、保护空缺等突出问题，实现一个保护地、一套机构、一块牌子的目标。

（5）自然保护地标准制度体系研究进展顺利。为统一标准、科学合理的指导全省自然保护地体系建设，确保自然保护地调查评估、分类、整合优化等示范省建设任务有章可循、有规可依，组织编制了青海省自然保护地《调查评价方法研究报告》《分类标准》《分级管理办法》等9项标准制度，已通过专家论证。

（6）各类规划编制工作全面启动。启动了《青海以国家公园为主体的自然保护地体系示范省建设总体规划》《青海省自然保护地总体规划》的编制工作。同时，陆续开展其他各类保护地规划编制、年度实施计划制定工作。坚持"开门编规划"，积极做好与其他相关规划的衔接，广泛听取意见建议，共同绘制好国家公园示范省建设蓝图。

（7）青海湖、昆仑山国家公园前期工作扎实推进。为确保重要自然生态系统、自然遗迹、自然景观和生物多样性应保尽保，突出国家公园在自然保护地体系中的主体地位，在总结三江源、祁连山国家公园体制试点经验基础上，积极推进青海湖、昆仑山两个国家公园建设总体规划编制报批工作。完成《青海湖国家公园评估论证报告》《青海湖国家公园总体规划》和《昆仑山国家公园论证评估报告》《昆仑山国家公园总体规划（2020—2030年）》初稿。

### 3.4.3 经验与启示

（1）切实落实总书记指示，强化组织领导与顶层设计。为落实好习近平总书记的重大要求，推动三江源、祁连山国家公园体制试点，青海省强化组织领导，成立由省委书记、省长任双组长的国家公园体制试点工作领导小组，明确省委和省政府各一名分管领导具体牵头，落实相关部门主体责任，调动省州县各级积极性，打造纵向贯通、横向融合的领导体制。强化统筹谋划，对机构组建、项目经费、生态管护公益岗位设置、规划、条例、管理办法、年度工作任务等，进行深入研究。强化顶层设计，印发《三江源国家公园试点方案》，确定了8个方面31项重点工作任务；印发《祁连山国家公园体制试点（青海片区）实施方案》，全面部署落实6个方面33项试点任务。强化督促落实，分年度制定重点工作责任分工和工作要点，建立台账、跟进评估、督查督导，对各牵头部门的任务推进情况实行一月一汇总、一季一对账、年中盘点梳理、年底对账销号，确保了体制试点工作的顺利推进。

（2）加强法制和制度建设，形成国家公园建设长效机制。国家公园立法在我国尚属空白。青海省起草《三江源国家公园条例（试行）》后，2017年6月2日，青海省第十二届人民代表大会常务委员会第三十四次会议审议通过了该条例。祁连山国家公园管理局完成《祁连山国家公园条例》（初稿）并召开了专家咨询会，迈出了依法建园的关键一步。通过召开研讨会、座谈会、征求意见会、挂网公示等多种形式广纳贤言、广谋良策，于2018年1月12日，经国务院同意，国家发展改革委公布了《三江源国家公园总体规划》；并且先后制定并印发三江源国家公园科研科普、生态管护公益岗位、特许经营、预算管理、项目投资、社会捐赠、志愿者管理、访客管理、国际合作交流、草原生态保护补助奖励政策实施方案、功能分区管控办法、环境教育等13个管理办法，以及《三江源国家公园管理规范和技术标准指南》。

（3）优化整合各类保护地，山水林田湖草一体化保护。尊重自然生态系统特点，将重要饮用水源地保护区、水产种质资源保护区、风景名胜区、自然遗产地等各类保护地进行功能重组、优化整合，实行集中统一管理，增强各功能分区之间的整体性、联通性、协调性，对各类保护地进行整体保护、系统修复、一体化管理。开展草地、林地、湿地、地表水和陆生野生动物资源的本底调查，建立自然资源本底数据平台，构建一体化生态管护体制。按照生态系统的整体性、系统性及其内在规律，加快推进各有关部门生态管护职能融合，实现草原、森林、湿地、荒漠、湿地管护由部门分割向"多方融合"转变，努力构建全区域、全方位、全覆盖的一体化管护格局。编制自然资源资产负债表以及资源资产管理权力清单、责任清单，积极探索制定自然资源资产形成的收益纳入财政预算的管理办法。

（4）建立牧民参与共建机制，夯实生态保护群众基础。注重在生态保护的同时促进人与自然和谐共生，准确把握牧民群众脱贫致富与国家公园生态保护的关系，在试点政策制定上将生态保护与精准脱贫相结合，与牧民群众充分参与、增收致富、转岗就业、改善生产生活条件相结合，充分调动牧民群众保护生态的积极性，积极参与国家公园建设。通过设置生态管护公益岗位，广大牧民保护生态的参与度明显提升，聘用的生态管护员数量约占园区内牧民总数的27.3%，且"一人被聘为生态管护员、全家成为生态管护员"新风正在兴起，生态保护成绩突出。同时，生态管护员还在党建、维稳、民族文化传承等方面发挥着重要作用，黄河源园区管委会已经率先构建"生态管护+基层党建+精准脱贫+维护稳定+民族团结+精神文明"六位一体的生态管护模式，其他园区正在学习推广中。

## 3.5 自然保护地体系构建

### 3.5.1 指导思想

以习近平新时代中国特色社会主义思想为指导，深入贯彻落实党的十九大精神和习近平生态文明思想，紧紧围绕统筹推进"五位一体"总体布局和协调推进"四个全面"战略布局，牢固树立和贯彻落实新发展理念，将自然保护地体制改革与推进实施"一优两高"战略紧密结合，加快推进生态文明建设和生态文明制度改革。深刻践行"青海最大的价值在生态、最大的责任在生态、最大的潜力也在生态"的重大要求，坚持生态保护优先，认真总结国家公园体制试点成果，加强顶层设计，理顺管理体制，创新运行机制，强化监督管理，完善政策支撑，建立分类科学、布局合理、保护有力、管理有效的以国家公园为主体的自然保护地体系，加强山水林田湖草生命共同体系统性、原真性、完整性保护，实现重要自然资源统一管理、全民共享、世代传承的目标。坚持统筹谋划、规划先行、全域共建、科学布局，使五大生态板块与自然保护地新布局相得益彰、相辅相成，实现全省范围内的自然保护地科学设置、有效整合，在全国率先建立以国家公园为主体、自然保护区为基础、各类自然公园为补充的自然保护地管理体系，建设成以国家公园为主体的自然保护地体系示范省。

### 3.5.2 基本原则

巩固成果，深化改革。坚持问题导向，认真总结试点经验、科学分析试点问题。将创新体制和完善机制放在优先位置，进一步理顺管理体制，强化有效融合，创新运营机制，健全法治保障，强化监督管理，推动体制机制创新取得新突破。

分类指导，稳步推进。立足青海生态保护现实需求和发展阶段，系统规划、分步实施，因地制宜、突出特色、循序渐进、分类指导、久久为功，以自然保护地整合的复杂性、管理体制机制改革的难易度等为考量因素，做好体制机制改革过程中的系统衔接，扎实推进示范省建设。

科学布局，系统保护。牢固树立山水林田湖草生命共同体理念，统筹考虑保护与利用，严守生态保护红线，科学确定以国家公园为主体的自然保护地体系空间布局，对自然保护地进行功能重组，明确功能定位。按照自然生态整体性、系统性及其内在规律，实行整体保护、系统修复、综合治理、科学管理。

中央支持，地方尽责。建立以国家公园为主体的自然保护地体系是重大国家战略，由国家确立并主导管理，中央加大政策支持力度，给予全方位指导。青海举全省之力，强化统筹、全面部署、系统安排，进一步统一认识、形成合力，调动各方面积极性，树牢"四个意识"，动员广大干部群众以高度的政治责任感、使命感投入示范省建设工作。

社会参与，共建共享。积极构建社会参与、人人享有的开放创建机制，建立健全政府、企业、社会组织和公众共同参与自然资源保护和管理的长效机制，探索社会力量参与自然资源管理和生态保护的新模式，广泛引导社会资金多渠道投入，引导广大群众参与共建，发挥好生态保护的主体作用。

### 3.5.3 保护地类型划分

按照山水林田湖草是一个生命共同体的理念,创新自然保护地管理体制机制,实施自然保护地统一设置、分级管理、分区管控,把具有国家代表性的重要自然生态系统纳入国家公园体系,将青海省现有自然保护地整合为以国家公园为主体、自然保护区为基础、各类自然公园为补充的自然保护地管理体系,使保护地空间布局和功能定位更加合理,管理体制机制逐步理顺,区域经济社会发展更加协调(表3-1)。

表3-1 保护地类型划分标准

| 类型划分标准 | 自然属性 | 生态价值 | 保护与利用等级 | 管理层级 |
| --- | --- | --- | --- | --- |
| 国家公园 | 自然生态系统中最重要、自然景观最独特、自然遗产最精华、生物多样性最富集的部分 | 生态功能非常重要、生态环境敏感脆弱,具有全球保护价值、国家代表性 | 实施长期的严格保护 | 最高,副厅级以上 |
| 自然保护区 | 典型的自然生态系统、珍稀濒危野生动植物种的天然集中分布区、有特殊意义的自然遗迹区域 | 具有典型性、代表性和特殊意义 | 严格保护 | 较高,国家级不低于县(处)级、省级不低于副县(处)级 |
| 自然公园 | 具有生态、观赏、文化和科学价值的典型自然生态系统、自然遗迹和自然景观 | 具有重要生态价值 | 限制利用,或可持续利用 | 适合,副县(处)级 |

### 3.5.4 保护地整合与优化

目前,青海省各类保护地存在空间布局交叉重叠,保护地管理机构缺失、重叠、级别交错的问题突出。例如,围绕青海湖这一地理单元分别设置了自然保护地有青海湖国家级自然保护区、青海湖国家级风景名胜区、青海湖国家地质公园、青海湖裸鲤国家级水产种质资源保护区、青海湖鸟岛国际重要湿地、青海湖国家重要湿地多种类型保护地。青海玛沁阿尼玛卿国家地质公园成立的玛沁县阿尼玛卿山地质公园管理局,隶属于玛沁县国土资源局的全额拨款事业单位。青海久治年保玉则国家地质公园原管理机构为久治县旅游局,现管理机构为久治县国家地质公园管理局。该地质公园是隶属于久治县国土资源和环保水利局的全额拨款事业单位。

鉴于此,建议在对现有各类保护地及其关联区域进行全面评估的基础上,以保护面积不减少、保护强度不降低、保护性质不改变为根本要求,按照国家公园、自然保护区、自然公园三大类保护地的功能定位进行整合与优化,形成布局合理、分类科学、定位明确、保护有力、管理有效的具有中国特色的以国家公园为主体的自然保护地体系。

(1)保护地整合与优化原则。以保持生态系统完整性为前提,以保持生态系统完整性为原则,遵从保护地面积不减少、保护强度不降低、保护性质不改变为根本要求,科学整合归并各类自然保护地,解决区域交叉、空间重叠、管理分割等问题,实现一个自然保护地一个牌子。

(2)保护地整合、归并优化思路。优先整合确立国家公园。在全面评估的基础上,按照国家顶层设计下的国家公园设立标准和程序,在维护国家生态安全的关键区域,最珍贵、最重要的生物多样性集中分布区设立国家公园,区域内不再设立或保留其他类型保护地。

重新确定独立设置保护地类型。对于未纳入国家公园范围,且空间上不存在重叠、相连、毗邻等情况的保护地,评估后与3类保护地功能定位对标,确定最符合保护要求的保护地类型。

整合交叉重叠保护地。对于未纳入国家公园，且多个保护地交叉重叠的区域，按照保护从严、等级从高的要求整合。原则上，若涉及自然保护区，无论是国家级还是省级，均整合为自然保护区；若不涉及自然保护区，优先整合为国家级自然保护地；如有多个国家级保护地或全为省级保护地，则通过全面评估，基于资源特征和保护要求确定保护地名称。整合后，区域内其他保护地不再保留，做到一个保护地、一个名称、一套机构、一块牌子。

归并优化相邻保护地。对于同一自然地理单元内相邻、毗连的保护地，打破因行政区划、资源分类造成的条块割裂的局面，解决保护管理分割、自然保护地破碎化和孤岛化问题，按照自然生态系统完整性、物种栖息地连通性、保护管理统一性的原则进行合并重组，按照保护从严、等级从高原则确定整合后的自然保护地类型和功能定位，优化边界范围和功能分区，被优化归并的自然保护地名称和机构将不再保留，只设置一个名称、一块牌子。

评估新建保护地。开展综合评价，将生态功能重要、生态系统脆弱、自然资源价值较高，但尚未纳入保护地体系的区域，适时有效纳入自然保护地体系并归类，做到应保尽保。

保留国际命名。整合后，相关区域获得世界的自然文化遗产地、生物圈保护区、世界地质公园、国际重要湿地等国际性命名继续保留。

开展勘界立标。整合现有保护地的过程中，优化新保护地的范围边界，完善功能分区，及时做好勘界立标工作。

（3）整合、归并优化后的保护地。根据各类自然保护地的功能定位，基于以上路径，完善三江源国家公园和祁连山国家公园范围边界，规划建设具有国家代表性的青海湖国家公园、昆仑山国家公园，今后视条件可逐步增设相关国家公园；在部分现有自然保护区和水产种质资源保护区基础上整合区域内各类保护地设立自然保护区；将未整合进国家公园和自然保护区的风景名胜区、森林公园、地质公园、湿地公园、沙漠公园、水利风景名胜区等，保留保护地类型名称，整合实现一区一牌后，统一划为自然公园类。整合后，青海自然保护地体系的总体布局以国家公园为主体，自然保护区和各类自然公园形成相互联系的自然群落，自然保护地总面积提升至全省面积的40%左右。

## 3.6　国家公园示范省建设实践成果

### 3.6.1　自然保护地管理体制机制示范

三江源国家公园和祁连山国家公园两试点区整合组建了统一的管理机构，积极探索分级行使所有权和协同管理机制，并推进自然资源统一确权登记。三江源、祁连山探索以国家公园作为独立自然资源登记单元，对区域内水流、森林、山岭、草原、荒地、滩涂等所有自然生态空间统一进行确权登记，划清了全民所有和集体所有之间的边界，明晰了自然资源权属，并于2018年通过了自然资源部组织的评审验收。青海省自然保护地体系体制机制下一步应在两试点区已取得经验基础上进一步健全自然保护地管理运行体制。

（1）明确管理机构及其权责。建议由青海省林业和草原局作为全省范围内自然保护地的管理机构，负责直接管理除试点期间的三江源国家公园和祁连山国家公园外的全省自然保护地，行使保护地范围内各类全民所有自然资源资产所有者管理职责。各保护地根据实际整合优化后，设立管理局或管委会等管理机构，作为青海省林业和草原局的直属或派出机构，代表省局履行管理职责，明确其职能配置、内设机构和人员编制。

(2)构建协同管理机制。构建中央和地方协同管理机制。国家公园和自然保护区，由中央政府直接行使全民所有自然资源资产所有权的，地方政府配合；省级政府代理行使全民所有自然资源资产所有权的，中央政府履行应有事权。自然保护地所在地方政府行使辖区经济社会发展综合协调、公共服务、社会管理等职责。自然公园由属地政府派出机构管理，省级行政主管部门监督指导。

### 3.6.2 自然保护地治理体系与治理能力现代化示范

(1)完善立法体系。加强以国家公园法为代表的重点领域立法，用严格的法律制度保护生态环境，以修订《自然保护区条例》等为重点，完善法律法规体系。研究制定《青海省自然保护地管理条例》等地方性法规，制定生态管护、项目、资金、财务、草原承包经营权流转、社会参与、生态体验、科研、合作交流、特许经营、责任考核、生态补偿等管理制度，实现严格规范管理。例如，《青海省自然保护地预算管理办法》《青海省自然保护地特许经营办法》《青海省自然保护地草原承包经营权流转制度》《青海省自然保护地功能分区管控办法》《青海省自然保护地野生动物伤害补偿办法》等。制定《青海省自然保护地生态管护目标责任和绩效考核办法》，对以生态功能为主的县(市)，不考核其 GDP 和工业、投资增速，而代之以绿色 GDP 考核。

(2)建立综合执法体系。授权自然保护地管理机构履行管辖范围内必要的资源环境行政综合执法职责，建设高效有力的自然保护地综合执法队伍，构建自然资源刑事司法和行政执法联动机制。

### 3.6.3 自然保护地资金投入保障机制示范

着力构建以重点生态功能区转移支付为主体，以生态补偿为基础，以绿色基金、社会捐赠、特许经营及门票收入为补充，以生态保护、公益管护等生态价值市场化为发展方向，中央、地方、企业和社会多方共投的自然保护地资金投入长效机制。

(1)重点生态功能区转移支付。《全国主体功能区规划》规定，2020 年前可以对已设立的禁止开发区域按照法定程序进行调整。这为自然保护地调整奠定了法律基础。

国家发展改革委强调加大对西部生态转移支付力度。除限制开发和禁止开发区外，青海省其余部分均被纳入国家首批生态文明试验区，三江源和祁连山为国家公园体制试点区，多数县为选聘建档立卡人员为生态护林员地区。上述"三区"也在《重点生态功能区转移支付资金管理办法》明确为生态转移支付支持范围，这为争取中央资金支持奠定了政策基础。青海省需要充分争取并利用上述优惠政策推动自然保护地建设。

一是积极争取中央财政加大"三区"生态转移支付支持力度。将因保护地建设需要而增设的生态保护和公益管护岗位纳入国家生态转移支付支持范围。

二是根据《建立以国家公园为主体的自然保护地体系指导意见》，科学合理调整自然保护地。对因国家生态需要而新增扩大的禁止开发区和限制开发区，中央财政要给予支持。

三是对在以国家公园为主体的自然保护地体系建设中矿产资源退出问题，中央应给予资金支持，建立市场退出机制，对不符合主体功能区定位的现有产业，通过设备折旧补贴、设备贷款担保、迁移补贴、土地置换等手段，淘汰落后产能，促进产业跨区域转移或关停。

(2)生态补偿。研究建立生态综合补偿制度，创新现有生态补偿机制落实办法，推动健全全省财政对省以下转移支付制度，引导建立流域生态补偿等横向补偿关系，探索建立碳汇交易等市场化生态补偿机制。以治多、曲麻莱、玛多、杂多4县和可可西里自然保护区为主体，整合转移支付、横向补偿和市场化补偿等渠道资金，结合当地实际制定有针对性的综合性补偿办法。构建科学有效的监测评估考核体系，把生态补偿资金支付与生态保护成效紧密结合起来，当地农牧民在参与生态保护中获得应有的补偿。

（3）经营收入及社会捐赠。青海省自然保护地特许经营和社会捐赠资金均实行收支两条线管理。特许经营费由各保护地管理单位编制单位预算，汇总到省林业和草原局编制部门预算，其收入全额纳入部门预算进行管理，支出按基本支出、项目支出进行编列，严禁各保护地管理机构"坐收坐支"。

各保护地管理机构作为特许经营和社会捐赠收入执行部门，必须严格按照规定的特许经营项目、征收范围、征收标准和捐赠性质等进行征收，足额上缴国库。社会捐赠资金必须严格规范管理，及时公开公示，提高使用透明度。特许经营和社会捐赠收入只能专款专用，定向用于保护地生态保护、设施维护、社区发展及日常管理等。

（4）建立绿色金融体系。大力发展绿色金融，加快构建基于绿色信贷、绿色基金、绿色保险、碳金融等在内的绿色金融体系。鼓励社会资本发起设立绿色产业基金，推进绿色保险事业的发展。发挥开发性、政策性金融机构作用，鼓励其在业务范围内，对符合条件的自然保护地体系建设领域项目提供信贷支持，发行长期专项债券。

2019年，中央经济工作会议提出了拟安排地方政府专项债券 2.15 万亿元的计划，生态建设是该计划西部地区重点支持的方向之一。生态保护专项债券的发行可实现经济效益、社会效益、生态效益的有机统一，2018 年云南省和天津市都曾有过成功的实践。建议联合国内商业银行共同发行青海省自然保护地体系建设长期专项债券，筹集资金推进青海自然保护地建设。

### 3.6.4 自然资源有偿使用及统一管理示范

（1）推进自然资源统一管理。推行自然资源统一确权登记制度，创新自然资源使用制度，探索集体土地统一管理和全民共享机制，实现各利益主体共建保护地、共享资源收入。

（2）系统构建生态监测体系。开展自然资源资产本底调查，构建"天空地一体化"的生态监测网络。开展生态系统结构演变、自然资源资产核算、生态系统服务价值、生态系统生产总值（GEP）、珍稀濒危物种及栖息地状况、环境质量变化、生态工程成效等生态评估试点。

（3）建立生态产品价值实现机制。开展生态产品价值核算和实现机制研究，构建物质产品、生态调节产品和生态文化产品价值的核算指标体系，构建与生态产品价值实现相适应的制度政策体系。完善现行生态补偿政策，建立市场化多元化的生态补偿机制，探索建立国家和受益地区购买，补偿生态优质产品价值的制度。

（4）建立保护地特许经营机制。探索建立"政府主导、管经分离、多方参与"的特许经营机制，建立与保护地功能目标定位相符合的特许经营清单，面向社会公开招标，实行多种方式的特许经营。

（5）建立三江流域共建共享机制。建立长江、黄河、澜沧江流域省份协同保护三江源生态环境共建共享机制，加入长江经济带、完善澜湄合作机制、推动沿黄生态经济带建设，争取国家支持和发挥市场作用相结合，建立流域横向生态补偿机制、建立水权交易制度、碳交易市场、水污染治理等市场协调机制。

### 3.6.5 自然保护地支撑保障体系构建示范

(1)建立区域协同联动的生态保护体系。探索建立整体保护、系统治理的新机制，实现各类自然保护地的协同保护。

(2)建立科学规划管理体系。编制《青海省自然保护地总体规划》和相关专项规划，落实"多规合一"，实现"一张蓝图干到底"。

(3)建立完善标准体系。建立以地方标准和内控标准为主的自然保护地系列标准，建立标准执行和相关监管、考核体系。

(4)建设完善的基础设施体系。大胆实践符合以国家公园为主体的自然保护地特点的管理运行体系。构建自然人文资源、接待服务系统、宣教展示系统。建设空地一体的交通网络，构建以国省道为骨干，以县乡公路和农村道路为基础的巡护道路网，建设安全救援队伍，构建完善的自助服务、紧急救援等生态体验服务体系。

(5)建立科技支撑体系。开展青海生态保护等重大科学研究，鼓励支持高等院校和科研、咨询机构开展相关研究，全面加强国际交流合作。

### 3.6.6 保护与发展有机结合示范

(1)生态移民。按照分级管理和分区管控要求，结合"三区三线"划定范围、精准扶贫搬迁规划、周边小城镇建设等实际情况，统计核定生态移民数量规模，编制青海省自然保护地生态移民安置专项规划，将国家公园核心保育区、自然保护区核心区的居民逐步搬迁到区外集中居住。严格限制国家公园、自然保护区和自然公园一般控制区内的居民数量。

在生态移民搬迁的实施过程中，优先安置国家公园核心保育区和自然保护区核心区内居民；对上述自然保护地一般控制区内受到生态工程影响的居民，在充分尊重其意愿的基础上，根据生态环境影响评估结果，统一实施移民安置。一般控制区内其他区域居民可暂不外迁，引导其参与自然保护地的管护、服务，鼓励自然保护地内居民外迁就业，逐步消减区内人口规模。

移民安置过程中，涉及需要征收农村集体土地的，依法办理土地征收手续，并结合生态移民搬迁进行妥善安置。妥善解决移民安置后续工作，对实施移民搬迁家庭中具备劳动能力的成员优先安排生态公益岗位。

(2)社区共管共治。探索青海自然保护地社区发展新模式，落实乡村振兴战略，推进美丽乡村建设，结合青海自然保护地实际，规划特色小镇。

推动自然保护地与周边社区居民构建利益共同体，充分听取社区居民的意见建议，开展自然生态和法律法规政策宣教，增强社区居民主人翁意识，提高其保护生态系统和自然资源的动力。增加直接或间接为自然保护地提供服务的原住民员工数量。鼓励年轻原住民参与保护地内的志愿者服务，开展志愿者培训和优秀志愿者评选活动，不断提高原住民的存在感和参与度。

(3)推进工矿企业有序退出。全面排查统计青海自然保护地内的工矿企业数量、规模、资质、合同订立年限等，在摸清家底的基础上，研究制定青海省自然保护地矿产退出条例或办法，对违法违规开展探矿采矿的企业，一律清退，并要求相关企业履行生态修复责任。对依规的矿工企业，开展分类退出试点，采取注销退出、扣除退出、限期退出、自然退出等多种方式，对开采范围涉及国家公园和自然保护区核心区的工矿企业，可结合财力进行补偿退出，加快核心生态系统和自然资源的保护修复。同时，明确在全省自然保护地内，不再受理新的探矿权和采矿权。

要加快制定青海省自然保护地矿山废弃地修复方案，实现对自然保护地内山水林田湖草的系统治理修复，开展文化保护和宣教项目，设立遗址遗迹纪念地，以示后人。同时要建立定期评估青海省自然保护地内自然资源利用方式和效益，以及对生态环境的影响等。

（4）推动传统产业转型。首先在青海省自然保护地建立特许经营制度，明确特许经营目标、内涵与范畴，建立特许经营名录。其次是严格界定经营边界，国家公园和自然保护区的核心区不允许实施特许经营，其他区域可根据需要和实际条件酌情开展与自然保护地定位相一致的经营活动。再次是对进入特许经营名录内的传统产业进行转型升级，开发标准化的餐饮、住宿、低碳交通、商品销售、高端自然体验和漂流等。

## 3.7 "十四五"时期积极探索国家公园新示范

深入把握习近平总书记在中央第七次西藏工作座谈会上关于"把青藏高原打造成为全国乃至国际生态文明高地"的重大要求，紧紧围绕国家公园示范省这一新发展格局，始终坚持把习近平生态文明思想作为国家公园示范省建设的根本遵循，把满足人民日益增长的优美生态环境需要作为示范省建设的主要目标，把国家公园建设作为发展的核心任务，把转变发展方式作为示范省建设的重要路径，把科技创新和深化改革作为示范省建设的动力活力，全力打造国家公园建设高地区、区域绿色发展示范区和"两山"转化实践引领区，使青海成为习近平生态文明思想的重要传播地、国际国内生态文明建设的重要展示区、生态保护和建设的观测试验场。

### 3.7.1 建立国家公园群，畅通"内循环"

打造三江源、祁连山两大国家公园，推进青海湖和昆仑山国家公园规划建设，构建等国家公园群，保护地球第三极。对接国家国土功能区规划、"双重"规划，利用好纵向生态补偿资金。

积极参与国家黄河流域工作平台建设，探索流域间以及省内横向生态补偿。政府市场两手并用，建立完善市场化社会化生态补偿新渠道，探索国家公园生态产品价值实现路径，示范"两山"转化青海实践。

### 3.7.2 绿色"一带一路"，打通"外循环"

深度融入国家绿色"一带一路"战略。充分利用好国家西部大开发 36 条等政策，打造我国"生态开放"前沿和窗口。努力推动对外开放由"要素和商品流动型"输出向以国家公园为代表的"规则制度型"输出转变，推动由传动初级产品和加工产品输出向以生态产品为主输出转变，建设生态开放新示范，生态产品和生态保护制度打通"外循环"的新示范。

纳入整合优化范围现有自然保护地名录见表 3-2。青海省整合优化后各类自然保护地面积统计见表 3-3。

表 3-2 纳入整合优化范围现有自然保护地名录

| 序号 | 类型 | 数量 | 名录 |
|---|---|---|---|
| 1 | 国家公园（试点） | 2 | 三江源国家公园 |
| | | | 祁连山国家公园 |

(续)

| 序号 | 类型 | 数量 | 名录 |
|---|---|---|---|
| 2 | 自然保护区 | 11 | 三江源国家级自然保护区 |
| | | | 可可西里国家级自然保护区 |
| | | | 隆宝国家级自然保护区 |
| | | | 柴达木梭梭林国家级自然保护区 |
| | | | 青海湖国家级自然保护区 |
| | | | 大通北川河源区国家级自然保护区 |
| | | | 循化孟达国家级自然保护区 |
| | | | 青海格尔木胡杨林自然保护区 |
| | | | 青海可鲁克湖托素湖自然保护区 |
| | | | 青海诺木洪省级自然保护区 |
| | | | 青海祁连山省级自然保护区 |
| 3 | 风景名胜区 | 19 | 青海湖国家级风景名胜区 |
| | | | 昆仑野牛谷省级风景名胜区 |
| | | | 柴达木魔鬼城省级风景名胜区 |
| | | | 海西哈拉湖风景名胜区 |
| | | | 德令哈柏树山风景名胜区 |
| | | | 天峻山省级风景名胜区 |
| | | | 乌兰金子海省级风景名胜区 |
| | | | 都兰热水省级风景名胜区 |
| | | | 海晏金银滩省级风景名胜区 |
| | | | 门源百里花海省级风景名胜区 |
| | | | 天境祁连省级风景名胜区 |
| | | | 青海贵德黄河省级风景名胜区 |
| | | | 贵南直亥风景名胜区 |
| | | | 大通老爷山、宝库峡、鹞子沟省级风景名胜区 |
| | | | 互助北山风景名胜区 |
| | | | 互助佑宁寺省级风景名胜区 |
| | | | 乐都药草台省级风景名胜区 |
| | | | 黄南坎布拉省级风景名胜区 |
| | | | 泽库和日省级风景名胜区 |
| 4 | 地质公园 | 8 | 青海格尔木昆仑山国家地质公园 |
| | | | 青海玛沁阿尼玛卿山地质公园 |
| | | | 青海久治年保玉则国家地质公园 |
| | | | 青海青海湖国家地质公园 |
| | | | 青海贵德国家地质公园 |
| | | | 青海互助北山国家地质公园 |
| | | | 青海尖扎坎布拉国家地质公园 |
| | | | 德令哈柏树山省级地质公园 |

(续)

| 序号 | 类型 | 数量 | 名录 |
|---|---|---|---|
| 5 | 森林公园 | 23 | 青海哈里哈图国家森林公园 |
| | | | 仙米国家森林公园 |
| | | | 青海大通国家级森林公园 |
| | | | 青海群加国家森林公园 |
| | | | 北山国家森林公园 |
| | | | 坎布拉国家森林公园 |
| | | | 青海麦秀国家森林公园 |
| | | | 青海德令哈柏树山省级森林公园 |
| | | | 祁连黑河大峡谷省级森林公园 |
| | | | 青海贵德黄河省级森林公园 |
| | | | 同德县河北省级森林公园 |
| | | | 青海省湟水森林公园 |
| | | | 青海省东峡森林公园 |
| | | | 湟中南朔山省级森林公园 |
| | | | 青海省上五庄森林公园 |
| | | | 青海互助松多省级森林公园 |
| | | | 青海省南门峡森林公园 |
| | | | 青海省峡群寺森林公园 |
| | | | 青海省上北山森林公园 |
| | | | 青海省药草台省级森林公园 |
| | | | 青海央宗省级森林公园 |
| | | | 青海南大山省级森林公园 |
| | | | 青海省化隆雄先省级森林公园 |
| 6 | 海洋公园 | 0 | 无此类保护地 |
| 7 | 湿地公园 | 20 | 青海曲麻莱德曲源国家湿地公园 |
| | | | 玉树巴塘河国家湿地公园 |
| | | | 玛多冬格措纳湖国家湿地公园 |
| | | | 青海甘德班玛仁拓国家湿地公园 |
| | | | 青海达日黄河国家湿地公园 |
| | | | 青海班玛玛可河国家湿地公园 |
| | | | 德令哈尕海国家湿地公园 |
| | | | 乌兰都兰湖国家湿地公园 |
| | | | 天峻布哈河国家湿地公园 |
| | | | 青海都兰阿拉克湖国家湿地公园 |
| | | | 青海刚察沙柳河国家湿地公园 |
| | | | 祁连黑河源国家湿地公园 |
| | | | 青海贵德黄河清湿地公园 |
| | | | 青海贵南茫曲国家湿地公园 |
| | | | 青海西宁湟水国家湿地公园 |
| | | | 互助南门峡国家湿地公园 |
| | | | 青海乐都大地湾国家湿地公园 |
| | | | 青海泽库泽曲国家湿地公园 |
| | | | 洮河源国家湿地公园 |
| | | | 青海冷湖奎屯诺尔湖省级湿地公园 |

（续）

| 序号 | 类型 | 数量 | 名录 |
|---|---|---|---|
| 8 | 冰川公园 | 0 | 无此类保护地 |
| 9 | 草原公园 | 0 | 无此类保护地 |
| 10 | 沙漠公园 | 12 | 青海曲麻莱通天河国家沙漠公园 |
| | | | 青海玛沁优云国家沙漠公园 |
| | | | 青海茫崖千佛崖国家沙漠公园 |
| | | | 青海冷湖雅丹国家沙漠公园 |
| | | | 青海格尔木托拉海国家沙漠公园 |
| | | | 青海乌兰金子海国家沙漠公园 |
| | | | 青海乌兰泉水湾国家沙漠公园 |
| | | | 青海都兰铁奎国家沙漠公园 |
| | | | 青海海晏县克土国家沙漠公园 |
| | | | 青海贵南黄沙头国家沙漠公园 |
| | | | 青海贵南鲁仓国家沙漠公园 |
| | | | 青海泽库和日国家沙漠公园 |
| 11 | 草原风景区 | 0 | 无此类保护地 |
| 12 | 水产种质资源保护区 | 14 | 沱沱河特有鱼类国家级水产种质资源保护区 |
| | | | 楚玛尔河特有鱼类国家级水产种质资源保护区 |
| | | | 玉树州烟瘴挂峡特有鱼类国家级水产种质资源保护区 |
| | | | 扎陵湖鄂陵湖花斑裸鲤极边扁咽齿鱼国家级水产种质资源保护区 |
| | | | 格曲河特有鱼类国家级水产种质资源保护区 |
| | | | 玛柯河重口裂腹鱼国家级水产种质资源保护区 |
| | | | 西门措国家级水产种质资源保护区 |
| | | | 格尔木河国家级水产种质资源保护区 |
| | | | 青海湖裸鲤国家级水产种质资源保护区 |
| | | | 黑河特有鱼类国家级水产种质资源保护区 |
| | | | 大通河特有鱼类国家级水产种质资源保护区 |
| | | | 黄河贵德段特有鱼类国家级水产种质资源保护区 |
| | | | 黄河尖扎段特有鱼类国家级水产种质资源保护区 |
| | | | 黄河上游特有鱼类国家级水产种质资源保护区 |
| 13 | 野生植物原生境保护区（点） | 0 | 无此类保护地 |
| 14 | 自然保护小区 | 0 | 无此类保护地 |
| 15 | 野生动物重要栖息地 | 0 | 无此类保护地 |

表 3-3　青海省整合优化后各类自然保护地面积统计

| 保护地类型 | 编号 | 保护地名称 | 级别 | 面积（公顷） | 占类型面积比例（%） | 占保护地总面积比例（%） | 占总面积比例（%） |
|---|---|---|---|---|---|---|---|
| 保护地总计 | | | | 29516439 | | 100.00 | 42.19 |
| 国家公园 | 1 | 三江源国家公园 | 国家级 | 19742645 | 86.74 | 66.89 | 28.22 |
| | 2 | 祁连山国家公园青海片区 | 国家级 | 1583932 | 6.96 | 5.37 | 2.26 |
| | 3 | 青海湖国家公园 | 国家级 | 838463 | 3.68 | 2.84 | 1.20 |
| | 4 | 青海昆仑山国家公园 | 国家级 | 595137 | 2.61 | 2.02 | 0.85 |
| | 合计 | | | 22760177 | 100.00 | 77.11 | 32.53 |
| 自然保护区 | 1 | 青海三江源通天河沿国家级自然保护区 | 国家级 | 929164 | 15.84 | 3.15 | 1.33 |
| | 2 | 青海三江源东仲—巴塘国家级自然保护区 | 国家级 | 295611 | 5.04 | 1.00 | 0.42 |
| | 3 | 青海三江源江西国家级自然保护区 | 国家级 | 238612 | 4.07 | 0.81 | 0.34 |
| | 4 | 青海三江源白扎国家级自然保护区 | 国家级 | 869130 | 14.82 | 2.94 | 1.24 |
| | 5 | 青海三江源玛可河国家级自然保护区 | 国家级 | 195365 | 3.33 | 0.66 | 0.28 |
| | 6 | 青海三江源多可河国家级自然保护区 | 国家级 | 57834 | 0.99 | 0.20 | 0.08 |
| | 7 | 青海三江源年保玉则国家级自然保护区 | 国家级 | 345345 | 5.89 | 1.17 | 0.49 |
| | 8 | 青海三江源阿尼玛卿国家级自然保护区 | 国家级 | 369691 | 6.30 | 1.25 | 0.53 |
| | 9 | 青海三江源中铁军功国家级自然保护区 | 国家级 | 777917 | 13.26 | 2.64 | 1.11 |
| | 10 | 青海三江源麦秀国家级自然保护区 | 国家级 | 263949 | 4.50 | 0.89 | 0.38 |
| | 11 | 青海隆宝国家级自然保护区 | 国家级 | 9675 | 0.16 | 0.03 | 0.01 |
| | 12 | 青海德令哈梭梭林国家级自然保护区 | 国家级 | 313157 | 5.34 | 1.06 | 0.45 |
| | 13 | 青海都兰梭梭林国家级自然保护区 | 国家级 | 68358 | 1.17 | 0.23 | 0.10 |
| | 14 | 青海大通北川河源区国家级自然保护区 | 国家级 | 107581 | 1.83 | 0.36 | 0.15 |
| | 15 | 青海循化孟达国家级自然保护区 | 国家级 | 16070 | 0.27 | 0.05 | 0.02 |
| | 16 | 青海格曲河特有鱼类国家级自然保护区 | 国家级 | 642 | 0.01 | 0.00 | 0.00 |
| | 17 | 青海黑河特有鱼类国家级自然保护区 | 国家级 | 2491 | 0.04 | 0.01 | 0.00 |
| | 18 | 青海格尔木河特有鱼类国家级自然保护区 | 国家级 | 582 | 0.01 | 0.00 | 0.00 |
| | 19 | 青海大通河特有鱼类国家级自然保护区 | 国家级 | 12179 | 0.21 | 0.04 | 0.02 |
| | 20 | 青海黄河尖扎段特有鱼类国家级自然保护区 | 国家级 | 6754 | 0.12 | 0.02 | 0.01 |
| | 21 | 青海黄河贵德段特有鱼类国家级自然保护区 | 国家级 | 2947 | 0.05 | 0.01 | 0.00 |
| | 22 | 青海雅拉达泽峰自然保护区 | 拟建国家级 | 751319 | 12.81 | 2.55 | 1.07 |
| | 23 | 青海格尔木胡杨林省级自然保护区 | 省级 | 6338 | 0.11 | 0.02 | 0.01 |
| | 24 | 青海柯鲁克湖—托素湖省级自然保护区 | 省级 | 105481 | 1.80 | 0.36 | 0.15 |
| | 25 | 青海诺木洪省级自然保护区 | 省级 | 118414 | 2.02 | 0.40 | 0.17 |
| | 合计 | | | 5864607 | 100.00 | 19.87 | 8.38 |

（续）

| 保护地类型 | 编号 | 保护地名称 | 级别 | 面积（公顷） | 占类型面积比例(%) | 占保护地总面积比例(%) | 占总面积比例(%) |
|---|---|---|---|---|---|---|---|
| 自然公园 | 1 | 青海哈拉湖省级风景名胜区 | 省级 | 90235 | 10.12 | 0.31 | 0.13 |
| | 2 | 青海天峻山省级风景名胜区 | 省级 | 10628 | 1.19 | 0.04 | 0.02 |
| | 3 | 青海天境祁连省级风景名胜区 | 省级 | 12883 | 1.44 | 0.04 | 0.02 |
| 风景名胜区 | 4 | 青海海晏金银滩省级风景名胜区 | 省级 | 3930 | 0.44 | 0.01 | 0.01 |
| | 5 | 青海大通老爷山省级风景名胜区 | 省级 | 341 | 0.04 | 0.00 | 0.00 |
| | 6 | 青海泽库和日省级风景名胜区 | 省级 | 1901 | 0.21 | 0.01 | 0.00 |
| | 7 | 青海贵南直亥省级风景名胜区 | 省级 | 5015 | 0.56 | 0.02 | 0.01 |
| | | 小计 | | 124933 | 14.01 | 0.42 | 0.18 |
| | 8 | 青海坎布拉国家地质公园 | 国家级 | 12762 | 1.43 | 0.04 | 0.02 |
| | 9 | 青海贵德国家地质公园 | 国家级 | 19226 | 2.16 | 0.07 | 0.03 |
| 地质公园 | 10 | 青海同德国家级地质公园 | 国家级 | 20237 | 2.27 | 0.07 | 0.03 |
| | 11 | 青海柏树山省级地质公园 | 省级 | 31000 | 3.48 | 0.11 | 0.04 |
| | 12 | 青海河南吉岗山省级地质公园 | 省级 | 11600 | 1.30 | 0.04 | 0.02 |
| | 13 | 青海柴旦地质公园 | 拟建省级 | 1628 | 0.18 | 0.01 | 0.00 |
| | | 小计 | | 96454 | 10.82 | 0.33 | 0.14 |
| | 14 | 青海仙米国家森林公园 | 国家级 | 40222 | 4.51 | 0.14 | 0.06 |
| | 15 | 青海哈里哈图国家森林公园 | 国家级 | 5489 | 0.62 | 0.02 | 0.01 |
| | 16 | 青海大通国家森林公园 | 国家级 | 5287 | 0.59 | 0.02 | 0.01 |
| | 17 | 青海北山国家森林公园 | 国家级 | 111253 | 12.48 | 0.38 | 0.16 |
| | 18 | 青海互助南门峡国家森林公园 | 国家级 | 4998 | 0.56 | 0.02 | 0.01 |
| | 19 | 青海群加国家森林公园 | 国家级 | 7957 | 0.89 | 0.03 | 0.01 |
| | 20 | 青海黑河省级森林公园 | 省级 | 2847 | 0.32 | 0.01 | 0.00 |
| | 21 | 青海上五庄省级森林公园 | 省级 | 35907 | 4.03 | 0.12 | 0.05 |
| | 22 | 青海湟中南朔山省级森林公园 | 省级 | 686 | 0.08 | 0.00 | 0.00 |
| 森林公园 | 23 | 青海东峡省级森林公园 | 省级 | 2013 | 0.23 | 0.01 | 0.00 |
| | 24 | 青海湟水省级森林公园 | 省级 | 72 | 0.01 | 0.00 | 0.00 |
| | 25 | 青海松多省级森林公园 | 省级 | 20127 | 2.26 | 0.07 | 0.03 |
| | 26 | 青海上北山省级森林公园 | 省级 | 31216 | 3.50 | 0.11 | 0.04 |
| | 27 | 青海峡群寺省级森林公园 | 省级 | 3591 | 0.40 | 0.01 | 0.01 |
| | 28 | 青海乐都药草台省级森林公园 | 省级 | 4648 | 0.52 | 0.02 | 0.01 |
| | 29 | 青海央宗省级森林公园 | 省级 | 1359 | 0.15 | 0.00 | 0.00 |
| | 30 | 青海化隆雄先省级森林公园 | 省级 | 6982 | 0.78 | 0.02 | 0.01 |
| | 31 | 青海南大山省级森林公园 | 省级 | 26941 | 3.02 | 0.09 | 0.04 |
| | | 小计 | | 311594 | 34.95 | 1.06 | 0.45 |

（续）

| 保护地类型 | | 编号 | 保护地名称 | 级别 | 面积（公顷） | 占类型面积比例(%) | 占保护地总面积比例(%) | 占总面积比例(%) |
|---|---|---|---|---|---|---|---|---|
| 自然公园 | 湿地公园 | 32 | 青海曲麻莱德曲源国家湿地公园 | 国家级 | 18278 | 2.05 | 0.06 | 0.03 |
| | | 33 | 青海玉树巴塘河国家湿地公园 | 国家级 | 4340 | 0.49 | 0.01 | 0.01 |
| | | 34 | 青海玛多冬格措纳湖国家湿地公园 | 国家级 | 49197 | 5.52 | 0.17 | 0.07 |
| | | 35 | 青海甘德班玛仁拓国家湿地公园 | 国家级 | 11853 | 1.33 | 0.04 | 0.02 |
| | | 36 | 青海达日黄河国家湿地公园 | 国家级 | 9112 | 1.02 | 0.03 | 0.01 |
| | | 37 | 青海班玛玛可河国家湿地公园 | 国家级 | 1707 | 0.19 | 0.01 | 0.00 |
| | | 38 | 青海德令哈尕海国家湿地公园 | 国家级 | 8254 | 0.93 | 0.03 | 0.01 |
| | | 39 | 青海乌兰都兰湖国家湿地公园 | 国家级 | 12133 | 1.36 | 0.04 | 0.02 |
| | | 40 | 青海阿拉克湖国家湿地公园 | 国家级 | 44304 | 4.97 | 0.15 | 0.06 |
| | | 41 | 青海西宁湟水国家湿地公园 | 国家级 | 590 | 0.07 | 0.00 | 0.00 |
| | | 42 | 青海乐都大地湾国家湿地公园 | 国家级 | 611 | 0.07 | 0.00 | 0.00 |
| | | 43 | 青海贵德黄河清国家湿地公园 | 国家级 | 578 | 0.06 | 0.00 | 0.00 |
| | | 44 | 青海贵南茫曲国家湿地公园 | 国家级 | 5088 | 0.57 | 0.02 | 0.01 |
| | | 45 | 青海泽库泽曲国家湿地公园 | 国家级 | 70367 | 7.89 | 0.24 | 0.10 |
| | | 46 | 青海洮河源国家湿地公园 | 国家级 | 39130 | 4.39 | 0.13 | 0.06 |
| | | 47 | 青海冷湖奎屯诺尔湖省级湿地公园 | 省级 | 504 | 0.06 | 0.00 | 0.00 |
| | | 48 | 青海小柴旦湖湿地公园 | 拟建国家级 | 29604 | 3.32 | 0.10 | 0.04 |
| | | 49 | 青海玉树念经湖湿地公园 | 拟建省级 | 8434 | 0.95 | 0.03 | 0.01 |
| | 小计 | | | | 314083 | 35.22 | 1.06 | 0.45 |
| | 沙漠公园 | 50 | 青海曲麻莱通天河国家沙漠公园 | 国家级 | 293 | 0.03 | 0.00 | 0.00 |
| | | 51 | 青海玛沁优云国家沙漠公园 | 国家级 | 309 | 0.03 | 0.00 | 0.00 |
| | | 52 | 青海冷湖雅丹国家沙漠公园 | 国家级 | 300 | 0.03 | 0.00 | 0.00 |
| | | 53 | 青海乌兰金子海国家沙漠公园 | 国家级 | 11967 | 1.34 | 0.04 | 0.02 |
| | | 54 | 青海都兰铁奎国家沙漠公园 | 国家级 | 11907 | 1.34 | 0.04 | 0.02 |
| | | 55 | 青海贵南黄沙头国家沙漠公园 | 国家级 | 3234 | 0.36 | 0.01 | 0.00 |
| | | 56 | 青海泽库和日国家沙漠公园 | 国家级 | 292 | 0.03 | 0.00 | 0.00 |
| | 小计 | | | | 28302 | 3.17 | 0.10 | 0.04 |
| | 冰川公园 | 57 | 青海玉珠峰国家冰川公园 | 拟建国家级 | 13541 | 1.52 | 0.05 | 0.02 |
| | 草原公园 | 58 | 青海共和切扎草原公园 | 拟建省级 | 2747 | 0.31 | 0.01 | 0.00 |
| 合计 | | | | | 891655 | 100.00 | 3.02 | 1.27 |

## 参考文献

白宇飞，2010. 关于在世界文化和自然遗产地开展特许经营的探讨[J]. 中国商贸(19)：255-256.

常纪文，2019. 国有自然资源资产管理体制改革的建议与思考[J]. 中国环境管理，11(01)：11-22.

陈朋，张朝枝，2019. 国家公园的特许经营：国际比较与借鉴[J]. 北京林业大学学报(社会科学版)，18(01)：80-87.

邓毅，高燕，蒋昕，董茜，2019. 中国国家公园体制试点：地方国有旅游开发公司该何去何从[J]. 环境保护，47(07)：57-61.

弗兰克·乔森·迪恩，2018. 国家公园的特许经营管理[J]. 林业建设(05)：72-81.

高燕，邓毅，2019. 土地产权束概念下国家公园土地权属约束的破解之道[J]. 环境保护(Z1)：48-54.

国家林业和草原局，2019. 我国将加快推进国家公园体制试点[J]. 绿色中国(03)：18.

何思源，苏杨，2019. 原真性、完整性、连通性、协调性概念在中国国家公园建设中的体现[J]. 环境保护(Z1)：28-34.

吉林省林业厅，2018. 加强东北虎豹保护 推进国家公园体制试点建设[J]. 新长征(10)：50-51.

李想，郑文娟，2018. 国家公园旅游生态补偿机制构建——以武夷山国家公园为例[J]. 三明学院学报，35(03)：77-82.

刘嘉琦，曹玉昆，朱震锋，2019. 东北虎豹国家公园建设存在问题及对策研究[J]. 中国林业经济(01)：21-24.

刘翔宇，谢屹，杨桂红，2018. 美国国家公园特许经营制度分析与启示[J]. 世界林业研究，31(05)：81-85.

刘岳秀，张海霞，2018. 空间正义视角下国家公园地役权的科学利用——以普达措国家公园为例[J]. 天水师范学院学报，38(06)：98-102.

刘治彦，2017. 我国国家公园建设进展[J]. 生态经济，33(10)：136-138+204.

吕忠梅，2019. 关于自然保护地立法的新思考[J]. 环境保护(Z1)：20-23.

马建章，2019. 遵循自然生态规律 加强东北虎豹保护[J]. 国土绿化(01)：14-17.

任建坤，2017. 国内外国家公园特许经营对三江源国家公园的经验借鉴及启示[J]. 江苏科技信息(08)：28-30.

石健，黄颖利，2019. 国家公园管理研究进展[J]. 世界林业研究，32(2)：40-44.

唐小平，栾晓峰，2017. 构建以国家公园为主体的自然保护地体系[J]. 林业资源管理(6)：8.

童彤，2019. 加快推进国家公园试点有方向[J]. 中国林业产业(Z1)：37-38.

王丹彤，唐芳林，孙鸿雁，等，2018. 新西兰国家公园体制研究及启示[J]. 林业建设(03)：10-15.

王天明，2018. 东北虎豹国家公园监测、评估和管理[J]. 林业建设(05)：151-166.

魏静，李月安，2018. 虎豹长啸 腾跃绿水青山——吉林省建设东北虎豹国家公园纪实[J]. 智慧中国(09)：60-64.

吴健，王菲菲，余丹，胡蕾，2018. 美国国家公园特许经营制度对我国的启示[J]. 环境保护，46(24)：69-73.

向宝惠，曾瑜皙，2017. 三江源国家公园体制试点区生态旅游系统构建与运行机制探讨[J]. 资源科学，39(01)：50-60.

杨锐，2019. 论中国国家公园体制建设的六项特征[J]. 环境保护(Z1)：24-27.

张彩南，张颖，2019. 青海省祁连山国家公园生态系统服务价值评估研究[J]. 环境保护(Z1)：41-47.

张朝枝，2017. 基于旅游视角的国家公园经营机制改革[J]. 环境保护，45(14)：28-33.

张陕宁，2018. 扎实推进东北虎豹国家公园两项试点[J]. 林业建设(05)：197-203.

张皖婷，2011. 我国公共景区特许经营制度改革研究[D]. 上海：华东师范大学.

张晓，2006. 对风景名胜区和自然保护区实行特许经营的讨论[J]. 中国园林(08)：42-46.

张壮，2019. 破解祁连山国家公园体制试点区现实问题[N]. 中国社会科学报.

钟赛香，谷树忠，严盛虎，2007. 多视角下我国风景名胜区特许经营探讨[J]. 资源科学(02)：34-39.

# 4 草原资源保护研究

## 4.1 研究概况

### 4.1.1 研究目标

总体目标是研究提出青海省草原"十四五"发展战略,具体目标:一是总结"十三五"以来青海草原保护修复的主要工作;二是分析青海草原"十三五"发展面临的主要问题和成因分析;三是综合分析基础上,研究提出青海草原"十四五"发展的主要目标、战略任务和保障体系,为编制青海林草"十四五"发展规划提供草原相关研究支撑。

### 4.1.2 研究方法

本研究采用的研究方法主要包括资料收集、数据分析、空间分析、现场考察、调研访谈、SWOT分析等,综合运用横纵向对比分析、系统分析和战略分析,定性与定量分析相结合。

(1) 资料收集与数据分析。收集全国草原监测报告、青海草原监测报告、青海省林业和草原局草原工作报告、有关市(州)草原工作总结材料和实地调研报告等,查阅青海草原保护研究相关学术论文、著作等文献材料。整理青海草原资源统计数据,整理草原生态属性空间数据,通过横纵向对比分析,全面反映青海草原资源现状、生态状况和管理状况。

(2) 现场考察与座谈研讨。专题组研究人员参加各调研组,深入青海各地州进行实地考察,通过座谈和实地踏查,了解草原生态保护工作基本情况,草原退化治理情况、草原沙化治理情况,草原生态保护补助奖励等政策执行情况,草原各级管理机构和科研机构状况,了解草原生态保护修复中存在的各种实际问题,与当地干部研讨草原保护修复进一步政策需求,讨论草原生态保护的关键技术手段、新的经营模式及未来具体发展思路。

(3) SWOT分析。基于青海草原现状和存在问题分析基础上,将对与草原保护发展密切相关的主要内部优势、劣势和外部的机会和存在挑战等,进行系统性深刻剖析,揭示出规律性、实质性内容，作出前瞻性判断，从而找准青海草原"十四五"发展思路方向和重点任务。

### 4.1.3 研究内容

一是全面了解青海草原资源现状。包括全省草原面积、分布、草原类型及特点等现状，分析草原的生态环境、退化状况及生产能力水平。

二是总结青海草原资源保护和管理现状。全面分析草原管理体制、机制体系、法制建设、监督管理、草原科技支撑情况。

三是系统梳理青海草原资源保护修复工作遇到的主要问题及原因。从草原生态系统本身、草原保护与发展、草原生态保护政策和工程角度，分析存在的主要问题，从自然、社会、经济、法律、政策的角度，从现实和历史维度剖析成因。

四是系统分析青海草原保护修复的形势。从青海草原保护修复面临的机遇和现实挑战，从草原保护修复本身存在的优势和劣势出发，系统分析了青海草原"十四五"发展的形势和任务。

五是在上述研究分析基础上，对青海"十四五"草原发展的总体目标、发展格局、战略任务、组织保障进行系统谋划。

## 4.2 草原资源基本情况

草原是青海生态系统的主体和青海畜牧业的生产基地，是主要江河的发源地和水源涵养区，是畜牧业发展的重要资源，为牧区畜牧业的发展和牧民增收提供了重要的生产资料。青海草原面积仅次于西藏、内蒙古和新疆，居全国第4位。

### 4.2.1 草原面积及分布

据20世纪80年代第一次草地资源调查，青海省有天然草地面积5.47亿亩，占全省总面积的50.49%[①]，位居全国第4，约占全国草原面积的9.3%（卢欣石，2019）。据2007年第二次草地资源调查统计，全省有天然草原6.28亿亩，占全省面积的60.47%。其中，可利用草地面积5.80亿亩，占全省天然草地总面积的92.36%。主要分布在海拔3000米以上的青南高原、祁连山地和柴达木盆地区。

根据草原资源"二调"数据，各州天然草原分布情况：玉树州草原总面积23371.25万亩，可利用面积22308.9万亩，果洛州草原总面积9364.89万亩，可利用草原9083.62万亩，草地类型以高寒草甸、高寒草原为主体；海西州草原总面积17876.5万亩，可利用草原14691.69万亩，草地类型以温性荒漠草原为主；海南州草原总面积5096.01万亩，可利用草原4921.65万亩，草地类型以温性草原和高寒草甸为主；海北州草原总面积3492.29万亩，可利用草原3397.85万亩，草地类型以高寒草甸和温性草原为主；黄南州草原总面积2269.15万亩，可利用草原2206.43万亩，草地类型以高寒草甸和高寒草原为主；海东市草原总面积969.67万亩，可利用草原932.14万亩；西宁市草原总面积436.01万亩，可利用草原426.37万亩（表4-1），草地类型以温性草原和温性荒漠为主。

---

① 引自全国及青海省统一使用草原一调面积数据。

表 4-1 青海省草原面积及其分布情况

| 地区 | 草原总面积(万亩) | 草原可利用面积(万亩) |
|---|---|---|
| 青海省 | 62875.76 | 57968.65 |
| 西宁市 | 436.01 | 426.37 |
| 海东市 | 969.67 | 932.14 |
| 海北州 | 3492.29 | 3397.85 |
| 海西州 | 17876.50 | 14691.69 |
| 海南州 | 5096.01 | 4921.65 |
| 黄南州 | 2269.15 | 2206.43 |
| 果洛州 | 9364.89 | 9083.62 |
| 玉树州 | 23371.25 | 22308.90 |

数据来源：草原资源"二调"。

### 4.2.2 草原类型及特点

#### 4.2.2.1 草原类型

青海天然草地共分为9个草地类10个草地亚类9个草地组93个草地型。其中，分布面积最大的是高寒草甸类，面积为3.82亿亩，占天然草地总面积的60.68%；居第2位的是高寒草原类，面积为1.36亿亩，占天然草地总面积的21.56%；其次为温性荒漠类，面积0.43亿亩，占天然草地总面积的6.9%；再次为温性草原类，面积为0.32亿亩，占天然草地总面积的5.05%。其余草地面积占比较小(表4-2)。

表 4-2 青海省各草地类面积及单位鲜草产量

| 类型代号 | 草地类型名称 | 草地面积(亩) | 草地可利用面积(亩) | 平均单产鲜草(千克/亩) | 平均单产可食鲜草(千克/亩) |
|---|---|---|---|---|---|
| Ⅰ | 温性草原类 | 31769029 | 31071619 | 123 | 106 |
| Ⅱ | 温性荒漠草原类 | 3365946 | 3047603 | 94 | 85 |
| Ⅲ | 高寒草甸草原类 | 5273966 | 4998242 | 118 | 83 |
| Ⅳ | 高寒草原类 | 135576789 | 120473429 | 71 | 57 |
| Ⅴ | 温性荒漠类 | 43367993 | 28912408 | 97 | 90 |
| Ⅵ | 高寒荒漠类 | 17274260 | 11086603 | 77 | 24 |
| Ⅶ | 低地草甸类 | 8492357 | 7986912 | 176 | 169 |
| Ⅷ | 山地草甸类 | 2093450 | 1988254 | 283 | 226 |
| Ⅸ | 高寒草甸类 | 381543797 | 370121363 | 155 | 121 |
| | 小计 | 628757587 | 579686433 | 132 | 104 |

#### 4.2.2.2 草地资源的特点

(1)草地面积大、类型多、分布广。青海省草地面积居全国第4位，草地覆盖全省2市6州的所有县(市)，牧业县有30个。青海地域辽阔，孕育了复杂多样的天然草地资源。按全国草地分类系统，全国有18大类草地类型，青海可划分为9大类，占全国草地分类的50%，且涵盖了青藏高原地区主要草地类型，其草地多样性较为明显。在这些草地中，高寒类草地构成了青海草地资源的主体。以高寒草甸、高寒草原、高寒荒漠构成了主要草地，其面积占全省天然草地面积的85.83%。由于高寒草地分布区域气候寒冷而湿润，土层较薄，易出现水土流失，因此天然草地生态系统脆弱性高。

(2) 地处江河源头，生态区位独特。青海草地主要分布在江河源头及上有流域地区，是重要的水源涵养源，在维护国家生态安全中发挥着不可替代的作用，是青海省建设和实践生态文明的主阵地，在全国具有特殊的生态功能和重要的生态战略地位。

青海三江源地区对下游水量和气候起着重要的调节作用，是世界上高海拔地区生物多样性最集中的地区，具有草甸、草原、荒漠、垫状植被、高山流石坡稀疏植被以及沼泽、水生植被等多种植被类型，为动植物资源的分布提供了极其独特的环境条件。

青海湖是维系青藏高原东北部生态安全的重要水体，是阻挡西部荒漠化向东蔓延的天然屏障，是青藏高原东北部最重要的水汽源。

祁连山是国家重点生态功能区之一，具有维护青藏高原生态平衡，阻止腾格里、巴丹吉林和库姆塔格三大沙漠南侵，保护黄河和河西走廊内陆河径流补给的重要功能。

(3) 天然草地是重要的畜牧业生产资料。草地资源是近 80 万农牧民赖以生存的生产资料，在畜产品供给和地区经济发展中有十分重要的作用。青藏高原空气稀薄，透明度强，强日照有利于植物进行光合作用。同时，昼夜温差大，雨热同期，有利于营养物质和有机物质的积累。天然草地牧草营养成分中，粗蛋白质含量为 12.93%，较全国平均水平 10.32% 高出 2.61 个百分点；粗脂肪含量平均为 3.34%，较全国平均水平高出 0.40 个百分点；粗纤维含量平均为 21.51%，较全国平均低 20.42 个百分点；无氮浸出物含量平均为 46.85%，较全国平均水平高 4.92 个百分点，具"三高一低"（即粗蛋白、粗脂肪、无氮浸出物含量高，粗纤维含量低）特点。在诸多草地类型中，莎草科牧草为主的草地面积占全省的 57.38%，它根系发达，形成的草皮层富有弹性，耐践踏，具有很强的耐牧性。

(4) 草原与林业资源构建了重要的生态系统。草地、湿地和森林资源是青海省生态系统的主体，是最丰富、最稳定和最完善的贮碳库、基因库、资源库、蓄水库和能源库。具有调节气候、涵养水源、保持水土、防风固沙、改良土壤、减少污染等多种功能，对改善生态环境、维持生态平衡、保护人类生存发展起着决定性作用。青海省地处青藏高原腹地，特殊的自然气候条件孕育了以草地为主体、草地和森林共同构成的陆地植被。在复杂的陆地生态区域中，二者在发挥生态功能过程中，各自的重要性有所不同，但总是在系统整合效应的基础上发挥功能。

(5) 草地资源是野生动植物赖以生存的重要场所。野生动植物及其栖息环境是绿色文化的主题，是构成自然生态系统和生物多样性的主体。在青藏高原地区，野生动植物的主要栖息地——草地，作为青藏高原的核心地之一，青海生物多样性表现出独特的高原性、奇特性与珍稀性。据不完全统计，青海有维管束植物 113 科 564 属 2483 种左右，其中裸子植物 2 科 6 属 26 种；被子植物 103 科 540 属 2400 余种，其他类植物 8 科 16 属约 60 种。包括红花绿绒蒿、羽叶点地梅、冬虫夏草、雪莲等国家重点保护野生植物约有 36 种，还有许多青藏高原特有种和珍稀植物种类。青海现有陆生野生动物 466 种，其中鸟类 292 种、兽类 103 种、两栖爬行类 16 种、鱼类 55 种，分别占全国动物种数的 24.6%、20.2%、3.2% 和 6.8%。全省陆生野生动物中，高原特有种比例高，占 40%。包括野牦牛、藏野驴、藏原羚、藏羚羊、普氏原羚、雪豹和灰颈鹤等国家重点保护野生动物多达 74 种。青藏高原是最年轻的高原，受高原大陆型气候的影响，具有水、热条件差、土层薄、生长期短的特点。草地成为植被演替的顶级群落，是生态系统的主体，有众多的溪流、湖泊和沼泽等组成的湿地。它们为这些野生种质资源提供了生存的空间和食物来源。

#### 4.2.2.3 草原生产力和承载力

(1) 草原生产力。2019 年，青海天然草原鲜草产量 9497 万吨（平均亩产 200.35 千克），折合干草3276万吨；经检测2019年草原综合植被盖度达到57.2%，比上年提高了0.4个百分点，草原植被类型中可食草占比增加，亩产达到168.77千克。按全省8个行政区域统计，鲜草产量由高到低的顺序依次是黄南州402.13千克/亩、海北州314.53千克/亩、海东市239.13千克/亩、西宁市225.07千克/亩、玉树州196.47千克/亩、果洛州193.80千克/亩、海南州173.73千克/亩、海西州150.13千克/亩。全省天然草原鲜草平均产量与5年平均值相比，增幅为12.6%。其中，果洛州、玉树州、海西州、黄南州、海北州、海南州六大藏区鲜草增产明显，分别为31.9%、17.0%、13.2%、12.5%、10.2%、1.0%。与上年相比，全省天然草原鲜草平均产量增幅为2.2%。

(2)草原承载力。2019年全省天然草原鲜草平均产量为3005.35千克/公顷，可食鲜草产量为2531.54千克/公顷，以全省草畜平衡面积2277.23万公顷计算，全省天然草原理论载畜量为1950.31万只羊单位。即0.82公顷天然草原满足一只羊单位全年的饲草需求。各行政区域天然草原理论载畜量见表4-3。

表4-3　2019年青海省各行政区域天然草原理论载畜量

| 地区 | 单位可食鲜草产量（千克/公顷） | 草畜平衡面积（公顷） | 天然草原载畜量（公顷） | 公顷/羊单位（公顷/只） |
| --- | --- | --- | --- | --- |
| 青海省 | 2531.54 | 2277.23 | 1950.31 | 0.82 |
| 西宁市 | 2901.81 | 30.04 | 51.77 | 0.72 |
| 海东市 | 3273.89 | 65.64 | 116.72 | 0.64 |
| 海北州 | 3837.90 | 151.78 | 300.44 | 0.54 |
| 黄南州 | 5238.76 | 60.62 | 160.80 | 0.40 |
| 海南州 | 2589.81 | 145.91 | 192.43 | 0.81 |
| 果洛州 | 2266.43 | 228.30 | 310.41 | 0.92 |
| 玉树州 | 2546.06 | 864.22 | 424.14 | 0.82 |
| 海西州 | 1790.36 | 730.72 | 393.59 | 1.16 |

#### 4.2.2.4　草原退化情况

(1)退化类型及特征。依据国家退化草原分级标准，结合草原植被盖度、优良牧草比例等指标内容，青海省天然草原退化程度划分为轻度退化、中度退化、重度退化3个退化等级，其中，轻度退化草原植被盖度为71%~85%，优良牧草比例为36%~70%，植物种15~25种，有毒有害植物产量比例小于32%。中度退化草原植被总盖度为41%~70%，植物种为8~14种，优良牧草的产量比例为9%~35%，有毒有害及不食杂类草比例为33%~67%。重度退化草原植被总盖度小于40%，植物种为7种以下，优良牧草产量比例小于8%，有毒有害植物及不食杂类草比例达68%以上。

(2)退化面积及分布。青海省第二次草原资源调查结果显示，全省退化草原4.68亿亩，占草原可利用面积的80.41%，其中，轻度退化草原1.98亿亩，占全省退化草原的42.10%。中度退化草原为1.2亿亩，占全省退化草原的25.63%，主要分布在青南地区的中南部、柴达木盆地的东部、祁连山地的中部以及东部的黄土高原地区。重度退化草原1.5亿亩，占全省退化草原的32.28%，由于重度退化草原的类型不同，其分布区域也不同，如重度退化草原中的黑土型退化草原主要分布在青南地区，占全省黑土型退化草原总面积的90%以上，重度退化草原中的沙化和盐渍化草原主要分布在共和盆地、青海湖盆地的东北部边缘和柴达木盆地东部及北部的边缘地带，在三江源头地区也有沙化草原分布。全省中度以上退化草原2.7亿亩，其中，玉树州1.16亿亩、果洛州5725万亩、海西州6095万亩、海南州1237万亩、海北州1032万亩、黄南州943万亩，其余分布在西宁、海东地区。

## 4.3 草原保护及管理情况

青海地处青藏高原东北部,生态环境脆弱,平均海拔在3000米以上。广阔的草原具有强大的生态维护功能,在水源涵养、保持水土、防治土地退化、保护湿地和生物多样性等方面发挥着不可替代的主体作用,其生态战略地位极其重要。"十三五"以来,青海省认真贯彻落实"四个扎扎实实"[①]的要求,紧紧围绕科学发展、保护生态、改善民生三大任务,加大草原基础设施建设力度,大力开展草原生态保护与建设,农牧民生活水平显著提高,草原生态明显好转。

### 4.3.1 管理体制

#### 4.3.1.1 草原行政管理机构

青海省林业和草原局内设草原管理处、林业和草原改革发展处,8个市(州)单设林业和草原局,45个县(市、区、行委),大通、湟中、民和、互助、化隆、格尔木、德令哈、都兰、天峻、玉树10个县单设林业和草原局,33个县级部门设自然资源局(挂林业和草原局牌子),目前2个县级无林业和草原局部门(治多、曲麻莱)。

#### 4.3.1.2 科技推广机构

科技推广机构包括青海省草原总站、青海省草原改良试验站和各地草原站。省草原总站现有人员56人,省草原改良试验站现有在职职工38人。各市(州)事业单位改革和人员调整还在进行中。省铁卜加草原改良试验站更名为青海省草原改良试验站,从省三江集团归入省林业和草原局,并从企业化管理的差额事业单位纳入公益一类事业单位,编制为38人。

#### 4.3.1.3 草原生态管护队伍建设

2012年青海率先在全国设立了草原生态管护岗位,共9489人。2016年、2017年结合三江源地区实际、精准扶贫和三江源国家公园建设,先后扩增3次,截至2017年,全省共聘用草原生态管护员42778名(其中精准扶贫管护员30361个),初步形成"点成线、网成面"的管护体系。三江源地区管护员工资每人每月1800元,省财政补助100%;海西、海北两州每人每月1200元,西宁、海东两市每人每月1000元。海北州和海东市补助80%、西宁市和海西州补助60%的比例给予补助,不足部分由县级财政予以配套。全省每年补助总额9.02亿元,其中,省财政支付8.89亿元,地方配套0.13亿元。

### 4.3.2 法治建设

#### 4.3.2.1 完善法律法规体系

为规范青海省草原执法监督、草原征占用审核审批、草原流转、禁牧减畜等管理工作,全省修订、制定并出台了《青海省实施〈中华人民共和国草原法〉办法》《草原野生植物保护名录(第一、二批)》《草原植被恢复费征收管理办法》《草原植被恢复费征收标准》《进一步完善草原承包工作意

---

① 2016年8月22~24日,习近平总书记亲临青海视察指导工作,提出"扎扎实实推进经济持续健康发展,扎扎实实推进生态环境保护,扎扎实实保障和改善民生,扎扎实实加强规范党内政治生活"的指示要求。

见》《青海省天然草原禁牧和草畜平衡管理暂行办法》和《青海省草原湿地管护员管理办法》《青海省草原经营权流转办法》《关于加强冬虫夏草资源保护管理工作的意见》《关于规范全省草原承包经营权流转工作的指导意见》《关于建立完善协调共商机制做好草原征占用审核审批工作的意见》等一系列草原法规、规章和规范性文件，为依法治草提供了重要的法律依据。

各市(州)相应配套制定了相关草原管理规定。例如，海北州人大出台了《海北州草原管理条例》《海北藏族自治州草原防火条例》《草原防火办法》；果洛州出台了《果洛州草原管理条例》；海西州出台了《野生黑果枸杞管理条例》等地方性法规。针对中央环保督察反馈草原征占用相关问题，青海省制定出台了《关于建立完善协调共商机制做好草原征占用审核审批工作的意见》，进一步规范了草原征占用审核程序，从源头上有效遏制非法征占用草原的行为(表4-4)。

表4-4 青海省草原主要法规条例

| 时间(年) | 名称 | 颁布机关 |
| --- | --- | --- |
| 1992 | 《青海省草原承包办法》 | 省政府 |
| 2009 | 《草原野生植物保护名录(第一批)》 | 省政府 |
| 2010 | 《青海省实施〈中华人民共和国草原法〉办法》 | 省政府 |
| 2012 | 《青海省草原湿地生态管护员管理办法》 | 省政府 |
| 2012 | 《青海省天然草原禁牧和草畜平衡管理暂行办法》 | 省农牧厅、财政厅 |
| 2012 | 《青海省草原承包经营权流转办法》 | 省政府 |
| 2014 | 《关于加强冬虫夏草资源保护与管理工作的意见》 | 省政府 |
| 2015 | 《草原野生植物保护名录(第二批)》 | 省政府 |
| 2016 | 《关于规范全省草原承包经营权流转工作的指导意见》 | 省政府 |
| 2018 | 《关于青海省草原植被恢复费征收标准及有关问题的通知》 | 省发改委、财政厅 |

#### 4.3.2.2 草原执法监督

近5年，青海省组织草原执法力量，依法打击乱开、乱采、乱占草原等违法活动，累计查处各类草原违法案件248起，结案205起，结案率82.7%。为切实加强草原征占用管理，认真开展全省使用和临时占用草原情况调查，大力开展草原征占用清理整顿工作，青海省组织开展集中整治工作，对全省使用和临时占用草原情况进行清理整治。针对青海省海西、海南、海北州使用草原进行矿藏开采、光伏电站建设等比较集中的情况，开展了多次执法交叉检查和专项执法检查。不断强化草原执法监督，联合州、县草原执法部门查处非法采砂石料、开垦草原等违法案件。

### 4.3.3 草原保护管理工作

#### 4.3.3.1 草原资源调查及监测

自20世纪80年代开始，组织开展了多次草原资源调查工作。第一次调查(1980—1986年)结合全国草原资源调查，以北方草场资源调查办编制的《草场资源调查技术规程》为指导，全面开展了调查工作。统计显示，青海省有天然草原面积5.47亿亩，可利用草原面积为4.74亿亩。

2007—2010年，青海省结合3S技术与地面调查相结合的方式开展了第二次草原资源调查，对无人区以及人力无法企及的分布地区草原植被进行了识别，结果显示全省有天然草原6.28亿亩，可利用草原5.80亿亩，并与省国土"二调"进行对接，所有数据基本接近。2017—2019年，按照原农业部的要求，在第二次调查的基础上，开展了草原资源清查。结果显示，青海省有天然草原6.58亿亩，可利用草原6.23亿亩。2019年，国土"三调"开始实施，初步将青海省天然草原面积确定为5.71亿亩，近期将对植被覆盖度30%~40%的林草重叠区、草原退化现状及分布区域进行专项调查，青海省草原还会在数量、质量、分布区域等发生较大的变化。

依托三江源生态保护与建设、青海湖流域生态环境保护与综合治理工程草原监测项目的实施，初步建立了覆盖全省、统一协调、更新及时、反应迅速、功能较为完善的草地动态监测管理系统，开展了草原生产力、生态环境状况等方面的监测预警工作。同时，加强了草原雪灾、火灾等灾害监测，变被动防灾为主动防灾，保障了草原畜牧业的正常运行。建成了基于天地空（遥感、无人机、地面实测）综合观测的草地监测及预警系统，建立完善了天然草地和草原鼠虫害实时监测、区域尺度草地牧草盈亏预警、三江源生态监测与评估技术等体系，全省监测样地达到694个，覆盖9个草地类。从2005年开始，利用监测数据编制全省年度草原监测报告，为青海省草原生态保护工程提供了有效的数据支撑，为全面提升青海省草原管理水平发挥了重要作用。

**4.3.3.2 草畜平衡管理**

20世纪80年代后，随着牧区人口和牲畜数量的增加，大部分草原地区牲畜超载过牧。到2000年左右，在牲畜存栏量大幅增加和草原退化的双重影响下，全省草原牧区超载率高达42.86%，达到历史峰值。为保护草原生态环境，促进草原畜牧业可持续发展，2003年青海省在主要草原牧区启动实施退牧还草工程，主要采取禁牧减畜和围栏封育等措施进行草原保护建设，核减超载牲畜375万羊单位，至2010年末各类存栏牲畜减少到3044.6万羊单位，超载率降至23%。2011年开始，中央启动实施草原生态保护补助奖励政策，划定草原禁牧、草畜平衡区，为加强草原核查监管，青海省组建草原管护员队伍，切实加强禁牧和草畜平衡监管。2019年，超载率下降到3.74%，全省草原牧区基本实现草畜平衡。

为认真贯彻落实草原补奖政策总体要求，全面落实草原生态保护补助奖励机制政策，推行禁牧和草畜平衡制度，从2011年起，青海省启动实施第一轮草原生态补奖机制政策，年度落实补奖资金19.47亿元。全省共落实草原禁牧2.45亿亩、草畜平衡2.29亿亩、牧草良种补贴450万亩、生产资料综合补贴17.2万户，核减超载牲畜570万羊单位。2016年开始实施新一轮补奖政策。政策涉及全省草原牧区2市6州42个县（市、区、行委）的21.54万牧户、79.97万人，4.74亿亩可利用天然草原。实施禁牧草原2.45亿亩，2.29亿亩草原实施草畜平衡管理，年兑现补奖资金24.13亿元。按照国家统一补奖标准（禁牧补助每亩7.5元，草畜平衡奖励每亩2.5元），青海实施差别化补助方式，测算确定了各州的测算标准：果洛、玉树州每亩6.4元，海南、海北州每亩12.3元，黄南州每亩17.5元，海西州每亩3.6元。草畜平衡统一实行国家每年每亩2.5元的奖励标准。同时，青海省率先全国试点推进草原补奖政策绩效管理，将补奖资金与草原生态保护效果挂钩，每年对全省各地政策实施情况进行绩效考核，兑现奖惩。

**4.3.3.3 草原承包制度**

（1）草原承包。从1983年起开始开展草原承包工作，截至2000年，全省草原承包工作基本完成。2012年开始，以落实草原生态补奖政策为契机，按照国家要求进一步完善了草原承包工作，截至2013年，全省42个县（市、区、行委）、363个乡（镇）、3770个村完成草原家庭承包工作。共承包草原面积59860.88万亩，承包到户的草原面积50112.44万亩，承包户数168965户，承包到联户的草原面积9748.44万亩，涉及牧户591003户。发放草原使用权证3461本，发放率91.6%，草原承包经营权证590794本，发放率91.6%，与承包者签订草原承包经营合同590794户，签订率91.6%。草原承包工作的全面开展，进一步稳定了草原的承包使用关系，促进了牧民保护建设草原的积极性。

(2)草原确权试点。2015年开始在贵南县森多乡、塔秀乡和刚察县沙柳河镇、泉吉乡各选一个村开展草原确权承包登记试点工作，2016年在贵南县塔秀乡、刚察县沙柳河乡2个村和三江源国家公园4个县的4个村继续开展草原确权试点。通过实施草原承包地籍指认勘测、落地成图、绘制地块分布图，并在村级经两轮公示，登记完善牧户承包信息档案、建立电子数据库等程序，完成4905户21812人、7884个地块916.86万亩(实际测量面积为1014.48万亩)的草原确权登记。通过试点，探索了草原承包确权的技术路径。

(3)草原流转。据统计，截至2018年，全省草原流转面积达8141万亩，涉及流转牧户61016户。其中，1485户农牧户转包草原181.84万亩，5884户农牧户出租草原518.99万亩，43户农牧户互换草原8.85万亩，57户农牧户转让草原11.37万亩，53547户农牧户入股草原7419.89万亩。为加快草原流转，深化牧区改革，统筹城乡经济发展，构建和谐社会，发展农牧区生产，各地相继出台了《关于规范全省草原承包经营权流转工作的指导意见》，明确规范流转行为、解决流转纠纷、强化流转管理提供了重要的法规政策依据。

#### 4.3.3.4 草原重大生态工程

通过实施三江源二期、祁连山项目、退牧还草、退化草原生态修复等重大生态治理项目，"十三五"期间共实施黑土滩治理648.31万亩，草原有害生物防控14126.31万亩(包括二次成效巩固)，发展生态畜牧业14293户，沙化草原治理80.57万亩，退化草原补播615万亩，围栏建设2825万亩，人工饲草基地建设88.07万亩，牲畜棚圈建设31.21万平方米，贮草棚建设2532亩，青贮窖建设0.4万立方米，发展养殖棚圈12300户，废弃定居点周边植被恢复0.274万亩，种子田更新6.14万亩。总投资310975.9万元。

三江源项目生态畜牧业建设14293户，黑土滩治理完成427.81万亩，草原有害生物防治完成鼠害6518.5万亩，虫害1522.61万亩，毒草341万亩，鹰架31365架，鹰巢7868座，共投资60563.3万元。

祁连山项目完成沙化草地治理80.57万亩，黑土滩治理12.5万亩，退化草地补播183万亩，人工饲草基地建设33.07万亩，发展舍饲棚圈31.21万平方米，贮草棚建设2532亩，青贮窖建设0.4万立方米，草原有害生物防治3490.2万亩，共投资57483.6万元。

退牧还草项目围栏建设2825万平方米(其中，休牧围栏1530万平方米，划区轮牧围栏1295万平方米)，重度退化草原补播429万亩，人工饲草地建设55万亩，建设养殖棚圈12300户，毒害草治理55万亩，黑土滩治理173万亩，共投资160929万元。

退化草地生态修复项目，完成黑土滩35万亩(黑土坡5万亩，黑土滩30万亩)，退化补播2万亩，飞播治理1万亩，草原有害生物防控2570万亩，废弃定居点0.274万亩，种子田更新6.14万亩，共投资32000万元。

#### 4.3.3.5 草原有害生物防控

全省草原鼠害发生面积约1亿亩，危害面积约9116万亩，主要害鼠种类为高原鼠兔、高原鼢鼠和部分高原田鼠。分布区域遍及青海省2市6州的39个县(市、区)2个行委的各类草原上。其中，高原鼠兔危害面积7060万亩，约占77%以上，平均有效洞口数约为248个/公顷；高原鼢鼠危害面积1827万亩，约占20%，平均新鲜土丘数约为222个/公顷；其他鼠害危害面积229万亩，约占3%，平均有效洞口数约为949个/公顷。全省草原虫害发生面积约1912万亩，危害面积约1270万亩，其中草原毛虫危害面积约为759万亩，约占60%，平均虫口密度约为27个/平方米，主要分布在青海省的高寒草甸地上；草原蝗虫危害面积约为329万亩，约占26%，平均虫口密度约为29头/平方米,主要分布在青海省环湖草原上;古毒蛾、斑螟、小地老虎、夜蛾等新发害虫危害面积约为182万亩,约占14%,平均虫口密度约为44头/平方米(株丛),在海西州的荒漠灌丛草原上及人工草原上。

"十三五"期间,全省共下达草原鼠虫害治理资金7.28亿元,其中,下达草原鼠害防控资金5.8亿元,防控草原鼠害1.63亿亩(含两次扫残面积),建设招鹰架32743座、招鹰巢8212座。下达草原虫害防控资金1.4亿元,防控草原虫害3071万亩。

#### 4.3.3.6 人工草地建设和草种繁育

(1)人工草地建设历史。青海省人工草地建设的历史可以追溯到20世纪50年代。1965年,省草原工作队分别在共和县倒淌河、石乃亥公社和刚察县伊克乌兰公社开辟了3处万亩人工草地建设试点。直到1976年,人工种草才全面铺开。但由于投资规模的限制,人工草地建设步伐仍较缓慢,1994—1999年,全省牧草种植面积连续5年徘徊在100万~110万亩。2000年以后,随着西部大开发战略的实施,在国家的大力支持下,青海省陆续实施了天然草原保护与建设、草地围栏建设、畜棚建设、防灾基地建设、牧草种子基地建设、飞播牧草、退耕还林(草)等与草产业相关的基础设施建设,人工种草规模不断扩大。特别是天然草地植被恢复与建设、退牧还草工程、三江源自然保护区生态保护和建设工程、青海祁连山生态保护与综合治理工程的实施,全省人工草地建设得到了快速发展。

(2)人工草地建设现状。近几年,随着青海省草地生态建设和草地畜牧业建设力度的不断加大,青海省人工草地保留面积有了较大的增长,截至2019年,青海省现有各类人工草地面积达454.42万亩。其中,多年生人工草地面积为335.99万亩,占全省人工草地总面积的73.94%。一年生草地种植面积118.43万亩,占全省人工草地总面积的26.06%。

(3)牧草良种繁育基地建设。近年来,随着青海省退牧还草工程、三江源项目、祁连山项目及退化草原生态修复工程的相继实施,青海省的牧草种子业也不断发展而逐步壮大起来,并形成一定的规模。2019年末,全省实存各类牧草种子繁育基地46.18万亩,其中披碱草17.49万亩,青海冷地早熟禾1.16万亩,青海中华羊茅2.02万亩,燕麦25万亩,其他牧草种子田0.5万亩,年生产各类牧草72093.6吨,其中,披碱草9392.5吨,青海冷地早熟禾152.1吨,青海中华羊茅38吨,燕麦62500吨,其他牧草种子田11吨。

#### 4.3.3.7 草原科技及成果

(1)草原科研机构。目前,青海省一级的科研机构包括青海大学草原科学系、青海省畜牧兽医科学院草原研究所和青海省畜牧兽医职业技术学院农林科学系。省畜牧兽医科学院草原研究所现有专业技术人员37人,其中,研究员10人,副研究员16人,中级职称9人,初级职称1人,技工1人。省畜牧兽医职业技术学院农林科学系(含草原专业),现有教职工54人,其中,正高职称3人,副高职称8人、中级职称4人、初级职称12人。

(2)草原科研成果。多年来,青海省在牧草品种选育引种、人工草地建植、牧草及秸秆加工、鼠虫害及毒草特性研究及防治、草地改良等研究领域共取得近100项草地科研成果。其中,获得全国农牧渔业丰收奖一等奖、二等奖,省科学技术进步一等奖、二等奖以及省部级三等以上科技奖励14项。通过多年引种驯化筛选出20多个适宜高寒牧区栽培的牧草品种,主要在全省范围内推广了披碱草、老芒麦等多年生优良牧草品种;大力推广生物毒素灭鼠技术、病毒杀虫剂防治草原毛虫技术、牧鸡灭治草原蝗虫技术、灭除草原狼毒及棘豆技术等示范推广;草原总站同科研院校开展合作,探索研究青藏高原"黑土滩"退化草地成因及防治途径,总结出在海拔3500米以上地区进行黑土滩综合治理的技术集成示范。建成了基于"天地空"(遥感、无人机、地面实测)综合观测的草地监测及预警系统,建立完善了天然草地和草原鼠虫害实时监测、区域尺度草地牧草盈亏预警、三江源生态监测与评估技术等体系。通过草原生态重大工程项目的实施,筛选出了适宜在青藏高原不同海拔地区种植的优良草种,特别是在黑土型退化草地(坡度25°)治理上,制定了不同的治理技术和措施,形成了一整套可复制可推广的治理模式。

## 4.4 草原资源保护成效及存在问题

政府机构改革后,草原监管职责由原农业农村部门划转到林业和草原主管部门,对草原的功能定位有一个再认识和深化的过程。同时,草原资源保护利用基础工作薄弱,草原监督管理、草原工程政策、草原权属和草原防火等工作存在短板不足,草原生态保护与发展之间的矛盾比较突出。

### 4.4.1 草原保护取得的成效

#### 4.4.1.1 主要成效

通过草原生态保护建设各项工程实施,草原生态环境表现出"初步遏制,局部好转"的态势,草原生态系统保护与修复成效显著,草原生态环境持续恶化势头得到初步遏制。多年植被覆盖度明显提高,草原载畜压力指数明显降低,草原生态保护成效显著。根据监测统计,全省草原生产力总体呈逐年稳步递增趋势。同时,草原涵养水源能力提高,生物多样性得以逐步恢复。

(1)草原生态环境明显恢复。通过草原生态保护建设各项工程实施和政策落实,草原生态环境总体呈好转趋势,表现出"初步遏制,局部好转"的态势,多年植被覆盖度明显提高,草原载畜压力指数明显降低,生物多样性增加,草原生态保护成效显著。

——草原生态补奖政策。据省草原总站连年监测:通过认真实施草原生态补奖政策,严格落实禁牧和草畜平衡,全省草原植被盖度和草产量明显提高。草原植被盖度由2010年的50.17%提高到2019年的57.2%;产草量从2010年的每亩159千克提高到2019年的195千克。草原植被盖度保持稳定及趋于好转的草原面积占86.85%。核减牲畜570万羊单位,牲畜超载率由2010年的35.79%下降到3.74%,总体实现草畜平衡,尤其是2012年由于大幅减畜,降水量充足,效果较为明显。

——退牧还草工程。依据退牧还草工程监测:2011—2019年退牧还草工程区内外盖度和鲜草产量对比明显,增幅和增产分别为7.86%和每亩57千克,工程效益明显。

——青海湖流域生态环境保护与综合治理工程。根据《青海湖流域生态环境保护与综合治理工程年度草地监测项目》的5年监测结果:青海湖流域草地盖度由2011年的55%提升至68%,每亩鲜草产量由196.07千克增加为207.58千克。

——草原鼠害防治项目。全省草原鼠害危害面积从最高时的1.43亿亩下降到2015年的8542万亩,下降了67%,危害面积大幅下降。大多数地区草地鼠虫害由重度危害转为中度或轻度危害,危害程度下降,控制效果十分明显。如泽库县西部的和日乡过去草原退化十分严重,草原鼠害猖獗,甚至到了"鼠进人退"的状况,通过连续连片草原鼠害防治和成效巩固,有效控制了项目区鼠害,使昔日的鼠害草地变成了优美的放牧草地。

(2)水源涵养能力提高。多年草原保护建设不仅恢复了草原植被和生产力，而且生态系统宏观结构局部改善，草地生态退化得到遏制，水源涵养能力明显提高。据监测：三江源地区水资源量增加84亿立方米，湿地面积增加104平方千米，草原生态系统水源涵养量增加28.4亿立方米，三江源头千湖奇观再现。

(3)牧民生活水平全面提升，牧民的居住条件明显改善。第二轮草原补奖人均收入3017元，第一轮草原补奖年人均为2588元。全省牧区11.3万户享受游牧民定居政策，53万多牧民定居在县城、集镇(乡)，形成173个定居社区。近6万多户牧民在游牧活动中使用上了草原新帐篷，对天然草原的依赖程度不断降低。同时，增进了藏区各民族团结和社会和谐稳定。

#### 4.4.1.2 主要做法

经过多年积极探索和不懈努力，在实践中形成了一些独具青海特色、特点突出的方法措施，主要体现在5方面：

(1)草原生态保护上升到全省战略。省委、省政府高度重视生态文明，把生态文明建设摆在更重要的战略地位。认真贯彻习近平总书记"绿山青山就是金山银山""像保护眼睛一样保护生态环境，像对待生命一样对待生态环境""扎扎实实抓好保护生态环境"等系列指示精神，省委十二届十三次全会提出了"四个转变"治青理政新思路，尤其提出"从经济小省向生态大省、生态强省转变；从农牧民单一的种植、养殖、生态看护向生态生产生活良性循环"，从全局的高度赋予了草原生态保护新任务，对生态文明建设的认识、制度、实践深度和推进力度前所未有。

(2)注重坚持立足实际，分类施策。充分征求牧民群众、各界人士、专家学者意见建议，认真研讨，集思广益，形成了"坚持以草场承包为基础，以户为基本建设单位，以草畜平衡为前提，以恢复草地植被、改善草地生态环境和畜牧业可持续发展为目标"的工程实施思路。三江源地区以草地生态优先，保护和建设并举，走生态畜牧业的路子；环青海湖牧区以草地生态建设和畜牧业生产稳定发展并重，发展高效畜牧业；柴达木地区和东部农区，依靠农牧交错的有利条件，推进草畜联动、循环发展。

(3)突出发展草业产业化。出台了《关于加快推进饲草料产业发展的指导意见》，建立了饲草料生产、加工、储备体系，已初步形成了企业、合作社规模化种植加工为主、牧户种植为辅东西联动、农牧结合的草产业格局，形成了"园区+企业+合作社+农户""公司+合作社+基地+农户""合作社+基地+牧户"等多种发展模式。2016年全省饲草料种植面积达到779万亩，年产饲草350万吨，可饲养627万羊单位。在多灾易灾的5州17县初步建立了省、市(州)、县、乡、村五级防灾抗灾饲草料贮备体系。

(4)注重体制机制创新。修订完善了《青海省实施〈中华人民共和国草原法〉办法》，落实基本草原保护制度；结合草牧业试验试点和全国草地生态畜牧业试验区建设，在全国率先开展了草原承包确权登记试点工作；制定出台了《青海省规范化草原流转工作的指导意见》，建立草原承包经营权流转管理、纠纷仲裁体制机制和草原流转风险防范机制，规范草原流转程序；结合草牧业和粮改饲试点，探索了多种方式的"粮饲兼顾、农牧结合、循环发展"新型草牧业发展模式。

(5)强化草原监测监管。一是建立健全管理制度。制定出台了《关于进一步完善草原承包工作的意见》《青海省草原生态保护补助奖励资金绩效评价办法》《青海省天然草原禁牧和草畜平衡管理暂行办法》等一系列制度办法。二是全面开展草原监测。依托三江源生态保护建设、青海湖流域生态工程草原监测项目和农业部草原监测等项目，从2005年开展监测，监测样地数量从300个增加到目前的694个，固定牧户调查400户，覆盖全省所有草原类。三是建立电子化管理系统。结合草原补奖政策落实，建立了牧户信息与草原管理相匹配的信息管理系统，强化资金发放、牲畜核减、承包草原变化等的监管力度。

### 4.4.2 草原保护存在的问题

#### 4.4.2.1 草原生态保护修复任重道远

草原生态环境脆弱，中度和重度退化草地面积仍占较大比重，虽然近年来生态保护建设成效显著，但整体处在不进则退的爬坡过坎阶段，退化草原治理率尚未达到退化面积的30%。草原生态危机日益加剧，草原鼠虫害、毒草频发，草地承载力、生产力双降低，植被盖度、牧草质量下降，畜草矛盾突出，草地生态系统失衡，影响生态安全。从不同分区分析，海西州在全省沙化土地面积最大，达14207万亩，占海西州总面积的31.5%，占全省沙化土地总面积的76.5%，中度以上退化草原面积达4033万亩，但治理率不到20%。果洛州荒漠化土地面积达1322.32万亩，占果洛州土地总面积的6.73%，局部地区荒漠化还在进一步扩大。玉树州中度以上退化草原面积达3295.9万亩，治理率不到15%。黄南州60%的天然草原出现不同程度退化，中度以上退化草地面积占草原总面积的38.13%。

#### 4.4.2.2 生态保护与民生改善相矛盾

一是部分地区禁牧与农牧民生计矛盾突出。青海省大部分地区属于限制和禁止开发地区，草原牧区生态保护的任务十分艰巨，生态环境保护与牧区发展、民生改善矛盾比较突出。牧区产业结构单一，90%的农牧业人口长期从事畜牧业生产，牧民收入的90%以上来自草原畜牧业。玉树、果洛州拥有很丰富的地下资源，为了生态安全，当地牧民减畜禁牧、禁伐禁采，收入减少，为生态保护牺牲了集体和个人利益。二是征占用草原数量多、影响深远。经济、社会发展的客观需要，征占用草原的需求日益强烈，破坏了草原地貌，毁坏了草原植被，改变了草原性质，影响草原生态系统的完整性，导致生态系统的损害和生态功能的下降。

#### 4.4.2.3 管理服务体系建设不健全

机构改革后，原先承担草原行政执法的草原监理部门不复存在，草原征占用、草畜平衡和禁牧监管以及草原违法行为处罚等工作缺位，致使出现违规占用草原等违法行为不能得到有效制止、植被恢复费不能及时缴纳等问题。草原保护建设职能由州县级林业和草原局负责，但大部分原来承担项目管理工作的人员被分流或留在农业农村部门，出现管理人员断档，工作衔接不畅的情况，影响了工作推进和草原生态保护项目的组织实施。制度不健全，建设标准不统一。随着职能的划转，草原资源管理主体及要求发生很大变化。现有的工作基础薄弱，人员配备不足、仪器设备配备不全，信息化水平低，与目前的草原保护建设需求差距很大。

草原普法宣传形式简单，内容单一，宣传深度不强，未将宣传教育进村庄、进社区、进企业、进课堂。未把保护和修复草原、保护草原野生动物、落实禁牧、休牧和草畜平衡制度和村规民约进行有效结合。

#### 4.4.2.4 草原科技储备不足

一是关键技术尚未完全突破。主要包括：退化草地改良技术，天然草地合理利用技术，高产、优质人工草地建植及利用技术，草产品精深加工技术，长寿型放牧、人工草地培育技术及最佳组合，毒草灭除技术等技术问题都还未得到彻底解决。二是牧草良种繁育体系建设滞后，尤其生态草种的适应性问题没有解决，青海省三角城种羊场人工种植的草地第二年就有退化现象。人工种草、免耕补播等草原修复方式缺乏合适的良种支持，青海省本地高校和研究机构培育的优良草种数量少，难以满足生态建设需要。三是草原科技推广服务能力不足。青海省草地科研及技术推广部门现有专业技术人员700多人，人均承担着4.7万公顷的草地建设、管理等工作，服务能力弱，加之基础建设薄弱，无法满足大范围草业技术服务需求。

#### 4.4.2.5 草原生态管护力量薄弱

草原生态管护工作量大、任务重，部分草管员专业化程度。黄南州有专职草原管护员793人，人均管护面积3万亩，缺乏交通工具等巡护设备支撑，通讯服务保障不足。祁连县把草原管护员设置与精准扶贫相结合，但在实施过程中出现因疾病、残疾致贫，甚至因懒致贫的牧民被选为草原管护员现象，其个人能力、威望不足而监管困难。

青海和甘肃省存在共牧区，牧区权属不清，实施禁牧后，牧民生产生活受到极大影响。门源县1/3的草场被划入祁连山国家公园和自然保护区，夏季草场与甘肃省共牧，现基本全被划入禁牧范围。禁牧补助补给甘肃省牧民，青海省农牧民需要依靠舍饲、半舍饲喂养牲畜，经营成本高，牧民生计受影响。祁连县在甘青共牧区有67.4万亩夏季草场，草场由草畜平衡区转为禁牧区，可利用草原面积减少，需核减牲畜11.45万羊单位，致使部分牧民生产、生活受到极大影响。

保护区禁牧搬迁政策对协调生态保护与民生改善作用有限。禁牧搬迁政策是三江源自然保护区生态建设和保护工程的一项重要项目，促进三江源自然保护区生态平衡的根本措施。随着搬迁，牧民从单一的畜牧业生产转向二、三产业，但三江源区基础设施薄弱，公共服务能力低，牧民缺乏从事新职业的技能。加上交通不便、运输困难等因素，生态保护、民生改善和经济协调发展仍任重道远。

### 4.4.3 原因分析

#### 4.4.3.1 草原保护资金投入不足

由于生态建设投资大，直接经济效益不明显，外部性造成社会投资动力不足。同时地方政府受到财力影响，往往对生态建设也缺乏足够的支撑，资金投入不足问题一致困扰生态建设。中央政府尽管对重大生态保护修复与地方政府一起承担事权，但由于信息不对称，生态保护修复往往也得不到足够投入。在草原生态保费修复领域中尤为明显，由于青海省地处西部，属于欠发达地区，本身地方财力有限，仅仅依靠中央投入难以满足生态保护修复的需要。

草业投资结构不尽合理。随着国家生态建设工程和退牧还草工程的启动，草业资金主要投向草原生态建设是正确的，但是用于草原执法和草原监督管理体系、草原科技教育体系、社会化服务体系等方面的实际投入量很小。

#### 4.4.3.2 草原法律法规不完善

当前的《中华人民共和国草原法》已经不能满足经济社会发展及机构改革的变化，一定程度上制约了草原执法工作的开展。一是地方一些现行措施缺乏法律依据，执行困难。例如，基本草原保护工作仍缺乏法律依据，草原承包确权登记缺乏指导性文件，工作难度大。《中华人民共和国草原法》中没有专门的生态补偿政策。超载过牧问题尚未纳入依法管理范畴，缺乏处罚法规条例。划入国家公园核心保护区等生态保护红线内草场缺乏针对性的补偿政策。野生动物破坏的损失补偿缺乏法律依据。二是法律缺乏有效处罚手段，针对性不强。例如办理非法征占用草原案件时，责令停工、移交司法机关难度大。

#### 4.4.3.3 草原监管体系和监管能力薄弱

一是草原管护员工资偏低，影响基层草原管护人员的工作积极性和队伍稳定性。三江源地区的果洛、玉树、海南、黄南 4 州草原管护员月工资 1800 元，每人管护草原 3 万亩。海西、海北州草原管护员月工资 1200 元，每人管护草原 5 万亩。西宁、海东市草原管护员月工资 1000 元，每人管护草原 5 万亩。两个地区的护林员总数达到 2600 人，其中吸纳贫困人员 2040 人，每人发放工资在 1800~2000 元/月。相比护林员，草原管护员在工资待遇、工作强度、管护设备投入等方面均有很大差距。二是林草行业艰苦，对人才吸引力不强。草业长期以来是一个弱质产业，行业发展对技术人才、管理人才的需求不足，导致草原管理的基层队伍人员不足、专业不强等问题突出，与实际工作需求相比差距较大。海南州一个县级林业和草原局只有一个技术人员，国家按照人员数量配备高级中级职称比例，缺乏职称晋升通道。三是草原监管能力落后。草原管护手段单一、方式落后，现代化、信息化技术手段运用少。此外，草原鼠害、虫害等生物灾害预防、监测及持续治理措施也相对缺乏。海南州存在由于资金短缺、技术人员水平偏低，导致信息上报传输不及时，影响上报数据的时效性。

制度滞后、监管力量薄弱，征占用管理困难重重。一是《中华人民共和国草原法》及《草原征占用管理办法》没有硬性的不予批准的条款，导致使用占用草原门槛低，不论重点项目还是一般项目均可使用草原，征占用草原审核成"过场"。同时，草原没有等级的划分或额度的限制，使得项目落地在草原后，草原行政主管部门没有话语权，形成目前报一个批一个的局面。二是对牧民自建住宅界定难。海北州门源县、祁连县等地出现农牧民在承包经营的草原上建设住宅的情况，对于住宅是否需要办理手续、住宅面积限制、住宅用途界定等，草原法律法规都没有明确规定，造成征占用草原的空白点，也给监管带来难度。三是各地未处理的历史积案较多。有大量遗留问题未得到有效解决，尤其是国家和青海省的重点、大型项目"未批先建"的情况突出。据不完全统计，全省目前还有约 287 个项目未按照草原法律法规查处，其中多为 2017 年前建设项目。四是"事后"跟踪监管不够。办理草原审核审批手续后，由于监管人员有限、管理观念等问题，对项目使用草原的事后监管不够，不少地方出现超面积使用草原等情况。

## 4.5 草原保护修复机遇与挑战分析

分析青海草原在"十四五"时期发展面临的机遇和挑战因素，分析青海草原在"十四五"时期发展本身的优势和劣势的内部条件，从四个方面全方位对草原发展的形势进行分析。在矛盾分析中，以期明确青海草原"十四五"发展的主攻方向。

### 4.5.1 面临机遇

#### 4.5.1.1 新思想新理论新理念指引草原发展

2018 年，习近平生态文明思想正式确立，为中国特色社会主义生态文明建设赋予了新的历史使命和新的时代生命力。"坚持生态兴则文明兴""坚持人与自然和谐共生""坚持绿水青山就是金山银山""坚持良好生态环境是最普惠的民生福祉""坚持山水林田湖草是生命共同体""坚持用最严格制度最严密法治保护生态环境""坚持建设美丽中国全民行动""坚持共谋全球生态文明建设"等"八个坚持"深刻系统阐述了习近平生态文明思想。贯彻落实习近平生态文明思想，就是要坚持生态优先、绿色发展和高质量发展的原则，把上述原则作为经济社会发展的重要战略指引。草原是我国面积最大的绿色生态屏障和陆地生态系统，主要分布于我国大江大河的发源地和水源涵养区，其面积超过森林、耕地面积的总和，构成了我国绿色生态空间的主体。无论是面积体量，还是功能作用地位，草原都是我国生态文明建设的主战场、主阵地。新时代，草原保护建设工作必须坚持生态优先、绿色发展之路，坚持"两山"理念，保障国家生态安全，改善环境质量，提高资源利用效率，逐步实现人与自然和谐共生。

习近平总书记对青海生态保护的功能定位，是青海生态文明建设和草原保护修复工作的根本遵循。在2016年全国两会，习近平总书记参加青海代表团审议时提出，要像保护眼睛一样保护生态环境，像对待生命一样对待生态环境。要求青海保护好三江源，保护好"中华水塔"，确保"一江清水向东流"。2016年8月，习近平总书记在青海考察时指出，"青海最大的价值在生态、最大的责任在生态、最大的潜力也在生态。"因此，保护生态，特别是保护草原生态，是青海实现可持续发展的关键举措。

### 4.5.1.2　国家宏观战略下的草原保护发展机遇

党中央确定的"五位一体"总体布局和习近平总书记对青海草原的亲切关怀为青海省草原保护建设带来了前所未有的历史机遇。党的十八大将生态文明建设纳入"五位一体"中国特色社会主义总体布局，要求"把生态文明建设放在突出地位，融入经济建设、政治建设、文化建设、社会建设各方面和全过程"，在"四位一体"的基础上，增添了生态文明建设。倡导"尊重自然、顺应自然、保护自然"的价值理念，因此，生态文明理念下的生态环境建设，既要加强生态环境的治理，又要加强生态保护，实施生态修复，让自然生态休养生息和按规律发展进化，给自然留下更多修复空间，还自然应有的"天蓝、地绿、水净"的美丽景观，实现对自然生态的净化。山水林田湖草是一个生命共同体，阐释了水资源与其他自然生态要素之间唇齿相依的共生关系。草是先锋植物，素有"地球皮肤"的美称，不仅能固沙保土，而且可为林木的生长创造条件。习近平总书记在2016年视察青海时提出：青海是全国五大牧区之一，草原面积大，且位于生态区位的关键点。一定程度上讲，草原的生态状况决定着青海生态环境的状况。

青海地处青藏高原腹地，是长江、黄河、澜沧江的"三江源头"，被誉为"中华水塔"，在我国生态安全战略格局中具有特殊地位。青海草原面积约占青海省总面积的60%，具有发挥重大生态、经济与社会功能的自然条件基础。青海省被列入国家首批生态文明先行示范区，《青海省生态文明先行示范区建设实施方案》确立了生态环境保护优先区、循环经济发展先行区、制度建设改革试点区"三大"战略定位。2019年青海省率先在全国启动国家公园示范省建设，努力建成国家生态文明高地，开展优化国土空间开发格局、筑牢生态安全屏障、加强环境综合整治、建设美丽家园、建设生态文化体系等重点工作。实施乡村振兴战略，离不开生态振兴，青海生态振兴基础在草原。习近平总书记对于青海的最大价值在生态的判断，可以作为指导生态振兴的基本原则，只有生态振兴了，才能推动了乡村振兴战略。保护草原生态系统是生态振兴、乡村振兴的根本举措。

### 4.5.1.3　青海省发展战略及政策

青海省委、省政府历来十分重视草原生态保护和建设，"十三五"以来，全省上下认真贯彻落实"四个扎扎实实"的重大要求，按照最大的价值在生态、最大的责任在生态、最大的潜力也在生态的要求，把生态文明建设放在突出位置来抓。多年来，全省坚持保护优先、自然恢复为主，重点在三江源地区、祁连山水源涵养区、环青海湖地区、河湟地区、柴达木地区"五大生态板块"实施重大生态工程建设，统筹推进山水林田湖生态保护和修复，全面提升生态系统功能。加大草原生态环境保护力度，坚持以草定畜、草畜平衡，严格实行禁牧、休牧、轮牧，推进"减人减畜"，实施黑土滩整治专项计划，使草原永葆生态活力。青海省第十三次党代会提出了"一优两高"战略部署,加快推进从经济小省向生态大省、生态强省转变,青海拥有大江河、大草原、大湿地等丰厚的生态资源,在全国生态格局中的影响大、贡献大、责任大、价值大。生态保护是大趋势、大战略,确保一江清水向东流,维护好国家生态安全屏障是青海全省各族人民的责任。

### 4.5.2 面临挑战

#### 4.5.2.1 国土生态安全面临严重挑战

目前,青海省草地中度以上退化面积约为1633.33万公顷,占可利用草地总面积的51.7%。全省土壤侵蚀面积35.19万平方千米,占总面积的49.1%;土地沙化面积由新中国成立初期的533万公顷扩大到目前的1300万公顷;全省"黑土滩"总面积达333余万公顷。草地畜牧业的生态危机日益加剧,自然灾害频繁,草地生产力降低,牧草质量下降,草地荒漠化严重,已严重影响到草地生态环境,对生态安全构成威胁。

#### 4.5.2.2 经济发展与生态保护矛盾

青海省属经济欠发达地区,经济总量低,尤其是草原牧区产业结构单一,草原畜牧业是广大牧民群众赖以生存的基础,除国家政策补贴外,牧民收入的90%以上来自于草原畜牧业,受各种条件制约,第二产业发展空间小,第三产业比重小,牧民增收渠道有限。结合青海省实际省情,既要改善民生,又要保护生态环境,对于青海省这样的经济小省,面临巨大的挑战。

#### 4.5.2.3 人民群众对美好生态环境的需要

党的十九大报告提出"加快生态文明体制改革,建设美丽中国"的新要求,人民日益增长的优美生态环境需要,最直接地体现在人民生活中的用水、吃的食物和呼吸的空气。面对新时代人民的优美生态环境需要,一方面要引导全民参与生态环境建设,倡导绿色消费方式和绿色生活方式;另一方面要积极构建市场导向的绿色技术创新体系,破解物质财富积累和资源环境之间的矛盾,形成生产系统和生活系统循环链接,实现生活水平的提高和生态环保的双赢。

### 4.5.3 存在的优势

#### 4.5.3.1 草原生态区位十分重要

青海地处青藏高原东北部,自然环境恶劣,平均海拔在3000米以上,其中54%的地区海拔在4000米以上,被誉为"千湖之乡、江河之源""中华水塔""全球气候启动区"和"世界四大超洁净区之一",是我国具特殊地位的重要生态安全屏障。青海是我国五大草原地区之一,现有天然草原6.28亿亩,占土地总面积的60.47%,广阔的草原具有强大的生态维护功能,在水源涵养、保持水土、防治土地退化、保护湿地和生物多样性等方面发挥着不可替代的主体作用,其生态战略地位极其重要。

#### 4.5.3.2 草原生态功能多样

草原是青海省最大的陆地生态系统,具有重要的生态功能,是重要的水源涵养区,是生态屏障和重要资源的保证地。草地覆盖面积最大,数量最多,更新速度最快的再生性自然资源,是维系青藏高原生态系统平衡的最重要组成部分,植物种类2500种左右,是天然的植物基因库。草地资源不仅为人类和众多的野生种质资源提供了生存的空间和食物来源,而且,其强大的生态维护功能,在水源涵养、保持水土、防治土地退化、保护湿地和生物多样性等方面发挥着不可替代的主体作用。

#### 4.5.3.3 草原文化丰富

千百年来，生活在草原上的先民"逐水草而居"的自然理念，使他们和草地融为一体，"风吹草低见牛羊"的景观是人与自然的和谐共处的浓缩写照，由此产生了灿烂的草原文化与文明。随着社会发展与进步，生活在草原上的人们的文明程度在提高、生活方式在变化，草原文化也与时俱进。

### 4.5.4 存在的劣势

#### 4.5.4.1 自然环境恶劣而脆弱

青海深居内陆，海拔高，温度低，温差大，降水少，日照长，风大，沙尘暴多，冷季长而干寒，暖季短而凉爽，年均气温为 1.37℃。按照全国气候区划分，青海草地属青藏高寒区，容易遭受破坏而不易恢复。调研海北、海西州，生态资源以荒漠、干旱草原为主，森林少且分布极不均衡，稀疏的森林植被难以发挥庇护山川、防御侵蚀、削减自然灾害防护功能，自然生态系统极端脆弱、易损难治。调研玉树地区，多年超载过牧、草场退化导致各类牲畜由 1980 年的 67.6 万头只下降到 26 万余头只，伴随鼠害的出现，造成严重的生态贫困现状，经济贫困与生态环境"贫困"相互交织，互为因果，形成"社会贫困—经济贫困—生态贫困"自我强化、难以打破的恶性循环怪圈。

#### 4.5.4.2 草原经济潜力发展不充分

草原作为青海农村牧区重要生产资料和生态空间，其生产功能对农民收入贡献作用巨大，草原经济潜力可以进一步挖掘。畜牧业收入是农牧民收入主要来源，但近年来农牧民畜牧业收入占比一直呈现下降趋势。2011—2016 年，畜牧业收入占农民人均纯收入的比重从 83.53% 下降到 72.43%。从地区生产总值看，2015 年青海省地区生产总值 2417.05 亿元，3 次产业增加值占比分别为 8.6%、50.0%、41.4%。2019 年，青海全省生产总值 2965.95 亿元，3 次产业增加值比分别为 10.2%、39.1%、50.7%。第一产业比重增长缓慢，第一产业发展对青海农牧民收入具有重要影响。随着国内大循环和国内国际双循环格局的发展，青海草原经济发展不充分的劣势，经过系统改造，在推动三产融合发展中，必定能转化成青海生态畜牧业高质量发展的优势。

#### 4.5.4.3 草原管理体制机制不完善

在欠发达地区，经济发展和生态保护之间存在矛盾是永恒的主题，在草原领域显得尤为突出。过去，草原行政管理、执法监督、草原科技和调查规划等力量都比较薄弱，特别是基本草原制度、草原征占用审核审批制度不完善，执法监督能力不足，各类具体制度在基层落实不到位现象比较突出，草原保护承受的压力将越来越大。机构改革后，随着行政机构改革逐步到位，执法监管、科技支撑、生态保护修复工程项目等还不能一步到位，并且草原统计调查制度、草原生态保护红线、草原资源资产产权和用途管控、草原资源资产离任审计、草原资源损害责任追究、草原生态环境损害赔偿和草原生态补偿等制度政策还需进一步完善，这些将是草原保护事业发展面临的中长期挑战。

## 4.6 草原资源保护对策建议

### 4.6.1 总体思路

#### 4.6.1.1 指导原则

从全国来看,"十四五"时期是实现第一个百年奋斗目标向 2035 年目标迈进的第一个五年,是承上启下的关键时期,也是新时代全面起航时期。新发展理念全面落实,国家治理体系和治理能力现代化全面加强,"五位一体"建设深入推进。人民对美好生活的需要同不平衡、不充分发展的矛盾将是长期面临的社会主要矛盾。

从青海省情看,贯彻落实习近平总书记关于青海"三个最大"的要求和青海省委"一优两高"的发展战略,必须坚持久久为功,坚持"生态立省"战略,加快青海省生态文明建设步伐,以国家公园示范省建设为重点抓手,全面推进促进生态文明制度建设和各项建设任务落实。因此,"十四五"时期是青海生态建设格局重构的关键时期,是林业和草原事业重要发展机遇期。

青海省林草事业必须站在新起点上,为维护国家生态安全,打造生态文明建设高地,坚持新发展理念,构建新的发展格局。一是坚持创新发展,构建山水林田湖草系统治理格局,实施生态系统修复和综合治理工程。二是坚持绿色发展,构建以国家公园为主体的自然保护地严格保护格局,实施整体保护和最严格保护,保护生态系统的原真性和完整性。三是坚持共享发展,构建人与自然和谐发展的利益格局,践行"绿水青山就是金山银山"发展理念,促进生态保护与经济社会协调发展。草原生态保护修复要服从和服务于林草发展大局。

#### 4.6.1.2 发展目标

草原在维护青海生态安全和国家生态安全中具有举足轻重的地位作用。"十四五"时期草原发展,必须坚持生态优先、绿色发展、高质量发展和"绿水青山就是金山银山"发展理念总要求。加快建立草原资源调查统计制度,完善草原生态监测体系,落实山水林田湖草系统治理理念,加强草原生态保护修复治理力度,创新草原生态保护体制机制,实施草原分类保护,划定草原禁牧区和科学利用区,完善草原生态保护补偿政策,加强草原科技创新和技术推广,促进草原生态经济社会协调发展。到 2025 年,全省林草植被覆盖度和质量明显提升,水源涵养和水土保持能力显著提高,生态质量总体改善,生态系统稳定性明显增强,生物多样性更加丰富,国家公园建设继续领跑全国,自然保护地体系基本形成,生态公共服务更加普惠,草产业健康发展,"中华水塔"生态屏障坚固丰沛,草原治理现代化取得明显进展,草原事业高质量发展有力支撑经济社会发展和大美青海建设。

### 4.6.2 战略任务

#### 4.6.2.1 加强草原资源保护

坚持依法保护、重点保护、科学保护草原资源。通过科学规划,突出草原生态功能,对生态敏感区、江河源头区、水源涵养区、重度退化区草原实行最严格的保护。按照草原生态功能区划分,进行分类管理和保护。完善自然保护地体系核心区的生态移民搬迁工程,保障生态保护与民生发展相协调。完善草原生态补奖政策,严格保护区域实行禁牧封育,其余草原划为草畜平衡区,适当提高补助标准。加强草原珍稀濒危野生动植物及种质资源的保护，提高草原生物的多样性。强化草原禁牧和草畜平衡监管，组织开展草原资源调查和草原生态监测管理。完善草原资源保护利用政策，加快制度创新，强化制度执行，落实保护责任。

#### 4.6.2.2 加快草原生态修复

坚持自然恢复与工程措施相结合、重点修复与面上治理相结合，持续加大退化草原修复力度，推进国土绿化，建设美丽家园。

依据不同地区草原资源禀赋和功能定位，采取不同的治理措施，加快推进黑土滩、沙化等重度退化草原治理进程。高寒草甸退化区形成的黑土滩、黑土坡以人工种草为主先期恢复次生植被，围栏封育，逐渐向原生植被演替。对于高寒草原退化区开展紫花针茅草种选育，开展人工种草。柴达木盆地荒漠草原区人为破坏为主导致的退化，实施封育措施，促进恢复草原原生植被。

建立健全草原有害生物防控责任和监测预警体系，推进群防群治、联防联治、绿色防控。完善草原生态修复后期管护机制，强化责任落实。加强科技支撑，推广先进实用技术，组织开展生态治理关键技术、乡土草种等方面的科研攻关，提升生态修复的科技服务水平。

积极构建以流域为单元的草原生态保护修复综合治理工程，坚持山水林田湖草整体保护和系统治理原则，加强学科综合和技术集成，实施分区治理、分区施策，完成1/3退化草原面积的治理任务。在青海省内重点生态功能区内，在主要流域内整合现有退牧还草、退耕还林还草、防沙治沙等工程，集成草原鼠虫病害防治等专项治理，实施草原生态保护修复综合治理工程，具体包括三江源地区、环青海湖地区、祁连山地区、柴达木地区和河湟地区综合治理工程。科学推动矿区生态修复治理，加快矿区生态恢复。在工程建设内容上，因地制宜，解决最突出问题，天然草场修复和人工草地重建相结合，人工种草和后期管护相结合；在工程投资上，在工程区内统筹使用各类相关项目资金，根据草原保护修复工程技术标准，实施全口径投资；在技术选择上，选择绿色适用的技术模式；在社会参与上，项目作业设计充分尊重项目区当地牧民意见，并鼓励牧民参与工程建设和工程管护，通过劳动获得报酬，提高群众保护生态意识。

构建草种业工程体系，并加快启动实施。坚持科技创新发展，牢牢抓住草原生态保护修复中的"草种"短板，加快夯实本省生态草种的选育、示范、推广和产业化基础。加强顶层设计，加大对生态草种选育、示范的科研支撑力度，加强对草种科研、推广技术体系支持。将草种质量监管工作摆在发展草中业重要位置，建立草种质量追溯体系，政府部门加强草种生产、销售、流通环节监管。积极支持草种科研生产基地建设，促进科研与生产环节对接，加大科技成果转化激励，推动草种业产学研一体化建设。

#### 4.6.2.3 强化草原监管监测

严格草原执法监管。认真贯彻落实《中华人民共和国草原法》《青海省实施〈中华人民共和国草原法〉办法》，建立部门联合执法机制，完善行政执法与刑事司法衔接机制。加强草原管护员的管理，建立草原日常监管巡查制度，实行组织化管理，网格化巡查的动态监管机制。严格执行草原用途管理制度，依法审核审批各类建设项目征占草原，严厉打击开垦、乱占、乱采等违法犯罪行为。进一步规范全省草原承包经营权流转行为，加强草原流转服务、管理和监督工作。加强草原防火管理，严格落实责任制度。加强草原法律、法规和政策宣传，引导广大干部群众知法、懂法、守法，积极营造有利于草原保护和执法工作的舆论氛围，提高依法管理草原意识和草原执法水平。严把草原征占用关口，建立完善草原征占用审核现场勘验、集体讨论、专家团审验制度。开展草原执法专项行动和督导检查，严厉打击草原违法行为，重点查处和曝光一批大案要案，强化草原执法威慑力。对禁牧和草畜平衡落实情况进行全面评估，切实加强禁牧和草畜平衡监管。

在第三次全国国土调查基础上，在确定草原权属前提下，在省一级每5年定期开展草原资源专项调查，每年开展草原生态监测，准确掌握产草量、草原植被盖度、鼠虫害面积、退化草原生态状况等生态指标，每年定期开展典型草原牧区经济和社会效益监测，为编制草原各类专项规划提供支撑。定期开展食草野生动物专项调查监测，准确掌握野生动物数量、栖息地分布情况，为调控野生保护动物数量和草地生态系统平衡提供技术支撑。

#### 4.6.2.4 完善保护制度建设

（1）禁牧制度。建设国家公园示范省，在大江大河源头保护好草原，切实发挥草原在涵养水源、保持水土、防风固沙、调节气候、维护生物多样性等生态功能，充分发挥青海的"中华水塔"作用，充分发挥维护国家生态安全的重要作用，必须加快体制机制创新，特别是对重要草原生态系统的跨越式保护。在国家公园、自然保护区的核心保护区，在水源涵养、防沙治沙等重点生态功能区，划定永久禁牧区，为国家生态安全作出长期稳定性贡献。借鉴森林分类经营制度，加快构建草原生态补偿基金制度，加强禁牧区草原生态保护修复管理，对禁牧区群众生产生活作出长期安排，制定专项规划予以解决。

（2）天然草原可持续利用制度。加快落实草原承包登记颁证，加快落实草原有偿使用制度，保护产权人权益，实现多样化保护。实施天然草原可持续利用，推动草原生态保护高质量发展，坚持绿色发展、维护草原生态系统平衡、维护草原生态系统多样性为原则，加快建立天然草原可持续利用制度，划定天然草原可持续利用区，建立以县为单位的天然草原可持续利用工程试点。结合草原保护、草牧业发展和农牧民生产实际，科学合理划分禁牧区、平衡利用区，将草原质量、生态状况作为评价草原监督管理工作的重要指标，建议纳入地方政府绿色发展考核指标体系。加快推进草原生态补偿制度改革，以禁牧机会成本作为补助的最低标准，以休牧的替代成本作为奖励最高标准，实施禁牧补助和休牧奖励面积及标准动态调整机制。探索省域间（流域上下游）基于草原生态产品交易的横向补偿机制。加强草原可持续利用监督检查，加强依法治草、严厉打击草原非法利用，积极引导和鼓励农牧民参与社区治理，形成保护草原的合力。

（3）草原确权颁证。结合第三次全国国土调查情况，加快摸清草原资源家底，明确不同全民所有制单位和集体经济组织使用草原之间的边界。按照不动产统一登记要求，完成国有草原不动产确权登记，明确国有草原使用权。尚未落实使用权的国有草原，由所在地不动产登记机关尽快登记确认国有草原资源所有权。对有争议的地块，各级人民政府要依法履职，抓紧调处争议。妥善稳步解决一地多证、草原界限不清导致的各种纠纷。

（4）草原承包经营制度。积极探索草原三权分置，明晰所有权，稳定承包权，搞活经营权。完善农户草原承包合同和承包经营权证书。推动草原适度规模经营，引导农牧民成立草原合作社，提高抵御风险能力和合作效益。支持牧业大户和畜牧业企业等方式参与草原经营权流转，加快劳动力、资金、技术、管理等生产要素优化配置，转变生产方式，加快草原畜牧业转型升级。

（5）建立草原国家自然公园。要对草原类自然保护地和典型草原资源集中区开展调研，为开展草原国家自然公园创建提供基础支撑，要推进草原国家自然公园建设规划编制工作，明确草原国家自然公园建设的基本原则和总体布局，科学设定总体目标和阶段性目标并纳入全省以国家公园为主体的自然保护地体系建设发展规划中。积极推动以天然草原为主体的国家公园和自然保护地体系建设，坚持严格保护、生态优先、绿色发展和高质量发展原则，建立草原类型自然保护地。结合实际，探索共享机制，实施核心区草原禁牧，设立生态公益性管护岗位开展草原监测管护，开展特许经营吸纳本地农牧民从事自然教育、传统生产体验、生态旅游等活动，构建高品质、多样化的生态产品体系等活动，促进农牧民就地就业。

(6)完善草原征占用管理制度。根据《中华人民共和国草原法》《草原征占用审核审批管理办法》，严格草原征占用管理，避免出现未批先建、未批先占、超面积使用草原的违法行为。进一步明确草原征占用审批程序，强化草原征占用管理。研究将草原生态效益纳入草原植被恢复费征收标准。

#### 4.6.2.5 全面推行草长制

草原在青海乃至全国生态安全格局中都占据重要地位，草原生态保护修复与森林保护修复一样，在青海生态保护格局中处于优先位置。借鉴其他省区开展的林长制经验，在青海地区探索开展草长制试点。建立省、市(州)、县、乡(镇)、村5级草长制组织体系，建立健全以党政领导负责制为核心的责任体系，协调各方力量，确保林草资源都有专人专管、责任到人，构建责任明确、协调有序、监管严格、运行高效的林草生态保护发展机制。各级党委、政府是推行草长制的责任主体，省、市(州)、县草长负责组织对下一级草长进行考核，考核结果作为党政领导班子综合考核评价和干部选拔任用的重要依据。

### 4.6.3 保障措施

#### 4.6.3.1 落实生态优先发展理念

牢固树立"生态优先、绿色发展"理念，协调草原保护与发展的关系。坚持"保护生态环境就是保护生产力，改善生态环境就是发展生产力"，强化草原在青海省生态文明建设中的基础性地位，强化草原在青海国家公园试点省建设等重大战略决策中的地位与作用。一是加强草原生态保护建设，在项目资金安排上，突出草原生态优先的发展理念，转变草原仅作为生产资料功能认识，把草原生态保护修复工程、草原资源保护、草原利用监管为工作主攻方向。二是通过科学发展促保护。结合保障改善民生，加强草原生态保护修复，促进草原生态状况好转趋势，科学转变畜牧业生产方式，拓展牧民增收和就业新途径，实现生态优先和绿色发展的融合双赢。

#### 4.6.3.2 科学规划，做好顶层设计

结合《青海省生态文明先行示范区建设实施方案》、主体功能区规划、草原管理条例等制定草原保护利用专项规划，明确草原保护利用目标、实施方案进程。科学合理划定草原功能区域，分区施策。加强草原空间用途管制，严守生态保护红线，明确严格管控区域，限制开发区域及适度开发区域。结合国家意见，制定青海省贯彻落实的意见，为全省草原生态保护建设提供根本遵循。通过废改立，加快相关法律法规的修订完善，推进林草融合，实行制度管控，将草原生态保护纳入制度化、法制化的发展轨道。

#### 4.6.3.3 建立健全草原监测预警体系

建立健全草原资源综合调查和监测体系，坚持协调发展，把草原资源调查和生态状况评价工作内容结合起来，尽快组建草原综合调查监测队伍，建立草原重点地区调查监测技术体系。加快建设草原管理信息化体系，实施智慧草原管理工程。结合第三次全国国土调查情况，加快提升草原资源信息化管理手段。将草原地块的权属、面积、质量、生态状况等基本信息落实到地图上，为草原确权颁证、草原承包、草原生态保护修复规划设计、草原征占用审核审批管理等提供支撑。完善草原资源调查和生态监测的技术支撑体系，固定开展草原资源调查和生态状况监测，建立草原野生动物种群监测预警平台，加大财政资金对信息基础设施建设投入，以信息化手段提升草原

科技推广、资源调查、监督管理技术装备和工作能力，加强调查监测成果整合应用，为编制草原各类专项规划和草原生态状况预测预警提供支撑。

#### 4.6.3.4 健全草原管理体系

（1）要强化县级林草部门机构建设。在牧区州、县两级设立单独林业和草原局，设置草原管理科室和人员，保留原草原监理站和草原站的职能和人员队伍。

（2）要加强草原监管能力建设。加大对将各级草原站基础设施建设和仪器设备的配备纳入草原体系建设投资力度，改善办公设施、工作条件，配备先进的仪器设备，增强草原服务和监管能力。结合审核审批与监管监督，严格把控草原征占用。草原征占用审核审批与执法监督是紧密联系、相互促进的关系，必须审管结合、以审促管。

（3）加强草原生态管护员队伍建设。结合草原补奖政策实施，从热心草原保护事业的农牧民中选聘专业化草原管护员（生态管护员）队伍。明晰草管员的管护责任，提高补助标准，明确中央和地方关于草管员补助的支出责任，加强中央预算支持力度，加强管护交通工具设备，加强专业培训，使草原得到切实有效保护。

#### 4.6.3.5 加强草原科技支撑力度

把科技创新摆在草原生态保护修复大局中的重要位置，加大科技人才培养使用和科技投入。加强对高校和科研院所支持，加快草种选育推广科技投入，加快本地草种良种培育，建立良种繁育基地，用以满足当地草原生态保护修复需要。加快制定草原生态修复工程技术标准体系，指导适宜当地的草原生态修复工程建设。建立牧草品种审定委员会、森林牧草种子检验检测中心，推进新品种繁育及应用。

#### 4.6.3.6 加强宣传教育

采用多种形式开展草原普法宣传活动，积极引导草原生态保护宣传教育进村庄、进社区、进企业、进课堂，加强草原保护宣传力度。在草原牧区加强村规民约建设，把保护和修复草原、保护草原野生动物、落实禁牧、休牧和草畜平衡制度作为村规民约的重要内容。

## 参考文献

卢欣石，2019. 草原知识读本[M]. 北京：中国林业出版社.

中华人民共和国农业部，2017. 全国草原监测报告[Z].

赵奕，杨理，李鸣大，2019. 美国公共牧草地的市场化管理过程及启示[J]. 世界农业（3）：18-24+39.

农业部赴美国草原保护和草原畜牧业考察团，2015. 美国草原保护与草原畜牧业发展的经验研究[J]. 世界农业（1）：36-40.

辛有俊，杜铁瑛，2013. 青海天然草地退化及恢复研究[M]. 西宁：青海人民出版社.

HANSEN Z K, LIBECAP G D, 2004. The allocation of property rights to land: US land policy and farm failure in the northern Great Plains [J]. Explorations Economic History, 41(2): 103-129.

Corson W H, 1996. Measuring sustainability: indicators, trends, and performance[A]. In: Pirages, Dennis C. Building Sustainable Societies[M]. Armonk, NY: M. E. Sharpe, Inc. 325-352.

Zac Moore, 2006. Fee OR Free? The Costs of Grazing on Public Lands[EB/OL]. http://www.cnr.uidaho.edu/range456/hot-topics/grazing-fees.htm.

# 5 荒漠化及其防治研究

## 5.1 研究概况

### 5.1.1 研究目标

明确青海省荒漠化及沙化土地现状及动态，辨析荒漠化和沙化主要成因，梳理荒漠化和沙化防治措施，总结荒漠化和沙化防治的主要经验和存在的问题，根据省域荒漠化和沙化特征，结合当前该项工作的发展趋势，提出针对性的技术和政策建议。

### 5.1.2 研究方法

专题主要采用查阅相关文献、收集并分析已有数据、实地调查、访谈和专家咨询等方法进行研究，具体如下：

(1) 文献资料和本底数据收集。收集 5 次中国荒漠化和沙化状况公报、1959 年至今共 8 次青海省荒漠化和沙化监测报告和资料、青海省林业和草原局工作报告及总结材料、青藏高原(青海省)荒漠化和沙化相关的学术论文、青海省卫星影像及土地利用数据；通过国家和青海省统计局和林业和草原局数据共享平台查阅相关数据，整理荒漠化和沙化方面关键数据，确定数据统计学方法和手段，整合资料，搭建方法学框架。

(2) 数据统计与分析。通过提取荒漠化和沙化调查报告的数据，结合遥感影像图像分析，解析青海省荒漠化和沙化历史演变和现状，对不同地区荒漠化和沙化类型、程度、土地演变等信息进行深入分析，结合文献研究，进而确定青海省荒漠化和沙化形成原因和未来发展趋势；通过参阅全国生态功能区划和全国防沙治沙规划等，结合青海省整体宏观区划，明确青海省荒漠化防治和防沙治沙总体战略目标。

(3) 实地考察与调研。通过组织专家到青海省各地(市)进行野外样地调查和实地考察，了解目前省内各市(州)荒漠化和沙化分布基本情况、防治措施、生态工程建设治理成效等，明确青海省各州县荒漠化和沙化影响因素、防治关键措施和治理差异；通过组织研究人员与省、市(州)、县从事森林和草原管理保护的决策者、管理者和经营者进行访谈研讨，明确当前荒漠化和沙化防治核心技术、困难和未来规划等，为最终制定荒漠化和沙化防治总体目标，确定未来防治成果增长点，提出荒漠生态系统保护的相关建议。

(4)理论分析与实践相结合。通过收集整理荒漠化和沙化防治措施和风沙运动与荒漠生态系统相关文献资料，结合青海省自然、社会和经济实际情况，深入分析青海省荒漠化和沙化成因，评估生态工程建设成效，确定青海省荒漠化和沙化关键技术难题、规划设计和荒漠化防治意识等问题，提出防治措施、手段、产业发展和科技创新等方面的建议。

### 5.1.3 技术路线

本研究，通过收集资料和实地调研等多种手段，分析青海荒漠化和沙化分布、成效和原因，解析其问题，最后，提出荒漠化区域规划和科学管理、防治关键技术手段、沙漠公园建设和科技创新等相关建议(图 5-1)。

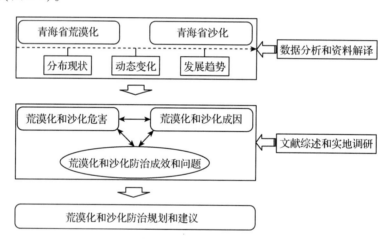

图 5-1 荒漠化及其防治研究技术路线

## 5.2 荒漠化和沙化土地现状

### 5.2.1 荒漠化现状

荒漠化是由于气候变化和人类活动在内的种种因素造成的干旱、半干旱及亚湿润干旱地区的土地退化。青海省荒漠化具有地质历史时期久远、分布面积大、范围广泛、类型较多的特点，是我国极具代表性的荒漠大省之一，同时也是受荒漠化危害最严重的省份之一。从最东端的民和县到最西端的茫崖，从祁连山南麓至昆仑山北麓，荒漠化肆虐着连绵千里的广袤大地。

青海省荒漠化土地分布在 4 个相对独立的区域，外围区域为湿润区，不属于荒漠化土地。东部亚湿润干旱区、祁连山地亚湿润干旱区和黄河上游下段两岸亚湿润干旱区主要为水蚀荒漠化；柴达木盆地从外围山地到山前洪积扇，到湖泊外围及其平坦、低洼区依次分布有冻融荒漠化、水蚀荒漠化、风蚀荒漠化和盐渍荒漠化 4 种类型；可可西里与柴达木盆地相连，荒漠化类型则以冻融和风蚀混合为主。

青海省主要的荒漠化分布区北部和东部与甘肃省接壤，西北部与新疆的库姆塔格沙漠毗邻，东南部与本省的化隆、循化、兴海、甘德等县相接，南部和西南部以昆仑山南坡为界，地理位置西起东经89°35′，东至东经103°04′，跨经度13°29′；南起北纬33°40′，北至北纬39°17′，跨纬度5°37′，东西长约1200千米、南北宽约640千米，荒漠化土地涉及20个县（市、镇），即"三盆地二源区"——柴达木盆地、共和盆地、青海湖盆地、长江源区和黄河源区5个区域（图5-2、表5-1），分别占青海荒漠化土地面积的78.79%、2.88%、0.61%、14.02%和3.70%。

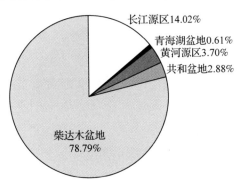

**图 5-2　青海"三盆地二源区"荒漠化面积分布**

**表 5-1　青海省 5 个荒漠化监测区基本情况（2014 年）**

| 荒漠化监测区 | 荒漠化土地面积（万平方千米） | 海拔（米） | 年均气温（℃） | 降水量（毫米） | 年潜在蒸发量（毫米） | 平均风速（米/秒） | 气候类型 |
|---|---|---|---|---|---|---|---|
| 柴达木盆地 | 15.00 | 2675~6259 | 5 | 17.8~177.5 | 2088.8~3297.9 | 2.2~4.1 | 干旱荒漠区 |
| 共和盆地 | 0.55 | 2600~3400 | 2.1~3.3 | 43.9~306.6 | 1558.1~1841.1 | 2.1~2.7 | 亚湿润干旱区 |
| 青海湖盆地 | 0.12 | 3194~3417 | -3.1~0.7 | 270.0~397.4 | 1501.0~1749.2 | 3.2~4.4 | 亚湿润干旱区 |
| 黄河源区 | 0.70 | 4000~4500 | -4.7~7.7 | 326.3~465.0 | — | 2.0 | 亚湿润干旱区 |
| 长江源区 | 2.67 | 4000~5000 | -2.7~2.9 | 399.9~482.6 | — | — | 亚湿润干旱区、半干旱区、干旱区 |

风蚀荒漠化是青海主要的荒漠化土地类型，主要分布在柴达木盆地—茶卡盆地和共和盆地，在省内其他极干旱的区域也零星分布。整个分布区西宽东窄，呈不规则和扇面形状，东西长约800千米，南北宽约500千米。

水蚀荒漠化主要分布在省域东部黄土丘陵地区和黄河谷地两岸。此外，西部阿尔金山、昆仑山、党河南山等高大山脉的山地、谷地也有零星分布。

盐渍荒漠化土地主要分布在柴达木盆地底部的达布逊湖、察尔汗盐湖、霍布逊湖、柴达木湖、茶卡盐湖、冷湖、甘森湖等较大湖泊的周围，乌图美仁河、格尔木河、柴达木河、香日德河、巴音格勒河、马海河两岸也呈间断分布，常形成大面积盐漠和重盐碱地。

冻融荒漠化土地主要分布在昆仑山脉的博卡雷克塔格山、可可西里等高原山地上，多数地方常年冰雪覆盖，年均气温在0℃以下。

根据第五次全国荒漠化和沙化监测公报，截至2014年，青海省荒漠化土地总面积为19.04万平方千米，占全省土地面积的26.5%，占全国荒漠化土地总面积的7.29%，列全国第5，主要有水蚀、风蚀、冻融、盐渍荒漠化。

全省荒漠化类型中，风蚀荒漠化土地面积最高，为1291万公顷，占青海省荒漠化土地总面积的 67.8%，其中，流动沙地面积 398.14 万公顷，占荒漠化总面积的 19.92%，占全省土地面积的 5.28%；半流动沙地面积 437.78 万公顷，占荒漠化总面积的 29.35%，占全省土地面积的 7.78%；半固定沙地面积 215.38 万公顷，占荒漠化总面积的 14.44%，占全省土地面积的 3.83%；固定沙地 77.80 万公顷，占荒漠化总面积的 4.09%，占全省面积的 1.08%。水蚀荒漠化土地面积为 296 万公顷，占 15.5%；盐渍化土地荒漠化面积为 184 万公顷，占 9.7%；冻融荒漠化土地面积为 133 万公顷，占 7.0%（图 5-3）。

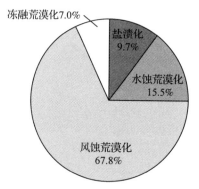

图 5-3 青海省不同类型荒漠化面积比例

荒漠化土地按气候类型区可分为干旱、半干旱、亚湿润干旱 3 个类型区。其中，中干旱区荒漠化面积占荒漠化土地总面积的 35.5%，半干旱区占 39.4%，亚湿润干旱区占 24.1%。

风蚀荒漠化区主要分布在柴达木盆地及其周边部分山地，东西长度近 800 千米，南北宽度约 500 千米。

水蚀荒漠化区主要分布在东部黄土丘陵区的民和、乐都、平安、贵南、贵德、尖扎及黄河上游谷底两岸；昆仑山、阿尔金山、党河南山、祁连山等山地和谷地上也有大面积的分布。

盐渍化荒漠区主要分布在柴达木盆地底部的达布逊湖、察尔汗盐湖、霍鲁逊湖、伊克柴达木湖、茶卡盐湖等周围，在乌图美仁河、格尔木河、柴达木河、香日德河等两岸也呈间断分布。冻融荒漠化区主要分布在昆仑山脉的博卡雷克塔格山、可可西里等高原山地上。与我国其他省份的荒漠化土地相较，青海省荒漠化土地最大特点在于海拔高、气温低、无霜期短，是自然条件最为严苛的荒漠化地区之一。

按荒漠化程度分，轻度面积 1.54 万平方千米，占荒漠化总面积的 8.1%；中度 6.10 万平方千米，占 32.3%；重度 5.40 万平方千米，占 28.3%；极重度为 5.94 万平方千米，占 31.2%。

从气候类型区来看，干旱区荒漠化面积为 6.76 万平方千米，占荒漠化土地面积的 35.5%；半干旱区 7.50 万平方千米，占 39.4%；亚湿润干旱区面积为 4.77 万平方千米，占 25.1%。在荒漠化土地中，耕地面积为 0.09 万平方千米，占荒漠化土地面积的 0.5%；林地 1.91 万平方千米，占 10.0%；草地 7.72 万平方千米，占 40.5%；未利用地 9.32 万平方千米，占 49.0%（表 5-2）。

表 5-2 青海省荒漠化土地面积按程度和气候类型统计

万平方千米

| 类别 | 合计 | 风蚀 | 水蚀 | 盐渍化 | 冻融 |
| --- | --- | --- | --- | --- | --- |
| 轻度 | 1.5443 | 0.6811 | 0.2868 | 0.1764 | 0.4000 |
| 中度 | 6.1553 | 4.4319 | 0.7721 | 0.4660 | 0.4853 |

(续)

| 类别 | 合计 | 风蚀 | 水蚀 | 盐渍化 | 冻融 |
| --- | --- | --- | --- | --- | --- |
| 重度 | 5.3954 | 3.4613 | 1.2018 | 0.5479 | 0.1844 |
| 极重 | 5.9408 | 4.3320 | 0.6978 | 0.6519 | 0.2591 |
| 干旱区 | 6.7560 | 5.3396 | 0.0840 | 1.3310 | 0.0014 |
| 半干旱区 | 7.5054 | 5.2256 | 1.2221 | 0.4592 | 0.5985 |
| 亚湿润干旱区 | 4.7744 | 2.3411 | 1.6524 | 0.0520 | 0.7289 |
| 耕地 | 0.0922 | 0.0387 | 0.0535 | — | — |
| 林地 | 1.9050 | 1.5326 | 0.0930 | 0.2794 | — |
| 草地 | 7.7150 | 4.2624 | 1.7360 | 0.6836 | 1.0330 |
| 未利用地 | 9.3236 | 7.0726 | 1.0760 | 0.8792 | 0.2958 |

### 5.2.2 沙化土地现状

土地沙化，是指由于土壤侵蚀，表土失去细粒（粉粒、黏粒）而逐渐沙质化，或由于流沙（泥沙）入侵，导致土地生产力下降甚至丧失的现象。土地沙化多分布在干旱、半干旱脆弱生态环境地区，或者临近沙漠地区及明沙地区。

青海是我国沙化土地面积较大、类型较多，且具有代表性的省份之一。沙化土地集中分布在我国荒漠地带的西、南部分支上，分布范围在行政区域上除西宁和海东外6个自治州的18个县，集中分布区主要包括柴达木、共和、青海湖3个盆地和长江、黄河源头区。

按照地貌单元和地理位置，将全省沙化土地分布区划分为6个沙区：柴达木盆地沙区、共和盆地沙区、青海湖环湖沙区、黄河源头沙区、长江源头沙区和泽库沙区，范围西起茫崖镇以东约30千米处，东至贵南县，呈西宽东窄的条带状，约90%的沙化土地集中在柴达木盆地。

柴达木盆地是青海沙化土地集中分布区，类型最多，风蚀残丘（2.05万平方千米）和戈壁（4.59万平方千米）集中分布在盆地西部，其他沙区均无分布；流动沙地（1.54万平方千米）、半固定沙地（1.17万平方千米）和固定沙地（0.92万平方千米）主要分布在人为活动频繁的柴达木盆地东部。

共和盆地是青海省流动沙地（丘）集中分布的地区，但面积较小，仅占全省沙化土地总面积的约3%。流动沙地呈三角带状，从沙珠玉河谷随主导风向由西偏北向东南移动，经过3个"塔拉"滩直至黄河沿岸。"塔拉"滩和木格滩分布有大面积的流动沙地（丘）。

青海湖环湖周围和湖周山前平原地带，分布有流动沙地（丘）、半固定沙地（丘）和潜在沙化土地，面积较小。主要分布在湖东和湖东北一带。

黄河源头的玛多县和玛沁县的黄河干流两侧黄河河谷滩地和湖泊周围，分布着流动沙地（丘）、半固定沙地（丘）、固定沙地（丘）。由于草地退化，还存在大量潜在沙化土地。

根据第五次全国荒漠化和沙化监测公报，截至2014年，青海沙化土地面积12.46万平方千米，占全省总面积的17.4%，其中，流动沙地（丘）1.12万平方千米，占沙化土地总面积的9.0%；半固定沙地（丘）1.14万平方千米，占9.1%；固定沙地（丘）1.29万平方千米，占10.3%；裸露沙地1.94万平方千米，占15.6%；沙化耕地0.03万平方千米，占0.2%；非生物治沙工程地0.001万平方千米；风蚀劣地3.10万平方千米，占24.8%；风蚀残丘0.74万平方千米，占6.0%；戈壁3.11万平方千米，占24.9%。有明显沙化趋势的土地总面积4.13万平方千米（表5-3）。

按区域分布，柴达木盆地沙区沙化土地面积9.47万平方千米，占全省沙化土地面积的76.0%；共和盆地沙区0.35万平方千米，占2.8%；青海湖沙区0.12万平方千米，占0.9%；黄河源头沙区0.63万平方千米，占5.1%；长江源头沙区1.89万平方千米，占15.2%；泽库沙区0.006万平方千米。

表5-3 青海省沙化土地类型统计

万平方千米

| 项目 | 流动沙地 | 半固定沙地 | 固定沙地 | 露沙地 | 沙化耕地 | 非生物治沙地 | 风蚀残丘 | 风蚀劣地 | 戈壁 | 合计 |
|---|---|---|---|---|---|---|---|---|---|---|
| 总面积 | 1.1167 | 1.1399 | 1.2887 | 1.9397 | 0.0294 | 0.0013 | 0.7423 | 3.0964 | 3.1073 | 12.4617 |
| 耕地 | — | — | — | — | 0.0294 | — | — | — | — | 0.0294 |
| 林地 | — | 0.5500 | 0.2997 | 0.0536 | — | — | — | — | 0.4046 | 1.3080 |
| 草地 | — | 0.5899 | 0.9890 | 1.8832 | — | — | — | 0.5486 | 0.4528 | 4.4635 |
| 未利用地 | 1.1167 | — | — | 0.0029 | — | 0.0013 | 0.7423 | 2.5477 | 2.2499 | 6.6608 |
| 轻度 | — | — | 0.3258 | 0.5321 | 0.0290 | — | — | 0.0592 | 0.0156 | 0.9617 |
| 中度 | — | 0.1427 | 0.9588 | 1.1789 | 0.0002 | — | — | 0.1507 | 0.1771 | 2.6082 |
| 重度 | — | 0.9967 | 0.0042 | 0.1975 | 0.0002 | — | — | 0.3387 | 0.6512 | 2.1885 |
| 极重度 | 1.1167 | 0.0005 | | 0.0312 | | 0.0013 | 0.7423 | 2.5478 | 2.2635 | 6.7033 |

### 5.2.3 明显沙化趋势的土地现状

有明显沙化趋势的土地是指由于过度利用或水资源匮乏等因素导致的植被严重退化，生产力下降，地表偶见流沙点或风蚀斑，但尚无明显流沙堆积形态的土地，介于沙化土地和非沙化土地之间，在沙化监测区的耕地、林地、草地和未利用地中都有发生，面积较大，土地生产力逐步下降，对居民的生产生活造成的危害逐渐加剧。如果采取一定的人为措施或增大降水量，将逆转为非沙化土地；若气候恶化或继续超载过牧，将向沙化土地发展，生态环境将进一步恶化。

青海省有明显沙化趋势的土地总面积413.06万公顷，其中耕地中发生0.08万公顷；林地中发生22.13万公顷，占5.4%；草地中382.42万公顷，占92.6%；未利用地中8.43万公顷，占2.1%（表5-4）。

青海省明显沙化土地主要分布在柴达木盆地、长江源头和黄河源头，面积分别占全省沙化土地的33.9%、49.4%和10.2%。

表5-4 各区域有明显沙化土地面积

万公顷

| 区域 | 合计 | 耕地 | 林地 | 草地 | 未利用地 |
|---|---|---|---|---|---|
| 柴达木盆地 | 140.04 | 0.00 | 20.47 | 111.96 | 7.61 |
| 长江源头 | 204.16 | 0.00 | 0.08 | 203.47 | 0.61 |
| 共和盆地 | 20.93 | 0.08 | 0.75 | 20.08 | 0.02 |
| 黄河源头 | 42.25 | 0.00 | 0.58 | 41.48 | 0.19 |
| 环青海湖 | 4.63 | 0.00 | 0.10 | 4.53 | 0.00 |
| 泽库县 | 1.05 | 0.00 | 0.15 | 0.90 | 0.00 |
| 合计 | 413.06 | 0.08 | 22.13 | 382.42 | 8.43 |

柴达木盆地的荒漠化土地主要分布在格尔木那棱格勒河源头及其下游小灶火以北的东台吉乃湖至西达布逊湖之间、大柴旦塔塔棱河两岸、德令哈巴音郭勒河两岸、天峻昌马河(疏勒河)源头、都兰诺木洪和香巴地区、乌兰的柯柯地区；长江源头的荒漠化土地主要分布在可可西里、曲麻河乡和索加乡的楚玛尔河、勒玛河两岸；黄河源头的荒漠化土地主要分布在玛多县的黄河、黑河、扎陵湖、花石峡等乡的河谷及其湖泊周围，玛沁县分布在优云、下大武乡的河谷及滩地；共和的塔拉滩、沙珠玉、廿地乡青海湖周围等其他地区有零星分布。

在有明显沙化趋势的土地中，草地占到90%以上。目前各地的重要牧场，由于长期超载过牧，草场不断退化，生产力不断下降，水土流失日趋严重，进一步向沙化土地发展，可通过减畜封禁或减少牲畜承载量，并采取人为措施恢复植被，将逐步恢复土地原有的生态功能。

### 5.2.4 荒漠化和沙化土地动态变化

青海高寒地区土地荒漠化和沙漠化情况，20世纪有过4次调查和测算，1959年和1977年两次实地调查，1986年采用遥感数据测算，1994年的全国第一次荒漠化和沙化监测。尽管几次调查的技术手段不同，但结果表明，截至1999年，全省荒漠化和沙化土地表现出不断扩大的趋势，主要体现在由非荒漠化和非沙化土地发展为荒漠化和沙漠化的土地面积，远远大于治理荒漠化和沙漠化的土地面积。从20世纪70年代到2000年，青海荒漠化土地面积增加了1.1万平方千米，总面积占全省面积的28.4%，荒漠化程度持续加重，其中风蚀荒漠化土地面积为14.47万平方千米，占荒漠化土地总面积的70.8%；水蚀荒漠化类型2.95万平方千米，占荒漠化土地总面积的14.4%；盐渍荒漠化类型1.57万平方千米，占荒漠化土地总面积的7.7%；冻融荒漠化类型1.46万平方千米，占荒漠化土地总面积的7.7%。

2000年后，荒漠化土地面积呈现下降趋势，2000—2004年，荒漠化土地面积缩减了1.28万平方千米，之后，3次荒漠化调查结果分别为19.17万平方千米、19.14万平方千米和19.04万平方千米，总体呈平稳态势，逐年略有下降(图5-4)。

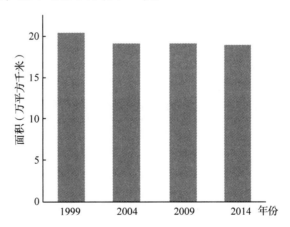

图5-4 近20年青海省荒漠化土地面积动态变化

据第二次全国荒漠化和沙化监测公报，截至1999年，青海省沙化程度持续增加(表5-5)，主要表现为"沙进人退"，随着人口的增加，人沙矛盾不断恶化，其中，共和盆地增加幅度最大。沙化土地总面积为13.42万平方千米，其中，流动沙地(丘)1.32万平方千米，占沙化土地面积的9.8%；半固定沙地(丘)1.02万平方千米，占7.6%；固定沙地(丘)0.77万平方千米，占5.7%；

戈壁 4.07 万平方千米，占 30.3%；风蚀劣地 3.37 万平方千米，占 25.1%；潜在沙化土地 2.87 万平方千米，占 21.4%。

全国沙化监测数据显示，2000 年后，青海省沙化土地面积平稳下降。与荒漠化土地面积变化趋势相似，2000—2004 年，沙化土地面积显著下降，降低了 6.6%，到 2014 年，保持平稳态势，面积缩减甚微（图 5-5）。

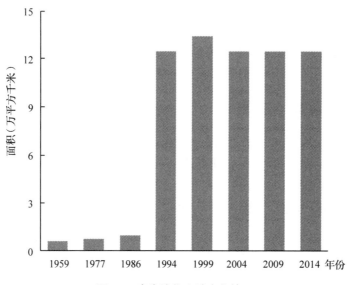

图 5-5 青海沙化土地变化情况

尽管近 20 年来，全省荒漠化土地面积变化不大，但通过比对 2000 年、2014 年和 2018 年植被增强指数可以发现，中度和轻度荒漠化土地植被质量得到显著提升。

同时，潜在荒漠化土地植被修复效果显著加强，重度和极重度荒漠化土地向轻度和中度荒漠化土地转化，约 0.20 万平方千米重度和极重度荒漠化土地得到治理，总体上表现为荒漠化和沙化土地总面积变化不大，但荒漠化和沙化程度极大减轻；同时，潜在荒漠化和沙化土地面积较大，植被稀少，生态脆弱，荒漠化和沙化风险极高，严重威胁着荒漠化防治成果。

## 5.3 荒漠化和沙漠化的危害及成因分析

### 5.3.1 荒漠化和沙化的危害

在西起茫崖，东至贵南木格滩的千里风沙线上，风沙肆虐，荒漠化和沙化给全省的工农林业和人民生活带来了严重的影响，具体体现在以下几个方面：

（1）沙化导致数千里草场退化，产草量下降，可利用草场面积减少，畜产品产量严重降低。1956—2000 年，全省可利用草场减少了约 2 万平方千米，同时草场质量也持续下降。21 世纪以来，尽管草场面积下降不明显，但质量提升也不显著。

（2）侵吞农田，毁坏庄稼。春季播种时节，沙区大风吹蚀表层土壤，掩埋禾苗或直接吹蚀幼苗，导致庄稼颗粒无收。秋冬季节，土地闲置，大风吹蚀耕地，大量土地弃耕，可利用的耕地减少，大量土地盐渍化，土地质量急速下降。

(3)威胁湿地，破坏林地。青海拥有我国众多重要的湿地，这些湿地常年遭受风沙危害，草场退化的侵害，一些湿地正经历不可逆转的破坏，每年有900万吨的风沙和河沙进入青海湖，湖体面积缩小，湖区生态环境恶化。由于水资源的减少和人为破坏，荒漠化扩张，森林呈不可逆的退化趋势，牧民薪柴来源减少，同时缺少防风屏障，加重了农牧业的灾害。

(4)破坏生物多样性。荒漠化和沙化造成土地退化的同时，也造成了生物多样性的骤减。一方面，土地质量下降，地上植被减少，加之湿地的破坏，动物可栖息地缩减，动物多样性降低；另一方面，土地的荒漠化和沙化直接引起土壤微生物的锐减，从而导致土壤微生物多样性的破坏。

(5)危害交通运输线路及人居环境安全。风沙活动严重影响着公路和铁路的运行，主要表现在路基风蚀和风沙淤埋两个方面。青海地广人稀，很多公路都要穿越沙区，常年遭遇沙埋而改道。青藏铁路青海段受沙害影响严重，造成线路维护成本高昂。同时，尽管现今防沙治沙措施遏制了沙尘暴天气的频发，但是偶尔的沙尘暴暴发和经常性的沙尘和扬尘天气，也影响着沙区附近人居安全，沙区生态环境还是异常恶劣，严重威胁着当地老百姓的财产和人身安全。

(6)影响三江下游水量和水质。青海全省水域面积占全省总面积的1.7%，流域面积在500平方千米的河流有271条，干支流总长度2.77万千米，河流年径流量631.4亿立方米，占全国年径流量的2.34%。冰川面积0.52万平方千米，冰川总储水量3705亿立方米。青海省是长江、黄河和澜沧江发源地，高原独特的地质、地形和气候植被条件，为高原湖泊湿地、沼泽湿地、河流湿地的广泛发育提供了有利条件，造就了大面积高海拔类型多样性、原始生态系统功能强大的湿地生态系统，形成河流纵横、湖泊众多、沼泽广布、雪山冰川发育的湿地生态景观，是我国乃至世界上影响力最大的生态调节区之一。拥有青海湖、扎陵湖、鄂陵湖三大国际重要湿地以及包括哈拉湖湿地、茶卡盐湖湿地、冬给措纳湖湿地、可可西里盆地区多尔改错湿地、卓乃湖湿地以及柴达木盆地中的盐湖湿地等在内的众多国家重要湿地。因此，青海被誉为"中华水塔"，荒漠化和沙化对湿地的不断侵害，恶劣的天气引起大量水分蒸发，湿地不断缩小，"水塔"储水量不断减少。大量风沙和水土流失携带的泥沙进入湖泊和河流，影响"水塔"的水质。两方面的影响不断深入，会对长江、黄河和澜沧江流域水量和水质造成严重威胁，同时，大量泥沙进入河流，还会影响沿河沿江水电站的正常运行和水库淤积。

## 5.3.2 荒漠化和沙化成因分析

青海省土地荒漠化和沙化在地质时期就已经存在，因其地处青藏高原，气候寒冷干燥，促进了风蚀荒漠化和盐渍荒漠化的发生；在全球气候变暖的大背景下，冰川融化，雪线上升，增加了冻融荒漠化和水蚀荒漠化发生的频率。此外，人口增加造成的过载放牧、开林(草)为耕和乱垦乱伐等现象，也是造成荒漠化发生的重要因素。因此，青海省荒漠化现象的发生是气候和人为因素共同作用的结果。

(1)自然因素。青海省高寒地区降水量少，蒸发量达降水量的8~10倍，这种严重的干旱条件，加上大风频繁，为风蚀荒漠化和盐渍荒漠化的发展创造了有利条件。因地处高寒地带，冻融侵蚀不断发生，融雪水引起的水土流失将泥沙源源不断地带到低洼地带，植被稀疏，极易形成沙化土壤。最近30年年平均温度平稳上升，温度的持续增高会导致高山雪线上升，冰川退缩，冰川雪山融化，地下水位上升，极易造成水蚀荒漠化和冻融荒漠化的发生。同时，温度升高使得本就严酷脆弱环境下的植物生长更加困难。

柴达木盆地沙漠形成原因。在第三纪末和更新世，由新构造运动及冰期气候波动引起环境变化，如东亚大陆整体北移，青藏高原外围山地的抬升与扩大，其间盆地相对沉落，气候干冷多风；河流从冲刷的山中流出，进入盆地后形成大范围沉积深厚的山前洪积扇，积累了丰富的沙源；在强大的西伯利亚蒙古冷高压的控制下，柴达木盆地终年处于干旱状态，在降水量少、风大而持续时间长、植被稀少的条件下，疏松的沙质地表在风力的作用下产生风蚀，成为风蚀残丘和戈壁，而在风力搬运堆积成沙丘的地方形成了柴达木盆地沙漠。柴达木盆地沙漠主要原因：一是有丰富的沙源；二是干旱少雨、植被稀少；三是有强劲的风力。

（2）人为因素。草原上的过载放牧、连续性开垦耕种草地和开发建设项目（公路）是造成荒漠化发生的主要人为原因。青海省人口数量从1949年的6.5万增加到2018年常住人口的603.2万人，增加了90多倍，随着人口数量的增加，乱牧、乱垦和乱挖现象激增。柴达木盆地20世纪60~70年代共开垦耕地8.7万公顷，到2005年实际耕种4.4万公顷，弃耕地面积达到4.3万公顷；1949—2005年，全省荒漠化地区有133万公顷的沙生植物被砍挖破坏，每年的砍挖量达20万吨，破坏天然林2.4万公顷。这种由人为因素造成的过载放牧和植被破坏，在一定程度上进一步加重了风蚀荒漠化和水蚀荒漠化的不良影响。

## 5.4 青海省荒漠化和沙化防治措施、成效及存在的问题

### 5.4.1 荒漠化和沙化防治措施

为了遏制荒漠化土地面积的扩大，青海省先后实施了三北防护林体系建设工程、退耕还林工程、天然林资源保护工程等。在此基础上，"十一五"期间，在国家林业、发改、财政、农业、环保等部门的共同支持下，青海省先后启动了三江源生态保护和综合治理工程、青海湖流域生态环境保护与综合治理项目、青海湖流域周边地区生态环境综合治理等工程项目，使得沙化区域林草植被盖度持续增加，荒漠化和沙化程度持续降低。取得良好治理效果得益于适当的治理措施，以及对重点区域采取集中治理，具体如下。

#### 5.4.1.1 荒漠化及沙化土地治理措施的合理应用

（1）封沙育草措施。封沙育林育草是在植被遭到破坏的地段建立防护设施，严禁人畜破坏，为天然植物提供休养生息的条件，使植被逐渐恢复。通过规划封育地点和范围，建立防护措施，制定封育条例和适当人为干预（如灌溉和撒播种子等），保护植物生长发育，促进植被恢复，固定沙地，防止风沙危害。

据沙珠玉治沙站观测，实验区1.2亩的沙地，运用机械固沙和生物固沙相互结合、灌溉造林和无灌溉扦插、直播造林等荒漠化防治模式，并严格封育两年后，植被覆盖度可由30%提高到70%，流沙基本得到有效控制。乌图美仁、大柴旦、塔拉滩、木格滩、夏日哈、金子海、茫崖、海晏等多处沙化土地封禁保护区的实践证明，封沙育草育林是一项投资少、见效快的防治技术措施，在青海省各沙区均应采用，尤其是处于三江源区的沙漠化土地，因高寒干旱，造林种草极为困难，封沙育林育草、保护恢复天然植被将是主要防治技术措施。

（2）工程措施。在流动沙地，设置如柴草、黏土、砾石、盐块等沙障，控制或促进风沙运动状况，改变蚀积规律，特别在流沙危害严重的交通沿线、重要工矿基地、农田和居民点、水库及河湖周边等地区，设置机械沙障治沙是必不可少的。同时，在铁路公路干线、国防设施、油田和矿

产区域，可以适当考虑使用化学固沙，比如沥青乳液、沥青化合物、泥炭胶和其他易于固结沙面的高分子聚合物，快速固结沙面，以改善沙害环境，提高沙地生产力。总之，沙障可为植物成活、生长创造有利条件。

由于区域差异和因地制宜的原则，各个地区采用的沙障不尽相同，共和县沙珠玉乡春季设置沙蒿沙障，贵南县黄沙头沙地流动性较大，采用麦草方格沙障、黏土方格沙障，以阻挡流沙的移动。化学固沙、风力拉沙在铁路上采用为多，在流沙威胁的公路段上可采用这些措施防治。总之，工程防沙治沙措施，在控制沙地扩大、风沙危害和植被修复等方面发挥着中重要作用，遏制了沙区周围的沙化扩张，减少了沙化土地面积。

(3)生物措施。生物措施包括直播造林、植苗造林、飞播造林等方式。直播是建立人工植被成本低、收效大的治沙技术，在柴达木、共和及青海湖盆地沙区均有应用，青海省选择的主要生物固沙植物种有柠条、沙蒿、麻黄等。

植树造林是防治沙漠化，改造和利用沙漠化土地的根本途径。在流沙地外围除采取封育措施外，还要营造防风固沙林，对于流动沙丘采用"前挡后拉"的措施造林治沙，对于沙化的草原和农田要营造护牧林和农田防护林。在柴达木、青海湖、共和盆地沙区，栽植的乔灌木树种有青杨、小叶杨、新疆杨、白杨、旱榆、乌柳、沙柳、枸杞、沙棘、怪柳、柠条等。由于气候条件恶劣，飞机播种在青海总体成活率不高，可供选择的植物种类不多。

#### 5.4.1.2 重点区域集中治理

根据《全国主体功能区规划》和《国民经济和社会发展第十二个五年规划》，关于构建"两屏三带"为主体的生态安全战略格局的要求，结合我国沙化土地空间分布特征，综合考虑危害程度、建设能力等因素，全国防沙治沙在总体布局上根据我国沙区地形地貌、水文气候和沙化土地现状、分布、存在的问题等自然条件以及防沙治沙的生态、经济、社会功能，考虑治理方向的相似性及地域上相对集中连片等因素，将我国沙化土地划分为5大类型区15个类型亚区，因地制宜确定主攻方向，实行综合防治。

青海省荒漠化及沙化土地隶属于其中的高原高寒沙化土地类型区，有柴达木沙漠周边及绿洲治理区、共和盆地及江河源区沙化土地治理区两个类型亚区。该区域总体地广人稀，人口多集中于河谷地带和盆地局部区域。由于高寒、干旱的共同作用，生态环境极为脆弱，植被一旦破坏极难恢复。

高原高寒沙化土地治理区主要受超载过牧、乱采滥挖高原野生植物、无序开采矿产资源等因素影响，加之自然条件恶劣，鼠虫害和雪灾发生严重，致使高原植被盖度降低，草原退化。同时，受高原高寒干旱气候及人为因素的共同影响，湖泊湿地萎缩、土地沙化趋势明显。

针对高原高寒沙化土地治理区的关键生态问题，应严格保护现有植被，修复高原生态系统，保护生物多样性，维护江河源头安全。由于本区域人口少、治理难度大的特点，对相对集中连片的沙化土地通过划定沙化土地封禁保护区，实行严格的封禁保护。转变畜牧业生产经营方式，严格控制草场载畜量，促进天然放牧向舍饲转变。通过生态移民、控制采伐、全面封育以及在适宜地区开展植树种草等方式，保护天然林和天然草原，增加林草植被，遏制土地沙化，提高江河源头的水源涵养能力。积极发展高原特有的中药材品种，开发中药材加工业，因地制宜种植经济林。

(1)柴达木沙漠周边及绿洲治理区。柴达木沙漠周边及绿洲治理区是我国最大的高寒沙漠和沙化土地集中分布区，行政范围包括青海省西北部的8个县(市)，沙化土地面积9.49万平方千米，其中可治理沙化土地面积1.38万平方千米。该治理区海拔2500~3000米，年平均降水量50~300

毫米，夏凉冬寒，降水稀少，日照丰富，风大且多。风蚀地、沙丘、戈壁、盐湖和盐土平原交错分布，植被稀少，东部为荒漠草原，西部为干旱荒漠。长期低温和短暂的生长季节使该区域的植被一旦遭到破坏，恢复十分困难，而且会加速冻土融化，引起土地沙化和水土流失。该治理区应注重加强天然植被的保护，严格控制开垦、采矿和放牧。在绿洲、城镇、工矿、道路沿线及居民点周边区域，加大封沙育林育草和人工造林种草力度，建设防护林体系，改善生产、生活环境。

（2）共和盆地及江河源区沙化土地治理区。共和盆地及江河源区沙化土地治理区是长江、黄河等河流的发源地，涉及青海西部的可可西里、共和盆地和三江源地区等，行政范围以青海为主。除共和盆地外，海拔在2000~4000米，降水量50~900毫米，气候高寒干旱、半湿润，河源区湖泊众多，植被主要有高寒草原、高寒灌丛、高山草甸等。该区防沙治沙主要是通过开展封禁保护、封山育林、退牧还草和围栏封育，促进植被恢复；在条件适宜的地段营造乔灌结合的防风固沙林带；严格控制草原载畜量，严禁开荒和滥伐，遏制沙化土地增长趋势，提高区域水源涵养能力。

### 5.4.2 青海省荒漠化防治主要成效

（1）荒漠化面积得到有效控制，风沙危害减少。新中国成立以来，经过几十年的不懈努力，青海省的荒漠化和沙化土地得到了全面的防治。改革开放初期，由于经济刚刚复苏以及对荒漠化认识不够，通过飞播造林、营造固沙林和农田防护林等手段治理的速度赶不上非荒漠化土地的退化，因此，总体上荒漠化和沙化土地面积呈逐年扩大趋势。

近20年，通过生态建设工程投入和一系列防沙治沙措施，目前已累计完成防沙治沙面积21.06万公顷，超额完成国家目标任务的110.6%。自2000年起，工程治沙累计治沙面积达到37.3万公顷，其中封山（沙）育林工程面积为0.3万公顷，人工造林面积7.1万公顷，种草面积20.7万公顷，植被改良面积0.3万公顷。累计完成围栏草场152.7万公顷，人工种草72.2万公顷，改良草场98万公顷。

（2）荒漠化地区生态状况显著改善，人居环境质量明显提升。近20年来，青海荒漠化和沙化土地面积总体上呈现逆转的趋势，林地和草地面积增加，荒漠化和沙化危害得到根本遏制，生态状况明显好转。通过防沙治沙，实现了沙化面积的持续减少和荒漠化程度稳定改善，改变了人居环境和农牧业生产条件，提高了抵御自然的能力，保障了农牧业生产安全，带动了区域经济发展，促进了社会稳定。

（3）促进了经济发展，改善了沙区民生。荒漠化防治和防沙治沙促进了沙区生产方式转变和产业结构调整，初步形成了以木材、灌草饲料、中药材、经济林果、加工业、沙漠旅游等为重点的沙区特色产业，带动了加工、贮藏、包装、运输等相关产业的发展，一批龙头企业和知名品牌初步形成，增加了沙区农民就业机会，加快了农民脱贫致富的步伐。生态环境的改善，退化草场的治理，原有天然牧场得到保护，改变了牲畜饲养模式，价值更高的牦牛数量增加，直接增加了牧民的收入。柴达木盆地大力发展沙地枸杞种植，面积达1.5万公顷，年产枸杞干果达700万千克，1200多农户、1万余人次从中受益，人均年增收2000元，占人均纯收入的50%。

（4）社会效益显著提高，推动了生态文明建设。青海省在防沙治沙思路、组织管理、工程建设和治理模式等方面进行了大量的探索，为寒区、旱区生态建设树立了标杆和榜样。在青海自然环境极度恶劣的前提下，治沙人身先士卒，坚韧不拔、锲而不舍的治沙精神，激励着人们与沙害和荒漠化环境的抗争，强化了沙区干部群众的生态意识，坚定了人们尊重自然规律、与自然和谐发展的信心，引领全民防沙治沙和建设生态氛围。

(5) 取得了良好的国际影响，彰显了大国形象。青藏高原作为"世界第三极"，其特殊的自然地理条件，引起国际社会普遍关注，其荒漠化和沙化防治成功实践，在国际上产生了积极广泛的影响，树立了保护生态、保护第三极的大国形象。目前，青海省与澳大利亚、日本和德国等国家，在荒漠化防治和防沙治沙领域建立了广泛的合作关系。

### 5.4.3 荒漠化和沙化防治的主要经验

经过长期的荒漠化和沙化防治的实践探索，青海省积累了丰富的经验，初步走出了一条适合省情和区域实际的防治道路，并形成了一批有较高专业素质的生态建设队伍。

(1) 加强领导，切实落实防沙治沙责任和措施。青海省委、省政府高度重视防沙治沙工作，加强领导，明确任务，落实责任，强化措施，不断推进省域防沙治沙工作。省政府在每年召开的全省林业工作会议上，将防沙治沙工作作为林业建设的重要内容，与各州、地、市政府签订林业生产（防沙治沙）目标责任书，安排部署防沙治沙工作，明确建设任务、落实责任措施。州、县政府和各级林业部门，按照省政府安排部署，认真贯彻全省林业工作会议精神，层层签订防沙治沙目标责任书，落实任务、责任和措施，将防沙治沙工作落到了实处。

(2) 制定和完善法规制度，切实加强依法治沙工作。为了加强防沙治沙工作，青海省政府先后出台了《青海省绿化条例》《青海省实施〈中华人民共和国森林法〉〈中华人民共和国草原法〉〈中华人民共和国水土保持法〉〈中华人民共和国水法〉〈中华人民共和国土地管理法〉〈中华人民共和国环境保护法〉实施办法》《青海湖流域生态环境保护条例》等 8 部行政法规；发布了《禁伐令》《禁牧令》《禁采令》《青海省人民政府关于严禁违法开垦土地的通知》等法令制度，在全省范围内禁止天然林采伐，禁止在生态治理区放牧，禁止开垦土地和采挖砂金。省农牧、水利、环保等相关部门制定印发了森林草地保护、水资源管理、环境保护评价等方面的规章制度。海西州等重点沙区政府制定出台了有关地方生态环境建设和防沙治沙方面的法规、政策、办法，形成了具有地方特色的生态环境建设和防沙治沙法律体系，为青海省"依法治沙"打下了坚实的基础。

(3) 依托国家重大工程扶持，广泛发动群众参与。多年来，全省林业部门坚持以林业重点工程带动防沙治沙工作，紧紧依托国家重点工程，项目和资金向沙区倾斜，保障防沙治沙资金投入，加大人工造林种草、封山育林育草等防沙治沙力度，使省域的防沙治沙工作逐步走向整体治理、快速推进的道路，提前并超额完成沙化土地治理任务。积极筹措建设资金，争取省级和地方财政不断加大对防沙治沙等林业生态建设投入。同时，在防沙治沙过程中，积极发动群众，树立治沙典型，建立防沙治沙示范基地，不断提升群众生态保护和建设意识。建立合理的产业机制和激励政策，吸引民间资金投入到荒漠化和沙化防治进程中来。

(4) 遵循自然规律，因地制宜，突出重点治理，加强区域保护。按自然规律办事，注重发挥生态系统的自然修复功能，强化保护。因地制宜实行生物措施与工程措施有机结合，综合治理。在防沙治沙中，青海省坚持从实际出发，根据不同地域立地条件，坚持宜造则造，宜封则封，以封为主，造封结合；坚持宜林则林、宜灌则灌、宜草则草、乔灌草结合、带片网结合，不断摸索治沙经验和模式；在水土条件较好的地区，以营造防风固沙林为主，积极推广"杨树深栽造林"技术、"沙棘营养坨造林"技术，推广容器育苗、生根粉、植物生长调节剂、饱水剂等系列抗旱造林技术，推广节水灌溉造林，提高水资源利用率；坚持先固沙后造林，不断加大草方格等工程固沙造林力度，集中连片治理，提高治理效果；在难以造林的地区以封沙育林和人工种草为主，恢复和扩大林草植被。

统筹规划，重点突破，在生态脆弱地区和薄弱环节启动实施重点工程，以重点工程带动面上治理。始终坚持突出重点，以重点工程带动全面治沙。一是将防沙治沙和城镇乡村防护林建设、农田防护林建设、青藏铁路公路防护林建设、青海湖周边治沙固沙及沙产业发展作为建设重点，与改善生产生活条件和人居环境，保障国土生态安全和国家重点交通安全紧密结合，提高了防沙治沙建设成效；二是加强森林资源管护，突出沙生植被保护，先后在沙区建立了国家级自然保护区3处，省级自然保护区4处，国家级森林公园1个，国有林场11个；三是抓好防沙治沙重点工程。按照国家林业和草原局安排部署，认真抓好海西州都兰县和海南州贵南县国家级防沙治沙示范区工作，发挥示范带动作用。在海西州德令哈市、海南州共和县开展了沙区农田林网更新改造试点示范；四是认真做好封禁保护区规划工作。针对不同封禁保护区的沙化土地类型和特点采用不同的治理模式，在共和、海晏、贵南等地具有一定降水，植被有望自然恢复的地区采取人工固沙，辅助人工造林种草，快速恢复植被，并采用草方格固沙+造林种草措施；对柴达木盆地极端干旱，风沙严重地区则采用固沙压沙，封禁保护为主，以提高治理的效果。

(5)加强管理，突出沙产业在荒漠化和沙化防治中的作用。在防沙治沙等生态建设项目中，各级林业部门严格管理，提高工程建设质量。一是加强作业设计和实施方案编制、审批工作，作业设计做到了现场调查设计，专家审核批复，保障了设计和实施质量；二是加强种苗质量管理。认真落实"两证一签"制度和种苗质量责任制，加强对苗木分级、检验、检疫、起苗、运输、假植、栽植等关键环节的监督管理，杜绝了人情苗、关系苗和不合格苗木用于治沙造林；三是全面落实项目责任制。层层签订责任书，明确了各级政府和政府主管领导为治沙项目的主要责任人，全面落实了项目法人责任制、监理制、合同制、报账制"四制"；四是对工程建设实行全过程监督。对各地的防沙治沙工作定期开展检查指导，做到尽早发现问题，及时督促整改。项目验收实行省、州、县三级检查验收制，杜绝工程质量事故的发生。对项目资金进行严格监督，加强审计，杜绝违规使用资金案件的发生。

贯彻落实科学发展观和"生态立省"战略，按照"东部沙棘西部枸杞"的林业生态产业发展思路，坚持生态优先的原则，在柴达木沙区，利用高原无污染等自然优势条件，以生产绿色环保产品为理念，结合防沙治沙工程，大力发展枸杞基地建设。通过发展枸杞及中藏药材等沙区生态产业，提高了防沙治沙的经济效益，增加了农民收入，实现了生态建设与产业发展的协调互动，促进了防沙治沙工作。

### 5.4.4 荒漠化和沙化防治存在的主要问题

青海省的荒漠化防治建设经过几十年的努力，虽然取得了重大的成效，在区域生态保护和建设、社会经济发展方面，发挥了重要作用，但由于荒漠化土地分布范围广、面积大、自然条件严苛、治理难度大，局部地区荒漠化和沙化还在进一步扩大，荒漠化治理过程中仍存在多重困难与问题有待解决。

(1)荒漠生态保护意识有待进一步提高，人为破坏沙区生态的情况还相当严重。尽管从省、市(州)、县各级政府到农牧民对荒漠化防治的重要性和生态保护意识已取得长足的进步，但由于沙区经济发展较为落后，群众生态保护意识淡薄，局部地区人为破坏的现象还很严重，对荒漠化防治的科学认识还有待进一步加强，特别是需要加大科学治理荒漠化和沙化科普知识宣传，强化植被保护和生态自我修复是防治荒漠化和沙化的重要措施。

(2)青海省自然条件恶劣，荒漠化和沙化分布范围广、类型多样、治理困难，荒漠化防治依然面临着严峻的形势。青海省荒漠化土地连绵千里,沙化土地面积大,分布广加之地处高原,自然环境异常恶劣,气候干旱寒冷,植物生长缓慢,且这些地区经济社会发展相对滞后,科学教育文化卫生工作相对落后,群众生活比较贫困,区域经济对生态建设的支撑保障能力十分有限。因此,青海荒漠化和沙化防治工作异常艰难,同时,治理恢复区域如果保护不得当,极容易再次沙化,已经初步治理的区域生态系统依然十分脆弱,成果巩固压力很大,尚未治理的沙地,自然条件更差,治理难度更大,未来一段时间青海省的防沙治沙任务将更为艰巨。

(3)防沙治沙相关法规和实施技术标准不完善,缺乏支撑保障能力。甘肃、陕西、宁夏、内蒙古等省相继制定了防沙治沙法的配套法规,尽管青海也出台了一些法规政策,但是目前还未制定荒漠化防治和防沙治沙完整的配套法规或条例;同时,缺乏防沙治沙相关实施技术标准。

(4)治沙技术有待提高。受沙区立地条件差、土壤贫瘠等自然条件影响,防沙治沙成本越来越高。青海省又地处高寒干旱地区,自然条件较其他省份荒漠化地区更为严酷,因此可供选择的治沙造林树种资源十分有限,在防沙治沙树种选择上主要是沙棘、乌柳、柽柳、沙柳、黄柳、青杨、小叶杨、枸杞等,直播造林树种有沙蒿、柠条等,一些在全国其他地方表现优良的固沙树种、草种在青海省沙区大部分无法生长,仅仅只有小范围的试种,且成活率不高。工程技术措施受地形地貌及温度、气候等因素影响较大,技术措施相对单一,缺乏不同类型措施之间的协同作用,先进有效的治沙技术难以大规模试验并推广,缺乏适宜青海省高原地区的荒漠化防治集成技术体系,缺乏适宜青海高原防沙治沙的新技术、新材料、新方法,在保护、修复、治理、合理利用方面没有形成完善的技术体系。

(5)沙产业和特色产业发展滞后,多重效益有待进一步体现。在荒漠化防治和生态修复工作过程中,主要以造林治沙为主,对种草治沙重视不够,沙产业发展没有形成规模,生态建设的积极性和可持续性难以保证。

(6)国家激励政策倾斜不足,专项荒漠生态建设工程资金缺乏,影响防沙治沙的速度和质量。尽管国家对防沙治沙的投资有所增加,但与实际需求的差距依然很大,投资标准低,总量不足的问题依然非常突出,在很大程度上影响了防沙治沙的速度和质量。而且,青海省目前并未纳入国家防沙治沙工程范围,因此,无国家专项治沙资金投入,仅靠三北防护林体系和退耕还林等国家林草重点工程来实施,实际治沙造林费用远大于国家补助。工程建设投资严重不足在很大程度上制约着青海省荒漠化防治工程的建设质量。

(7)科技投入不足,专业人才极度缺乏。由于经济发展相对落后,存在荒漠化相关基础科学研究投入严重不足,野外实验台站存在人员少、技术力量薄弱、基础设施条件差、实验研究经费不足等问题,对高寒地区风沙流运动、沙丘演替、荒漠植被演替机制和荒漠生态过程等方面的认识严重不足,严重制约青海省荒漠化防治的科技贡献率。

(8)相关政策体系相对滞后,多元投资机制尚未形成。近些年来,国家实施了一系列支农惠农政策,对于推进防沙治沙起到较好的作用,但是,在防沙治沙的投入、税收减免、金融扶持、补助补偿以及权益保护等方面尚没有专门的优惠政策,特别是荒漠生态补偿机制、防沙治沙的稳定投入机制和征(占)用沙地补偿机制亟待建立。尽管省政府提出了一些利用沙产业激励社会资金投入到防沙治沙中,但是整个产业链的建设并不完整,且也只是在局部自然条件较好地区零星发展。社会各方面参与防沙治沙的积极性仍然没有调动起来。

## 5.5 荒漠化和沙化防治的建议

从20世纪50年代以来，特别是改革开放40年来，通过重大生态建设工程的投入，青海省荒漠化发展趋势总体上得到逆转，荒漠化程度持续减弱等良好势头，但由于青海省地理位置特殊，自然条件严酷，对全球气候变化和人为活动干扰非常敏感，一旦发生土地荒漠化，治理和恢复难度极大，因此，青海省的荒漠化防治形势依然非常严峻。此外，尽管通过几十年的努力，青海省的荒漠化防治取得了一定的成效，但在荒漠化防治中依然存在一些问题，在新的形势下，荒漠化防治和沙化土地面积的减少必将是青海省未来一段时间内生态建设的主要内容之一。

### 5.5.1 完善防沙治沙法制体系，加强支撑保障体系

尽管青海省先后出台了多部生态文明建设行政法规，也颁布了多项禁牧禁伐相关的法令制度，但是关于荒漠化防治和防沙治沙的法律保障只参照国家相关法律法规执行，基于青海特殊的生态区位，以及在黄河流域生态保护和高质量发展国家战略中的重要地位，有必要出台针对区情民情且执行度较高的防沙治沙法律，比如针对戈壁天然林的保护、戈壁开发利用、沙漠资源利用、防沙治沙成果保护、封育禁牧等方面的具体法律支撑。

同时，作为"中华水塔"，结合青海省对于区域生态效益的贡献，有必要建立省际间生态补偿政策机制，以支撑青海全力进行荒漠化防治和生态建设，为黄河流域生态保护和高质量发展，长江经济带发展提供强有力的生态保障。同时，国家对青海荒漠化防治和防沙治沙方面资金投入应有所倾斜，为防沙治沙和脆弱生态治理等工作续力。

### 5.5.2 加强区域规划，坚持分区防治和管理

青海省荒漠化土地集中分布在柴达木盆地、共和盆地、青海湖东岸和三江源地区，地域差异很大，防沙治沙工作要因地制宜、分类施策。建议在国家层面上，针对青海的特殊地理区位和生态特殊性，设立专项防沙治沙工程，在"三盆地二源区"基础上，按区域进行规划，设立防沙治沙综合示范区，发挥辐射带动作用。鉴于高寒造林困难，加大治沙造林和抚育投资标准，建设柴达木盆地防护林基地和环龙羊峡水土保持林等项目，持续支持青海省荒漠化治理和防沙治沙工作。在深入分析荒漠化成因、发展趋势及影响因素的基础上，根据区位特点，因地制宜，制定荒漠化防治规划，明确防治目标、技术措施和各种保障机制，继续严格推行"林长制""草长制"，加强现有植被的保护和抚育。

在分区治理和管理过程中，对于柴达木和共和盆地荒漠化区域，在保护现有天然和人工植被的基础上，以拓展绿洲以及公路和铁路干线两侧防沙治沙绿化工程的方式减少沙化土地面积；三江源沙区及江河湖泊周边沙区治理是未来沙化土地面积减少的主要增长点，也是生态建设的关键区域，保障水源区的水量和水质。

### 5.5.3 以防为主，防治结合，不断完善防沙治沙技术体系

就青海而言，其自身的自然条件和经济社会条件决定了自然生态修复的途径是最优之路。因此，应当采取各类技术的、政策的措施，在保护现有植被上加大防治投入，严禁草场超载放牧、

严禁开垦草场和破坏林地资源，做好各类开发建设项目的审批和管理。在已经形成荒漠化的区域，执行严格的封禁政策，及时采取固定流沙、采取人工促进植被恢复的措施，尤其在沙化严重的高寒草地，宜采取工程措施固定流沙，人工补播乡土草种促进自然修复的措施，不宜采取灌溉措施营造人工乔灌木林。

总体措施：严格保护现有植被和戈壁，修复高原生态系统，保护生物多样性，维护江河源头安全，加大三江源及主要河流流域内的荒漠化和沙化治理，建设和保护水土保持、水源涵养林。针对本区域人口少，治理难度大的特点，对相对集中连片的沙化土地通过划定沙化土地封禁保护区，实行严格的封禁保护；转变畜牧业生产经营方式，严格控制草场载畜量，促进天然放牧向舍饲、半舍饲转变；通过生态移民、控制采伐、全面封育以及在适宜地区开展植树种草等方式，保护天然林和天然草原，增加林草植被，遏制土地沙化，提高三江源头的水源涵养能力；积极发展高原特有的中药材品种，开发中药材加工业，因地制宜种植经济林。

具体来说，对三江源地区，实施以草定畜、治理退化草地、休牧还草为主的植被保护措施，充分利用自然的自我修复功能，开展封禁保护、封山育林、退牧还草和围栏封育，促进沙化土地植被的自然恢复；在条件适宜的地段营造乔灌结合的防风固沙林带，严格控制载畜量，严禁开荒和滥伐，遏制沙化扩展，提高水源涵养能力。

对柴达木盆地西部人为活动较少的乌图美仁、大柴旦、冷胡沙区建议划定封禁保护区，进行封禁保护；对其他地区，加强天然植被的保护，严格控制开垦、采矿和放牧，在保护好现有植被和绿洲的基础上，对退化严重的防护林体系进行更新改造，采用带片网、乔灌草相结合的模式，补充和完善现有防护体系，防治荒漠化扩展和绿洲萎缩；在绿洲、城镇、工矿、道路沿线及居民点周边区域，加大封沙育林育草和人工造林种草力度，建设防护林体系，改善生产、生活环境。

共和盆地，在保护好现有植被的基础上，采用生态移民、禁牧、全面封育等措施，并在条件较好的地段实施人工造林，形成乔灌草相结合的防护体系。

青海湖地区，在保护好现有植被的基础上，采取以封为主、人工促进天然恢复的治理措施。

### 5.5.4　充分利用沙漠公园等机制，积极发展沙产业

依据青海省创建国家公园省这一政策导向，创新体制机制，积极在荒漠化地区建设国家公园及自然保护地，尤其是国家沙漠公园，在保护自然生态系统的基础上，大力发展生态旅游产业，扶持沙产业龙头企业发展，推动沙区经济发展，增加沙区群众收入，提高民众环境保护意识，在防治土地荒漠化的同时，促进地方经济社会的可持续发展。

目前国家已在青海省茫崖千佛崖、乌兰泉水湾、都兰铁奎、乌兰金子海、海晏克土、贵南黄沙头、曲麻莱通天河批准建设 7 个国家沙漠公园，但其建设机制、投入和管理体制机制并不完善，荒漠自然景观资源的开发利用、公众环保意识等均需要进一步提高。另外，在柴达木地区，利用高原无污染等自然优势条件，以生产高附加值绿色环保产品为理念，结合防沙治沙工程，发展枸杞产业实现生态建设与产业的协调发展。

### 5.5.5　强化科技平台建设，提高科技贡献度

不断加强科技创新平台的建立，提高荒漠化防治的科技贡献度。荒漠化防治不仅涉及经济、社会问题，还涉及多学科的交叉融通，是一项综合性很强的系统工程，加强荒漠化防治的科技贡献率，是提升荒漠化防治水平和成效的重要手段。青海省生态区位重要，荒漠化发生、发展过程

具有一定的特殊性，目前在青海省荒漠化地区设立的主要海北高寒草甸生态系统研究站（中国科学院）、青海共和荒漠生态系统国家定位观测研究站（国家林业和草原局）、青海三江源湿地生态系统国家定位观测研究站（国家林业和草原局），一方面现有研究站点无法全面覆盖青海省不同的荒漠化类型区；另一方面因为所属部门不同、观测研究对象不同，很难对青海的荒漠化防治提供强有力的科技支撑，建议在相应的类型区增设野外观测研究站点，或委托现有站点开展相关的野外观测研究；另外，建议在青海林业和草原局设立青海省荒漠化防治中心，建立青海省荒漠化和沙化监测评估网络，建立博士后流动站，整合区域的科技力量，开展联合科技攻关，协同各方面的科技力量支撑青海省的荒漠化防治。

## 参考文献

陈文俊，杨德福，2000. 青海省沙漠化土地现状及发展趋势与防治对策[J]. 青海农林科技（2）：16-18.

崔锦霞，郭安廷，杜荣祥，等，2018. 1990—2015年青海省湖泊时空变化及其对气候变化的响应分析[J]. 长江流域资源与环境，27（3）：658-668.

胡光印，董治宝，逯军峰，等，2011. 黄河源区1975—2005年沙漠化时空演变及其成因分析[J]. 中国沙漠，31（5）：1079-1086.

林进，周卫东，1998. 中国荒漠化监测技术综述[J]. 世界林业研究（5）：58-63.

刘世英，李宗仁，皮英楠，2016. 基于Landsat-8与GF-1卫星数据的青海省湿地遥感调查及成果[J]. 青海国土经略（1）：55-59.

李三旦，2015. 青海省防沙治沙生态建设对策研究[J]. 青海农林科技（1）：31-35.

李晓英，姚正毅，董治宝，2018. 青海省共和盆地沙漠化驱动机制[J]. 水土保持通报，38（6）：343-350.

罗磊，彭骏，2004. 青藏高原北部荒漠化加剧的气候因素分析[J]. 高原气象，23（s1）：109-117.

王健铭，王文娟，李景文，等，2017. 中国西北荒漠区植物物种丰富度分布格局及其环境解释[J]. 生物多样性，25（11）：1192-1201.

于海洋，张振德，张佩民，2007. 青海土地荒漠化评价及动态监测[J]. 干旱区研究，24（2）：153-158.

Xue X, Guo J, Han B, et al, 2009. The effect of climate warming and permafrost thaw on desertification in the Qinghai-Tibetan Plateau[J]. Geomorphology, 108(3-4): 182-190.

# 6 区划布局研究

## 6.1 研究概况

### 6.1.1 生态因子情况

青海省地势总体呈西高东低、南北高中部低的态势，西部海拔高峻，向东倾斜，呈梯型下降，东部地区为青藏高原向黄土高原过渡地带，地形复杂，地貌多样。土壤类型包括柴达木盆地东部和祁连山中段的灰褐色森林土、祁连山东段的暗褐土、西倾山地两侧的褐色针叶林土、西南边缘玉树、果洛等地的暗棕壤以及海拔3700米以上区域分布的棕色针叶林土等。

青海省地处青藏高原，深居内陆，远离海洋，属于高原大陆性气候。日照时间长、辐射强；冬季漫长、夏季凉爽；气温日较差大，年较差小；降水量少，2019年全省平均降水量为374.0毫米，地域差异大，东部雨水较多，西部干燥多风，缺氧、寒冷。年平均气温受地形影响较大，大体分布是北高南低，年平均气温介于-5.1~9.0℃。

根据2019年中国水资源公报，青海省水资源总量为919.3亿立方米，居全国第12，人均占有量是全国平均水平的5.3倍，其中地表水资源898.2亿立方米，地下水资源412.7亿立方米，地表和地下不重复的仅为21.1亿立方米。

### 6.1.2 生态资源区位情况

青海草原资源丰富，是全国五大草原之一，草地类型复杂多样。2019年，全省天然草原面积为3882.33万公顷，占全省土地面积的55.73%，约占全国草原面积的9.3%，位居全国第4。青海草原类型分为9类10亚类93型，高寒草甸草原和高寒草原是青海省分布面积最大的两类草原。

青海省森林面积520.89万公顷，森林覆盖率7.26%，国家重点公益林管护面积397.71万公顷，天然林保护面积367.82万公顷，森林蓄积量5093万立方米。天然林主要分布在长江、黄河上游及祁连山东段等水热条件较好的地区。全省按流域和山系分为九大林区，森林面积中灌木林面积所占比重较大。森林以寒温性常绿针叶林和山地落叶阔叶林为主，其次为中温性针阔混交林，少量暖温性落叶阔叶林在东部低海拔河谷地区分布，灌木林主要以高寒灌丛为主，柴达木盆地和共和盆地分布有荒漠灌丛。全省共有森林公园23处，总经营范围54.48万公顷，其中，国家级森林公园7处、省级森林公园16处。

青海省湿地资源极为丰富，是长江、黄河、澜沧江等江河的发源地及水源涵养区，素有"三江之源""中华水塔"之称。湿地面积达814.36万公顷，占全国湿地总面积的15.19%，居全国第1位，其中自然湿地面积800.1万公顷。国际重要湿地3处，国家重要湿地17处。湿地类型丰富，共有4类17型，其中，沼泽湿地6型、湖泊湿地4型、河流湿地3型、人工湿地4型，此外，还有大面积的现代冰川和雪山。全省共设立3处国际重要湿地（青海湖鸟岛、扎陵湖、鄂陵湖），17处国家重要湿地，20处国家湿地公园。

青海省荒漠化和沙化土地面积较大。据2014年第五次荒漠化及沙化监测，全省荒漠化土地共19.04万平方千米，占全省土地面积的26.5%，占全国荒漠化土地总面积的7.29%，位列全国第5。其中一半的土地属于重度和极重度荒漠化，局部地区荒漠化仍在扩张。荒漠化类型包括水蚀、风蚀、冻融、盐渍，其中，风蚀荒漠化土地面积最大，为12.91万平方千米，占青海省荒漠化土地总面积的67.8%。荒漠化土地主要集中在"三盆二源"5个区域，即柴达木盆地、共和盆地、青海湖盆地、长江源区和黄河源区。全省沙化土地12.46万平方千米，占全省总面积的17.4%，主要集中在6个沙区，即柴达木盆地沙区、共和盆地沙区、青海湖环湖沙区、黄河源头沙区、长江源头沙区和泽库沙区。有明显沙化趋势的土地总面积4.13万平方千米。建成乌图美仁、大柴旦等12个沙化封禁保护区，茫崖千佛崖等12个国家沙漠公园。不断强化都兰、贵南、海晏、格尔木、共和5个防沙治沙综合示范区建设。

青海是全球高原生物多样性最集中的地区之一，是世界高寒种质资源自然基因库和"具有全球意义的生物多样性重要地区"。全省陆生脊椎野生动物有502种，占全国的16.8%；被列入国家重点保护的陆生野生动物有85种，占全国保护种类的26.1%；全省有维管束植物2483种，占全国的1/13。国家一级保护野生动物22种，国家二级保护野生动物63种。

青海承担三江源、祁连山两个国家公园体制试点，是我国目前唯一的国家公园示范省，除国家公园外，全省有各类自然保护地共109处，其中，自然保护区11个，总面积21.78万平方千米，占全省总面积的30.2%。此外，青海还设立了风景名胜区19处、地质公园8处、森林公园23处、湿地公园19处、沙漠公园12处、水产种质资源保护区14处、国际和国家重要湿地20处、水利风景名胜区17处。

### 6.1.3 林草业生产力情况

青海省林业产业近年来发展较快，林草产业产值2019年达到320亿元。目前，全省经济林种植面积达到25.43万公顷，其中有机枸杞1.17万公顷。青海省积极推进森林生态旅游、林下种养、种苗繁育、野生动物繁育等特色产业，规模化、品牌化取得新成效；林业科技支撑能力逐步提升，为森林、荒漠、湿地三大生态系统资源监测和生态服务价值评估提供有力支撑；通过多渠道多方式实施林业生态精准扶贫；以森林公园、湿地公园、沙漠公园等自然保护地景观资源为依托的林业生态旅游业迅速发展，成为全国生态旅游大省。

地方政府出台了支持林草产业、有机枸杞、中藏药材发展的《关于加快林草产业发展推进生态富民强省的实施意见》等一系列文件，新建特色经济林基地25.43万公顷，逐步形成"东部沙棘、西部枸杞、南部藏茶、河湟杂果"的产业布局。种植规模跃居全国第2。中藏药材种植面积突破1.04万公顷，是西部地区重要的当归、黄芪生产基地。生态旅游业蓬勃发展，建成国家级森林公园、自然保护区、湿地公园以及国家沙漠公园和森林康养基地等82处。生态旅游人数增加到1081万人(次)，首次突破千万大关，旅游收入达到8.8亿元，来青生态旅游人次年均增长17.7%，旅游总收入年均增长24.7%。保持了高速增长态势、成为农民增收新途径。

### 6.1.4 社会人文经济情况

青海省经济发展相对滞后，2019年的全省地区生产总值2965.95亿元，占全国的0.32%，第二、三产业占国民经济中的比重较往年有所增加，地方公共财政收入270亿元，财政自给率仅为16%。截至2019年，全省常住人口607.82万人。全省少数民族人口280.99万人，占总人口的47.71%，世居少数民族主要有藏族、回族、土族、撒拉族和蒙古族，其中，土族和撒拉族为青海所独有，5个世居少数民族聚居区均实行区域自治。

## 6.2 资源环境承载力分析

围绕林业和草原发展，以区划布局为研究方向，青海省的资源环境承载力主要针对生态功能指向的承载能力。结合农业功能指向及城镇功能指向的承载能力分析结果，为划定生态红线、基本农田保障线、城市发展控制线提供理论依据，从而为下一步国土空间开发的适宜性评估打下基础，最终指导全省国土空间规划。

### 6.2.1 水资源情况分析

青海省水资源情况非常复杂，水资源总量比较丰富，但水资源分布严重不均，部分地区水资源极度匮乏且降水稀少，严重制约了当地林草资源发展，青海省2015—2017年降水量与水资源情况见表6-1。

表6-1 青海省2015—2017年降水量与水资源情况

| 地区 | 2015年 | 2016年 | 2017年 |
| --- | --- | --- | --- |
| 西宁(毫米) | 306.20 | 444.10 | 464.00 |
| 海东(毫米) | 249.30 | 396.70 | 249.40 |
| 海北(毫米) | 471.70 | 402.80 | 517.00 |
| 黄南(毫米) | 391.80 | 492.80 | 423.30 |
| 海南(毫米) | 308.90 | 464.20 | 353.40 |
| 果洛(毫米) | 463.10 | 629.20 | 517.80 |
| 玉树(毫米) | 40.90 | 429.80 | 616.90 |
| 海西(毫米) | 232.80 | 248.90 | 300.00 |
| 格尔木(毫米) | 41.20 | 46.90 | 73.80 |
| 青海省平均值(毫米) | 278.40 | 395.00 | 390.60 |

(续)

| 地区 | | 2015 年 | 2016 年 | 2017 年 |
|---|---|---|---|---|
| 青海省<br>(亿立方米) | 水资源总量 | 589.30 | 612.70 | 785.70 |
| | 地表水资源量 | 570.10 | 591.47 | 764.30 |
| | 地下水资源量 | 273.60 | 282.51 | 355.70 |

同时，青海很多地区蓄水引水条件落后，水利建设工程尚有待完善。果洛、玉树等高海拔地区引水工程建设难度很大，水土流失现象比较严重，水资源利用率有待提高。

### 6.2.2 土地利用资源分析

青海省国土资源比较丰富，区划分明。全省林地与草地面积呈逐年上升态势，增幅在各地类中最高。可造林、造草的宜林地、宜草地区域面积广阔，但部分区域土壤质量不高，以海南、海西、果洛等州为典型代表，土地利用率有限，成林成草效果不佳。同时，以西宁市为典型代表的部分地区城乡建设用地、城镇工矿用地规模有序增加，但未出现超载发展。以海东、黄南、玉树等地州为典型代表的部分地区耕地面积有序降低，但基本农田面积保持稳定，可持续推行退耕还林还草。进而可以推断，国土资源是青海省林草事业发展的一大优势，青海省 2005—2020 年土地利用总体规划调控指标见表 6-2。

表 6-2 青海省 2005—2020 年土地利用总体规划调控指标

| | 指标 | 2005 年 | 2010 年 | 2020 年 | 指标属性 |
|---|---|---|---|---|---|
| 总量指标 | 耕地保有量(公顷) | 542246 | 540000 | 536000 | 约束性 |
| | 基本农田面积(公顷) | 42680 | 434000 | 434000 | 约束性 |
| | 园地面积(公顷) | 7435 | 8679 | 9999 | 预期性 |
| | 林地面积(公顷) | 2638291 | 2787440 | 3211729 | 预期性 |
| | 牧草地面积(公顷) | 40359479 | 40515600 | 40718000 | 预期性 |
| | 建设用地总规划(公顷) | 319560 | 343200 | 391400 | 预期性 |
| | 城乡建设用地规模(公顷) | 103725 | 112000 | 127400 | 约束性 |
| | 城镇工矿用地规模(公顷) | 38124 | 45000 | 59000 | 预期性 |
| | 交通、水利及其他用地规模(公顷) | 215835 | 231200 | 264000 | 预期性 |
| 增量指标 | 建设占用农用地规模(公顷) | | 20000 | 60000 | 约束性 |
| | 建设占用耕地规模(公顷) | | 6700 | 21242 | 约束性 |
| | 整理复垦开发补充地规模(公顷) | | 8006 | 21814 | 约束性 |
| 效率指标 | 人工城镇工矿用地(平方米/人) | 179 | 178 | 176 | 约束性 |
| | 二、三产业地均产值(万元/公顷) | 14.89 | 24.93 | 67.59 | 预期性 |
| 整治指标 | 工矿废弃地复垦率(%) | | 35 | 40 | 预期性 |

### 6.2.3 自然生态环境基础分析

青海省自然环境生态基础条件总体良好，随着近年来对三江源自然保护区为代表的广大区域实施了保护保育、功能疏解、旅游清退等举措，生态环境水平持续增强。通过统筹实施三北、天保、新一轮退耕还林、省级公益林造林等重点工程，整体推进山水林田湖草综合治理，林业生态工程稳步实施,全省生态环境持续改善;通过大规模国土绿化行动,形成了党政重视、部门合力推进的国土绿化新格局;林业资源保护不断优化升级,坚持最严格的生态保护制度;严格管控征占用草地,深入实施草原生态治理工程,落实草原补奖资金,增置草原生态管护公益岗位,草原生态系统功能稳定提升,生态环境持续改善;加快自然保护地体系建立,逐步形成覆盖全省、类型齐全、功能完备的自然保护地体系。这些措施显著提高了青海省生态功能指向的资源环境承载等级。

### 6.2.4 自然灾害情况分析

青海省是全国乃至全球最严重的气候和生态环境脆弱区,易发生暴雨、洪涝、干旱、霜冻、雪灾、大风、沙尘暴、冰雹、雷暴、地震、滑坡、泥石流等自然灾害。森林和草原火灾、农林草原病虫害以及水土流失、荒漠化等生态环境灾害也多有发生。青海省的自然灾害具体呈现出如下特点:

(1)地震灾害频发。青海省位于新生代以来地壳运动强烈的青藏高原中北部及其东北缘,是我国地震多发区之一,地震频次高、强度大、分布广。2015—2017年,共发生4次5级以上地震。

(2)地质灾害影响扩大。近年来,湟水河、大通河两岸以及黄河干流与其较大支流两侧的黄土丘陵、沟壑区是泥石流、滑坡、崩塌等地质灾害的主要发生地。2015—2017年,共发生地质灾害46次,共造成经济损失4147万元。

(3)气象灾害种类多样。雪灾是发生频率最高、造成损失最大的灾害。青南牧业区是雪灾主要发生区域,其次是青南、环青海湖和柴达木盆地等牧业区。洪涝灾害主要发生在湟水流域和黄河龙羊峡以下流域的农业区。2015—2017年,青海省气象灾害及其次生、衍生灾害约占自然灾害总次数的90%,导致农作物受灾面积达62.76万公顷。

(4)森林火灾频发。2015—2017年,全省共发生森林火灾33起,其中,较大森林火灾8起。

(5)生物灾害严重。森林鼠害、虫害、病害、毒草等危害较为严重。2015—2017年,生物灾害发生面积共计84.16万公顷,防治率为74.04%(表6-3)。

**表6-3 青海省2015—2017年自然灾害统计**

| 名称 | 2015年 | 2016年 | 2017年 |
| --- | --- | --- | --- |
| 地震灾害(次数) | 2 | 2 | 0 |
| 地质灾害(次数) | 18 | 21 | 7 |
| 森林火灾(次数) | 6 | 11 | 16 |
| 生物灾害(万公顷) | 27.32 | 28.42 | 28.42 |
| 气象灾害(万公顷) | 27.24 | 13.47 | 22.05 |

### 6.2.5 总体评价

由于特定的资源环境情况所致,青海省林草业发展对区域资源环境承载能力的要求较强。基于以上分析,青海省在土地资源利用、自然生态环境基础等方面的资源承载能力较强;在水资源、自然灾害等方面的资源承载能力较弱,"十四五"时期的林草发展需要予以重点关注。

## 6.3 总体思路

### 6.3.1 指导思想

坚持以习近平新时代中国特色社会主义思想为指导，深入贯彻党的十九大、十九届二中、三中、四中全会精神和省委、省政府重大决策部署，积极践行"绿水青山就是金山银山"理念，统筹推进"五位一体"总体布局和协调推进"四个全面"战略布局，认真落实习近平总书记提出"三个最大"生态定位，不断推进省委十三届四次全会提出的"一优两高"战略，把生态环境保护、生态文明建设放在重要位置，维护青藏高原生态平衡，保护"中华水塔"生态安全，筑牢国家生态安全屏障，强化山水林田湖草系统保护与修复，发挥"一带一路"引领带动作用，坚持生态优先、绿色发展，调整和优化生态保护和建设布局，结合国家精准扶贫、乡村振兴等战略，实现经济、社会和生态环境协调发展。

### 6.3.2 区划布局原则

（1）可持续发展原则。坚持立足实际，协调长远利益与眼前利益、局部利益与整体利益、国家利益与地方利益的关系，为区域林草事业可持续发展提供依据。

（2）统筹协调发展原则。坚持与国家及省级相关区划规划相结合，统筹林草业发展方向与国家生态安全、自然条件、社会经济条件、林草业生产条件相协调。

（3）主导因子分异原则。着重考虑主导因子与优先因子，双层级区划突出区域生态功能及产业功能。

（4）相似性和区际间的分异性原则。同一区域内的总体自然、社会、经济特征趋于一致，但空间结构存在一定的差异性，区划布局应对其相似性和差异性加以识别和概括，在其基础上进行合并和分异，确定主导因素和优先原则应主要参考区域主要生态威胁和区位优势。

### 6.3.3 区划布局主要任务

#### 6.3.3.1 区域生态保护和林草发展问题分析

根据实地调研及收集的基础材料，对青海省县级以上行政区划的自然资源、气候条件、生态区位、林草事业发展现状、问题及需求进行科学分析；参考《中国林业发展区划大纲》《青海省主体功能区规划》《青海省林业发展"十三五"规划》以及《青海省草业发展"十三五"规划》，以"一屏两带"生态安全战略格局为基础，重点分析现有区划下各区林草生态保护和建设存在的主要问题。

#### 6.3.3.2 功能定位及区划

根据区划生态保护和发展的问题分析，综合定位青海省区划系统的生态功能和产业发展。

（1）林草业生态功能布局主要任务。

①在区划中保障"一屏两带"，构建以三江源草原草甸湿地生态功能区为屏障，以青海湖草原湿地生态带、祁连山地水源涵养生态带为骨架的"一屏两带"生态安全格局。

②根据国家新时代林草大融合大发展，整合林业和草原资源，调整优化林业和草原生态资源区域布局，对各级自然保护地进行统筹区划布局，确定区域主导功能。

③从全省角度出发，整体上协调山水林田湖草生态功能，对各级自然保护地进行统筹区划，确定区域主导生态功能，对南部昆仑山、唐古拉山及三江源谷地大面积区域生态保护及生态恢复问题进行功能区细化；对祁连山国家公园及周边区域生态保护及生态恢复问题进行功能区细化；对柴达木盆地南部防护林退化、草原退化、黑土滩问题区域进行生态修复。

（2）林草业生产力布局。

①对生态产品、物质产品和生态文化产品进行综合生产力布局。积极利用"一带一路"发展机遇引领林草产业升级。

②依据社会需求、区域优势、林草资源现状和发展潜力，确定满足社会经济可持续发展的可能性，充分结合"四区两带一线"的发展规划。

③基于全省林草产业发展现状，对柴达木盆地西部生态治理及林草产业发展进行综合布局，对青海湖流域生态功能区及环湖适度开发区生态治理及林业产业发展进行综合布局；对河湟地区绿化防护提升、林草产业发展进行综合布局。

### 6.3.4 区划布局目标

（1）为保障国家"两屏三带"战略格局生态安全提供区划布局依据。
（2）为新时期林草发展大融合提供区划布局依据。
（3）为统筹建设各级自然保护地提供区划布局依据。
（4）为确定各区域林草发展方向、科学布局提供区划布局依据。
（5）为推动林草生产力发展、实现精准扶贫、乡村振兴、生态惠民提供区划布局依据。

## 6.4 研究方法和数据

### 6.4.1 研究方法

#### 6.4.1.1 主成分分析法

主成分分析也称主分量分析，该方法可以降低维度，通过统计技术把相互关联的复杂指标体系转化为简单指标体系，体系中的各项指标（即主成分）无相关性，每个主成分都能够反映原始指标的绝大部分信息，且所含信息互不重复，进而提高评估的科学性和有效性。主成分分析应用于林草发展区划研究的技术流程（图6-1）。

（1）基于数据分析，筛选出的原始变量包括气候因子、土壤因子、地形因子、生态敏感度、环境承载力、生态需求、林草发展水平、林草抚育保护、林草发展潜力、人口密度、GDP总量、人均GDP等。

（2）确定主成分类型，将气候因子、土壤因子、地形因子、生物因子、人为因子等多类因子合成为生态因子；将生态敏感度、生态需求、林草发展现状水平、林草抚育保护、林草发展潜力等合成为生态资源区位等级；将各类林草相关生态产品、物质产品、生态文化产品等合成为林业生产力；将合为人口密度、区域GDP总量、人均GDP、产业结构、城镇化水平、新农村建设等合成为社会经济现状。

（3）基于主成分系统分析林草发展的主要问题、区域差异、解决方向等，为区划做基础。

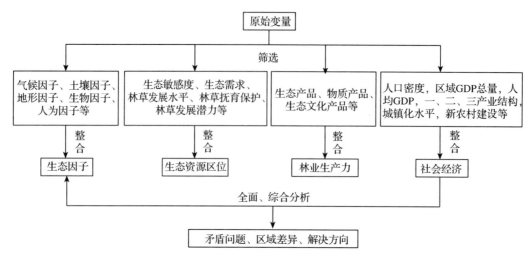

图 6-1 主成分分析法技术流程

#### 6.4.1.2 德尔菲法

德尔菲法，也称专家调查法，本质上是一种反馈匿名函询法。该方法是指建立一个针对专题研究的组织，其中包括若干专家和组织者，按照规定的程序，面对面或背靠背地征询专家的意见或判断，并按整理、归纳、统计等技术流程进行研究。该方法应用于林草发展区划研究的技术流程如图 6-2。

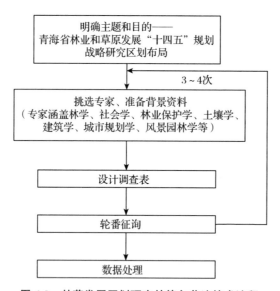

图 6-2 林草发展区划研究的德尔菲法技术流程

(1) 确定调查主题。即青海林业和草原发展"十四五"规划区划研究，拟定调查提纲，准备向专家提供的资料(包括预测目的、期限、调查表以及填写方法等)。

(2) 针对本次区划专题研究成立科研专家小组。成员涉及专业包括林学、社会学、林业保护学、林业经济学、草学、生态学、植物学、湿地生态学、自然保护区学、野生动植物保护与利用学、土壤学、地理信息系统学、水土保持学、城市规划学、建筑学、风景园林学等。

(3) 通过实地调研和大量基础资料及数据分析，向所有专家明确问题及有关要求，并附上有关背景材料。专家根据材料提出预测意见，并说明所提预测意见的方法和依据。

(4)汇总所有专家的初次判断意见，列成图表并进行对比，再反馈给各位专家，专家比较同他人的不同意见，修改个人意见。也可以把专家的意见加以整理，然后把这些意见再次反馈各位专家，以便参考后修改意见。

(5)再次汇总所有专家的修改意见反馈各位专家做第二次修改。逐轮收集意见反馈专家是德尔菲法的主要环节。收集意见和信息反馈一般要经过3~4轮。在向专家进行反馈的时候，只给出各种意见，并且需要匿名。这一过程重复进行，直到每一个专家不再改变自己的意见为止。

通过这个过程，充分整合各位专家的意见，集思广益，提高准确性；把各位专家意见的分歧点总结出来。经多轮统筹，以确定科学合理的分区规划。

## 6.4.2 数据来源与处理

### 6.4.2.1 引用相关法定调查、监测、统计资料等基础数据

向各级[省、市(州)、县、行委]自然资源部门、林业部门、环境保护部门、应急管理部门、发改部门、财政部门、统计部门、民政部门、气象部门、农业部门、水利部门等收集资源、土壤、气象、水文、环境、人口、自然地理、地貌、行政界线等方面的基础资料，经严格筛选，将其分为森林草原资源、生态因子、土地利用、社会经济发展等4个类型。为避免错误信息误导和人为因素干扰，全部基础数据均为截至2018年的监测和统计成果资料。

### 6.4.2.2 相关专业的科学研究成果

综合分析省内以及全国其他可参考区域已有的研究成果，领域涉及林业、草业、农业、水利、气象、土壤、植被、地貌、地理、城市规划、新农村建设、绿地系统、野生动植物、自然保护区、湿地生态系统、森林生态系统、荒漠生态系统、草地生态系统、综合区划等方面，同时需要参考省内已有关于生态、经济、农业、水利等不同专业的规划和自然资源状况相近省份的区划实践。

# 6.5 区划依据

以青海"一屏两带"生态安全战略格局为基础，充分依托以国家公园为主体的自然保护地体系示范省建设，本研究的主要依据为《中国林业发展区划》《青海省主体功能区规划》《青海省林业发展"十三五"规划》《青海省草业发展"十三五"规划》和《青海省贯彻落实西部大开发"十三五"规划实施方案》。

## 6.5.1 林业发展区划依据

### 6.5.1.1 中国林业发展区划

根据中国林业发展区划规定，将青海省全部国土空间内的林地、湿地、荒漠化或沙化土地，林木资源以及附属的野生动植物和微生物资源进行3级区划。

(1)一级区划。一级区划为林业自然条件分区，旨在反映对林业发展起到宏观控制作用的水热因子的地域分异规律，同时考虑地貌格局的影响。青海省绝大部分区域属于青藏高原高寒植被与湿地重点保护区，以高寒草甸、高寒荒漠和高寒草原为主，木本植被以灌木林为主。该区域生态环境敏感脆弱，林草经营管理状况良好，林业生态体系有一定建设成果，林业产业欠发达。该区域对生物多样性保护、维持气候稳定、保护独特生态环境、保护"中华水塔"具有重要意义；西部

小部分区域属于蒙宁青森林草原治理区，以温带森林草原与温带草原为主。水资源短缺，牧草资源丰富，森林资源匮乏，生态环境脆弱，水土流失严重，应着力提高森林质量，增强森林草原的生态防护功能；南侧小部分区域属于青藏高原东南部暗针叶林限制开发区域，以高山针叶林为主体。垂直带谱及地域性非常明显，自然灾害发生频繁。林草经营管理状况良好，天然林保护、退耕还林、野生动物保护等工程较多，人为活动对环境的破坏较易控制，生物多样性丰富，非木材林业资源开发潜力大。

(2)二级区划。在一级区划框架内，二级区划是以区域生态需求、限制性自然条件和社会经济发展对林业根本要求为依据划定的林业主导功能区。青海省现行二级区划分为5个分区。①玉树州、果洛州等大片区域为江河源湿地保护区，应保护好江河源地区高湿地及高寒植被，防止因放牧过载致使土地沙化和水土流失；②玉树州南侧小部分区域为三江流域防护林区，要加强森林资源和生物多样性的保护，发展森林生态旅游及特色经济林产业；③海西州、海南州大片区域为柴达木—共和盆地防护经济林区，应重点保护好青海湖湿地及鸟类资源，封沙育草，植树造林；④海东市部分区域为青东陇中黄土丘陵防护经济林区，以退耕还林、退耕还草、天然林保护、林业保障体系建设等为重点工程；⑤海北州大部分区域、海东市部分区域为祁连山防护特用林区，需要加强生物多样性保护，提高森林质量，充分发挥森林生态系统涵养水源的功能。

(3)三级区划。三级区划是在一级区划、二级区划体系的指导下，充分考虑生态保护、林业产业发展与生态文化建设的合理区划和布局。现行青海三级区划将全省划分为23个分区。由于分区数量较多，在此不对每个分区进行详细介绍。

#### 6.5.1.2　青海省"十三五"林业发展区划

以青海"一屏两带"生态安全战略格局为基础，根据全省地形地貌特点、生态区位和林业发展现状，按照山水林田湖草生命共同体的要求，优化林业生产力布局，将全省划分为三江源生态功能区、祁连山生态功能区、青海湖流域生态功能区、柴达木盆地生态功能区、河湟地区生态功能区。

(1)三江源生态功能区。包含玉树州6县(市)，果洛州6县，海南州5县，黄南州4县和格尔木市1镇。发展重点为保护好丰富多样且独特的湿地生态系统，最大限度发挥湿地涵养大江大河水源和调节气候的作用。加强湿地、森林、荒漠生态系统的保护与治理，维护生物多样性，努力实现生态系统良性循环。

(2)祁连山生态功能区。包含海北州3县、海西州2县(市)、海东市3县(区)。发展重点为以"丝绸之路经济带"建设为契机，全面实施祁连山生态保护与建设综合治理工程，加强森林、湿地等生态系统保护和综合治理，大幅增加林草植被，提高水源涵养功能，有效遏制祁连山地区生态环境恶化的趋势。

(3)青海湖流域生态功能区。包含海北州2县、海西州1县、海南州1县。发展重点为以维护青海湖流域生态系统的稳定为核心，以青海湖国家级自然保护区建设、沙漠化治理、湿地保护修复为重点，推进青海湖流域生态保护与环境综合治理。

(4)柴达木盆地生态功能区。包含海西州8县(市、行委)。发展重点为启动生态环境保护和综合治理工程，保护荒漠生态系统，加强防沙治沙，加强沙化土地封禁保护区建设，实施保护性造林，增加林草植被覆盖。

(5)河湟地区生态功能区。包含西宁市7县(区)、海东市6县(区)。发展重点为以水土流失治理为核心，以植树造林为重点，山水林田湖草综合治理，实施河湟沿岸绿化工程，巩固退耕还林成果，提高林草植被覆盖度，改善人居和生态环境。

#### 6.5.1.3 青海省主体功能区区划

按开发方式、开发内容层级等方面统筹考虑，综合评价全省各区域资源环境承载能力、现有开发强度、发展潜力和人居适宜性，全省主体功能区划分为重点开发区域、限制开发区域(重点生态功能区)和禁止开发区域3类。

(1)重点开发区域。包括以西宁为中心的东部重点开发区域和以格尔木市、德令哈市为中心的柴达木重点开发区域，是国家级兰州—西宁重点开发区域的重要组成部分。发展方向为优化国土空间，适度扩大城市规模，构建合理的产业体系，完善基础设施，保护生态环境，控制开发强度。

(2)限制开发区域。

①重点生态功能区。包括国家级三江源草原草甸湿地生态功能区、祁连山冰川与水源涵养生态功能区以及省级中部生态功能区。功能定位为保障国家生态安全的重要区域，是全省生态保护建设主战场，人与自然和谐相处的示范区。

②省级农产品主产区。包括东部农产品主产区，涵盖西宁市的大通县、湟中县、湟源县，海东市的乐都区、平安县、民和县、互助县、化隆县的基本农田。功能定位为保障全省农畜产品供给安全的重要区域，是城乡居民"菜篮子"主要供应保障基地，社会主义新农村建设的示范区。

(3)禁止开发区域。包括国家(省)级自然保护区、国家(省)级风景名胜区、国家(省)级森林公园、国家(省)级湿地公园、国际重要湿地、国家(省)级沙漠公园、国家(省)级地质公园等自然保护地及国家(省)级文物保护单位、重要水源保护地等。功能定位为保护自然生态、历史文化资源的重要区域，是珍稀动植物基因资源保护地。

### 6.5.2 草原发展区划依据

根据自然资源及气候条件，结合各地草业发展和畜牧业生产实际，将青海省草业发展分为东部开发利用区、环湖适度发展区、青南保护建设区。

(1)东部开发利用区。包括海东市4县2区，西宁市3县4区，共13个县(区)。发展重点为充分利用当地退耕还草地、弃耕地、轮歇地、秋闲田等土地资源，集中资金、科技、人才，大力发展规模化人工饲草基地和牧草良种繁育基地，调整优化种植业结构，积极推行粮食、经济、饲草三元种植结构，扩大草田轮作和复种规模，提高青贮饲料和秸秆加工利用率；大力发展饲料工业，形成一定的规模优势，在保证饲草料当地养殖业需要的同时，部分调往牧区多灾易灾地区。

(2)环湖适度开发区。包括海南州共和、贵德、贵南3县，黄南州同仁、尖扎2县，海北州4县，海西州2市3县和大柴旦、芒崖2行委，共16个县(市、行委)。发展重点为结合实施退牧还草、青海湖和祁连山生态治理重大工程，切实加强天然草原保护和合理利用，积极开展退化草地治理和草原有害生物防治，加快退化草地改良；充分利用农牧交错区的比较优势，整合耕地和草地资源，大力发展标准化饲草料基地和牧草良种繁育基地，积极培育扶持饲草生产加工龙头企业、专业合作社和种养大户等新型经营主体，推进饲草料生产加工规模化经营，提高饲草料产业化水平。

(3)青南保护建设区。包括玉树州1市5县、果洛州6县，海南州兴海、同德2县，黄南州泽库、河南2县，海西州格尔木市唐古拉山镇，共16县(市)1镇。发展重点为加快退化草地治理、草原有害生物防治，积极推行禁牧、休牧和草畜平衡制度，保护和恢复天然草原植被。引导和加强牧民开展饲草种植工作，扩大圈窝子种草规模，增强冬春季饲草料贮备，加大青南颗粒饲料贮备调运的规模和范围,加大生态畜牧业基础设施配套建设力度,促进畜牧业生产方式转变,提高防灾抗灾能力,保障牲畜安全越冬。

## 6.6 区划结果与分析

按照国家战略在青海的布局实施、区域生态主体功能定位、林草业生产力布局、区域地貌特点和林草资源禀赋、区域气候以及水土条件等基本原则和实际情况,推进形成合理的林业草原发展分区,着力形成促进全省生态平衡、维护三江源生态安全、实现广大群众共享优质生态产品的格局合理、功能适当的林草资源空间布局。

依据《中国林业发展区划》《青海省主体功能区规划》《青海省林业发展"十三五"规划》《青海省草业发展"十三五"规划》和《青海省贯彻落实西部大开发"十三五"规划实施方案》等发展区划内容,结合全省自然地理条件、林草业发展条件及需求变化,把水源涵养和生态保护作为最大的刚性约束,按照山水林田湖草系统治理和黄河、长江、澜沧江等流域协同保护发展的指导思路,坚持尊重自然、顺应自然、保护自然和"绿水青山就是金山银山"的生态文明理念,坚持保护优先、自然恢复为主的主导方针,坚持以提升发展质量和生态效益为重点,以青海黄河流域生态保护和高质量发展为核心,根据三江源生态保护需要,结合全省特点,按照"保护优先、统筹规划、空间均衡、整体提升"的总体思路,进一步完善青海"五大生态板块"发展格局,全面提升草原、森林、湿地、冰川、河湖、荒漠等生态功能和自然生态系统稳定性,形成"五区多点"的林草区划发展格局。

"五区"是指5个林草生态功能区,包括南部三江源生态功能区、北部祁连山生态功能区、青海湖流域生态功能区、柴达木盆地生态功能区、河湟地区生态功能区。

在"五区"基础上划分成8个林草发展亚区,包括三江源生态保育区、三江源生态修复区、祁连山东部生态修复区、祁连山西部生态保育区、柴达木盆地东部生态修复区、柴达木盆地西部生态保育区、青海湖适度发展区、河湟发展利用区。

"多点"主要指的是以改善城乡人居环境、提高生态宜居水平为目的的多点串联的城乡绿化网络。

对青海省"十四五"时期5个林草生态功能区的主要发展思路进行概括。

(1)南部三江源生态功能区。构建黄河源、长江源(可可西里)、澜沧江源"一园三区"的国家公园。

(2)北部祁连山生态功能区。全面实施生态保护与建设综合治理工程,通过林草地保护、水土保持、冰川环境保护等工程,切实保护和改善黑河、疏勒河、石羊河、大通河等水源地的林草植被。加强矿区环境综合整治,实施好祁连山山水林田湖草生态修复,开展祁连山国家公园体制试点。

(3)青海湖流域生态功能区。建立青海湖国家公园,启动环湖地区生态保护与环境综合治理工程,促进流域、林地、草地、湿地生态系统和生物多样性生态系统良性循环,加强裸鲤、鸟类以及其他珍稀野生动物保护,加大沙漠化土地治理力度。

(4)柴达木盆地生态功能区。建立昆仑山国家公园,启动生态环境保护和综合治理工程,努力保护原生态地表地貌,恢复沙区林草植被,保护好土壤盐壳,适度开发利用农田、草原、水土、光热资源。

(5)河湟地区生态功能区。实施生态环境综合治理工程，推进青海省东部干旱山区国家生态屏障建设工程。持续推进林草植被保护和建设，加强水土流失预防和治理，积极争取西宁、海东南北山百万亩林场项目纳入国家规划。

## 6.6.1 南部三江源生态功能区

该功能区的行政区域包括玉树州的称多、杂多、治多、囊谦、曲麻莱、玉树6县(市)，果洛州的玛多、玛沁、甘德、久治、班玛、达日6县，海南州的兴海、同德、贵南、共和、贵德5县，黄南州的尖扎、同仁、泽库、河南4县，格尔木市的唐古拉山镇，总面积39.54万平方千米。该功能区是长江、黄河和澜沧江的发源地，也是我国湿地最富集的区域，核心定位是保护好三江源及高原湿地，防止因放牧过载致使土地荒漠化，或因生产经营导致水体污染，以保障下游水资源安全。

### 6.6.1.1 三江源生态保育区

(1)基本情况。在中国林业发展二级区划中该区域属于江河源湿地保护区，主要发展方向为加强三江源地区濒危野生动物保护及高原湿地生态系统保护；在青海省主体功能区规划中属于禁止开发和限制开发区域。行政区域包括玉树州的曲麻莱、治多、杂多3县，果洛州的玛多县，格尔木市的唐古拉山镇，总面积22.79万平方千米。

(2)综合评价。该区域持续推进大规模国土绿化难度大，水热条件好的地区已基本绿化，剩余立地条件差，造林成本高；区域内重点绿化、治理等工程覆盖面较小，荒漠化、水土流失等问题仍然突出；区域内自然保护地保护难度大，生态类型多样，立地条件复杂，缺少全面有效的保护方案；区域草原治理难度较大，中度以上退化草治理率不到15%。

(3)发展方向。以打造建设三江源国家公园和昆仑山国家公园为抓手，区域内宜林则林，宜草则草，加强湿地、森林、荒漠生态系统的保护与治理，维护生物多样性，努力实现生态系统良性循环；保护好多样独特的湿地及草原生态系统，开展小微湿地建设，发挥湿地及草原涵养大江大河水源和调节气候的作用；加快退化草地治理、草原有害生物防治，积极推行禁牧、休牧和草畜平衡制度，保护和恢复天然草原植被；依托国家公园、自然保护区、湿地公园开展生态旅游和探险旅游，发展中药材开发利用、特色经济动物养殖等林草产业。

### 6.6.1.2 三江源生态修复区

(1)基本情况。在中国林业发展二级区划中，该区域属于江河源湿地保护区，主要发展方向为加强三江源地区濒危野生动物保护及高原湿地生态系统保护；在青海省主体功能区规划中以限制开发为主，部分区域禁止开发。荒漠化现象较严重，以三江源地区生态保护修复为主。行政区域包括玉树州的称多、囊谦、玉树3县(市)，果洛州的玛沁、甘德、久治、班玛、达日5县，海南州的兴海、同德、贵南、共和、贵德5县，黄南州的尖扎、同仁、泽库、河南4县，总面积16.75万平方千米。

(2)综合评价。绿化比重小，绿化树种单一；草地退化、土壤沙化较严重，土壤肥力下降，多次出现地质灾害；湿地萎缩，水源涵养功能减弱，生物多样性保护面临危机；草地黑土滩情况严重，治理效果不明显；生态保障体制不健全；林草产业发展缓慢，林草生态产品种类相对单一。

(3)发展方向。加强片区水土保持林、水源涵养林的营造；加强生态系统修复和野生动植物保护，加大退化湿地保护修复力度，采取自然修复与人工修复并重措施；加强草原综合治理；依托自然保护地充分开展生态体验、森林康养，发展藏茶、林菌、中藏药产业；在适宜的地区发展黄果、核桃、杏、枣、苹果、梨、大樱桃等杂果产业。

### 6.6.2 北部祁连山生态功能区

该功能区的行政区域包括海北州的祁连、门源、刚察3县，海西州的德令哈市、天峻县的部分区域，海东市的民和县、互助县、乐都区的部分区域，总面积3.46万平方千米。该功能区是青藏高原、蒙新荒漠区和黄土高原区生物多样性的过渡区域，首要功能定位是保护森林生态系统及其生物多样性；同时，该功能区为黑河、托勒河、大通河发源地，第二定位是加强祁连山南、北坡森林生态系统及水源地保护，尤其是青海云杉林及河源沼泽湿地生态系统保护；由于气候变暖等因素影响，祁连山冰川退化现象严重，第三定位是通过天然林保护有效延缓冰川退化现象。

#### 6.6.2.1 祁连山东部生态修复区

（1）基本情况。在中国林业发展二级区划中，该区域属于祁连山防护特用林区，主要发展方向为生物多样性保护和提高森林质量；在青海省主体功能区规划中属于限制开发区域，部分为禁止开发区域。该区域以祁连山国家公园为主体，行政区域包括海北州的祁连、门源2县，海东市的民和县、互助县、乐都区的一部分，总面积2万平方千米。

（2）综合评价。区域林牧矛盾和草牧矛盾很突出，草地退化现象明显；生态管理体制、生态补偿机制还不健全，国家重要生态功能区、生态脆弱敏感地区生态修复存在制度性缺陷；生态产业结构布局单一，生态产业还处于较低层次，生态产品精深加工产品少。

（3）发展方向。依托祁连山国家公园建设，全面实施祁连山生态保护与建设综合治理工程，加强森林、湿地、草原等生态系统保护和综合治理；大幅增加林草植被，提高水源涵养功能，有效遏制祁连山地区生态环境恶化的趋势。以"丝绸之路经济带"建设为契机，优化生态产业结构，促进产业升级，打造精品生态旅游，根据区域特点发展中藏药、特色经济动物养殖等产业。

#### 6.6.2.2 祁连山西部生态保育区

（1）基本情况。在中国林业发展二级区划中，该区域属于柴达木—共和盆地防护经济林区，主要发展方向为营造防护林，保护祁连山及青海湖生态系统；在青海省主体功能区规划中属于禁止开发和限制开发区域。行政区域包括海北州的刚察县，海西州的德令哈市、天峻县的一部分，总面积1.46万平方千米。

（2）综合评价。区域立地、气候条件差，用于营林的树种少；区域荒漠化现象比较严重；林业基础设施薄弱。

（3）发展方向。修复荒漠生态系统，建立荒漠生态安全体系，保护现有植被；实施祁连山生态环境保护和综合治理，加强林业基础设施建设，将此区域建设成为祁连山及其周边的生态屏障。

### 6.6.3 青海湖流域生态功能区

该功能区的行政区域包括海北州的刚察、海晏2县，海西州的天峻县（布哈河流域），海南州共和县的倒淌河、江西沟、黑马河、石乃亥乡（镇），总面积2.98万平方千米。核心定位以封禁保护、青海湖湿地及生物多样性保护为主。

（1）基本情况。在中国林业发展二级区划中，该区域属于柴达木—共和盆地防护经济林区，主要发展方向为封沙育草，营造防护林，发展经济林产业；在青海省主体功能区规划中属于限制开发区域。

（2）综合评价。青海湖及周边湿地保护修复难度大；青海湖渔业资源减少，珍稀野生动物普氏原羚保护任务重；草原退化情况严重，治理难度大；自然保护地建设与国土、住建规划相冲突。

（3）发展方向。以青海湖国家公园建设为重点，以维护青海湖流域生态系统的稳定为核心，以退化草地治理、荒漠化治理、湿地保护修复为重点，采取自然修复与人工修复并重措施，推进青海湖流域生态保护与环境综合治理。着力解决加大刚毛藻、紫色微蓝藻、微塑料等问题，实施山水林田湖草生态保护修复系统工程，适当迁出青海湖岛屿湿地居民；加强普氏原羚等珍稀野生动物保护，维护生物多样性。结合实施退牧还草、青海湖和祁连山生态治理重大工程，切实加强天然草原保护和合理利用，积极开展退化草地治理和草原有害生物防治，加快退化草地生态修复。依托青海湖品牌发展生态旅游。

### 6.6.4 柴达木盆地生态功能区

该功能区的行政区划包括海西州的格尔木（除唐古拉山镇）、德令哈、都兰、乌兰、天峻（柴达木盆地区）、大柴旦、冷湖、茫崖8个县（市、行委），总面积24.19万平方千米。核心定位以封禁保护为主，配合发展枸杞等经济林产业。在《全国生态保护与建设规划》中，柴达木地区纳入国家层面"两屏三带一线多点"为骨架的生态安全格局中，成为构建国家层面生态安全屏障和全国生态安全的重要组成部分。该区域分为柴达木盆地东部生态修复区、柴达木盆地西部生态保育区两个亚区。

#### 6.6.4.1 柴达木盆地东部生态修复区

区域在中国林业发展二级区划里，属于柴达木—共和盆地防护经济林区，主要发展方向为保护修复草原，营造防护林，发展林草产业；在青海省主体功能区规划里属于限制开发区域。

（1）基本情况。行政区域包括海西州乌兰、都兰、德令哈3县（市）部分区域，总面积10.10万平方千米。

（2）综合评价。适宜造林的树种少，林分结构单一，树木抗逆性差、存活率低；防护林退化严重，大多数防护林尤其是农田防护林进入老化、退化、病化时期，功能衰退，抵御自然灾害能力弱；草原治理难度大，草原退化情况严重，治理率低；林草生态修复缺少重大项目支撑。

（3）发展方向。加强防沙治沙，加强沙化土地封禁保护区建设，实施生态保护修复，增加林草植被，改善防护林林分结构和质量，增强植物抗逆性；利用柴达木盆地独特的气候条件，发展以枸杞为主的沙产业，打造"柴达木枸杞"品牌，努力建成全国最大的有机枸杞种植基地及精深加工出口基地。充分利用农牧交错区的比较优势，整合耕地和草地资源，大力发展标准化饲草料基地和牧草良种繁育基地，积极培育扶持饲草生产加工龙头企业、专业合作社和种养大户等新型经营主体，推进饲草料生产加工规模化经营，提高饲草料产业化水平。

#### 6.6.4.2 柴达木盆地西部生态保育区

区域在中国林业发展二级区划里，属于柴达木—共和盆地防护经济林区，主要发展方向为封沙育草，营造城镇防护林，适度发展枸杞等经济林产业；在青海省主体功能区规划里属于重点开发和限制开发区域。

（1）基本情况。功能区行政区域包括海西州格尔木、茫崖、冷湖和大柴旦4县（市、行委），总面积14.09万平方千米。

（2）综合评价。林草植被稀少，土地沙化严重；草地退化沙化加剧。

（3）发展方向。启动生态环境保护和综合治理工程，保护草原和荒漠生态系统，加强防沙治沙，加强沙化土地封禁保护区建设，实施生态保护修复，增加林草植被，恢复草地、湿地，构建草地、湖泊、湿地点块状分布的圈形生态格局。

### 6.6.5 河湟地区生态功能区

该功能区的行政区划包括西宁市的城北、城东、城西、城中、大通、湟中、湟源7县(区)，海东市的互助、平安、乐都、民和、化隆、循化6县(区)，总面积1.93万平方千米。核心定位以防护林和经济林建设为主。

(1)基本情况。在中国林业发展一级区划中属于蒙宁青森林草原治理区，在中国林业发展二级区划中属于青东陇中黄土丘陵防护经济林区，在青海省主体功能区规划中属于重点发展区域。

(2)综合评价。总体绿量不够，绿化率仍不高，尤其在西宁等中心城区，绿化质量还有待提升；林草科技创新辐射带动作用能力不强；林草产业发展起步晚，可利用资源缺乏，加工水平较低；非法占用草地等现象时有发生。

(3)发展建议。以造林种草为重点，山水林田湖草综合治理；实施河湟沿岸绿化工程，巩固退耕还林还草成果，提高林草植被覆盖度，改善人居和生态环境；形成以祁连山东段和拉脊山为生态屏障、以河湟沿岸绿色走廊为骨架的生态网络；积极发展核桃、大果樱桃、树莓、沙棘、中藏药材种植、生态旅游、林下经济、苗木生产、经济型野生动物驯养繁育等特色林产业，"河湟谷地百里长廊经济林带"基本建成；充分利用弃耕地、轮歇地、秋闲田等土地资源，扩大草田轮作和种植规模，提高青贮饲料和秸秆加工利用率。

## 6.7 结　论

本研究以《中国林业发展区划》《青海省主体功能区规划》《青海省林业发展"十三五"规划》《青海省草业发展"十三五"规划》和《青海省贯彻落实西部大开发"十三五"规划实施方案》为重要依据，通过主成分分析法等分析方法，以青海"一屏两带"生态安全战略格局为基础，将青海林草发展分为"五区多点"的区划格局。

5个林草生态功能区分别是南部以昆仑山、唐古拉山及三江源谷地大面积区域，形成南部三江源生态功能区；北部为以祁连山国家公园为主体，形成以森林和湿地为主体的北部祁连山生态功能区；中部以青海湖为主体的青海湖流域生态功能区；西部以柴达木盆地为主体的柴达木盆地生态功能区；东部以西宁、海东为主体的河湟地区生态功能区。"多点"是以改善城乡人居环境、提高生态宜居水平为目的的多点串联的城乡绿化网络。

在5个生态功能区划下划分的8个林草发展亚区分别是三江源生态功能区内的三江源生态保育区和三江源生态修复区、祁连山生态功能区内的祁连山东部生态修复区和祁连山西部生态保育区、柴达木盆地生态功能区内的柴达木盆地东部生态修复区和柴达木盆地西部生态保育区，以青海湖流域生态功能区为范围的环湖适度发展区和以河湟地区生态功能区为范围的河湟发展利用区。

本研究的创造性与先进性在于，一是在国家新时代林草大融合背景下首次将草原资源与林业资源进行统筹研究区划布局。二是采用主成分分析法、聚类分析法、德尔菲法、GIS技术应用综合、全面、系统、科学地建立了青海省林业发展区划指标体系。三是在中国林业发展区划、青海省林业发展区划、青海省主体功能区划、青海省草原发展区划等基础上，根据新时代林草业发展要求建立了立体式区划布局。四是建立在对青海省各市、自治州、县级市、县、自治县、市辖区的区划调研基础上，理论结合实际、在符合国家主体生态功能需求同时，充分考虑地方发展要求，具有较强的实践性。

## 参考文献

曾凡君，2010. 基于GIS的省级林业区划方法研究[D]. 南京：南京林业大学.
全国林业发展区划工作组，2007. 全国林业发展区划三级区划办法[R]. 北京：国家林业局.
环境保护部，中国科学院，2015. 全国生态功能区划[R]. 北京：环境保护部、中国科学院.
青海省林业厅，2014. 青海省主体功能区规划[R]. 青海：青海省林业厅.
翟中齐，2003. 中国林业地理概论：布局与区划理论[M]. 北京：中国林业出版社.
朱震达，1989. 中国沙漠化及其治理[M]. 北京：科学出版社.
国家林业局，1999. 中国林业五十年[M]. (1949—1999). 北京：中国林业出版社.
国家林业局，2011. 中国林业发展区划图集[M]. 北京：中国林业出版社.
国家林业局，2011. 中国林业发展区划[M]. 北京：中国林业出版社.
米文宝，等，2010. 西北地区国土主体功能区划研究[M]. 北京：中国环境科学出版社.
傅伯杰，刘国华，陈利顶，等，2001. 中国生态区划方案[J]. 生态学报(1)：1-6.
张超，黄清麟，2005. 林业区划研究综述[J]. 林业资源管理(5)：16-20, 23.
王光平，1992. 林业区划成果应用与森林资源管理[J]. 中南林业调查规划(1)：2-5.
代海燕，叶冬梅，苏东玉，等，2013. 林业区划在森林火险天气等级预报中的应用[J]. 中国农学通报，29(6)：41-44.
庞恒才，安和芳，2001. 浅论林业区划与森林经理[J]. 林业勘察设计(1)：17-19.
乔忠民，常金龙，2003. 搞好林业分类区划工作应注意的问题[J]. 河北林业科技(1)：44-45.
才旦，董得红，2012. 青海林业发展区划体系探讨[J]. 城乡与环境(27)：179-180.

# 7 政策研究

## 7.1 研究概况

### 7.1.1 研究背景

青海省是"中华水塔""三江之源",生态地位极其重要而且特殊。青海省林草事业承担着保护和发展森林生态系统、保护和维护草原生态系统、保护和恢复湿地生态系统、保护和改善荒漠生态系统、保护和拯救生物多样性的重要职责,在维护生态平衡、提高生态承载力中起着决定性作用。"十三五"时期,青海省林业和草原事业持续加快发展,全省生态资源稳定增长,重点生态工程顺利实施,重大改革稳步推进,生态治理能力显著提升,林业和草原发展迈入历史上最快最好的时期,在保护"中华水塔"、维护"三江"安澜畅流、建设高原生态安全屏障等方面取得了积极进展和丰硕成就。

当前是打好"十三五"收官之战,高质量谋划"十四五"发展的关键时期,也是健康中国、美丽中国等重大国家发展战略持续深入推进的关键时期。受青海省林业和草原局委托,由国家林业和草原局牵头,西北农林科技大学组成"青海省林业和草原'十四五'宏观战略政策专题研究组",系统梳理林业和草原改革和发展政策,充分把握这些政策机遇的系统性、协调性、特殊性,全面谋划、统筹施策、精准发力、扎实推进,把政策机遇用足用好,为青海省林业和草原发展谋定最好的路径,让青海省为全国生态文明建设作出应有的贡献。

### 7.1.2 研究目标

林业和草原事业是一项生态、经济与社会效益"三效统一",农村生产、生活与生态改善"三生结合"的系统工程。研究林业和草原发展政策需要按照系统思维方法,根据社会经济发展需求,以及林业和草原发展需要,明确政策总体目标、基本内容、重点任务,确保政策研究结论有事实依据。

一是跟踪政策进展，二是反映政策成效，三是总结政策经验，四是发现政策问题，五是提出政策建议。完善政策体系，促进青海林业和草原事业发展，产生更大社会、经济、生态效益。

### 7.1.3 研究方法

（1）文献调查法。系统搜集、整理、汇编了党的十八大以来，国家和青海省的林草改革与发展政策，集中围绕重要文件、重要讲话、重要活动，研究青海省林业和草原发展的政策机遇与挑战。

（2）实地观察法。通过实地勘察，了解调查地区生态区位、生态资源保护管理现状，产业发展情况，以及林业和草原发展在地区社会经济发展中所处的地位及发挥的作用。

（3）访谈调查法。与青海省林业和草原局各处室负责人、实地调查地区行业主管部门管理人员、农民等相关利益群体进行详细、深入地交流。

（4）会议调查法。召开专题会议，充分听取政策诉求和政策建议。

（5）专家调查法。邀请国家林业和草原局生态修复司、国家林业和草原局管理干部学院、北京林业大学等单位的专家，对研究思路、方法、结果等提出修改意见，并结合专家意见进行反复修改完善。

## 7.2 政策现状

### 7.2.1 政策内容

#### 7.2.1.1 生态保护与修复政策

青海省印发了《生态文明体制改革条例》《生态文明建设目标考核办法》《党政领导生态环境损害责任追究办法》等政策法规。对生态文明体制改革的理念、健全自然资源资产产权制度、建立国土空间开发保护制度、完善资源总量管理和全面节约制度、健全资源有偿使用、健全环境治理和生态保护市场体系、完善生态文明绩效评价考核和责任追究制度提出了明确规定，但还没有出台细化、具体的地方法规政策与之对应。主要政策文件包括：

（1）红线管理政策。青海省充分利用地理国情普查和土地利用调查等有关资料和成果，确定生态保护红线边界，开展基本信息登记并建立生态保护红线台账系统，形成生态保护红线划定初步方案——《青海省人民政府办公厅关于印发青海省生态保护红线划定和管理工作方案的通知》。以保障和维护生态功能为主线，按照山水林田湖系统保护要求，划定并严守生态保护红线，实现一条红线管控重要生态空间，确保生态功能不降低、面积不减少、性质不改变，维护国家生态安全，促进经济社会可持续发展。

（2）国土绿化。2017年出台《青海省国土绿化提速三年行动计划（2018—2020年）》，力争3年累计完成国土绿化1200万亩，森林覆盖率达到7.5%以上。主要实施河湟绿色屏障构建、重点工程造林绿化、重点生态功能区修复等八大行动。3年来，按照每年27万公顷的目标任务，共完成营造林82.8万公顷，治理退化草原32万公顷，全省森林覆盖率由2010年的5.23%提高到7.26%，这也是青海林草生态建设历史上造林规模最大、森林资源增长最多的3年。

2001年出台了《青海省绿化条例》，共包括9章46条，主要内容包括：绿化规划、绿化责任、"四荒"地的绿化、退耕还林还草、绿化管护、绿化保障、奖励与处罚。出台了《青海省全民义务植树运动实施细则》，成立绿化委员会，统一领导全省义务植树运动和整个造林绿化工作。每年4月为植树造林月；各级绿化委员会对全民义务植树和造林绿化工作要搞好长远规划和近期安排；本省公民，凡男11~60岁、女11~55岁，除丧失劳动能力者外，都要承担义务植树任务；使用义务植树劳动力营造的国有林和集体林，由当地县人民政府发给林权单位土地使用证和林权证，以保障营造者的合法权益。《青海省人民政府办公厅关于创新造林机制激发国土绿化新动能的办法》建立了造林激励机制，推行"先建后补"造林、乡土树种造林，拓展义务植树尽责形式。建立植树造林多元化投入机制，加大重点造林项目的财政支持力度，村庄绿化补助资金与村级公益事业"一事一议"财政奖补统筹整合使用，完善社会造林财政补助支持政策，搭建林业生态建设投融资平台。建立公益林抚育管护激励机制。探索产权"三权分置"实现方式。进一步调动了全社会造林绿化积极性，激发植绿护绿爱绿新动能，加大国土绿化力度，建立起政府主导、公众参与、社会协同的造林绿化新机制，鼓励和引导新型主体积极参与国土绿化，加快生态大省、生态强省建设步伐。

（3）自然保护区。为加强森林和野生动物类型自然保护区的管理，保护自然资源和自然环境，青海省《森林和野生动物类型自然保护区管理办法》实施细则规定自然保护区实行统一领导，分级管理的原则，明确各级自然保护区的管理机构隶属于同级林业主管部门的事业单位，将可建立自然保护区的条件具体化，任何单位和个人不得侵占自然保护区内的自然资源，核心保护区范围内禁止一切砍伐、采挖活动，严格规定在自然保护区范围内从事生产、生活活动。《青海省省级自然保护区调整管理规定》明确规定了保护区范围调整、功能区调整、更改名称的审批程序和要件。

（4）森林草原防火。青海省实施《森林防火条例》，确定了森林防火重点单位，明确了各级森林防火指挥部办公室应的工作职责，要求各地区（市）和重点县要制订森林防火基础设施建设规划，建立军民联防制度，明确了森林防火资金来源与用途，规定了森林防火工作人员依法行使职权。为加强草原防火工作，预防和扑救草原火灾，保障农牧民生命财产安全，保护草原生态环境和草原资源，根据《中华人民共和国草原法》等法律、法规的有关规定，结合自治州实际，制定了《青海省海北藏族自治州草原防火条例》，严格规定草原火灾预防、扑救、野外用火等工作和行为。

（5）有害生物防治。为了切实做好森林病虫害防治工作，扭转森林病虫害严重发生的态势，降低灾害损失，保护造林绿化成果，发布了《青海省人民政府办公厅关于进一步加强森林病虫害防治工作的通知》，要求发生危险性和暴发性森林病虫害的地区，要成立由政府主管领导负责的防治机构，明确各有关部门职责，协调配合，集中人力、物力、财力，广泛发动群众，动员社会各方面力量，共同做好森林病虫害防治工作，切实重视和加强森林病虫害预测预报和检疫监测工作，突出重点地区和灾害类型，要加强森林病虫害防治机构和队伍建设，充实专业技术人员，配备必要的监测、检疫和防治设备，为做好森林病虫害防治工作创造条件。三江源生态保护与建设两期草原鼠害防治工程平均防效达到90%以上。

（6）野生动植物保护政策。《青海可可西里国家级自然保护区管理局、新疆阿尔金山国家级自然保护区管理局、西藏羌塘国家级自然保护区管理局关于禁止在可可西里、阿尔金山、羌塘国家级自然护区进行非法穿越活动的公告》共包括5条，重点内容包括：禁止一切单位或个人随意进入青海可可西里、新疆阿尔金山和西藏羌塘国家级自然保护区开展非法穿越活动；建立"联合、联动、联防、联打"机制，将对涉及三大保护区的非法穿越活动进行严厉查处；对违反规定的单位或个人，一经查处，将严格按照《中华人民共和国自然保护区条例》等相关法律法规规定予以处罚；对因非法穿越活动造成保护区自然资源、生态环境严重破坏的单位或个人，根据有关法律法规交由公安机关处理，直至追究刑事责任；对因非法穿越活动造成的人身伤亡等事故，责任由开展非法穿越活动的单位或个人承担。青海省实施《中华人民共和国野生动物保护法》办法严格规范从事野生动物的保护管理、驯养繁殖、教学研究、资源开发、经营利用等活动。青海省积极落实《关于全面禁止非法野生动物交易、革除滥食野生动物陋习、切实保障人民群众生命健康安全的决定》的内容。为进一步加强野生动植物保护管理，青海省林业和草原局相继制定出台了《青海省强化野生动物保护管理十项措施（暂行）》和《青海省全面加强野生植物保护十项措施》，将从法制建设、依法监管、野外保护、栖息地保护、自然教育等10个方面对野生动植物进行保护管理。

（7）湿地保护政策。在国家《湿地保护管理规定》的基础上出台了《青海省湿地保护条例》《青海省湿地公园管理办法》等文件，对湿地保护、监督管理、法律责任、湿地公园建立与规划等内容进行了规范。

《青海省湿地名录管理办法》。按照重要程度、生态功能，将湿地分为重要湿地和一般湿地。规范湿地认定及其名录管理工作，建立湿地分级管理体系。

《青海省人民政府办公厅关于贯彻落实湿地保护修复制度方案的实施意见》。加快建立湿地保护修复制度，增强湿地保护修复的系统性、完整性和协同性，建立湿地分级监管体系，探索开展湿地管理事权划分改革，完善保护管理体系，实行湿地保护目标责任制，健全湿地用途监管机制，健全退化湿地修复制度，健全湿地监测评价体系。

《青海省湿地公园管理办法（试行）》。为加强湿地资源的保护，促进湿地资源可持续利用，规范青海省湿地公园建设和管理，营造人与自然和谐的环境，推进生态文明建设，对从事湿地公园的建设、经营和管理的行为进行规范。

（8）草原保护修复政策。《草原征占用审核审批管理办法》加强了草原征占用的监督管理，规范了草原征占用的审核审批。《草种管理办法》规范了草种质资源保护与管理，提高了草种质量，保持了草原生态系统良性循环。《青海省草原承包办法》调动了单位、集体和牧民保护、建设和合理利用草原的积极性。《青海省草原监理规定》明确了草原监理的主体和责任。《青海省草原承包经营权流转办法》规范了草原承包经营权流转行为，维护了草原流转双方的合法权益。应积极探索草产业产业化、现代化的政策工具和政策路径，创新草原产权融资，实现草原保护与发展双赢。

《青海省实施〈中华人民共和国草原法〉办法》。该办法共包括8章69条，主要内容包括：草原权属、草原规划与建设、草原利用、草原保护、监督管理、法律责任。

《青海省农牧厅关于加快推进全省基本草原划定工作的意见》。该意见提出，把禁牧区和草畜平衡区草原全部纳入基本草原范围，确保划定的基本草原达到草原总面积80%以上，建立和落实基本草原保护制度，切实加强基本草原的监督管理，有效保护草原资源，维护生态安全，提高畜牧业综合生产能力，实现草原畜牧业可持续发展。

《青海省草原生态保护补助奖励机制实施意见（试行）》。该意见提出，通过禁牧减畜，实现草畜平衡发展；通过组建牧民生态畜牧业合作经济组织、扶持养殖大户等多种形式，发展生态畜牧业；通过建立健全草原监督管理体系，确保实施效果；通过制定和完善发展畜牧业和扶持后续产业的配套政策措施，促进牧民转产转业，实现禁牧减畜不减肉，牧民收入不下降，努力实现人、草、畜平衡，经济社会持续发展。

（9）沙化土地封禁保护修复政策。全面落实《沙化土地封禁保护修复制度方案》，进一步扩大封禁保护范围，重点完成贵南县鲁仓、冷湖行委2个新建国家沙化土地封禁保护区建设任务，巩固8个国家沙化土地封禁保护区、5个国家防沙治沙综合示范区建设成效。

《青海省沙化土地封禁保护修复工作方案(征求意见稿)》。该方案要求认真践行"预防为主,科学治理,合理利用"的治沙方针,明确沙化土地封禁保护范围,强化沙区天然植被保护、加大沙化土地治理修复力度,明晰沙区自然资源产权,严格落实沙化土地治理责任制,全面建立分布范围全覆盖、保护修复制度全落实、治理主体责任全明确的沙化土地封禁保护修复制度体系,充分调动全社会力量参与防沙治沙的积极性,切实保护和修复沙化土地和改善沙区生态环境。

(10)国家公园。以《三江源国家公园体制试点方案》为依据,青海省正式出台《三江源国家公园条例(试行)》,国家公园体制试点已基本完成顶层设计,机构组建初步完成,但国家公园体制还未全面建立,法规和政策体系还不完善,标准体系没有形成,管理运行还不顺畅。出台了《关于三江源国家生态保护区综合试验区生态管护员公益岗位设置与管理意见》,已经设立草原10996个、林地54943个、湿地963个生态管护员公益岗位,实行"一户一岗",实现三江源国家园公生态管护全覆盖,让贫困牧民在参与生态保护的同时分享保护红利,使牧民逐步由草原利用者转变为生态守护者。祁连山国家公园对探索社会力量参与自然资源管理和生态保护的新模式,做出了有益尝试。依托"村两委+党建、村两委+宣传、村两委+自然教育、村两委+保护"4个模式,充分挖掘村两委在生态保护、宣传动员、党员带动等方面的工作潜力,健全完善社区共管机制和宣传巡护联动机制,充分发挥好村两委作用和党员示范作用,调动一线管护队伍和广大牧民群众参与祁连山国家公园建设的主动性、积极性和有效性,建立社区共管机制,为祁连山国家公园试点工作打下坚实的基层基础。主要政策文件包括《三江源国家公园条例(试行)》《三江源国家公园生态管护员公益岗位管理办法(试行)》《三江源国家公园访客管理办法(试行)》《三江源国家公园管理局预算管理办法(试行)》《三江源国家公园经营性项目特许经营管理办法(试行)》《三江源国家公园项目投资管理办法(试行)》《三江源国家公园草原生态保护补助奖励政策实施方案》《三江源国家公园科研科普活动管理办法(试行)》《三江源国家公园国际合作交流管理办法(试行)》《三江源国家公园志愿者管理办法(试行)》《三江源国家公园社会捐赠管理办法(试行)》等。

#### 7.2.1.2 改革政策

(1)林权草权制度改革。根据中央对集体林权制度改革要求,青海省对全省集体林权制度改革工作进行了全面部署和安排,出台了《青海省林地、林权管理办法》和《青海省林权流转管理办法》等文件,持续深化集体林权制度改革。

《青海省人民政府办公厅关于完善集体林权制度的实施意见》。该意见围绕"四个转变"新思路,在稳定集体林地承包关系的前提下,以放活经营权、落实处置权、保障收益权为重点,通过完善政策、健全服务、规范管理、加强扶持,广泛调动农牧民和社会资本发展林业的积极性,加快推进集体林业发展。

《青海省集体林权流转管理办法(试行)》。该办法的主要内容包括:严格流转行为监管,抓好林权流转申请受理、林权评估、流转合同签订、流转登记和流转合同登记备案等环节的工作;做好林权评估工作,对森林资源资产调查及评估机构资质权限做出规定;林权管理服务部门要加强与青海省森林资源资产评估中心以及资产评估社会中介服务机构的联系与合作;创造条件引进资产评估社会中介服务机构进入当地林权管理服务机构开展评估工作。

《青海省草原承包经营权流转办法》。该办法共有27条,主要内容包括:草原承包经营权流转的基本原则、期限、形式、程序、流转合同内容、禁止流转情况、纠纷调处、流转管理。

(2)国有林场改革。《青海省国有林场管理办法(试行)》该办法共有53条,主要内容包括:国有林场办场方针、主要任务、经营范围、监督管理,设立、变更与撤销,权利与义务,森林资源经营与保护，组织机构，奖励与处罚。

《青海省国有林场改革实施方案》。该方案围绕保护生态、保障职工生活两大目标，以加强森林资源管护为根本，以搞活森林培育机制为动力，以强化基础设施建设为前提，以完善支持政策为保障，重点是明确界定国有林场生态责任和保护方式，推进政事分开，鼓励引导国有林场合理利用森林资源，逐步建立以购买服务为主的公益林管护机制，健全责任明确、分级管理的森林资源监管体制。国有林场改革任务已全部完成，国有林场已全部确定为全额拨款事业单位，场办社会职能已全面剥离，完成了国有林场确权发证，事业编制和财政预算保障基本落实到位。

#### 7.2.1.3 产业政策

青海以林果业为重点，加快林业产业体系建设，走高起点、高标准、高投入、高产出、高效益的道路，向品种特色化、产品规模化、经营集约化、管理规范化的方向发展。加快构筑起龙头企业带动、标准化生产、品牌支撑、产加销结合的高效林果产品产业体系，推进林果业建设由注重数量型扩张向提高品质和效益转变，由分散的基地建设向形成优势特色林果产品产业带转变，由主要生产初级产品向以加工转化带动、开拓产品市场转变。

《青海省人民政府关于加快林业产业发展的实施意见》。该意见提出稳步推进"东部沙棘、西部枸杞、南部藏茶、河湟杂果"产业发展布局，加强生产基地建设，积极推进产业化经营，强化科技推广应用，健全社会化服务体系，为加快推进林产业持续快速发展、促进高原特色现代林业建设、切实巩固生态建设成果提供有力支撑。

《青海省有机枸杞标准化基地认定管理暂行办法》。该办法规范有机枸杞标准化基地认定活动，为有机枸杞产品认证提供保障，促进了有机枸杞标准化基地建设，加快了有机枸杞产业发展。

《青海省林业产业项目管理暂行办法(试行)》(简称《办法》)这是青海省为规范林业产业出台的首个管理办法，将对规范林业产业项目及资金管理，促进青海省林业产业发展具有重要意义。《办法》共15章68条，从林业产业发展项目、资金、实施方案、作业设计、招投标、建设进度、产值统计、档案等方面提出了具体要求，对项目申报、组织实施、监理、检查验收和绩效考评作了明确的规范。

《青海省林业产业化省级重点龙头企业认定及监测管理(暂行)办法》。为加大林业产业龙头企业的扶持力度，该办法主要从龙头企业申报、认定、管理等3个方面，进一步完善、规范省级林业产业重点龙头企业(含林副产品批发市场)的服务管理、认定和运行监测工作，增强龙头企业对农牧民增收的辐射带动作用，提高青海省林业产业化经营水平，推动青海省林业产业又好又快发展。

《青海省人民政府办公厅关于加快推进饲草料产业发展的指导意见》提出进一步优化区域布局、加强饲草料生产基地建设、培扶饲草料加工龙头企业、完善饲草料产业经营机制、加快牧草良种繁育体系建设、建立饲草料科技支撑及信息服务体系、建立健全饲草料产品质量监管体系等十大饲草产业发展重点任务。

《青海省人民政府办公厅关于加强冬虫夏草资源保护与管理工作的意见》强化属地管理，规范采挖行为，推进冬虫夏草资源保护与管理工作走上规范化、法制化轨道。《青海省冬虫夏草采集管理暂行办法》为规范虫草采集活动，保护和合理利用虫草资源，虫草采集实行采集证制度。《青海省冬虫夏草市场交易管理办法》强化对冬虫夏草市场主体资格、产品质量和市场交易行为的监督管理，维护冬虫夏草市场交易秩序。严格执行冬虫夏草交易准入制度，规范市场交易行为，维护市场秩序。

《中共青海省委青海省人民政府关于加快全域旅游发展的实施意见》提出，牢固树立"绿水青山就是金山银山"理念，在正确处理保护与发展的关系，坚持生态优先的前提下，加快生态旅游示范区建设，将发展生态旅游作为旅游产业转型升级的重要抓手，在国家公园、国家森林公园、自然保护区等的科普游憩区组织生态旅游，推动绿色发展。

#### 7.2.1.4 支持保障政策

（1）财政政策。"十三五"期间，青海实施了生态公益林效益补偿、林木良种、造林、森林抚育、退耕还湿、湿地生态效益补偿、沙化土地封禁保护、草原生态奖补、湿地保护、林业防灾减灾等补贴政策。提高了天然林保护工程、国家级公益林、造林投资等补助标准，新增了退化防护林改造投资。国有林区（林场）道路、安全饮水等基础设施建设纳入相关行业投资计划。天然林保护工程、退耕还林还草工程、风沙源治理工程、三北防护林工程等国家重点工程的财政投入长期稳定，加强了森林资源保护与建设。在个人所得税、企业所得税、增值税等方面对林业产业实行了减征、免征等税收优惠政策，取消了育林基金，增加了育林基金减收财政转移支付额度，激发了林业产业发展活力。

《青海省人民政府办公厅关于健全生态保护补偿机制的实施意见》。该意见提出，到2020年，在"一屏两带"等重点生态功能区，实现草原、森林、湿地、荒漠、水流、耕地等重点领域生态保护补偿全覆盖，补偿水平与经济社会发展状况相适应，跨地区、跨流域补偿试点示范取得一定成效，多元化补偿机制初步建立，生态保护成效与资金分配挂钩的激励约束机制基本形成，草原、森林、湿地、水流、耕地等生态系统得到有效休养，构建符合实际和具有青海省特点的生态保护补偿制度体系。

《青海省国家级公益林森林生态效益补偿方案》。该方案提出，将全省国家级公益林区划界定为5个生态区位，确定国家级公益林中央财政森林生态效益补偿基金用于补偿有林地、疏林地、灌木林地，未成林造林地成林后经调查核实纳入补偿范围，剩余资金由省级林业、财政部门制定实施方案，专项用于国家级公益林的营造生产活动。

《青海省林业贷款财政贴息资金管理办法实施细则》。该办法除继续保留过去已有的各项优惠政策以外，在以下5个方面取得了新的突破：进一步扩大了贴息范围；提高了贴息率；明确了省财政贴息率；延长了贴息期限；明确了申报程序和相关职责。

《青海省林下经济发展项目与资金管理办法（试行）》。该办法对国家、省级财政预算安排重点支持林下种植、养殖、产品采集加工以及森林景观利用等项目的补助资金进行管理；要求林下经济发展专项资金必须以林下经济项目建设为载体，带动农牧民积极参与，充分体现"生态受保护、农民得实惠"要求。在选择项目时，应当坚持生态优先、因地制宜、政策扶持和机制创新的原则，发挥优势，扶持特色产业，逐步形成"一县一业、一村一品"的发展格局。林下经济发展专项资金补助对象为从事林药、林菌、林菜、林花、林禽、野生动物驯养繁殖等林下种养、产品采集加工和森林景观利用的农民、农民专业合作社及其他涉林企业、国有林场、苗圃等生产经营单位。企业和国有林业经营单位应当采取"公司+农户"、订单林业等方式带动农民参与林下经济项目建设，发展适度规模经营，促进农民增收致富。

（2）金融政策。《青海省集体林权抵押贷款管理办法》（简称《办法》）。该《办法》明确了集体林权和集体林权抵押贷款的概念，指出用材林、经济林、一般公益林的林地经营权、林木所有权和林木使用权可用于抵押，贷款对象为从事合法生产经营活动的林权权利人。对林权抵押的范围条件、贷款对象及基本条件、贷款的用途、期限、利率和贴息、林权价值评估与抵押登记、担保服务与森林保险、监督管理和抵押物处置等进行了细致规定，并在试行办法基础上增加了贷款程序章节，提升了《办法》的可操作性，对推进完善集体林"三权分置"运行机制，拓宽农民和林业新型经营主体投融资渠道，促进集体林权资源变资本，推动全省林下经济发展规模化和产业化具有重大意义。

建立了政策性森林保险制度，将公益林全面纳入政策性森林保险的范围，国家财政承担了80%的森林保险保费投入。林权抵押贷款全面推开，建立了完整的林权抵押贷款流程和规则。建立了林业贴息贷款制度，林业贴息贷款规模大幅增加，推出了长周期低利率开发性优惠贷款。成立了三江源生态保护基金。

成立首个林业投融资平台。为贯彻落实国家有关利用开发性和政策性金融推进林业生态建设的总体要求，为解决长期以来林业建设高度依赖财政投入、社会投资不足、金融工具少、资本市场不发达、法律法规及权属制度不完善等问题，2018年10月18日，青海省首个林业投融资平台——青海省林业生态建设投资有限责任公司正式成立，由省林业和草原局管理。该公司围绕全省三年国土绿化提速行动、湟水规模化林场等重点林业生态工程建设开展工作，按照"政府引导、市场运作、主体承贷、项目管理、持续经营"的思路，为全省重点林业生态项目工程打造投资主体、承接平台和经营实体，同时，积极争取国家政策资金支持，多方位、多层次引进金融、投资、基金、社会资本及民间资本参与到青海省林业建设中来，为全省林业生态建设注入新的发展动力。

金融支持林业发展合作协议。2013年青海银行与省林业和草原局签署"金融支持林业发展合作协议"，为省林业和草原局及项目企业提供全方位、个性化的金融服务，推动青海省林业投融资体制建设，通过体制、产品和服务创新，探索一条林业与金融合作创新、互相融合的新途径。

发行林业生态地方政府专项债券。2019年债券发行金额1亿元，期限7年，按年付息，发行利率为地方债基准利率3.44%。专项债券还本付息来源于项目收益，债务风险也锁定在项目内，并按照市场规则及时向投资者披露项目信息。此次债券将重点用于青海省湟水规模化林场建设。

(3) 科技政策。《青海省林业科学技术奖励办法(试行)》。该办法共有32条，主要内容包括：坚持以精神奖励为主、物质奖励为辅的原则；奖励范围和评审标准；推荐及评审；异议及处理。该办法对林业科技奖的评审、奖励进行规范，为培养科技人才、鼓励林业科技创新、促进林业事业持续健康快速发展提供法规保障。

《青海省中央财政林业科技推广示范项目实施管理办法(试行)》该办法共有26条，主要内容包括：组织管理、项目申报与审批、项目管理与监督、资金使用、项目验收。该办法对中央财政预算安排的支持林业科技成果推广与示范的补助资金项目的组织管理、项目申报与审批、项目管理与监督、资金使用、项目验收进行规范，加速了林业科技成果的推广应用，保障了科技推广项目的顺利实施。

## 7.2.2 政策成效

### 7.2.2.1 政策体系初步建立

初步建成了由财政、金融、产业、科技、改革、自然保护地组成的比较完善的林业和草原政策体系(表7-1)。

表 7-1 青海省林草业现有政策体系

| 政策 | 政策内容 |
| --- | --- |
| 财政政策 | 《青海省国家级公益林森林生态效益补偿方案》 |
| | 《关于开展2012年林木良种补贴试点工作的通知》 |
| | 《关于健全生态保护补偿机制的实施意见》 |
| | 《青海省沙化土地封禁保护修复工作方案》 |
| | 《青海草原生态保护补助奖励政策》 |
| 金融政策 | 《青海省政策性森林保险灾害损失认定技术标准》 |
| | 《青海省集体林权抵押贷款管理办法》 |
| | 《青海省林业贷款财政贴息资金管理办法实施细则》 |
| 改革管理与生态保护政策 | 《生态文明体制改革条例》 |
| | 《青海省森林和野生动物类型自然保护区管理办法实施细则》 |
| | 《青海省自然保护区调整管理规定》 |
| | 《青海省实施森林防火条例办法》 |
| | 《大通回族自治县森林草原防火条例》 |
| | 《青海海北藏族自治州草原防火条例》 |
| | 《青海省人民政府办公厅关于进一步加强森林病虫害防治工作的通知》 |
| | 《青海省实施〈中华人民共和国野生动物保护法〉办法》 |
| | 《青海省湿地保护条例》 |
| | 《青海省湿地公园管理办法》 |
| | 《草原征占用审核审批管理办法》 |
| | 《草种管理办法》 |
| | 《草畜平衡管理办法》 |
| | 《青海省草原承包办法》 |
| | 《青海省草原承包经营权流转办法》 |
| | 《关于创新造林机制激发国土绿化新动能的办法》 |
| 产业政策 | 《青海省人民政府关于加快林业产业发展的实施意见》 |
| | 《青海省林业产业化省级重点龙头企业认定监测管理办法》 |
| | 《青海省有机枸杞标准化基地认定管理暂行办法》 |
| | 《青海省林业产业项目管理暂行办法(试行)》 |
| 科技政策 | 《青海省中央财政林业科技推广示范项目实施管理办法》 |
| | 《青海省林业科学技术奖励办法》 |
| 改革政策 | 《青海省林地、林权管理办法》 |
| | 《青海省林权流转管理办法》 |
| | 《青海省国有林场绩效考核办法》 |
| | 《青海省国有林场管理办法(试行)》 |
| | 《青海省国有林场危旧房改造工作指导意见》 |
| | 各县市完成的《国有林场改革实施方案》 |
| 国家公园 | 《三江源国家公园条例(试行)》 |
| | 《关于三江源国家生态保护区综合试验区生态管护员公益岗位设置与管理意见》 |
| | 《祁连山国家公园体制试点(青海片区)实施方案》 |

#### 7.2.2.2 政策创新能力不断加强

青海省率先启动国家公园示范省建设,目前拥有三江源、祁连山两个国家公园体制试点,确立了依法、绿色、全民、智慧等九大建园理念,逐步形成了三江源国家公园规划、制度、标准、生态保护等15个体系,国家公园体制试点工作走在全国前列。顺利启动国家公园示范省建设,成功举办第一届国家公园论坛,着力深化体制试点改革,持续推进生态保护建设,有序扩大社会参与覆盖面,持续强化科技人才支撑,不断提升巡护执法水平。2018年,三江源国家公园体制试点受到国务院通报表扬,为国家公园建设积累了可复制、可借鉴的经验和模式。

一是在全国率先建立统一管理机构。以建成统一、规范、高效的中国特色国家公园体制为目标导向,坚持"大部门、宽职能、综合性"的原则,整合行政资源,减少管理层次,构建精简、高效、统一、精干的行政管理机构。2016年,青海省成立三江源国家公园管理局,成立长江源、黄河源、澜沧江源3个园区管委会。同时,对3个园区所涉的4县进行"大部门制"改革,县政府组成部门由原来的20个左右统一精简为15个,生态管理归管委会,其他社会管理归地方政府,各司其职、相互配合,为实现国家公园范围内自然资源资产、国土空间用途管制"两个统一行使"和三江源国家公园重要资源资产国家所有、全民共享、世代传承奠定了体制基础。"大部门制"让"九龙治水"变"一龙治水"。

二是在全国率先运用法治保障在法律框架下有序推进体制试点。2017年8月,《三江源国家公园条例(试行)》施行,标志着三江源国家公园正式迈开了依法建园步伐。成立了玉树市人民法院三江源生态法庭,组建成立了三江源国家公园法治研究会,建立了三江源国家公园法律顾问制度,充分发挥司法保护生态环境的作用。

三是在全国率先建成较为完备的规划体系。2018年年初,国家正式对外公布了《三江源国家公园总体规划》(简称《规划》),这是我国第一个国家公园规划,为其他国家公园规划编制积累了经验、提供了示范。随着《规划》的出台,三江源国家公园生态保护规划、管理规划、社区发展与基础设施规划、生态体验和环境教育规划、产业发展和特许经营规划相继编制。三江源国家公园科研科普、生态管护公益岗位、特许经营、国际合作交流等12个管理办法制定印发。

四是在全国率先以强有力的组织领导全力推进体制试点。强化组织领导,成立由省委书记、省长任双组长的三江源国家公园体制试点领导小组,明确省委和省政府各一名分管领导具体牵头,落实相关部门主体责任,调动省、市(州)、县各级积极性,打造纵向贯通、横向融合的领导体制。强化统筹谋划,对机构组建、项目经费、生态管护公益岗位设置、总体规划、条例和管理办法制定、年度工作任务等做出细致安排。分年度下达重点工作责任分工和工作要点,建立台账、跟进评估、督查督导,对各牵头部门的任务推进情况实行一月一汇总、一季一对账,年中盘点梳理、年底对账销号。

五是在全国率先实现了共享机制。强化生态保护与改善民生有机统一,推动国家公园建设与牧民群众增收致富、转岗就业、改善生产生活条件相结合,促进生态保护与精准脱贫相结合,特别是通过设置生态管护公益岗位,使牧民群众能够更多地享受改革红利,充分调动其参与保护生态和国家公园建设的积极性。

#### 7.2.2.3 政策取得较为明显的效果

生态保护与建设成效显著。造林绿化加快推进,天然林资源保护、退耕还林、三北防护林体系建设、野生动植物保护及自然保护区建设等林业重点工程全面推进,三江源、祁连山、青海湖流域及其周边生态保护和综合治理工程等一批生态修复工程取得新成效。截至2019年，森林覆盖率达到7.26%，实现了森林面积、蓄积量"双增长"。林草植被覆盖率为62.99%，牧区草原牲畜超载率已下降到3.74%，总体实现了草畜平衡。城市建成区绿地率达31.84%，草原综合植被盖度达到57.2%，湿地保护率达52.19%（截至2019年）。野生动植物保护进一步加强，对藏羚羊、普氏原羚、雪豹、黑颈鹤等珍稀濒危物种实施拯救保护。《青海省湿地保护条例》颁布实施，湿地保护体系不断完善。沙漠化土地得到有效治理。柴达木盆地、三江源地区沙化土地面积总体较少，沙化程度降低。共和盆地、环青海湖地区沙化程度持续逆转。

林业改革稳步推进。全省集体林权明晰产权、承包到户的改革任务全面完成，确权发证230万公顷。深化改革不断推进，大通等4县已建立起县级集体林权管理服务、交易平台。探索开展天然林、公益林保护补助资金与保护责任、保护效果挂钩试点。出台了《青海省林地管护单位综合绩效考评办法（试行）》，建立导向明确、奖优罚劣的绩效考评机制。湿地、沙化土地封禁保护区试点全面推进。《青海省国有林场改革实施方案》得到国家和省政府的批准，国有林场改革任务全面完成。

林草产业规模不断壮大。全省林草产业发展迅速，逐步向基地化、规模化迈进。全省已基本形成了"东部沙棘，西部枸杞"的林草产业发展格局。全省林业产值2018年达到65.21亿元。一是特色经济林产业化步伐加快。青海经济林种植涵盖沙棘、枸杞、核桃、树莓、藏茶、樱桃等，其中，沙棘240.96万亩、枸杞74.49万亩，初步形成"东部沙棘、西部枸杞、南部藏茶、河湟杂果"的林业产业体系。二是森林旅游成为朝阳产业。全省森林公园发展到23处，包括国家级7处、省级11处。林业生态旅游人数首次突破千万大关，旅游收入达到8.8亿元。三是种苗产业发展迅速。现有各类苗木生产基地1.08万公顷，年产苗木11亿株，年产值达12亿元。四是林下经济、野生动物驯养繁殖等产业也得到初步发展，包括林麝、梅花鹿养殖在内的特色经济型野生动物养殖实现产值6650万元。

政策支撑保障能力得到加强。积极争取国家投资，生态建设资金显著增加，为各项任务的全面完成发挥了重要的保障作用。林业科技支撑不断强化。开展了"青海省生态系统服务功能监测与价值评估""柴达木地区枸杞良种选育及规模化栽培技术研究""优良薄皮核桃产业关键技术开发与示范推广"等科研项目43项，取得各类科技成果83项。实施了林木良种培育、抗旱造林、沙地综合治理、林草有害生物防治、林下经济等林业科技推广项目88项。建立省、市（州）、县科技推广示范点35处，示范面积达0.7万公顷。制定地方标准44项，林业行业标准1项。认定省级林业标准化示范区6个。林业科技进步贡献率达40%，林业科技成果转化率达50%。

民生不断改善。全面落实生态管护公益性岗位任务、加大林草产业扶贫力度、提高林业生态工程建设带动能力、实施好林业扶贫专项资金项目及林业工程直补资金工作、加大对贫困地区林业技术扶持和推广力度。结合青海省国土绿化提速行动，实施的林业生态工程建设项目，建立、扶持林业合作社，吸纳更多贫困群众参与，提高收益水平，增强贫困地区可持续发展能力。通过实施好生态护林员、贫困林场、国际农发基金青海六盘山片区林业扶贫等项目，进一步改善林区民生状况。通过兑现森林生态效益补偿、退耕还林、天保工程和湿地补偿等生态工程国家补助政策，增加贫困地区群众的直接经济收入。积极培训贫困人口从事林业技术或服务性岗位，加快新技术新产品引进和推广。同时，对项目的落实和资金使用进行检查和督促，确保项目取得实效。完成国有林场危旧房改造及其配套水电路等基础设施建设，林区职工生活条件得到改善，基本养老、医疗等社会保障基本覆盖林区职工。林区饮水安全、道路、供电、广播电视等基础设施建设也取得了新进展，为进一步改善林区民生奠定了良好基础。

## 7.3 政策问题

林业系统政策法规较为完善，草原和湿地相关的政策法规比较缺乏，需要进行补充。管理类和保护类的政策法规较多，经济发展的较少。专项类的政策较多，综合类的政策较少。大多政策执行到位，少数存在问题，应根据实际情况在一定的范围内对政策进行调整，使其能够更好地执行和服务于当地的发展。

### 7.3.1 政策体系不够健全

主要存在问题：一是林草政策整体构架不完善，主要缺少监管类政策和考核类政策；二是各类政策相互矛盾点较多，没有很好地融合统一；三是单一专业政策多，没有林草湿等自然资源整体管理政策等。

湿地保护政策不健全。近年来，青海省陆续出台了《青海省湿地保护条例》《青海省湿地公园管理办法》《青海省湿地监测技术规程》《青海省重要湿地标识规范》《湿地保护奖励试点管理办法》等文件，对湿地保护、监督管理、法律责任、湿地公园建立与规划等内容进行了规范，但对湿地生态补偿、社会公众参与、多渠道投资等方面还缺少具体的实施细则，特别是青海湖等地湿地面积持续扩大之后，生态补偿政策急需研究出台。依据现有的《中华人民共和国土地管理法》等法规，湿地还未定性为"生态用地"，也未划定湿地保护"红线"，导致当前的项目建设与资源保护需求不匹配。此外，尚未建立建档立卡贫困户湿地生态公益管护员的聘用及常态化管理办法。《湿地生态效益补偿办法》《省级重要湿地认定办法》《占用征收重要湿地审核管理办法》等文件急需研究出台。

野生动物保护政策不健全。近年来，各类野生动物种群数量的恢复对农牧民的正常生产生活造成了一定的影响，草食性动物啃食农作物、与牲畜争食牧草。对于食草动物啃食农牧民草场的情况，2011年，省政府颁布实施了《青海省重点保护陆生野生动物造成人身财产损失补偿办法》，自2012年1月1日起施行。因广大牧区草原既是牧民群众赖以发展畜牧业的基地，同时也是普氏原羚、岩羊等有蹄类动物的生存分布空间，野生动物生存空间与人类生存空间相互重叠，该办法未对野生动物造成草场损失等情形给予补偿。在这种状况下，急需通过立法途径和经济补偿手段调整野生动物与牲畜争食草场的利益关系。

城镇生态保障体系不健全。目前，青海省城镇普遍存在着绿化比重小、人均绿地少、森林结构简单、生态功能低下等现象，由于绿化规模小，功能差，难以发挥城市"绿肺"、调节气候、净化空气、降低噪音、维护城镇生态安全等重要作用，难以发挥其绿化、美化和香化作用，难以为城镇居民提供舒适、清净、优美的生活环境。绿化建设规模、档次与城镇一体化、生态移民、美丽乡村建设大发展不相匹配。

林业产业发展体系不健全。分散经营对林业规模化程度的影响没有得到有效的解决；一、二产业中仍然存在相当大比例的粗放式经营和手工作坊式企业，对系统资源的整合存在较大难度；第三产业中存在不少分散经营的森林旅游式农家乐，没有实现统一有效的管理，不仅对森林环境造成了一定程度上的破坏，而且产业效率也较为低下；相比于林业发达国家，青海省目前还没有形成合理的林业产业可持续发展机制，缺乏完善的林农增收机制。

林草业生态补偿机制不健全。没有建立起完整的林草业生态补偿的横向、长效机制。虽然三江源生态保护和建设工程启动初期就提出生态补偿思路，但现行补偿与三江源区因放弃发展经济的机会成本相比，差距很大，与生态系统服务功能价值相比不成比例。具有生态功能的经济林没有纳入生态补偿范围，新一轮退耕还林后续补偿政策没有建立，草原生态管护员补助设置依据不够科学。

### 7.3.2 政策供给不足

近年来，青海省林业和草原政策不断创新，推动了林业和草原发展，但是与建设生态大省、生态强省的目标相比，还存在差距，突出表现为政策缺位、政策越位，特别是政策不"对症"、不"解渴"和政策含金量不高的问题。这要求政策力求创新突破，瞄准短板，推进政策结构调整，减少无效和低端供给，扩大有效和中高端供给，增强政策供给结构对需求变化的适应性和灵活性，增强林业和草原发展活力。

产权制度改革的政策供给不足。具体表现为集体林权制度改革基础改革的政策文件比较完善，但深化集体林权制度改革的政策文件较少，配套改革、综合改革等深化改革还没到位。国有林场改革后续政策尚未建立，规模化林场建设需要推广。草权承包制度已经实施，但配套措施没有跟上。"三权分置"和农村"三变"已经在青海许多地方的农业领域全面推开，但在林草领域的改革和发展相对滞后。

土地政策供给不足。在国家的土地规划中既没有野生动物栖息地用地，也没有自然保护区用地一项，野生动物栖息地还没有单独作为一种土地使用类型。《中华人民共和国土地管理法》没有规定，既是草场又是野生动物的栖息地，如何在开发和保护之间做选择。

金融政策供给不足。青海省林草抵押贷款业务尚属起步阶段，林权抵押贷款规模总量小，覆盖面窄，抵押物处置变现困难，林权评估机构评估过程不规范，林权抵押贷款机构市场化程度低，贷款期限较短，贷款成本较高，贷款风险较大。林草地经营权、公益林收益权质押贷款等新型融资模式尚未建立。

保险政策供给不足。青海省的森林保险发育不成熟，农民参加保险积极性不高，动力不足，地方财政配套困难，保险公司积极性不高，险种供给不足，开发的森林保险种类单一、赔付率低，森林巨灾风险分散机制较弱。缺乏科学、规范、成熟、权威的灾害认定操作程序和第三方认定、评估机构。草原保险还未开展。

投资政策供给不足。青海省林草建设投资主要依靠政府投入，投资主体单一，投资主体多元化体系还未建立起来。产业投资基金处于起步阶段。没有出台林草业吸引社会资本参与林草生态建设的专门政策。碳汇融资、债券融资等新型社会资本融资模式有待深化。

科技政策供给不足。青海省林业和草原的科技创新水平有待进一步提升，科技创新政策不够完善，林草科技推广载体有限、推广模式尚未形成，林草业科技推广体系不够健全，林草业科技人员编制少，生态建设与保护的科技含量不高，科技支撑能力有待加强。没有建立立足青海省情和绿色发展需要的林草科技发展专项规划。需要建立吸引人才、留住人才、用好人才的人才建设制度。林草科技人员培训工程急需开展。

青海省林草生产技术较为落后，林草生产机械化水平不高，很多林草生产活动仍然采用的是人工作业方式，生产效率低下。除此以外，劳动力短缺等原因进一步增加青海林草生产的难度，极大地制约了青海林草业的发展。林草生产技术落后另一个体现是缺乏相应的专业技术人才，影响了青海林草业高质量发展。总之，机械化程度低，缺乏专业技术人才队伍等原因成为当前青海林草业经济发展的最大制约因素之一。

草原政策供给不足。三江源区总体上处于以草地植被盖度下降、湿地萎缩和土地荒漠化为主要形式的地区，生态环境持续退化、黄河源区高寒草甸、高寒草原加速退化，单纯依赖天然草地的粗放畜牧业生产方式难以为继。优质饲草料供应不足，草畜矛盾依然突出。现代化高标准人工草场潜力大但建设不足，与草原可持续发展利用的需求还有较大差距，发展现代化畜牧业对草场的压力依然较大。

### 7.3.3 政策精度不够

超载过牧得到缓解但深层次矛盾亟待破解。目前制约牧区发展的深层次矛盾尚未消除，促进牧区发展、牧民增收的长效机制尚未形成，草原生态退化沙化的趋势尚未根本改变。在政策"供给侧"：有些政策"宽而不细、普而不专"，针对性、操作性不强；有些政策比较宏观，缺乏刚性制约；有些政策"接天线多、接地气少"，成色不足、中看不中用；有些政策延续性不够，执行中"停电""打折"等。在政策"执行侧"：一些惠企政策宣传的力度、广度和深度不够，企业知晓率不高，还有的搞选择性、象征性执行等。

——政策兼容度不够。为了明晰和界定草场的产权，由主管部门拨款为牧民兴建铁丝围栏。尽管承包和围栏政策本身并不是针对普氏原羚，但是客观上这些围栏的建设直接限制了普氏原羚的活动范围，对普氏原羚栖息地形成了一种隐性挤压，普氏原羚被迫生活在一个个围栏之间的缝隙里，许多普氏原羚为了跨越围栏，会受伤，甚至是死亡。

——生态型经济林未纳入森林生态效益补偿范围。根据国家相关文件，《青海省国家级公益林森林生态效益补偿方案》未将生态型经济林纳入森林生态效益补偿范围。从实际情况来看，生态型经济林发挥着与生态公益林相近的生态服务功能。据中国林业科学研究院观测，2011年全国经济林可货币化计量的生态服务价值相当于一般森林的87%，高于灌木林和竹林。商品林中经济林的生态效益长期被忽视，经济林生态经营方式没有激励机制，粗暴式、掠夺式、破坏式经营方式没有约束机制，严重影响了经济林的生态效益和社会效益，迫切需要依托生态补偿政策杠杆及配套保障措施，促进经济林经营理念和发展方式的根本性转变。

——政策协同度不够。随着禁牧范围、力度的加大，饲草料不足、草畜矛盾问题日益突出。草种业、饲草料种植和草产品加工业滞后，存在布局不合理、规模欠合理的问题，同时兼顾产前、产中、产后的协调发展不够，提升产业素质、提高产品的竞争力和行业的可持续发展能力的内生动力不足，草种业产业链、饲草料种植业产业链和草产品加工业产业链处于较低发展水平。

天然林管护补助、集体和个人天然林停伐管护补助、森林生态效益补偿分块设置，标准不统一，造成执行层面的困扰，影响了经营主体的积极性。

青海省耕地总体呈现出"三少两多"，即总量少、平地少、水浇地少，坡地多、旱地多的特点。耕地主要以无灌溉设施的旱地为主，占总耕地面积的68.32%。而且，青海省耕地地力透支较为严重、面源污染不断加重，地力等级和质量有下降趋势。一方面，农民对轮作休耕积极性不高，耕地非农化现象时有发生。另一方面，因城镇化建设占用部分耕地，为实现耕地占补平衡，迫使部分基本农田"上山进沟"，挤压林草生态建设用地。其结果是，部分耕地农民不愿意耕种，一些生态建设任务没落实。

——政策辨别度不够。青海湖流域实行畜草家庭承包责任制，把草场和家畜分配给各户牧业管理，控制放牧的数量，同时也保护草场的生产力。草场承包使得牲畜在一个较小的范围内反复采食和践踏。并且一家一户的经营方式，受到劳动力限制及市场导向影响，畜群结构从传统的需要合作经营的五畜转变为以小畜为主的单一化结构，舍饲圈养比放牧畜牧业成本有所增加，迫使牧民不断增加养殖数量，造成超载过牧。

### 7.3.4 政策支持力度不强

支持力度偏低。生态保护和建设投入明显不足，制约着生态建设工程的进度和质量。自2008年以来，国家将营造乔木林、灌木林、封山育林投入标准提高到300元/亩、120元/亩、70元/亩。目前，青海省乔木林、灌木林、封山育林实际投入分别达2000元/亩、800元/亩、180元/亩，实际造林费用与国家投资差距很大，加之青海省地方财政困难，配套能力差，影响了地方和群众实施工程造林的积极性。

尚未建立起规范长效的生态补偿机制。全省尚有5500万亩需禁牧的草原未纳入国家草原生态补偿范围，5100万亩草原未纳入国家草畜平衡奖励范围。且草原奖补机制补助标准偏低，未实现全覆盖，只能满足农牧民基本生活水平，难以保障实现脱贫致富的目标，影响了农牧民对草原可持续利用的积极性。

很难获得林权抵押贷款。近年来，金融机构相继针对森林资源资产抵押贷款业务出台了相应的指导意见，然而除了贷款年利率过高、贷款期限短等问题以外，产权问题也是一个主要的限制因素。《森林资源资产抵押登记办法（试行）》中规定，不得将未经办理林权登记而取得林权证的林地使用权用于抵押。然而实际上目前青海森林或林木的所有权大部分都为集体所有，林农或企业单位通常只具有使用权。而林业专业合作社这类新型的森林经营组织由于注册门槛低、财务制度不健全等原因，难以得到金融机构的充分信任，加之缺少林权主体资格，受到相关法律法规的约束，无法利用林权抵押融资，无法有效开展抵押贷款活动，对林农脱贫致富非常不利。

投资主体单一。青海省林草建设投资主要依靠政府投入，投资主体单一，投资主体多元化欠缺，林草产业投资数额不足。产业投资基金处于起步阶段，可借鉴的同业案例、历史经验匮乏，相关政策、法律都很不完善，扶持力度尚待加强。因此，需要出台政策鼓励吸引社会资本参与林草建设。

### 7.3.5 政策执行不到位

国家公园与林草行政部门、地方政府的关系还没有完全理顺。国家公园管理的综合、长效机制还没建立起来。青海省国家公园的试点虽积累了一定经验，还不足以上升到国家层面制定政策法规，以推动国家立法。没有制定祁连山国家公园管理条例。还未建立起国家、地方、企业及其他社会主体共同参与的国家公园投入体系。需要加快步伐开展国家公园自然资源确权登记，统一调查监测公园自然资源。

"一地多证"问题。随着造林速度加快，森林面积不断扩大，生态保护的工作重点将向森林资源管护转变，同时由于畜牧业在经济发展中占有较大比重，传统的畜牧业生产方式导致林牧矛盾普遍存在，"一地多证"现象比较严重，由于林牧争地矛盾难以协调，不仅影响整体造林封育速度的推进，并且因放牧对已经造林和封育的地区产生很大破坏，造成造林保存率低，封山育林成林率低，已成为阻碍生态建设的主要限制因素。

退耕还林政策执行偏差。个别地方为了搞平衡，实现利益均沾，将退耕范围平均分配到各乡、村和农户，导致该退的退不下来，不该退的基本农田却退了出去。配套保障措施落实不够，或缺少执行，有的地方缺乏退耕还林配套保障措施的规划和计划。一些农户轻信干部许诺，提前退耕，草率执行，最终没有得到退耕补偿。有些地区只注重争取眼前的退耕还林指标和补助政策，而忽视后续产业发展，没有把退耕还林与基本农田建设、农村能源建设、生态移民、封山禁牧、发展后续产业紧密结合。

生态产业产业化水平有待提高。由于自然条件的限制，决定了青海以生态保护为主的特点，从而使生态产业仍处于较低的简单层次，不能满足社会对产品的多样化需求。现有的生态产业、产品结构以发展生态旅游为主，生态产品开发潜力没有深入挖掘，经济林、高原中草药种植、林下种养殖尚处于起步阶段，生态产品精深加工产品少，缺少知名品牌和拳头产品，因此，生态产业产值增长缓慢。

## 7.4　政策机遇与挑战

林业和草原等生态资源是人类赖以生存的基本条件和经济社会发展的物质基础。青海省草地面积大，退化草地面积占天然草地面积的75%；境内水资源分配不均，"既丰水又缺水"，水资源利用量少、利用率低。加强耕地草原河湖资源保护的任务更加迫切。有序实施耕地草原河湖休养生息是青海省生态文明建设的重要内容，具有深刻的现实意义和长远的历史意义。

### 7.4.1　政策机遇

#### 7.4.1.1　西部开发新格局要求不断创新林业和草原政策

强化举措推进西部大开发形成新格局，是党中央、国务院从全局出发，顺应中国特色社会主义进入新时代、区域协调发展进入新阶段的新要求，统筹国内、国际两个大局作出的重大决策部署。《中共中央、国务院关于新时代推进西部大开发形成新格局的指导意见》提出以共建"一带一路"为引领，加大西部开放力度，加大美丽西部建设力度，筑牢国家生态安全屏障，大力推进青海三江源生态保护和建设、祁连山生态保护与综合治理。根据西部地区不同地域特点，实施差异化考核。中央财政在一般性转移支付和各领域专项转移支付分配中对西部地区实行差别化补助，加大倾斜支持力度。考虑重点生态功能区占西部地区比例较大的实际，继续加大中央财政对重点生态功能区转移支付力度。考虑西部地区普遍财力较为薄弱的实际，加大地方政府债券对基础设施建设的支持力度。这些举措扩大了青海林草政策创新空间。

#### 7.4.1.2　新时代加快完善社会主义市场经济体制对林草政策提出新要求

社会主义市场经济体制是中国特色社会主义的重大理论和实践创新，是社会主义基本经济制度的重要组成部分。新时代社会主要矛盾发生变化，经济已由高速增长阶段转向高质量发展阶段。与新形势新要求相比，市场激励不足、要素流动不畅、资源配置效率不高、微观经济活力不强等问题仍然制约着高质量。《中共中央、国务院关于新时代加快完善社会主义市场经济体制的意见》提出建设高标准市场体系，实现产权有效激励、要素自由流动、竞争公平有序、企业优胜劣汰。健全归属清晰、权责明确、保护严格、流转顺畅的现代产权制度。健全自然资源资产产权制度。营造支持非公有制经济高质量发展的制度环境。对深化林草产权制度改革和吸引民营资本进入林草领域提出了新要求。

#### 7.4.1.3 全国重要生态系统保护和修复重大工程总体规划使林草政策面临新机遇

《全国重要生态系统保护和修复重大工程总体规划(2021—2035年)》强调推进生态保护和修复工作，要坚持新发展理念，统筹山水林田湖草一体化保护和修复，科学布局全国重要生态系统保护和修复重大工程，从自然生态系统演替规律和内在机理出发，统筹兼顾、整体实施，着力提高生态系统自我修复能力，增强生态系统稳定性，促进自然生态系统质量的整体改善和生态产品供给能力的全面增强。总体规划使青海省制定完善林草政策体系面临新机遇。

#### 7.4.1.4 以黄河流域生态保护和高质量发展契机开创林草业建设新格局

黄河流域生态保护和高质量发展是关乎中华民族伟大复兴的千秋大计，是中国特色社会主义现代化的内在要求。2019年9月18日，习近平总书记主持召开黄河流域生态保护与高质量发展座谈会，强调要共同抓好大保护，协同推进大治理，让黄河成为造福人民的幸福河。黄河流域生态保护和高质量发展已经上升为国家战略，这一崭新定位，既为黄河治理保护工作打开了新局面，又标志着推动黄河流域高质量发展进入了新阶段。青海作为黄河源头、干流省份，在黄河流域生态保护和高质量发展中担负着源头责任和干流责任。应尽快制定青海黄河流域林草生态保护与高质量发展规划，更好地衔接国家战略规划纲要。青海林草业要落实国家重大战略，努力走出一条符合本地实际、富有地域特色的黄河流域林草生态保护和高质量发展新路。

### 7.4.2 政策挑战

#### 7.4.2.1 建设生态大省、生态强省要求政策硬而实

2016年8月，习近平总书记在视察青海时指出"青海最大的价值在生态、最大的责任在生态、最大的潜力也在生态"。2019年9月18日，习近平总书记在黄河流域生态保护和高质量发展座谈会上强调，三江源、祁连山等生态功能重要的地区，主要是保护生态，涵养水源，创造更多生态产品。青海省国土绿化提速三年行动提出，天然林和国家公益林得到全面保护，林草资源管护水平进一步提升，全省生态环境持续改善。森林、湿地、荒漠化生态系统和国家重点保护的野生动植物得到有效保护，林草产业成为农牧民增收致富的重要支撑，林草科技贡献率达到全国同期平均水平，绿色发展的成效更加明显，人与自然和谐共生的现代化建设新格局基本形成。实现这些发展目标，要求青海省在林业和草原保护与发展政策上实现4个转变：一是从单项治理向综合治理转变，统筹山水林田湖草系统治理。二是从工程治理向区域治理转变，深入推进三江源、祁连山国家公园体制试点。三是生态资源从"散养"向统管转变，切实形成全省统抓统管的一盘棋格局。四是加快从绿水青山向金山银山转变，真正转变许多地区的生态价值越来越高，但是经济价值越来越低的尴尬局面，深入贯彻落实习近平生态文明思想，扎扎实实推进生态保护和建设，为建设美丽中国作出应有贡献。

#### 7.4.2.2 生态保护建设的扩展和延伸要求政策及时调整完善

习近平总书记多次强调，山水林田湖草是一个生命共同体。青海省是一个草原资源大省，草原和森林一样，同样是自然生态系统的重要组成部分，是具有重要生态、经济和社会功能的战略资源，生态保护建设要对林业和草原两项工作统筹考虑、同步推进，"两手抓、两手都要硬"，让生命共同体理念在林业草原部门真正落地生根、开花结果，在实践中得到有力体现和印证。一是要明确林草综合治理、合理布局的规划理念。科学确定林地和草地的范围，宜林则林、宜草则草、林草融合、科学发展，杜绝林地侵占草地的现象，尤其在亚高山草甸和河滩湿地上，不要盲目造林，栽下去活不了、长不好，最后把草也破坏了。二是保护上融合。把林草资源统一到资源管理

上来，从项目审批、林草管护、林草防火、林草病虫害防治等方面全面衔接融入，将草原保护统一到大保护的工作中去，达到统一修复、同步保护、综合治理、整体提升的效果。三是要分区规划，把林草统筹考虑、综合治理作为工作的出发点，建设林草覆盖率高、生态系统稳定、生态质量高、生态景观美的青海林草新景观。

#### 7.4.2.3　矛盾冲突凸显要求政策增强协调能力

虽然青海省生态治理取得了显著成效，全省生态演变"面上向好、局点恶化、博弈相持、尚未扭转"的总体形势依然没有变，特别是青海省经济发展方式滞后、资源开发依赖程度强的状况在短期内难以改变，今后较长的一段时期生态保护与产业发展的矛盾将长期存在，在个别时候和某个地区，该矛盾甚至可能激化，增加了生态保护与地区发展之间的政策协调难度。青海湖国家级自然保护区、青海湖普氏原羚特护区和天峻县普氏原羚保护站都在推进围栏内刺丝拆除、降低围栏高度等工作，但这些工作在某些方面会损害牧民的利益，狼和藏狐捕食家畜甚至伤人的事件时有发生。尽管很多牧民愿意保护普氏原羚，但他们承担了保护带来的负面效应，却得不到合理的补偿，因而影响了他们的保护积极性。

#### 7.4.2.4　约束条件增多要求政策瞄准性增强

水是人类生存的生命线，是经济发展和社会进步的生命线，是实现可持续发展的重要物质基础。青海省的水资源突出特点是"有水缺水"，既是水资源总量大省，但同时也是开发利用资源小省，人口稀少区为富水区，人口密集区为贫水区，需水量大时"水少"，需水量小时"水多"，经济欠发达地区，水质优良，经济发达地区水污染问题比较突出。2019年9月18日，习近平总书记在黄河流域生态保护和高质量发展座谈会上强调，以水而定、量水而行，因地制宜、分类施策。推进水资源节约集约利用。要坚持以水定城、以水定地、以水定人、以水定产，把水资源作为最大的刚性约束，合理规划人口、城市和产业发展，坚决抑制不合理用水需求。青海省水的数量多寡和时空分布特点，要求林业和草原发展深刻研究水的问题，掌握基本水情，调整发展方略。在生态修复方面，植树造林种草等生态建设要量水而行，以水定地，不能把生态型用水变成生态型耗水。在产业发展方面，要大力发展节水型产业，以水定产。

## 7.5　政策建议

"十四五"时期，青海省林草部门将坚持用新发展理念引领林草发展，坚持用改革的办法、创新的举措推进林草工作。

### 7.5.1　政策思路

#### 7.5.1.1　指导思想

全面贯彻落实党的十九大精神，以习近平新时代中国特色社会主义思想为指导，以建设更加美丽新青海为总目标，认真践行新发展理念和"两山"理念，加强顶层设计，严守生态保护底线，加快转变林业发展方式。着力深化林业与草原改革，推进现代林草业建设，打造以特色林果为主的绿色产业，着力构建林草业一、二、三产业融合发展的现代产业体系，构建"丝绸之路经济带核心区"绿色屏障，为全省全面建成小康社会、创建全国生态文明先行示范区作出新贡献。

#### 7.5.1.2 基本原则

(1)坚持保护优先,持续发展。树立尊重自然、顺应自然、保护自然的理念,把生态保护放在政策建设的首要地位,融入生态修复、产权改革、产业发展政策的各方面和全过程。节约和高效利用资源,促进资源永续利用、生产生态生活协调发展,构建林业和草原发展长效机制。

(2)坚持统筹规划,合理布局。林业和草原政策建设是一项系统工程,需要综合考虑区域自然资源、经济社会发展水平、林业和草原发展现状、农水环境发展等条件,统一规划设计,合理布局,突出重点,注重政策协同,协调推进,确保建设成效。

(3)坚持因地制宜,分类施策。根据青海省林草资源禀赋和生态区位重要性实施差别化政策和项目标准,因地制宜、多措并举、分类指导、分区施策,正确处理生态保护与资源利用的关系,转变资源利用方式,推进生态系统自我修复能力持续提升,生态系统压力不断减少,为经济发展的友好、绿色、低碳、循环发展奠定基础。

(4)坚持以人为本,惠民利民。构建生态产品生产体系,创造更加丰富的生态产品,挖掘林地、草地、湿地、物种资源、林草产品市场的巨大潜力,发展绿色富民产业,改善人居环境,全面提高林草生态产品生产供应能力。要充分尊重农民意愿,发挥其主观能动性,不搞强迫命令。通过强化政策扶持、建立利益补偿机制,充分调动农牧民的积极性,确保农牧民收入不降低。并要鼓励农牧民以市场为导向,调整优化种植结构,拓宽就业增收渠道。

(5)坚持综合治理,整体推进。根据林地及其空间环境条件,宜封则封,宜种则种,宜养则养,合理配置生产要素,合理选择经营策略,从单一治理对策转变为系统保护修复,寻求系统性解决方案,打破行政区划、部门管理、行业管理和生态要素界限,综合治理、系统修复,整体推进,长效管理,整合资源,合力推进,确保生态产品供给和生态服务价值持续增长。

(6)坚持试点先行,有序推进。按照生态区域、人口条件、资源环境与农牧业生产协调发展的要求,林地草原河湖休养生息规划将通过试点、示范项目先行,着力解决制约生态保护和农牧业资源的政策瓶颈和技术难题,着力构建有利于促进农业资源与生态保护的运行机制,探索总结可复制、可推广的成功模式,因地制宜、循序渐进地扩大示范推广范围,稳步推进全省耕地草原河湖休养生息工作。

#### 7.5.1.3 政策目标

一是整合各类专项政策为综合政策,形成以综合为主体,专项为补充的政策体系;二是构建纵向到底、横向到边的林草政策架构,即建立法制类(法律、法规、条例)、管理类(办法、制度、标准)、监督类(执法、管理)、考核类(监督、检查)、问责处罚类的完善体系(以政策类型为横、以专业体系为纵形成政策体系框架)。

### 7.5.2 政策任务

#### 7.5.2.1 完善政策体系

(1)改革政策。扎实推进祁连山国家公园体制试点。重点做好总体规划编制、机构组建、政策法规宣传培训,强化与科研院所合作,扎实开展以雪豹为主的生物多样性本底调查,构建生态环境和生物多样性监测体系。加快实施保护站点智能化、标准化改造,推进联合巡护执法督查,落实生态保护治理责任,不断完善国家公园管护体系。科学合理确定公益林区域内的自然生态资源产权结构,不断完善用地补偿机制,通过这些措施,积极吸引原居民参与决策。

深化林权流转机制改革。抓好县级集体林权流转管理服务信息平台建设,完善林权流转管理服务体系。搭建银政合作平台，落实差别化信贷政策支持，为加大金融对林业重点工程建设的支持力度创造条件。规范林权流转平台建设，不断完善林权登记制度，建立流转收益分配制度、储备库制度和林地流转备案登记制度等各种模式，建立符合现代林草发展需求的社会化服务体系。

深入推进林草投融资体制机制改革。发挥财政资金"撬动"作用，将青海省林业生态建设投资有限责任公司打造为重大生态建设工程的投资主体、承接平台和经营实体。以开展国家重点项目湟水规模化林场建设为主要载体，规划实施林业PPP项目，积极推进林业碳汇造林试点，建立起政府主导、公众参与、社会协同的造林绿化投入机制。通过多方举措拓宽信贷支农渠道，重点加强建设产权多元化的林业贷款担保机构，推动林草承包林地经营权、机械设备、运输工具等新型抵押担保，开展以林产品订单或是林业保险保单质押，构建以林业信贷担保业务为主的符合青海林业实际情况的融资性担保机构。大力发展抵(质)押融资担保机制，积极推进林业信用体系建设。完善林业财政贴息政策，提高林权抵押贷款贴息率，推广政府和社会资本合作、信贷担保等市场化运作模式。探索森林生态效益分档补偿试点。

巩固扩大国有林场改革成效。尽快出台《国有林场后续改革实施方案》，明确所有国有林场事业单位独立法人和编制，最大限度地减少微观管理和直接管理，落实国有林场法人自主权，实行场长负责制。将管护站点道路、饮水、供电、通信等提升改造工程纳入相关专项规划，统筹现有资金和整合涉林各类基本建设投资，配备基础设施。合并同一行政区域内规模过小、分布零散的林场，提高林场行政级别，建立多部门联席办公机制，合力推进规模化林场建设试点。规模化林场建设涉及集体公益林的采用租赁、托管等流转方式，实现集体林权管理创新。国有林场托管集体公益林要尊重农户意愿，林权权利人可先将林地所有权委托给村委，经公示无异议，再由林地所有权村委与国有林场规范签订托管协议。托管的林地所有权、承包权不变，补偿性收益、经营性收益、资产性收益都优先保证林权权利人。落实国有林场林地确权发证及生态移民迁出区土地划归国有林场管理工作，全力保障生态移民迁出区土地划归国有林场管理得到贯彻落实。出台有利于操作执行的《青海国有林场管理办法》《青海国有林场场长森林资源离任审计办法》《青海国有林场森林资源有偿使用管理办法》《青海国有林场森林资源保护管理考核方案》的配套政策。实行国有林场经营活动市场化运作，加快分离各类国有林场的社会职能，建立完善以政府购买服务为主的国有林场公益林管护机制的政策规定，保障该机制落地落实。鼓励社会资本、林场职工发展森林旅游等特色产业，合理利用森林资源。建立"国家所有、分级管理、林场保护与经营"的国有森林资源管理制度和考核制度。落实国有林场基础设施建设实行市、县财政兜底的改革要求。落实国有林场要建立以森林经营方案为核心的现代经营模式。充分利用国家生态移民工程和保障性安居工程政策，改善国有林场职工人居环境。

加快完成草权承包制度改革。稳定和完善草原承包经营制度，确立牧民作为草原承包经营权人的主体地位。探索实施草原承包权和经营权分置，稳定草原承包权，放活草原经营权，保障收益权。推进国有草原资源有偿使用制度。建立草原监测预警制度，动态监测预警草原承载力，评估草原生态价值。建立草原科学利用制度，实施禁牧休牧轮牧和草畜平衡，设立草原类国家公园体制。建立草原监管制度，编制草原资源资产负债表，对领导干部管理草原自然资源资产进行离任审计，对草原生态环境损害进行评估和赔偿，对草原生态保护建设成效进行评价。

创建全国林长制、草长制改革示范区。构建以党政领导责任制为核心的省市县乡村五级林、草长制组织体系，建立工作协调机制，明确工作职责，接受社会监督。制定林、草长制督查、信息和考核制度；建立投入保障机制，加大公共财政支持林草发展的投入保障力度。确保一山一坡、一林一园都有专员专管、责任到人。围绕护绿、增绿、用绿、管绿、活绿建立长效机制,破除困扰林草发展的沉疴痼疾。积极推进林草治理体系和治理能力现代化。

"三权分置"改革。允许林地、草场承包经营权人在依法、自愿、有偿的前提下,采取多种方式流转林草地经营权和林草所有权,流转期限不得超过承包期的剩余期限,流转后不得改变林草地用途。实现林草地经营权物权化,给经营权一个"身份证",明确赋予林草地经营权应有的法律地位和权能。集体统一经营管理的林草地经营权和林草所有权的流转,要在本集体经济组织内提前公示,依法经本集体经济组织成员同意,收益应纳入农村集体财务管理,用于本集体经济组织内部成员分配和公益事业。依法保障林草权权利人合法权益,任何单位和个人不得禁止或限制林草权权利人依法开展经营活动,确因国家公园、自然保护区等生态保护需要的,可探索采取市场化方式对权利人给予合理补偿,着力破解生态保护与林农和牧民利益间的矛盾。

"三变"改革。引导鼓励林牧民把依法获取的林草地承包权转化为长期股权,变分散的林草地资源为联合的投资股本,建立起"资源变资产、资金变股金、农民变股东"的新型集体经营制度。组建林草地产权股份合作组织,开展清产核资、成员界定、资产量化、股权设置、股权管理、建章立制、盘活资产,发展多种形式的股份合作。对资源性资产,在林草地承包经营权确权登记基础上,探索发展股份合作等多种实现形式。对经营性资产,明晰集体产权归属,将资产折股量化到集体经济组织成员。对非经营性资产,探索集体统一运营管理的有效机制,更好地为集体经济组织成员和社区居民提供公益性服务。加大迁出区林草业管护力度。对劳务移民为主的村庄,建议成立股份制集体林场,再由村集体林场将林权托管给就近的国有林场,或配置林管员进行管理。对生态移民为主的村庄,将林权就近并入国有林场,移民享受退耕还林政策,对迁出区的基本农田,建议国土部门通过"三调"调整为非基本农田,以便林草部门对原基本农田进行退耕还林还草。在落实退耕农户管护责任的基础上,逐步将退耕还林地纳入生态护林员统一管护范围。

(2)产业政策。发展林业产业。增加财政投入力度,吸引社会资本,大力发展林业生态产业。在生态安全的前提下,以市场为导向,科学合理利用森林资源,促进林业经济向集约化、规模化、标准化、产业化发展。巩固提升林下经济产业发展水平,促进林产品加工业升级,推动经济林产业提质增效,大力发展森林生态旅游,积极发展森林康养。推进林产品精深加工,三产融合,延伸产业链条,增加林产品附加值。将重点生态工程建设与"贫困地区特色产业提升工程"相结合。探索建立"互联网+林业+大数据"产业信息平台。实行森林资源资产化管理,有效盘活森林资源,促进森林资源资产与市场有机结合,为林业发展提供新的经济增长点。积极争取将东部沙棘、西部枸杞、南部藏茶、河湟杂果等多产业进入国家林业产业投资基金项目库。加快青海特色林果质量追溯体系和质量认证体系建设。苗木产业向销售、施工、设计等产业链延伸。成立林产品检验检测中心。

培育壮大草产业。继续实施退牧还草工程,启动草原生态修复工程,保护天然草原资源。加大人工种草投入力度,扩大草原改良建设规模,提高草原牧草供应能力。启动草业良种工程,建设牧草良种繁育基地,提升牧草良种生产和供应能力。成立牧草种子检验检测中心。启动优质牧草规模化生产基地建设项目,增加草产品供给。启动草产业产业化建设项目,促进草产品生产加工提档升级。建设草产业示范园区项目,以园区为平台,培育形成草产业生产基地、草产品加工基地、交易集散基地、储藏基地、牧草良种繁育和科研示范基地,逐步形成草产业信息中心、质量检验监测中心和科技培训中心。积极发展草原旅游,打造草原旅游精品路线。

积极培育市场主体。实施新型经营主体培育工程。开展龙头企业壮大、农民合作社升级、家庭农场提质、社会化服务组织孵育四大工程。鼓励发展林草业专业大户，重点培育规模化家庭林、牧场，大力发展乡村集体林牧场、股份制林牧场。大力发展林草业专业合作社，开展专业合作社示范社创建活动，引导发展林草业专业合作社联社。培育和壮大林草业龙头企业，推动组建林草业重点龙头企业联盟，加快推动产业园区建设，促进产业集群发展。引导发展以林草产品生产加工企业为龙头、专业合作组织为纽带、林农和种草农户为基础的"企业+合作组织+农户"的林草产业经营模式，打造现代林草业生产经营主体。建立新型林草经营主体教育培训制度，推进新型林草业经营主体带头人培育行动。大力培育龙头企业，特别是非公有制龙头企业。积极扶持规模大、竞争力强、经济效益好、信用等级高、可持续发展能力强企业，充分发挥龙头企业的辐射带动作用。积极组织和发展林草产业协会、各种林草社会中介机构和林草专业合作组织，为林草产业的发展搭建服务平台。支持林草企业创新和发展，充分发挥中介组织在产品生产、市场营销、咨询评估、技术培训等方面的功能和作用，提供优质服务。

加大政策性信贷扶持力度。政策性银行对林草业的贷款年限放宽为 10~20 年，宽限期为 5~10 年，积极协调金融机构开展对林草业的小额贷款，扶持企业创业开发。

(3) 支持保障政策。

①优化公共财政政策。建立三江源流域生态补偿长效机制。三江源流域生态补偿机制以多方式、长效、稳定的政府财政转移方式为主，辅之阶段性的、灵活的市场补偿措施。推动开展跨省流域生态补偿机制的试点，通过中央财政、地方财政共同设立补偿基金的方式，依据水环境质量、森林生态保护效益、用水总量控制等因素考核，建立科学的流域上下游横向的生态补偿机制。

建立黄河流域横向生态补偿机制。依托国家财政部、生态环境部、水利部、林业和草原局、沿黄河 9 省份共同建立的黄河流域生态补偿机制工作平台，增加黄河流域森林、草原、湿地、生态流量等数据汇集的青海模块。充分利用中央财政专门安排的黄河全流域横向生态补偿激励政策和引导资金，对水质改善突出、良好生态产品贡献大、节水效率高、资金使用绩效好的省内各市（区）给予资金激励，体现生态产品价值导向。积极开展合作，强化沟通协调，尽快与其他省份就各方权责、跨省界水质水量考核目标、补偿措施、保障机制等达成一致意见，推动邻近省份加快建立起流域横向生态补偿机制。

将生态经济林纳入生态效益补偿范围。建立经济林生态补偿绩效评估与考核制度，推行经济林生态经营，实施生态化管理，减少对生态环境的干扰和破坏，增强生态服务功能，提高青海省林地产出率和资源利用率。将生态型经济林建设列为国家森林生态标志产品建设工程的重点任务，通过市场手段引导经济林"产业发展生态化"，提高青海省生态型经济林产品的品牌效益和市场竞争力。

开展野生动物损害补偿。加强青海省地方野生动物栖息地保护与恢复、减少野生动物损害。建立和完善野生动物损害中央和地方补偿制度，对湿地型自然保护区等周边因野生动物保护而受损的耕地进行补偿。对野生动物造成草场损失等情形给予补偿。野生动物给群众造成的损害应当由中央和青海省地方政府共同承担补偿责任。对青海省采取预防、控制国家重点保护野生动物造成危害的措施以及实行补偿所需经费，应以中央财政补助为主。鼓励推动保险机构开展野生动物损害赔偿保险业务，积极探索将野生动物损害列入林业综合保险范围。

制定退耕还林后续补偿政策。在第二轮退耕补助到期后制定新的后续补助政策，按照不低于第一轮补助标准总额对退耕户继续进行后续补助。同时，引导退耕农户发展后续产业，通过职业技能培训为农民提供新的就业手段，进一步降低农户对退耕补助的依赖性。

完善草原生态管护员管理办法。增加草原管护员，大幅度提高管护员工资，以提高管护员积极性。建议把管护员年龄放宽，在"一户一岗"的基础上，对管护面积超过户平均面积80%的增加1名管护员。建立健全草原生态管护员长效运行和管理机制，形成政府主导、村级管理、层层考核的严密考核管理体系，切实督促管护员发挥监管作用。

健全相应的财政支出体制。具体包括建立完善的预算监督体系，建立绩效评估机制和建立完善的财政监督法律体系。实行差别化财政项目标准，根据不同地区的地理气候和生态区位差异，研究开展不同区位造林成本核算，适当提高造林补助标准，建立差异化的生态建设成本补偿机制。将水土保持补偿费中每年切块一定比例用于林草业生态保护与修复。公益林造林实行全预算工程造林，由国家和省级财政统筹解决资金来源。

建立绿色 GDP 核算试点。为实施区际生态转移支付和交易做准备，也为生态政绩考核提供依据。

②投资金融政策。完善投融资政策。完善林权抵押贷款贴息政策，提高贴息比例，延长贴息时间。给农地、林地、荒滩地上原本不是林权制度改革主要林种的特色林果经济林颁发林权证，认定家庭林场等新型林草经营主体，让家庭林场用林权证到金融部门办理林权抵押贷款，扩大林权抵押贷款范围，将整个林权制度深化改革和农村综合改革推上新台阶。制定林地承包经营权抵押贷款管理办法，完善相关法律法规，让林、草地承包经营权抵押于法有据。大力发展林草地承包经营权抵押中介服务，鼓励"互联网+林权"的发展模式，将有助于抵押人与抵押权人之间的信息联通，增强互联网对林地承包经营权抵押的促进作用，实施"抵押豁免规则"。加大政府财政支持，在政策上对接受林草地承包经营权抵押的金融机构给予一定的税收优惠。建议选择个别地区开展草场经营权抵押贷款试点工作，制定符合青海地方特色的草场经营权抵押贷款试点方案，完善牧民对草场占有、使用、收益、处分的权益，方便牧民运用草场经营权进行融资。选取草场经营较为完善、发展条件相对较好的地区发放贷款。赋予抵押人对被抵押的草场承包经营权享有优先承租权。开展公益林补偿收益权质押贷款。要抓住国际、国内重视生态建设的机遇，积极利用世行贷款、中德财政合作、日元贷款等外援项目，切实提高利用外资质量和水平，加快现代林草业建设。

积极发展融资担保业务。运用政府出资成立综合性融资担保公司、农户联保、集体资产担保等担保机制，提高贷款额度。按照林木或者农作物的自然生长属性先确定一个基准的还贷期限，再按照每个借款对象的经营水平和贷款对象的实际情况等条件，来确定最终贷款年限。将该项贷款纳入林权抵押贷款贴息范围，享受贴息率，努力降低借款人融资成本。引导抵押人积极参与公益林投保政策性林木综合险，提高保险保额，全面发挥保险的保障作用，降低贷款风险。对从事政策性林木保险的保险机构加大政策扶持力度，给予税收减免等政策优惠，建立全面配套制度。

出台政策性森林保险和特色林果保险政策。扩大林果业政策性保险覆盖范围，积极争取将林果业保险纳入农业政策性保险范畴。积极争取中央财政地方特色优势农产品保险以奖代补政策在青海试点，完善农业保险保费补贴制度。加大全省森林保险宣传力度。研究建立森林巨灾风险分散机制和赔偿金的用途引导监督机制。建议尽快出台《森林保险条例》和《特色林果保险条例》，积极争取将生态经济林纳入政策性保险范围。建议国家采取差异化补贴政策，由中央财政转移支付承担全部生态公益林森林保险费，降低森林被保险人负担比例，不断提高政策性森林保险覆盖面和赔付率。建立第三方森林保险灾害评估机构。加大对经果林的保险扶持力度，通过开展特色险种政策性保险，提高农户在防损救灾方面的能力，增强农民抗风险能力和灾后恢复能力。明确经济果林保险的实施范围、实施原则、保险责任、投保主体和补贴标准。

鼓励社会资本参与林草建设。进一步做好政策顶层设计，出台工商资本参与林草建设的中长期指导意见，建立准入和退出机制，落实风险保障机制。吸引社会资本参与生态修复治理，共治共享。培育社会资本参与生态修复治理的经济、责任、情怀动机，激发社会资本参与的动力。运用产权置换模式，在企业生态治理范围内准许其享有20%~30%的建设用地，或在治理范围之外给予其等价值额度的建设用地，或划拨荒漠地给予企业进行长期经营，以地换绿。运用经营权置换模式，对在生态保护范围内有经营价值或有旅游开发价值的，给予企业长期的特许经营权。对社会资本参与没有经济收益的生态保护修复与建设，运用政府购买模式，在企业完成生态治理恢复任务以后，按照其实际投入和正常利润等额购买，实现企业参与生态修复治理的市场交换机制。

发行长期专项债券。研究发行以国家公园为主体的自然保护地体系建设长期专项债券，发行期限按照15~20年为限，定向投资于国家公园以及自然保护地的建设与开发。

③科技创新。加强林草科技发展顶层设计。加快编制立足青海省情和绿色发展需要的林草科技发展专项规划，推动林草事业和生态文明建设，促进由林草大省向林草强省转变。加快建立和完善省级林草成果推广库、林草科技成果交易等互联网服务技术平台。不断提高科技成果的转化质量；坚持问题和需求导向，发挥好林业和草原科技力量协同创新的优势，结合供给侧改革，提升林草科技成果推广转化的质量和结构。不断提升推广服务水平；结合新一轮政府机构改革，摸清基层推广机构的变动情况，全面理顺推广体系，完善体制机制。切实加大对林草科技研发和创新的资金投入力度。落实好中央脱贫攻坚决策部署，创新科技扶贫开发模式。发挥好林草科技创新的支撑作用，把科技推广与科技扶贫紧密结合起来。

切实加强林草科技力量建设。适当增加林草岗位，特别是专业技术人员编制。加快解决林草专业技术人员断层、配置不科学等问题，推进林草科技队伍结构优化和人力资源高效配置。加强涉林涉草高级技术人才和优秀人才的引进力度，力争每年从国内外引进60~90人；争取在国内重点农林院校定向培养一批林草专业技术人员；同时加强对林草乡土专家的培养力度。全面加强林草科技人员的业务素质，不断提升林草科技推广水平。加强林草干部队伍专业知识培训，不断提高林草干部队伍综合素质。成林林草部门人才工作领导小组，建立健全部门主要领导与高水平林草专家一对一联结和服务机制，确保人才队伍稳定和发展。每年表彰一批林草科技领域的优秀人才，发挥榜样的力量。通过全面增强林草干部队伍力量，适当缩小林草队伍服务半径，为进一步做好林草工作、特别是生态保护和建设提供坚强有力的队伍保障。

不断创新林草科技推广载体和模式。加快探索建立以政府为主导、以高校和科研机构为依托、以基层站所为支撑、以企业参与为特色的林草科技推广模式，破解科技成果转化"最后一公里"。鼓励和支持国内重点农林高校和相关科研机构在青海设立若干个面向基层、服务农牧民且符合绿色发展需求的区域性林草综合试验示范站或推广基地。开拓工作思路，遵循市场规律，调整工作布局，发挥好政府部门、科研机构、高等院校和企业、生产经营主体各自的职能特点和优势特色，形成集聚合力。通过建立林草科技扶贫开发示范样板、选派林草科技扶贫专家、培养乡土技术能人等方式，借助利用信息化手段和方式，让林草科技真正落地，让贫困地区农牧民始终能有"看得见、问得着、学得会、用得上"的科技成果。

促进林草科技对口援助。鼓励和支持国内重点农林高校和相关科研机构在青海设立若干个面向基层、服务农牧民且符合绿色发展需求的区域性林草综合试验示范站或推广基地。发挥好政府部门、科研机构、高等院校和企业、生产经营主体各自的职能特点和优势特色，形成集聚合力。

实施林草科技人员培训工程。坚持分级培训、分类培训和分阶段培训相结合的原则，提高培训实效。力争到"十四五"末期，实现对所有涉及从事林草科技人员培训的全覆盖。省级主要负责高级专业技术人员的培训和重大专题培训；市级主要负责中级专业技术人员的相关培训；县级主要负责职业农牧民的培训。林草专业技术人员培训突出技术性、前瞻性；职业农牧民的培训，突出可操作性和策略性。改革创新科技培训方式，采取理论授课、现场教学、模拟仿真、技术研讨、参与式调查等多样化方式推进科技培训水平的不断提升。

(4)国家公园管理政策。深入总结实践经验，推动国家公园立法。要组织力量从多维度对三江源国家公园、祁连山国家公园的试点经验进行及时、认真的总结。注重将国家公园实践中的成熟经验和做法上升到政策法规的高度，以推动国家立法和地方立法。建议将《自然保护地法》定位为综合框架性立法，重点明确保护地的功能定位、分类标准、管理体制、核心制度和法律责任等基础性内容并在《自然保护地法》的框架下，针对国家公园等不同类型保护地的特点制定相应的管理办法，并以行政法规的形式予以颁布。《国家公园法》应当对国家公园的功能定位、规划建设、保护与管理、管理机构和职能、中央和地方分类分级管理体制、事权和资金投入机制、特许经营和协议保护、社区发展等进行明确详尽的规定，确保国家公园各项管理和建设活动有法可依。按照统一管理、依法治理、因地制宜的原则，探索推行"一园一法、一区一策"做法。加快出台祁连山国家公园管理条例。

加快健全国家公园管理体制。以改革创新深化国家公园管理体制，不断提高依法管园和建园的水平。既要发挥改革顶层设计的指导作用，又要鼓励支持基层和地方因地制宜、大胆探索，为国家公园管理体制创新提供鲜活经验。从治理现代化和可持续发展的角度，尽快全面理顺林草行政部门、地方政府与国家公园的关系。建立统一管理机构，整合相关自然保护地管理职能，由一个部门统一行使国家公园自然保护地管理职责。分级行使所有权，国家公园内全民所有自然资源资产所有权由中央政府和省级政府分级行使。可根据实际需要，授权国家公园管理机构履行国家公园范围内必要的资源环境综合执法职责。合理划分中央和地方事权，构建主体明确、责任清晰、相互配合的国家公园中央和地方协同管理机制。建立统筹决策机制，在中央统筹领导下，逐步建立中央和地方政府、社区、行业协会、公益组织等相关方参与的委员会或理事会制度，保障其决策权和监督权。建立科学咨询和评估机制，由独立的科学委员会来执行，为规划、保护和开发策略、绩效评估等提供科学支撑。完善社会参与机制，吸纳非营利组织、志愿组织、非政府组织的资金、技术与人力参与国家公园管理，弥补政府供给失灵、监督不力的短处。实行差别化保护管理，重点保护区域内居民要逐步实施生态移民搬迁，集体土地在充分征求其所有权人、承包权人意见基础上，优先通过租赁、置换等方式规范流转，由国家公园管理机构统一管理。其他区域内居民根据实际情况，实施生态移民搬迁或实行相对集中居住，集体土地可通过合作协议等方式实现统一有效管理，探索协议保护等多元化保护模式。

加强国家公园的资金投入和有关保障制度建设。着力构建以转财政移支付为主体，以生态补偿为辅助，以绿色基金、社会捐赠、特许经营收入为补充，中央、地方、企业和社会多方共投的国家公园资金投入长效机制。中央政府应通过整合现有各项保护地补偿资金、加大重点生态功能区转移支付安排国家公园体制建设专项资金。省级政府可通过调整地方各类专项资金结构，安排专项补贴的方式，弥补国家公园资金的不足。积极探索国家公园内各类自然资源资产特许经营权等制度，构建以产业生态化和生态产业化为主体的生态经济体系，推进国家公园行政管理与产业经营分离。依法依规解决自然保护地内的探矿权、采矿权、取水权、水域滩涂养殖捕捞的权利、特许经营权等合理退出问题，国家应对退出国家公园的矿产资源开发主体给予资金支持。研究建立国家公园生态综合补偿制度，创新现有生态补偿机制，建立流域横向生态补偿关系，探索建立碳汇交易等市场化生态补偿。健全国家公园社会捐赠制度，激励企业、社会组织和个人参与国家公园生态保护、建设与发展。设立国家公园基金会，接受公益捐助或从特许经营项目收入中提取一定比例的费用，投入到国家公园运行并惠益社区。国家公园实行收支两条线管理，各项收入上缴财政，各项支出由财政统筹安排，并负责统一接受企业、非政府组织、个人等社会捐赠资金，进行有效管理。建立财务公开制度，确保国家公园各类资金使用公开透明。

推进山水林田湖草整体保护、一体化建设和综合治理。划定并严守国家公园的控制线，建立健全国土空间用途管制制度、管理规范和技术标准，对国土空间实施统一管控，强化山水林田湖草整体保护。积极探索山水林田湖草整体保护、一体化建设和综合治理的有效实现方式；整合河长制、湖长制、山长制、草长制等各类自然资源行政首长负责制，探索设立"生态文明长"，不断破解工作中遇到的责权划分难、协调沟通不顺、制度落实与管理不到位等一系列问题，切实提升山水林田湖草保护和治理水平。坚持问题导向，运用先进的信息化技术手段开展山水林田湖草管护综合信息化平台的建设工作，实现山水林田湖草管护工作的高效性、便捷性、长效性、实时性等目标，为"生态文明长"管理模式的推行和落实保驾护航。采取多方投资、共同参与的模式推进山水林田湖草一体化建设。采取山水林田湖草系统保护、生态修复和人工促进相结合的方式，多途径增加绿色资源总量，维护生态空间、提升生态质量、改善生态功能。扎实推进三江源二期工程、湿地保护、生物多样性保护等项目。切实做好祁连山山水林田湖草综合示范项目二期工程的争取和建设，认真做好三期项目的策划。重点实施生态保护建设工程、保护监测设施、科普教育服务设施、大数据中心建设等基础设施建设项目。推进以国家公园为主体的各类自然保护地生态移民"搬得出、稳得住、能致富"。切实保障山水林田湖草一体化治理主体的合法权益，探索推行"先治理后补助"的治理提升机制。积极探索开展促进生态保护修复的产权激励机制试点，有效吸引社会资本参与生态保护修复。

加快国家公园自然资源确权登记。尽快明确国家公园内的自然资源资产产权主体，明确委托代理自然自然资源所有权的资源清单，定期向同级政府权力机关报告国家国家公园自然资源情况。借鉴和总结自然资源统一确权登记试点经验，完善确权登记办法和规则，推动确权登记法治化，重点推进国家公园等各类自然保护地、重点国有林区、草原、湿地、大江大河重要生态空间确权登记工作，将全民所有自然资源资产所有权代表行使主体登记为国家自然资源主管部门，逐步实现自然资源确权登记全覆盖，清晰界定全部国土空间各类自然资源资产的产权主体，划清各类自然资源资产所有权、使用权的边界。建立健全登记信息管理基础平台，提升公共服务能力和水平。

开展国家公园自然资源统一调查监测。按照自然资源分类标准，进一步摸清国家公园内的自然资源底数，尽快建立自然资源信息管理平台和数据库。建立自然资源统一调查监测评价制度，充分利用现有相关自然资源调查成果，统一组织实施国家公园自然资源调查，掌握重要自然资源的数量、质量、分布、权属、保护和开发利用状况。研究建立自然资源资产核算评价制度，开展实物量统计，探索价值量核算，编制自然资源资产负债表。建立自然资源动态监测制度，及时跟踪掌握各类自然资源变化情况。建立统一权威的自然资源调查监测评价信息发布和共享机制。

#### 7.5.2.2 促进政策协同

将退耕政策与耕地轮作休耕政策相衔接。以资源约束紧、生态保护压力大的地区为重点，积极争取将退耕地，特别是农牧交错地区的退耕地纳入耕地轮作制度试点范围，将坡度15°以上、

25°以下的生态严重退化地区的退耕地纳入耕地休耕制度试点范围。将生态移民迁出地的土地，统一调整纳入退耕还林规划。

要尽快将《中华人民共和国土地管理法》中对湿地的定性更改为"生态用地"。利用"三调"机会，将生态移民迁出区的弃耕荒地和坡地调出基本农田，以便林草部门能进行统一规划，开展国土绿化。

天然林管护补助、公益林生态效益管护支出、天然林停伐管护补助应统一标准和补偿对象，实现天保工程区森林管护与森林生态效益补偿政策并轨，与集体林权制度改革相衔接，实现不同用途林种、不同林权权属，享有相同的合理资金补助政策。

将林业和草原发展政策与乡村振兴相协同。党的十九大报告提出实施乡村振兴战略，并明确了"产业兴旺、生态宜居、乡风文明、治理有效、生活富裕"的总要求，这是新时代"三农"工作的总抓手。"产业兴旺"是乡村振兴的重点，是实现农民增收、农业发展和农村繁荣的基础。习近平总书记在海南等地考察时多次强调"乡村振兴，关键是产业要振兴"。在"促进工业化、信息化、城镇化、农业现代化同步发展"过程中，农业现代化明显是"四化"的短板。林草业现代化更是短板中的短板，如果没有林草业现代化，"四化"就是不完整的，其他"三化"建设也会受到制约和拖累。实施乡村振兴战略，要尽快补齐"四化"短板，全面实现乡村产业振兴。林草产业振兴要坚持规划先行，要坚持改革创新，深化林草地承包制度改革，推进社会化服务体系改革创新，推进财政与金融体制改革创新，深化农业供给侧结构性改革，推进一二三产业融合发展，发展规模经营、培育新型农业经营主体，构建林草业现代化产业体系。

将林草业产业发展政策和产业融合发展相协同。推进农村一、二、三产业融合发展，是拓宽农民增收渠道、构建现代林草业产业体系的重要举措，是加快转变林草业发展方式、探索中国特色林草业现代化道路的必然要求。要牢固树立创新、协调、绿色、开放、共享的发展理念，主动适应经济发展新常态，以市场需求为导向，以完善利益联结机制为核心，以制度、技术和商业模式创新为动力，以新型城镇化为依托，推进农业供给侧结构性改革，着力构建林草业与二、三产业交叉融合的现代产业体系，形成城乡一体化的农村发展新格局，促进林草业增效、农牧民增收和农村繁荣，为国民经济持续健康发展和全面建成小康社会提供重要支撑。林草产业政策要能明显提升产业融合发展总体水平，基本形成产业链条更完整、功能更多样、业态更丰富、利益联结更紧密、产城融合更加协调的新格局，林草业竞争力明显提高，农牧民收入持续增加，农村活力显著增强。

#### 7.5.2.3 积极争取新的政策

实施退牧还湿工程。尽快出台退牧还湿生态效益补偿方案，争取中央财政湿地保护补助，依据生态环境的增量量化标准，对占用草地作价买断。

启动草原退化治理工程。高度关注草畜平衡。建植多年生的人工草地和半人工草地。落实退牧还草工程，对退化不是特别严重的草地，可采用阶段性禁牧的措施。启动草原黑土滩治理工程，加强对严重退化的草场的治理投入力度，做好草原鼠害的防治工作，引入专业化灾害防治公司，加强草原灾害监测。实施草原保护制度，通过强化草原保护制度建设，规范草原资源的开发与使用，实现草原生态保护与社会经济发展的协调统一。国家各部应当进一步加大草原管理投入，确保草原退化治理工程顺利推进。

实施牧草业现代化工程。确定一批现代草牧业发展示范县，积极争取金融机构的信贷支持，推进草牧业领域政府和社会资本合作模式。加快推动科技创新，发展现代金融，实施人才强省战略，优化向林草业集聚发力的要素配置。推动产业结构优化升级，加快林草加工业、林草服务业发展步伐。鼓励和扶持新型经营主体打造优质品牌，延伸产业链，提升附加值，推动构建种养加结合、产供销一体、一二三产业融合的草牧业产业体系。培育草牧业现代物流、电子商务、"互联网+"等新型业态。

启动城镇绿化工程。制定或完善园林绿地系统规划，并纳入城镇建设总体规划。积极筹措资金，发展城镇绿化。加速普及绿化进程，深入开展"互联网+全民"义务植树运动。加大城镇绿化的科技含量，推广先进的植树技术，培育适合本地气候的绿化苗木新品种，开展节水和污水回用技术的研究，提高绿地养管的机械化程度以及病虫害综合防治水平。

开展草原保险试点。建立健全草原保险管理机构，多措施加大保险公司的引进，可以采用混合所有制形式由政府、企业和个人共同出资解决资金来源问题，推动建立完善草原保险、贷款和融资担保制度。设置并推广草牧业大型机具、设施、草种制种、畜牧业和草场遭受灾害损失等保险业务，为广大种养殖散户和农民群众提供基本的风险保障；加快建立财政支持的农业巨灾风险分散机制，实现风险分散与共担。考虑在保费补贴之外建立单独预算的农业巨灾保险基金以及财政支持的巨灾再保险保障体系，形成由中央和地方财政共同支持的、保险公司参与的多层次农业巨灾风险分散机制，拓展可保风险范围，提高保险业抵御农业巨灾风险的能力。

研究成立林草产业投资基金。选择资金成本较低的基金投资者作为募集资金来源。提高养老、社保和保险基金等资金成本相对较低的机构对林草产业投资基金的认知度，扩大潜在投资者选择范围，建立政府参与的主要投资者沟通制度，降低长期投资者的后顾之忧。建立专门的林草产业基金管理公司，提高林草产业投资基金的管理专业性。

研究开展绿色碳汇交易试点。与中国绿色碳基金会合作，研究构建青海省绿色碳汇机制。开创青海省碳交易市场，推动建立绿色碳汇基金。出台优惠政策促进企业和个人的自愿碳汇购买。通过碳汇项目的运作，促进退化土地的生态恢复。加大对绿色碳汇交易的监管，投建第三方评估认证标准，促进绿色碳汇交易的正常开展。

设立青海国家级生态特区，制定生态特区发展规划，将自然保护区提升为生态特区的建设，坚持特别的定位、实施特别的举措、体现特别的支持。争取将生态特区建设列入国家专项规划给予支持，大力发展生态产业，完善生态基础设施，创新治理体制机制，为全国生态文明建设创造成功经验。制定特区发展考核指标，将生态目标作为区域发展的第一目标，使生态特区成为干部考核的"GDP 豁免区"。

### 7.5.3 政策保障

（1）加强政策协调。县级以上人民政府应当建立林业和草原发展政策协调机制，积极推进生态环境跨流域、跨行政区域的协同保护和协同发展，研究解决林业和草原建设工作中的重大问题。各地区各部门要强化工作责任，协调合作、上下联动，确保生态保护红线划定和管理各项工作落实到位。各市（州）人民政府也要成立相应的领导小组，对本辖区生态保护红线负总责，认真做好现场核查、相邻县域的衔接协调等工作，严格加强生态保护红线管理。省有关部门要按照职责分工，各司其职，各负其责，积极支持配合，提供所需各类资料，参与有关问题研究，做好衔接保障。

（2）健全政绩考核和责任追究机制。建立领导干部任期生态修复责任制，落实"党政同责、一岗双责"。制定生态修复政绩考核硬性指标。健全决策绩效评估、决策过错认定等生态环境损害领导责任终身追究配套制度,对造成生态环境和资源严重破坏的实行终身追责。

(3)建立健全政策监测预警机制。建立健全全省林业和草原发展政策执行监测机制,建立监测系统,制定监测指标和监测方案。对生态保护与修复、重大改革、产业发展和支持保障等政策执行进行第三方定期监测和专项监测,监测结果向社会公布。

(4)政策宣传和监督机制。政策宣传者首先要吃透政策目标、政策工具、政策内容,动员各种信息资源和信息渠道开展政策宣传,增加政策受众的理解和认知。完善政府内部监督机制,强化执行责任制度,完善规范性文件的监督责任和内容。建立政策评价的第三方监督机制。提高政策制定、执行的公开、透明程度,建立群众参与的监督机制。完善舆论监督制度,确保监督渠道畅通。

# 8 综合覆盖度指标体系研究

## 8.1 研究概况

为高效开展青海省林草发展"十四五"规划，青海省林业和草原局委托国家林业和草原局发展研究中心和北京林业大学，率先开展青海省林业和草原综合覆盖度指标体系相关的战略研究，旨在探索林草资源共管背景下，森林和草原覆盖状况开展协同监测高效管理的可行方案，省域生态安全状况有效掌控和精准提升的实现路径。

### 8.1.1 研究目标

#### 8.1.1.1 梳理现有森林和草原覆盖状况的指标

根据《中华人民共和国森林法》《中华人民共和国草原法》《中华人民共和国森林法实施条例》《"国家特别规定的灌木林地"的规定（试行）》等法律法规、相关国家标准和行业标准，以及国内外开展森林、草原及植被监测与研究的相关案例，对现有森林、草原及林草覆盖相关指标进行梳理，明确其概念、内涵、用途和测度方法。

#### 8.1.1.2 分析现有森林和草原覆盖状况指标的特点和适用性

通过分析现有森林、草原及林草（植被）覆盖状况相关指标的指示意义、生态学和生物学属性、时间和空间适用性、不同指标之间的差异状况等，进一步明确林草覆盖状况相关指标的优缺点，并提出青海省高效开展林草覆盖工作的指标体系建议。

#### 8.1.1.3 明确青海省林草覆盖现状

根据青海省植被遥感影像、林草资源统计资料等，明确青海省森林和草原现有面积（2018年），以及森林、草原和林草覆盖现状，为制定近期（"十四五"时期，2021—2025年）和远期（"十五五"时期，2026—2030年）林草资源与覆盖发展规划奠定基础。

#### 8.1.1.4 提出青海省林草覆盖潜在规划目标

根据青海省林草面积及覆盖现状，按照其现有增长趋势及外部条件变化情况，确定至2025年和2030年林草资源及覆盖率状况。

(1)森林资源及覆盖率发展目标及空间布局。按照目前国家相关标准，林木覆盖度≥20%乔木林和灌木覆盖率≥30%特灌林的林地面积即为森林面积。由于植被遥感数据无法有效区分乔木林和灌木林，本研究以 10%≤林木覆盖度<20%的有林地面积作为潜在森林增加面积（其中，15%≤林木覆盖度<20%的有林地面积作为 2025 年近期规划潜在新增森林面积；10%≤林木覆盖度<15%的有林地面积作为 2030 年远期规划潜在新增森林用地面积），勾勒青海省的森林覆盖状况及在相应规划期内的森林覆盖发展布局。

(2)草原资源及覆盖率发展目标及空间布局。按照标准，草原植被覆盖度≥5%的土地面积即为草原面积。本研究以 4%≤草原植被覆盖度<5%的土地（4.5%≤草原植被覆盖度<5%的土地面积作为 2025 年近期规划潜在新增草原面积；4%≤草原植被覆盖度<4.5%的土地面积作为 2030 年远期规划潜在新增草原面积）为规划期内新增草原面积，其空间分布即为相应规划的草原生态建设空间布局。

青海省存在大面积植被盖度<20%的草原，其生产和生态功能相对较低。因此，在未来规划中，将 5%≤植被覆盖度<20%的草原通过自然恢复和人工干预方式将其植被覆盖度逐步提升至 20%以上，作为青海省草原资源增效规划目标。其中，2021—2025 年重点考虑对植被盖度为 10%~20%的草原进行提质增效；2026—2030 年重点考虑对植被盖度为 5%~10%的草原进行提质增效。

(3)林草资源及林草覆盖率发展目标及空间布局。根据青海省森林和草原发展规划目标，以森林和草原面积之和在全省土地面积的占比作为林草覆盖率。相应规划期内，林草资源综合增量及空间布局，采用森林资源和草原资源的相应情况进行体现。

### 8.1.2 研究思路与方法

采用资料收集、文献查阅、数据分析、模型预测、现场考察与访谈研讨等手段，并充分运用理论分析与实际相结合、定性与定量分析相结合的手段，全面梳理和分析林草覆盖相关指标，明确其概念、内涵，了解其优缺点和适用性；同时，对青海省现有林草覆盖状况进行评估，并根据发展趋势与潜力进行规划制定。

#### 8.1.2.1 资料收集与查阅文献

根据国家林草相关法律、法规、标准和文件，系统梳理现有森林、草原和林草覆盖指标，明确其概念、内涵、用途和测度方法，并分析其优缺点和适用性，有针对性地提出补充性指标体系，使得青海省森林和草原覆盖度指标体系得到进一步优化。

收集历次国家森林和草原资源情况报告、历次青海省林草资源调查资料、青海省林业和草原局工作报告及总结材料、青海省林草监测与研究相关的学术论文、青海省林草资源卫星影像及土地利用数据；查阅相关资料与文献，整理青海省林草资源关键数据，并确定数据和资料整合方案，为全面完整反映收集数据和资料的相关信息，初步构建方法学框架。

#### 8.1.2.2 数据分析与模型构建

通过解译青海省植被分布状况的卫星影像，并结合青海省林草覆盖和土地利用数据，综合判断当前青海省森林和草原面积存量及分布状况，并分析森林和草原的潜在分布区，进而确定青海省未来林草资源覆盖及空间分布状况；通过多年青海省林草面积增长状况分析，建立林草覆盖率的预测模型，综合确定青海省近期（2021—2025 年）和远期（2026—2030 年）林草资源规划预期目标。

森林和草原植被覆盖度来源于 2018 年植被生长季（7、8 月）高质量、无云的 Landsat 8 OLI 影像，并在对数据进行几何校正和辐射校正的基础上，计算植被 NDVI 值：

$$NDVI = \frac{NIR - R}{NIR + R} \tag{8-1}$$

式中，$NIR$ 为近红外波段的反射率；$R$ 为红光波段的反射率。

然后，采用二分法计算获得林草植被覆盖度。像元二分模型是一种实用的植被遥感估算模型，优点在于计算简便、结果可靠，其原理是，假设一个像元的 NDVI 值由全植被覆盖部分地表和无植被部分地表组成，且遥感传感器观测到的光谱信息也由这两种因子线性加权合成，各因子的权重即是各自的面积在像元中所占的比率。其中，全植被覆盖部分地表在像元中所占的面积百分比即为此像元的植被覆盖度，计算公式如下：

$$f = \frac{NDVI - NDVI_{soil}}{NDVI_{veg} + NDVI_{soil}} \tag{8-2}$$

式中，$f$ 为植被盖度；$NDVI_{veg}$ 为全植被像元的 NDVI 值；$NDVI_{soil}$ 为无植被像元的 NDVI 值，即完全裸地的部分。

#### 8.1.2.3 现场考察与访谈研讨

通过与青海省、各市(州)及县(区)林草部门相关人员，进行座谈讨论，了解他们在林草覆盖状况监测、统计方面的具体做法、存在的困难及希望进一步优化的方向等，为进一步完善林草覆盖指标体系，促进林草覆盖协同监测、管理与发展提供重要参考。

通过组织研究人员到青海省各地市进行野外考察，了解目前省内自然保护地分布与管理情况、天然林保护、人工林营建和管理、森林经营管理面临的困难、草原保护与利用、退化草原状况及治理成效等，明确青海省森林和草原植被覆盖率提升的关键手段和主要困难；通过组织研究人员与省、市(州)、县从事森林和草原管理保护的决策者、管理者和经营者进行访谈研讨，明确当前进一步提升林草面积的潜在技术手段、未来林草资源的发展方式和方向、林草管理和经营模式的优化潜力、当前林草管理与经营的政策缺口等，为最终制定林草覆盖规划目标、确定林草发展技术手段、提出林草资源增长的建议及实现手段。

#### 8.1.2.4 理论与实际相结合

通过收集整理与林草覆盖率指标体系相关的文献资料，结合青海省自然、社会和经济实际情况，对青海省林草资源发展和林草覆盖率(森林覆盖率和草原覆盖率)提升情况进行仔细梳理，明确青海省林草资源的增长潜力和预期目标，确定促进林草资源增长的关键手段，提出空间布局、经营方式和政策优化等方面的建议。

#### 8.1.2.5 系统与实证研究相结合

森林和草原生态系统具有复杂性、多样性和关联性等特点，本研究采用系统论的分析方法，系统研究青海省林草资源保护和建设历程，总结主要经验和问题，探索未来青海省林草覆盖增长的目标任务和方式手段。此外，还通过大量现场调查研究，了解青海省林草资源保护和建设的典型模式，存在的问题和面临的难题等，为进一步改进系统分析结果提供重要参考。

#### 8.1.2.6 定性与定量分析相结合

森林和草原的人工建设，属于人地关系协调可持续发展的实践领域，是自然科学与人类活动相结合的实践行为。青海省林草覆盖率、林草增量空间分布等，均采用定量分析的方式予以确定；青海省林草资源增长的实现方式和技术手段的确定，主要根据森林和草原保护、管理与经营过程中的经验与教训、技术和政策方面的优化空间等定性分析的方式进行确定。

### 8.1.3 技术路线

首先,在系统梳理和分析现有林草覆盖相关指标基础上,根据国家法律法规、相关政策及青海省自然条件与林草工作实际,提出林草覆盖指标体系优化建议。相关建议紧密围绕青海省在国家生态安全格局中地位和角色,针对核心生态防护需求,致力于实现林草覆盖监测融合、协同发展,全面服务青海省林草资源科学、高效发展,促进林草覆盖状况实现稳中有增,进一步巩固青海省在青藏高原生态屏障、北方防沙带中的重要作用,为黄河流域生态保护与高质量发展提供生态保障。

其次,根据青海省林草面积及分布状况,分析未来一段时间[近期,"十四五"时期(2021—2025年);远期,"十五五"时期(2026—2030年)]森林和草原覆盖提升的潜力和空间分布状况,并提出青海省"十四五"及 2030 年林草覆盖潜在规划目标。

最后,提出促进青海省林草资源可持续增长、林草覆盖持续增加、林草资源保护和建设模式趋于优化的相关建议(图 8-1)。

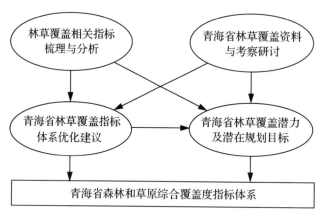

图 8-1 综合覆盖度指标体系研究技术路线

## 8.2 国内外主要森林和草原覆盖指标

森林和草原作为重要的自然资源,在维护区域生态安全、支持经济社会发展等方面,具有不可替代的作用。通常采用森林和草原覆盖指标来反映区域森林和草原的基本状况。但是,由于目的、用途、侧重点不同,所采用的具体指标也有所不同。

在当前森林和草原管理行政职能合并的背景下,研究和优化森林和草原覆盖指标体系,对于森林和草原资源的保护、利用和管理具有十分重要的意义。

基于以上目的,本项研究系统地梳理了国内外森林和草原覆盖相关指标,并对其优缺点进行了深入的分析;在此基础上,结合我国和青海省的实际情况,提出了具体的建议,为青海省"十四五"期间生态建设和管理提供参考。

### 8.2.1 森林覆盖状况指标

目前,通过对资料收集、文献检索与综合分析,涉及森林覆盖状况的指标,主要包括林木郁闭度、灌木覆盖度、林木绿化率和森林覆盖率。

#### 8.2.1.1 林木郁闭度

（1）概念。林木郁闭度（forest canopy density）指的是森林中乔木树冠投影面积与林地面积之比，可用于反映林分密度。根据《中华人民共和国森林法》(2019修订）、《中华人民共和国森林法实施条例》(2016修订）、《土地利用现状分类》(GB/T 21010—2017)的规定，郁闭度为0.2以上的乔木林被认定为森林，相应的土地认定为林地，因此林木郁闭度测定是森林资源调查与规划的重要技术指标。

（2）内涵。林木郁闭度可以反映树冠的闭锁程度和树木利用生活空间的程度，是反映森林结构和森林环境的一个重要因子。

（3）用途。林木郁闭度在水土保持、水源涵养、林分质量评价、森林景观建设等方面有广泛的应用；同时，在森林经营中郁闭度是小班区划、确定抚育采伐强度，甚至判定是否为森林的重要因子；此外，林木郁闭度可反映林分光能利用程度，常作为抚育间伐和主伐更新控制采伐量的指标，也是区分林地、疏林地、未成林造林地的主要指标。

（4）测度方法。

①目测法。目测林木郁闭度是最为常用、迅速和便捷的方法，但受主观因素影响大，误差也较大，同时还受到地形、地貌、下层植被的影响。2003年国家林业局颁布的《森林资源规划设计调查主要技术规定》中指出，有林地小班，可以通过目测确定各林层的林冠对地面的覆盖程度，但强调有经验的调查人员才能够应用目测法。但是，目测法仅能满足郁闭度十分法表示的精度，更为准确的调查则需要其他方法。

②树冠投影法。将林木树冠边缘到树干的水平距离，按一定比例将树冠投影标绘在图纸上，最后从图纸上计算树冠总投影面积与林地面积的比值即为林木郁闭度。由于该种方法依旧需要靠人眼判断，存在着主观性，且难以克服林冠重叠问题，并且费工费时，不适合大范围的森林调查。

③样线法。在林地设立长方形样地，通过测量林木冠幅总长，除以样地两条对角线总长，即可获得林木郁闭度。样线法被认为是估计郁闭度的最可靠方法，可与通过遥感影像估测的林木郁闭度进行直接比较。

④样点法。一般采用系统抽样方法，在样地内设置样点，判断样点是否为树冠遮盖，统计被遮盖样点数，即可通过公式（林木郁闭度=被树冠遮盖的点数/样点总数）算出郁闭度。该方法应用不当可能会引起抽样偏差，但总体而言方法简便、实用，在实践中广泛应用。

⑤冠层分析仪法。冠层分析仪（如 LAI—2000）利用鱼眼光学传感器进行辐射测量，通过测定冠层下可见天空比例，计算林木郁闭度。该种方法测量快速，但对天空条件要求比较严格，需要在测量时避免阳光直射，要求在均匀的阴天或早晚进行。尽管该方法客观性强，但仪器设备昂贵，应用条件约束严格，不适用于大范围森林郁闭度调查。

⑥遥感影像判读法。对大面积的郁闭度调查，可通过航空相片或高分辨率卫星图像进行判读。在航空相片上可通过树冠密度尺或微细网点板进行郁闭度判读。用卫星影像进行郁闭度调查时，是以地面调查的郁闭度为基础，利用与郁闭度相关性高的波段或变量，建立多元回归模型来估测林木郁闭度。通过卫星影像进行郁闭度估测，涉及的因素较多，波段选择也十分关键，否则会影响估测精度。

#### 8.2.1.2 灌木覆盖度

（1）概念。灌木覆盖度（shrub coverage）指的是，灌木树冠投影面积占林地面积的百分比，可用于反映灌木林的林分密度。根据《"国家特别规定的灌木林地"的规定(试行)》,"国家特别规定的灌木林地"特指分布在年平均降水量400毫米以下的干旱(含极干旱、干旱、半干旱)地区,或乔木分布(垂直分布)上限以上,或热带亚热带岩溶地区、干热(干旱)河谷等生态环境脆弱地带,专为防护用途,且覆盖度大于30%的灌木林地,以及以获取经济效益为目的进行经营的灌木经济林。青海省大部分县(市)在《"国家特别规定的灌木林地"的规定(试行)》的范围之内,而且青海省现有森林资源中国家特别规定的灌木林所占比重极大。但是根据《土地利用现状分类》(GB/T 21010—2017)的规定,灌木林地以灌木覆盖度0.4为阈值下限,造成青海省大量国家特别规定的灌木林地因覆盖度不足未得到认定,直接导致森林资源规模的减小。

(2)内涵。灌木覆盖度具有与林木郁闭度相近的内涵,反映灌木树冠空间锁闭程度,是反映灌木林结构与环境的一个重要因子。

(3)用途。灌木覆盖度在干旱和半干旱区水土保持等方面有广泛的应用。当灌木林盖度超过特定阈值(0.2以上)后,可对立地土壤侵蚀进行有效防控。

(4)测度方法。灌木覆盖度测度方法与林木郁闭度相似,可采用目测法进行快速估算;也可采用树冠投影法,进行精确测定,但相对费时费力;而采用样线法可在保证测定精度的前提下,做到相对省时省力。总体而言,灌木覆盖度的测定要比林木郁闭度测定更为容易,且精确度更高。

### 8.2.1.3 林木绿化率

(1)概念。林木绿化率(rate of woody plant cover)是指有林地面积、灌木林地面积(包括国家特别规定的灌木林地和其他灌木林地面积)、农田林网以及四旁(村旁、路旁、水旁和宅旁等)林木的覆盖面积之和,占土地总面积的百分比。国家标准《森林资源规划设计调查技术规范》(GB/T 26424—2010)给出林木绿化率的概念及计算方式。此后,根据林业行业标准《国家森林城市评价指标》(LY/T 2004—2012),林木绿化率是国家森林城市评价的重要指标,也是反映某一行政区域内林业资源和林业建设成效的重要指标。

(2)内涵。林木绿化率是衡量特定区域林木绿化状况的指标。根据林木绿化率的概念可知,由于林木绿化率计算中涵盖了其他灌木林地面积,所以一般情况下林木绿化率要比森林覆盖率更大一些。

(3)用途。林木绿化率是国家森林城市评价的重要指标,也是反映特定区域林木覆盖状况的重要指标。在林业行业标准《国家森林城市评价指标》(LY/T 2004—2012)中规定,创建国家森林城市过程中,通过四旁绿化要实现集中居住型村庄林木绿化率达到30%,分散居住型村庄达到15%;公路、铁路等道路因地制宜地开展多种形式绿化,林木绿化率要达80%以上,形成绿色景观通道。

(4)测度方法。国家标准《森林资源规划设计调查技术规范》(GB/T 26424—2010),给出林木绿化率的计算方式,即有林地面积、灌木林面积与四旁树面积之和占土地总面积的百分比。林木绿化率的测度,主要是通过计算特定区域内有林地(乔木林地、竹林、国家特别规定的灌木林地和其他灌木林地)面积,统计四旁树木株数并折算为林地面积,然后计算二者之和占区域总土地面积的百分比,即为林木绿化率。

### 8.2.1.4 森林覆盖率

(1)概念。森林覆盖率(forest coverage rate)是指行政区域内森林面积占土地总面积的百分比。国家标准《森林资源规划设计调查技术规范》(GB/T 26424—2010)给出森林覆盖率的概念及计算方式,即有林地面积与国家特别规定灌木林面积之和,占土地总面积的百分比。因此,根据国家标准《森林资源规划设计调查技术规范》(GB/T 26424—2010)的规定,森林覆盖率与林木覆盖率存在两点差异：第一，仅涵盖国家特别规定灌木林面积，不包括其他灌木林面积；第二，不涵盖四旁树占地面积。然而，根据《中华人民共和国森林法》(2019 修订)、《中华人民共和国森林法实施条例》(2016 修订)及《"国家特别规定的灌木林地"的规定(试行)》等，指出计算森林覆盖率时，森林面积包括乔木林地面积和竹林地面积、国家特别规定的灌木林地(覆盖度30%以上)面积、农田林网以及四旁林木的覆盖面积。《中华人民共和国森林法》(2019 修订)、《中华人民共和国森林法实施条例》(2016 修订)制定时，对国家标准《森林资源规划设计调查技术规范》(GB/T 26424—2010)中涉及的森林覆盖率进行了修订。此外，根据国家标准《土地利用现状分类》(GB/T 21010—2017)的规定，在第三次全国国土调查过程中，灌木林地认定标准为灌木覆盖度≥40%，又形成与《中华人民共和国森林法》(2019 修订)、《中华人民共和国森林法实施条例》(2016 修订)及《"国家特别规定的灌木林地"的规定(试行)》对国家特别规定的灌木林地定位和认定标准的冲突，最终造成大量已被认定的国家特别规定的灌木林地未被认定为灌木林地。所以，由于认定国家特别规定的灌木林地的标准存在重大变化，对于森林资源以灌木林为主的青海省而言，第三次全国国土调查结果中森林面积会出现减小现象，并导致森林覆盖率的相应变化。

(2)内涵。森林覆盖率是反映一个国家、地区森林资源和林地占有的实际水平的重要指标，也是反映森林资源的丰富程度和生态平衡状况的重要指标。但是，由于国家、地区自然条件差异极大，因此不考虑区域差异，简单地进行森林覆盖率横向比较，往往是不可取的。根据目前我国现行法律和行业规范框架之下的森林覆盖率计算方法可知，目前获得的特定区域的森林覆盖率比一般意义上的森林覆盖率略大，主要是其额外囊括了农田林网及四旁植树的折算林地面积。与林木绿化率相比，由于林木绿化面积囊括了其他灌木林地，所以森林覆盖率要比林木绿化率低一些。

(3)用途。森林覆盖率是世界范围内，反映林业资源状况和森林覆盖状况的通用指标，也是反映林业资源动态变化的最主要指标。同时，森林覆盖率也是国家和地区森林资源保护、林业建设成效的主要考核指标之一，也是诸如生态文明示范区、国家森林城市、国家园林城市等城市荣誉认定的主要参考依据和技术指标。

(4)测度方法。森林覆盖率的测定，主要是通过计算特定区域内有林地(乔木林地、竹林、国家特别规定的灌木林地)面积，统计四旁树木株数并折算为林地面积，然后计算二者之和占区域总土地面积的百分比，即为林木绿化率。

## 8.2.2 草原覆盖状况指标

目前，通过对已有资料和文献进行分析，涉及草原覆盖状况的指标，主要包括草原植被覆盖度和草原综合植被覆盖度。

### 8.2.2.1 草原植被覆盖度

(1)概念。草原植被覆盖度(grassland vegetation coverage)，指的是草原植被在单位土地面积上的垂直投影面积所占百分比。植被覆盖率作为生态学基本概念，当其运用在草原生态系统调查时，便为草原植被覆盖度。农业行业标准《草原资源与生态监测技术规程》(NY/T 1233—2006)中的草原植被盖度，即是草原植被覆盖度。

(2)内涵。草原植被覆盖度是衡量特定区域内草原植被覆盖和生长状况的重要生态学参数和量化指标，同时也是区域水文、气象和生态等模型的重要参数。准确地获取草原植被覆盖信息，对揭示地表空间变化规律、探讨变化的驱动因子和分析评价区域生态环境具有重要意义。草原植被覆盖度反映区域草原植被覆盖程度，常用于反映草原覆盖程度的空间特征。针对某一块草原、某一类型草原植被覆盖程度的测定,可为计算区域草原平均覆盖程度提供数据支持。

(3)用途。草原植被覆盖度常用于分析气候变化、人类活动对草原植被的影响研究,是气候变化生态学、草原地理学等研究领域的重要植被参数。同时,草原植被覆盖度也是综合计算区域草原植被综合覆盖度的数据来源。

(4)测度方法。草原植被覆盖度的测量,包括地表实测和遥感估算两种方法。地表实测法,是通过在监测草原上布设样方,测定样方中草原植被面积占样方面积的百分比,具体方法以《全国草原监测技术操作手册》为准。遥感估算法,是通过解译植被遥感影像,根据监测目标草原的植被和地表反射状况,进而计算草原植被覆盖状况。目前,多采用遥感估算结合地表实测数据校准的方式,在获得较为准确的草原植被覆盖度的同时,还可做到省时省力,这也是行业标准《草原资源与生态监测技术规程》(NY/T 1233—2006)重点推荐的方法。

#### 8.2.2.2 草原综合植被覆盖度

(1)概念。草原综合植被覆盖度(comprehensive vegetation coverage of grasslands),指某一区域草原植被垂直投影面积占草原总面积的百分比,通常用某一区域内各种类型草原的植被盖度与其所占面积比重的加权平均值来表示。在农业行业标准《草原资源与生态监测技术规程》(NY/T 1233—2006)中,尽管草原植被覆盖度已作为重要监测技术指标予以单独列出,但未将草原综合植被覆盖度作为指标予以列出。然而,对县域(市域、省域)草原类型、草原面积、草原植被覆盖度等进行调查后,即可快速测算出草原综合植被覆盖度。2011年起,草原综合植被覆盖度作为独立的草原覆盖技术指标被《全国草原监测报告》(现为《中国林业和草原发展报告》)采纳,用于反映草原植被覆盖状况;2015年,又被中共中央、国务院印发的《关于加快推进生态文明建设的意见》采纳,作为与森林覆盖率同等重要的草原生态监测主要技术指标;2016年,被列入国家《生态文明建设考核目标体系》和《绿色发展指标体系》,作为我国生态文明建设的一个重要的考核指标;在国家标准《草原与牧草术语(征求意见稿)(2018年)》,给出草原植被综合覆盖度的标准术语解释。根据中共中央、国务院印发的《关于加快推进生态文明建设的意见》,设定我国2020年草原综合植被盖度的预期目标为56%;2019年7月,国家林业和草原局在全国草原工作会议上公布,2018年全国草原综合植被覆盖度达55.7%,较2011年增加6.7%,能够确保2020年预期目标的实现。

(2)内涵。草原综合植被覆盖度是用来反映大尺度范围内草原覆盖状况的一个综合量化指标,直观来说是指比较大的区域内草原植被的疏密程度和生态状况,计算中以草原植被生长盛期地面样地实测的覆盖度作为主要数据来源。

(3)用途。草原综合植被覆盖度是当前草原行政管理绩效的最主要技术指标,同时也是《全国草原监测报告》的主要技术指标,还被应用到诸如生态文明建设、区域绿色发展等领域,并作为草原资源保护和建设绩效的核心指标。

(4)测度方法。

①县域尺度草原综合植被覆盖度计算。计算基础是该县内不同类型草原的植被覆盖度和权重,权重为各类型天然草原面积占该县天然草原面积的比例。需要注意的是,某类型草原覆盖度是该类型草原所有监测样地植被覆盖度的平均值。县级以下行政区域综合植被覆盖度的测算方法与县级行政区域综合植被盖度的计算基本相同。

②省域尺度草原综合植被覆盖度计算。省域是面积较大的行政区域,情况复杂,对省域草原综合植被覆盖度的影响因素比较复杂,计算基础是该省内不同类型草原的植被覆盖度和权重,权重为各类天然草原面积占该省天然草原面积的比例。地市级行政区草原综合植被盖度的测算方法

与省级行政区测算方法相同。

③国家尺度草原综合植被覆盖度计算。全国草原类型复杂,面积巨大,对全国草原综合植被覆盖度的影响因素众多,全国草原综合植被盖度计算的基础是全国不同类型草原的植被综合覆盖度和权重,权重为各类天然草原面积占全国天然草原面积的比例。

④提高草原综合植被覆盖度的措施。根据调查的对象的分布特性,预先把总体分成几个层(也叫类、亚类、地段等),在各层中随机取样,然后合并成一个总体。各层的取样数是按照各层的面积占总面积的比例(权重)来确定。卫星等遥感数据相对于地面样地数据具有全覆盖的优势,在草原综合植被覆盖度计算中引入遥感等先进技术,采用野外实际调查和遥感技术相结合,对提高计算的准确度和时效性、改善计算方法、促进草原综合植被覆盖度的广泛应用具有重要意义。

### 8.2.3 林草综合覆盖状况指标

目前,通过对现有资料和文献进行分析,涉及林草综合覆盖状况的指标,主要包括林草覆盖率、绿化覆盖率、归一化植被指数和叶面积指数。同时,本项研究根据现有林草综合覆盖状况指标的优缺点,探索性地提出生态防护植被覆盖率指标,用于表征具有良好生态防护能力的林草植被覆盖状况。

#### 8.2.3.1 林草覆盖率

(1)概念。林草覆盖率(percentage of the forestry and grass coverage)是指在特定土地单元或行政区域内,乔木林、灌木林与草地等林草植被面积之和占特定土地单元或行政区域土地面积的百分比。国家标准《开发建设项目水土流失防治标准》(GB 50434—2008),规定开发建设项目实施场地林草覆盖率必须达到一定标准(因工程类型和规模不同,标准在15%~25%),并在《生产建设项目水土流失防治标准》(GB/T 50434—2018)予以保留,进一步说明林草措施作为水土流失防控的重要手段具有极端重要性,同时通过保证林草覆盖率可实现水土流失的基本控制。

(2)内涵。林草覆盖率作为水土保持领域的植被覆盖指标,用于规范开发建设项目水土流失治理工作。同时,林草覆盖率能够较为直观反映单位土地面积上林草覆盖的程度,可用于快速、简易地评估区域生态稳定性、水土流失控制程度。青海省作为我国土壤侵蚀最为严重的省份之一,风力侵蚀和水力侵蚀均有较大面积分布,因此参考采用林草覆盖率进行省域尺度上的森林和草原植被状况评价,有助于进一步突出生态立省理念,协调林草资源管理与森林、草原生态防护服务之间的关系,同步开展资源保护建设、生态服务功能提升两项重要工作。

(3)用途。林草覆盖率可直观反映区域森林和草原覆盖的整体状况,还可在一定程度上指区域土壤侵蚀的空间分布状况,对于协同开展林草资源发展与生态环境问题有效治理具有重要意义。2017年,全国地理国情普查结果显示,当年我国林草覆盖率达62%以上;当年,河北省和重庆市的林草覆盖率分别为46%和63%。因此,在当前和今后较长时间里,森林和草原生态优先原则将不会变化,因此采用林草覆盖率有助于反映两项重要的生态资源规模及生态防护状况。

(4)测度方法。根据林草覆盖率的概念,通过统计区域森林面积和草原面积(森林和草原不重叠)之和占区域土地面积,即可获得林草覆盖率。此外,通过植被遥感影像、土地利用现状信息,并结合地面调查验证,可以分别测算区域内森林面积、草原面积和土地面积,进而测算出区域林草覆盖率。

#### 8.2.3.2 绿化覆盖率

(1)概念。绿化覆盖率指城市建成区内绿化覆盖面积与建成区土地面积的百分比。该指标由城建行业标准《风景园林基本术语标准》（CJJ/T 91—2017）[原城建行业标准《园林基本术语标准》（CJJ/T 91—2002）]作出规定；并与城建行业标准《城市规划基本术语标准》（GB/T 50280—1998）、《城市绿地分类标准》（CJJ/T 85—2017）[原行业标准《城市绿地分类标准》（CJJ/T 85—2002）]中的绿地率相近，该指标主要用于指导城市绿化和城乡规划。同时，绿化覆盖率也作为林业行业标准《国家森林城市评价指标》（LY/T 2004—2012）的主要考核招标。

（2）内涵。绿化覆盖率反映城市建成区内绿化程度，能够基本反映城市的生态环境状况。

（3）用途。绿化覆盖率主要用于指导城乡建设规划过程中绿地（林地、草地）的规划控制规模，也可以反映建成区绿化工作的成效。林业行业标准《国家森林城市评价指标》（LY/T 2004—2012）中规定，创建国家森林城市过程中，通过开展城市绿化，要实现城区绿化覆盖率达40%以上。

（4）测度方法。绿化覆盖率可通过统计城市中乔木、灌木和草坪等所有植被的垂直投影面积，计算其在城市土地面积中的占比，即可获得。在实施过程中，可以采用数据统计、实地调查和高分辨率遥感影像解译相结合的手段，高效测定城市植被垂直投影面积。

#### 8.2.3.3 归一化植被指数

（1）概念。归一化植被指数（normalized vegetation index，NDVI）是一种基于遥感数据处理，所获得的检测植被覆盖度等和植物生长状况的指标。在农业行业标准《草原资源与生态监测技术规程》（NY/T 1233—2006）中，规定了通过遥感手段测定草原植被指数（比值植被指数，ratio vegetation index，RVI；归一化植被指数，NDVI；垂直植被指数，perpendicular vegetation index，PVI；增强植被指数，enhanced vegetation index，EVI），进行草原覆盖状况和植物长势状况的评估。随着遥感和计算机分析技术的快速发展，无论从影像精度、分析速度等多方面，都取得了突破性的进展，使得采用遥感手段进行草原、森林资源调查成为重要趋势。同时，根据相关植被指数的长期应用和研究，归一化植被指数具有更强的实用性，并在草原和森林资源调查研究中得到普遍运用。

（2）内涵。归一化植被指数主要用于反映植被覆盖和植被分布，能够较为准确反映植被覆盖度、植被物候特征和植被空间分布规律等。

（3）用途。归一化植被指数可用于快速评估中大空间尺度上，植被的空间分布状况及其年际动态等特征，并具有多种调查手段相互验证和转化、多种尺度相互转换的优点。但是，其存在无法自动剔除农作物的影响，因此在农田分布较多的区域存在较大偏差。

（4）测度方法。归一化植被指数的计算购公式（8-1）。

归一化植被指数介于-1~1，负值表示地面覆盖为云、水、雪等对可见光高反射；0 表示有岩石或裸土等；正值表示有植被覆盖且随覆盖度增大而增大。归一化植被指数产品，一方面可以在NASA 的官方网站上直接下载成品数据，数据的分辨率分别为250 米、500 米、1000 米，根据应用目的的不同用户自行选择；另一方面，可以下载遥感影像，根据公式（8-1）进行波段运算，不过这对遥感影像的质量要求比较高，需要影像上的云量比较少，必要的话还需要进行去云处理。目前，多种卫星遥感数据反演的归一化植被指数产品，作为地理国情监测云平台推出的生态环境类系列数据产品，已得到广泛的应用。

#### 8.2.3.4 叶面积指数

（1）概念。叶面积指数（leaf area index，LAI），也称为绿量，指的是单位土地面积上绿色植物的叶片面积之和。

（2）内涵。叶面积指数作为生态学研究过程中的重要植被指标，其与植物密度、结构、生物学特征和环境条件密切相关，能够有效表征植物光能利用状况和冠层结构的综合指标，在生态学、植被地理学等领域被广泛应用。

(3) 用途。叶面积指数因其具有更为灵活的测度手段和方便的尺度拓展优势，不仅可在较小空间尺度（林地、社区尺度）通过叶面积指数仪快速测量获取，还可以通过遥感信息解译方式便捷获得中大空间尺度上的植被叶面积指数，因此在越来越多的中大尺度植被覆盖、植被承载力和植被生产力评估方面被广泛应用。特别是基于遥感方式计算叶面积指数，可极大提高估算的时间分辨率，极大克服了传统方式进行林草资源调查费时费力且精度不高等问题。但是，与其他基于遥感手段获得的植被指数相似，基于遥感手段获得了叶面积指数信息，也存在无法自动剔除农作物的影响，因此在农田分布较多的区域存在较大偏差，更适用于天然植被占绝对优势的区域。

(4) 测度方法。叶面积指数的测度，可通过购置市售的叶面积指数数据产品快速提取，也可通过通用的高分辨率遥感影像进行解译加工获取，具有较好的可实现性。

### 8.2.3.5 生态防护植被覆盖率

(1) 概念。生态防护植被覆盖率（coverage of ecological protective forest and grassland），指的是某一行政单元或特定区域内具有良好生态防护功能植被面积，占该行政单元或区域土地总面积的百分比。其中，良好生态防护植被面积指的是森林面积和植被覆盖度超过 20% 的草原面积之和。

(2) 内涵。生态防护植被覆盖率是本项研究根据现有的森林、草原及植被覆盖相关指标，并根据这些指标在理论研究、工程规划和生产实践中的具体侧重和实际效用，综合考虑当前植被生态防护的覆盖度阈值效应研究进展的基础上提出的。森林和草原作为陆地生态系统的重要组分，在保持水土、涵养水源和维护生物多样性等方面，发挥着极其重要的作用。青海省的森林和草原是区域生态安全格局保障体系的主体，也是我国青藏高原生态安全屏障、北方防沙带的重要组成部分。对于森林和草原而言，只有适应当地自然环境的植物群落类型达到一定的覆盖度阈值，才能稳定、高效地发挥生态服务功能。

植被对地表土壤侵蚀起着明显的调控作用，这种调控作用受到植被盖度、类型、高度及空间分布的综合影响。大量研究结果显示，植被盖度对土壤侵蚀的影响最为显著。已有研究表明，当植被盖度低于 20% 时，会发生强烈的土壤风蚀；而当植被盖度大于 20%，土壤风蚀强度将急剧下降（董治宝等，1996）。当沙地草原植被盖度为 24%~34% 时，土壤风蚀状况基本可控（贺晶，2014）；防风固沙灌木盖度达到 20%~30% 时，防风固沙效益较为明显，基本能够控制地表土壤风蚀（魏宝，2013）。植被盖度对水蚀的影响较为复杂，不同气候类型区、不同土壤类型研究结果差异较大，一般能够有效防治水土流失的植被盖度介于 20%~40%（Snelder and Bryan，1995；Martinez-Zavala et al.，2008；Moreno-de Las Heras et al.，2009；Cherlet et al.，2018；Jiang et al.，2019a, b）。植被建设除了考虑能够有效防治水土流失外，还应考虑对土壤理化性质的改善及水资源的承载力。在我国半干旱地区的研究显示，当植被盖度达到 20% 以上时，在防治土壤风蚀、改善土壤理化性质和水资源消耗上，即能够达到较为均衡的生态效果（Fan et al.，2015）。

在本研究中，综合考虑植被对土壤水分、养分和土壤侵蚀的影响，将能够显著改善土壤理化性质、不超过当地水资源承载力、有效控制土壤侵蚀的基线植被覆盖度，作为生态防护植被盖度的下限阈值。此外，参考了《青海省实施〈中华人民共和国草原法〉办法》（1989 版）及（2007 修订版）、《西藏自治区实施〈中华人民共和国草原法〉办法》（1994 版）及（2015 修订版），关于植被覆盖度不足 20% 的退化草原、沙化草原进行更新和建立人工草地的相关规定。由于在较大的区域范围内，气候、土壤等自然要素存在较大的空间异质性，适合于不同立地类型的生态防护植被盖度也会有较大变化，需要长期的实验观测才能科学确定，考虑到青海省自然条件严酷，立地类型多样，植被建设难度较大，我们将生态防护植被的基线覆盖度阈值确定为20%。

(3)用途。生态防护植被覆盖率可用于反映高质量森林和草原资源状况，其分布状况可有效反映区域生态安全格局空间状况。同时，根据该指标还可有针对性地开展林草保护和建设，进而构建更为完善的区域植被生态安全防护体系。

(4)测度方法。以某一行政单元或特定区域内具有良好生态防护功能植被的面积(森林面积与植被盖度超过20%草原面积之和)，在本区域土地面积所占比例，作为该行政单元或区域的生态防护植被覆盖率，生态防护植被覆盖率=(森林面积+草原面积$_{植被盖度≥20\%}$)/土地总面积。

在进行生态防护植被覆盖率测度时，需要统计森林面积以及植被盖度超过20%的草原面积。森林面积统计较为容易，可根据林业调查数据库或遥感影像解译等手段获取。草原则需要采用遥感手段，测定草原的归一化植被指数(NDVI)，并通过转换计算测定其覆盖度，通过统计覆盖度超过20%的草原面积，即可获得相应的草原面积。由于青海省草原类型多样，从低覆盖度的温性荒漠草原到高覆盖度的高寒草甸草原，因此将草原的生态防护覆盖度阈值下限确定为20%。需要指出的是，本项研究确定的草原生态防护覆盖度阈值下限，是基于水土流失防控做出的，不过多考虑草原生产力状况。

## 8.3 森林和草原覆盖指标应用分析

一般而言，采用面积来反映森林和草原的绝对规模，然而，由于不同地区自然条件和国土面积差别很大，为了在不同区域间比较生态状况或生态建设成效，多采用相对的指标进行衡量。

目前，我国主要采用森林覆盖率，即森林面积占国土面积的百分比，来比较不同地区森林资源规模，采用草原综合植被盖度(草原牧草生长的浓密程度)比较不同地区草原资源状况。从这两个指标的概念来看，显然，其反映的内容和测算方法均完全不同，无法融通，也无法进行对比。

此外，由于森林覆盖率、草原综合植被盖度的测度，依赖于实地调查，存在数据还原性差、过程不可追溯等问题，无法满足当前森林和草原资源保护、利用与管理的要求。因此，对现有森林和草原覆盖指标进行综合分析，在此基础上，提出优化方案，可为新时期森林和草原的管理，提供可行的解决方案。

### 8.3.1 森林覆盖状况指标

根据森林覆盖状况指标的概念、内涵、测度方法和可操作性等，分别对林木郁闭度、灌木覆盖度、林木绿化率和森林覆盖率进行分析和比较，为森林覆盖状况指标的优化提供参考。

#### 8.3.1.1 林木郁闭度

林木郁闭度一般用于反映林分尺度上的林木覆盖状况，在一定程度上具有反映林木(冠层)浓密程度的作用。

(1)优点。林木郁闭度是鉴别林分是否为森林的重要指标，只有林木郁闭度超过20%时，林分才能被认定为森林。

林木郁闭度能够反映树冠的闭合程度和林地覆盖程度，能够提供更多的生态学、生物学细节，有助于在一定程度上反映森林结构、森林环境及森林的生态服务功能状况(水土保持、水源涵养等)。

(2)缺点。林木郁闭度主要反映特定林分的冠层状况，并不适用于反映中大尺度上的森林覆盖状况表征。林木郁闭度无法有效体现完整的林地信息，也无法有效整合灌木林的相关信息，因此并不适用于作为独立的森林覆盖状况指标。

#### 8.3.1.2 灌木覆盖度

灌木覆盖度一般用于反映林分尺度上灌丛覆盖状况，能反映树冠对地面的遮盖程度。由于灌木林是中国西北省份主要的森林类型，因此通过覆盖度认定灌木群落是否被认定为灌木林。根据《"国家特别规定的灌木林地"的规定（试行）》，特指分布在年平均降水量400毫米以下的干旱（含极干旱、干旱、半干旱）地区，或乔木分布（垂直分布）上限以上，或热带亚热带岩溶地区、干热（干旱）河谷等生态环境脆弱地带，专为防护用途，且覆盖度大于30%的灌木林地，以及以获取经济效益为目的进行经营的灌木经济林。根据《土地利用现状分类》（GB/T 21010—2017）的规定，只有灌木覆盖度达到40%，才会被认定为灌木林。

(1)优点。灌木覆盖度可反映灌木林冠层结构，进而在一定程度上反映其对立地的覆盖和庇护作用。灌木覆盖度能够提供更多的生态学、生物学细节，有助于在一定程度上反映灌木林结构、环境状况及其生态服务功能状况等。

(2)缺点。灌木覆盖度主要反映特定灌木林的冠层状况和对地表的覆盖状况。灌木覆盖度无法有效体现完整的林地信息，也无法有效整合乔木林的相关信息，因此并不适用于作为独立的森林覆盖状况指标。

#### 8.3.1.3 林木绿化率

林木绿化率指的是林地面积、灌木林地面积、农田林网以及四旁林木的覆盖面积之和，占土地总面积的百分比。林木覆盖率主要反映某一区域内木本植物的覆盖状况。

(1)优点。林木覆盖率的测度综合考虑了有林地面积、各种灌木林面积、农田林网及四旁树占地面积，能够全面反映木本植物的覆盖状况，对已有的森林保护和林业建设工作成效予以全部认定。

林木覆盖度可在一定程度上规避在干旱半干旱地区过度营造片状乔木林的弊端，具有强化天然灌木林保护、经济林生态化经营的导向作用，也可更多地体现城乡绿化、农田林网建设、绿色通道建设过程中的造林成效。青海省自然条件恶劣，部分区域高寒、部分区域干旱，冰川、湿地、石质山、沙漠面积巨大，森林适宜分布区相对较少，草原适宜分布区相对较大。

青海省除少量集中分布的乔木林和灌木林之外，大多数区域并不适合人工造林作业，而林业建设的主要工作主要在封山育林、灌木固沙、农田林网、四旁植树和通道绿化等，如果采用林木覆盖率对林业建设进行绩效评价考核，不仅能够充分体现建设成效，还可为根据本省自然经济社会特点因地制宜地、注重成效地发展林业起到良好的引导作用。

(2)缺点。在我国林业建设实践过程中，林木覆盖率的概念内涵与森林覆盖率相近，且林木覆盖率的应用范围相对较窄，不及森林覆盖率更普遍。

林木绿化率的使用，容易造成诸多误导，不便于涉林工作的数据统计、国际履约和学术交流等活动的开展。

#### 8.3.1.4 森林覆盖率

森林覆盖率是反映一个国家、地区森林资源和林地占有的实际水平的重要指标，也是反映森林资源的丰富程度和生态平衡状况的重要指标。该指标是世界各国及我国各省（直辖市、自治区），进行林业保护和建设绩效评价的核心指标。

(1)优点。森林覆盖率能够反映最主要的森林类型的综合状况，体现区域森林覆盖与土地面积的比例关系。森林覆盖率，有助于克服过度关注森林面积，而忽视区域土地面积差异，势必造成森林资源状况比较出现偏差。因此，森林覆盖率是国内外进行森林资源调查时，最主要的目标性指标之一。森林覆盖率应用最为广泛，便于长期开展林业资源统计与管理。鉴于森林覆盖率作为《中华人民共和国森林法》（2019 修订）的正文条款，该指标将长期用于我国林业建设成效评价工作，因此必将得到持续应用。

森林覆盖率作为表征我国森林资源和林业建设的主要指标，具有操作方便、表征准确的特点，可长期作为反映森林覆盖状况的主要技术指标。由于我国幅员辽阔，省级行政单位之间及省级行政单位内部，气候特征、自然条件差异巨大，在反映特定区域森林覆盖状况时除了计算常规的森林覆盖率以外，还可计算区域扣除不适合森林分布土地面积后的森林覆盖率作为补充。这样可以，一方面充分体现实事求是、尊重自然的理念，另一方面如适合森林分布土地上森林分布比例较为适宜，则可将森林资源管理与经营，由造林增量向保护增效转变。

就青海省而言，由于地形和气候的双重影响，一方面本省不适宜植被分布的区域面积巨大，另一方面本省作为中国的草原集中分布区，适宜林木分布的区域十分有限。因此，仅依据森林覆盖率很难充分反映本省生态安全状况。鉴于此，青海省可在核算森林覆盖率的同时，核算扣除不适合林木分布区土地面积后的修正森林覆盖率，一方面按照符合林业行业法律和实践规范，另一方面能够真实展现本省森林覆盖的实际情况和潜在空间。

(2)缺点。森林覆盖率的测算，仅将国家特别规定的灌木林地纳入，而其他灌木林未被纳入。青海省国家特别规定的灌木林范围县(市、镇)之外，其他县(市、镇)依旧存在相当面积的灌木林，这些灌木林在发挥水土保持、水源涵养、生物多样性维持等方面作用巨大，不将其纳入森林覆盖率的计量具有一定不合理性。

森林覆盖率计量，未考虑到青海省不适宜植被分布、不适宜林木分布土地面积巨大的实际情况。

目前，我国考量区域生态安全状况时，多以森林覆盖率作为参考技术指标，但无法全面反映青海省以草为主、以林为辅、林草结合的省域生态安全格局构建实际。

## 8.3.2 草原覆盖状况指标

根据草原覆盖状况指标的概念、内涵、测度方法和可操作性等，分别对草原植被覆盖度和草原综合植被覆盖度进行分析和比较，为草原覆盖状况指标的优化提供参考。

### 8.3.2.1 草原植被覆盖度

草原植被覆盖度，指的是草原植被在单位土地以面积上的垂直投影面积所占百分比，用于反映某一片草原的植被浓密程度。

(1)优点。草原植被覆盖度，作为草原生态学的基本参数，具有具体的生物学和生态学意义，能够直观地反映草原生态防护和牧草生产能力，是草原生态学研究和草原生态监测的重要的元指标。

草原植被覆盖度的测度方法多样，可采用实地调查、无人机调查和遥感影像估算等独立或综合方法实现，也便于实现尺度转化。

(2)缺点。草原植被覆盖度，如同林木郁闭度，能够反映较小空间尺度上的草原植被的浓密程度，并不适于反映中大空间尺度草原的覆盖状况特征。

草原植被覆盖度无法有效体现完整的草原的面积信息，难以直观判断特定行政单元或区域内的草原规模。

#### 8.3.2.2 草原综合植被覆盖度

草原综合植被覆盖度，指某一区域各主要草地类型的植被覆盖度与其所占面积比重的加权平均值。

(1)优点。草原综合植被覆盖度，可在较为直观地反映了某一行政单元或特定区域内草原植被的平均浓密程度，能够反映草原植被的生态防护能力，也能反映出牧草的生产潜力。

草原综合植被覆盖度，长期作为草原行政管理的核心技术指标，已得长期执行和广泛认可，并已成为生态文明建设、绿色发展等评价体系中关于草原的主要技术指标。

(2)缺点。草原综合覆盖度无法直观体现区域草原面积信息，难以根据该指标判断区域草原规模。

草原综合覆盖度，由于是通过不同类型草原覆盖度及其面积比重，综合加权得到的，所以该指标也无法直观体现不同草原类型间的覆盖度差异，不便于直接指导草原管理与经营。

### 8.3.3 林草综合覆盖状况指标

根据林草综合覆盖状况指标的概念、内涵、测度方法和可操作性等，分别对林草覆盖率、绿化覆盖率、归一化植被指数、叶面积指数、生态防护植被覆盖率进行分析和比较，为林草综合覆盖状况指标的优化提供参考。

#### 8.3.3.1 林草覆盖率

林草覆盖率是指在特定土地单元或行政区域内，乔木林、灌木林与草原等林草植被面积之和占土地总面积的百分比，能够较好反映森林和草原在区域生态保障中的实际效用。

(1)优点。林草覆盖率充分融合了森林和草原的覆盖状况信息，能够有效体现林草资源规模，并可为区域林草资源协同规划、管理和利用，生态安全格局有效构建创造条件。同时，林草覆盖率作为重要参数，在国土部门开展的地理国情普查中已得到试用，并且达到了预期成效。

林草覆盖率可有效规避，同一块土地由于林草重复确权，致使森林和草原面积之和与实际不相符合的问题，便于国家和行业部门进行高效的林草综合管理。

林草覆盖率能够克服，因气候变异、人为活动等所导致灌木覆盖度变化，引起的灌木林与草原面积之间的此消彼长，以及灌木林面积因气候原因而减小等问题。

林草覆盖率可采用数据统计、遥感解译等多种方法快速获取，并且不存在复杂的尺度转换问题。

采用林草覆盖率，对于气候和自然条件恶劣的青海省而言，可将更多精力放在草原保护和建设上，对于保障区域生态安全、促进畜牧业发展、规避草地植树造林等具有重要引导意义。

(2)缺点。林草覆盖率虽在一定程度上，将森林和草原覆盖状况进行了归并，但依赖于对土地权属和性质(同一块土地，只能被认定为林地或草原其一)进行全面确认。如果无法在今后的自然资源确权过程中，实现土地林权和草权的有效确认，做不到是林则非草、是草则非林，那么林草覆盖率的测算依旧难以有效开展。

青海省林草资源中，草原面积比重远大于森林，而草原(特别是覆盖度极低的荒漠类、荒漠草原类和草原化荒漠类草原)易受短期气候波动影响，势必会造成草原面积的年际波动。因此，在气候变异较大时，林草覆盖率可能会因草原面积变化较大，产生较为明显的年际差异。

如果采用林草覆盖率,可能会降低现有森林保护的积极性,使得林业管理者和经营者减少林业生产相关的经费和人力物力投入,具有不利于森林资源保护的潜在倾向。

#### 8.3.3.2 绿化覆盖率

绿化覆盖率通常指城市建成区内绿化覆盖面积占土地面积的比例,能够直观反映城市建成区内绿化程度,并可以基本反映城市的生态环境状况。

(1)优点。绿化覆盖率能够全面反映城市建成区的绿地覆盖状况,涵盖了除森林、草原以外的各类绿地类型,囊括的植被类型更多。

(2)缺点。绿化覆盖率的主要在城乡规划、园林城市和森林城市创建中使用,应用范围相对较窄。由于城市绿地数量和规模都相对较小,并有相对清晰的统计数据,因此绿化覆盖率适用于城市建成区的绿地覆盖状况表征。但是,对于更大区域而言,绿化覆盖率的各项测算指标较难获取,可操作性不强。此外,绿化覆盖率更多表达的是城市人工绿化工作的成效,而与林草资源主体为自然植被这一特点不符合,难以准确表征更大空间尺度上的林草综合覆盖状况。

#### 8.3.3.3 归一化植被指数

归一化植被指数是一种基于遥感数据处理,获取的反映地表植被覆盖状况和植被长势的指标。

(1)优点。归一化植被指数,适合在较大空间尺度上应用,能够较为便捷地获得相对较大区域植被覆盖的基本情况。采用归一化植被指数反映较大区域林草覆盖状况,省时省力,工作流程标准,具有良好的可重复性和可操作性。

(2)缺点。归一化植被指数不区分森林植被、草原植被,甚至难以区分农作物,因此精度较低。尽管归一化植被指数,能够很好反映植被覆盖状况,但完全不区分森林和草原植被,无法为林草行业部门高效管理提供针对性的依据。由于归一化植被指数是通过遥感影像解译方式获取的,因此影像的时/空分辨率、季相等都会对结果产生影响。

#### 8.3.3.4 叶面积指数

叶面积指数指的是单位土地面积上绿色植物的叶片面积之和。

(1)优点。叶面积指数并非简单地反映植被覆盖率状况,而比植被覆盖率、归一化植被指数等具有更多的生物学和生态学信息。

叶面积指数能够高效反映植被覆盖的密度,在核算植被蒸腾耗水、叶片滞尘、有毒气体吸收、噪声消减等方面具有独特的优势。

(2)缺点。叶面积指数与归一化植被指数相同,其也存在无法有效区分森林、草原和人工植被(包括农作物),同时该指标受年际气候变异影响极大。

而且,叶面积指数是通过遥感影像解译方式获取的,因此影像的时/空分辨率、季相等都会对结果产生影响。同时,叶面积指数的计算方式相对复杂,需要专业的技术人才和分析设备。

#### 8.3.3.5 生态防护植被覆盖率

生态防护植被覆盖率,指的是某一行政单元或特定区域内,森林面积和植被覆盖度超过20%的草原面积之和,占该行政单元或区域土地总面积的百分比。

(1)优点。生态防护植被覆盖率能够充分体现林草的生态防护功能属性,而非一般意义上简单呈现森林与草原面积之和占土地面积的比例。同时,该指标还包含一定的草原植被覆盖度信息,能够起到有机融合林草主要技术指标的作用。

采用生态防护植被覆盖率,可发挥对森林资源和高覆盖度草原资源协同增长的双重引导作用,有助于促进林草质量并重发展。

（2）缺点。生态防护植被覆盖率依赖于对土地权属和性质进行全面确认，在未完全确权情况下，不便于该指标的准确测算。

生态防护植被覆盖率测算，还需对草原植被覆盖度进行定期调查，一定程度上增加了林草管理工作量。

生态防护植被覆盖率作为本项研究提出的，反映林草植被覆盖状况的指标，并根据青海省林草资源状况进行了试用。如果，该指标能够得到林草行业管理部门认可，可在一个或几个省（自治区）先行试点，待进一步规范后予以适度推广。

### 8.3.4　综合分析

#### 8.3.4.1　森林覆盖状况指标

目前，采用森林覆盖率反映特定区域的森林覆盖状况，能够较好反映森林的规模，但部分林业建设成果（特别是其他灌木林等）无法得到充分体现，且森林的综合覆盖状况也未能体现。

今后，可尝试采用类似草原综合植被覆盖度测算方式（森林覆盖度与其所占面积比重的加权平均值），通过地面实测（森林资源连续清查）和遥感估算相结合的手段，构建森林综合植被覆盖度。

采用森林覆盖率并结合森林综合植被覆盖度，能够更加全面反映特定区域的森林规模和覆盖度状况，可以有效规避当前森林资源管理政策的死角，即出现森林面积持续增大但森林覆盖质量持续下降的不利情况。

#### 8.3.4.2　草原覆盖状况指标

尽管，采用草原综合植被覆盖度是反映草原植被的浓密程度，可从整体上反映特定区域草原植被对所占土地的覆盖程度，但却难以反映草原的面积信息。

今后，可尝试采用类似森林覆盖率测算方式（草原面积与土地面积的比值），通过地面实测（定期的草原资源综合调查）和遥感估算相结合的手段，构建草原覆盖率。

采用草原综合植被覆盖度并结合草原覆盖率，能够更加全面反映特定区域的草原覆盖状况和规模，可以有效规避当前草原资源管理政策的死角，即草原覆盖状况持续提高但草原规模逐年缩小的不利情况。

#### 8.3.4.3　林草综合覆盖状况指标

此前，由于森林和草原分属不同行业部门管理，林草监测评估的融合问题长期被搁置。当前，通过机构改革，森林和草原的管理职能合归一处，森林和草原资源同步监测、融合发展需要实现。但是，目前受制于森林覆盖状况采用森林覆盖率（森林的土地占比，反映森林规模状况），草原覆盖状况采用草原植被综合覆盖度（草原覆盖度与其面积占比的加权平均，反映草原植被密度状态），二者各自反映植被覆盖的一个方面，因此围绕这2项指标尝试进行指标整合是完全不现实的。

虽然，林草资源现已实现共管，但是森林资源和草原资源必将独立确权，即特定土地仅能获得林权证或草原证，而不可同时被认定为森林和草原。因此，将符合森林认定条件的土地，认定为林地；将符合草原认定条件的土地，认定为草原；既符合森林认定条件，又符合草原认定条件的土地，无特殊原因可优先认定为林地。所以，今后开展林草覆盖状况监测评价，一定是在森林覆盖状况、草原覆盖状况的测算基础上进行综合计算即可，而不存在林草之间的交集状态。

在不考虑森林和草原类型条件下，较大区域的林草覆盖状况综合监测评估可采用归一化植被指数等指标通过遥感估算手段获取，不仅可了解区域植被覆盖比率，还可了解植被覆盖度时空分布状况。但是，由于无法有效区分森林和草原，不宜区分森林覆盖状态、草原覆盖状态，难以确定森林和草原覆盖状况的动态特征(以反映资源规模和质量增减及区域差异),因此无法为森林和草原资源保护和管理提供有针对性的建议。

林草覆盖率已被长期运用于区域水土流失防治与监测,以反映特定区域水土流失防治的程度。我国西北省区面临的最主要的生态环境问题是水土流失和风沙危害,因此采用林草覆盖率评估省级行政单位范围内的植被和生态状况是合理的。因此,可以尝试采用林草覆盖率作为当前林草覆盖监测评估工作的重要指标。

#### 8.3.4.4 研究建议

综上,结合我国目前的实际情况,建议将森林覆盖率、草原植被综合覆盖度继续作为森林和草原覆盖状况的主要监测指标,并可将森林综合植被覆盖度、草原覆盖率作为补充指标,用于反映森林植被状况和草原规模状况。同时,建议采用林草覆盖率和生态防护植被覆盖率,作为林草综合覆盖状况和生态状况的指标,在青海省进行试点实施。

## 8.4 林草资源基本情况及潜力分析

由于森林覆盖率预测需长序列数据,目前只有森林资源连清数据符合研究要求,因此以森林连清结果为青海省森林覆盖率预算研究的数据基础。另外,森林覆盖状况发展规划,需要获取未成林地、宜林地等土地的林木覆盖度,而这些数据未纳入森林资源二类调查范畴,因此以青海省森林覆盖状况发展规划研究采用本省植被遥感影像解译数据为基础。

根据青海省历次森林资源连清结果,本省森林覆盖率由2008年的4.40%,增长至2011年的4.57%、2013年的5.63%,2018年(规划基准年,下同)的5.82%,呈稳定增长趋势(表8-1)。根据国家林业和草原局发布的青海省第七次森林资源清查报告(表8-1),截至2018年,青海省森林面积420万公顷,其中天然林面积401万公顷(天然乔木林面积35万公顷),人工林面积19万公顷(人工乔木林面积7万公顷)。

表8-1 青海省森林资源情况

| 年度 | 森林覆盖率(%) | 林地面积(万公顷) | 森林面积(万公顷) | 天然林面积(万公顷) | 人工林面积(万公顷) | 森林蓄积量(万立方米) | 全国森林覆盖率(%) |
|---|---|---|---|---|---|---|---|
| 2008① | 4.40 | 556.28 | 317.20 | 312.84 | 4.36 | 3592.62 | 18.21 |
| 2011② | 4.57 | 634.00 | 329.46 | 325.02 | 4.44 | 3915.64 | 20.36 |
| 2013③ | 5.63 | — | 406.39 | 395.31 | 11.08 | 4331.00 | 21.63 |
| 2018④ | 5.82 | — | 420.00 | 401.00 | 19.00 | 4864.00 | 22.96⑤ |

数据来源与说明:①国家林业局2008年全国森林资源情况;②国家林业局2011年全国森林资源情况;③国家林业局《中国森林资源报告(2009—2013年)》;④国家林业和草原局林资发〔2018〕136号文件中青海省2018年森林资源清查结果;⑤2019年8月21日,国家林业和草原局在国务院新闻发布会公布数据。

青海省作为我国的草原大省,根据青海省第二次草地资源调查结果、青海省国土资源部门进行草原普查的相关资料及青海省植被遥感影像解译结果,全省2018年天然草原面积为3882.33万公顷,占全省土地面积的55.73%(表8-2)。

综合分析,截至2018年,青海省林草面积共4302.33万公顷,全省林草覆盖率为61.55%(表8-2)。

表 8-2　青海省森林、草原及林草资源现状（2018 年）

| 森林 | | 草原 | | 林草 | |
|---|---|---|---|---|---|
| 面积（万公顷） | 覆盖率（%） | 面积（万公顷） | 覆盖率（%） | 面积（万公顷） | 覆盖率（%） |
| 420.00 | 5.82 | 3882.33 | 55.73 | 4302.33 | 61.55 |

青海省森林面积的持续增长，一方面得益于青海省天然林资源保护、退耕还林、三北防护林等工程建设，大规模国土绿化行动，公益林保护与建设，自然保护地体系建设，促进了天然林的恢复和扩张；另一方面得益于城镇化的快速发展，农牧业人口减少、农牧业强度降低，对于森林生态系统的人为干扰显著下降，一些被破坏林地的植被得到有效恢复，森林景观破碎度降低，森林景观斑块规模和连通性增加。

此外，2010 年以来，《全国主体功能区规划》（2010 年 12 月发布）和《青海省主体功能区规划》（2014 年 3 月发布）的逐步实施，青海省作为国家生态安全战略格局——青藏高原生态屏障重要组成部分，自然保护地体系构建、生态保护、植被建设力度加大，增加了人工林规模，促进了天然林和草原恢复。因此，综合而言，随着国家和青海省对生态保护、林草建设的重视程度和投入力度的持续增大，青海省森林面积、草原面积和林草覆盖率将稳步增加，为提供越来越多的生态服务产品、保障区域及国家生态安全奠定了基础。

### 8.4.1　森林主要类型、分布及覆盖状况

截至 2019 年，青海省森林面积 520.89 万公顷，森林覆盖率 7.26%，国家重点公益林管护面积 397.71 万公顷，天然林保护面积 367.82 万公顷，森林蓄积量 5093 万立方米。根据青海省 2019 年度森林资源"一张图"更新数据，天然林面积 548.5 万公顷（其中天然乔木林面积 50.4 万公顷，仅占 9.1%），人工林面积 37 万公顷（人工乔木林面积 10.8 万公顷），主要分布在长江、黄河上游及祁连山东段等水热条件较好的地区。全省按流域和山系分为九大林区，森林面积中灌木林面积所占比重较大。森林以寒温性常绿针叶林和山地落叶阔叶林为主，其次为中温性针阔混交林，少量暖温性落叶阔叶林在东部低海拔河谷地区分布，灌木林主要以高寒灌丛为主，柴达木盆地和共和盆地分布有荒漠灌丛。

青海省森林生态系统服务功能异常重要。青海省的森林是国家生态安全"两屏三带"战略格局中青藏高原生态屏障和北方防沙带的重要组成部分，其在水源涵养、水质净化、防沙固土、固碳释氧、生物多样性保护等方面发挥着不可替代的作用。同时，青海省森林资源是本省开展生态文明建设、生态立省的重要基础，也是全省实现脱贫致富、建设小康社会的资源条件。

#### 8.4.1.1　森林类型

（1）气候类型。青海省地势西高东低，西部寒冷干旱，东部温暖湿润，森林植被东部和西部差异明显，全省森林以寒温性常绿针叶林为主，其次为中温性针阔混交林，少量暖温性落叶阔叶林在东部低海拔河谷地区分布，在柴达木盆地东部尚保留一定数量的中温带荒漠灌木林。

青海省在全国生态区划之中，属于青藏高原生态大区，其省域土地分属藏北高原高寒荒漠草原生态区、江河源区——甘南高寒草甸草原生态区、帕米尔——昆仑山——阿尔金山高寒荒漠草原生态区、祁连山森林与高寒草原生态区。

从青海省生态区划及森林空间分布来看，祁连山森林与高寒草原生态区东北部（青海省东北部，以海西州东北部、海北州、西宁市北部和海东市北部为主）、江河源区——甘南高寒草甸草原生态区的东南部（青海省南部和东南部，以玉树州东南部、果洛州东部、海南州南部和黄南州为主）

是青海省两大森林集中分布区。

(2)组成类型。青海省森林组成中,灌木林面积占到其中的约九成,乔木林仅占一成左右。这主要是由青海省气候条件所决定的,因其地处内陆高原,气候寒冷干燥,总体生态环境恶劣,不利于乔木树种生存和集中连片分布,灌木树种则具有较强的适应力。

①乔木林树种与分布。青海省现有乔木林,除人工林之外,主要为山地森林。祁连山系森林主要有青海云杉林、祁连圆柏林、青扦、白桦林、山杨林等;西倾山的森林类型除与祁连山系相同外,还有部分华山松林、巴山冷杉林、紫果云杉林、辽东栎林等;巴颜喀拉山系森林主要有青海云杉林、紫果云杉林、川西云杉林、大果圆柏林、白桦林等;唐古拉山的森林以川西云杉林、大果圆柏林、白桦林等为主;柴达木盆地东部边缘山地森林主要为青海云杉林和祁连圆柏林,另有极少量的胡杨林和青海杨林。

青海省乔木林,以青海云杉林和祁连圆柏林最为典型。青海云杉林,主要分布在祁连山东段海拔2400~3400米的阴坡和半阴坡,常与阳坡和半阳坡的草原成镶嵌分布,构成山地森林草原垂直带;祁连圆柏林主要分布在青海省东部山地。此外,在柴达木盆地有部分梭梭林。

②灌木林树种与分布。高山以柳属灌木(山生柳)、金露梅(金露梅、小叶金露梅)、绣线菊属灌木(细枝绣线菊、高山绣线菊)、杜鹃灌丛(头花杜鹃、千里香杜鹃)等为主;在沙地、盐渍化土地以柽柳属灌木(多枝柽柳、甘蒙柽柳)、白刺属灌木(小果白刺、齿叶白刺)、锦鸡儿属灌木(毛刺锦鸡儿)、盐爪爪属灌木(盐爪爪、尖叶盐爪爪)为主。

青海省亚高山阔叶灌木林中,柳属灌木林主要分布在青海省东部和南部,位于山地寒温针叶林以上,海拔3300~3750米的阴坡和半阴坡。

金露梅灌木林在青海省东部和南部山地广泛分布,绣线菊灌木林主要分布在玉树州和果洛州;杜鹃灌木林主要分布在黄南州的尖扎、同仁(海拔3300~4000米),果洛州的玛沁、甘德,玉树州称多等县(海拔3800~4500米)的山地阴坡或半阴坡。

柽柳、白刺、盐爪爪灌木林主要分布在柴达木盆地及其周边沙地或盐碱地,锦鸡儿灌木林主要分布在海南州共和等地。

(3)起源类型。根据2018年青海省森林资源连清数据,青海省森林面积420公顷,其中,天然林面积401万公顷,人工林面积19万公顷。天然林以次生林为主,原始森林比例相对较小,这是由于长期过度砍伐和利用形成大规模次生林,原始森林仅在山高沟深人迹罕至的地段少量分布。青海省现存的原始森林主要分布在海北州北部的祁连县和门源县,优势乔木树种以青海云杉、祁连圆柏、山杨、白桦为主,灌木树种有千里香杜鹃、金露梅、银露梅、沙棘、高山柳等。

青海省天然分布的木本植物500余种,是全国木本植物种类分布最少的省份之一,其中乔木树种种类更少。目前,青海省天然乔木林主要以云杉、圆柏、桦树和山杨为优势种,同时少量分布有油松、冷杉、波氏落叶松、辽东栎、青杨等,这些树种均具有将强适应性,可在特定生境中作为建群种,构成多种森林植被类型。

青海省的自然条件决定其开展人工林建设进行树种选择时,将面临巨大困难。目前,根据青海省人工林立地条件进行适宜树种的选择,已取得良好效果。浅山区人工林建设,多以保持水土为主要目的,多利用根系发达、抗旱耐寒的灌木或乔木树种(甘蒙柽柳、小果白刺、山杏、沙棘、杨树和青海云杉等)营造人工林,同时在适宜地段种植少量经济林。沙地人工林多选用小叶锦鸡儿、乌柳等抗逆性强的灌木种。

脑山区人工林建设,要充分考虑其用材和水源涵养功能,不仅要有良好的生态效益,还要同时兼有良好的经济效益。脑山区人工林，主要为青海云杉、华北落叶松、祁连圆柏、青杨和白桦为主的乔木纯林或混交林；在部分阳坡或半阳坡地段，保存有少量祁连圆柏与灌木(沙棘、金露梅和银露梅等)混交林。

#### 8.4.1.2 森林分布

（1）地理分布。青海省森林地理分布表现为水平分布东西不均、垂直分布南北差异显著的特点。山地森林主要分布在祁连山、西倾山、巴颜喀拉山、东昆仑山和唐古拉山等山脉及黄河、长江和雅鲁藏布江峡谷地段，由于山岭分割，森林呈间隔性的舌状或片状分布。除山地森林植被外，在广阔的柴达木盆地、青海湖周边沙地和绿洲，还零星分布有杨树、怪柳等灌木、引种树种等组成的沙地、低湿和盐生森林植被(主要为灌木林)。

目前，青海全省有林地和疏林地面积，祁连山最多，占39.2%，西倾山占25.1%，巴颜喀拉山占15.6%，唐古拉山系占12.2%，柴达木盆地东部占7.9%。其中，祁连山系森林主要分布在祁连山中段、冷龙岭东段、达坂山东段和拉脊山；西倾山的森林主要分布在山地周围的狭谷地带，全系黄河右侧的支流支沟；巴颜喀拉山系的森林主要分布在阿尼玛卿山北坡和果洛山的南坡；唐古拉山的森林分布在东段的格吉山、郭拉山、朝午拉山、茶拉山、熊拉山等处；柴达木盆地东部边缘山地森林呈半圆形分布于诺洪南山、香日德南山、都兰东山和宗务隆山的南坡。

森林垂直分布南北差异主要体现在，南部长江和雅鲁藏布江源头的高山峡谷林区，由于纬度低、受西南季风滋润，森林垂直分布上限可以达到海拔4200米左右；北部祁连山林区，由于纬度高、受西北季风控制，森林垂直分布上限约为海拔3500米以下。此外，同一地区相同海拔高度，由于地形地貌差异，森林树种组成、覆盖和生长状况均存在巨大差异。

（2）行政区域分布。利用青海省植被遥感影像，并结合青海省土地利用数据，分析和提取2018年青海省各市(州)森林分布面积，并计算各市(州)的森林覆盖率。

以2018年青海省森林资源状况为本规划基准年，分别制定青海省2020—2025年及2025—2030年森林面积及覆盖率规划目标。

青海省森林面积排名前4的州依次为海北州(7828.56平方千米)、果洛州(7002.50平方千米)、玉树州(6926.75平方千米)和海西州(5870.31平方千米)，见表8-3。

表8-3 青海省各市(州)森林面积及覆盖率

| 行政单位 | 土地面积(平方千米) | 森林面积(平方千米) | 森林覆盖率(%) |
| --- | --- | --- | --- |
| 西宁市 | 7606.78 | 1669.06 | 21.94 |
| 海东市 | 12982.42 | 2083.94 | 16.05 |
| 果洛州 | 74246.36 | 7002.50 | 9.43 |
| 海北州 | 34389.89 | 7828.56 | 22.76 |
| 海南州 | 43453.23 | 3853.88 | 8.87 |
| 海西州 | 300854.49 | 5870.31 | 1.95 |
| 玉树州 | 204887.14 | 6926.75 | 3.38 |
| 黄南州 | 18226.46 | 3784.00 | 20.76 |
| 青海省 | 696646.77[①] | 39019.00 | 5.60[②] |

数据来源与说明：①青海省及各市(州)面积采用青海省第二次土地调查数据；②利用遥感影像解译方式获取的青海省2018年森林覆盖率，受精度所限，结果略低于国家林业局公布的同期数据(5.82%)。

青海省森林覆盖率排名前4的市(州)依次为海北州(22.76%)、西宁市(21.94%)、黄南州(20.76%)和海东市(16.05%)。其中,海北州、黄南州和海东市森林覆盖率相对较高,得益于具有适合森林生长的自然条件,加之森林资源保护力度的持续加强;西宁市作为青海省省会,其相对较高的森林覆盖率,主要得益于长期开展造林绿化,人工林面积大幅增加所致。

青海省森林覆盖率排名靠后的州分别为果洛州(9.43%)、海南州(8.87%)、玉树州(3.38%)和海西州(1.95%)。果洛州和玉树州大部分地区海拔高、气候严寒,多为草原集中分布区,几乎无森林分布。海南州和海西州,由于地处干旱半干旱区,荒漠(沙漠、戈壁、盐渍化土地)分布广泛,仅有少量的梭梭、柽柳和锦鸡儿灌木林。

#### 8.4.1.3 森林覆盖状况

青海省现有森林中,林木覆盖度≥70%的比例为75.82%,20%≤林木覆盖度<70%的比例为24.18%,表明青海省现有森林以高覆盖度森林为主,中低覆盖度森林比例极低。一般而言,同一区域、相同树种组成条件下,高覆盖度森林具有更高的生态服务功能(表8-4)。因此,尽管青海省总的森林覆盖率相对较低,但其拥有较大面积的高覆盖度天然林(部分为原始林),其单位面积森林的生态服务功能和价值也相对较高。

表8-4 青海省各市(州)2018年森林覆盖度状况

| 行政单位 | 森林面积(平方千米) | 20%~30%覆盖度 | | 30%~50%覆盖度 | | 50%~60%覆盖度 | | 60%~70%覆盖度 | | 70%~80%覆盖度 | | 80%~100%覆盖度 | |
|---|---|---|---|---|---|---|---|---|---|---|---|---|---|
| | | 森林面积(平方千米) | 比例(%) | 森林面积(平方千米) | 比例(%) | 森林面积(平方千米) | 比例(%) | 森林面积(平方千米) | 比例(%) | 森林面积(平方千米) | 比例(%) | 森林面积(平方千米) | 比例(%) |
| 西宁市 | 1669.06 | 1.29 | 0.08 | 4.75 | 0.28 | 8.44 | 0.51 | 94.08 | 5.64 | 441.81 | 26.47 | 1118.69 | 67.02 |
| 海东市 | 2083.94 | 1.94 | 0.09 | 14.40 | 0.69 | 32.33 | 1.55 | 129.84 | 6.23 | 570.37 | 27.37 | 1335.06 | 64.07 |
| 果洛州 | 7002.51 | 0.84 | 0.01 | 14.99 | 0.21 | 36.45 | 0.52 | 617.44 | 8.82 | 1569.15 | 22.41 | 4763.64 | 68.03 |
| 海北州 | 7828.57 | 51.63 | 0.66 | 118.05 | 1.51 | 162.27 | 2.07 | 1300.94 | 16.62 | 2780.93 | 35.52 | 3414.75 | 43.62 |
| 海南州 | 3853.88 | 13.62 | 0.35 | 49.82 | 1.29 | 90.26 | 2.34 | 657.92 | 17.07 | 1387.80 | 36.01 | 1654.46 | 42.94 |
| 海西州 | 5870.32 | 829.2 | 14.13 | 755.05 | 12.86 | 396.91 | 6.76 | 1926.05 | 32.81 | 1287.97 | 21.94 | 675.15 | 11.50 |
| 玉树州 | 6926.76 | 7.30 | 0.11 | 44.83 | 0.65 | 120.98 | 1.75 | 1739.56 | 25.11 | 2736.36 | 39.50 | 2277.72 | 32.88 |
| 黄南州 | 3784.01 | 1.18 | 0.03 | 10.34 | 0.27 | 23.57 | 0.62 | 178.58 | 4.72 | 924.58 | 24.43 | 2645.76 | 69.93 |
| 青海省 | 39019.05 | 907.00 | 2.32 | 1012.23 | 2.59 | 871.21 | 2.23 | 6644.41 | 17.03 | 11698.97 | 29.98 | 17885.23 | 45.84 |

青海省各市(州)森林的林木覆盖度组成可分为3类,具体如下:

第一类:西宁市、海东市、果洛州和黄南州森林的林木覆盖度组成以高覆盖度占绝大多数(大于90%),低覆盖度(20%~50%):中覆盖度(50%~70%):高覆盖度(70%~100%)为(0.22~0.78):(5.34~9.34):(90.44~94.34),以高覆盖度森林占绝大多,中覆盖度和低覆盖度森林占比极小(小于10%)。

第二类:海北州、海南州和玉树州森林的林木覆盖度组成以高覆盖度占比较高(70%~80%),低覆盖度(20%~50%):中覆盖度(50%~70%):高覆盖度(70%~100%)为(0.76~2.17):(18.69~26.86):(72.38~79.14),以高覆盖度森林为主,兼有一定规模的中覆盖度森林,低覆盖度森林比例较小。

第三类:海西州森林的林木覆盖度组成为26.99(低覆盖度20%~50%):39.57(中覆盖度50%~

70%）∶33.44(高覆盖度 70%~100%)，高、中和低覆盖度森林占比均接近 1/3。

青海省各州市森林的林木覆盖度组成形成三大类的主要原因，为同组市(州)地形和气候条件趋同、森林物种与起源组成近似。西宁市、海东市、果洛州和黄南州，分布在青海省东部，气候相对温暖湿润，森林生长条件相对较好，且存在一定数量的原始林，森林的林木覆盖度总体相对较高；海北州、海南州和玉树州，受海拔、干旱或寒冷气候影响，限制了高覆盖度森林的分布；海西州受干旱影响显著，沙地、戈壁、盐渍化土地广泛分布，少量存在亚高山森林，并以旱生或中生小乔木和灌木林为主，覆盖度一般较低。

### 8.4.2 森林资源及覆盖增长面临的问题

#### 8.4.2.1 空间分布

青海省受地形和气候条件所限，分布有数量众多的高海拔山地(裸岩、雪山和冰川)、沙漠戈壁、河流湖泊和盐渍化土地等，约占青海省土地面积的 29.15%(数据来源为青海省第二次土地调查成果公报)，严重限制着青海省可利用土地的规模，造成青海省林业用地占比相对较低。目前，受林业用地规模限制，青海省森林资源面积持续增加困难较大。

#### 8.4.2.2 统计核算

由于此前森林和草原资源管理长期分属不同部门，加之青海省山地森林和草原存在明显的镶嵌、交错分布特点，往往会造成一块土地同时被认定为森林和草原，农牧民同时获得林权证和草原证，相应的土地分别被计入森林面积和草原面积，因此造成森林面积和草原面积之和超过林草资源分布的实际面积。

今后在统计林草面积，核算区域林草覆盖率时，应依据相关标准，严格区分森林和草原，进而明确区域内森林面积和草原面积。然后，通过森林面积和草原面积的加和，确定区域内林草面积，进而核算区域林草植被覆盖率。

#### 8.4.2.3 经营理念

随着全国主体功能区规划和青海省主体功能区规划的落地，青海省现有森林基本以发挥生态服务功能，实现生态效益，保障区域和国家生态安全为主要经营目的。

随着以生态为主要目标的森林经营理念的确立，青海省通过科学手段开展林业生态建设，以实现森林生态保障能力的进一步提升。然而，目前，依然存在营造人工乔木林的偏好，对灌木林生态功能、天然林恢复潜力、森林质量提升重视不够的生态建设方式和理念，应予以转变。

#### 8.4.2.4 相关政策

(1)自然保护地相互重叠，管理机制尚未完全理顺。青海省目前拥有国内最为完备的自然保护地体系，国家公园、国家级保护区、国家森林公园、国家名胜区、省级自然保护区等在省域范围内交错分布，为青海省林草资源保护和发展提供了制度保障。然而，由于不同自然保护地之间，存在管辖土地和管理职责相互重叠的问题，尽管保护地整合工作已陆续开展，但完成全部整合工作尚需较长时间，为开展高效的森林资源保护和管理带来了很大困难。

(2)人工造林补助额度低于实际成本。青海省处于高海拔高寒区域，开展森林保护和建设投入的成本远大于内陆省份，目前，国家投入单位土地面积的资金严重不足，造成营林质量难以保证，生态建设的成效受到严重影响。

(3)林业专业技术人才队伍相对薄弱。当前，青海省从事基础性林业管理的编制人员数严重偏少，而且技能培训、再教育、职称晋升等通道尚不完善，无法保证林业管理的高效开展和水平提升。同时，由于林业管理需要开展大量的野外工作，人才引进难度大、人才流失现象严峻。

(4)现行林权制度不利于集约化经营和管理。青海省集体所有制的森林已通过林权制度改革，将林地使用权下放到农户，但是一家一户的森林经营，不利于集约化经营和管理，森林经营质量无法保证，在有害生物防治等方面，也无法充分体现科技贡献率。同时，受自然保护地相关法律法规的约束，取得林权证的农牧民又无法从森林经营中获利，造成了潜在的矛盾。

### 8.4.3 森林资源及覆盖增长潜力分析

#### 8.4.3.1 空间潜力

(1)林下、林间及林缘土地利用潜力。尽管青海省林业用地和宜林地比例较小，但森林资源增长依然具有一定的潜力。当前，由于长期的农牧业经营活动，对林木更新和人工林保育造成了严重不利影响，形成森林条块状不连续分布。但是，随着城镇化的逐步发展，山区农牧业干扰强度将大为减小或消失，为森林更新和恢复创造了一定的有利条件。现有景观破碎化度较高的森林景观，将会在一定时间的自然恢复或人工促进自然恢复后，形成破碎化程度较低、集中连片的森林景观。

(2)弃耕地和撂荒地利用潜力。城镇化的发展，带来农牧业劳动力逐步向城镇转移，停止耕作的农田或撂荒地，为人工林营造提供了空间。可参照退耕还林等政策及标准，利用弃耕地营造用材林、经济林、旅游景观林等，为区域生态经济协同发展，将绿水青山转变为金山银山创造条件。

(3)沙地和戈壁边缘地带利用潜力。大量研究显示，在当前气候变化背景下，青藏高原及其周边区域，降水量呈现显著增加趋势，未来海西州、海南州沙地和戈壁边缘地带，部分立地条件较好的地段，可发展以耐旱小乔木和灌木为主的生态林。

#### 8.4.3.2 经营潜力

(1)自然恢复、人工造林增加森林面积。实现青海省森林资源的持续增长，应在天然林区中疏林地、无林地和各类迹地上，主要通过封山育林、人工促进天然修复的方式，不断扩大森林面积；在宜林荒地主要通过人工造林的方式，实现森林面积的持续增加。

(2)强化科学抚育，提升森林资源的生态和经济效益。青海省森林资源增长，可通过科学方式，不断提升森林质量，包括通过森林抚育提高林地生产力和蓄积量，同时实现生态效益的同步提升；对灌木林进行严格保护，充分发挥其潜在的生态功能；对林区各类资源进行科学合理的开发利用。

(3)压减乔木林营造规模，有助于控制成本、提升生态效益。目前，青海省部分乔木林营造过程中，苗木及调运成本、整地和种植人力成本高昂，且成活率往往不高。今后，应控制乔木林营造规模，大力发展人工灌木林，能够极大降低营林成本，同时更加适应区域气候条件，能够保证成活率及实现预期的生态功能。

#### 8.4.3.3 政策潜力

(1)自然保护地管理机制将逐步理顺。目前青海省各类自然保护地管辖与管理，存在诸多突出矛盾和问题，但随着国家公园的逐步运行，将统一接管下辖的各类自然保护地的管理职责，这将对未来青海省森林资源持续增长提供制度保障。

(2)利用生态补偿费补贴森林保护和建设具有可行性。目前，国家正在不同层面制定生态补偿评估和拨付机制，未来可通过森林生态补偿费用补贴人工林营造定额，形成由生态—补偿—生态的良性循环。未来国家生态补偿机制逐步完善后，林地所有者或经营者将获得直接补助，破坏森林的事件将越来越少,森林保护和恢复的工作将取得更大的成就。

(3)重视林业人才队伍建设。随着青海省经济社会和生态条件的持续改善,林业行业专业化水平将不断提高,通过多种方式吸引人才加入林业行业,并采用多种途径补充林业编制人数不足造成的人才缺口。同时,还可采用地方与大专院校、科研院所共建的方式,在青海省重点林区布局若干森林生态系统定位研究站,利用外部智力资源解决本地人才缺口,并为地方人才培训和业务能力提升提供学习平台。

(4)优化林权制度,开展专业化林业经营和管理。随着国家公园体制和机制的逐步理清,国家公园规划范围内的各类林地(国有林地和集体林地)将统一规划、管理,农牧民享有的集体林地使用权,可采用经济补偿方式转为国有,由国家公园进行统一经营管理。农牧民集体林地,可采用专业合作社等模式,开展集约化经营和统一管理,确保森林经营管理的集约化、专业化和高效化。

### 8.4.4 草原主要类型、分布及覆盖状况

#### 8.4.4.1 草原类型

青海省草原类型丰富,共有9个类型,包括高寒草甸草原、高寒草原及温性草原、低山草甸草原等。高寒草甸草原和高寒草原是青海省分布面积最大的两类草原。其中,高寒草甸草原(植被覆盖度约80%)主要分布于山地的阳坡、阴坡、圆顶山、滩地和河谷阶地,海拔在3200~4700米,由耐寒的多年生中生植物组成,植物种类丰富,一般每平方米有植物25~30种,优势种主要有高山嵩草、线叶嵩草、风毛菊等。高寒草原(覆盖度一般小于60%)以耐寒抗旱的丛生禾草为建群种,较为稀疏,植被覆盖度较小,植被低矮,层次简单,植物生长期短,生物量较低。

#### 8.4.4.2 草原分布

高寒草甸草原和高寒草原在青海省面积最大、分布最广。主要分布在青海南部地区的玉树州、果洛州和黄南州等地,水分条件好,植被覆盖度高。

高寒草原主要分布在青南高原的东部和北部,在昆仑山内部山地和祁连山西段高山带亦有少量分布,海拔3400~4500米。常见于滩地、宽谷、高原湖盆外缘、古冰碛台地、洪积—冲积扇、河流高阶地、剥蚀高原面及干旱山地。

温性类草原主要分布在祁连山地、共和盆地、青海湖盆地和柴达木盆地东部的宽谷、阶地、滩地、低山丘陵、干旱阳坡及坡麓地带,海拔1800~3500米。

青海省各州市中,玉树州草原面积最大(135839.75平方千米),其次为海西州(120338.19平方千米)、果洛州(61131.06平方千米)、海南州(28939.38平方千米)、海北州(17434.00平方千米)、黄南州(13161.44平方千米)、海东市(7534.94平方千米)和西宁市(3854.25平方千米),见表8-5。

表8-5 青海省各市(州)草原覆盖度状况

| 行政单位 | 草原面积(平方千米) | 覆盖度5%~20% | | 覆盖度20%~30% | | 覆盖度30%~50% | | 覆盖度50%~60% | | 覆盖度60%~70% | | 覆盖度70%~80% | | 覆盖度80%~100% | |
|---|---|---|---|---|---|---|---|---|---|---|---|---|---|---|---|
| | | 面积(平方千米) | 比例(%) | 面积(平方千米) | 比例(%) | 面积(平方千米) | 比例(%) | 面积(平方千米) | 比例(%) | 面积(平方千米) | 比例(%) | 面积(平方千米) | 比例(%) | 面积(平方千米) | 比例(%) |
| 西宁市 | 3854.25 | 0.57 | 0.01 | 6.33 | 0.16 | 176.81 | 4.59 | 313.72 | 8.14 | 711.34 | 18.46 | 1325.27 | 34.38 | 1320.21 | 34.25 |
| 海东市 | 7534.94 | 208.21 | 2.76 | 366.69 | 4.87 | 1599.36 | 21.23 | 1013.13 | 13.45 | 1196.79 | 15.88 | 1656.86 | 21.99 | 1493.88 | 19.83 |

(续)

| 行政单位 | 草原面积(平方千米) | 覆盖度 5%~20% | | 覆盖度 20%~30% | | 覆盖度 30%~50% | | 覆盖度 50%~60% | | 覆盖度 60%~70% | | 覆盖度 70%~80% | | 覆盖度 80%~100% | |
|---|---|---|---|---|---|---|---|---|---|---|---|---|---|---|---|
| | | 面积(平方千米) | 比例(%) | 面积(平方千米) | 比例(%) | 面积(平方千米) | 比例(%) | 面积(平方千米) | 比例(%) | 面积(平方千米) | 比例(%) | 面积(平方千米) | 比例(%) | 面积(平方千米) | 比例(%) |
| 果洛州 | 61131.06 | 814.74 | 1.33 | 3101.79 | 5.07 | 9614.34 | 15.73 | 6518.44 | 10.66 | 9899.75 | 16.19 | 14588.73 | 23.86 | 16593.27 | 27.14 |
| 海北州 | 17434.00 | 206.95 | 1.19 | 320.29 | 1.84 | 1592.86 | 9.14 | 1656.14 | 9.50 | 2952.69 | 16.94 | 5076.27 | 29.12 | 5628.80 | 32.29 |
| 海南州 | 28939.38 | 1999.33 | 6.91 | 2227.62 | 7.70 | 4936.17 | 17.06 | 3532.64 | 12.21 | 4778.25 | 16.51 | 6243.20 | 21.57 | 5222.16 | 18.05 |
| 海西州 | 120338.19 | 48288.18 | 40.13 | 23650.31 | 19.65 | 30083.49 | 25.00 | 7393.24 | 6.14 | 5278.81 | 4.39 | 3941.81 | 3.28 | 1702.34 | 1.41 |
| 玉树州 | 135839.75 | 13420.77 | 9.88 | 12945.48 | 9.53 | 29959.02 | 22.05 | 18507.39 | 13.62 | 22252.42 | 16.38 | 25393.90 | 18.69 | 13360.78 | 9.84 |
| 黄南州 | 13161.44 | 20.78 | 0.16 | 72.92 | 0.55 | 332.92 | 2.53 | 370.87 | 2.82 | 885.94 | 6.73 | 2603.09 | 19.78 | 8874.92 | 67.43 |
| 青海省 | 388233.00 | 63984.22 | 16.48 | 42398.22 | 10.92 | 78123.71 | 20.12 | 39481.43 | 10.17 | 48299.49 | 12.44 | 61345.39 | 15.80 | 54600.54 | 14.06 |

#### 8.4.4.3 草原覆盖状况

2018年青海省草原覆盖率达55.73%，超过全国平均值，比"十二五"末提高了1.73%。

按区域来看，青海省草原植被覆盖度呈"东南高、西北低"的分布特点。以玉树州南部、果洛州和黄南州为代表的青南高寒草甸区，植被覆盖度在60%以上，部分地区植被覆盖度达80%以上。青海湖环湖草原区东部以草甸为主，植被覆盖度在60%以上，西部以温性草原类型为主，覆盖度在5%~30%。以海西州为代表的荒漠草原区，草原覆盖度较低，大多在30%以下，局部区域植被覆盖度可达30%~50%。

以行政区域来看，果洛州、黄南州、海南州和玉树州草原植被覆盖度最高，分别为82.34%、72.21%、66.60%和66.30%(表8-6)。

表8-6 青海省各市(州)草原面积及覆盖率

| 行政单位 | 土地面积(平方千米) | 草原面积(平方千米) | 草原覆盖率(%) |
|---|---|---|---|
| 西宁市 | 7606.78 | 3854.25 | 50.67 |
| 海东市 | 12982.42 | 7534.94 | 58.04 |
| 果洛州 | 74246.36 | 61131.06 | 82.34 |
| 海北州 | 34389.89 | 17434.00 | 50.70 |
| 海南州 | 43453.23 | 28939.38 | 66.60 |
| 海西州 | 300854.49 | 120338.19 | 40.00 |
| 玉树州 | 204887.14 | 135839.75 | 66.30 |
| 黄南州 | 18226.46 | 13161.44 | 72.21 |
| 青海省 | 696646.77 | 388233.00 | 55.73 |

遥感监测结果显示，青海省平均草原植被覆盖度为55.73%，其中植被覆盖度为5%~30%的草原面积为106382.44平方千米(占比27.40%)，植被覆盖度为30%~50%的草原面积为718123.71平方千米(占比20.12%)，植被覆盖度为50%~60%的草原面积为39481.43平方千米(占比10.17%)，植被覆盖度为60%~70%的草原面积为48299.49平方千米(占比12.44%)，植被

覆盖度为 70%~80% 的草原面积为 61345.39 平方千米（占比 15.80%），植被覆盖度超过 80% 的草原面积为 54600.54 平方千米（占比 14.06%）（表 8-5、表 8-6）。

可以看出，青海省草原植被盖度在 30% 以下和 30%~50% 占比超过一半，草原植被覆盖度仍有较大的提升空间。调查还发现，现有生态工程实施区域草原植被覆盖度较高，如三江源综合试验区草原植被覆盖度达到 74%、青海湖流域为 69%、祁连山草原区为 63.69%，表明重点生态工程项目的实施取得了良好的效果，草原植被覆盖度得到显著提升。

### 8.4.5 草原资源及覆盖增长面临的问题

#### 8.4.5.1 空间分布

(1) 荒漠草原区存在沙化加剧风险。历史上不合理的草原滥垦、滥采和滥牧等不当土地利用，导致草原退化、沙化问题突出。以柴达木盆地为例，草原开垦为耕地并沙化的弃耕地超过 5 万公顷。近 10 年来，柴达木盆地通过禁牧、休牧和划区轮牧等政策，草原生态状况已有明显改善，荒漠化土地面积较 2009 年减少 2.8 万公顷。加之气候原因，已垦草原沙化压力巨大，沙化草原的治理难度大。

(2) 高寒类草原分布有大面积黑土滩。青海省天然草原资源中，高寒类草原占到全省天然草原面积的 85.83%，包括高寒草甸草原类、高寒草原类、高寒荒漠类和高寒草甸类等 4 个类型，主要分布在青海南部，包括玉树、果洛和黄南州。高寒草原一般植被覆盖度较高，但所处生态环境脆弱、植被生长缓慢，极易遭受破坏形成难以治理的黑土滩。目前，高寒草原退化形成大量黑土滩，成为该区域草原资源持续增长的最大障碍。

#### 8.4.5.2 统计核算

由于此前森林资源和草原资源长期分属林业部门和农业部门管辖，存在草原面积计入林地面积的问题，今后一段时期内，应予以复核纠正。

同时，草原盖度遥感监测受短期气候波动影响较大，今后应增加年内草原盖度遥感监测频度，综合计量某一年的草原盖度，提升草原盖度监测精度。

此外，部分草原存在灌丛入侵等现象，应加强遥感和地面监测，当灌木盖度为 30%~40% 时，应将该土地单元纳入林地进行统计，不再作为草原进行核算。

#### 8.4.5.3 经营理念

(1) 过度放牧仍是草原退化的首要原因。青海省少数民族聚居区占全省总面积的 98%，畜牧业是这些地区主要的生产方式。因此，将自有或公有草原尽可能多的转化为经济收益的传统意识并未发生根本性改变，草原可持续利用的生态意识较为薄弱。由于长期存在草畜不平衡的矛盾，大面积草原仍面临超载过牧压力，草原植被退化风险依旧存在。

(2) 草原利用季节不平衡。高寒草原春季返青时，植被稳定性较差。由于此时牧草饲料相对短缺，过早进行放牧，往往会由于牲畜采食顶芽、放牧强度过大、牲畜践踏，导致草原植被衰退，无法充分发挥其生产力潜能。同时，春季的放牧干扰，造成土壤松散，加之冻融侵蚀和大风天气，土壤极易遭受侵蚀，进而形成低产草原、黑土滩或沙化草原。

(3) 退化草原治理难度极大。技术储备不足，技术支撑作用发挥不够。比如：适宜高寒退化草地种植的牧草良种选育、草原鼠害长效防控、坡度大于 25° 的黑土坡治理等技术难题至今尚未攻克，新技术研发和技术储备工作亟待加强。

(4) 相关政策。青海省生态地位极其重要，生态系统敏感脆弱，生态保护和建设任务任重道远。虽然草原保护建设工程取得了较好的成效，但草原总体退化趋势尚未得到根本扭转。目前，国家安排青海省已启动实施的三江源、祁连山等工程年度投资尚不能完全满足规划建设目标的需求；柴达木地区、河湟地区尚未开展生态综合治理工程；青海湖一期工程已完成建设任务，还需要新的综合治理项目巩固和扩大建设成果。另外，三江源等重大生态工程投入很大，国家在安排资金时，按原有渠道安排比例大，投资标准低，新增资金不足，多数需省级财政加大投入和安排资金垫付，省级财政负担过重，无法保证投资按时足量到位。

新一轮草原奖补政策虽然提高了禁牧补助标准，但个别地区仍然存在禁牧不到位和草畜平衡区存在超载现象，究其原因：一是草原奖补政策标准低，国家兑现的补奖资金无法足额弥补因禁牧减畜造成的收入损失；二是补奖政策未全面覆盖，青海省尚有1.08亿亩可利用草原未纳入补奖政策范围；三是政策缺乏长效机制，草原奖补政策规定一个实施周期为5年，目前正在实施第二轮政策，2020年到期，如到期后没有后续跟进，牧民为了生活和发展，依然会造成牧民收入下降和牲畜数量反弹，使生态保护建设成果前功尽弃。

### 8.4.6　草原资源及覆盖增长潜力分析

#### 8.4.6.1　空间潜力

依据青海省不同区域天然草原的功能定位，加强草原监督管理，遏制乱开滥垦、乱采滥挖等违法行为。在条件适宜的地方，大力推广人工种草（但应严格限制无保护措施开垦天然草场），积极发展草产业，拓宽农牧民增收渠道。推进草原生态系统保护与修复，提升草原生态系统稳定性和生态系统服务功能，筑牢生态安全屏障，促进区域经济社会协调发展。

（1）柴达木荒漠草原区。该区位于青海省海西州柴达木盆地，四周被阿尔金山、祁连山和昆仑山环抱，共有天然草原面积969.3万公顷，草原植被盖度为42%。该区气候为典型的大陆性荒漠气候干旱少雨，年平均降水量由东向西递减，东部年平均降水量170毫米左右，边缘山地年平均降水量可达300毫米，中部年平均降水量50毫米左右，西部年平均降水量20毫米以下，蒸发量在2000~3500毫米，多大风。草原类型丰富多样，柴达木盆地东半部以温性草原类为主，西半部以温性荒漠类为主。受地形地貌及海拔高度影响，草原类型垂直分布格局明显。

该区干燥少雨，多风缺氧，气候寒冷。生态系统十分脆弱，土地沙化严重。草原植被覆盖度低，未达到全省平均水平。沙化土地面积达947万公顷，占全州土地面积的31.5%，占全省沙化土地总面积的76.5%。中度退化草原达269万公顷，但治理率不到20%，还有近233万公顷草原未纳入奖补政策，草原生态修复缺少重大项目支撑。

构建柴达木千里防风固沙绿色长城，在该区域坚持"宜林则林、宜灌则灌、宜草则草、宜荒则荒"的原则，加大以林草植被为主体的生态系统修复，恢复草原植被，改善草原生态。到2025年，柴达木地区林草植被得到有效保护，草原植被整体盖度提高10%，补播、黑土滩治理等工程建设区草原植被盖度提高15%~20%。沙化土地治理率达30%，沙化土地治理区内植被覆盖率提高15%~25%；水土保持能力、水源涵养能力和江河径流量稳定性增强，生物多样性保护能力显著提高。

（2）青南高寒草甸区。该区位于青海南部，昆仑山以南、唐古拉山以北的广大区域，包括青海南部的黄南州、果洛州和玉树州。青南地区有着极其特殊的地理位置，西与西藏自治区、南与甘肃省甘南藏族自治州、四川省甘孜藏族自治州、阿坝藏族自治州相邻，该区高寒草甸草原分布面积最广，约为2300万公顷，占全省草原面积的65%。

该区草原主要分布在海拔 3000 米以上，空气稀薄，气候寒冷，无霜期短。该区以高寒草原为主，生态系统极度脆弱，牧草生长期短，产草量低。由于自然条件恶劣，鼠虫害和雪灾发生严重，草原冻融、风蚀、水蚀等生物与自然条件的相互作用，造成大面积原生嵩草植被消失殆尽的"黑土滩"，致使草原植被盖度降低、草原退化。

该区域应重点实施退牧还草、草原防灾减灾、草原自然保护区建设等工程，大力实施草原生态保护补助奖励政策，加大对"黑土滩"等退化草原的治理力度。

(3)青海湖流域草原区。该区主要位于青藏高原东北部，东至日月山脊与西宁市所属湟源县相连，西临敖仑诺尔、阿木尼尼库山与柴达木盆地，北至大通山山脊，南至青海南山山脊。其范围涉及海北刚察县和海晏县，海西州天峻县以及海南州共和县等 3 州 4 县 25 个乡镇，共有草原面积 213.64 万公顷。该区草原类型主要包括温性草原类、高寒草原类和高寒草甸类。草原类型在水平分布上变化不明显，在垂直带谱随海拔升高而变化，以青海湖为中心，从湖滨地带的温性草原类随海拔升高，依次为高寒草原、高寒灌丛和高寒草甸。青海湖流域草原不仅对青海湖区生态环境有重要的调控作用，而且对保护东部生态环境具有重要作用。

中度退化草原面积占可以利用草原面积超过 50%，黑土滩面积超过 20 万公顷，草原沙化面积超过 40 万公顷，毒杂草型退化草原面积超过 80 万公顷。

对青海湖流域草原中度以上退化草原实施退牧还草，采取禁牧、休牧等措施，促进草原植被和生态环境的自我恢复；对被开垦的大片草原，实施退耕还草；对部分严重退化的草原，采用补播等人工手段促进草原恢复。转变草原利用方式，采用轮牧、休牧、封育补播、灭鼠治虫等综合配套措施，缓解放牧压力，使草原生态系统进入良性循环，维护系统的动态平衡。

### 8.4.6.2 经营潜力

(1)草原超载放牧逐渐减少。青海省是我国主要的多民族聚居地区之一，畜牧业是主要的生产方式，在全省经济中占有较大比重。由于草原奖补政策补助标准较低、牧民转型生产困难等原因，局部地区草原超载过牧的现象仍旧突出，草原退化的压力仍然存在。然而，随着青海省生态保护力度的逐年加大，草原超载放牧已得到不同程度控制。同时，随着城镇化的发展，草原超载放牧将随着农牧业劳动力的转移而进一步减少。

(2)生态产业结构逐步改善。由于缺乏产业基础与市场投资主体，草原生态产业目前尚处于起步阶段，不能满足社会对草原产品多样化的需求。现有的生态产业产品结构以发展旅游为主，但由于缺乏科学规划和严格管理，无序的旅游开发对草原生态保护构成威胁，而无形的生态产品开发潜力尚未深入挖掘，生态产品精深加工产品少、缺乏知名品牌和拳头产品；文化产品少，缺乏草原文化凝练与宣传。但随着国家和地方对该项绿色产业的认识度和投入度的不断增加，以草原生态旅游、草原文化体验为主的生态产业将成为区域经济发展的重要增长点，也可为草原生态保护的持续开展创造条件。

(3)低效草原改造具有可行性。目前，青海省大量草原植被覆盖度低于 20%，通过封育恢复和人工补播促进恢复等手段，可将低覆盖度草原进行改良增效，一方面提升植被覆盖度强化生态防护功能；另一方面有助于草原生物生产力的提升，为进一步利用创造条件。随着低效草原改造的进行，草原承载力将会得到提升。

### 8.4.6.3 政策潜力

(1)草原管理体制完善。通过《中华人民共和国草原法》的修订及草原管理相关政策法规的实施，草原法制化管理将加强。草原的所有权(国家所有和集体所有)、使用权和承包经营权等权属制度将更加明确，承包经营权不完善等问题将逐步得到妥善解决，草原保护的主体责任将得以落实。草原管理体制在机构建设、人力资源、监理手段等方面将得以持续完善。

（2）天然草原保护力度加强。党的十九大山水林田湖草生命共同体的提出，对草原生态保护的要求达到新的历史高度。草原保护法律法规建设将进一步完善，草原保护人才队伍建设将持续加强，草原核查监管的长效机制逐步完善。同时，随着三江源、祁连山等重大生态工程实施力度加大，以及新一轮草原生态奖补政策的实施，草原的保护力度大幅提升，将有力遏制天然草原植被退化。

（3）退化草原生态修复投入增加。青藏高原退化草原综合治理的技术体系成熟，通过开展草原生态修复项目，沙化、退化草原植被覆盖度可显著提高。此外，草原有害生物防治技术体系日益完善，对高原鼠兔、高原鼢鼠、草原毛虫、草原蝗虫及古毒蛾等有害生物起到较好防治效果，通过实施草原有害生物防治等一系列工程，退化草原质量将进一步得到提升。

### 8.4.7 林草覆盖率及生态防护植被覆盖率

（1）林草覆盖率。根据青海省第七次森林资源清查报告，截至2018年，青海省森林面积420万公顷、草原面积3882.33万公顷，林草总面积4302.33万公顷，因此当年青海省林草植被覆盖率为61.55%（表8-2）。

（2）生态防护植被覆盖率。根据青海省第二次土地调查数据，截至2018年，青海省森林面积390.19万公顷，植被盖度≥20%的草原面积为3242.49万公顷，生态防护林草面积3632.68万公顷，因此，当年青海省生态防护植被盖度为52.15%，尽管其数值低于林草植被覆盖率，但此指标更能反映林草植被的质量，而非单纯的面积占比；因为青海省受限于气候条件和可利用地面积，以此作为指标更能够反映未来一段时间青海省生态建设的成效（表8-7）。

表8-7 青海省生态防护植被面积及覆盖率现状（2018年）

| 土地面积<br>（万公顷） | 森林 | | 草原（盖度≥20%） | | 生态防护植被 | |
|---|---|---|---|---|---|---|
| | 面积<br>（万公顷） | 覆盖率<br>（%） | 面积<br>（万公顷） | 覆盖率<br>（%） | 面积<br>（万公顷） | 覆盖率<br>（%） |
| 6966.47 | 390.19 | 5.60 | 3242.49 | 46.75 | 3632.68 | 52.15 |

## 8.5 林草覆盖状况规划目标

### 8.5.1 林草覆盖状况近期规划目标（2021—2025年）

#### 8.5.1.1 森林覆盖状况近期规划目标

根据国家林业和草原局（原国家林业局）公布的全国2008年、2011年、2013年和2018年森林覆盖率，以及2020年和2035年森林覆盖率规划目标，建立全国森林覆盖率增长模型，用于评估青海省森林覆盖率与全国森林覆盖率之间的差距；利用青海省2008年、2011年、2013年和2018年森林覆盖率，建立青海省森林覆盖率增长模型（图8-2）。

按照青海省森林覆盖率增长趋势，至2025年森林覆盖率将达到7.00%，可作为青海省森林覆盖率近期目标（2021—2025年）。

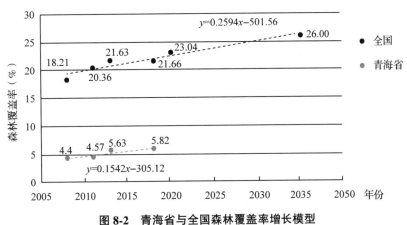

**图 8-2　青海省与全国森林覆盖率增长模型**

目前，青海省森林覆盖率(5.82%)为全国森林覆盖率(21.66%)的24.38%；至2025年，全国森林覆盖率约为23.73%，届时青海省森林覆盖率(7.00%)约为全国森林覆盖率(23.73%)的29.50%。

#### 8.5.1.2　森林覆盖状况近期规划目标的空间分布

2021—2025年，青海省潜在森林(将林木覆盖度为15%~20%的有林地培育为森林)面积增加9863.25平方千米，可实现森林资源近期规划目标(青海省森林覆盖率将达到7.00%)(表8-8)。其中，近期规划森林面积增加的空间分布，主要集中在海西州(4703.06平方千米)、玉树州(2868.63平方千米)、海北州(918.44平方千米)和果洛州(675.63平方千米)。

**表 8-8　青海省规划基准年及规划目标年森林面积及覆盖率**

| 行政单位 | 土地面积（平方千米） | 2018年 | | 2025年 | | | 2030年 | | |
|---|---|---|---|---|---|---|---|---|---|
| | | 森林面积（平方千米） | 覆盖率（%） | 森林面积较2018年预计增加量（平方千米） | 森林面积（平方千米） | 覆盖率（%） | 森林面积较2025年预计增加量（平方千米） | 森林面积（平方千米） | 覆盖率（%） |
| 西宁市 | 7606.78 | 1669.06 | 21.94 | 71.69 | 1740.75 | 22.88 | 30.25 | 1771.00 | 23.28 |
| 海东市 | 12982.42 | 2083.94 | 16.05 | 48.25 | 2132.19 | 16.42 | 18.81 | 2151.00 | 16.57 |
| 果洛州 | 74246.36 | 7002.50 | 9.43 | 675.63 | 7678.13 | 10.34 | 351.88 | 8030.00 | 10.82 |
| 海北州 | 34389.89 | 7828.56 | 22.76 | 918.44 | 8747.00 | 25.43 | 428.25 | 9175.25 | 26.68 |
| 海南州 | 43453.23 | 3853.88 | 8.87 | 490.63 | 4344.51 | 10.00 | 307.13 | 4651.63 | 10.70 |
| 海西州 | 300854.49 | 5870.31 | 1.95 | 4703.06 | 10573.37 | 3.51 | 4148.88 | 14722.25 | 4.89 |
| 玉树州 | 204887.14 | 6926.38 | 3.38 | 2868.63 | 9795.38 | 4.78 | 2051.38 | 11846.75 | 5.78 |
| 黄南州 | 18226.46 | 3784.00 | 20.76 | 86.94 | 3870.94 | 21.24 | 40.44 | 3911.38 | 21.46 |
| 青海省 | 696646.77 | 39019.00 | 5.60 | 9863.25 | 48882.25 | 7.02 | 7377.00 | 56259.25 | 8.08 |

2021—2025年(近期目标)，海西州潜在新增森林集中分布在柴达木盆地东部和南部山地、昆仑山北麓冲积扇一带；玉树州潜在新增森林主要分布在杂多县西部唐古拉山北麓山地、治多县和曲麻莱县昆仑山南麓山地；海北州潜在新增森林主要分布在祁连山南麓山地；果洛州潜在新增森林主要分布在久治县年保玉则一带、阿尼玛卿山南麓和北麓山地、扎陵湖和鄂陵湖周边。

#### 8.5.1.3 草原覆盖状况近期规划目标

(1) 草原增量目标。预计到 2025 年,青海省通过禁牧休牧、封山育草等措施,潜在草原(即将草原植被覆盖度为 4.5%~5.0% 的草地培育为草原)面积将增加 420631.19 平方千米,届时青海省草原覆盖率将达到 60% 左右(表 8-9)。

表 8-9 青海省规划基准年及规划目标年草原面积及覆盖率

| 行政单位 | 土地面积(平方千米) | 2018 年 | | 2025 年 | | | 2030 年 | | |
| --- | --- | --- | --- | --- | --- | --- | --- | --- | --- |
| | | 草原面积(平方千米) | 覆盖率(%) | 草原面积较 2018 年预计增加量(平方千米) | 草原面积(平方千米) | 覆盖率(%) | 草原面积较 2025 年预计增加量(平方千米) | 草原面积(平方千米) | 覆盖率(%) |
| 西宁市 | 7606.78 | 3854.25 | 50.67 | 46.69 | 3900.94 | 51.28 | 15.88 | 3916.81 | 51.49 |
| 海东市 | 12982.42 | 7534.94 | 58.04 | 31.25 | 7566.19 | 58.28 | 10.13 | 7576.31 | 58.36 |
| 果洛州 | 74246.36 | 61131.06 | 82.34 | 831.31 | 61962.38 | 83.46 | 506.81 | 62469.19 | 84.14 |
| 海北州 | 34389.89 | 17434.00 | 50.70 | 929.75 | 18363.75 | 53.40 | 534.50 | 18898.25 | 54.95 |
| 海南州 | 43453.23 | 28939.38 | 66.60 | 987.19 | 29926.56 | 68.87 | 762.06 | 30688.63 | 70.62 |
| 海西州 | 300854.49 | 120338.19 | 40.00 | 19526.81 | 139865.00 | 46.49 | 19535.56 | 159400.56 | 52.98 |
| 玉树州 | 204887.14 | 135839.75 | 66.30 | 9979.13 | 145818.88 | 71.17 | 10275.75 | 156094.63 | 76.19 |
| 黄南州 | 18226.46 | 13161.44 | 72.21 | 66.06 | 13227.50 | 72.57 | 25.94 | 13253.44 | 72.72 |
| 青海省 | 696646.77 | 388233.00 | 55.73 | 32398.19 | 420631.19 | 60.38 | 31666.63 | 452297.81 | 64.92 |

(2) 草原增效目标。2021—2025 年,青海省应着力对草原植被覆盖度为 10%~20% 的草原开展提质增效作业,即通过封育禁牧、轮牧补播等手段,将该部分草原植被覆盖度提升至 20%,以达到生态防护高效的目的,同时提升草原生产力,为畜牧业发展提供饲料保障。

至 2025 年,青海省预计有 325.58 万公顷草原(草原植被覆盖度为 10%~20%),可将其草原植被覆盖度提升至 20%,届时青海省草原植被盖率超过 20% 的草原面积可达到 3568.07 万公顷,届时青海省草原植被覆盖度超过 20% 的草原覆盖率可达到 51.21%(表 8-10)。

表 8-10 青海省低覆盖度草原面积及覆盖率现状(2018 年)

| 土地面积 | 草原(盖度 5%~10%) | | 草原(盖度 10%~20%) | | 草原(盖度≥20%) | |
| --- | --- | --- | --- | --- | --- | --- |
| | 面积(万公顷) | 覆盖率(%) | 面积(万公顷) | 覆盖率(%) | 面积(万公顷) | 覆盖率(%) |
| 6966.47 | 314.26 | 4.51 | 325.58 | 4.67 | 3242.49 | 46.54 |

#### 8.5.1.4 草原覆盖状况近期规划目标的空间分布

(1) 草原增量目标的空间分布。2018—2025 年,青海省潜在草原面积增加 32398.19 平方千米,可实现草原资源近期规划目标(草原覆盖率达到 60.00%)(表 8-9)。其中,近期规划草原面积增加的空间分布,主要集中在海西州(19526.81 平方千米)、玉树州(9979.13 平方千米)、海南州(987.19 平方千米)和海北州(929.75 平方千米)。2018—2025 年,青海省潜在新增草原集中在柴达木盆地边缘及其周边山地,玉树州西部(昆仑山南麓及可可西里一带)。

(2) 草原增效目标的空间分布。青海省草原增效近期规划(2021—2025 年)的空间分布,主要集中在柴达木盆地周边山地、玉树州西部(昆仑山南麓及可可西里一带)和杂多县一带、海西州唐古拉山镇西部、青海湖南部青海南山及坎布拉沿线。

### 8.5.2 林草覆盖状况远期规划目标（2026—2030 年）

#### 8.5.2.1 森林覆盖状况远期规划目标

利用青海省和全国森林覆盖率增长模型，预计 2030 年青海省森林覆盖率可达到 8%，可将其作为青海省森林资源远期规划目标（2026—2030 年）（表 8-8）。至 2030 年，根据全国森林覆盖率增长模型，全国森林覆盖率约为 25.02%。

至 2030 年，青海省森林覆盖率（8.00%）约为全国森林覆盖率（25.02%）的 31.97%。

#### 8.5.2.2 森林覆盖状况远期规划目标的空间分布

2025—2030 年，青海省潜在森林面积增加 7377.00 平方千米，可实现森林资源远期规划目标（森林覆盖率将达到 8.00%）。其中，远期规划森林面积增加的空间分布，主要集中在海西州（4148.88 平方千米）、玉树州（2051.38 平方千米）、海北州（428.25 平方千米）和果洛州（351.88 平方千米）。

2025—2030 年（远期规划），海西州、玉树州、海北州和果洛州潜在新增森林分布区域，与各州近期规划（2021—2025 年）潜在新增森林分布区域彼此相邻且呈交错分布。

#### 8.5.2.3 草原覆盖状况远期规划目标

（1）草原增量目标。随着新一轮草原生态保护补助奖励机制、天然草原质量提升等工程的实施，到 2030 年，全省草原面积将达到 4522.98 万公顷，全省草原覆盖率将达到 64.92%（表 8-9）。

（2）草原增效目标。2026—2030 年，青海省将对草原植被覆盖度为 5%~10% 的草原开展增效做作业，采用综合手段将植被覆盖度提升至 20%，以达到生态防护、牧业生产高效的目的。

至 2030 年，青海省可对 314.26 万公顷草原（草原植被覆盖度为 5%~10%）进行增效作业，将草原植被覆盖度提升至 20%，届时青海省植被盖度超过 20% 的草原面积将达到 3882.33 万公顷，此类草原覆盖率将达到 55.72%（表 8-10）。

#### 8.5.2.4 草原覆盖状况远期规划目标的空间分布

（1）草原增量目标的空间分布。2026—2030 年，青海省潜在草原面积增加 31666.63 平方千米，全省草原植被覆盖率将达到 65.00%（表 8-9）。其中，远期规划草原面积增加的空间分布，主要集中在海西州（19535.56 平方千米）、玉树州（10275.75 平方千米）、海南州（762.06 平方千米）和海北州（534.50 平方千米）。

2026—2030 年，青海省潜在新增草原与近期规划（2021—2025 年）新增草原空间分布区相近，均集中在柴达木盆地边缘及其周边山地，玉树州西部（昆仑山南麓及可可西里一带）。

（2）草原增效目标的空间分布。青海省草原增效远期规划（2026—2030 年）的空间分布，主要集中在柴达木盆地及其周边山地、玉树州西部（昆仑山南麓及可可西里一带）和杂多县一带、海西州唐古拉山镇西部、青海湖南部青海南山及坎布拉沿线。

### 8.5.3 林草覆盖率规划目标

#### 8.5.3.1 林草覆盖率近期规划目标（2021—2025 年）

至 2025 年近期规划期满之时，得益于森林和草原面积的共同增加，青海省林草覆盖率将由 2018 年的 61.33%，提升至 67.40%，提升 6.07 个百分点（表 8-11）。

表 8-11 青海省林草覆盖率现状及规划期目标

| 土地面积（万公顷） | 2018 年 | | | 2025 年 | | | 2030 年 | | |
|---|---|---|---|---|---|---|---|---|---|
| | 森林面积（万公顷） | 草原面积（万公顷） | 林草覆盖率（%） | 森林面积（万公顷） | 草原面积（万公顷） | 林草覆盖率（%） | 森林面积（万公顷） | 草原面积（万公顷） | 林草覆盖率（%） |
| 6966.47 | 390.19 | 3882.33 | 61.33 | 488.82 | 4206.31 | 67.40 | 562.59 | 4522.97 | 73.00 |

#### 8.5.3.2 林草覆盖率远期规划目标（2026—2030 年）

至 2030 年远期规划期满之时，森林和草原面积较近期规划均有增加，青海省林草覆盖率度将由 2025 年的 67.40%，提升至 73.00%，与目前相比共提升 11.67 个百分点（表 8-11）。届时，青海省除不适宜林草植被分布的区域之外，基本实现林草全覆盖，生态防护和生产能力将显著增强。

### 8.5.4 生态防护植被覆盖率规划目标

#### 8.5.4.1 生态防护植被覆盖率近期规划目标（2021—2025 年）

至 2025 年近期规划期满之时，得益于森林面积的增加，植被盖度 ≥20% 草原面积的共同增加，青海省生态防护植被覆盖率可由 2018 年的 52.15%，提升至 58.23%，提升 6.08 个百分点（表 8-12）。

表 8-12 青海省生态防护植被覆盖率现状及规划期目标

| 土地面积（万公顷） | 2018 年 | | | 2025 年 | | | 2030 年 | | |
|---|---|---|---|---|---|---|---|---|---|
| | 森林面积（万公顷） | 草原面积（盖度≥20%）（万公顷） | 生态防护植被覆盖率（%） | 森林面积（万公顷） | 草原面积（盖度≥20%）（万公顷） | 生态防护植被覆盖率（%） | 森林面积（万公顷） | 草原面积（盖度≥20%）（万公顷） | 生态防护植被覆盖率（%） |
| 6966.47 | 390.19 | 3242.49 | 52.15 | 488.82 | 3568.07 | 58.23 | 562.59 | 3882.33 | 63.80 |

#### 8.5.4.2 生态防护植被覆盖率远期规划目标（2026—2030 年）

由表 8-12 所示，至 2030 年远期规划期满之时，森林面积持续增加，低覆盖度草原植被盖度提升至 20% 以上，青海省生态防护植被覆盖率将由 2025 年的 58.23%，提升至 63.80%，较目前共提升 16.65 个百分点。至此，青海省将有 6 成以上的土地受到较高盖度林草植被庇护，水土流失、土壤风蚀等生态问题将极大缓解，为区域及国家生态安全格局构建做出重要贡献。

## 8.6 研究建议

### 8.6.1 政策性建议

（1）以森林综合植被覆盖度作为森林覆盖监测的补充指标。采用森林覆盖率反映特定区域的森林覆盖状况，能够较好反映森林的规模，但部分林业建设成果无法得到充分体现，且森林的综合覆盖状况也未能体现。因此，建议可尝试采用类似草原综合植被覆盖度测算方式，通过地面实测和遥感估算相结合的手段，构建森林综合植被覆盖度作为补充指标。采用森林覆盖率结合森林综合植被覆盖度，能够更加全面反映特定区域的森林的相对规模、林木浓密程度和覆盖度状况等。

(2)以草原覆盖率作为草原覆盖监测的补充指标。目前,采用草原综合植被覆盖度可反映草原植被的浓密程度,能从整体上反映特定区域草原植被对所占土地的覆盖程度,但难以反映草原相对规模。因此,建议尝试采用类似森林覆盖率测算方式,通过地面实测和遥感估算相结合的手段,构建草原覆盖率作为补充指标。采用草原综合植被覆盖度结合草原覆盖率,能够更加全面反映特定区域的草原覆盖状况和相对规模。

(3)提出林草综合覆盖状况指标,服务林草融合发展。推进林草融合发展,要加快建立林草植被综合覆盖率指标。当前,林草资源现已实共管,但森林资源和草原资源却独立确权,即特定土地仅能获得林权证或草原证,而不可同时被认定为森林和草原,今后开展林草覆盖状况监测评价,一定是在森林覆盖状况、草原覆盖状况的测算基础上进行综合计算。因此,建议借鉴使用林草覆盖率作为林草融合植被综合植被覆盖考评指标;同时,建议尝试采用生态防护植被覆盖率,作为反映林草生态防护绩效的植被综合覆盖指标。

(4)坚持保护优先、因地制宜原则,开展林草保护与建设。青海省林草植被生态建设应严格遵循自然气候约束的原则,尤其要遵循以水而定、量水而行、因地制宜的原则,宜林则林、宜草则草、宜荒则荒的原则;坚持保护优先,生态建设和富民相结合,全面保护和重点治理相结合,林草并重和林牧协调发展相结合,拓展林草植被范围与提质增效相结合,自然修复和人工促进相结合。

(5)发挥区位优势,创新体制机制,促进林草协同发展。鉴于青海省在我国生态建设中的独特地位,国家可根据青海省的实际情况,实行区别化的生态建设投资政策,提高投资标准,创新投资机制;理顺目前制约青海省生态建设的各种管理体制,山水林田湖草统筹考虑,尝试在青海省试点建立山水林田湖草生命共同体生态修复国家级试验示范区,并针对草原退化、土地荒漠化等突出生态问题设立专项工程进行治理。

(6)整合省内外资源,提升林草监测与发展的科技贡献度。在转变生态建设理念的同时,努力提高植被生态建设的科技贡献率,在充分利用省内外相关的科研院所和分布在省域范围的各类监测研究站点的基础上,补充完善各类基础监测网点,将大幅提升青海省生态建设信息化水平作为"十四五"期间的重要任务;创新体制机制,切实将科学技术转变成青海省生态建设的强力引擎。

(7)重视林草专业人才队伍建设,服务生态优先战略定位。重视生态建设专业队伍建设,切实采取各种措施,改善专业人才缺乏、技术力量薄弱的现状。青海省目前的专业人才队伍很难满足未来一段时间繁重的生态建设任务,尤其草原管理和草原治理人才严重缺乏,建议在机构编制、人员待遇、人才引进、晋升机制、人员培训等方面,给予政策倾斜,把人才队伍建设切实体现在生态优先的战略定位中。

(8)根据生态建设需求和经济条件,确定林草规划目标。本项研究是在对青海森林和草原资源及其潜在发展空间充分挖掘基础上设定的未来发展规划目标,可理解为理想条件下的目标,需在得到充分的资金、政策和人员保障基础前提下方能实现;另外,研究确定的潜力增长区间并非都能够发展成为森林和草原,受限于立地条件、自然环境条件,其盖度并不一定能够得到提升,但囿于目前的技术手段和资源本底情况,无法将其从潜力增长区间中剥离。青海省地方财政较为紧张,林草植被建设用地非常有限,应根据本区及各市(州)实际情况,在本项研究制定目标的框架内,确定合理的林草建设目标,且在未来的一段时间内,应将重点放在提质增效上来。

## 8.6.2 技术性建议

(1)不断挖掘潜在宜林空间。青海省宜林地相对短缺,不断挖掘潜在的宜林土地资源是促进森林资源不断增长的关键。首先,要充分利用现有林地,对林木密度过低或无林木的宜林地,采用封育、人工促进更新等方式,促进森林恢复;其次,利用废弃农业用地(不属于基本农田的弃耕地、撂荒地),进行人工林建设;再次,对诸如沙地等未利用土地,采用适宜的树种和造林方式,营造能够自然生长的各类防护林。

(2)不断提升森林经营水平。青海省现有森林经营水平较为低下,应转变重造轻管、重面积轻质量的经营模式,破解生态林经营的制度约束;森林经营应以天然更新和人工促进天然更新为主,人工更新为辅;造林树种要坚持使用乡土树种,谨慎使用引进树种,坚持宜林则林、宜灌则灌、宜草则草、宜荒则荒的原则;除重要水源涵养地和城镇、村庄周边外,不提倡大面积人工造林,尤其大面积扰动原生植被和灌溉造林,高海拔天然草场严禁人工造林。强化科学抚育和精细经营,不断提升森林各项生态服务功能,并获得更多森林资源综合开发利用收益;通过优化造林规程,降低整地强度,在立地质量较差宜林地段应以营造灌木林为主。

(3)不断拓展草原恢复与建设空间。通过防沙治沙、人工改良等措施,治理重度沙化草原,扩大草原面积。以海西州和玉树州为主,其中海西州可增加3170.42万亩,玉树州可增加草原面积1502.17万亩。通过提高草原保护与管理水平,科学修复退化草原,提升草原质量。青海省草原植被覆盖度为5%~30%的草原面积为1064.12万公顷,占全省草原总面积的25.4%,这一部分草原植被稀疏,质量提升潜力较大。

(4)开展草原生态修复工程,提升草原经营水平。加大三江源、祁连山退牧还草等重大生态工程的实施力度,大力推行退化草原治理、草原有害生物防控、草原封育、划区轮牧、草畜平衡;坚持生态保护优先与生产发展并重的理念,通过在有条件的地方大力发展人工饲草料基地和牲畜暖棚、贮草棚等草原基础设施建设,逐步转变畜牧业发展和生产经营方式,有效减轻天然草原放牧压力;提倡"少养、精养"的经营理念,建设有机畜产品基地,打造生态牧场产品品牌,通过提高畜产品质量,提高牧民收入;提升草原生态观光、自然教育、科考旅游等草原生态产品的开发潜力,通过转变草原经营管理方式,发展草原生态经济,实现草原生态的可持续保护;建设优质高产人工草地,筛选适宜高寒牧区栽培的牧草品种,推广多年生优良牧草,通过机械化、集约化的现代化草产业生产模式,提高人工草地优良牧草生产能力,减轻天然草原放牧压力,遏制草原退化的趋势。

## 参考文献

董治宝,陈渭南,董光荣,等,1996. 植被对风沙土风蚀作用的影响[J]. 环境科学学报,16(4):437-443.

贺晶,2014. 草原植被防风固沙功能基线盖度研究——以正蓝旗为例[D]. 北京:中国农业大学.

魏宝,2013. 低覆盖度沙蒿植被对土壤风蚀影响模拟研究[D]. 北京:北京林业大学.

赵串串,杨晶晶,刘龙,等,2014. 青海省黄土丘陵区沟壑侵蚀影响因子与侵蚀量的相关性分析[J]. 干旱区资源与环境,28(4):22-26.

Chen C, Park T, Wang X, et al, 2019. China and India lead in greening of the world through land-use management[J]. Nature Sustainability, 2: 122-129.

Cherlet M, Hutchinson C, Reynolds J, et al, 2018. (Eds.). World Atlas of Desertification (3rd Edition)[J]. Publication Office of the European Union, Luxembourg.

Fan D Q, Qin S G, Zhang Y Q, et al, 2015. Effects of sand-fixing vegetation on topsoil properties in the Mu Us Desert, Northwest China[J]. Nature Environment and Pollution Technology, 14(4): 749-756.

Giles FS, David SG, Anna E, et al, 2006. Dune mobility and vegetation cover in the southwest Kalahari Desert[J]. Earth

Surface Processes and Landforms, 20(6): 515-529.

Jiang C, Liu J, Zhang H, et al, 2019b. China's progress towards sustainable land degradation control: insights from the northwest arid regions. Ecological Engineering, 127, 75-87.

Jiang C, Zhang H, Zhang Z, et al. 2019a. Model-based assessment soil loss by wind and water erosion in China's Loess Plateau: dynamic change, conservation effectiveness, and strategies for sustainable restoration[J]. Global Planet Change, 172: 396-413.

Martinez-Zavala L, Jordan-Lopez A, Bellinfante N, 2008. Seasonal variability of runoff and soil loss on forest road backslopes under simulated rainfall[J]. Catena, 74 (1): 73-79.

Moreno-de Las Heras M, Merino-Martin L, Nicolau JM, 2009. Effect of vegetationcover on the hydrology of reclaimed mining soils under Mediterranean-Continental climate[J]. Catena, 77: 39-47.

Snelder D J, Bryan R B, 1995. The use of rainfall simulation tests to assess the influence of vegetation density on soil loss on degraded rangelands in the Baringo District, Kenya. Catena, 25, 105-116.

Zhang J T, Zhang Y Q, Qin S G, et al, 2018. Effects of seasonal variability of climatic factors on vegetation coverage across drylands in northern China[J]. Land Degradation & Development, 29(6): 1782-1791.

# 9 退耕还林还草、退牧还草工程后续政策研究

## 9.1 研究概况

### 9.1.1 研究背景

青海省生态地位极其重要而且特殊。青海省林草事业承担着保护和发展森林生态系统、保护和恢复湿地生态系统、保护和改善荒漠生态系统、保护和维护生物多样性的重要职责，在保持生态平衡、提高生态承载力中起着决定性作用。"十三五"期间，青海党委、政府坚决贯彻党的十八大会议精神，牢固树立社会主义生态文明观，推动退耕还林还草工程、退牧还草工程政策（简称"工程政策"）有效落实，推进青海省的国土绿化工作，各项工作成效良好，成绩有目共睹。相关工程的实施，给青海带来了深刻的变化，有效改善了工程区生态状况，促进了农民脱贫增收，调整了农村产业结构，增强了民众生态意识。

当前，中国特色社会主义步入新时代，改革开放向纵深发展，生态文明建设被确立为关系中华民族永续发展的千年大计，"一带一路"倡议给中西部地区发展带来新动力，西部大开发新格局的加速形成、国家治理体系和治理能力现代化建设给青海各项事业发展带来了新机遇，第七次西藏工作会议给青藏高原发展指明了新方向，《全国重要生态系统保护和修复重大工程总体规划（2021—2035年）》对青海生态治理提出了新要求。这种背景下，系统梳理总结退耕还林、退牧还草工程启动以来的成绩和经验，深入分析研判当前青海工程建设面临的形势和任务，科学制定"十四五"时期工程后续政策，有助于推动青海林草事业高质量发展、更好建设生态文明，促进区域协调、可持续发展。

### 9.1.2 研究意义

一是有助于青海践行生态报国理念。青海省积极贯彻落实习近平总书记"青海最大的价值在生态、最大的责任在生态、最大的潜力也在生态"的指示精神，确立了"生态报国"的立省宗旨。退耕还林还草、退牧还草工程对推动青海的生态建设和生态改善，发挥过重要的历史作用，得到了青海广大干部群众的普遍认同，是践行生态报国理念的重要抓手。在新的历史条件下，研究如何结合青海实际，利用好工程积累，使相关政策在延续中发展，在创新中突破，进一步改善青海生态环境，维护国家生态安全，调整农村产业结构，增加区域发展动能，有助于增进青海民生福祉、彰显生态担当，践行生态报国理念。

二是有助于青海推动生态文明建设。生态文明建设是一项需要不断创新、不断突破的伟大事业。近年来，以习近平同志为核心的党中央对我国生态文明建设的认识不断丰富发展，新的论述不断形成，其中一些内容，如《生态文明体制改革总体方案》有关"树立自然价值和自然资本的理念"的要求，党的十九大报告中关于"统筹山水林田湖草系统治理"等的陈述，全国生态环境大会重要讲话中关于"建立生态文明体系"的总结，以及总书记在黄河流域生态保护和高质量发展座谈会上重要讲话中关于"推进实施一批重大生态保护修复和建设工程，提升水源涵养能力"的指示等，给青海这一生态区位特殊、生态地位重要的西部大省，进一步推进生态经济社会发展、继续退耕还林还草、退牧还草工程实践（简称"工程实践"）提供了方向指引。当前，青海省的生态工程建设，需要积极适应新时代新要求，采取新措施，取得新突破。而以"十四五"工程后续政策研究为切入点，以解决实际问题为目标，推动工程建设取得新进展、新贡献，将推动创新突破不断发展，有助于试点青海生态文明改革。

三是有助于青海提升现代治理能力。我国国家治理体系和治理能力是中国特色社会主义制度及其效能的体现。从开展工程后续政策研究工作本身来看，这是对一项牵涉部门多、影响范围广的政策所进行事前分析、研究和论证，是对《中共中央关于坚持和完善中国特色社会主义制度、推进国家治理体系和治理能力现代化若干重大问题的决定》（简称《决定》）中"提高科学执政、民主执政、依法执政水平"相关内容的具体落实；从政策研究内容来看，政策制定和执行涉及"坚持和完善中国特色社会主义行政体制，构建职责明确、依法行政的政府治理体系""坚持和完善社会主义基本经济制度，推动经济高质量发展""坚持和完善生态文明制度体系，促进人与自然和谐共生"等国家治理体系和治理能力现代化等多个方面；因此，组织开展研究、形成研究报告、应用研究成果，从形式上、内容上、目的上、效果上，都将有助于青海进一步提高本省林草治理体系和治理能力现代化，进而促进区域范围治理体系和治理能力的现代化。

### 9.1.3 研究方法

本次研究主要采取了文献综述、调查研究、归纳、演绎的方法。

（1）文献综述法。整理青海省及国家层面关于退耕还林政策、退牧还草政策的文本，对政策进行分类，归纳退耕还林工程、退牧还草政策的历史脉络；梳理分解相关政策要点，确定政策研究和建议粒度和体系；收集整理与退耕还林工程、退牧还草工程实施相关的研究成果，充实研究资料，为整个研究准备必要的素材和支撑。

（2）调查研究法。在研究过程中，将综合采用现地观察、实地走访、会议座谈等方式，与退耕农户、企业代表，科研院所相关专家，青海省林业和草原局等相关部门负责人深入交流，力争全面了解青海生态区位、生态资源管理、生态工程建设情况的第一手真实资料，确保数据真实可信，观点客观详实。

（3）归纳法。本研究期间，选取青海退耕还林工程、退牧还草工程较有代表性的情况，对其背景、特征、效果、问题进行抽象，推理出青海生态建设中核心关键，在政策建议中解决主要矛盾。

(4) 演绎法。本次研究中，从已确定的、较为普遍的规律，或较为宏观的政策出发，对青海退耕还林还草、退牧还草工程的未来政策加以分析推理，尝试在尽可能与大政策背景下给出适用于青海地区的退耕还林、退牧还草工程后续政策建议。

### 9.1.4 研究内容

(1) 工程政策回顾。对国家层面出台的退耕还林工程、退牧还草工程实施的政策进行梳理，简要介绍政策出台、演变的历史脉络，对政策进行分类；分别抽离出与青海退耕还林、退牧还草工程后续政策联系最为密切的政策焦点，对其内容进行概况说明。

(2) 工程政策梳理。对退耕还林工程、退牧还草工程相关政策在青海的执行状况、实施成效、主要经验进行总结，为后续政策制定提供必要支撑。

(3) 后续政策研究。综合国家生态文明建设总体要求，结合国家与青海工程实施成效，对已有政策进行分析评价，总结目前青海省退耕还林工程、退牧还草工程政策延续的必要性和目标；在当前现实条件下进一步开展工程的可行性和方式；以及进一步推进退耕还林、退牧还草工程实现所面临的挑战和需求。在此基础上，对政策设计的问题、挑战、需求进行理论分析。

(4) 相关政策建议。在科学分析的基础上，参照部分国外先进经验和国内前沿探索，结合青海的特点和实际需要，提出青海"十四五"时期的退耕还林还草、退牧还草工程政策建议，主要包括工程延续政策的指导思想、路径设计、基本原则、主要内容及保障措施。

## 9.2 工程政策梳理

### 9.2.1 政策整理

#### 9.2.1.1 退耕还林还草工程

(1) 历史脉络。20世纪末，因片面强调生产发展，忽视保护生态环境，过度透支生态承载能力，致使我国森林数量和质量水平不断下降，生物多样性降低，生态环境恶化，自然灾害频发。1998年的特大洪灾和2000—2002年的特大沙尘暴，向全国人民敲响了保护生态的警钟。为了从根本上改变我国生态环境恶化的状况，改善中华民族的生存条件，党中央、国务院决定实施一系列生态建设工程，其中便包括退耕还林、退牧还草工程。

1998年8月，时任国务院总理的朱镕基在延安市宝塔区柳林镇杨家畔村聚财山山顶，就退耕还林作出重要指示。1999年，退耕还林工程先在四川、陕西、甘肃3个省开展试点示范工作，2000年3月，退耕还林(草)试点正式启动了长江上游的云南、贵州、四川、重庆、湖北和黄河上中游地区的山西、河南、陕西、甘肃、青海、宁夏、新疆及新疆兵团等13个省份的174个县。6月又启动了湖南、河北、吉林和黑龙江4个省14个县。

2001年，按照"突出重点、稳步推进"的原则，洞庭湖、鄱阳湖流域、丹江口库区、红水河梯级电站库区、陕西延安、新疆和田、辽宁和田、辽宁西部风沙区等水土流失、风沙危害严重的部分地区被纳入试点范围。至此，退耕还林(草)试点在中西部地区20个省份和新疆建设兵团的224个县中展开。

退耕还林工程实行"退耕还林(草)、封山绿化、以粮代赈、个体承包"的政策措施，国家按照核定的退耕地还林面积，在一定期限内无偿向退耕还林者提供适当的补助粮食、种苗造林费和现金(生活费)补助。

2007年，国务院发布《关于完善退耕还林政策的通知》，现行退耕还林补助政策期满后，中央财政将继续对退耕农户直接补贴，长江流域及南方地区每亩退耕地每年补助现金105元，黄河流域及北方地区每亩退耕地每年补助现金70元。原来每亩退耕地每年20元生活补助费，继续直接补助给退耕农户，但要与管护责任挂钩。通知规定退耕还林延长周期为生态林8年、经济林5年、草原2年。此外，中央还建立了巩固退耕还林成果专项资金。

2014年，为进一步解决好我国水土流失和风沙危害问题、增加我国森林资源、应对全球气候变化，我国批准实施《新一轮退耕还林还草总体方案》，方案提出，"到2020年，将全国具备条件的坡耕地和严重沙化耕地约4240万亩退耕还林还草。"

实施退耕还林还草，是党中央、国务院为治理水土流失、改善生态环境作出的重大战略决策。1999年以来，全国累计实施退耕还林还草5.08亿亩，其中，退耕地还林还草1.99亿亩、荒山荒地造林2.63亿亩、封山育林0.46亿亩，中央累计投入5112亿元，相当于三峡工程动态总投资的两倍多。2003年启动实施退牧还草工程以来，中央已累计投入资金295.7亿元，累计增产鲜草8.3亿吨，约为5个内蒙古草原的年产草量。从2011年开始，我国在13个主要草原牧区省份组织实施了草原生态保护补助奖励政策，8年来国家累计投入草原生态补奖资金1326余亿元。退耕还林还草、退牧还草工程已成为我国乃至世界上资金投入最多、建设规模最大、政策性最强、群众参与程度最高的重大生态工程，取得了巨大的综合效益。

(2)政策类型。实施退耕还林工程所依据的政策，从层级上看，主要为国家性政策和地方性政策。国家级政策，主要指国务院或国家发改委、财政部、原国家林业局等部门联合或单独颁布的文件，内容涉及对退耕还林还草工程的规范要求、组织形式、管理约束等方面，如国家林业局发布的《关于开展2000年长江上游、黄河上中游地区退耕还林(草)试点示范工作的通知》、国务院发布的《关于进一步做好退耕还林还草试点工作的若干意见》，以及以国务院令形式发布《退耕还林条例》等；地方性政策，是指各级地方政府或主管部门，依据已有国家级政策，结合地方实际情况，对国家级政策进行补充、细化的地方性文件，如青海省计委发布的《青海省退耕还林还草工程建设项目实施管理办法》等。

退耕还林工程所依据政策，从类型上看，主要分为3种。一是政策指导类文件，例如《国务院关于进一步完善退耕还林政策措施的若干意见》《新一轮退耕还林还草总体方案》等，内容涉及退耕还林工程的范围形式，组织领导力量，补助发放标准，工程建设要求，管理验收办法、工程配套设施等；二是工程管理类文件，如《国家林业局关于做好退耕还林档案工作的通知》《国家林业局关于进一步加强退耕还林林权证登记发证工作的通知》等，内容涉及与工程实施相关的档案、林权证发放、统计上报等管理要求；三是技术规定性文件，如《退耕还林还草工程建设种苗管理办法》《退耕还林工程生态林与经济林认定标准》《退耕还林工程作业设计技术规定》等，内容涉及与工程相关的技术规定。

(3)政策概要。

①工程目标。退耕还林还草工程，是一项以农地退出耕种转为植树种草，同时将土地属性从农田变更为林地或草地为主线的生态工程。工程的主要目标，是通过在前耕地上开展林草植造管护，以涵养水源，保持水土，改善生态环境。随着工程推进，2007年，在《国务院关于完善退耕还

林政策的通知》中，"确保退耕还林成果切实得到巩固"和"确保退耕农户长远生计得到有效解决"也被纳入工程目标。

②工程措施。在1999年工程试点启动至2019年工程不断实践，退耕还林还草工程的任务可以被归纳为以下3点：

一是在不适宜耕种，或生态区位重要的耕地上开展林草植被营造管护，改善生态环境；二是向参与工程的农户提供补助，"以粮代赈"保障工程顺利实施，以其工程农户基本生活所需；三是通过采取基本口粮田建设、沼气池、节材灶等新能源建设等措施调整优化工程农户生产生活方式，改善农户长远生计，巩固工程成果。

③工程范围。在不同历史阶段，退耕还林还草工程实施范围会略有不同，但从试点迄今总体而言，工程实施空间主要集中于坡耕地，以便于通过退耕还林还草工程，在大江大河源头及沿岸，及河湖水库周边等生态区位重要的地区治理水土流失；同时，工程地类也兼顾部分沙化耕地，以治理相关土地的沙化、盐碱化问题；在新一轮退耕还林还草工程中，严重污染耕地也被列入工程申请范围。

(4) 工程主体。

①组织主体。关于工程组织，《关于开展2000年长江上游、黄河上游地区退耕还林（草）试点示范工作的通知》中规定，"工程实施实行省级政府负全责和地方各级政府目标责任制"，并要求"采取有力措施，层层落实责任状，落实责任制"，同时要求"在地方各级政府对本行政区域内的退耕还林还草实行目标责任制的同时，还要实行项目责任制，确定项目责任人，对退耕还林还草的数量、质量、效益和管理负全责"。同时，"国务院各有关部门要根据职能分工，密切配合，共同做好退耕还林还草的有关工作"，其中，国家林业局负责退耕还林还草工作的总体规划、计划的编制，以及工作指导和督促检查监督。其后的政策文件，基本沿用了前述两份文件有关组织主体的要求，一直保持着"省政府负总责，各级地方政府具体负责，部门间相互协调"的总体格局，"各省级政府要层层落实工程建设的目标和责任，层层签订责任状，并认真进行检查和考核"。

②植被营造管护主体。工程各项补助的领取者是相应工作的责任主体。在近20年的工程政策演变过程中，"个体承包""谁退耕、谁造林（草）、谁经营、谁受益""责权利紧密结合"3项基本内容被一直贯彻落实。

(5) 工程投入。

①资金筹集。退耕还林还草工程实施资金主要来自财政资金，包括中央财政资金、地方配套资金和农户自筹3部分。在退耕还林工程成果巩固阶段，曾由中央财政安排一定规模资金作为成果巩固专项基金，用于巩固退耕还林成果；同时，在专款专用的前提下，统筹安排中央财政扶贫资金等资金使用。

②资金使用。资金使用原则：所有者、经营者受益，补助发放要确保林地草地所有者、林草植被经营者能够受益，受益程度与其生态产品价值提供数量相关。专款专用。专项资金要实行专户管理；统筹安排，在专款专用的前提下，统筹安排中央财政扶贫资金、易地扶贫搬迁投资、现代农业生产发展资金、农业综合开发资金等，用于退耕后调整农业产业结构、发展特色产业、增加退耕户收入；有所侧重，加大西部地区、京津风沙源治理区和享受西部地区政策的中部地区退耕农户的基本口粮田建设、农村能源建设、生态移民以及补植补造，并向特殊地区适当倾斜。

③资金使用范围。在第一轮工程实施期间，资金主要用于向工程参与农户发放原粮补助、生活费补助、种苗补助。2007年，工程进入补助延长期，原粮补助标准降低为原来的一半。同时，

中央建立巩固退耕还林成果专项资金，用于新能源、基本口粮田建设、生态移民搬迁等配套设施建设。2014年，新一轮退耕还林工程启动，中央财政按退耕还林每亩补助1500元（财政部通过专项资金安排现金补助1200元，种苗造林费300元）、退耕还草每亩补助800元的标准（财政部通过专项资金安排现金补助680元，国家发展改革委通过中央预算内投资安排种苗种草费120元）下达到各省份，省级人民政府可在不低于中央补助标准的基础上自主确定兑现给退耕农户的具体补助标准和分次数额。地方提高标准超出中央补助规模部分，由地方财政自行负担。补助资金主要用于工程参与农户在退耕地块上营造林草植被。

对于工程实施所需要的工作经费，2002年的《国务院关于完善退耕还林政策的通知》中规定，"退耕还林工程的规划、作业设计等前期工作费用和科技支撑费用，国家给予适当补助，由国家计委根据工程建设情况在年度计划中安排。前期工作费用和科技支撑费用的有关管理办法，由国务院有关部门另行制定"。工程开始进入补助延长期后，2007年的《国务院关于完胜退耕还林政策的通知》要求，"有关省级人民政府要制订切实可行的巩固退耕还林成果专项规划，重点包括退耕地区基本口粮田建设规划、农村能源建设规划、生态移民规划、农户接续产业发展规划等，并安排必要的退耕还林工作经费"。

此外，政策规定，退耕还林地方所需检查验收、兑现等费用由地方承担，中央财政给予适当补助，国家有关部门的核查经费由中央承担。

（6）工程补助。在确定土地所有权和使用权的基础上，实行"谁退耕、谁造林、谁经营、谁受益"的政策。在前一轮工程期，国家向退耕户提供粮食、现金补助。粮食和现金补助标准：长江流域及南方地区，每亩退耕地每年补助粮食（原粮）150千克；黄河流域及北方地区，每亩退耕地每年补助粮食（原粮）100千克。每亩退耕地每年补助现金20元。粮食和现金补助年限，还草补助按2年计算；还经济林补助按5年计算；还生态林补助暂按8年计算。补助粮食（原粮）的价款按每千克1.4元折价计算。补助粮食（原粮）的价款和现金由中央财政承担。

新一轮退耕还林中央每亩补助1500元（其中，财政专项资金安排现金补助1200元、预算内投资安排种苗造林费补助300元），退耕还林补助资金分3次下达给省级人民政府，每亩第1年800元（含种苗造林费300元）、第3年300元、第5年400元。新一轮退耕还草中央每亩补助800元（其中财政专项资金安排现金补助680元、预算内投资安排种苗种草费补助120元），退耕还草补助资金分两次下达，每亩第1年500元（含种苗种草费120元）、第3年300元。退耕后营造的林木，凡符合国家和地方公益林区划界定标准的，分别纳入中央和地方财政森林生态效益补偿。

同时，本着协商、自愿的原则，由农村造林专业户、社会团体、企事业单位等租赁、承包退耕还林，其仅益分配等问题由双方协商解决。

（7）权利与责任。

①工程参与户权利。承包经营权。退耕土地还林后的承包经营权期限可以延长到70年。承包经营权到期后，土地承包经营权人可以依照有关法律、法规的规定继续承包。退耕还林土地和荒山荒地造林后的承包经营权可以依法继承、转让。

所有权。国家保护退耕还林者享有退耕土地上的林木（草）所有权。自行退耕还林的，土地承包经营权人享有退耕土地上的林木（草）所有权；委托他人还林或者与他人合作还林的，退耕土地上的林木（草）所有权由合同约定。

处置权。退耕后营造的林木。凡符合国家和地方公益林区划界定标准的，分别纳入中央和地方财政森林生态效益补偿。未划入公益林的，经批准可依然采伐。

免税优惠。退耕还林者按照国家有关规定享受税收优惠,其中退耕还林(草)所取得的农业特产收入,依照国家规定免征农业特产税。

②工程参与户责任。《退耕还林条例》规定,"退耕还林者擅自复耕,或者林粮间作、在退耕还林项目实施范围内从事滥采、乱挖等破坏地表植被的活动的,依照刑法关于非法占用农用地罪、滥伐林木罪或者其他罪的规定,依法追究刑事责任;尚不够刑事处罚的,由县级以上人民政府林业、农业、水利行政主管部门依照《中华人民共和国森林法》《中华人民共和国草原法》《中华人民共和国水土保持法》的规定处罚"。

2007年颁布的《国务院关于完善退耕还林政策的通知》中规定,"原每亩退耕地每年20元生活补助费,继续直接补助给退耕农户,并与管护任务挂钩"。

③地方政府责任。2007年颁布的《国务院关于完善退耕还林政策的通知》中规定,"地方各级人民政府要认真落实政策,严肃工作纪律,严格核实退耕还林面积,严格资金支出管理,严禁弄虚作假骗取和截留挪用对农户的补助资金及专项资金。对于不认真执行中央政策的,根据问题性质和情节轻重,依法追究有关责任人员特别是地方人民政府负责人的责任。各级监察、审计部门要加强监督检查"。

④工作人员责任。2003年实施的《退耕还林条例》中规定,国家机关工作人员在退耕还林活动中违反条例规定,有"未及时处理有关破坏退耕还林活动的检举、控告的"等10种情形的,由其所在单位或者上一级主管部门责令限期改正,退还分摊的和多收取的费用,对直接负责的主管人员和其他直接责任人员,依照刑法关于滥用职权罪、玩忽职守罪或者其他罪的规定,依法追究刑事责任;尚不够刑事处罚的,依法给予行政处分。

(8)验收与监督。工程验收,主要针对林草植被营造成效开展,内容大体上包括"退耕还林工程年度计划任务完成情况""对上年度的补植情况""历年退耕地还林保存情况""宜林荒山荒地造林后第三年保存情况""工程管理情况"。检查验收结果是政策兑现、补助发放的依据。

对工程的监督,主要以国家级、省级检查的方式展开,其形式是在县级自查的基础上进行抽查。检查内容主要包括退耕还林工程规划、实施方案和施工作业设计、省分解计划文件等;林草植被营造情况与作业设计等,年度退耕还林工程计划完成率、核实面积、核实率、合格面积、合格率;历年退耕地还林的保存面积、保存率;荒山荒地造林后第三年的保存面积、保存率等;生态林、经济林比例等;工程合同档案、政策兑现情况等。2014年启动的新一轮退耕还林中,监督考核的主要内容检查为还林还草的合格率、保存率、第2年的成活率,以及工程实施是否是在应退耕地上。同时,2002年的《国务院关于进一步完善退耕还林政策措施的若干意见》、2007年的《国务院关于完善退耕还林政策的通知》、2014年的《关于印发新一轮退耕还林还草总体方案的通知》都要求加大相关信息公示,加强社会监督的内容。

(9)监测与评价。对工程的监测主要由政府组织相关研究机构开展。例如,国家层面的工程生态效益监测,由国家林业和草原局退耕还林(草)工程管理中心组织,由中国林业科学研究院具体实施。2016年时,全国退耕还林工程森林生态连清共包含34个生态效益专项监测站、74个森林生态站、以林业生态工程为观测目标的230多个辅助观测点和8500多块固定样地,其中,青海境内有1处森林生态站、1处退耕还林工程专项及辅助监测站。监测的主要成果为《退耕还林工程生态效益监测国家报告》及相关的学术论文等。

国家层面的工程社会经济效益监测,由国家林业和草原局规财司和发展研究中心组织开展,2018年,监测体系中共包含全国105个县140个村125个村1180户工程参与户,其中,青海省境内有 5 个样本县 5 个样本村 50 户监测农户。监测的主要成果为《退耕还林工程社会经济效益监测报告》及其相关论文。

目前，对工程的评价主要集中在林草资源变化方面。对工程区生态状况改善情况、工程参与户收入增长、农村产业结构调整、全民生态意识提高等方面也有一定程度的关注。学术研究领域对工程的评价方式和观点则较为丰富。这些评价通过不同渠道，对工程相关政策的制定发挥着一定的支持作用。

#### 9.2.1.2 退牧还草工程

（1）历史脉络。为了贯彻可持续发展战略，全面推进社会主义现代化建设，20 世纪 90 年代末，党中央、国务院提出了西部大开发战略，治理草地退化、保护草地生态与加快少数民族地区经济发展一起，成为其中的重要举措，草原的保护治理得到了前所未有的重视。2001 年 8 月，全国政协民族宗教委员会与科技部就草原退化问题赴新疆、内蒙古调研后，起草了《关于进一步支持新疆、内蒙古两地发展生态畜牧业的意见和建议》。原国家计划委员会经过认真研究，对报告思路和具体建议给予支持，认为开展"退牧还草"，可以用较少的投入，在较短的时间内，解决超载过牧，改善和恢复草原生态环境，促进草原生产方式的转变，符合我国草原建设实际。

2002 年，时任国务院总理的朱镕基同志在国务院西部开发领导小组第三次会议明确提出"在加快'退耕还林'步伐的同时，要把草原保护提到议事日程上来，要尽快启动'退牧还草'工程，通过休牧育草、划区轮伐、封山禁牧、舍饲圈养等措施，把草原建成我国北方一道天然屏障"。同年 12 月，国务院西部开发办公室、国家计委、农业部、财政部和国家粮食局联合向国务院呈报了《关于启动退牧还草工程建设的请示》，获得国务院正式批准。2002 年，国家计委、农业部联合发布《国家计委农业部关于下达 2002 年西部地区天然草原退牧还草工程中央预算内专项资金投资计划的通知》，部分地区开始先行实施退牧还草工作。2003 年，退牧还草工程正式启动，国务院西部开发办公室、国家发展改革委、农业部、财政部、国家粮食局联合下发《关于下达 2003 年退牧还草任务的通知》，在内蒙古、甘肃、宁夏、青海、云南、四川、新疆等省份以及新疆生产建设兵团实施"退牧还草工程"。

2004 年，根据《关于退耕还林、退牧还草、禁牧舍饲粮食补助改补现金后有关财政财务处理问题的紧急通知》的文件精神，从 2004 年起，退牧还草、禁牧舍饲粮食补助，原则上由供应粮食（原粮，下同）改为发放现金。

2005 年，农业部发布《关于印发〈关于进一步加强退牧还草工程实施管理的意见〉的通知》，对退牧还草项目实施做了更加规范的要求，内容涉及从项目实施方案的编制审批的具体环节，到工程项目实施管理责任制中涉及的情况报送、档案管理等，以及项目的监督检查验收和需要遵循的技术规程等相关内容。其中，明确要求使用 GPS 对工程区的每个项目点登记四至经纬，并纳入数据库。

2008 年，《农业部关于进一步加强退牧还草工程实施项目管理工作的通知》发布，对工程实施又有了进一步的要求，主要表现：一是将工程建设与加工人工草地、饲草料基地和棚圈等配套设施结合起来，加大促进农牧民生产生活方式转变，巩固工程建设成果；二是将工程实施与进一步落实草原承包经营制结合，多头并举，推进草畜平衡，实现草原资源的永续利用；三是进一步完善围栏建设、退还草场补播建设要求，不断提高工程实施质量；四是进一步强调工程管理，对项目档案工作中所涉及的内容要求更加完善全面，并要求发挥草原监理部门的作用，同时将成果管护责任落实到乡镇、村、个人，坚决杜绝边治理边破坏的现象发生；五是进一步强化项目数据采集工作,要求各地抓紧配备更新的软硬件设备,规范数据采集,将项目区本底数据纳入数据库,并按时报送工程进展统计表及说明,做好实施卫星遥感监控、实现工程信息化管理的数据支撑;六是进一步加强工程成效监测和宣传,在做好项目区草原资源动态监测、增强监测结果的分析研究、为合理利用草原提供科学依据的同时,加大相关宣传,为工程实施营造良好的舆论氛围。

2011年,为进一步完善退牧政策,巩固和扩大退牧还草成果,深入推进退牧还草工程,《关于印发完善退牧还草政策的意见的通知》发布。文件对工程建设内容进行了适当调整,对包括舍饲棚圈和人工饲草地配套设施建设的内容进行了加强,在原有基础上,适当提高围栏建设、补播草种、人工饲草地建设的补助标准。不再安排饲料粮补助的同时,对实行禁牧封育的草原,中央财政按照每年补助6元的标准对牧民给予补助,补助周期为5年;对禁牧区域以外实行休牧、轮牧的草原,中央财政对未超载的牧民,按照每亩每年1.5元的测算标准给予草畜平衡奖励。

(2)政策类型。与退牧还草相关的政策文件,按照对工程实施所起的作用的不同,可以分为3类。第一类是国家对草原进行管理的总体依据,主要表现为国家法律和宏观政策,如《中华人民共和国草原法》《国务院关于加强草原保护与建设的若干意见》等,这部分文件是退牧还草工程相关政策制定的法律依据或政策基础。第二类是直接与工程相关,对工程实施进行指导部署、约束要求的文件,主要包括各类任务下达通知、工程实施要求等,如《国家计委农业部关于下达2002年西部地区天然草原退牧还草工程中央预算内专项资金投资计划的通知》《关于下达2003年退牧还草任务的通知》。第三类是各种技术规程,主要指对工程实施所涉及的相关技术环节进行规范的各种规程、标准,如《西部地区天然草原退牧还草工程项目验收细则》《休牧和禁牧技术规程》(NY/T 1176—2019)、《人工草地建设技术规程》(NY/T 1342—2007)等。

(3)政策概要。

①工程目标。"退牧还草"工程的目标,是在退化的草原上通过围栏建设、补播改良以及禁牧、休牧、划区轮牧等措施,使天然草场得到休养生息,达到草畜平衡、改良草原生态,提高草原生产力,实现草原资源的永续利用,建立起与畜牧业可持续发展相适应的草原生态系统,促进草原生态与畜牧业协调发展。

②工程措施。"退牧还草"工程是一项草原基本建设工程项目,工程的核心内容和手段主要是禁牧、休牧和划区轮牧。《关于下达2003年退牧还草任务的通知》中要求,"宜禁则禁,宜休则休,宜轮则轮,休牧与轮牧相结合;以保护封育、改良恢复为主,实行保护和建设相结合"。

③工程范围。工程范围主要包括内蒙古、甘肃、宁夏、青海、云南、四川、新疆等省(自治区)西部地区的可利用草原。

④工程主体。从历史上,工程的组织主体主要是各级农业主管部门。工程的实施主体是草原承包家庭,广大牧民是工程实施的主力军,草原承包户是草场生产经营、保护与建设的责任主体。

(4)工程投入。

①资金筹集。自2002年工程试点以来,工程实施所需的资金的筹集,基本延续了"以国家投入带动地方、个人投入,坚持国家、集体、个人投资相结合"的总体思路。其中,国家投入在所有投入资金中占较大比重。

②资金使用。工程资金主要用于草原建设补助,具体包括草场围栏建设资金、补播草种费、饲料粮资金补助;资金使用坚持"专户存储,专款专用"的原则,任何单位和个人不得挤占、截留和挪用,不得弄虚作假、虚报冒领。对违反规定的,依法查处。2005年,西部开发办公室、发展改革委等部门联合发布的《关于进一步完善退牧还草政策措施若干意见的通知》中规定,在实施退

牧还草的地区，在遵守专项资金使用管理办法的前提下，可以将扶贫开发、水土保持等不同渠道的资金统筹安排，整合使用，发挥资金的使用效益。

(5)工程补助。退耕还草工程实施期间，工程发放过的补助主要有围栏建设补助、饲料粮补助、补播草种费、人工饲草地建设补助、舍饲棚圈建设补助、饲料粮补助，以及草畜平衡奖励等。其中，从2011年开始，工程不再安排饲料粮补助，而改为在工程区内全面实施草原生态保护补助奖励机制。对实行禁牧封育的草原，中央财政按照每亩每年补助6元的测算标准对牧民给予禁牧补助，5年为一个补助周期；对禁牧区域以外实行休牧、轮牧的草原，中央财政对未超载的牧民，按照每亩每年1.5元的测算标准给予草畜平衡奖励。

(6)权利与责任。根据草原家庭承包经营制，草原承包户是草场生产经营、保护与建设责任的具体承担者。各级政府有责任加大对退牧还草工程区畜种改良、草原治虫灭鼠、疫病防治等基础设施建设的支持力度。

(7)验收与监督。按照2005年《关于进一步加强退牧还草工程实施管理的意见》的要求，工程项目建设完工后，项目建设单位要及时完成资金决算，做好验收准备工作。省级农牧部门要按照《西部地区天然草原退牧还草工程项目验收细则》的规定，及时组织项目竣工验收。农业部在省级验收的基础上，抽取一定比例的项目进行核验。对验收不合格的，要限期整改。各级草原监理机构负责依法加强对禁牧、休牧、划区轮牧的监督管理，加强对项目区内围栏等基础设施的管护，保护建设成果。

(8)监测与评价。2008年颁布的《农业部办公厅关于进一步加强退牧还草工程实施项目管理工作的通知》要求，"要全面提升监测能力，加强项目区草原资源动态监测，增强监测结果的分析研究，为合理利用草原提供科学依据。要积极组织进行解除禁牧休牧后合理利用草原方式的研究，巩固工程建设成效，实现草原可持续利用"。文件指出，"农业部草原保护建设项目管理系统拟从明年正式启用，各地要规范数据采集，将项目区本底数据纳入数据库，为实施卫星遥感监控，实现工程信息化管理打下基础。各地要认真执行工程进度季报制度，务必按时向农业部草原监理中心指导处报送工程进展统计表及说明"。

### 9.2.2 实践总结

#### 9.2.2.1 工程进展

(1)退耕还林工程。青海省积极落实退耕还林工程政策，认真开展相关工作。2000—2014年，共实施前一轮退耕还林工程建设任务1110.5万亩。其中退耕地还林还草290万亩，周边荒山造林636.5万亩，封山育林184.0万亩。290万亩退耕地中退耕地还林261万亩、退耕地还草29万亩。工程涉及全省44个县(市、区、场)327个乡镇3911个行政村，涉及农户29.62万余户135.5万农牧民。2015—2016年，共实施新一轮退耕还林工程44万亩，全部为退耕还林。其中，2015年30万亩，工程涉及大通县等9个县的76个乡镇55538户退耕农户；其中，2016年14万亩，工程涉及化隆县等11个县(区、场)46个乡镇32413户退耕农户。截至2018年，退耕还林工程累计投资82亿元。

(2)退牧还草工程。青海省积极落实退牧还草相关政策，认真开展相关工作。截至目前，工程建设从2003年的三江源地区16个牧区县1乡已逐步扩大到全省42个县(市、区、行委)，基本覆盖了全省草原牧区。截至2018年，国家累计下达投资67.15亿元(含前期费0.72亿元)，分项任务及完成情况：下达禁牧休牧划区轮牧围栏投资34.41亿元，完成禁牧12401万亩，休牧5694万亩,划区轮牧 1465 万亩;下达退化草原改良(补播)投资 5.85 亿元,完成补播改良草原 3875.6 万亩;下达人工饲草地投资 0.74 亿元,完成多年生人工饲草地建设 33.5 万亩;下达黑土滩治理投资 0.84 亿元,完成黑土滩治理面积 50 万亩;下达毒害草治理投资 0.42 亿元,完成毒害草治理面积 30 万亩;下达舍饲棚圈补助投资 3.05 亿元,完成舍饲棚圈配套建设 81100 户;下达饲料粮补助补助资金 21.12 亿元,全部补助到户。

(3)建设成效。

①生态资源明显增加。退耕还林工程方面,共实施前一轮退耕还林工程建设任务 1110.5 万亩。其中退耕地还林还草 290 万亩,周边荒山造林 636.5 万亩,封山育林 184.0 万亩。290 万亩退耕地中退耕地还林 261 万亩、退耕地还草 29 万亩。新一轮退耕还林工程共实施 44 万亩,所退耕地全部转为林地。工程实施约增加 1 个百分点的森林覆盖率。退牧还草工程方面,首先,青海工程区各类草原退化态势有所遏制。遥感解译分析表明,退耕还草实施后的草地退化态势与实施前相比较,实施后退化状态好转的面积约占原退化总面积的 69%;轻微好转类型占 22%,明显好转类型的面积占 7%;退化发生类型占 1.1%;退化加剧发生类型占 0.9%,与本底期 2003 年相比,工程实施有效遏制了草地生态系统退化的趋势,草地生态系统面积有所增长,荒漠化草原生态系统、黑土型退化草原生态系统局部向草地生态系统有所转化,部分退化草地趋于恢复。工程区草原植被覆盖度呈增加趋势;草原植被盖度平均提高 11.6 个百分点,其中,黑土滩退化草地植被覆盖度由治理前的 30.72%提高到 72.83%;地面监测结果表现,工程实施促进了草原植被生长,草原退牧还草工程实施后的 2016—2018 年 3 年的平均产草量比实施前的 2003—2005 年 3 年的平均产草量提高了 22%,产草量普遍提高,其中补播建设工程区内平均鲜草产量达到 3394.505 千克/公顷,高于区外平均鲜草产量,2604.62 千克/公顷;已治理 50 万亩的黑土滩,平均鲜草产量增加 1500 千克/公顷。样地测定表明,工程区内草地平均盖度在 75%~90%,区外盖度在 65%~70%,草原植被盖度提高了 10%~20%;区内牧草平均高度在 8.5~13.5 厘米,区外高度 5~8 厘米,高度提高了 3.5~5.5 厘米;区内牧草产量在 3172.5~4551.8 千克/公顷,区外牧草产量在 1766.4~2798.4 千克/公顷,产量提高 13%~16.5%。

②生态效益有效发挥。工程实施产生了巨大的生态效益。工程治理水土流失面积 1100 万亩,三江源地区河流控制站平均含沙量在 0.046~4.3 千克/立方米,与多年平均值相比减少了 29.3%;主要沙区的土地沙化速率呈现出明显减缓的势头,兴海县 2007—2012 年沙丘高度变化在 -0.3~-0.1 米,沙丘水平移动速度自 2006 年以来呈平稳减小趋势;黄河上游、长江源区地表径流量增多,2003—2012 年平均流量较 1991—2002 年分别增加 117.2 立方米/秒、149.4 立方米/秒。工程的实施,有效改进了青海总体的水源涵养能力。目前,三江源地区水资源量增加 84 亿立方米,湿地面积增加 104 平方千米,草原生态系统水源涵养量增加 28.4 亿立方米,三江源头千湖奇观再现,且青海湖水位连续 9 年上升,再现 40 年前景象,同时哈尔盖河、沙柳河、泉吉河等河流也呈现半河清水半河鱼的景观;此外,生物多样性逐步恢复,藏羚羊、藏野驴、岩羊、野牦牛等野生动物种群明显增多,栖息活动范围呈扩大趋势,植物种群和鱼类等水生生物的多样性得到有效保护。

③农民收益有所增加。退耕还林还草工程方面,工程实施以来,全省向 29.6 万户退耕农户累计发放粮食补助资金、生活补助资金 60 多亿元。兑现补助资金既解决了部分贫困农牧民的缺粮问题,又改善了农村牧区特别是贫困地区群众的生产生活条件,也促进了农村牧区产业结构的调整。实施退耕还林工程,减少了土地贫瘠、广种薄收的坡耕地,增加了对剩余耕地的投入和作业强度,提高了粮食单位面积产量和总产量,全省粮食总产量从 2005 年的 93.26 万吨提高到现在的 102.03

万吨。同时也促进了种植业结构调整，尤其是柴达木盆地及共和盆地的退耕农户，依托地理条件优势，发展枸杞特色经济林，现在的亩产值比原来种粮食时提高了几十倍。都兰县宗加镇依托退耕还林工程种植枸杞11.8万亩，年产值7.5亿元，人均纯收入超过万元。

退牧还草政策也有较好的增收作用。2011年退牧还草工程饲料粮补助与草原补奖政策有机衔接，草原生态补奖政策的全面实施，使全省76.53万户牧民享受到政策补贴，人均年增收1588元，其中，三江源地区农牧民人均纯收入年均增长14.9%，而青南地区的果洛州，2012年人均牧业收入为2593元，年人均奖补收入2578元，2项收入合计年人均达到5171元，比政策实施前的牧业人均收入1841元增加了2.8倍；此外，截至2018年，围栏建设、退化草地补播、人工饲草地、黑土滩治理、舍饲棚圈5项工程累计增加收益1662110.5万元，国家下达总投资667317万元，净收益为994793.50万元，人均增加收益12998.74元。人工饲草地、牲畜暖棚建设也通过加强保障促进了农牧民收入提高，经测算，每个牲畜暖棚每年可通过减少掉膘损失增收6750元，可通过提高出栏率增收1250元，由于舍饲棚圈为建设补助资金占总棚圈投入的10%，建设8年来，合计增加收益35520万元。

从农户整体收入水平变化上来看，工程实施后2018年全省农牧民人均纯收入9462元，比实施前2003年的1817.40元增加7644.60元，提高了421%，收入水平提高显著，工程贡献功不可没。

④产业结构得到优化。退耕还林还草工程产业带动作用明显。"东部沙棘、西部枸杞、南部藏茶、河湟杂果"产业格局逐渐成形，沙棘、枸杞、其他特色经济林基地建设有所成效。其中，建设沙棘基地29.98万亩，枸杞基地7.03万亩，核桃、大果樱桃等生态经济林16.72万亩。全省2015年林业产值51.0亿元，林业产业化龙头企业已达61家，林业合作社1018家，沙棘枸杞加工企业40家。同时，还建成日光节能温室1314栋，畜棚4062座，更新草地4.712万亩，现代农村畜牧业进一步发展。

退牧还草工程也具有较强的产业带动作用：一是工程实施中对网围栏、水泥杆等物品的需求，带动了基础设施、设备企业的发展，增加了相关就业机会；二是传统畜牧业有长足发展，项目实施涉及生态畜牧业合作社961个，牧户入社率和牲畜、草场整合率分别达到72.5%、67.8%和66.9%，畜牧生产实现了从"生产功能为主"到"生产生态有机结合、生态优先"的理念创新，从"散户为主的小农经济"到"合作股份制为主"的经营方式创新，从草原畜牧业到农牧结合，循环发展，种养加一体、一、二、三产业融合，推动了草原传统畜牧业的创新发展；三是人工饲草业也不断发展，实施人工饲草地建设工程42万亩，每亩每年平均新增鲜草产量400千克以上，缓解了草畜矛盾，草产量提高，草资源利用效益提升；四是工程区推行草畜平衡，实行减畜制度，生产方式由完全游牧方式向舍饲、半舍饲现代畜牧业方式转变，由原来单纯追求牲畜存栏数逐步向效益型畜牧业转变，促进了现代畜牧业发展；五是通过退牧还草及草原补奖政策的实施，促进了全省饲草产业发展，现已初步形成了"基地+配送中心+公司+农户""公司+合作社+基地+农户""企业+基地+农户"等发展模式，生产分工细化，产业链有所延伸，推动了牧民群众生产经营方式的转变；六是建成州级饲草料贮备库3个(0.63万平方米)，县级饲草料贮备库10个(1.06万平方米)。青南越冬饲料贮备范围从3州9县18乡扩大到4州16县46乡，年贮备越冬饲草料3万吨，初步建立了5级防灾抗灾饲草料贮备体系。

与此同时，劳务经济也获得一定发展。大面积退耕使更多劳动力从贫瘠的土地上解放出来，向第二、三产业转移，提高了退耕户的劳动收益。受此带动，青海省退耕农户在外经营拉面馆产业蓬勃发展，据统计目前全省在外经营拉面馆达2.9万余家，从业人员18.2万人，经营性收入180亿元，务工人员工资性收入近40亿元。

从农牧业发展总体水平来看，工程实施后的2018年全省农牧业总产值345.36亿元，比实施前2003年的80.72亿元增加264.64亿元，提高了328%，说明工程实施没有给农牧业带来不利影响，反而提高了农牧业发展水平。

⑤生态意识明显增强。在工程实施中，通过对农牧民的集中培训以及新思想、新知识、新技术的推广，广泛普及林地补种、草原补播、森林草原有害生物防控、草原围栏建设、牲畜暖棚及应用等生态科技知识，弘扬绿色文明，使广大农牧民文化素质得到了整体提高。新技术、新方法应用到实际工作中，推进了科技发展。转变了农牧民靠天养畜的传统观念，传统畜牧业发展思想也随之发生重大转变，向集约化、高效性、和谐性转换，自觉保护生态意识明显增强。

⑥区域发展得到促进。通过工程建设，提升了群众的生态意识，改进了农牧民群众的生产、生活方式，调整了农牧民的发展思路。自然生态环境面临的压力降低了，但发展水平却提高了。项目的资金投入，可激活省内生产力要素市场，带动区域经济社会的可持续发展，从而促进全省经济的发展和繁荣。同时，工程实施有利于牧民的集中培训以及新思想、新知识、新技术的推广，一系列有关林草植造、有害生物防控、围栏暖棚等基础设施建设等的知识得到普及，农牧民劳动素养不断提高，农牧民生活、耕种、蓄养方式不断改进，集约化、高效化、和谐化程度进一步提高，绿色发展理念得到有效贯彻，生态文明思想落地生根。

一是农村新能源得到大力发展。退耕还林区农作物秸秆、柴草、畜粪、薪柴等生物质占农牧民生活用能的80%左右。为补充退耕区农牧民生活用能，先后建成"一池三改"户用沼气池5400口，发放太阳灶89678台，生物质炉161840台，太阳能热水器13684台，太阳能庭院节能灯5227座。二是基本口粮田建设成效明显，人均拥有高产稳产基本口粮田面积都在2亩以上。全省退耕区累计改造基本口粮田77.06万亩。其中，坡改梯15.36万亩，低产田改造23.9万亩，农田水利改善灌溉面积36.33万亩，小型蓄水保土工程1.47万亩。三是退牧工程实施带动畜牧业发展从放牧型向半舍饲畜牧型转变，向草原合理利用+人工饲草地+舍饲棚圈+高效养畜型转变，截至目前，全省建设舍饲棚圈88500栋，有效增加了畜产品，降低了死亡率，提高了仔畜繁活率，畜牧业现代化水平不断提高。四是工程实施促进了畜牧业劳动生产率提高，越来越多从传统畜牧业解放的牧民迁入城镇，促进了牧区小城镇建设，为现代服务业发展创造了有利条件。

总之，通过项目的资金投入，激活了省内外生产力要素市场，吸引了企业投资，带动了区域经济社会的可持续发展，从而促进全省经济的发展和繁荣。

⑦民族团结不断进步。工程实施对促进民族团结、社会安宁具有很好的作用，通过转变了农民、牧民的传统耕牧观念，提高了农牧民文化素养；落实一系列工程富民政策，三江源地区广大农牧民生活得到明显改善，牧民群众普遍对党和政府心存感激感恩，增强了群众向心力、凝聚力，工程区民族关系更加和谐社会更加稳定。

(4) 成功经验。

①强化组织领导是关键。青海省高度重视退耕还林、退牧还草工作，每年召开专题会议，对相关工作进行年度部署，明确目标，签订责任书，逐层压实责任；加强部门协调，组织发改、财政、林业、农业、国土等相关部门密切配合，通力协作，共同推进相关工作；各级政府部门实行分级划片包干责任制，加大政策宣讲，确保管理到户；定期组成工作组巡回检查督导，确保问题及早发现、及早解决；根据工程实际需要，专门拨付筹措资金，为验收等工作提供必要经费保障；

将工程建设目标纳入项目区各级政府年度目标考核范围，使工程建设情况成为工作评价的"硬杠杠"；有力的组织领导，各部门的密切协作，成为工程实施的根本保障。

②加强制度建设是核心。青海省陆续出台了《青海省退耕还林工程建设监理办法》等文件，通过制度规范工程管理：退耕还林工程的具体办法涉及从档案管理到监督检查，从技术指导到资金监管，从工程监理到审计监督等各个方面；退牧还草工程则囊括了法人制、考核制、招标制、合同制、监理制、报账制，以及目标、任务、资金、粮食、责任"五到省"等一整套规章制度；这些规章制度，覆盖了工程实施的各个方面，保证了工程每步操作都有据可依、有章可循。同时，青海省积极开展省县2级检查，采取有力措施促进各项制度有效落地。完善的制度，严格地管理，促成了工程整体推进的平稳有序。

③严肃资金使用是重点。青海省出台了《青海省退耕还林还草补助资金发放办法》等规范文件，加强资金管理，严肃资金使用。通过"实行退耕还林还草资金发放一卡通"制度，确保资金足额发放到退耕农民手中；通过培训相关财务人员，提高工程资金管理水平；各级主管部门在退耕还林补助兑现中严格把关，坚持将验收合格、管护到位作为兑现的前置条件，坚持对自查验收、政策兑现等情况进行公示，加大群众监督力度；此外，鉴于退耕还林工程点多、面广、线长，工作任务繁重，工作经费的落实直接关系到工作任务的按期完成和建设质量。省财政每年拨付220万元的工作经费，为省级全面检查验收提供了经费保障。各县级林业部门也想方设法，争取资金，保证工作顺利开展，提高了工程实施质量。

在退牧还草工程实施过程中，相关经费拨付实行"专人管理，专款专用，专账核算"，按照相关制度建账核算，并完善齐备相关财务档案资料，通过派驻财务总监、加强检查审计等方式，确保工程资金使用有序高效。严格的资金管理，杜绝了挤占、挪用、截留和克扣等违纪现象，使得工程资金的效用得以充分发挥。

④严格工程监管是根本。青海省为了保证工程实效，采取加强验收、监理等方式进行工程监督。退耕还林工程严格执行相关验收规程，依据相关工程标准，实行县级全查，省级复查，实现了对全省各年度工程的实际建设情况检查的全覆盖，通过狠抓现地核实确保工程质量要过关，通过狠抓档案管理确保实施历史可追溯；退牧还草工程认真践行工程监理制度，积极派驻监理师到各项目县，对工程质量、进度、资金使用实行严控把关。严格的工程监督，使得工程主要环节无疏失，整体质量有保障。

⑤强化保障支撑是基础。青海省从多种角度强化基础支撑，保障工程目标达成：一是加强基础建设，不断加强引导，通过加大对舍饲棚圈的建设投入，促使牧民发展新型畜牧业，转变对天然草原的依赖，减轻天然草原的牧养压力；二是因地制宜，科学规划，对青海2005年以来的退牧还草工程补播投资单独编制作业设计，通过选择更有针对性的补播地点、牧草品种、作业方式、技术路线，提高退化草地的治理效果；将各项工程落实到具体牧户、草场，做到了早准备、早落实，确保各项工程如期开工建设，为全面实施各年度建设任务奠定了良好的基础。三是加强培训，夯实业务基础，每年组织各级林业主管部门的主要负责人和技术人员进行培训，详细讲解学习工程相关政策和技术规程，为工程实施提供有力技术保证。

(5)退耕还林还草工程。

①后续产业发展不足。从2008年开始，青海省利用巩固退耕还林巩固成果专项资金发展退耕还林后续产业。虽然经过十多年建设，退耕还林后续产业成为农村牧区经济发展的一个新的增长点，但其发展总量较小，普及面不广，仍未从根本上解决好退耕农户的长远生计问题。同时，因

为自然条件的限制，大多数地方难以发展经济林。目前，作为退耕还林后续主导产业的柴达木盆地和共和盆地的枸杞产业受市场价格大幅度降低的影响，发展受挫，加之产业链条短，同时2016年国家停止巩固退耕还林成果的专项资金扶持，地方财政力有不及，资金瓶颈日益明显，严重制约后续产业发展。

②现有补助标准主观接受度低。从2003年开始退耕地粮食补助按每斤0.7元折现补助，但粮食价格逐年上涨，退耕农户普遍认为实际没有得到每亩200斤的粮食补助，补助标准未能达到心理预期，感觉个人权益受损，存在一定程度的不满情绪。

③前一轮补助到期对部分农户生计影响明显。青海省受严酷自然条件的限制，退耕农户贫困程度深，经济来源少，退耕还林补助占农户收入达到23.1%。按照国家的退耕还林政策，从2015年开始，陆续到期的前一轮退耕还林政策补助已经停发，退耕农户生计受到很大影响。尤其是作为退耕还林工程的实施大户——国有农牧场，其人员工资收入主要靠退耕还林补助，补助停止后，近一大半的职工每月仅2000元的工资也难以保证，不少农户生计受到明显影响。

④成果巩固面临较大压力。青海工程区立地条件普遍较差，造林难度大，通常需要2~3次补植补栽才能达到验收标准，造林时间长，造林及抚育管理成本远高于国家平均水平，当前的资金支持力度难以满足工程成果巩固实际需要，因经费不足导致不少退耕地疏于管护，林分质量不高、林木枯死情况客观存在，退耕成果巩固面临较大压力。此外，因补助停发造成的生计压力，也形成一定的复耕隐患，给成果巩固带来不小威胁。不少地方干部、群众呼吁建议国家建立退耕还林的长效补偿机制，按每亩100元的耕地地力保护补贴标准，继续对退耕农户给予补助，进一步巩固工程成果。

⑤新一轮工程实施难度较大。国家对新一轮退耕还林地只限定四个类型，即25°以上的陡坡耕地、15°~25°的重要水源地坡耕地、严重沙化耕地、严重污染耕地，而青海省存在大量15°以下的低产田耕地，农民不愿意耕种，大部分已撂荒，即不能产生经济价值，又无生态效益，土地资源浪费情况客观存在。此外，受耕地保护红线和基本农田红线的限制，难以推进新一轮退耕还林工程。

(6) 退牧还草工程。

①工程标准有待进一步提高。一是需要提高围栏建设标准。青海省围栏建设全部为国家投资，目前每生产1米围栏的成本达到6.80元，每亩围栏投资标准达40元左右，远高于国家下达的每亩25元的投资标准；二是提高补播投资标准。目前补播草种经费每亩仅为60元，难以满足青藏高原地区实施补播必须有4种以上品种搭配种植，并进行轻耙、镇压、覆土等地面处理和施肥措施，每亩草地补播补助成本约在100元的实际需要；三是提高黑土滩（坡）治理投资标准，为满足青海草原生态修复建设的要求，大大生态保护修复力度，需对坡度大于25°的严重退化草原进行治理恢复，目前每亩实际治理成本约在600元，补助标准也应达到相应水平。

②工程需求量较大。目前，国家累计下达青海省的退牧还草工程建设任务为1.14亿亩。按照青海省生态保护补助奖励机制实施方案确定的目标，五年周期内在草畜平衡区还要实施1.15亿亩建设任务，在禁牧区实施1.05亿亩建设任务。此外，国务院批准的《青海三江源自然保护区生态保护与建设总体规划》计划实施退牧还草9658.29万亩，截至目前国家累计下达三江源自然保护区内任务5671万亩，还有近4000万亩尚未落实，从青海省工程实施情况看，工程需求量在2000万亩以上，且较为迫切。

③工程配套内容亟待完善。在现有建设内容的基础上，需按补播任务的比例，进一步安排鼠

害防治、毒杂草防治任务，继续下达黑土滩和撂荒地治理任务，新增草地培育更新试点任务，实现围栏封育、补播改良、鼠害防治、毒杂草防治等项目同步建设，并有效解决重度退化草地和撂荒地治理问题，以提高退牧还草工程建设的综合效益。

④乡土草种供应能力不足。青海省现有牧草良种繁育基地24.6万亩，各类草籽年产量1031.7万千克；各大草种繁育公司和基地各类草籽库存仅400万千克，其中披碱草良种库存360万千克，青海冷地早熟禾、青海中华羊茅和青海草地早熟禾良种库存仅40万千克。但是，2019年实施的退牧还草工程、三江源二期工程和祁连山生态治理项目需要综合修复治理的退化草原面积达231万亩，各类草籽需求量约600万千克，种子缺口大，需从临近省份补充解决。据近期对青海省草种市场了解，适宜高寒地区的冷地早熟禾、中华羊茅、青海草地早熟禾等小粒草籽库存严重不足，已经影响了工程的实施。不论从生态草种良种繁育基地现有规模、生产能力，还是各类草籽库存量来看，亟须建立大面积、多品种的乡土牧草品种繁育基地，保障青海省草原生态修复和生产的需求。

⑤工程市场化程度不高。工程市场化程度不高，草原生态修复专业化企业、组织和联盟还有较大培植空间，如何以市场化的方式，探索建立并有效推动工程建设实行第三方技术承包和第三方治理模式，实现市场化有偿服务，运作草原生态修复建设还需进一步探索。

⑥工程年度建设规模小。自工程实施以来，国家每年给青海省安排的建设任务在1000万亩左右，按照年度实施范围区域内以草原承包户为单位布局建设，户均建设任务少、投入低，在一定程度上影响了生态保护与建设的进展，无法实现综合治理的目标。

⑦质量检验能力较弱。由于青海省围栏、草种、有机肥和复合肥质量检验机构的基础设施较弱、检验人员缺乏，无法满足建设单位单位委托检验和对施工企业供货的抽检，致使用于工程的部分物质质量良莠不齐，严重影响了工程实施进度和质量。

### 9.2.3 政策评价

#### 9.2.3.1 工程组织

工程启动迄今，从资金投入到组织实施，从检查验收到监督评估，政府是绝对的主导者。形成这种状况的原因，一是因为当时市场机制不健全、社会力量发展不充分、改善生态环境需求迫切、任务繁重急难。这种情况下只有政府有能力集中资源在较大的空间范围内组织大规模的工程实践行为，并保证能在较长的时间尺度上持续投入；二是林草行业具有显著的外部性特征，传统的理论研究与实践检验表明，市场面对此类问题时有效性不足，存在"市场失灵"。因此，由政府组织开展生态工程建设是当时历史条件下的最优选择，政府一元主导有其必然性。但随着时代发展，形势逐步发生变化，政府一元主导的不足也逐步暴露出来。

一是可持续性不足，资金投入难以为继。长期以来，社会上对延长补助期、提高补助标准的呼声较高。但根据国家林业和草原局2019年两会提案复文，目前我国经济运行面临较大压力，中央财政紧张，现行退耕还林还草补助标准及年限，是综合考虑"三农"问题、国家财力及经济社会发展水平等各方面因素研究确定的。中央层面资金投入难以继续突破，地方财政能力有限，投入幅度能有较大程度增长。

二是工程政府主导容易导致高实施成本，使工程实施遭遇效率天花板。政府是工程的规划者、组织者、管理者、验收者、监督者，各级林草主管部门需要为自己承担的角色开展大量工作，但却容易因为缺少科学的制约和监督，影响政策执行效率。

#### 9.2.3.2 政策执行

退耕退牧工程在具体实施工程中，各级政府、各级行政部门各司其职，相互配合，共同完成工程任务。这是由我国的行政体制决定的，即横向分层级、纵向分部门，只要按照纵向和横向的交叉就可以找到相应的权责关系节点；节点与节点间或者纵向隶属，或者横向分隔，职能职责泾渭分明，相互制约；只要每个节点都按部就班地执行职能，整个组织体系的治理绩效就能够实现。这对工程实施的优势之处在于，可以充分利用现行体制，分工明确，职责清晰，保障工程实践的快速推进，一定程度上减少了行政成本，可以集中力量于工程主要目标任务，为工程实施迅速提供组织保障。不足之处在于，这种基本架构在处理类似退耕、退牧工程等大型公共事务的跨界性、复杂性时，容易暴露系统性短板：

一是政策设计的系统性有潜在不足，受部门行业意识、职能职责的影响，政策目标的制定，政策措施的选择无法突破行业限制、部门限制，容易陷入"就问题谈问题""头痛医头，脚痛医脚"的境地，在形成政策合力方面存在潜在不足，一些与工程成效密切相关的深层次问题、根本性问题难以在个别部门的职能职责范畴内有效解决。

二是执行协同存在系统性短板，即末端执行时层级之间、部门之间的沟通交流、协作配合容易受到行业、部门独立、割裂等情况的干扰，可能出现力量分散、激励不相容。最为显著的例子是退耕还林工程中配套设施建设，部分建设指标被用于非工程区，影响了工程实施的最终效果。

三是可能出现执行偏差，部分政策条款在层级下达、部门分解的过程中可能出现衰减或扭曲，导致执行效果出现不足或偏差。

#### 9.2.3.3 实施单位

工程实践过程中，不同阶段各类文件都明确规定工程实行家庭承包，主要实施主体是农户。这样做的优势之处在于，符合当时的基本国情，家庭是我国最基本的社会单位和生产单位，鉴于土地家庭承包联产责任制的成功，家庭作为工程承包主体，有利于迅速发动群众力量，保障工程启动平稳顺畅，符合当时的实际情况。同时，受限于社会生产和社会治理的时代局限，城乡二元结构的状况还须继续维持，土地必须成为乡村人口的生存基本支撑。但随着时代的发展，这种设计的不足之处也逐渐体现出来。

一是增加了工作难度。工程组织者需要面对成千上万的农户家庭，使政策宣传、检查验收、补助发放等日常工作的工作量急剧攀升，增加了协调、管理成本。

二是限制了经营水平。规模经营是不断提高经营水平、实现集约经营的重要条件。而一家一户的分散经营，不但资金投入、技术水平受限明显，也限制了规模经营的可能，给工程实施市场化、企业化造成了障碍，影响了生态产品质量的提高。

#### 9.2.3.4 补助机制

在近20年的工程实施历程中，基层主管部门按照"谁退耕，谁造林，谁经营，谁受益"的原则，坚持粮食补助直接到户。做第一轮退耕工程延长期，工程生活费补助与管护责任挂钩。这样做的优势是实现了理论上的公平，履责人即受益人，同时因为补助发放与各工程户利益直接相关，工程户还间接承担了补助发放监督人的角色，确保了补助发放公开透明。但实践中也发现一定的不足，主要表现：

一是资源分散使用。工程资金以各类补助的方式发放到农户手中，除工程建设开支外，被优先用于生活消费，对农户改善生产、促进发展的影响有限，与"集中力量办大事"的发展建设规律相背离，成为工程不可持续的伏笔，是工程实施的最大机会成本。

二是置换性不彻底。补助发放只有按年度或次数现金到户一种形式,与生态移民等工程措施的关联不够紧密,置换性体现不足,多数工程农户生活场所、生活方式没有发生不可逆的改变,导致类似"用有期限的补助置换无限期的土地"等误解普遍存在,农户获得感差,久之容易产生"吃亏"心理,给政策延续与成果巩固带来不利影响。

三是群众认可度逐步降低。影响新一轮工程的实施。国家林业重点工程监测结果显示,与上一轮退耕还林工程相比,工程实施给农民带来的实际利益有所下降,一些地方实施新一轮退耕还林工程的积极性有所下降。河北省张北县和易县的调查结果显示,有54.3%的样本农户对第一轮补贴金额表示"比较满意"或"非常满意",对于第二轮补贴金额表示"比较满意"或"非常满意"的农户之和仅占18.1%,超过半数的农户对第二轮补贴金额"比较不满意"或"非常不满意"。

四是补助发放缺少激励作用。补助发放与退耕林草经营管护成效无关,基本是同一标准统一发放,管多管少一个样,管好管坏一个样,激励作用体现不足。

#### 9.2.3.5 工程配套

(1)生计替代。在工程的全部实施期中,相关政策文件有加强口粮田建设以满足工程农户口粮需要的内容,有加强新能源建设满足工程区农户生活能源需要的内容,但对更为重要的工程参与户后续生计和长远发展问题,缺少清晰、有效的陈述,相关文件只较为宽泛地要求"地方各级人民政府应当调整农村产业结构,扶持龙头企业,发展支柱产业,开辟就业门路,增加农民收入",未见与有意识引导就业,和主动促进农户发展的具体措施。

这样做的不足,一是相当一部分农户未能利用补助期所提供的有利机会,形成经济发展和收入增加的稳定机制,导致难以摆脱补助对家庭生计的重要性,影响工程社会经济效益的提升;二是部分农户可能因为生计困难发生复耕,来之不宜的工程成果受损,生态环境再次破坏。

(2)易地搬迁。退耕工程启动的20世纪初,我国劳动力资源相对丰富,这对国家经济的发展无疑是一个有利条件,是经济发展的支柱和财富。但受经济社会总体发展水平的限制,由于资金要素紧缺,人均资源相对贫乏,丰富的劳动力资源在很长一段时期被视为沉重的压力。当时有不少经济学家认为约3.3亿农村劳动力中,至少有1.2亿是剩余劳动力。如何转移、安置这么大数量的劳动力,满足其基本生存生活需要的同时,保持社会稳定,促进经济发展,是一件广受社会关注、决策层必须审慎对待的重要问题。受限于时代背景,在长达20年的工程实施过程中,相关政策中对被工程解放的农村人口、劳动力的安置关注不足,实际内容相对简单。例如2003年颁布的《退耕还林条例》中表述为"国家鼓励在退耕还林过程中实行生态移民,并对生态移民农户的生产、生活设施给予适当补助",2007年的《国务院关于完善退耕还林政策的通知》中表述为"对居住地基本不具备生存条件的特困人口,实行易地搬迁"。新一轮退耕还林实施以来,国家层面的文件中,基本上已再无"生态移民"或"易地搬迁"的内容。据《国家林业重点生态工程经济社会效益监测报告(2003—2017年)》显示,各地历年所开展的与生态移民、易地搬迁相关工作内容极少,所占比重极低,涉及人数非常有限。

长久以来,我国乡村经济整体发展缓慢,除以务农为主体的土地耕作经营外,其他形式的农户生计保障和经济发展手段并不丰富。第一轮工程启动时,适逢我国加入世界贸易组织(WTO),以出口为导向的外向型经济长足发展,为大量工程户外出打工、转移就业创造了有利条件。这种大规模的人口流动减轻了工程区生态环境的压力,显著增加了农户收入。但受我国城乡二元结构的影响,乡村人口在外务工并不能实现定居,他们中的绝大多数无法实现真正意义上的易地搬迁。2008年,受美国次贷危机影响,国内经济发展脚步放缓,农村务工人员返乡趋势加大。同期,工程补助也开始减少，农户生计受到影响，工程农户的口粮、能源、生计需求都给工程成果巩固造成了压力。因此，相关内容也成为这一时期政策关注的重点。实践证明，把被工程解放出来的农户人口进行集聚、易地迁出，实现工程户生活场所、生产方式不可逆的变化，对工程建设、成果巩固非常重要。

#### 9.2.3.6 监测评价

政策中有关工程监测评价主要服务于工程验收与监督，内容更多关注工程的生态效果，聚焦与工程造林的成活率、保存率等资源指标。这样制定政策的好处是便于执行，也较为适合工程初期生态环境恶化明显、迫切需要改变缺林少绿状况的现实。但长远来看存在一些不足，主要表现：

一是内容不全面。评价标准相对简单，只关注林草资源等生态产品的数量变化，缺少与生态功能、生态价值等资料相关的内容；只关注工程实施的生态影响，对工程实施与其所产生的社会、经济效益的相互联系发掘不够。

二是手段不完善。评价主要依据各级政府部门组织的检查考核，缺少第三方检查评价；评价方法主要采取针对林木资源状况的现地抽查方式进行，缺少全域遥感、大范围无人机等现代信息技术手段的应用。

三是作用较有限。现有的工程评价难以发挥科学、客观、全面的工程引导作用，导致工程实施中片面追求"树大绿多"，片面追求林草资源数量增长，对尊重并保护生态系统的多样性重视程度不够，对工程建设对区域生态功能和生态价值的影响重视不够，未能真正树立、践行"尊重自然，顺应自然"的理念。

## 9.3 后续政策研究

### 9.3.1 政策形势分析

#### 9.3.1.1 相关政策延续的必要性

青海省退耕还林工程从2000年试点实行、退牧还草工程从2002年试点实施以来，整个过程中各项政策不断完善，在工程实施、补助发放、工程管理、验收监督等方面已基本形成一整套相对完善的工作机制，政策成效有目共睹。但随着经济社会的进一步发展，特别是我国社会主义事业步入新时代，国家对生态文明建设提出了更高要求，对青海省在国家区域发展中的作用有了更大期望。这种背景下，"十四五"期间，进一步实施退耕还林还草、退牧还草措施，延续相关政策，意义重大。

(1) 巩固已有工程成果。青海实施退耕还林、退牧还草工程以来，工程建设取得了显著成绩，但受限于高原高寒等苛刻自然条件，加之立地条件普遍较差，导致工程地林草植被营造成果管护保存难度大，管护要求高，经营时间长。事实上，受管护经费等因素的制约，目前退耕工程植被质量不高、衰败枯死情况在一定范围内客观存在；同时，工程营造的人工植被生态系统稳定性存在不足，树种草种较为单一，生物多样性表现较差，抗干旱、抗风蚀、抗病虫鼠害能力弱，极易受到外界环境影响而发生逆转，工程成果巩固面临较大压力。从全省的范围来看，青海省退耕还林还草、退牧还草建设成果巩固需求依然较为强烈，部分地区还林、还草工程植被的管护经营还需要精细化、长期化，现有工程成果生态功能和价值的巩固和发掘还有较大的提升潜力。这种情况下，对退耕还林、退牧还草工程政策适当延续，是巩固已有工程成果的必然要求。

（2）持续改善生态环境。青海生态区位特殊，生态地位重要，进一步延续工程政策、持续加强生态治理是青海实现可持续发展的关键，是落实习近平总书记"青海最大的价值在生态、最大的责任在生态、最大的潜力也在生态"指示，担负起保护三江源、保护'中华水塔'重大责任的重要举措。对于退耕还林工程，目前，青海省存在大量15°以下的低产田耕地，农民不愿意耕种，大部分已撂荒，这些土地资源现在没有经济价值，也难以产生持续、稳定的生态价值，是对宝贵土地资源的极大浪费；对于退牧还草工程，当前草原总体退化趋势尚未得到根本扭转，中度和重度退化草原面积仍占45%以上，治理面积尚未达到退化面积的30%，2018年全省草原综合植被盖度仅为56.83%，局部地区仍有退化发生，黑土滩等退化草原治理、毒草防治任务艰巨急迫；此外，按照青海省生态保护补助奖励机制实施方案确定的目标，5年周期内在草畜平衡区还要实施1.15亿亩建设任务，在禁牧区实施1.05亿亩建设任务。国务院批准的《青海三江源自然保护区生态保护与建设总体规划》计划实施退牧还草9658.29万亩，截至目前国家累计下达三江源自然保护区内任务5671万亩，还有近4000万亩尚未实施，从青海省工程实施情况看，工程需求量在2000万亩以上，且较为迫切。如能保持政策总体延续，尊重工程户意愿，对相关林草地持续进行生态治理，进一步发掘其生态价值，将对改善青海生态环境产生重要的推动作用。

（3）有效促进农户增收。青海省不少工程区自然条件较差，难以发展退耕还林、退牧还草后续产业，工程实施期间对农村、畜牧业产业结构的调整效果并不能让人满意，农牧户生计替代、收入保障的长效机制尚未完全建立。加之很多工程户贫困程度深，经济来源单一，工程补助占农户收入比重较大，对退耕还林工程的实施大户的国有农牧场，其人员工资收入主要靠退耕还林补助，一旦补助停发，将明显影响工程户的生产生活，极大增加了退耕户因生计而复耕的风险；对参与了工程的牧户，其所得补助和奖励，与生态保护的实际需要相比仍有一定差距。此外，工程参与户为生态建设所做的贡献与其机会成本、当前所得补偿之间三者的关系并不匹配。因此，有必要结合工程实施保障工程户基本生活，解决其增收问题。这种条件下，可以依托工程政策延续的机会，为从深层次解决退耕、退牧工程户生计保障问题、增收发展问题争取必要的时间窗口和平台机会。

（4）增强区域发展动能。从2008年开始，青海省利用巩固退耕还林巩固成果专项资金发展退耕还林后续产业。虽然经过十多年建设，退耕还林后续产业成为农村牧区经济发展的一个新的增长点，但因为自然条件的限制，市场环境的制约，后续产业发展总量小，普及面不广，产业链条短的情况客观存在，对农民生产方式的调整作用有限，也未能彻底改变农村产业结构，工程实施给社会经济发展提供的动能，远未达到政策设计之初的预想。加上受市场价格波动影响，处于萌芽状态的退耕后续产业，如柴达木盆地和共和盆地的枸杞产业易受打击，一旦相关扶持政策停摆，在地方财政难以强力支撑的条件下，后续产业发展将遭受极大损失。这种情况下，有必要进一步延续升级相关工程政策，推动后续产业进一步发展壮大，使其最终具备在市场中独立持续的能力。

（5）建设地区生态文明。生态文明是对人类社会文明形态的一次全面、深刻的提炼和升华，是一项全新的事业。生态文明建设涉及生态产品经营、发展理念调整、体制机制改革、经济结构优化、产业发展促进等各个方面。退耕还林还草工程、退牧还草工程因实施范围广、持续时间长、涉及农户多、群众基础好、工程影响面较广等特征，具备成为青海建设生态文明重要抓手和着力点的有利条件，既是可以提供生态产品的重要途径，也是林草治理体系和治理能力现代化的重要方式，是强化生态治理顶层设计，创新生态产品供给体制机制，提高生态治理监管水平，促进产业发展的探索区和试验田。因此，延续发展工程政策，是青海生态文明建设取得突破、全面推进的必然要求。

#### 9.3.1.2 相关政策延续的可行性

（1）自然禀赋提供现实基础。

①气候条件。青海属于高原大陆性气候，具有气温低、昼夜温差大、降雨少而集中、雨热同季、日照长、太阳辐射强等特点。冬季严寒而漫长，夏季凉爽而短促。南部高海拔地区无绝对无霜期。

青海省地处中纬度内陆高原，属大陆性气候，降水的水汽来源主要是孟加拉湾上空的暖湿气流，其次为太平洋的东南季风输送来的暖湿气流。全省年平均降水量为285.6毫米，仅为全国年平均降水量648毫米的44%。省内降水在地区分布上极不均衡，年平均降水量在17.6~767毫米，最少地区与最多地区相差40多倍。降水地区分布的总趋势是由西北向东北和东南方向递增并随海拔高程的增加而增加。青海省内的年蒸发能力变化在800~2000毫米，其分布规律恰与降水相反，即由东南向西北递增，并随海拔高程的增加而减小。

②水资源。青海省地形地貌复杂多样，水系发达，河流众多，大小湖泊星罗棋布，高山峰顶冰雪覆盖，全省地跨黄河、长江、澜沧江、黑河四大水系，水资源丰富。青海境内集水面积在500平方千米以上的河流有271条，河流总长约2.8万千米。受降水和地形地质条件的制约，省内河流在地区分布上很不均匀，多雨的东南部和东北部水系发达，河网密集；干旱少雨的西北部内陆盆地，则河流稀疏，柴达木盆地西北部甚至出现大面积的无径流区。

青海地下水资源由山丘地下水和平原地下水组成。山丘地下水的分布趋势大致与降水的分布相一致，主要分布在外流区，而外流区的河流又全部属于山丘区河流，则其多年平均的年河川流量即可视为外流区的山丘区地下水天然资源量，而这部分水量正是外流的稳定水源。由于全省外流区的河流除黄河外，均少有河谷平原地带，故外流区内的平原地下水主要分布于黄河流域的河谷平原区，尤以湟水河的河谷平原区较丰富。在内陆区诸盆地中，以柴达木盆地诸河流出山口的冲积、洪积扇地带和青海湖滨平原地带区地下水较丰富。总体而言，工程实施可以获得必要的水资源支撑。青海近年来水资源情况不断改善：一是近10年的年平均降水量呈上升趋势；二是周边冰川融水提高，相关河流径流量持续提高；三是随着打井技术和设备的进步，可供利用的地下水资源总量保持稳定；此外，节水灌溉技术日趋成熟，应用范围越来越广，也成为保障水资源的重要方式。适宜的水资源条件，使工程继续实施具备了基本条件。

③土地资源。土地面积大，但质量差，优质土地少。青海省地处青藏高原，海拔高，气温偏低，大多数地区降水少，土地发育程度低。从土地类型来看，高山地多，山旱地多，戈壁、沙漠多，冰川、寒漠地多，土层薄和质地较粗的土地多，从而影响了土地的质量。青海也有一定面积质量较好的土地，主要分布于东部河湟地区、共和盆地和柴达木盆地。东部河湟地区的黄土区或红土区，土层深厚，气候温暖，降水较多，土地质量较好。共和盆地和柴达木盆地，气候较温暖，但降水少，局部地区土层较厚，小面积有水源灌溉、土层较厚的土地质量较好。

土地类型多样，垂直分布明显。青海省土地广阔，南北纬度相差8°，地貌、土壤、植被类型较多，因此构成了较多的土地类型。以东部黄土区山地为例，其土地类型垂直分带：河谷沟谷地、低山丘陵地、中山地、高山地、极高山地。该区域土地利用垂直分带，海拔2800米以下主要种植春小麦等温性作物，还有草地，为农牧地带；海拔2800~3300米主要种植青稞、油菜等耐寒作物，还有天然草地和森林，为农林牧地带；海拔3300~3900米为牧业用地；海拔高度最低为1650米，最高达 6860 米。土地类型随着海拔的升高，也呈相应的变化，出现明显的土地垂直带谱。

大部分宜农耕地集中于日月山以东的湟水和黄河流域一带，其次是柴达木盆地和共和盆地，祁连山北部边缘和青南高原东南部边缘海拔较低的河谷地带也有小面积的分布。目前，政策延续具备适宜的土地空间。青海适宜退耕耕地总量不少：一是存在大量 15°～25° 的低产田，农户撂荒不愿耕种，可以纳入工程范围；二是还有相当多的重要水源涵养地适宜退耕退牧，实施相关生态治理；三是一些保护区内，因历史原因还有一定面积耕地草地没有退出生产经营活动，但按现有法规政策难以强制收回，也可以通过工程实施转为生态用途；四是尚未纳入工程范围的严重污染的耕地，也可以继续纳入工程范围中。

④草地资源。据 20 世纪 80 年代第一次草地资源调查，青海省有天然草地面积 5.47 亿亩，占全省总面积的 50.49%，约占全国草原面积的 9.3%。据 2007 年第二次草地资源调查统计，全省有天然草地 6.28 亿亩，占全省面积的 60.47%。其中，可利用草地面积 5.80 亿亩，占全省天然草地总面积的 92.36%。主要分布在海拔 3000 米以上的青南高原、祁连山地和柴达木盆地区。青海草地资源具有草地类型多、分布广，地处江河源头、生态区位独特，可作为重要的畜牧业生产资料的同时又极具生态价值的特点。其中高寒草甸草原面积最大，约占全省草原总面积的 2/3；其次是高寒草原类，约占 15%；其余依次是山地干草原类、山地荒漠类、平原草甸类、平原荒漠类、高寒荒漠类、附带草地类、山地草甸类。目前，青海草原的保护修复任务较重且较为急迫，全省 90% 以上的草原都出现了不同程度的退化。据统计，中度以上退化草原面积达到 2.45 亿亩左右，占全省草原可利用面积的 52%。其中，沙化型退化草原面积 4400 万亩，黑土型退化草原面积 8367 万亩，毒杂草型退化面积 1387 万亩，鼠害型退化面积 8379 万亩。

自然条件对林草资源分布的影响，给后续工程实施的启示有 3 点：一是后续工程实施应遵从自然规律，注重实事求是，坚持应退则退，在条件允许的区域开展退耕工作，强调宜林则林、宜草则草、宜荒则荒，乔灌草荒相结合，在不适合退耕的区域，则应坚持顺应自然、保护自然，加强封禁，减少低效的人工干预；二是高寒高原地区植物生长相对平原暖湿地区要更慢更少，因此工程林草资源营造管护应超越对郁闭度、材积量等指标的追求，注重生态系统的生态功能；三是受限于自然条件，目前，继续扩大国土绿化面积难度越来越大，而林草资源质量提升还有较大空间，这种情况下如何进一步优化已有退耕土地配置，提升林草营造功能和价值，符合青海实际情况，也符合国家林草发展的总体趋势。

(2) 工程实施提供经验基础。青海从 2000 年启动退耕还林工程试点开始，组织工程实施，迄今已近 20 年。为了将退耕工程实施及其他生态建设工作平稳推进，青海在组织领导、人员机构、工程管理、社会动员、舆论宣传、补助发放、技术支撑、科学研究等各方面开展了大量的工作，积累了丰富的工作经验。这些经验是国家政策实践于青海特色的产物，是理论指引和具体实践相结合的产物，对青海"十四五"时期政策制定、工程继续实施乃至生态文明建设，具有十分重要的参考价值，可以为退耕政策延续提供必要的经验借鉴。

(3) 生态共识提供思想保障。人与自然的关系是人类社会最基本的关系之一。当前，建设生态文明已经成为一种时代共识和必需，成为我国建设社会主义的趋势和选择。"绿水青山就是金山银山""建设美丽中国""统筹山水林田湖草系统治理"已成为国家发展基本理念。习近平总书记以"三个最大"对青海发展方向做了高度概括和定位，更在黄河流域生态保护和高质量发展座谈会上的讲话中，明确要求在青海等黄河上游省区"要以三江源、祁连山、甘南黄河上游水源涵养区为重点，推进实施一批重大生态保护修复和建设工程"，这为今后相当长一个时期青海退耕退牧工程实施提供了根本遵循，成为青海"十四五"林草事业发展的有力依据。

（4）化改革提供政策保障。从行业特征来看，林草行业具有生产有周期长、风险高、生态产品的生态价值与市场估值、偿付机制脱节明显的特征，这导致多数现有政策更注重资源保护，更注重生态建设中的政府主导作用，而对如何实现有序利用、如何实现可持续发展，更好发挥市场的资源配置作用促进生态建设，还不完善；从区域特征来看，青海地理区位特殊，自然条件相对恶劣，社会经济发展相对不足，在国家战略中的责任和定位也与其他省份有较大差异，在这样的条件下开展生态建设，需要针对区域更加明显的政策，而现行的国家层级的资源、金融、财税等政策，为青海提供的发挥余地和灵活性都有不足，并不能满足青海最为急切的需要；从工程建设的协同性来看，现有的政策行业性较强，部门性特点突出，政策条块分割明显，彼此相对独立，综合性、系统性不足，相关政策制定与执行中的统筹、综合程度还有欠缺，某些地方还不能很好地实现激励相容，未能形成系统合力，不能够统合各种力量更好地实现工程目标。

这种情况下，工程延续政策不能只是现有政策的简单重复，而应该顺应时代潮流、符合发展规律、体现人民愿望、切合青海实际，力争使相关政策能够成为特定历史方位下推进青海生态文明建设的必要推手，成为满足当前国家生态文明建设总体要求、提升生态治理水平的载体。

从社会发展层面看，改革开放不断深化，绿色金融的蓬勃发展，城市建设和城镇化的快速推进，人口和劳动力在现代发展地位和作用的不断提升，给解决工程历史上的难点问题创造了有利社会条件；从政策层面来看，《国务院关于深入推进新型城镇化的若干意见》《关于新时代推进西部大开发形成新格局的指导意见》《关于构建更加完善的要素市场化配置体制集体的意见》《关于新时代加快完善社会主义市场经济体制的意见》《关于建立更加有效的区域协调发展新机制的意见》等一系列重大政策的出台，都为青海退耕工程政策的延续、实际问题的解决提供了必要的政策准备，使得借助更大范围移民搬迁、更高层次产业发展、更强有力生态补偿等具体措施解决过去退耕、退牧工程实施中积累起来的生态产品供给不足、后续发展乏力等历史问题提供了更为坚实的政策保障。

（5）经济发展提供现实支撑。一方面，经济发展为退耕还林、退牧还草继续实施提高了必要的物质保障：2018年，全国粮食总产量65789万吨，持续维持高位；全国粮食单位面积产量5621千克/公顷，粮食安全保障更为有力。青海省农作物总播种面积557.25千公顷，比上年增加1.93千公顷，粮食产量103.06万吨，比上年增产0.51万吨；2018年，全国肉类总产量8517万吨，禽蛋产量3128万吨，居世界第1；全省肉类总产量36.53万吨，增长3.5%，其中，牛出栏135.59万头，比上年增长2.6%；羊出栏748.10万只，增长3.0%；生猪出栏116.47万头，增长5.3%；2017年，全国天然草原鲜草总产量10.65亿吨，较上年增加2.53%，连续7年超过10亿吨，实现稳中有增；2018年，我国国内生产总值、全国财政收入、公共支出分别达到历史新高；青海地区生产总值2865亿元、增长7.2%，固定资产投资增长7.3%，全体居民人均可支配收入增长9.2%，城乡居民收入分别突破3万元和1万元大关，国家和地区的经济实力和财力的明显增强。粮食总产量、肉产品总产量、鲜草总产量持续维持高位，国家粮肉安全无忧，是政策延续、工程继续实施的基本条件。

另一方面，当前国际国内形势要求我国"十四五"经济发展做出重大改革，这给退耕还林、退牧还草深入实施带来了现实支撑。根据预测，"十四五"将是中国经济结构调整非常关键的时期，调整的实质是所有制结构的调整和生产关系的互动，或者说，是生产力和生产关系相互的适应。调整的切入点是新经济与传统经济的融合。这使得历史上一系列制约退耕还林、退牧还草工程实施效果的问题，如投资标准不足、补助标准偏低、工程户增收有限等，都可能在经济改革的框架下得到解决。整个过程中，区域协作、市场交易将发挥极为关键的作用。为了发展市场交易、促进区域协作，则需要公共政策的合理界定。可以预见，新经济、市场与公共政策之间的良好互动作用，及未来中国经济发展模式的调整，将为退耕还林、退牧还草工程实施带来现实支撑。

(6) 科技发展提供有力武器。近年来，我国生态治理相关的理论所取得的一系列的新进展、新突破，为延续政策、持续开展生态建设提供了有力武器。习近平生态文明思想的提出，给国家生态文明建设指引了科学方向；复合生态系统理论、恢复生态学理论、生态工程学等学科在生态建设工程中的应用水平日益提升；综合治理、系统治理、林草融合等工程思维在生态工程建设中的重视程度不断加大；良种、农机、节水灌溉等工程技术应用水平逐渐提高。总之，科学技术进一步提升了生态建设工程的实践水准，使政策延续成效有了更好预期。

### 9.3.1.3 相关政策延续的挑战性

(1) 实现外部性内化，构建生态价值实现机制。长期以来，受特定历史发展阶段的影响，社会对林草事业建设与发展的认识，受限于其外部性特征，导致林草事业发展一直由政府主导，社会参与程度、参与方式、参与意愿都远低于其他行业，工程实施极度依赖于政府"扶持""输血"，工程建设的外部性特征对工程成效的限制作用越来越突出。

在宏观层面，工程建设的外部性导致林草业投资渠道单一，工程实施只能由政府一元主导，而国家财政能力有限，无法满足不断提高的工程投资需要；低水平的资金投入，导致工程投入更多以补助形式开展，未能支付工程实际建设成本，限制了工程的建设水平；同时，政府一元主导导致工程产业促进作用有限，相关产业规模不足、活力有限，地方经济未能从工程实施中获得持续、有效地获得复合增益。

在微观层面，受各种因素的影响，工程营利能力较弱，发展前景有限，降低了社会参与意愿和工程建设活力，导致农牧户、合作社、企业在内工程实施者的管理、技术、装备等水平整体不高，经营能力和经营意愿较为匮乏，影响了生态产品的生产能力；而工程经营不能向工程参与户提供充足的收益，导致对补助的高期望、高依赖，加之以小农经济为特征的生产生活模式持续保持，若生计受迫，复耕复垦门槛极低。

生态工程的外部性特征在青海表现非常明显。青海是举世公认的"中华水塔""地球之肾"，是亚洲地区的重要水源地，源自青海的河流哺育了中国一半的人口，开展林草植被经营管护，能够缓解洪涝和干旱、保障水体水质，受益者甚重。可以说，青海实施退耕还林工程、退牧还草工程，开展生态治理，为维护国家生态安全、保障社会经济乃至中华民族的可持续发展作出了巨大贡献。但区域、农户却不能获得与贡献相称的补偿及收益，有些时候甚至会因为生态保护修复牺牲一些区域的发展和收益。

这种情况下，处理好青海工程实施中林草业外部性特征较强的现实矛盾，解决好长期以来政策、市场在青海林草资源的生态价值方面表现不足的难题，走出区域生态治理成本、贡献与补偿、收益不匹配的困局，营造有利于提升青海工程实施和林草业发展活力的体制机制，已经成为满足青海自身的发展需要，使广大青海人民更加充分地分享国家发展成果，实现社会公平正义，确保延续政策满足预期所必须直面的挑战。

(2) 实现高质量供给，提升生态产品供给能力。新时代对生态产品供给提出了现代化、高质量的要求，主要表现：生态产品供给的主要目标，是关注景观尺度下生态功能和价值，通过林草植被培植提升工程区防风防沙、水土保持、水源涵养的能力；生态产品供给的主要方式，是加强基于自然力量的保护修复以及基于山水林田湖草系统治理，坚持保护优先、自然恢复为主，以植被营造、封禁保护等方式，促进生态系统正向演进；生态产品供给的主要方式，是开展专业化、企业化、产业化的生产经营，强调经营行为的标准化、规模化，以及经营能力和经营水平的科学化、现代化；生态产品供给的效果评估，是关注山水林田湖草、空气、生物多样性等生态系统整体演替的趋势和功能。但当前生态产品供给的实际情况，还不能很好满足上述要求，重数量轻质量，重栽植轻管护等情况较为明显，工程的生态产品供给能力还有较大的提升空间。

因此，生态文明建设背景下，后续政策反映国家治理体系和治理能力现代化的要求，加强生态产品供给，需要直面以下挑战：突破"只见树木不见森林"的局限思维，实现从关注立地尺度向关注景观尺度的转变的挑战；积极践行山水林田湖草是一个生命共同体，实现从关注林、草、地、水、生物、人等要素向关注要素间关系转变的挑战；积极践行保护优先，实现从强调技术性人工干预向强调系统性自然修复转变的挑战；积极超越政策目标聚焦资源增长的惯性思维，实现从关注单一类型资源目标向关注综合演化过程转变的挑战。

(3) 实行系统化治理，提高区域生态治理水平。

一是提升政策设计系统化的挑战，即政策设计应便于建立健全高效便捷的工作机制，充分满足新形势下对工程成效的综合性、全面性要求，健全部门协调配合机制，防止政策效应相互冲突抵消，促进形成系统合力。

二是提升政策执行系统化的挑战，即提升工程实施系统性、协同性的挑战。积极发挥各行业、各部门、各区域各自优势，有效形成上下联动、便捷高效的工作局面，保证各项措施推行顺畅、落实到位；同时综合运用 GIS、互联网等现代信息技术，提升管理的系统化水平，向系统管理要效率、效益的挑战。

三是提升政策评测系统化的挑战，即对政策实施所产生的生态效果、生态效益进行系统化的监测评价，对政策实施所产生经济、社会影响进行系统化监测评价，确保政策延续能更好地体现"绿水青山就是金山银山"理念。

### 9.3.2 相关理论分析

#### 9.3.2.1 外部性内化

生态建设具有较强的外部性特征，这在青海的退耕还林、退牧还草工程建设中也有明显表现。外部性内化通常被视为经济学问题，如果能够实现外部性内化，将有效解决工程投入来源不足和数量有限的问题，如果能建立有效的市场机制促进相关产业发展，将有机会促使工程投入实现从"输血式"维持到"造血式"发展的转变。按照外部性影响是否具有公共产品的性质，可以将外部性分为公共外部性和私人外部性。公共外部性类似于公共产品，不仅受体众多，而且受体之间对外部性影响的"消费"具有非排他性和非竞争性的特点。青海的退耕退牧工程建设成果，就是一种公共产品。对于外部性内化的问题，世界范围内的实践，主要有政府规制（庇古税学说）、市场交易（科斯定理）两大类别。

(1) 市场失灵。以庇古为代表的经济学理论，包括琼·罗宾逊和张伯伦的不完全竞争理论及在其基础上发展出来的理论，认为市场在处理外部性内化的问题上是失灵的。传统的看法是，社会边际净产值（工程的生态价值）与私人边际净产值（工程户的实际收益）的差异构成了外部性。以外部性理论来看，工程实施，其工程成本中的大部分由地方政府和工程户承担，而工程所生态效益的受益者，整个社会、其他区域（长江、黄河中下游等地区）、其他区域民众并没有支付全部费用。

这种外部性的存在，使得社会成本与私人成本、社会收益与私人收益出现了偏差，从而导致资源配置难以实现帕累托最优，工程投入捉襟见肘，相关区域（青海）和参与个体（工程农户）实际利益受损。对于这种情况，外部性理论有如下看法：

第一，外部性导致了无效率的资源配置。从市场失灵的角度来看，当存在外部性的时候，会导致私人边际成本（区域及工程参与个体因林草资源变现价值或所得补助而形成的直接收益与不实施工程所得机会收益的差值）大于社会边际成本（国家、社会及民众主体为获得相关生态功能、生态价值的支出），从而引发实得价值低于或高于参照系中的实际价值，而偏移就意味着资源配置的低效率，所以外部性必然导致非帕累托最优。具体到青海的工程实施，既然其他区域可以在少支出的情况下就享受到工程所带来的水土保持、水土涵养等生态价值，那资源很难主动、充分流入相关生态建设领域。不足投入将降低工程标准，影响工程生态供给；工程户因为得不到与其所提供生态价值相称的收入，影响完成经营管护的积极性，甚至加大复耕风险；区域则未能获得支撑后续发展的必要资源积累。

第二，外部成本不受市场价格体系调控。所谓外部性成本就是指社会边际成本与私人边际成本之间的差额。在传统的市场失灵理论看来，外部性之所以是无效率的，根本原因就在于外部成本或收益是游离于价格体系之外的，也就是说，这个外部成本不能被市场价格机制调节，或者说是市场价格机制失灵了。具体到青海的情况来说，价格机制的作用主要体现在比重较少的相关实物之上，即林草资源实物及部分附属产品，而对价值、意义更为重大的生态功能和服务，则没有在现有的价格机制中体现出来。

第三，只有政府才能消除外部性。既然市场机制对外部性成本是失灵的，那么政府的介入对外部性消除必不可少，这种情况下"环境税""政府补贴补助""强制性规制"等政府管制便被视为解决市场失灵的有效手段。具体到青海的实际情况上，就造成了只能是中央、地方政府通过相关行政手段，确保工程投入，完成工程管理，通过各种方式确保这个生态治理格局持续运转。

第四，外部性不只发生在简单系统中，现实中的外部性特征更为复杂。传统外部性理论所探讨的大多是简单外部性、代内外部性、可预期的外部性，并且有克服这些外部性的明确对策。实际上，简单外部性与复杂外部性、代内外部性与代际外部性、可预期的外部性与不可预期的外部性等类别只是一种理论上的划分。现实经济生活中，个体面对外部性时，往往不掌握有关这个外部性如何产生及其影响范围和结果的所有知识和信息，所以很难对现实的外部性进行完全正确的类型划分。即使对于判断正确的外部性问题，随着时间的推移和事物的运动变化，原来所采取的解决方法也可能失效。也就是说，由于经济系统的复杂性，我们对于外部性的认识其实是部分理性，而仅仅在部分理性的基础上构建的解决方案注定是有缺陷的。具体到青海的工程实施，工程补助、工程标准最初能有一个能让各方相对满意的值，但随着时间的延续，与之相关的认识分歧越来越明显激烈，国家、地方、集体、个人彼此间的利益诉求不一致的情况日益突出，都是这一问题的具体表现。

第五，外部性与公共产品、不完全竞争、不对称信息等其他市场失灵现象处于并列地位。这是传统外部性理论最典型的特征之一。传统市场失灵理论一般将市场失灵现象划分为泾渭分明的几部分，主要包括外部性、不完全竞争或垄断、不对称信息或不完全信息等，这几种市场失灵之间是并列的关系，各自有其较强的独立性。既然各种市场失灵现象及其理论之间存在可划分的界限，那么，针对每一种市场失灵所应采取的对策也各不相同。例如，针对外部性问题，主要沿用庇古的理论进行分析，并主张由政府对外部性行为进行征税或补贴。而针对公共产品、垄断以及信息不对称等问题，又有各自不同的对策。这具体到青海的工程实施上，青海退耕、退牧工程外部性特征类型，更多偏向于外部性，同时还具有较强的不完全信息特征，即到底提供了哪些生态功能，其价值几何，都应该由谁来支付，以什么方式支付，支付数额多少，如何确保公平，在当前技术条件下进行量化还有不少难题需要解决。

（2）政府失灵。庇古在分析出经济失灵的结论后，强调以政府干预即政府规制等方法来实现外部性内化。庇古认为，外部性的存在使资源配置难以实现帕累托最优，在这种情况下，由政府出面对负外部性的产生者进行征税，或者对正外部性的产生者给予相应的补贴，就可以有效地消除私人成本与社会成本、私人利益与社会利益之间的偏差，从而保证市场机制正常发挥优化资源配置的作用。

政府规制，就是政府行政机构针对市场失灵的诸多方面，以社会福利最大化为目标，制定并实施的干预微观经济主体行为的一般规则或特殊政策。但是，庇古的外部性政策存在不少弊病，最大的问题就出在其政府行为假设上。庇古主张由国家采用"庇古税"或补贴的方式面对经济主体的外部性行为进行纠正。其隐含的假设前提：

其一，政府是社会公众利益的代表，政府行为的唯一目标是提高社会福利；

其二，政府行为没有成本，即政府制定和执行税收与补贴政策都是毫无代价的，政府行为不会浪费社会资源并有损社会福利。

显然，这两点假设前提都是不现实的。这主要基于以下几个事实：

一是政府都是由人组成的，或政府是分属于不同区域的，或政府是由不同部门组成的，这就决定了政府官员的利益、地方政府的利益、政府中行业主管部门的利益未必会与社会的整体利益一致，而任何追求局部利益最大化的行为，都可能会影响甚至损害整个社会福利提高的效果，从而存在"政府失灵"的可能性；青海省乃至国家退耕退牧工程实施的实际，也可能存在这样的情况，工程政策最终会提高哪些人的福利水平、能够将福利水平提高到怎样的高度，是国家、区域、部门、行业、个体相互博弈的结果。如何使这种博弈合理、有序，从而产生一个相对公平的政策，获得一种有效的结果，需要划定标准，深入思考。

二是政府规制往往要付出很高的代价，表现在政府实施税收和补贴政策必然需要设置相应的机构、配置相应的人员和设施，从而消耗社会资源。工程政策的演化本身就是一个政府规制成本逐渐优化消解的过程，最明显的例子就是由补助实物粮食到折价补助现金的变化，这很大程度上就是为了降低工程补助发放的成本。

三是规制举措也面临着科学性、实践性的挑战。毕竟，规制措施的制定者不可能掌握所有的信息，所出台的政策也不可能顾及全国所有的情况，而各级执行主体在实施过程中，也未必能够百分百实现政策的初衷。

四是确定规制标准存在较大的难度，即在如何消弭信息不对称、如何制定令人满意的规制、干预方式等方面存在疑问。征收庇古税需要政府能对产生负外部性的行为直接征税，但是政府往往难以对这种行为进行度量；庇古税假定了政府能对所有个体对关于外部性的边际收益和边际成本的评价具有准确和充分的信息，但这只是理论中的完美世界，在现实中不具可行性。所以，单纯依靠政府规制，征收庇古税在理论是可行的，但在实践上是困难的。青海及我国近20年的工程实践也足以证明，单纯依靠政府实施工程，生态进一步改善的难度越来越大，效果也越来也不显著。

科斯提出"交易成本"这一重要范畴，从产权和交易成本的角度提出了解决外部性问题的新思路。从科斯的角度来看，解决负效应问题应该从总体的和边际的角度来看待。在交易成本为零时，解决他者利益和工程户个体利益冲突问题的效率与产权的初始界定无关，即当其他利益方承认个体自身也有生存发展致富的权利时，他们就必须承担对其牺牲加以补偿的责任，其中一种途径是社会将对工程户的牺牲进行补偿，农民因其生存发展致富需要得到满足而开展退耕、退牧，提供生态产品。解决外部性问题的所有方案都需要一定的成本，没有理由认为由于市场和企业不能解决外部性问题，因此政府规制就是必要的。实际上，直接的政府规制未必会带来比市场和企业更好的解决问题的结果。由上看出，科斯在对待外部性问题的时候是持自由主义观的，即在外部性问题上政府与市场存在竞争。

在德姆赛茨看来，外部性并不可怕，只要注重产权，并且让各个权利方拥有谈判的自由，那么就会降低交易成本，交易成本的降低导致外部性内在化的收益大于成本，最终外部性得以内部化。但事实上，完全让广大工程参与户与其他受益区域、受益农户通过谈判来降低外部性，在目前这个阶段成本高昂。

科斯的外部性理论，是在其《社会成本问题》一文中通过批评"庇古税"提出来的。科斯对庇古税的批判主要集中在以下几个方面：第一，外部效应往往不是一方侵害另一方的单向问题，而具有相互性。第二，在交易成本为零的情况下，"庇古税"根本没有征收的必要。因为在这时，通过双方的自愿协商，就可以产生资源配置的最佳化结果。既然在产权明确界定的情况下，自愿协商同样可以达到最优污染水平，可以实现和庇古税一样的效果。第三，在交易成本不为零的情况下，解决外部效应的内部化问题要通过各种政策手段的成本—收益的权衡比较才能确定。也就是说，庇古税可能是有效的制度安排，也可能是低效的制度安排。

对于解决外部性问题，在零交易成本的前提下，从社会福利效果来看，庇古与科斯解决外部性问题的方案没有差别，都能够达到帕累托最优。但如果交易成本为正，就要将政府规制的边际成本与产权交易的边际成本进行比较，如果政府规制的边际成本高，就应当采用科斯的解决方案，相反，如果产权交易成本比较高，就应当采用政府规制的科斯方案。实际上，科斯的《社会成本问题》一文，并没有彻底否定庇古的方案，他只是批评庇古没有看到外部性问题的交互性，从而将政府干预绝对化，认为必须由政府出面解决问题。按照科斯的理论，在解决外部性问题上，任何一种方案都有成本，究竟应当采取哪种方案，取决于各种方案的成本-收益的比较。这显然更符合科斯的原意，更符合经济学的基本原理。对于科斯定理来说，如果市场经济是前提条件，那交易成本是中间媒介，而产权安排就是政策结论。

综上所述，工程后续政策的主要目标，就是综合发挥有为政府、有效市场的积极作用，优化政府规制，建立完善市场机制，优先解决与工程有关的产权难题，降低生态产品交易成本。

#### 9.3.2.2 生态产品供给

（1）恢复生态学。退耕、退牧工程的实施，主要是采用人为干预的方式，通过植造林草植被恢复退化的生态系统来恢复原有的水源涵养、水土保持等生态功能。根据恢复生态学的理论，退化生态系统是指在一定的时空背景下，在自然因素、人为因素，或二者的共同干扰下，导致生态要素和生态系统整体发生的不利于生物和人类生存的量变和质变。这种变化，在青海的可供工程的区域，主要表现为水土保持、水源涵养、防风固沙等生态系统的基本结构和固有功能、原生野生动植物的多样性稳定性和抗逆能力、系统生产力的波动。

人工干预的类型、强度和频度在很大程度上与扭转生态系统退化的方向与目标息息相关。单纯的自然恢复可能会使生态系统返回到生态演替的早期状态，而科学的人为干预可直接或间接加速、减缓和改变生态系统退化的方向与过程。这是开展大规模工程建设的理论依据。但在特定情况下，不科学的人为干预在造就短期的生物量繁盛后，会透支区域生态系统潜力，在更大的时空尺度上造成生态系统的逆向演替，以及不可逆变化和不可预料的生态后果，如土地荒漠化、生物多样性丧失和区域气候变化等。因此工程实践还应该注意科学性，强调因地施策。

以此为依据，工程的科学实施，应更加注重生态恢复而不单纯是林草资源增加。生态恢复是帮助恢复与管理生态系统整体性的过程。工程实施所涉及的生态整体性，包括生物多样性变化的临界范围、生态过程和结构、区域和历史背景以及可持续发展的文化实践等。生态恢复被认为是以人类的干预恢复自然的完整性。明显地，生态恢复包括恢复过程和管理过程，需要人们主动地干预使其进行自然的修复，帮助启动生态系统动态的自修复过程。从这个角度来看，工程实施应着眼于系统，而不能只局限于林草植被。

退化生态系统的恢复与重建要求在遵循自然规律的基础上，通过人类的作用，根据技术上适当、经济上可行、社会能够接受的原则，使受害或退化生态系统重新获得健康并有益于人类生存与生活的生态系统重构或再生过程。这是"以水而定""量水而行""宜林则林、宜草则草、宜荒则荒"等主张的理论根源，也是工程实践"尽力而为，量力而行"的理论依据。

生态学原则要求我们根据生态系统自身的演替规律分步骤分阶段进行，循序渐进，不能急于求成。这决定了工程治理将会是一个长期的、缓慢的过程。例如，要恢复某一极端退化裸荒地，首先应重在先锋植物的引入，在先锋植物改善土壤肥力条件并达到一定覆盖度以后，可考虑草本、灌木等的引种栽植，最后才是乔木树种的加入。不针对基础条件，不顾及客观事实，力图通过短平快种树植草快速解决所有问题，很容易导致高成本、低效益。另一方面，在生态恢复与重建时，要从生态系统的层次上展开，要有整体系统思想，力求达到土壤、植被、生物同步和谐演进，只有这样，恢复后的生态系统才能稳步、持续地维持与发展。从这个角度看，对生态系统中的林草植被适度的更新消耗，是促进生态系统演进，维护生态系统质量的一种方式，对工程所得林木草植被的伐采利用，不宜简单一禁了之，而要因时因地，科学合理。事实上，青海不少还林地、还草地因为不能得到更新，导致植被退化，生态功能减弱。

（2）景观生态学。对工程实施所提供生态功能和价值的判读，可以超越山头地块的小范围空间尺度。在区域甚至流域的尺度下，工程实施的目标确定，和工程效果的评价，要有宏观视野；工程规划、治理措施与评价标准，不应该简单追求一致，也不应该只是植被资源增减这种单一尺度。景观生态学认为，异质性是景观的重要属性，它指的是构成景观的不同的生态系统。景观异质性的来源，主要来自自然的波动、人类的活动、植被的演替，也表现在时间上的动态变化。近来不少研究表明，异质性景观能阻滞干扰的扩散程度和速率，也能加速扩散的速度或增加扩散的程度。景观同生态系统一样对干扰具有一定抗性。景观格局是指大小或形状不同的斑块，在景观空间上的排列。它是景观异质性的具体表现，同时又是包括干扰在内的各种生态过程在不同尺度上作用的结果。

由于恢复措施时效性的差异，在恢复过程中适宜性地选择恢复措施，生物措施(植被恢复)与工程措施综合运用，相辅相成，促进恢复进程和基本生态过程的恢复。工程实践中应注意生物措施、工程措施的综合应用，采取生物措施恢复植被是一项重要的内容，同时采取工程措施改变坡面、沟谷的物理形态结构，为生物措施取的良好成效奠定更好的系统基础。

在景观尺度上，实现退耕还林(草)的基本目标，应强调消除或控制引起退化的干扰体，即避免造成新的破坏和新的干扰，以及引导启动自修复。因此，必须考虑以下的退耕还林工程所要遵循的原则：①注重生态过程恢复。生态过程的恢复不仅是种类的维持和恢复，也是生态系统恢复的关键。②启动和引导自生的过程。景观的稳定性依赖于稳定的土壤、充分的水文过程功能、营养循环和能量流的整体性。恶劣环境下的植被恢复需要通过人工干预才能实现，区域尺度的生态修复完全依赖人工管理输入是非常困难和需要极高的成本。③考虑景观的相互作用。恢复、创建和连接各种类型生态系统，选择与相邻基质不同的景观类型之间建立条带结构，具有缓冲、拦蓄、截流和集中土壤及养分，形成生态系统良好的水分和养分循环，改善集约耕作的景观生态系统功能。

总体而言，景观生态学是将那些效益较差、农民不愿意耕种的农地纳入工程，开展退耕、退牧的理论依据。从地块尺度上看，在这样的农地上开展工程实践，产生不了多少生态效益，是不经济的。但在景观尺度上看，对这样的地块实行生态保育，有助于在更大的时空尺度上提升区域的生态效益。同时，景观生态学业强调人工干预的适力、适度。

#### 9.3.2.3 系统治理

（1）复合生态系统理论。工程实施的过程，既是在与自然、经济和社会子系统彼此联系，彼此制约条件下，对退化生态系统的恢复与重建过程，也是对社会、经济形态重塑和建构的过程。因此，工程的实施，应该是在相应的生态、经济和社会理论指导下，与生态、经济和社会各领域进行系统性、综合性互动的科学实践过程。工程实践受当下各子系统实际情况的制约，是现实各子系统客观情况的具体表现，但并不意味着工程实践完全处于从属地位，也可以对各子系统的发展趋势产生引导和塑造的作用。

现代生态学理论描述的复合系统，是可持续发展思想的理论基础，在层次上可概括成3个子系统：自然子系统、经济子系统和社会子系统。从复合生态系统结构的角度看，工程实践是涉及物理环境(包括地理环境、生物环境和人工环境)、文化社会环境(包括文化、组织、技术)等环节，包括综合系统的生产、生活、供给、接纳、控制和缓冲等功能。

自然子系统即自然界除人类以外的生物及其环境构成的生态系统，自然子系统以向人类提供物质和服务的形式支撑着经济子系统。这过去是、将来依然是各种生态工程实践的主战场。

经济子系统包括从自然子系统中得到的物质或服务，通过生产加工，赋予价值和价格，将其商品化，再为人类所利用的过程；其中不仅有各种物质组成的生产资料、生产对象或产品，构成与自然生态系统相似的能量流动、物质循环和信息传递，还存在着价值转换规律(有学者称其为价值流)。受时代发展的局限，该子系统在过去的工程实践中的地位并不突出，实际作用较为有限，是工程投入不足等问题实际发生的领域。

社会子系统与工程直接相关的是国家的政治架构、社会组织形态、民族文化信仰和政策法令规范等。社会子系统内部存在特定的结构和功能，信息传递不仅是影响系统发展的重要因素，也是调控经济子系统和自然子系统的重要手段。社会子系统潜在地决定了工程的实施特征，成效水平和发掘潜力。

从这个意义上来说，"十四五"工程实践的实质就是根据生态经济学中的综合效益原理，充分发掘各领域各子系统间的潜力，综合运用生态、经济、社会手段，通过系统干预，实现各领域各种措施的协频共振，以期获取最优的综合效益。经济杠杆刺激竞争，社会杠杆诱导共生，而精神杠杆孕育自生，三者相辅相成构成社会系统的原动力。从这个意义上来说，工程实践并不简单，对其所涉及的各环节各方面的探索实践改革，完全可撬动生态文明建设、林草行业治理体系和治理能力现代化大局。

按照符合生态系统的动力学机制来看，工程实践可能会形成经济杠杆(金融)、社会杠杆(管理)、精神杠杆(文化)。

工程的自然杠杆、经济杠杆、社会杠杆、精神杠杆的合理耦合和系统搭配是复合生态系统持续演替的关键，偏废其中任一方面都可能导致损失等负反馈，因为这种负反馈本身也是复合生态系统负反馈调节机制的一种，只是其代价可能是巨大的。在过去的工程实践中，注意力主要集中于生态领域的人为干预，对相关杠杆的作用认识不够深刻，对其撬动作用的发挥不明显。而这部分内容，应该在"十四五"时期工程后续政策给予重点关注。

(2) 一般系统论。基于一般系统理论的行政管理学是对传统的科学管理和行为科学各自偏颇的突破，对青海在工程实践中如何形成系统合力，统筹各方面力量，以系统治理实现综合效益最优具有重要作用。受社会整体氛围的影响，过去的工程实践在传统管理科学的指导下，较为强调制度、纪律、标准化在工程组织管理中的有效性；在传统行为科学的影响下，则较为注重对工程组织者、实施者的经济激励、心理满足、价值实现对任务目标达成的合理性；而现实证明，这两种理论在经受实践检验的过程中都暴露出一定的局限性，在工程政策的适应创新上，在工程措施的协同程度上，在工程组织的严密程度上都存在一些短板。同时，科学管理和行为科学指导下的工程政策，也忽视了工程组织管理与广泛的社会环境之间的相互关系，从而限制人们的视野，是站在部门角度看行业、囿于行业边界谋发展的思想根源。在这种情况下，要想提高工程政策水平，汇集社会力量提供工程实践水平，须用系统的、辩证的思维来对待、分析、研究工程组织管理政策，寻求一种能够广泛适合于各种组织的理论构架。而基于一般系统理论的行政管理学，就是这种要求的产物。

基于一般系统论的行政管理学可以为青海"十四五"工程实践提供了新的指导思想和方法论，可以指导工程实施跨越区域、行业、部门的边界，以达成工程目标为核心发挥各自优势。它强调组织的部分、部分之间的交互影响、部分之和组成的整体的重要性，强调组织对环境的影响和环境对组织的影响，把组织看成为一个相互联系的、动态的、开放的系统，从而使人们对组织的一般性质和一般发展规律有了更深刻的认识。但是，一般系统观念却包含着比较高的概括性，它更倾向于"原则性"而不是"技术性"。

基于一般系统论对工程实施进行分析，可以有如下结论：

①强调工程的整体性。工程是各类事物的集合，系统反映了客观事物集合的整体性，但又不简单地等同于事务整体。从这个角度看，工程除了体现土地、林草植被、工程组织者、工程实施主体这些事物间的关联关系外，还体现工程与生态、经济、社会的关联关系，体现着工程与国家发展趋向、区域协作分工的关联关系，体现着工程与部门职能分工、行业协作配合的关联关系。这就是说，工程政策的设计，离不开对工程整体与其要素、层次、结构、环境相互关系的分析。工程政策不是对相关问题应激式的直接反应，而应是对社会需求、发展目标、实践任务、实施环境等各种因素有组织状态下系统性思考的必然成果，必须服从、服务于生态经济社会大系统整体的需要。

②强调工程措施的有机关联性。工程政策不是各工程措施的机械累加，工程政策内各措施间、工程措施与其他政策措施的关系是有机关联的。从生态经济社会系统整体的角度看，各相关政策措施间的执行效果应该是谐振放大的关系，而不是彼此冲突消弭。不同的工程措施所遵循的规律可能不会完全相容，这就更需要政策制定时注重顶层视角下各措施的有机关联性，即超越局部、暂时的利弊得失，更注重整体、长远目标的获取。一个较为普遍的例子，即以林草资源增长为主要

指标的工程成效评价方式，在局部、短期内看可能是有效的，但却可能在适宜保护为主自然恢复的地区实施破坏性建设。

③注重工程政策的动态性、发展性。政策的整体性和措施的有机关联性决定了工程政策是动态的、发展的。政策的动态性包含两方面的意思，其一是政策的构成与内容应随时间而变化的；其二是政策的变化应该与外部情境的发展相适应。例如，退耕工程中的农户补助，就可以根据实际情况分出较为清晰的阶段来，早期以生计保障、生产扶持为主，后期以成果维持为主。

### 9.3.3 国外先进经验

#### 9.3.3.1 生态补偿

生态补偿机制是以保护生态环境、促进人与自然和谐共生为目的，根据生态系统服务价值、生态保护成本、发展机会成本，综合运用行政和市场手段，调整生态环境保护和建设相关各方之间利益关系的一种制度安排。退耕还林、退牧还草工程参与农户所得补助，即使生态补偿的一种具体实践。但我国生态补偿起步较晚，发展缓慢，目前水平较为有限。相对而言，国外生态补偿发展较为成熟，其模式分为政府主导购买模式和市场协商主导模式两大类。补偿领域包括森林、草原、湿地、自然保护地等，与本研究最直接相关的是森林、草原生态补偿。补偿标准确定包括机会成本测定和生态系统服务计算等，相关内容如下。

(1)补偿原则。当前，世界各国生态补偿机制的构建，普遍遵循了"谁保护，谁受益"原则，这里的"受益"即受到补偿，该原则由经济合作与发展组织(OECD)提出。此外，随着生态问题的日益严峻和社会的不断发展，人们不再视生态服务为"免费午餐"，为其付费的意识也随之产生，这就诞生了生态补偿的另一基本原则，"谁受益，谁补偿"原则，此处的"受益"指享受生态服务。此外，通常情况下受偿地区的发展相对不足，生态补偿还肩负着提高社会福利，改变粗放落后的生产方式，调整产业结构，提高生活水平的重任，即应将"输血式"补偿转变为"造血式"补偿。

(2)补偿模式。补偿模式的分类主要由主导方决定，具体包括政府主导购买模式和市场协商主导模式两大类。公共支付方式在发达国家也比较常见，资金可以来自公共财政资源，也可以来自有针对性的税收或政府掌控的其他金融资源，如一些基金、国债和国际上的一些援助资金。一是政府主导购买模式，这是目前国外最为普遍的主流生态补偿模式，其实质是直接公共补偿，主要特征是：政府主导制定生态补偿的具体政策，并负责实施和监督生态补偿行动。政府购买模式具体还分为政府是唯一补偿主体和政府主导两种。二是市场协商主导模式，即运用市场机制对生态补偿实施者进行直接补偿，由生态开发受益者与生态补偿实施者通过协商谈判确定补偿方式和数额。市场协商主导模式又包括市场化运作模式和生态产品认证两种方式，可以和政府主导补偿模式互为补充。

(3)补偿领域。建立完善的生态补偿机制是经济社会发展到一定阶段后的必然趋势。国外部分国家的生态补偿实践开展较早，美国、欧洲等大部分国家和地区多采用生物多样性保护、碳蓄积与储存、自然景观的文化价值保护等方式，已在森林、草原、流域、保护区等领域通过综合运用法律、制度等手段，进行了一些较为成功的探索和积累。

①森林生态系统。森林生态补偿资金大多由政府主导，资金投入主要依靠国家设立的生态补偿基金、增加或减免税收等，也可以通过市场调解机制进行补充，如采用森林产品生态认证体系，使受益方通过市场交易付费补偿受损方等。全球碳市场也是生态补偿的一个重要方面。为了减少温室气体的排放，1997年12月联合国气候变化框架公约参加国第三次会议制定了《京都议定书》，

由于在本国内实现温室气体减排的成本更高，于是，一些发达国家热衷于向发展中国家购买碳当量以实现减排目标，全球碳贸易被逐渐推向高潮。欧盟的排放交易方案(EU ETS)作为对《京都议定书》的响应，于 2005 年实施后，欧洲的碳贸易市场也进入了快速发展阶段。最有代表性的生态补偿项目是由墨西哥政府在 21 世纪初主导发起成立生态基金，主要用于补偿森林生态保护和森林生态环境修复。政府对森林进行分类，对重要生态森林区和一般生态森林区进行差异化分等级补偿。爱尔兰为鼓励私人造林采取了两种激励政策，即造林补贴(planting grant)和林业奖励(forestry premium)。哥斯达黎加对造林、可持续的林业开采、天然林保护等提供补偿。

②草原生态补偿。1933 年美国颁布《保护性调整方案》和"农业保护计划"，这项计划由政府直接提供财政资金对农民在退耕还草过程中的损失进行补偿。1956 年美国又颁布《农业法案》，该法案中的农田退耕计划又称"土地银行计划"，同样是由政府提供财政补贴，对农民附带条件的短期退耕进行财政补贴。在纽约，政府对生态补偿资金的提供承担主要责任。如在流域水土保持工作当中，政府为了提高上游居民基于草原开展水土保持的积极性，制定了经济补偿政策，资金由下游受益区的政府提供。这种由"政府购买草原生态效益，提供补偿金"的政策对生态补偿具有积极的研究意义。瑞典同样对退耕还草进行高额财政补贴，其对劣等地退耕种草造林的补助率达到 50%。

③流域生态补偿。主要补偿水质、水量保持和洪水控制 3 个方面。在上下游水资源利用方面，欧盟国家普遍采用的是协商确定保护规范、保护责任和补偿标准的方法，由下游水资源区域向上游区域付费，限制上游对水资源的开发利用，达到保护流域水源的目的；澳大利亚是采用联邦政府出资对各省提供补贴，各省负责所在流域的水源保护；南非是政府出资雇佣社会贫困和弱势人员对流域实施生态保护工作，实现流域生态安全保护与扶贫的有效结合，政府每年支付出 2 亿美元。

综上所述，生态补偿主要是通过政府主导和市场交易作用而实现的。美国、德国等发达国家已初步建立了生态服务付费的政策与制度框架，形成了直接的一对一交易、公共转移支付、限额交易市场、慈善补偿和产品生态认证等较为完整的生态补偿框架体系。

(4) 补偿方式。生态补偿方式主要包括公共财政直接支付和市场融资两种。公共财政直接支付方式主要针对全民、公有及共享的资源和生态系统，由政府或国际组织建立专项资金直接投资或提供税收、补贴及信贷激励等；市场融资方式包括产权的分配与让渡、自由的市场交易、收费及限额交易等，从发展趋势来看，市场融资方式逐步成为主流方式。表 9-1 列出了一些有代表性国家针对不同领域的生态补偿方式。

表 9-1　部分国家生态补偿方式的比较

| 国家 | 补偿方式 | 补偿领域 |
| --- | --- | --- |
| 美国 | 政府对退耕农户直接补偿、征税、受益方支付租金 | 水、土壤、野生动植物等 |
| | 在国有林区征收放牧税、采用森林产品生态认证、体系 | 森林 |
| | 水质信用市场、湿地银行、相关方直接市场交易、强化地役权 | 流域 |
| | 政府向损失方提供补偿、受益方直接付费 | 生物保护、景观和水环境 |
| 英国 | 保护者收入不上缴、贷款、优惠、补贴 森林产品生态认证 | 森林 |
| | 《京都议定书》之外的碳交易 | 减少温室气体排放 |
| 法国 | 国家森林基金减免税收 | 森林 |
| | 受益方通过市场交易付费 | 流域 |

(续)

| 国家 | 补偿方式 | 补偿领域 |
|---|---|---|
| 德国 | 减免经营税、森林产品生态认证 | 森林 |
|  | 受益方通过市场交易支付 | 生物多样性 |

(5) 补偿标准。生态补偿机制的重要内容之一，就是确定补偿标准，目前，国外已经开展了一系列的探索和尝试，其实践依据主要包括：

一是用机会成本作为补偿标准的依据。比较有代表性的是墨西哥、哥伦比亚、哥斯达黎加等拉美国家，比如墨西哥的土地平均机会成本和哥斯达黎加的造林机会成本核算法。

二是从生态效益的角度，通过提供生态服务替代方式，确定生态补偿标准，即保证生态受损的地区重新得到相同的生态功能。比如，荷兰在修建高速公路时，在相邻地区重新建立了一块具有同等生态效益的项目，补偿了修建公路带来的生态环境破坏；加拿大温哥华机场扩建，影响了鸟类栖息与迁移，机场扩建者重新购买土地改造成草地和湿地，供候鸟栖息，避免生态效益损失。

不同的国家由于经济水平和补偿内容的差别，补偿标准存在一定差异，但各个国家都在实践中不断进行调整，以期补偿标准更为符合本国实际。国外比较注重生态补偿中的补偿效益，补偿标准的确定会综合考虑所属区域、机会成本以及各补偿主体的意愿，综合分析各种情况，确定各种类型的补偿额度，这可能导致相邻的两个区域之间的补偿结果差异较大。

#### 9.3.3.2 转移支付

转移支付是指货币资金、商品、服务或金融资产的所有权由一方向另一方的无偿转移，转移对象可以是现金，也可以是实物。转移支付包括政府的转移支付、企业的转移支付和政府间的转移支付。本文中特指政府间转移支付。政府间的转移支付是指财政资源在政府间的无偿流动，它是与政府的购买性支出相对应的一种公共支出，是政府单方面的资金让渡。政府间的转移支付依据地方政府使用补助时自主权的大小，可以分为一般补助和有条件补助"一般补助是中央政府对资金的使用方向不作任何规定，一也没有任何附加条件，地方政府有权自主决定资金的使用方向和方式，所以也称为无条件补助"它无异于是对地方政府的"赠款"，使地方财政增加了一笔净收入。一般性补助方式赋予地方以较大自主权，地方政府可以按照本地的情况，灵活安排资金的使用"有条件补助附带着一定的条件，地方政府只有满足了这些条件，才可以获得补助"依据附带条件的不同，有条件补助可以分为专项补助和配套补助，其中，专项补助是指对资金规定了使用方向的补助"作为一种指定了用途的拨款，专项补助是不得挪作他用的"，即所说的"打酱油的钱不能买醋"而专项补助的主要功能在于协助地方政府改善生态环境！基础设施等方面的条件"生态转移支付主要属于专项转移支付"配套补助又称为对称补助，中央政府对地方进行补助时，同时也要求地方政府拿出相应的配套资金"它可以促使下级政府与上级政府一道，一起承担提供某些公共产品和服务的职责"。德国是当今世界第三经济大国，在欧盟各国中位居首位。作为一个发达资本主义国家，德国的法制发展较为完备，预算管理制度较完善，尤其是它的转移支付制度(或称财政平衡制度)很有特色，并且收效明显。

(1) 法律依据。早在20世纪90年代中期，德国环境专家委员会就建议使用政府间财政转移支付确保生态产品和生态服务的提供。IreneRing(2005)针对地方政府提供跨地区生态公共产品服务的行为，研究了地方政府间转移支付。

保障各地区间公共服务水平的均等化，是公共财政的一项重要要求。所谓公共服务水平均等化,就是一国之内不同地区的国民都应享受由财政资金提供的大致相当的公共产品和公共服务;这也正是转移支付制度设计、实施所要追求的目标。在这个问题上,德国国民达成了共识,认为有必要通过实施财政转移支付,平衡地区财力,实现公共服务均等化。这一共识在德国基本法(联邦宪法)中得到体现。基本法第106条规定:"联邦和各州有平等权利要求从日常收入中支付各自的必需费用。这种费用的多寡由多年度的财政计划制度决定。联邦和各州的支付需要,应该加以协调以达到公正平衡。防止纳税者负担过重,保证联邦境内生活水平的一致性。"第107条规定:"联邦立法保证财政上强的和财政上弱的州之间有合理的平衡,同时考虑各镇和联合乡的财政能力和财政需要。这种立法规定,应该获得平衡费的州提出平衡申请的条件和应付出平衡费的州担负平衡责任的条件,以及决定平衡费数额的标准。这种立法还可规定联邦从联邦基金中拨款给财政上弱的州以便补充支付它们的一般财政需要(补充拨款)。"基本法的上述规定确立了"保障联邦境内生活水平的统一"和"各州财力应当保持适当平衡"的宪法原则,从而为财政转移支付制度的制定和实施奠定了坚实的宪法基础。

德国基本法不仅确定了保障财政平衡的宪法原则,而且在第70~74条、第89~91条就联邦与各州之间的权限划分作了具体规定,并在第104条中规定:"①本基本法如不另作规定,联邦和各州分别支付因完成各自任务而引起的费用。②各州作为联邦代理人进行活动时,联邦应支付其费用。③由各州执行的并涉及基金支付的联邦法律可以规定这种基金应全部或部分地由联邦提供。"由此确定了各级政府间财力与事权相统一的原则,为转移支付制度相关标准的制定提供更为明确的宪法依据。

此外,针对转移支付的财政资金主要是税收收入,基本法第106条还专门就个人所得税、企业所得税及增值税(也有资料译为营业税)的分解、享有作了规定。这些宪法税收条款的规定明确了转移支付有关资金的主要来源渠道。

除了宪法的相关规定外,德国还制定有专门的转移支付法,即联邦与各联邦州之间的财政平衡法(简称财政平衡法),对增值税在联邦和州之间的分配作了具体细化规定,从而将财政平衡制度的操作实施在法律层面上加以落实。另外,德国一些州还通过制定法规或其他手段以限制非城市地区的开发,来保护自然资源"当恢复手段不起作用或者所起的作用不充分时,则征收一种自然保护特别税,将税收所得收入放入自然保护基金,以促进和资助自然环境的保护"德国的黑森州法律与之类似,即若通过补偿和重建对于自然环境的破坏不能完全恢复时,责任者必须支付一种特别税,此项税的征收水平取决于环境所遭到的破坏程度以及纳税者的收入,它的数额需与环境恢复所需的费用或破坏环境者自身的收益相适应。

(2)转移方式。德国转移支付既包括垂直财政平衡,即在联邦与州之间的平衡分配,也包括水平财政平衡,即在各州之间的平衡分配。其过程包括4级分配:第1级分配,将共享税(增值税、工资税等)在联邦与州之间进行分配;第2级分配,将增值税在各州之间进行分配,以使各州人均财力得以基本均衡;第3级分配,由富裕州给予贫困州一定的横向转移支付;第4级分配,是由联邦对财政能力较弱的州作出的补充转移支付。经过4级分配后,各州间的人均财力基本达到均衡。

(3)资金使用。在资金的使用方面,德国的生态转移支付资金到位,核算公平,并且它还有一整套复杂的计算以及确定转移支付的数额标准,确保资金可以达到较高的使用效益。

#### 9.3.3.3 生态服务购买

政府购买生态服务是生态服务供给方式的重要制度创新。美国政府在生态服务市场化供给演进中积累主要的基本经验：生态购买实质是准市场行为，顺利实施生态购买计划要以体系化的法律制度为前提；在竞争机制的作用下，多元化的购买方式、市场化的购买价格和规范化的购买程序的有效运行，可以实现经济效益、社会效益和生态效益多赢。当前，我国应立足国情实际，着力健全生态购买法律制度，创新生态购买实现方式，优化生态购买程序要件等。

(1) 购买依据。大多数世界贸易组织(WTO)缔约方根据《政府采购协定》(GPA)，发布生态环境类公共服务政府购买的正面清单。例如，欧盟国家购买公共服务类别表中包含"排污物、废物处理：卫生及类似服务"等项目；加拿大政府采购分类服务表包含"从属林业和伐木业的服务，包括森林管理""污水和垃圾处理、卫生及类似服务"等项目。美国在公共服务政府采购方面则实行类似负面清单制度。根据美国联邦采购政策局的政策文件，除了19项"政府固有职能"禁止委托民间办理外，其他未列入的均属于可以外包的事项。联邦政府职能部门和各州县地方政府实施生态服务政府购买计划，主要根据自然资源管理法规或者地方性立法。例如，根据美国《国家森林管理法》的规定，每年的国有林养护费用纳入联邦政府和州政府的年度预算，政府采取向社会组织购买森林生态管护服务。基于"拉夫运河事件"的教训，美国国会于1980年批准《环境应对、赔偿和责任综合法》，设立污染场地管理与修复基金(即"超级基金")，对于那些找不到责任主体的"褐土地"治理，纳入政府购买环境服务的范围。2003年，根据《清洁水法案》，美国环保署为各州制定了新的农业面源污染控制计划和资助方针，包括《面源污染管理计划》《国家口岸计划》《地下水保护计划》《杀虫剂计划》《湿地保护计划》等；同年依照《2002年农业法》，农业部实施了土地休耕、水土保持、湿地保护、草地保育野生生物栖息地保护、环境质量激励等方面的生态保护计划，这些计划都是政府通过向农民购买生态服务方式，引导农民自愿参加各种生态保护补贴项目，实现生态环境保护的目标。

(2) 购买方式。美国政府除了依托国家公园、公有林等提供生态公共服务外，还通过土地产权交易、合同外包、经济补偿等方式，通过公私伙伴合作，获得生态公共服务。

①土地产权交易。土地是生态服务的物质载体。引导私人土地所有者提供生态公共服务，需要购置其土地所有权、使用权或开发权等产权。主要有以下类型：

a. 政府收购私人土地所有权。20世纪30年代初资本主义经济大危机期间，有支付能力的消费需求不足，农产品相对过剩导致农产品市场价格大幅度下跌，引发部分农场主破产、土地荒芜等系列恶果。为此，美国联邦和州政府采取公共采购等有效措施积极应对。如纽约州制定的《休伊特法案》规定：由政府出资购置破产农场主的土地所有权，在可开垦的土地上安置失业工人，开展大规模退耕还林、封山育林等工作。政府收购私人土地进行生态建设，既缓解了大危机时期的经济社会矛盾，又根据市场供求状况促进农用土地用途的合理转换，改善生态环境。

b. 政府购买私人土地开发权。20世纪80年代，为了保护战略性农业资源，美国《农地保护法》(1981)和《食物安全法》(1985)均规定，要控制农用地向非农用地转换。为此，政府创设了可交易的土地开发权制度，实施土地管理方式的制度创新。1968年，开发权转让(TDR)在纽约市颁布的《地标保护法》中首次提及；1978年，美国最高法院确立这项技术的合法性。开发权转让是一种自愿的、基于市场机制的土地利用管理机制，政府通过将土地开发引向更适合土地开发的地区来推动保护具有高农业价值的土地，保护环境敏感区和保护战略地位的开放空间。

c. 政府租用私人土地使用权。例如，2003年，农业部实施的《湿地保存计划》中，政府提供永久性出让土地使用权、出让30年土地使用权、签署湿地恢复成本分担协议等多种可供选择方案，在充分尊重农民土地产权的基础上进行生态服务供给的公私伙伴合作。

②合同外包。地方政府作为区域性公共利益的代表，通过服务外包方式，购买生态环境服务。例如，在 Catskill 流域治理中，纽约市作为清洁水源的主要需求方，它没有建耗资巨大的水净化处理厂，而是将饮用水源的水环境保护职责外包给社会组织，由专业机构作为独立的第三方负责帮助上游的农场主进行农场污染治理，并且帮助他们改善生产管理与经营。纽约市水务局通过协商确定流域上下游水资源与水环境保护的责任与补偿标准，通过向用水主体征收附加税、发行纽约市公债及信托基金等方式筹集补偿资金。上游地区农场主通过他们的联合组织"流域农业理事会"与纽约市进行协商谈判和交易。经过 5 年的项目实施，该流域中绝大多数农场主自愿加入项目中，流域水质大大超过了联邦水环境质量标准。据推测，纽约市所支付的购买费用包括前期投资和后期管护，远不及建设水净化处理厂的 1/8，更重要的是，在实施该生态环境服务付费项目之前 10 年，纽约市自来水的价格平均每年上涨 14%。但该项目实施之后，纽约市自来水价格的上涨不超过通货膨胀率(4%左右)。由于 Catskill 流域上游生态环境得到有效的保护和流域水资源自然过滤净化功能的作用，纽约成为美国仅有的 4 个饮用水足够纯净而尚未建设水质净化厂的主要城市之一。

③经济补偿。政府向生态友好型生产方式提供各种补偿(助)，以鼓励农场主绿色耕作。a. 政策补偿。包括低利率贷款、税收减免补贴政策、项目支持等形式。例如，纽约市规定流域上游实施为期 10 年森林管理计划，面积超过 50 英亩的森林主可以获得减免 80%的财产税优惠；田纳西河流域管理局设立经济开发贷款基金，3 年间提供的 1.1 亿美元就创造了达 30 亿美元的新投资。b. 资金补偿。包括补偿金、捐赠款、补贴、财政转移支付、贴息等方式。例如，1956 年《土壤银行计划》规定，政府按照农民退耕还草还林的面积给予一定比例的津贴；1966 年《耕地调整计划》规定，鉴于农产品过剩实施土地休耕的农场主，可以获得政府退耕补偿费和部分培育植被的费用；1985 年设立的大草地、大湿地、保护达标和土地退耕保护计划(CRP)等 4 个保育计划规定，在 5 年内土壤保持局向符合计划主题的农场主提供了资金补偿；纽约市政府在进行流域管理的过程中安排财政转移支付高达 15 亿美元，成本分担/补助计划就提供高达 4000 万美元的补助。爱荷华州等设立"农业环境质量激励项目"，规定"只有生态农场才能资格领取奖励"。明尼苏州规定，有机农场用于资格认定的费用，州政府补助 2/3。c. 实物补偿。例如，纽约市政府将其所购买的土地出售给那些愿意在没有优先权的区域进行开发的私人与企业，要求其必须采用最好的管理措施来补偿；纽约市还向减少森林采伐的木材公司颁发在以前无权采伐的区域进行采伐的许可证。d. 智力补偿。主要有提供技术咨询或指导，培养技术人才、专业人才和管理人才等。如 TVA 提供的"优质服务计划"和建设的肥料研究中心。

(3)购买程序。美国政府购买生态服务的运作过程，遵循"政府承担、定向委托、合同管理、评估兑现"的总体要求，其规范化的运作程序通常包括 4 个环节：一是依照法律制定战略规划和实施方案。联邦政府职能部门和地方政府根据相关法规，针对区域性、阶段性生态建设的重点环节，制定各种专项计划，包括保护性退耕计划、森林生态保护计划、土壤治理计划、水土保持计划等。这些计划均明确政府购买生态服务的公共价值和预期目标、购买方式、购买价格和实施期限等内容。二是选择合作伙伴签订购买合同。政府向社会发布基准的、可供选择的生态购买方案后，农场主根据农作物的市场行情确定是否参与退耕或水土保持项目。首先，农场主根据土地肥力及经营状况等向政府反馈休耕的土地面积和可接受的租金率；其次，政府根据环境效益指数和土壤特点两个要素，确定与当地自然经济条件基本相符的租金率。三是，递交竞标结果，由主管部门进行评审；最后，实行网络型治理。美国政府购买生态服务项目通常是以合同制分阶段实施的，实施期限通常在 5~20 年，这期间不仅包含政府与农户之间自上而下、上传下达的治理，还要包括不同的社会组织之间社区和社区之间的沟通和交流，形成公开、公平的监督机制。四是生态服务政府购买的绩效评估。美国政府公共服务购买通常包括两个方面的考量：①成本节约。公共服务购买并非盲目追求低成本，联邦政府规定了一个成本节约的门槛比率，只有人事方面的预期节约超过 10%才能进行政府购买。②绩效评价。根据政府与农场主约定的合同，进行结果考核。例如，在自愿性休耕计划中，农业部制定了一个环境受益指数，用以评估休耕土地的环境受益情况，包括下列标准：表面水质的改进、地下水水质的改进、土壤生产力的持续性等。在此基础上根据生态购买的合同类型以及完成情况，给予支付相应的补偿。

（4）购买价格。美国政府强调运用市场调节机制来确定生态服务的购买价格。正如美国前总统布什曾指出的"只要有可能，我们相信应该运用市场机制，我们的政策应该与经济增长和所有国家的自由市场原则相适应。"目前，美国已基本形成了包括公共支付（政府购买）、限额交易计划、私人直接补偿、生态产品认证等四大体系的生态环境付费体系。推动生态环境服务付费的基本理念是，希望使高危生态系统保持原样的一方通过现金转移、技术援助等方式，对因维持系统原样而产生机会成本的一方进行补偿。政府实施的各种生态保护计划，均运用经济激励手段来引导农民自愿性参与，以实现生态环境保护，尤其是在购买价格的形成过程中引入了价格机制和竞争机制，通过采取公开竞标的方式向农场主招标，使生态环境服务价值被价格机制捕捉到，并据此价格向农场主支付费用。网这种竞标机制隐含了责任主体自愿和市场交易竞争的原则，租金率是由政府和农场主之间基于供求状况反复博弈所确定的。例如，1965 年，《土地退耕保护计划（CRP）》授权州政府可以购买为期 10 年的种植权，价格主要是参照农民要求的退耕保护土地价格。对开放作为休息场所的退耕土地，还有额外津贴。1985 年，依据《土壤保护计划》，对占全美耕地 24%的"易发生水土流失土地"实行 10~15 年休耕，实施休耕还林、还草的农场主将从政府那里获得补助金，且补助金额明显高于从事耕作收益。如果补助达不到农业经营收益，农场主有权上诉，执行部门遭受惩罚。多年的实践经验表明：市场机制、竞争机制和激励机制的有机结合以及完善的法律法规政策体系是生态环境服务付费顺利实行的重要保障。

### 9.3.4 国内前沿探索

#### 9.3.4.1 盘活土地资源，促进生态移民

国内盘活农村集体土地方面，较为成功的案例是重庆的地票制度。2008 年，重庆经中央同意，成立农村土地交易所，启动了地票交易试点。其主要目标是将农村闲置的宅基地及其附属设施用地、乡镇企业用地、公共设施用地等集体建设用地复垦为耕地，增加耕地数量，盘活农村建设用地存量。根据我国土地用途管制制度中有关城乡建设用地增减挂钩、耕地占补平衡的有关规定精神，因宅基地退出而增加的耕地，可以作为国家建设用地新增的指标，其中除优先保障农村建设发展外的节余部分被以地票的方式标识，与国家的年度新增建设用地指标功能相同。地票购得者可以在重庆市域内，申请将符合城乡总体规划和土地利用规划的农用地，征转为国有建设用地。该项制度为工程参与户充分利用手头宅基地、林地、草地获得财产性收入或进城落户所需的资格性资源，提供了有益的参考。这主要表现在以下几个方面：

纠正被异化城镇化路径的功能。地票制度实施前，重庆城镇化过程中土地资源配置较为普遍的结果是，城市建设用地增加，农村建设用地相应减少，优质耕地资源也有所减少。从全国范围来看，2000—2011 年，全国 1.33 亿农民进城，城镇建成区面积增长 76.4%，但农村建设用地反而

增加了 3045 万亩。耕地年均减少约 1000 万亩，直逼 18 亿亩耕地红线。出现这一问题，其症结不仅在于城乡二元分割的土地制度，也在于人地分离的管理方式。我国法律规定，城市土地属于国家所有，农村土地除非国家征收，不得转为城市建设用地。农民进城落户后，留在农村的建设用地无法伴随人口变动得到有效处置，退出渠道淤塞，城市又不得不为其匹配建设用地。这种"人已进城，地占两头"的客观情况，导致国家建设用地必然增加，农用地资源必然减少，耕地保护陷入了只减难增的局面。但地票制度的实施，农耕地不仅不会减少，还会有所增加，耕地质量也得到了一定程度的稳定。其主要逻辑是，农村人均居住生活用地远高于城市居民人均居住生活用地，前者约在后者的 2.5 倍以上，如果这部分土地随着农村居民的进城转为耕地，理论上即可节约出大量的耕地资源。重庆鼓励外出务工、安居农民在符合规划的前提下，自愿将闲置宅基地复垦，形成地票后到市场公开交易。这就为农民自愿有偿退出农村宅基地开辟了一个制度通道。它有助于推进土地城镇化和人口城镇化协调发展，为破解我国的"土地困局"提供了一条路径，是顺应城镇化发展普遍规律的。

地票制度可以作为土地产权的新型体现。我国当前制度下，土地用途管制十分严格，主要表现为农村土地为集体所有，农民虽有使用权，但无处分权，土地由政府代表社会进行管理，以确保公共利益和长远发展。由于土地产权的模糊性，导致了"人人有份、户户无权"的状况，土地资源的优化配置、土地价值的进一步发挥受到了一定限制。而地票制度有效处置了农村建设用地模糊的产权状况，为确权分置提供了新的渠道：土地所有权归集体，将土地使用权视为一种用益物权归农民，所有权与使用权按比例获得各自收益；并将耕地复垦验收合格票据化形成的地票，交由政府设立的土地交易所组织市场交易。这样，就把农村闲置的、利用不充分的、价值很低的建设用地，通过指标化的形式，跨界转移到利用水平较高的城市区域，从而使"不动产"变成了一种"虚拟动产"，用市场之手把城乡之间连了起来，实现了农村、城市、企业等多方共赢。

地票制度是符合"三条底线"的创新实践。中央反复强调，推进农村土地制度改革，必须"坚持土地公有制性质不改变、耕地红线不突破、农民利益不受损"三条底线。重庆地票制度设计和实践，通过三种措施确保"三条底线"有效遵守：一是充分尊重农民意愿；二是统筹分配，兼顾各方利益；集体经济组织虽然只获得 15% 的地票净收益，但还能获得复垦形成的那份耕地，不仅不受到任何损失，还有一部分现金收益，充分保护了集体所有权。农户获得地票净收益的大头，主要是对农民退出土地使用权的补偿，切实维护了农民的利益，同时也有增加农民财产性收入的考虑；三是落实土地用途管制，规定地票的产生、使用都必须符合规划要求，复垦形成的耕地必须经过严格验收，避免了"先占后补"落空的风险，确保了守住耕地红线。

重庆地票交易的制度设计，与国家全面深化农村土地制度改革和健全城乡发展一体化体制机制、要素市场化配置体制机制改革在方向上是完全一致的。在创新城乡建设用地置换模式、建立城乡统一的土地要素市场、显化农村土地价值、拓宽农民财产性收益渠道及优化国土空间开发格局等方面，都产生了明显效果，给推进退耕、退牧工程后续政策实施、促进生态移民提供了重要借鉴。

推动了农业转移人口融入城市。近年来，重庆累计有 409 万农民转户进城，其中相当一部分自愿提出退出宅基地，成为地票的重要来源。农民的地票收益，相当于进城农民工的"安家费"。有了这笔钱，他们的养老、住房、医疗、子女教育及家具购置等问题，都能得到很好的解决。这样，他们就能更好地融入城市生活。如果相关的制度设计中，能使盘活的宅基地、林地、草地提供持久红利收益，将对工程户落户城市转化为产业工人具有非常重要的作用。

开辟了农民增收新渠道。复垦宅基地生成的地票，扣除必要成本后，价款按 15∶85 的比例分配给集体经济组织和农户。这一制度安排，在实践中发挥了"以一拖三"的功效：一是增加了农民收入渠道。重庆农村户均宅基地 0.7 亩，通过地票交易，农户能一次性获得 10 万元左右的净收益，对他们而言，是一笔很大的财产性收入。复垦形成的耕地归集体所有，仍交由农民耕种，每年也有上千元的收成。二是推进新农村建设。近几年，重庆能够完成数 10 万户农村危旧房改造和高山生态移民扶贫搬迁，就得益于此。三是缓解"三农"融资难题。地票作为有价证券，还可用作融资质押物，并为农房贷款的资产抵押评估提供现实参照系。截至目前，重庆办理农村集体建设用地复垦项目收益权质押贷款 118.79 亿元，4 年增长了 20 多倍。

优化了国土空间开发格局。目前，重庆已交易的地票，70%以上来源于渝东北、渝东南地区，这两个区域在全市发展中承担着生态涵养和生态保护的功能，发展导向是引导超载人口转移，实现"面上保护、点上开发"。而地票的使用，95%以上落了承担人口、产业集聚功能的主城及周边地区。这种资源配置，符合"产业跟着功能定位走、人口跟着产业走、建设用地跟着人口和产业走"的区域功能开发理念，有利于推进区域发展差异化、资源利用最优化和整体功能最大化。

重庆地票制度的设计初衷，主要是针对城乡建设用地的盘活，但其也可以对林地、草地适用。事实上，2018 年，重庆市委、市政府在《重庆市实施乡村振兴战略行动计划》和《重庆市 2018 年全面深化改革工作要点》中，明确要求"完善地票交易制度，利用市场化机制鼓励复垦复绿""拓展地票生态功能"。针对部分复垦地块位于高海拔和生态脆弱地区等实际，并结合生态优先、绿色发展的要求，市国土房管局不断创新工作思路，积极探索，牵头开展的拓展地票生态功能改革取得重大进展。一是部门联动，开展制度设计。市国土房管局会同农业、环保、林业等相关部门开展调研论证，研究出台了《关于拓展地票生态功能 促进生态修复的意见》，进一步完善了复垦工作思路，明确在生态环境敏感区和脆弱区、生态保护红线区、林区和重要水源保护区等，可结合实际复垦为宜林宜草地，并切实保障复垦农户、集体经济组织和地票购买主体权益。二是积极稳妥，试点先行。组织整治中心在奉节等国贫县和生态保护任务较重的 7 个区县开展试点，编制工作推进方案，按照"生态优先、实事求是、农户自愿、宜耕则耕、宜林则林、宜草则草"的原则开展复垦。三是严格标准，确保质量。截至 5 月上旬，奉节县康乐镇木耳村等 7 个农村建设用地项目已通过市级抽查复核，共减少建设用地 384 亩，全部复垦为宜林地，为开展第一场生态地票交易提供了资源实物。

#### 9.3.4.2 实施生态补偿，增加投入渠道

国内生态补偿探索的成功案例，是安徽的新安江模式。进入 21 世纪，随着我国工业化、城镇化进程加快，新安江及千岛湖也出现蓝藻异常增殖等令人担忧的问题。2010 年年底，时任全国政协副主席张梅颖率队开展专题调研，形成了《关于千岛湖水资源保护情况的调研报告》。调研报告得到了中央领导同志的重视和重要批示，指出千岛湖是我国极为难得的优质水资源，加强千岛湖水资源保护意义重大，在这个问题上要避免重蹈先污染后治理的覆辙。浙江、安徽两省要着眼大局，从源头控制污染，走互利共赢之路。为做好新安江生态保护工作提供了科学指引和行动指南。党和国家多位领导人均作出重要批示，推动新安江综合治理上升为国家战略，新安江流域生态文明建设的实践探索取得了巨大成效。

2012 年起，皖浙两省开展了新安江流域上下游横向生态补偿两轮试点，每轮试点为期 3 年，涉及上游的黄山市、宣城市绩溪县和下游的杭州市淳安县。这是国内首次探索跨省流域生态补偿机制。

中央财政每年拿出 3 亿元，安徽、浙江各拿 1 亿元，两省以水质"约法"，考核依据则是安徽、浙江两省跨界断面水质的监测数据。若年度水质达到考核标准(P≤1)，则浙江拨付给安徽 1 亿元；若年度水质达不到考核标准(P>1)，则安徽拨付给浙江 1 亿元，专项用于新安江流域产业结构调整和产业布局优化、流域综合治理、水环境保护和水污染治理等方面。

多年来，安徽省委省政府高位推动新安江流域生态补偿试点工作，取得了丰硕成果，积累了宝贵经验，形成了"新安江模式"，取得了良好成效，流域水质稳定向好，沿江景色明显提升，绿色经济特色鲜明，生态产业化、产业生态化特征日益明显。

#### 9.3.4.3 深化产权改革，提升经营水平

2019 年，福建省三明市为解决林权结构小型化、林地资源分散化、林业管理复杂化等问题，进一步放活集体林地经营权，促进林地规模化、集约化经营，根据《中华人民共和国农村土地承包法》及相关政策规定，结合深化集体林权制度改革的需要，出台《三明市林票管理办法(试行)》，创新推出林票制度。

林票是指国有林业企事业单位与村集体经济组织及成员共同出资造林或合作经营现有林分，由合作双方按投资份额制发的股权(股金)凭证，具有交易、质押、兑现等权能。村集体经济组织成员和社会资本所持有的林票允许在农村产权交易中心挂牌交易。国有林业企事业单位对本单位发行的林票进行兜底保证。国有林业企事业单位与村集体经济组织按各自的投资比例承担造林、幼林抚育、施肥及其他促进林分生长的营林措施等费用。合作经营的林木主伐时，国有林业企事业单位应按照三明市人民政府，规定的林地使用费标准向出让林地经营权的村集体经济组织或村民小组支付林地使用费。合作经营的林木间伐、主伐时扣除木材生产成本，包括林业税费、生产工资、运费和生产过程中产生的其他费用，所取得的经营利润按双方合同约定进行分配。

目前，三明市已在 5 个县 12 个村开展试点工作。截至 2019 年 12 月 31 日，合作面积 5743 亩，制发林票 534.3 万元，惠及村民 2763 户 11760 人，每位村民获得 314 元价值的林票。

### 9.3.5 后续政策路径

#### 9.3.5.1 政府主导的工程化思路

(1) 主体思路。后续政策设计相对简单的思路，是沿用目前政府主导下的工程化思维框架，继续依托以农户牧民等工程参与户开展工程建设，补助的主要形式为现金，发放对象主要是工程户；工程资金主要源自中央财政资金和地方配套资金，农牧户投劳的部分相当于其自筹。生态移民、产业发展等必要且重要的巩固措施，需要由更高层级的管理部门牵头规划，由其他相关职责部门负责实施。

(2) 优势分析。以政府主导的工程政策路径，经历近 20 年的实践，目前已经较为成熟。该路径下的组织机构、生产措施、工程管理、监督评估都有一套相对行之有效的模式可以继续复用，政策设计与政策执行中的改革突破不多，改革风险较少，政策执行中的阻力整体可控。考虑到国家整体经济社会发展形势和治理水平的变化，特别是随着绿色金融的不断发展、工程技术设备的日益先进，工程在资金筹集、生态产品供给方面，可能会有一些增长。

(3) 风险分析。青海特殊的生态区位，即使可能争取到财政资金一定程度的倾斜，但在资金额度和时间长度方面突破依然有限，当前工程投入所面临的问题并不能从根本上得以解决：一是工程投入依然依赖政府"造血式输入"，社会参与意愿不足的局面未能改变，工程投入捉襟见肘、找米下锅的情形还将持续较长一段时间；二是补助期限有限，补助标准难有大幅度的提高，很难达

到农牧户的心理预期；三是鉴于个体承包、分散经营的工程实施形式并没有突破，极大增加了管理、信贷、保险等工作难度，且一家一户的个体管护经营方式效率存在明显瓶颈，工程实施所能带来的生态、社会、经济效益依然不会有质的突破。

从生态产品的生产提供来看，与农田包产到户不同，经营林草植被有其独特性：生产周期长，潜在风险多，变现能力差；开展林草植被经营门槛低，但要经营好却需要较高的技术能力和投入保障，特别是在青海这样自然条件更加困难的地区；如果继续坚持过去个体承包、以家庭为主体的生产方式，则经营意愿、经营能力难以有大的提高，劳动力、资金、技术、设备等要素投入水平不会有质的突破，预计工程产生生态效益的效率不能满足效率要求。

从产业发展的角度来看，经营主体是分散的农户，资金等政策资源也是分散的，用途以初级生产生活支出为主，其弊端明显：一是分散的农户经营限制了新型专业化经营者、企业等市场化经营主体的产生，劳动力资源没有得到有效配置；二是资金等资源没有集中起来统一，难以有效扶植相关企业发展，促进相关企业发展和产业结构调整。

总之，如果政策设计不能破除路径依赖，工程实施沿用之前的旧有思路，工程开展将继续由政府主导，则生态产品的生产水平难以有效提升，工程参与户的生计与发展很难从工程实施中汲取更多的力量，后续产业发展与产业结构调整依然难以突破当前的天花板。

#### 9.3.5.2 共建共治的市场化思路

（1）主体思路。结合青海生态经济社会现状，在特殊的区域实施特殊的政策，特别的事情采取特别的办法，不断深化改革，探索市场化、专业化风格下的工程实施道路。主要内容包括，构建生态产品交易市场，采用政府购买生态服务、林草资源证券化等多种方式，逐步实现外部性内化，有序建立生态价值实现机制，通过地方林草主管部门组织力量对工程生态成效开展评估，根据评估结果进行资金奖补；奖补资金的分配，由林草地所有者（工程参与户）和实际经营者（保育企业）根据彼此约定分配（主要挑战一）；工程中涉及林草荒等生态产品的生产经营、生态功能和价值提供的部分，宜发展培植生态保育产业，鼓励以市场化、企业化、专业化的方式实施，以期提高生产效率，确保能够提供优质的生态产品、生态功能、生态价值（主要挑战二）；地方政府负责组织完成工程整体规划，统筹生态、社会、经济发展的需要，综合运用生态移民、职业培训、产业扶持等措施，进一步减少旧有生产方式对生态环境的压力，将人力资源从农地上解放，促进产业结构调整，增加区域发展动能。

这种政策路径，将有利于政府更好发挥引导和监督作用，做好顶层设计和系统规划，为工程建设构建完善的市场机制、监管机制，主导好相关产业结构调整和后续发展；将有利于市场更好发挥资源集聚调动和优化配置作用，提高各要素的输出效益，提高工程建设质量和综合效益；将有利于更好发挥社会在生态文明共建共治共享的作用，更好体现其作为工程实施建设者、参与者、受益者的地位。

（2）优势分析。一是符合当前国家发展的总体趋势，相关工程措施的设计，是以十八大以来党和国家对生态文明建设等重要文件为依据，较好地体现了党中央、国务院的安排部署；二是结合青海实际，对工程效果、工程投入等方面存在的问题给出了较为新颖的解决方案，在理论上、逻辑上是可实施的，可以产生较好的生态、社会、经济效益。

（3）风险分析。该政策路径提出了一些较为新颖的观点，理论上具有一定的可行性，但在实践层面可能存在不少挑战。一是具体落实时需要突破不少的当前政策的限制，一定情况下这些限制甚至是成体系出现的，例如绿色金融中关于生态功能、价值的期货、期权金融衍生品的设计在当前金融政策下实现面临较大限制，政府购买生态服务在相关法律修改方面面临较多挑战，实际操作中也需要大量的空白需要填补；二是有些措施实践时技术难度较大，最为明显的是对区域的生态功能和价值开展评估，如何整合遥感、航拍、无人机、地面调查等技术手段，获得成果科学可靠，成本可控适中的评估结果，亟须先期研究；三是前期工作量大，将分散到各户的林地资源重新组织起来实施集体化、市场化、专业化、集约化经营，工作量不容小觑；四是政策实施具有较高的系统性要求，政策目标的达成需要各项措施齐头并进，离不开有力领导，高效协同。

## 9.4 相关政策建议

根据前述分析，"十四五"期间，青海退耕还林还草工程、退牧还草工程政策延续有历史机遇，也面临巨大挑战。鉴于后续政策在全省生态治理、生态文明建设中的重要作用，以及与社会、经济相关政策的紧密关系，为更好地推动生态建设实践，基于生态治理的系统性、综合性、整体性，按照共建共治的后续政策路径选择，向青海省有关方面提出后续政策建议。

### 9.4.1 指导思想

深入贯彻落实党的十九大、十九届一中、二中、三中、四中全会精神，以习近平新时代中国特色社会主义思想为指导，坚决实践创新协调绿色开放共享的新发展理念，坚定实施生态报国战略，立足"三个最大"，聚焦"四个转变"，紧紧围绕"一屏两带"的生态安全格局，以增强优质生态产品供给能力为核心，以"顺应自然，尊重自然，保护自然"为主线，以实现青海省生态经济社会协同发展为目标，充分引导发挥社会全体力量的作用，通过深化改革、创新机制，综合施策、系统治理，高效优质推进退耕还林还草、退牧还草工作继续展开，为维护国土生态安全，促进区域整体发展，建设生态大省、生态强省做出新的贡献。

### 9.4.2 基本原则

——提高站位，服务大局。提高政治站位，站在服务中华民族永续发展千年大计的高度，站在国家生态文明建设的高度，结合青海生态治理现代化的实际需要，落实全国重要生态系统保护和修复重大工程总体规划，设计退耕还林还草、退牧还草后续政策，确保相关政策能够服务于国家西部大开发，服务于区域经济社会可持续协同发展，服务于民族团结进步。

——系统治理，统筹推进。以"山水林田湖草是一个生命共同体"的重要理念，发挥各地区、各行业、各部门的优势，综合运用生态移民、产业发展等措施，实现工程实施生态效益、社会效益、经济效益的最大化。利用好生态补偿，区域协同等政策契机，探索适合青海需要的外部性内化道路。坚持退耕还林、退牧还草与其他政策、规划的适配对接，确保相关政策激励相容。

——政府引导，多方参与。政府通过健全完善法制环境，建立健全市场交易机制，营造良好市场环境，加强服务和监督等方式，组织引导退耕还林还草、退牧还草工作持续开展，充分动员工程参与户、企业、社会团体等各种力量，以多种方式参与生态治理。充分发挥市场配置资源的决定性作用，积极培育市场主体，实现相关工作的市场化、企业化、产业化。

——专业实施，集约高效。提高工程实施的专业化水平，创造性地发挥市场的资源配置作用，积极培育企业等市场经营主体，确保专业的事由专业的组织来完成，进一步提高土地、人力、资金等要素的配置效率，开展精细化、集约化的工程实施，实现生态、社会、经济三大效益的综合最优。

——尊重规律，改革创新。尊重社会经济发展规律，将相关政策实施与经济发展、社会治理紧密结合，确保相关政策实践有力、适度；尊重自然规律，根据不同地理、气候和立地、水资源等各种条件，开展各项治理，更多采用基于自然的修复方案，林灌草荒相结合，注重生态系统整体功能的改善。

——试点先行，稳步实施。政策执行坚持"全面规划、分步实施，突出重点、稳步推进、先行试点"的原则，对于政策实施中难度较大的内容，实施时应选好试点，充分准备，坚持有计划、分步骤地进行。对于经过检验、证明成功的政策内容，可快速推广。

### 9.4.3 主要内容

#### 9.4.3.1 政策目标

这要求制定延续工程的政策目标时，坚定对退耕还林、退牧还草政策的系统性认识，坚持对相关工作的全面、综合谋划，将工作实践与改善生态环境、调整产业结构、促进区域发展的目标相关联，使后续政策延续作为国家西部大开发、青海省生态报国战略的着力点、切入点，坚持政策实施的综合施策、系统治理、协调推进：

（1）提供优质生态供给。根据《全国重要生态系统保护和修复重大工程总体规划（2021—2035年）》《山水林田湖草生态保护修复工程指南》等文件精神，坚持问题导向，科学开展退耕、退牧地块生态经营，加强退耕还林还草地、退牧还草地病虫鼠等灾害治理，坚持宜林则林、宜草则草、宜荒则荒，乔灌草荒有机结合，有计划、分批次、进一步提升工程区林草荒等景观尺度上的生态功能和生态价值，实现青海生态自然环境总体水平上的持续改善，有效提高水土涵养和水土保持能力，不断提供更加丰富优质的生态产品和功能，加强对退化林地、草地的修复治理，经营生机饱满、功能丰富、正向演进的区域生态系统，为青海乃至相关区域的发展提供更加坚实的生态承载力。

（2）保障工程户长远生计。根据《中共中央、国务院关于构建更加完善的要素市场化配置体制机制的意见》《关于开展土地经营权入股发展农业产业化经营试点的指导意见》等文件精神，科学破解生态建设和经济发展的矛盾冲突，坚决践行"绿水青山就是金山银山"，通过保证基本补助、创新效益分配机制、促进相关产业发展、开展生态移民易地搬迁、现代职业教育等方式，盘活人口、土地存量资源，有效加强后续政策实施对农户生计的保障作用，切实解决退耕、退牧农牧民长远生计替代这一关键问题，保障农户基本生计，提高农户收入水平。

（3）增加区域发展动能。根据《国务院关于印发全国主体功能区规划的通知》《中共中央、国务院关于新时代推进西部大开发形成新格局的指导意见》《中共中央、国务院关于建立更加有效的区域协调发展新机制的意见》《中共中央、国务院关于新时代加快完善社会主义市场经济体制的意见》等文件精神，加强后续政策拟定的顶层设计，注重退耕、退牧后续政策的系统性、综合性，探索建立多元化的工程投入长效保障机制，建立健全市场机制，扶持相关产业特别是生态产业的发展，顺应人口自然集聚的趋势，加强城镇建设，发展现代服务业，促进生态治理企业化、产业化发展，健全完善现代种植业、养殖业产业链，调整优化产业结构，确保各种措施协同推进，通过市场化、区域化、金融化优化各相关要素配置，增强区域发展动能，促进区域高质量发展。

**9.4.3.2 政策措施**

(1) 开展生态治理。科学统筹相关资源，不断提升科技支撑水平，逐步推广市场化、企业化的生态产品生产方式，提供丰富优质的生态功能和价值，更好发挥退耕林木生态效益。综合考虑青海省工程政策的执行情况，以政府+市场的方式开展生态治理：

一是继续开展生态建设。退耕还林工程依据应退尽退的原则，适度扩大工程范围，对生态价值大、生态地位重要、生产效益地的耕地开展生态系统恢复，宜林则林，宜灌则灌，宜草则草，宜荒则荒，构建林灌草荒相适宜相结合的健康生态系统；退牧还草工程依据扩大规模、提升工程质量的原则，有计划地增加围栏建设、禁牧、轮牧、休牧规模，不断提升病虫鼠害、毒杂草防治、撂荒地治理水平，适时开展减产减畜，提升草原生态系统质量。

二是巩固提升已有工程成果生态功能和价值。退耕还林工程方面，对基础较好、生态效益潜力大的退耕林地实施森林质量精准提升、抚育经营，加强林草植被资源管护，对工程实施以来形成的疏密失当、结构不良的中幼龄林采取透光伐、生态疏伐、卫生伐等措施进行抚育经营，进一步提高退耕所还林地草地的生态功能和价值；退牧还草工程方面，增加有关草地更新的建设内容，积极开展补播改良，有效解决中度退化草地治理，不断提升草原生态产品质量。

三是加强工程成果保障。建议各级地方政府加强对成果巩固的支持和保障，构建统一的森林草原防火体系；退耕还林工程方面，将林业有害生物防治等方面的基础设施纳入各级政府基本建设规划，避免已有成果的灾害损失；退牧还草工程方面，按补播任务的比例安排鼠害防治、提升防护水平。

四是夯实工程基础支撑。优良树种、草种是生态建设不可或缺的重要生产资料。随着生态建设力度的不断加大，树种、草种的需求量亦不断增加，尤其是适应当地自然条件的乡土树种、草种更是供不应求。因此，加强树种、草种基地建设，为生态建设提供青海云杉、圆柏、青杨、青甘杨等优良乡土树种，中华羊茅、青海草地(冷地)早熟禾、麦宾草等优良乡土草种的繁育基地建设投入。

五是各级林草主管部门组织开展工程规划，制定短、中、长期经营目标，试点市场化生态治理，以政府购买服务等方式，面向社会招标；以将工程地块承包给有资质、有能力企业、大户等经营主体完成实际生态服务的生产经营的方式，逐步替代林草地的个体所有者开展经营管护等生产行为；政府委托第三方，对工程区的生态服务进行评估，根据评估结果进行支付费用；退耕林地、草地实际经营者以承包或所有权入股的方式参与经营，并根据约定分得利润；政府主管部门对相关的经营过程进行监管。

(2) 保障工程户生计。

一是加强对退耕农户民生保障，对贫困问题突出、补助依赖性较大的工程参与户，通过纳入农村低保、优先遴选生态护林员、纳入建档立卡贫困户脱贫帮扶等方式保障其基本生计；由国家财政对牧区低收入困难牧民和进城镇社区生态移民享受城市低保待遇，同时减免教育、医疗、税费等费用，提高牧民的生产生活保障措施。

二是在已有配套工程建设的基础上，结合乡村振兴战略、社会公共服务均等化等政策实施说带来的机会，加大移民搬迁力度，加强农牧户生活居住集聚程度，进一步推动农村道路、太阳能、电能等基础建设，通过技术支撑等各种措施，在改善农牧民生产生活条件的同时，进一步降低传统生产生活方式给自然资源、生态环境造成的压力。

三是加大工程林草地承包经营力度，借鉴福建三明的林票制度，创新产权制度，创新生态产品生产经营制度，使工程地块、林草资源及生态功能等既能成为必要的生产要素，也能成为可行的分配要素，同时通过市场化使生态功能和生态价值也可以成为交易的商品，通过提高生态产品供给水平提高包括工程户在内的群众的生态收益水平。

四是建立健全工程户补助机制，维持现有补助标准，适当延长补助时间，增强补助阶段性设计，确保相关补助能够在不同的阶段根据工程户的生产生活变化发挥不同的作用，为工程户生产生活方式成功转型提供必要辅助、过渡。

五是在基本补助之外，面向工程农户，综合运用生态移民、现在职业教育、入城定居、优先就业指标等资格性、置换性、不可逆转性的补助方式，逐步实现工程农户进城入镇，以实现工程户生计长久正向变化。

（3）加强生态移民。进一步认识易地搬迁在生态治理中的重要作用，借助乡村振兴、新型城镇化、城市群建设所带来的有利时机，将生态搬迁作为政策延续中的战略性举措，通过加大生态移民力度，改善人类活动对生态脆弱地区的生态承载力损耗，促进机遇自然的生态系统修复。

一是加大生态移民力度，按照《2020年新型城镇化建设和城乡融合发展重点任务》《国务院关于促进乡村振兴的指导意见》等相关文件精神，参考借鉴重庆地票制度，提高农业转移人口市民化治理，通过工程户农村宅基地、工程林地草地产权的盘活置换，将后续政策规划实施与区域发展深度融合对接，加强部门联合，推进综合施策，加大生态移民力度，将工程农户从工程区的迁出到宜居地区集聚，通过工程相关措施彻底改变原有工程户对生态环境不友好的生产生活方式，提高劳动力要素配置效率。

二是提升农业人口市民化水平，按照《关于促进劳动力和人才社会性流动机制体制改革的意见》文件精神，以州（县）所在地为中心，统筹城乡建设，加快牧区小城镇建设步伐，加快户籍制度改革力度，有力推动城乡一体化建设，将后续政策实施与农业人口市民化相结合，增强城市对工程参与户的吸纳能力，为参与工程的农牧民进城、进镇就业创造便利，实现就业替代，提高人力资源配置效率。

三是加强迁入工程参与户的就业保障，按照《关于构建更加完善市场化配置体制机制的意见》《关于促进劳动力和人才社会性流动体制机制改革的意见》等文件精神，加强对参与移民搬迁工程农牧民的职业培训，提升相关从业者的生产劳动技能，使之能更好地融入城镇生活，通过转变生产生活方式降低政策实施的阻力，通过技能培训提升劳动者素质，引导其成为生态文明的建设者和参与者。

四是通过移民搬迁形成的人口集聚效应，按照《关于深入推进新型城镇化建设的若干意见》《关于培育发展现代化都市圈的指导意见》《国务院办公厅关于支持多渠道灵活就业的意见》等文件精神，构建有利于现代服务业等新兴产业发展的环境，推动相关产业发展，推进产业结构调整。拓宽灵活就业发展渠道，优化自主创业环境，加大财税等对就业的保障支撑，鼓励和帮助牧区建立专业合作经济组织，启动退牧还草工程区牧民培训工程行动计划，帮助扶持后续产业发展，实现生态移民"搬得动，留得住，能致富"。

（4）发展相关产业。以政策实施为契机，采取多种措施，更好发挥市场在资源配置中的作用，培植带动相关产业发展，构建以生态产品生产为起点、生态价值实现为核心的市场化机制体制，确保工程实施自洽。

一是培植以林草管护经营为业务核心的生态保育产业，同时培育一批专业化程度高、技术能力强、经济效益好、生态产品生产成效突出的生态工程实施企业，作为工程实施的经营主体和重点,更好地发挥市场在工程地块生态效益巩固中的作用。

二是加大对特色林果草畜产品精深加工的扶助扶持,有效延伸产业链条,以产业发展增加工程户收入,通过提高经济收入来提供生态恢复动力;开拓农牧业产前、产中、产后服务领域,积极扶持民营企业发展生态畜牧业和商贸、服务、劳务输出、生态旅游及环保型加工业等替代产业,抓住机遇,因势利导,积极引导和鼓励一部分牧民和富余劳动力进城转产,进一步拓宽牧民增收渠道,在草原退化严重、生态环境恶劣的地区,通过减畜减人切实减轻天然草原的承载力。

三是统筹安排,合理规划产业布局,谋划好发展好退耕(牧)区特色优势产业,强调适应性,坚持差异化,积极走"一村一品""一县一业"的发展路子,有效规避无序竞争所导致的市场风险。

四是发展绿色种植、养殖产业。充分发挥青海牧区环境清洁无污染的优势,培育青海特色的牛羊肉产业、西宁大白毛产业、中藏药材产业、藏区生态旅游业和饲草产业等,大力发展优势特色农牧业,创品牌、走有机畜牧业发展路子,有序推进有机畜产品生产基地建设和认证,提高畜产品附加值,以增加农牧民收入。

五是注重工程相关文化产业发展,加强成果展示、舆论宣传、文化培塑,促进相关产业新业态的发展,在总结退耕成功经验、典型案例的基础上,建立政策宣教中心,发展主题旅游,开发退耕生态文化产品,培植退耕文化产业新业态。

(5)调整产业结构。将工程延续政策实施置入青海对内对外开放的背景下考虑,在国际国内两个尺度开展优势互补和资源调度,促进生态保育产业发展,深化产业结构调整。

一是重视易地搬迁所带来的人口集聚效应,积极发展相关服务业,加大对现代服务业的扶持力度,开拓农牧业生产服务链条,积极扶持民营企业发展生态畜牧业和商贸、服务、劳务输出、生态旅游及环保型加工业等替代产业,为工程实施和成果保存提供有力的服务支撑。

二是扶植产业龙头企业,培养壮大合作社等经营主体,通过减免符合条件的相关企业的税费、提供无息低息贷款等扶持措施,积极引导产业转型。充分发挥现代物流、互联网技术的作用,注重新媒体营销手段的运用,进一步构建新型产供销经营体系,拓展相关林果草畜等产品的市场发展能力。加大对饲料等加工企业的扶持,对牧民畜用饲料给予补助,鼓励圈舍饲养,通过加快发展现代畜牧业推进退牧还草。

三是立足青海区域特色,结合工程实施,对传统养殖、中藏药材、生态旅游、饲草生产等产业进行有机化升级改造,有序开展标准化认证和生产基地建设,加大品牌建设力度,扶持一批走绿色发展的企业,在精细林草水等自然资源利用的同时,提高相关产品的附加值,实现生态保护和经济发展的相互促进。

### 9.4.3.3 政策范围

(1)空间。退耕还林工程方面,目前国家发展改革委拟上报国务院《关于扩大贫困地区退耕还林还草规模的请示》(简称《请示》),正在会签有关部门,拟将部分贫困地区的重要水源地15°~25°陡坡耕地纳入扩大退耕还林还草范围,并提出,对于其他地类的退耕问题,需各地进一步调查核实,做好前期工作,待第三次国土调查工作完成、条件成熟时,再报送国务院审定。此外,新一轮退耕还林还草规模以全国土地调查、全国荒漠化和沙化监测调查、全国土壤污染状况详查等国家专业调查结果为依据。根据《新一轮退耕还林还草工程严重沙化耕地界定标准和省级实施方案编制提纲的通知》的规定,严重沙化耕地退耕还林还草控制规模以第四次全国荒漠化和沙化监测调查结果为依据。下一步,国家林业和草原局将继续协调有关部门尽快将《请示》上报国务院批准后实施。同时,结合第三次全国土地调查、第六次全国荒漠化和沙化监测、全国土壤污染状况详查、

"三区三线"划定和国土空间规划等工作，继续协调有关部门进一步研究包括甘肃省在内的扩大退耕还林还草方案，争取做到应退尽退。

根据上述政策动向，青海省可及时摸清重要水源涵养地 15°～25°耕地、严重污染耕地、沙化耕地以及自然保护区内符合条件的可退耕地、地下水超采区耕地、采煤（矿）沉陷区耕地、地质灾害避让区耕地、饮用水保护区耕地、国家公园内的耕地、盐碱地、难以改造低产田等需要生态修复、农业结构调整的特殊耕地纳入退耕范围。此外，为了进一步维护农户生计、保障社会安定、改善自然生态环境，践行青海省"生态报国"战略，落实习近平总书记"三个最大"指示精神，青海省后续退耕还林政策的工程范围还可以在自身财政能力允许的情况下适度扩大，以《退耕还林条例》中规定的退耕地类为基础，立足青海扩大工程范围的重要作用和意义，争取中央财政、青海省以及其他渠道政策与资金的支持，健全完善省内立法，将陡坡耕地、水源涵养地、严重污染耕地，以及部分群众意愿强烈的低产田纳入工程范围，通过生态移民、产业发展等措施协同推进，进一步改善工程区生态状况，促进工程区绿色发展。同时，对补助到期的退耕林地保持继续投入，以利继续推动退耕植被生态功能、生态价值不断提高。

退牧还草工程方面，根据《全国重要生态系统保护和修复重大工程总体规划（2020—2035年）》，按照青海省生态保护补助奖励机制实施方案确定的目标，进一步加强三江源、祁连山、若尔盖草原湿地、藏西北羌塘高原—阿尔金草原荒漠等地区的生态保护和修复，在草畜平衡区继续实施围栏建设任务，在禁牧区积极实施禁牧、轮牧、休牧任务。从青海省退牧工程需求量很大实际出发，结合"十三五"规划实践经验和当前青海实际需要，增加工程实施面积，适度加大工程任务安排力度，退牧同步部署围栏封育、补播改良、鼠害防治、毒杂草防治等相关任务，采用综合治理的方式，切实解决重度退化草地和撂荒地治理问题，进一步提高退牧还草工作的整体效果。

(2)时间。鉴于青海特殊的生态地理条件下林草植被培植速度较缓，生态移民的搬迁与稳定所需时间较长，工程户职业技能培训初见成效与新型经营主体的发展壮大都需要一个过程，新生产生活方式的产业结构调整也难以一蹴而就，退耕工程、退牧工程后续政策各项目标达成可能需要较长时间，因此，相关时间预期应立足长远，设定为 5 年或更长时间比较适宜。根据《全国重要生态系统保护和修复重大工程总体规划（2020—2035 年）》的设计，政策目标需涵盖 3 个五年规划，大致相当于一代半人的时间。综合考虑经济社会的发展变化，鉴于政策措施中的生态移民与乡村振兴及新型城镇化紧密相关，产业发展政策与西部大开发紧密习惯，为确保后续政策与宏观政策周期的一致性，后续政策周期应以 15 年为宜。但同时还要注重阶段性，"十四五"期间作为第一阶段，政策实施需要注意试点先行和稳步推进的关系。

#### 9.4.3.4 政策主体

(1)组织主体。退耕还林还草、退牧还草工程是一项系统工程，涉及的领域较多，工作情况复杂、任务艰巨，若要圆满达成工程目标需多部门加强协同，因此必须强化组织领导。青海省可以继续坚持在工程组织方面的成功经验，进一步加强省委、省政府对全省的退耕还林、退牧还草工程的集中领导、统筹协调。各级党委、地方政府应对本区域内的工程实施具体负责。发改、财政、农业农村、自然资源、林草、住建等各业务部门负责推进各自职能范围内的相关工作。其中，各级林业和草原部门负责后续政策的总体规划和计划编制，以及对生态产品生产、保护和修复，工程效益监测和评估等工作的指导、检查和监督。

(2)实施主体。坚持专业的事由专业的组织来实施。积极培育市场化、专业化、企业化的退耕（牧）林地草地市场化实施主体。参考国内外的先进经验，借鉴"林票"制度，鼓励引导工程参与户将所退耕还林地、退牧还草地作价入股,交由专业化的经营主体进行经营,依照与实际经营者的约定,参与经营退耕地块所获收益的分配。工程参与户可优先享有以林地、草地等资产盘活进城落户以及职业培训、就业、税收减免等其他形式的政策待遇。

#### 9.4.3.5 政策投入

(1)资金来源。借助深化改革的机会,创新实践,充分利用多渠道多方法,构建退耕还林、退牧还草资金保障长效机制。

①探索绿色金融政策支持。根据《生态文明改革总体方案》《关于构建绿色金融体系的指导意见》等相关文件精神,积极探索绿色金融政策支持:一是创新金融支持,开发以工程土地、工程生态供给等为标的物的新型金融产品,以期权、期货、债券等方式多层次、多样式表达相关商品的产权,确保相关产品在金融市场上流通交易,建立健全相关的认购售卖机制,以资本化、金融化、证券化的方式进一步解决政策实施的投入难题;二是加大政策性金融对退耕所还林地、退牧还草地及相关产业的中长期信贷支持力度,探索开发适合实际的信贷产品和服务方式,推进林业信贷担保方式创新,进一步拓宽林业融资渠道;三是研究适当降低工程经营权、收益权作为抵押物申请信贷的门槛、简化相关手续、提高信贷额度的可行方法,进一步加强信贷对工程实施的支持力度;四是进一步加大政府对退耕还林、退牧还草地保险的支持,帮助相关所有者、经营者有效应对灾害风险。

②积极引导利用社会资金。一是探索省内立法,试行面向全省募集资金的可能,根据《关于开展全民义务植树运动的实施办法》要求"年满11岁的中华人民共和国公民,除老弱病残者外,因地制宜,每人每年义务植树3~5棵,或者完成相应劳动量的育苗、管护和其他绿化任务"的规定,探索省内立法实行"以捐代植"的可行性,以更好地适应当前生态工程实施的专业性、复杂性,保障义务植树的质量和效果。若按照每个青海行政居民每年筹集30~50元,则每年可固定筹集1.2亿~2亿元;二是以合作、入股等形式开展捐献赞助、林木认养、林地冠名等活动,进一步激发、汇聚社会力量,加大民间对工程的投入支持。

③积极争取各级财政投入。一是根据《国务院办公厅关于印发自然资源领域中央与地方财政事权和支出责任划分改革方案的通知》文件精神,退耕还林还草、草原生态系统保护修复被确认为中央与地方共同财政事权,且鉴于青海90%的国土空间被划为生态功能区,受全国性国土空间用途管制影响,因其而发生的生态补偿,也被确认为中央与地方共同财政事权,因此中央财政投入依然是退耕还林还草、退牧还草工程后续政策实施的重要资金来源,争取加大青海中央承担支出力度;二是立足青海省实际情况,争取提高财政转移支付系数等国家政策支持,创新发行绿色债券、绿色彩票等地方政策,多方筹措资金,加大省级投入保障;三是争取针对退耕还林工程的生态效益补偿,将达到标准的退耕还林地纳入国家级公益林生态效益补偿范围,落实相关补偿;四是测算工程在区域尺度所产生的生态功能和价值,以之为依据,探索区域与区域间、社会与个体间的转移支付机制,筹措解决工程后续实施所需的资金。

④发挥财税政策引导力量。积极利用财税政策,有效发挥引导作用,扶持相关企业,培植相关市场:对开展生态经营和保育的企业、开展工程参与农户职业培训的企业、吸纳工程参与农户就业达到一定标准的企业给予税收优惠;对投资生态金融产品带到一定规模的企业给予税收优惠;对经营饲料加工、开展现代养殖的企业给予税收优惠。

⑤加强横向生态补偿探索。开展横向生态保护补偿,是调动流域上下游地区积极性,共同推进生态环境保护和治理的重要手段。根据《关于加快建立流域上下游横向生态保护补偿机制的指导

意见》文件精神，按照"区际公平、权责对等"的原则，探索在长江、黄河上游履行保护生态环境的责任的同时，切实享有水质改善、水量保障带来利益的权利，与下游相关省份协商选择资金补偿、对口协作、产业转移、人才培训、共建园区等补偿方式，积极开展排污权、碳汇交易。

（2）使用方式。

①使用原则。统筹集中。各级财政资金，社会统一募集资金、生态补偿资金，应由专一机构统一管理，统筹使用。资金使用的过程中，要尽可能贯彻集中力量办大事的理念，力争在生产要素优化配置、产业发展与结构调整等方面取得突破，构建起真正"退得下、稳得住、不反弹、有发展，能致富"的长效机制。相关林地、草地经营主体，以经营权及未来经营收益作为抵押物所获取的贷款等资金，由相关经营主体独立使用。

内容相适。资金使用覆盖工程目标与措施的主要范围，包括工程区生态产品生产经营、工程农户生计保障、生态移民搬迁、产业扶持等，注重资金使用的激励有效性，避免不同政策间可能的效果冲突抵消。

形式多样。补助可以分为直接补助、间接补助。直接补助主要针对所有者和经营者，直接补助不再对所有工程户实行统一标准，而将其至少调整为相互衔接的几个部分：第一部分是工程参与农户的最低生活保障，确保到人，严格拨付；第二部分是在直接补助之外，还可以实行间接补助，借助工程其他配套内容，如搬迁入住资格与补助、城镇生活补助、职业培训补助、子女入学补助、税费减免等方式进行多样化补助。

注重激励。其他的补助要考虑区域范围内生态产品的功能和价值的差异性，做出相应的分层，使补助成为一种有效的激励手段，提供工程参与者的经营热情。

市场机制。对一定区域内工程经营的生态产品的生态功能和价值进行周期性进行评估，按照评估结果及评估期内市场等因素确定补助标准。

②使用范围。生态产品生产。主要用于在遵守保护自然、尊重自然、顺应自然的原则下，在景观尺度范畴下，通过购买或组织工程建设等方式，开展林草植被营造管护为主要形式，以生态系统的原真性、完整性为主要目标，生产包括水土保持、水源涵养、防风固沙等生态功能的生态产品。

农户生计补助。向自行经营建设的工程参与户提供基本的生计补助，保障农户基本的吃饭、穿衣等必要生活需求。补助水平应与国家或青海的贫困人口最低生活保障相挂钩，恰当地发挥工程的扶贫减贫功能。对以入股或承包方式参与工程的农户，其工程补助收益由工程户与实际经营者签订合同自行约定。对农牧户补助要做出阶段性设计，使之在农户参与工程后的不同阶段，能够根据农户生计保障、发展辅助等需求重点进行不同数额、不同类型的补助，帮助农牧户及早完成生产方式提升，摆脱对补助的依赖。

公共服务提供。主要用于建设工程参与农户迁离生态条件脆弱地区、集中迁入宜居地的住房及其基本配套设施。建设区的选址应能有效改善工程参与户的生活环境和生产条件，应能有助于将传统农户转变为产业工人，应有助于在集中居住区发展现代服务业等相关产业，有助于工程区产业结构调整，有助于巩固工程目标达成。向对舍饲养圈、青储窖等有利于调整优化工程区域农户生产方式、有助于增加生态效益的设施设备提供补助。

产业发展扶持。对于与工程相关生态经营、林下经济、林草产品加工、生态养殖、零部件设备制造、产品销售、技术支持与咨询等的经营者进行资金扶持，扶持方式可以采用无息或低息贷款、现金补助、税收减免等方式。

生态效益奖励。主要用于在区域尺度上根据工程所产生的生态功能和价值的评估结果，对成果卓异的经营者酌情进行奖励。

相关工作经费。主要用于工程实施过程中相关规划、生态效益评估、基础资料管理等基本工作支出。

**9.4.3.6 奖补机制**

丰富补助发放形式，提升补助实际功效，发挥补助激励作用，增强工程实施动力。一是开展效益型奖励，对工程林草经营成果实行差别性对待，对经营成效好、生态产品供给能力突出的经营主体进行奖励；二是丰富补助形式，借鉴重庆地票制度，将农户生态迁出、城市落户与工程参与相结合，盘活土地资源；向工程参与效果较好，或参与生态移民的工程户提供职业培训优先、招工录用优先等资格性奖励，在助力工程实施同时盘活人力资源，更好发挥人力资源效益；三是配置壮大专业化经营组织，鼓励市场化经营，鼓励工程户以工程林地、草地经营权入股，参与经营所得分红；四是在养老、低保等社会福利政策适度考虑工程参与户的贡献，为农户基本生计保障兜底。

**9.4.3.7 权利与责任**

（1）林草地所有者权利。

①承包权。允许合法经营者依法承包工程林地、工程草地。

②收益权。自行经营的所有者享有所经营林地、草地收益权；开展承包的工程户，依承包合同享受约定的收益权，同时享有相关政策为工程参与户所提供的相关权利。

（2）林草地经营者权利。

①经营权。依据国家相关法律政策规定，合法开展退耕林草地经营活动。

②利用权。工程实施所得林草资源，可在符合相关法规政策的前提下加以利用。

③收益权。工程实施所得营造管护的林草资源，凡符合相关政策规定的，可通过相关财政政策生态效益奖补机制，享受相关生态效益奖补。

其中，前一轮退耕还生态林完善政策补助到期后，按照"同地同待遇"的原则，保留原来享有的国家种粮地力补贴，并在重大工程征占用时，按占用耕地的补偿标准进行补偿。

（3）林草地经营者责任。按照国家相关法律政策的要求，设计退耕退牧林草地的经营方案，依据方案开展对工程林草地的经营管护，确保工程地块林草资源达到相关标准要求。经营过程须接受相关业务部门的监督监测。

**9.4.3.8 验收与监督**

进一步加强工程验收监督，及早发现纠正工程实施中的各种问题，确保政策有效落地。

一是健全完善验收监督制度。加强相关工程监测管理体系建设，统一验收职能，明确部门责任，确保政策制度与执行的权利和责任相适应，使验收结果成为相关生态补偿或收益的兑付基础，保障政策初衷有效落实；加强计算机、远程监测等现代技术手段运用水平，提升工程监管效能，促进上下交流、部门联动，推动全民共建、社会监督。

二是拓展丰富验收监督方法。加大社会公示力度，丰富公众监督方式；建立健全包含相关单位、企事业单位、社会团体、个人在内的生态文明建设诚信管理体系，对政策实施中的各类失信行为给予必要惩戒，对贡献突出的给予应有的奖励。

三是强化执法执纪力度。加强监督执纪领域的队伍建设，改进相关技术装备条件，丰富包含个人征信记录在内的惩戒手段，加强对工程实施中存在各类违法违规行为的追查惩戒，对工程中发现的不法问题和重大损害要严肃追责，彻查纠正。

四是健全完善考核制度。加强对工程实施情况跟踪分析，建立工程实施评估机制，周期性开展工程评估和责任考核，将项目实施管理、建设管护、后期管理等生态保护责任纳入州、县、乡年度目标考核；加强对工程执行情况的监督和检查，定期公布工程项目进展情况和规划目标完成情况，注重考核结果应用，考核结果记入人事档案，并与职务提升相挂钩。

#### 9.4.3.9 监测与评价

对工程成效的科学评价，应该囊括生态、社会、经济三大效益，这是践行习近平生态文明思想，贯彻落实"绿水青山就是金山银山"的必然要求。根据《中共中央关于坚持和完善中国特色社会主义制度 推进国家治理体系和治理能力现代化若干重大问题的决定》及相关文件中对"加快建立自然资源统一调查、评价、监测制度"要求，建议青海省以政策延续为契机，及早谋划相关的工程监测与评价工作。

一是进一步完善工程监测评价内容。建立健全科学的工程监测指标体系，将生态效益、社会效益、经济效益的相关内容纳入工程监测范围，进一步深化生态效益监测内容，科学探究水、土、碳关联作用规律，区域景观生态系统演进过程，为全面评价工程影响奠定基础，为科学开展工程实践提供依据。

二是进一步丰富工程监测评价手段。积极应用"3S"、无人机、大数据、传感器等现代信息技术，以面上监测为主、定位监测为辅，长期采集与工程相关的生态、社会、经济数据，利用人工智能等手段积极开展专题分析，进一步丰富充实监测手段。

三是进一步健全工程监测评价体系。建立完善能够服务退耕还林、退牧还草工程的监测体系，包括宏观监测、常规监测、精细监测和应急监测在内的监测体系。加强宏观监测，组织实施全天候遥感监测，为核算相关生态产品、生态功能和生态价值准备基础平台；完善常规监测，构建省、市、县、乡4级监测队伍，提高监测的现地查验能力；优化专题监测，围绕当年工程实施中出现的重点、热点问题，开展精细监测；根据国家和省级层面的相关要求，就病虫灾害防治等事项组织开展应急监测。

四是进一步提高工程监测与评价影响。监测水、土、林草植被等要素资源消长变化，监测生态系统功能的优劣，监测生态价值的升降，以及与工程生态效益相关的社会、经济效益，研究宣传三者的关联关系，科学评价工程建设成果；为工程考核、工程决策提供科学依据。鼓励开展多渠道、第三方、市场化的工程监测。

### 9.4.4 保障措施

#### 9.4.4.1 加强组织领导

各级党委和政府要充分认识到退耕还林还草、退牧还草后续政策实施的重要意义，聚焦关键问题，形成工作合力，结合实际抓好各项政策措施的贯彻落实：

一是明确责任主体、主要负责人；鉴于工程实施的复杂性，根据《生态文明体制改革总体方案》中有关"完善生态文明绩效评价考核和责任追究制度"、党十九大报告中所提出的"坚持党对一切工作的领导"基本方略，建议将各级党委明确为工程实施责任主体，将相关负责同志明确为主要责任人。

二是设立各级领导机构；考虑到政策执行综合程度较高，涉及的行业部门较多，需要统筹协调的事情较多，坚决贯彻《决定》中"健全部门协调配合机制，防止政出多门、政策效应相互抵消"

等相关精神，确保工程推进高效顺畅，建议成立各级党委领导、政府牵头、相关业务部门组成的领导小组，负责推进落实有关各项工作。

三是完善部门联席机制；考虑到及时沟通、高效协同对政策执行的系统性，工程实施离不开各部门各行业的齐抓共管、密切合作，坚决贯彻《决定》中"健全强有力的行政执行系统""优化政府组织结构"等相关精神，建议构建部门间联系工作机制，加强沟通，优化事序，充分利用现代信息技术，进一步提高工程实施效率。

#### 9.4.4.2 加强法治保障

健全促进退耕还林还草、退牧还草工作开展，能够实现优良生态产品供给、利于工程参与者增收、确保区域发展的法律法规，清理各行业各部门比较优势冲突、激励不相容的政策文件，构建有利于青海生态建设的法治保障：

一是积极争取国家层面的相关政策支持，解决好现行法规政策中区域间、部门间、行业间所存在模糊、冲突、限制等问题，为青海省试点与工程延续有关的金融支持、转移支付、产业发展、生态效益评估与奖励等政策突破争取机会；二是健全完善生态建设考核评价和生态环境破坏责任追究机制，用科学的制度规范各级地方政府、各行业主管部门的工程组织管理行为，加强对严格执行《青海省退牧还草工程管理暂行办法》和《青海三江源生态保护与建设二期工程实施管理办法》等管理办法和细则的落实考核，不断优化工程组织管理，提升工程优质生态产品、功能和价值的供给能力；三是以地方立法的形式为培植市场活力、扩大市场规模提供法理支撑，确保各类经营行为规范有序，保障市场化、企业化、专业化的工程经营有法可依；四是建立健全工程建设公众参与、专家论证、风险评估、合法性审查、集体讨论决定等民主决策程序，不断提升社会参与在政策决策与评价中的地位和作用。

#### 9.4.4.3 加强规划设计

加强科学规划是确保工程方向正确、实施顺利的基本保障：一是依托第三次全国国土资源调查结果，在全面查清需要退耕地类、面积、分布，确保数据真实准确的基础上，开展"十四五"期间工程后续政策研究制定工作；二是加强规划编制，依据国土空间规划和"三区三线"划定结果，科学编制青海退耕还林还草、退牧还草工程总体规划，确保与国家及青海其他规划的衔接；三是加大政策调研力度，站在国家生态文明建设及青海省全面发展的高度，深入研究分析工程实施中的已知问题，实事求是，科学规划，进一步完善相关政策措施；四是适当下放工程任务，在条件允许的情况下，赋予各级政府统筹推进相关措施的权利，以便提升项目户保护草原生态基础设施能力，符合项目区实际和生态治理的需求。

#### 9.4.4.4 加强科技支撑

发挥好科技武器的有力支撑作用，为实现工程成效提供基础支点：

一是加强基础科学研究。加强基础理论和基本技术的研究，不断加大对青海这样高原高寒地区开展生态建设所涉及的基础理论、基础设施、技术设备、苗木良种、经营模式、培植技术等方面的研究，特别是加强对生态产品功能和价值评价与核算方面的研究，为青海以生态功能、生态价值、生态效益为导向的工程建设提供必要的科技支撑。

二是注重科学治理实践。在后续政策的规划、实施、管理中要注重治理实践的科学性、系统性，积极运用相关科学理论和技术手段，为实现地、水、人、财等要素的高效配置提供必要支撑；重视要素间的作用关系和相互影响，坚持宜林则林、宜草则草、宜荒则荒，工程建设应注重生态系统的完整性，生态产品功能、价值的有效性，注重复合系统的动态演替效果，努力实现生态、社会、经济效益的一致性。

三是加强现有技术成果应用。注重科技资源的优化配置和高效使用，为工程生态供给的价值判断提供科学必要的技术手段；通过多方面、多渠道的技术下乡，鼓励科技人员通过技术承包、技术转让、技术服务、创办经济实体等形式加大科技成果转化力度，加强现有科技成果的应用力度。

四是加强人员队伍建设。加强基层技术人员的培训，对行政管理干部、州地(市)县林业和草原局局长、专业技术人员、林业草原产业技术工人、林农草场技术骨干进行培训。强化科院院校质检设备和技术人员，建立完善相关质检机构，提升质检能力。

#### 9.4.4.5 加强舆论宣传

加强舆论宣传是宣讲政策精神、营造良好舆论氛围的基本方式。

退耕还林还草工程、退牧还草工程涉及面很广，政策性很强，推进工程建设高质量发展，必须有一个良好的舆论氛围。建议青海省进一步加强对工程实施的舆论宣传，精心策划，认真安排：一是充分利用广播、电视、报纸、"互联网+"等多种媒体，广泛开展形式多样的宣传活动，增强工程实施的责任意识；二是作好政策解读，让社会各界、各参与者、各经营主体更深入了解退耕还林还草工程、退牧还草工程的政策内容、历史背景和具体要求，明晰各自的权利、责任和义务，为工程的顺利实施创造有利的舆论氛围；三是旗帜鲜明、积极有效地宣传退耕还林还草的重要地位、巨大成效、成功经验和先进典型，用实践中涌现出来的先进人物和先进事迹来教育人、感染人、鼓舞人，以榜样激励、带动工程全面实施、深入推进；四是继续加强对外宣传，向全国、全球讲好青海退耕还林还草故事，传播青海生态文明建设的时代强音。

## 9.5 结论与说明

### 9.5.1 主要结论

任何政策都有其历史性。就青海退耕工程、退牧工程过去近 20 年的实践来看，政策制定与工程实施的核心，主要是针对经济社会发展过程中长期忽视生态环境背景下，改善因相关区域林草资源破坏殆尽所造成的水土流失、水质恶化的问题。政策的目标，是在兼顾民生的条件下，借助地方政府、群众等相关主体的力量，迅速恢复林草植被，通过林草资源数量的增加为经济社会发展提供必要的生态承载支撑。工程的成效，是工程户基本生计得以保障的条件下，林草资源数量显著增长，相关流域水土涵养能力有效增强，因水土流失带来的损害明显减少。此外，工程的实施还加强了各级组织机构建设，提高了大众生态意识，促进了后续产业发展，一定程度上改善了产业结构。综合上述情况，工程政策很好地达成了其历史目标。

任何政策都有其时代性。当前，中国特色社会主义步入新时代，青海相关林草工程延续乃至生态建设面临着高质量、高效率的新要求。同时，过去政策执行、工程实施中所逐步暴露、积累起来的问题给相关政策延续提出了新挑战。这些新要求、新挑战从本质来说，是社会整体发展、时代自然演进中的各种矛盾在相关行业、区域、部门上的集中体现。这种情况下，矛盾的化解也需跳出区域、行业、部门自身，坚持运用宏观视野、全局意识、系统思维化解历史矛盾。

从高效率社会治理的角度看，青海"十四五"时期退耕、退牧工程政策的制定和执行，应强调系统性、协同性，退耕、退牧政策目标的达成，有赖于相关行业、部门、区域的群策群力，共同推进；有赖于充分利用国家重大发展规划和政策提供的平台和机遇；有赖于突破科层制治理体系的限制，创新管理模式，加强工程建设监督评价，确保政府对后续政策组织管理有力、有度。

从高质量经济发展的角度看，青海"十四五"时期退耕、退牧工程后续政策的制定和执行，应注重产业化、金融化、证券化等市场手段的运用，更好发挥市场在资源配置中的决定性作用，构建以区域生态供给为核心的市场机制，确保工程所提供的生态功能成为一种可供交易的商品；金融化、证券化是生态供给产品商品化的有效形式，也是解决生态价值外部性问题的自然路径；确保市场对工程建设的作用有效、有序。

从高价值生态供给的角度看，将工程实践产业化，引导有资质的企业开展规模化、集约化工程建设和经营，确保专业的事由专业的人来做，是实现高价值生态供给的必然选择；综合运用市场机制、行政手段对工程成果提供差异化奖补，是实现高价值生态供给的必要支撑。

### 9.5.2 相关说明

区域工程政策建议的科学性、严谨性，应该通过多种方式来进行深入论证。本次研究中，青海退耕还林还草工程、退牧还草后续工程政策建议，主要是经过对国家及青海实际情况分析、经济生态社会相关理论分析、国外先进经验参考、国内前沿探索借鉴后得出的，部分建议是现有成功经验的自然延续，部分建议是未来政策趋势的客观放映，部分建议是解决当前问题的自然选择。过程上具有一定的逻辑性，结果上具有一定的创新性。但受限于时间、精力等客观条件限制，政策建议未经过相关模型检验和数据分析，缺少有关前提条件和成果预测论述；政策建议主要聚焦工程实施，尚未包括资源如何利用等内容。此外，受篇幅所限，政策建议中的一些内容，如怎样设计适应性更强的奖补机制、怎样评价工程的生态价值等内容，未能展开进一步研究。

## 参考文献

陈良晓，2006. 青海省耕地资源可持续发展现状研究[R].

崔科，张大红，王立群，2003. 退耕还林生态学与经济学理论依据探索[J]. 林业经济(5)：35-36.

董哲仁，2004. 河流治理生态工程学的发展沿革与趋势[J]. 水利水电技术，35(01)：39-41.

顾明远，1998. 教育大辞典[M]. 上海：上海教育出版社.

国家林业与草原局经济发展研究中心，国家林业与草原局发展规划与资金管理司，2004—2018. 国家林业重点生态工程社会经济效益监测报告(2003—2017)[M]. 北京：中国林业出版社.

黄奇帆，2015. 地票制度实验与效果——重庆土地交易制度创新之思考[N].

黎元生，胡熠，2015. 美国政府购买生态服务的经验与启示[J]. 中共福建省委党校学报(12)：17-21.

李辉，2017. 运动式治理缘何长期存在——一个本源性分析[J]. 行政论谈(5)：138-142.

林成，2007. 从市场失灵到政府失灵：外部性理论及其政策的演进[D]. 沈阳：辽宁大学.

林启才，2007. 河流生态工程学及生态水工学的发展与趋势[J]. 灾害与防治工程(1)：75-80.

林自新，2004. 马克思的供求理论与新古典供求理论之比较[J]. 生产力研究(11)：11-12.

刘纪鹏，许恒，杨璐，2019. "绿水青山就是金山银山"的福利经济学思考——从法治嵌入视角的分析[J]. 林业经济(9)：24-33.

刘建明，王泰玄，等，1993. 宣传舆论学大辞典[M]. 上海：经济日报出版社.

刘鹏，2001. 21世纪初我国农业剩余劳动力供给状况及转移的对策分析[J]. 昌潍师专学报(4)：24-27.

马姜明，梁士楚，李凤英，2012. 关于《生态工程学》教学现状的思考[J]. 吉林农业(4)：1.

钦佩，安树青，2002. 生态工程学[M]. 南京：南京大学出版社.

秦艳红，康慕谊，2007. 国内外生态补偿现状及其完善措施[J]. 自然资源学报，22(4)：557-567.

汪敬华，周秉根，李中轩，2005. 基于边际效应理论的中部板块协调发展分析[J]. 资源开发与市场，21(6)：511-514.

王典，2006. 稻—蟹—鳅田生态系统能流、物流和价值流分析[J]. 中国稻米(2)：52-53+50.

王前进，王希群，陆诗雷，等，2019. 生态补偿的政策学理论基础与中国的生态补偿政策[J]. 林业经济(9)：3-15.

王孝发，容旭翔，2012. 青海省退牧还草工程与思考[J]. 青海草业，6(21)：2.

习近平，2019. 推动形成优势互补高质量发展的区域经济布局[J]. 求是，24.

杨书润，2003. 以生态工程学方法用植物净化水质[J]. 中国环保产业(2)：2.

于升峰，王春莉，2018. 国外生态补偿的实践、机制及其启示[J]. 青岛行政学院学报(06)：94-98.

章家恩，徐琪，2003. 生态系统退化的动力学解释及其定量表达探讨[J]. 地理科学进展，22(3)：251-259.

中国科学院可持续发展战略研究组，2006. 中国可持续发展战略报告[M]. 北京：科学出版社.

周健民，2013. 土壤学大辞典[M]. 北京：科学出版社.

祝国民，2004. 恢复生态学理论在退耕还林工程中应用与发展浅议[J]. 华东森林经理，18(4)：5-7.

Andy P Dobson, Bradshaw A D, Baker A J M, 1997. Hopes for the future: restoration ecology and conservation biology[J]. Science, V(277): 515-522.

Chen Kun-yun, 2003. Ecosystem health: ecological sustainability target of strategic environment assessment [J]. Journal of Forestry Research, 14(2): 146-150.

# 10 重点生态工程研究

## 10.1 研究概况

### 10.1.1 研究背景

重点生态工程建设是青海省林业和草原事业发展的抓手，也是青海发展最大的机遇。党中央国务院从战略高度出发，近年来推动了一系列有关藏区和青海林草重点生态保护修复工程，实行了生态补偿政策和区域差别化的优惠政策。原国家林业局与青海省人民政府签署林业合作备忘录，推动三江源等地区生态保护与建设取得新进展；实施好林业重点生态工程，构筑高原生态安全屏障；完善森林生态效益补偿制度；加强林业基础保障能力建设等四个方面，从政策、项目、资金、科技等方面，进一步加大对青海林业的倾斜支持力度，加快完善林业基础设施，大力推进重点工程建设，着力改善重点区域生态，为建设一个经济繁荣、生态良好、生活富裕、社会和谐的新青海奠定坚实的生态基础。

2018年青海省"两会"《政府工作报告》指出，这5年，是砥砺奋进的5年，是生态向好的5年，是民生改善的5年，是活力释放的5年，是守正出新的5年，是后劲增强的5年。青海省林业和草原发展的成绩印证了中央、青海省有关生态保护与修复的各项政策的科学性、有效性，也证明青海省围绕建设生态大省、生态强省，抓机遇特别是工程机遇抓到了实在处、抓到了点子上。眼下正是打好"十三五"收官之战，高质量谋划"十四五"发展的关键时期，也是健康中国、美丽中国等重大国家发展战略持续深入推进的关键时期。受青海省林业和草原局委托，国家林业和草原局发展研究中心组成青海省林业和草原"十四五"生态保护与修复重点工程专题研究组，系统梳理林业和草原生态工程实施情况，充分把握这些工程机遇的系统性、协调性、特殊性，全面谋划、统筹施策、精准发力、扎实推进，把工程机遇用足用好，为青海省林业和草原发展谋定最好的路径，让青海省为全国生态文明建设发展作出应有的贡献。

### 10.1.2　研究思路

林业和草原事业是一项生态、经济、社会效益"三效统一",农村生产、生活与生态改善"三结合"的系统工程。研究重点生态工程需要按照系统思维方法,根据社会经济发展需求,以及林业和草原发展需要,明确总体目标、基本内容、重点任务,确保研究结论有事实为依据。

#### 10.1.2.1　研究目标

本项研究的目标是在总结分析青海省林业和草原重点工程建设现状的基础上,提出"十四五"时期青海省林业和草原重点生态工程建设的思路和内容,为保障工程建设顺利开展提出对策建议。

一是分析现状。从国家和青海省两个层面,系统梳理当前正在实施的重点生态工程,重点关注工程建设目标、内容、布局,并采用定性分析与定量分析相结合的方法,反映工程建设成效。

二是研判形势。重点生态工程建设是生态文明建设的重要手段、黄河流域生态治理的主要方式,也是青海省生态立区战略的重要着力点,研究这些重大宏观战略对重点生态工程发展的需求,有助于合理布局谋划重点生态工程建设方向、目标、内容。

三是发现问题。按照问题导向,深入研究工程建设中存在突出的问题,分析这些问题的成因,为"策"而"谋",提出有用、可用、管用的对策建议,推助重点生态工程建设顺利开展。

#### 10.1.2.2　研究方法

(1)文献调查法。系统地搜集、整理、汇编了党的十八大以来,国家和青海省的林草改革与发展政策,集中围绕重要规划、重要文件、重要讲话、重要活动,研究青海省林业和草原发展的政策机遇与挑战。

(2)实地调查法。到青海省海西州、海北州等地进行实地调研,通过实地勘察,了解调查地区生态区位、生态资源保护管理现状、产业发展情况,以及林业和草原发展在地区社会经济发展中所处的地位及发挥的作用。

(3)访谈调查法。与青海省林业和草原局各处室负责人、实地调查地区行业主管部门管理人员、农民等相关利益群体,进行详细、深入的交流。

(4)会议调查法。在西宁市与省林业和草原局、发改委、财政局等部门进行会议交流,充分听取政策诉求和政策建议;在实地调查地区与州、县行业主管部门与省林业和草原局、发改委、财政局等部门进行座谈交流。

(5)专家调查法。邀请国家林业和草原局生态修复司、国家林业和草原局管理干部学院,北京林业大学等单位的专家,对研究思路、方法、结果等提出修改意见,并结合专家意见进行反复修改完善。

## 10.2　"十三五"建设现状

"十三五"时期,青海省将把生态文明建设放在突出位置,全省上下认真贯彻落实省第十三次党代会、全省绿化动员大会精神,紧紧抓住林业和草原生态保护与修复重点工程的重中之重的作用,以大工程推动生态保护与修复事业的大发展,生态建设规模、成效创历史纪录,成为青海省历史上生态建设规模最大、进度最快的时期,国土生态安全格局更加巩固,大美青海绿色颜值不断提升。

### 10.2.1 实施进展

青海是全国生态工程项目实施最多的省份。"十三五"时期青海省17项重点生态工程建设提速加力，成为拉动全省林业和草原加快发展的引擎，为全省国土绿化事业做出了巨大贡献。截至2019年年底，完成营造林任务95.3万公顷。防沙治沙工作持续推进，新增沙化土地治理面积42.37万公顷。深入推进三江源、青海湖、祁连山等重点生态功能区综合治理，区域生态环境得到明显改善。

#### 10.2.1.1 重点生态工程稳步实施

(1)森林资源保护工程。天然林资源保护二期工程。有效管护天然林367.82万公顷，占全省天然林面积的70.93%，青海省54.3%的面积纳入天保工程实施范围。2016—2019年，完成营造林14.5万公顷，其中，人工造林1.92万公顷，封山育林6.33万公顷，森林抚育6.25万公顷。国家级公益林保护和管理项目。完成全省496.1万公顷国家级公益林管护任务，共完成公益林造林面积40.8万亩、封山育林面积11.4万亩，健全和完善以检查和监理为手段的项目管理体系，提高公益林资源保护和管理水平。

(2)湿地保护与恢复工程。实施了三江源、祁连山、隆宝等湿地类型保护区以及国家公园湿地保护和恢复项目。在扎陵湖—鄂陵湖、青海湖两处国际重要湿地实施了湿地生态保护与恢复工程。批建的国家湿地公园从2015年前的15处增长到19处，新增省级湿地公园1处。青海省人民政府办公厅印发了《关于贯彻落实湿地保护修复制度方案的实施意见》，制定了《湿地监测技术规程》《省级重要湿地认定通则》《重要湿地标识规范》3个地方标准。编制完成了《全省湿地保护与修复工程规划》。启动了青海省湿地资源普查、调查和监测评价工作，湿地大省地位更加巩固。

(3)野生动植物保护和自然保护区建设工程。目前，全省共有自然保护区11处。其中，国家级自然保护区7处，自然保护区总面积21.8万平方千米，占全省面积的30.3%。实施了三江源生态保护和建设二期工程、祁连山生态保护和建设综合治理工程、大通北川河源等自然保护区建设。三江源新型国家公园体制建设试点实施顺利，祁连山国家公园体制试点积极推进。开展古树名木资源普查工作。全面完成可可西里、青海湖等自然保护区一期工程。开展野生动植物保护和濒危物种拯救行动，加强雪豹等珍稀濒危野生动物监测，强化陆生野生动物疫源疫病防控、野生动植物调查监测体系，加强野生动植物保护科研工作。

(4)三北等重点生态区域生态修复工程。进一步加快三北防护林工程建设，以拉脊山、大板山、祁连山等封山育林、西宁市和海东市南北山绿化以及共和盆地、青海湖环湖防沙治沙为重点，集中连片，规模治理。完成营造林总规模29.1万公顷，其中造林13.6万公顷(人工造林6.3万公顷，封山育林5.6万公顷，退化林分修复1.7万公顷)，森林抚育15.5万公顷。

(5)新一轮退耕还林工程。依据国务院批准的《新一轮退耕还林还草总体方案》，在农民自愿的基础上，对全省具备条件的25°以上陡坡耕地、严重沙化耕地和重要水源地15°~25°坡耕地实施退耕还林。完成新一轮退耕还林2.93万公顷，巩固现有19.3万公顷退耕还林建设成果，发展林下经济等后续产业，改善退耕农户长远生计问题。围绕退耕还林还草成活率、保存率下功夫，对工程实施强化技术培训，为工程推进落实经费保障，严格工程验收标准确保工程质量，科学完善工程管理，对发现的问题及时纠正、整改，对历年造林种草不合格的面积进行补种补植。

(6)防沙治沙工程。依托三北防护林、天保造林、公益林造林项目，建成好乌图美仁、大柴旦等12个沙化封禁保护区，规划批复茫崖千佛崖等12个国家沙漠公园，沙漠化土地治理42.37万公顷。不断强化都兰、贵南、海晏、格尔木、共和5个防沙治沙综合示范区建设。

（7）草原重大生态工程。依托祁连山生态保护与建设综合治理工程、三江源、退牧还草等生态环保工程，共治理黑土滩10.25万公顷；建设草原围栏52.6万公顷；建植人工饲草地0.96万公顷；改良退化草地0.67万公顷；防治毒害草5.6万公顷；建设舍饲棚圈2100栋，逐步建立了草地资源合理利用和生态环境保护建设、资源消耗向资源节约转变的长效机制，为促进草地生态保护可持续发展奠定了坚实的基础。

（8）人居环境增绿工程。以改善人居环境，突出身边增绿为主，大力开展"绿色城镇、绿色乡村、绿色庭院、绿色校园、绿色机关、森林企业、绿色营区"和森林城镇、森林乡村创建工作，提高宜居水平。提升通道绿化水平，重点加强城区出入口、城际连接线、主要公路、铁路、机场、河道两岸的绿化工作，启动实施了国土绿化提速"三年行动"计划，使生态环境、人居环境得到进一步改善。着力，推进国家公园、自然保护区、森林公园、湿地公园、沙漠公园等生态体验和科普宣教设施建设，提升生态服务功能。截至目前，全省城市建成区绿地面积达0.64万公顷，城市建成区绿地率达31.84%，城市公园绿地面积达0.22万公顷，人均公园绿地面积达11.45平方米。全省有自然保护区11处，森林公园23处、湿地公园20处、沙漠公园12处，基本形成了生态旅游地空间格局。

#### 10.2.1.2 深入推进重点生态区域保护修复项目

"十三五"期间，青海省规划实施三江源生态保护和建设二期工程、祁连山生态保护与建设综合治理工程、湟水流域百万亩人工林基地建设、湟水河两岸南北山绿化工程、柴达木盆地百万亩防沙治沙林基地建设、环龙羊峡百万亩水土保持林基地建设、隆务河流域生态治理工程等7项区域重点生态保护修复项目。

（1）三江源生态保护和建设二期工程。依据国务院批准的《青海三江源生态保护和建设二期工程规划》，实施好各项林业生态保护和建设项目。完成营造林4.07万公顷，其中人工造林0.30万公顷、封山育林3.77万公顷、沙漠化土地治理（封沙育林草）6.63万公顷、完成湿地保护6.14万公顷。完成林木种苗基地建设项目18处、林业有害生物防控10.96万公顷。

（2）祁连山生态保护与建设综合治理工程。依据国务院批准的《祁连山生态保护与建设综合治理规划》，完成各项林业生态保护和建设任务。完成封山育林2.26万公顷、沙漠化土地治理0.52万公顷、重点水源地保护0.64万公顷、湿地保护17.17万公顷。

（3）湟水流域百万亩人工林基地建设项目。依托三北防护林建设工程，加快建设包括西宁市及所辖湟源、湟中、大通3县，海东市的互助、平安、乐都、民和4县（区）森林资源培育，建设以青海云杉为主的百万亩人工林基地，完成湟水流域百万亩人工林基地建设项目任务2.8万公顷。

（4）柴达木盆地百万亩防沙治沙林基地建设项目。建设区包括海西州的德令哈、都兰、乌兰、格尔木4个县（市），以城市、绿洲为重点，通过人工造林、封沙育林、退化林分修复等措施，建设百万亩防沙治沙林基地。柴达木百万亩防沙治沙林基地建设项目纳入2017年重大前期项目，并已编制完成了规划。

（5）环龙羊峡百万亩水土保持林基地建设项目。建设区包括海南州的共和、贵南、兴海、贵德4县，以塔拉滩、木格滩、切吉滩为重点区域，通过人工造林、封沙育林、退化林分修复等措施，建设生态经济兼顾的百万亩水土保持林基地，保障龙羊峡水电站、海南州光伏产业园区安全运行。环龙羊峡库区百万亩水土保持林基地项目纳入2017年重大前期项目，并已编制完成了规划。

（6）隆务河流域生态治理工程。依托三北防护林建设、天然林保护、公益林建设等工程，通过人工造林、封山育林、退化林分修复，治理水土流失，逐步改善隆务河流域生态环境。隆务河流域生态治理工程纳入 2017 年重大前期项目，并已编制完成了规划。

## 10.2.2 主要成效

"十三五"时期青海省重点生态工程建设取得显著成效，重点生态工程营造林总面积占全省营造林总面积的 81.50%，工程区森林资源明显增加，水土流失得到有效控制，生物多样性得到有效保护，民生明显改善，是国土绿化的主干，是国土生态安全格局的"脊梁"和"青海绿"的最精彩的华章，也是促进乡村振兴的重要措施、农牧民扶贫脱贫的重要渠道。

一是加快推动了国土绿化步伐。重点生态工程建设涵盖水面、湿地、林草的蓝绿空间占比超过青海省总面积的 70%，是国土绿化的重中之重。近 3 年来，青海省累计完成国土绿化 1242 万亩，通过重点生态保护建设各项工程实施，森林、荒漠、湿地、草原等生态系统得到修复，水土保持和水源涵养等生态功能得到增强，森林、湿地等生态资源实现了由过度消耗向恢复性增长转变，生态状况由持续恶化向逐步好转转变；草原生态环境总体呈好转趋势，表现出"初步遏制，局部好转"的态势，多年植被覆盖度明显提高，草原载畜压力指数明显降低，生物多样性增加，草原生态保护成效显著，生态大省、生态强省的地位进一步得到巩固。据省农牧厅相关部门测算，退牧还草工程区内外盖度和鲜草产量对比明显，增幅分别为 7.86% 和每亩 57 千克。三江源地区工程区内草原植被盖度由 74.2% 提高到 77%，鲜草产量每亩由 175.06 千克增加到 217.32 千克，每亩增加 42.30 千克。青海湖流域草地盖度由 2011 年的 55% 提升至 68%，每亩鲜草产量由 196.07 千克增加到 207.58 千克，草原综合功能恢复明显。

二是重点生态功能区生态状况显著改善。近 3 年来，以三江源、祁连山、柴达木等重点生态功能区为主战场，重点生态工程采取人工造林、封山（沙）育林草、退化林分修复等措施，增加林草植被，恢复和提高各生态区的生态功能，修复总规模 310 万亩，占全省总营造林面积的 25.83%。青海省环保厅监测结果显示，三江源综合试验区生态环境状况等级以良为主，总体保持稳定，乔木林郁闭度、蓄积量均呈缓慢正增长趋势，灌木林总体处于增长态势；湿地植被盖度、生物量较往年略有增长，湿地面积增加，千湖奇观再现。青海湖流域生态系统格局稳定，主要栖息地观测到的普氏原羚、鸟类种群数量基本保持稳定，水体面积逐步增大，水位连续 9 年上升，哈尔盖河、沙柳河、泉吉河等入湖河流呈现半河清水半河鱼的景观。祁连山区域生态环境状况等级以良为主，区域水资源总量相比多年平均增加了 30%，草地植被平均覆盖度呈升高趋势。

三是生物多样性逐步恢复。工程实施地区生物多样性逐步得到恢复，藏羚羊、藏野驴、岩羊、野牦牛等野生动物种群明显增多，栖息活动范围呈扩大趋势，野生动植物、水生生物的多样性得到有效保护。青海湖裸鲤资源蕴藏量比 2002 年增长 34 倍，藏羚羊、普氏原羚种群数量均比保护初期增长 2 倍以上，藏野驴、雪豹、白唇鹿等濒危动物种群数量恢复增长。天保工程区内的野生动物种群数量尤其是珍稀野生动物种群数量逐步回升。随着生态环境逐步好转，动植物生存环境得到明显改善。国家级重点保护野生植物星叶草、膜荚黄芪、桃儿七、羽叶丁香，以及被誉为高原"三大名花"的龙胆花、杜鹃花、报春花等数量明显增加。

四是生态扶贫成效明显。在重大生态工程建设项目实施中，确定生态公益林管护岗位、林产业和定点帮扶三大扶贫路径，提高贫困人口的参与度和受益水平。在三江源、祁连山等重点生态功能区内具备条件的贫困农牧户，每户有 1 人从事生态公益性管护工作。对农区重点林区、牧业乡村草场面积较大地区的贫困户，增加了生态管护岗位。有生态保护任务的地区每个贫困户有 1

名生态管护员，实现了生态增就业和稳定脱贫。在稳定现有生态补偿政策的基础上，健全完善湿地、草原、公益林等生态补偿机制，加大重点生态功能区转移支付力度。新一轮退耕还林还草工程项目向贫困村、贫困户倾斜。进一步完善草原生态保护补助奖励政策。全省各地建档立卡贫困户中聘用生态公益林、天然林、湿地等管护员共计1.66万人，共发放管护补助费3亿元以上。直接补贴到农户的退耕还林、天然林保护、国家重点公益林建设以及湿地保护与修复等工程资金共18.77亿元。

五是人居环境明显提升。2016年青海省玛沁县等34个县域的生态环境状况被评为良，占全省总面积的58.36%。森林城市建设成效明显，西宁市全面完成城区主要街道及广场绿地景观提升，海东市、玉树市、德令哈市等重点城镇绿化步伐全面加快，城市人居生态环境明显提升。西宁市正在创建国家生态园林城市，5个县级森林(园林)城市正在建设之中。乡村绿化纳入村级公益事业"一事一议"财政奖补资金统筹整合使用。完成校园绿化35个。各部门认真履行职能和义务，积极参与国土绿化活动。建成环西宁市、平安区百公里城市绿色景观廊道，交通干线、景观主线、机场绿化、生态绿线初具规模。

### 10.2.3　措施与经验

一是建立多级领导层层推动的管理机制。青海省由上至下的各级领导高度重视重点生态工程在国土生态安全格局建设中的主体作用，树立了抓国土绿化必须主抓重点生态工程建设的观念，按照省委省政府总体部署，全省上下迅速行动，以强化领导、高位推动为抓手，层层健全完善机构，构建了全省一体的领导体系，真正把重点生态工程检核放到了推动绿色发展、加快国土绿化的核心位置，构建了全省党政一体抓绿化的领导新机制。省委省政府主要领导多次实地调研指导重点生态工程建设工作，研究解决重大问题。各级政府层层制定重点工程实施方案，逐级分解工程任务，主要领导亲自抓，分管领导一线干，做到重点生态工程建设任务、资金、措施、责任四落实。2017年3月24日，青海省首次以省委、省政府名义召开全省绿化动员大会，成立以省委省政府主要领导为双组长的国土绿化委员会，要求各级各部门要健全由党政"一把手"负责的绿化机构，形成了党政重视、部门合力推进国土绿化新格局。

二是建立"两山"转变的支撑机制。林业和草原重点生态工程建设坚持生态保护为主，保护利用相结合的基本原则，正确处理生态和经济效益之间的矛盾，把重点生态工程作为重点民生工程来抓。对于三江源自然保护区、柴达木盆地等重点生态功能区，坚持生态优先、生态为主，工程建设所采取的政策措施和技术手段使现有林草植被的水土保持、水源涵养等多种生态功能不降低，保障国土生态安全，同时，以实现生态保护、民生改善和区域发展共赢为出发点和落脚点，充分利用生态资源，持续获得经济效益，实现短期效益与长期效益的有机结合。良好的生态也有力地推动森林旅游持续升温，在挖掘和展示丰富的民族文化的同时，也拉动区域经济的快速发展，为广大群众开辟了一条就业门路。天保工程实施过程中，自2013年起，青海省累计投入1470万元重点扶持国有林场及周边农牧民发展林下产业。依托牧民合作经济组织，广大牧区优化生产结构，使天然草场的放牧压力得以减轻，草原生态保护成效得到了有效巩固，有力促进了畜牧业生产经营方式的转变，成为农牧民扶贫脱贫的重要渠道。在三江源区设置了862名建档立卡贫困户湿地生态公益管护岗位，绿色富民效果开始显现。

三是建立山水林田湖草综合治理机制。集中力量打歼灭战。青藏生态环境非常脆弱，决定了青海保护生态环境任务重难度大，注重单项建设与综合治理相结合的道路，深入开展生态环境系统治理，以"五大生态板块"为重点，着眼于系统保护和修复，扎实推进三江源二期、祁连山山水林田湖草生态保护修复试点、青海湖流域生态环境保护与综合治理等一批重点生态工程，努力从整体上恢复和强化区域生态功能。

四是建立多种主体共同参与的社会化参与机制。注重调动全社会造林绿化积极性，激发植绿护绿爱绿新动能，加大国土绿化力度，建立起政府主导、公众参与、社会协同的造林绿化新机制，鼓励和引导新型主体积极参与国土绿化，加快生态大省、生态强省建设步伐。出台了《关于创新造林机制激发国土绿化新动能的办法》，调动全社会造林绿化积极性，激发国土绿化新动能，建立起政府主导、公众参与、社会协调的造林绿化新机制，调动各方面造林积极性，多层次多形式推进国土绿化。

五是建立科技推进重点工程顺利实施的保障机制。充分发挥科技应用对重点生态工程建设的促进和保障作用，注重因地制宜，结合水土资源条件，以水定林，宜造则造，宜封则封，确保造林种草成活率和保存率。注重优先选择乡土树种草种、珍贵树种、抗逆性强的树种，大力营造混交林，鼓励营造生态经济兼用林，丰富造林树种。注重天然林保育、退耕还林功能提升、荒漠化综合治理、重要湿地恢复等生态保护与修复关键技术在重点生态工程建设中的应用，探索形成了黑土滩综合治理、牧草补播及草种组合搭配、"杨树深栽""拉格日模式"等一批可借鉴模式和技术。三江源国家公园已先后累计投资20亿元，重点实施了生态保护建设工程、保护监测设施、科普教育服务设施、大数据中心建设等23个基础设施建设项目。与中国航天科技集团、中国科学院等建立战略合作关系，实施三江源国家公园展陈中心、生态大数据中心和卫星通信系统建设项目。并正在加紧协调建立长江、黄河、澜沧江流域省份协同保护三江源生态环境共建共享机制。

六是建立国家和地方二元互动的机制。重大生态工程建设，投资周期长，投入资金量大，综合效益显现较慢，必须有国家项目资金的大力扶持，才能久久为功、一以贯之，取得成效。从总体来看，青海省重点生态工程建设把国家生态安全屏障建设与"一屏两带"生态安全格局建设相结合，以重大生态工程为有效载体，把争取国家支持与自身主动作为结合起来，为国家重点生态工程建设进行积极探索、先行实践。例如，青海省荒漠化问题比较严重，但是缺少治沙专项工程，全省的防沙治沙工作主要依托国家三北防护林、天保造林、公益林造林来实施；依托三北防护林建设工程，完成湟水流域百万亩人工林基地建设项目。

## 10.3 形势与任务分析

当前，青海生态环境建设正处于生态文明建设"关键期""攻坚期""窗口期"，建设全国生态安全屏障综合试验区、华夏文明传承创新区、全国循环经济示范区和打造丝绸之路经济带的重大任务实施需要全面贯彻党中央决策部署，加强生态保护与建设，着力解决突出生态环境问题，改善和优化发展环境，为与全国同步进入小康社会和实现中华民族伟大复兴的"中国梦"创造更好的生态条件。

### 10.3.1 需求分析

#### 10.3.1.1 加快重点生态工程建设是贯彻落实"三个最大"指示的重要抓手

生态环境保护和生态文明建设，是我国持续发展最为重要的基础。青海生态区位特殊，生态地位重要。持续加强生态环境保护是青海省实现持续发展的关键，是关系国家生态安全的大事。2016年8月22~24日，习近平总书记在青海调研考察时明确指出，青海最大的价值在生态、最大的责任在生态、最大的潜力也在生态，必须担负起保护三江源、保护"中华水塔"的重大责任，从"护"到"建"再到"治"，统筹推进生态工程，坚决守住生态底线，确保"一江清水向东流"。生态环境保护的"大账"既要"算"，更要"干"，关键是要发挥重点生态工程的攻坚作用、标兵作用，点穴式治理，单兵突进式建设，在最短的时间，用最有效的办法，把青海省具有的价值充分实现到位，把承担的生态责任履行到位，把具有的发展潜力挖掘到位。

### 10.3.1.2 加快重点生态工程建设是建设生态大省、生态强省的首要任务

2016年，习近平总书记对青海省提出"扎扎实实推进生态环境保护"的重大要求，为做好青海工作进一步指明了前进方向、提供了根本遵循。青海是生态大省，按照习近平总书记要求，2017年3月24日，省委省政府召开了全省绿化动员大会。省委书记王国生强调，以国土绿化的实际行动贯彻落实"四个扎扎实实"的重大要求，推动由经济小省向生态大省、生态强省的转变。生态大省要有大担当，要求需要充分重点生态工程的主要抓手作用，大干快建，让全省生态资源有总量，有规模，以此坚守"生态环境质量只能变好，不能变坏"的底线。生态强省要有优势，有影响，要求充分发挥重点工程激发生态活力、挖掘生态潜力、发挥生态实力，强化生态建设对经济社会发展的扩散和辐射效应，着力打造绿色发展新优势，切实履行好维护国家生态安全的历史责任，服务中华民族长远利益。

### 10.3.1.3 加快重点生态工程建设是推动国土绿化的第一主力军

加快推进国土绿化重点生态工程建设承担着重大使命。2017年青海省人民政府办公厅印发的《青海省国土绿化提速三年行动计划（2018—2020年）》明确，青海省国土绿化要以国家林业重点工程为依托，以"五大生态板块"为重点，着眼于系统保护和修复，扎实推进三江源二期、祁连山山水林田湖草生态保护修复试点、青海湖流域生态环境保护与综合治理等一批重点生态工程，努力从整体上恢复和强化区域生态功能。2018年4月初，青海省委书记王建军在全省绿化动员大会上指出，青海国土绿化进入了大提升时期，要求重点生态工程立足新时代，站在新起点，要有新作为，呼应新期盼。领导的要求就是重点生态工程建设的目标追求，要求地方各级政府用最严格的制度、最有力的举措推动重点生态工程建设，巩固建设成果，提高绿化造林标准及质量，增加林草植被，加快推进国土绿化步伐。

### 10.3.1.4 加快重点生态工程建设是满足人民群众对美好生活需要和美丽生态环境期盼的战略结合点

增进民生福祉是发展的根本目的。民生建设内容丰富，既包含了人民群众日益增长的对美好生活需要，"住上好房子、开上好车子"，还囊括了面对绿水青山，"过上好日子、活得有面子"的利益诉求。环境就是民生，青山就是美丽，蓝天也是幸福，绿水青山就是金山银山。为此，青海省重点生态工程建设要树立保护生态环境就是保障民生建设的发展思路，因地制宜选择好工程建设目标导向和实施内容，坚持从实际出发，遵循经济规律和自然规律，优化生产力布局，把生态要素、经济要素、文化要素集聚在建设平台，切实增强发展的协调性，多给生活、生态"留白"，推进特色化、集聚化、绿色化建设，优化生产、生活与生态的关系，谋求有质量、有效益、可持续的发展，切实做到经济效益、社会效益、生态效益同步提升，实现百姓富、生态美有机统一，使各族人民共享生态环境改善的发展成果。

### 10.3.2 问题分析

虽然重点生态工程建设发展取得了显著成效，但由于森林资源总量少，沙漠化土地面积大，沙漠化和荒漠化危害严重，生态环境仍十分脆弱，全省生态演变"面上向好、局点恶化、博弈相持、尚未扭转"的总体形势依然没有变，生态问题"边治理、边发生""已治理、又复发"的现象仍然存在，生态恶化的形势尚未得到根本遏制，缺林少绿、生态依旧脆弱的特质没有改变。特别是青海省经济发展方式滞后、资源开发依赖程度强的状况在短期内难以改变，今后较长的一段时期青海省将有一直处于生态压力凸显期，生态问题仍然是制约经济社会可持续发展的主要生态"瓶颈"，全省生态保护与建设依然任重道远，重点生态工程建设面临着巨大挑战。

#### 10.3.2.1 国土生态安全问题仍然比较突出

主要表现：一是森林资源总量少，空间分布不均。全省有林地面积56.99万公顷，灌木林面积479.59万公顷，森林覆盖率6.3%，森林资源绝大部分分布于省域东南部地区，森林生态系统整体功能仍然相当脆弱，容易损坏和难以修复。二是沙漠化土地面积1246.2万公顷（截至2020年10月），占全省面积的17.2%，是全国沙漠化危害严重的省份之一，防沙治沙形势依然严峻。三是全省水土流失面积3240万公顷，占全省面积的45%，水土流失治理工作任务艰巨。水土流失在局部地区得到有效控制，但形势依然十分严峻。四是湿地面积814.36万公顷，占全省面积的11.4%，湿地面积居全国首位，近年来局部呈现良性恢复的态势，但湿地生态系统保护和管理压力巨大。

#### 10.3.2.2 生态治理难度越来越大

主要表现：一是人工造林难度加大。青海省年平均降水量仅为300毫米左右，地域差异较大，一般是东多西少，南多北少。干旱、荒漠化、沙漠化严重，宜造林地面积少。全省80%以上的宜林地集中在干旱半干旱等地区，立地条件差，地块落实和施工难度很大，林地水利设施条件差，新造林地需配套相应水、电、路等设施。目前，立地条件较好，容易成林的地段已基本完成人工造林，剩余的都是自然条件较差的地段，主要是环湖流动沙丘和水土流失严重的干旱阳坡，在沙区需要配套物理或化学固沙措施后才能治沙造林，干旱阳坡需要配套灌溉和客土措施的基础上才能造林，不仅造林难度加大，管护难度更大，使造林成活率和保存率不断低。二是近几年通过大规模造林，人工起源的幼龄林逐年增加，缺乏必要的抚育措施，幼龄林和中龄林面积大，普遍存在林分密度大，或过于稀疏、质量差、生长量低的问题，林分质量不高、低效林面积大，森林抚育欠账多。三是推动新一轮退耕还林工程有困难。国家对新一轮退耕还林地只限定4个类型，即25°以上的陡坡耕地、15°~25°的重要水源地坡耕地、严重沙化耕地、严重污染耕地，而青海省急需实施退耕还林的耕地是15°以下的低产田耕地。但是这部分低产耕地，农民极不愿意耕种，大部分已撂荒。另一方面，新一轮退耕还林工程因受耕地保护红线和基本农田红线的限制，还有4.4万公顷任务无法落实，影响规划营造林指标任务完成。四是专项工程多，综合性工程少，生态环境系统治理、综合治理和全面质量力度不够。青海省气候条件严酷，生态类型复杂多样，生态治理要求的技术性很强。但是有些地方实施生态工程不加选择地盲目种树种草，难以形成良好的指标群落结构，致使生态治理效果出现反复。

#### 10.3.2.3 生态资源保护压力越来越大

主要表现：一是重点生态工程项目实施以来，乱砍、乱采、乱挖等人为破坏生态现象基本得到控制，但随着人口的增加，牲畜数量激增，以及野生动物种群逐步恢复；另一方面，随着土地沙化、草地退化、冻土退化、雪线上升、青海湖水面上升等，物种生存条件日益严酷，许多物种自然分布区在缩小，野生动物与牛羊争食牧草，牧民生计与野生动物保护矛盾逐步凸显，生物多样性遭受威胁的趋势仍在加剧，草原严重超载的问题仍在恶化。二是由于长期以来的放牧习惯和生活所迫，并且存在"一地二证"(林权证和草原证)现象，给造林和封山育林地落实带来了极大的困难。目前，造林和封山育林面积达 6.67 万公顷以上，由于牧民的生活问题无法补偿，不能禁牧保护，直接导致了造林保存率很低，封山育林只能立个牌，建点网围栏走形式，根本没有达到禁牧封育的目的，更谈不上成效，导致了林业生态环境建设受阻。三是林业有害生物危害严重。近几年，林业有害生物对林业建设成果的危害相当严重，是制约巩固造林成果的主要因素，特别是退耕还林地的鼠害对多年造林成果造成了毁灭性的危害，退耕还林地年年补植、年年不见成效。

#### 10.3.2.4 生态治理投资不足问题越来越突出

主要表现：一是重点生态工程建设投资高度依赖中央财政投入，受国家投资计划影响很大，社会投资不足，金融工具少、资本市场不发达。国家下达天然林资源保护、三北等工程造林任务与原计划任务数降幅较大。如三北防护林实际下达实施任务 8.9 万公顷，仅占规划任务的 22.6%，天保工程营造林 8.50 万公顷，占任务的 18.4%。二是国家财政补助标准过低。自 2008 年以来，国家将营造乔木林、灌木林、封山育林投入标准提高到 500 元/亩、200~240 元/亩、100 元/亩。目前，青海省乔木林、灌木林、封山育林实际投入分别达 2000 元/亩、800 元/亩、180 元/亩，实际造林费用与国家投资差距很大，加之青海省地方财政困难，配套能力差，影响了工程进度和质量。三是缺少重点区域生态保护与建设工程支撑。青海省黄河两岸南北山绿化、环龙羊峡百万亩水土保持林基地和柴达木盆地百万亩防沙治沙林基地建设工程等重点工程未立项，缺少专项资金。

#### 10.3.2.5 支撑保障瓶颈问题越来越凸显

主要表现：一是科技支撑能力急需提升。林业科研经费短缺、基础设施差、科研周期长等因素限制，大部分技术难题仍未得到根本的解决和攻克，许多林业科技成果和实用技术难以得到大面积的推广应用。林业科研、技术推广和林木种苗建设等还不完全适应新形势的发展要求，科技支撑能力弱，造林绿化良种使用率偏低，对重点生态工程建设还未形成强有力的支撑。二是"三防"体系建设薄弱。森林防火体系建设不完善，基础设施与"森林火灾应急预案"的要求还有较大差距，存在着防火设施设备老化、现代化装备短缺、防火道路年久失修、交通不畅的现象，森林火灾的综合预防和扑救能力比较脆弱；森林有害生物防治体系不健全。全省除西宁市、海东市以外，大多数地区没有完全独立的森林病虫害防治机构，没有相关监测、检疫、应急防控的交通工具和器械等，防控技术手段落后。三是林业执法体系不健全，森林警力和林政执法力量不足。四是林业基础设施建设需进一步加强。国有林场作为重点生态工程实施的主要单位，水、电、路、通信等大型基础设施在政府社会发展经济计划、中长期城乡建设和新农村建设等国家建设项目中未充分考虑，项目资金支持力度不够，林场现有资金又无力解决，致使水、电路、通信的落后现状未得到根本改善。

#### 10.3.2.6 工程管理机制有待完善

主要表现：一是工程管理弹性不够。由于一些林业重点工程设计和规划可扩展性不足，导致重点工程布局不够合理，还没有做到分类实施、分区实施，还不能针对不同的海拔高度、沙化程度、治理方向等实施不同的内容。工程标准应该有弹性。二是工程项目负责人制度落实不到位，还没有真正落实项目负责人制，还需强化责任追究机制。三是工程建成后续维护、后续管理问题比较突出。防沙治沙后期管护经费和力量不足。防沙治沙工作不仅要保质保量地完成各项营造林任务，更重要的是后期的管理和保护工作，由于人工工资和物价上涨，增加了建设成本，致使施工和管护人员的组织比较困难。退耕工程补助已陆续到期。停发补助资金之后，退耕还林草成果难以巩固；牧民脱贫攻坚难以如期实现；民族地区社会稳定难以保持。四是自然保护区机构建设滞后。柴达木梭梭林自然保护区自2013年晋升为国家级自然保护区后，没有完全独立的保护管理机构，不适应自然保护区保护管理的需求。

## 10.4 总体思路

### 10.4.1 指导思想

深入贯彻落实党的十九大、省第十三次党代会精神，以习近平新时代中国特色社会主义思想为指导，牢固树立创新协调绿色开放共享理念，坚定实施生态报国战略，立足"三个最大"，聚焦"四个转变"，紧紧围绕"一屏两带"的生态安全格局，以增强优质生态产品供给能力为主线，以解决生态保护与修复中存在的突出问题为主攻方向，以增绿增水增景为基本内容，有力有序有效推进生态修复和治理，强化重点生态功能区生态功能，守住存量、扩大增量、提高质量，维护国土生态安全，为加快推进生态大省、生态强省建设提供主要支撑。

### 10.4.2 基本原则

（1）坚持生态修复，优化布局。按照生态系统的原真性、完整性、系统性及其内在规律，统筹自然生态各要素，以森林、湿地等为主体，系统配置森林、湿地、沙区植被、野生生物栖息地等生态空间，加大人工治理和自然修复相融合程度，努力提升生态系统服务功能。

（2）坚持质量并重，造管并举。注重数量增长、质量提升，扩大湿地、森林面积，保护生物多样性，推进沙漠化、水土流失治理，系统增加绿量、绿质、绿景，推进重点生态工程高质量发展。

（3）坚持因地制宜，量力而行。遵循自然规律，以水定地、以水定绿、以水定型、以水定需、量水而行，宜乔则乔、宜灌则灌、宜草则草、宜荒则荒，实行乔灌草荒结合、封飞造护并举，既要防止重林轻草，也好重草轻荒。

（4）坚持政府引导，社会参与。建立起政府主导、公众参与、社会协调的造林绿化新机制，调动全社会积极性，部门联动，市场推动，多层次多形式推进生态保护与修复。

（5）坚持依法治绿、制度保障。完善生态治理法规体系，加大执法力度，强化执法监督。健全完善生态治理治理制度，完善配套政策措施，保障重点生态工程建设持续开展。

### 10.4.3 目　标

"十四五"期间，建立健全以林业和草原总体规划为统领，以重点生态功能区为主体、以专项工程为支撑的"一总五区多项"的重点生态工程体系，重点生态功能区生态功能得到提升，生态资源质量不断提升，生态产品供给能力不断提高，国土生态安全骨架更加完善，生态环境持续改善，切实筑牢我国西部生态安全屏障。

（1）国土生态安全格局更趋完善。三江源、祁连山、柴达木、青海湖、河湟地区等五大重点生态功能区林草植被持续增加，各生态区的生态功能得到恢复和提高，"一屏两带"国土生态安全格局基本形成。

（2）人居环境"增绿工程"取得重大成效。以河湟流域人口聚集区和重点城镇等为重点，以"绿色乡村、企业、校园"等为载体，以西宁、海东南北山绿化工程为依托，提高造林绿化质量，创出高原干旱地区改善"人居环境"的新路子。高标准绿色廊道骨架景观初步形成。

（3）"两山"转化机制基本形成。依托优势生态资源，大力发展优势特色林产业，延长产业链条，提高附加值；通过森林湿地管护和沙化封禁补助、生态补偿等林业补贴方式，使有劳动能力的贫困人口转化为生态管护员，实现生态保护与服务脱贫一批。绿色富民水平显著提高。

（4）建立财政投入为主的多元化资金保障机制。进一步健全完善各项生态补偿政策，将生态补偿与保护政策、保护效果相挂钩，加快建立多元化生态补偿机制，拓宽补偿资金来源渠道，推动建立生态保护的长效机制。

（5）治理体系和治理能力明显提升。以提升重大生态工程实施管理水平为重点，创新管理机制，加强监督考核，强化宣传引导，推动全社会共治局面的形成。

## 10.5　推进重点生态工程建设

"十四五"时期，以加快推进国家公园示范省"三年行动"为指向，统筹推进山水林田湖草系统治理，继续实施三江源二期、祁连山生态保护、退牧还草、天然林资源保护、三北防护林体系建设、草原生态修复、湿地保护、水土保持等重点生态工程，巩固建设成果，加快推进国土绿化步伐，不断提高蓝绿空间占比，筑牢国家生态安全屏障。

### 10.5.1　国家公园示范省建设工程

重点推进三江源、祁连山国家公园建设，启动青海湖国家公园建设。主要任务是构建重要原生生态系统整体保护网络，强化重要自然生态系统、自然遗迹、自然景观和濒危物种种群保护。建设重点包括：合理确定国家公园范围并勘界立标，生态保护修复，核心保护区生态移民，自然环境宣教，三江源、祁连山国家公园冰冻圈保护等7项内容（专栏10-1）。

---

**专栏10-1　国家公园建设工程建设重点**

（1）调查评价及勘界立标工程。按照国家对自然保护地边界勘定方案、确认程序和标识系统等要求，组织开展国家公园勘界定标，划清"四至"界限，确定自然保护地边界位置及界碑点，在重要地段、重要部位，设立界碑、界桩和标识牌。建立国家边界勘定与生态保护红线评估调整衔接机制，调整后的国家公园核心保护区全部纳入生态保护红线。运用第三次全国土地调查结果，以2000国家大地坐标系为基础，建立国家公园矢量图库，实现国家公园一张图、一套数据。

（2）山水林田湖草生态保护修复工程。以自然恢复为主，辅以科学合理的人工措施，统筹开展山水林田湖草综合治理、系统治理，开展受损自然系统修复，重点促进重要栖息地恢复和废弃地修复。针对自然生态系统、自然遗迹和自然景观，开展自然植被更新改造。

（3）国家公园核心区生态移民搬迁及生态补偿工程。结合精准扶贫、生态扶贫，推动核心保护区内408户1572多人的原住居民转业转产，有序搬迁，妥善安置，对搬迁中造成的损失给予一定补偿。核心保护区内原住居民暂时不能搬迁的，设立过渡期，允许开展必要的、基本的生产活动，但不能扩大发展。

(续)

(4) 国家公园自然环境及宣传教育支撑体系建设工程。完善自然教育、生态体验设施，构建国家公园自然教育平台，建设自然教育中心、博物馆等，提升成自然教育窗口。统筹国内外高校、科研机构的研究资源力量，建立健全国家公园科研平台和基地，针对国家公园可持续经营管理、科普宣教、自然体验等重大问题，加强多学科交叉研究与集成创新，推动国家公园论坛机制性落地青海。

(5) 三江源、祁连山国家公园冰冻圈重点保护工程。建设冰冻圈国家重点实验室，在冰冻圈过程、机理和模拟、冰冻圈与其他圈层相互作用和冰冻圈灾害、影响与适应对策和极地冰冻圈研究。加强冻土消融研究。建立冰冻圈—生态—水资源协同保护区。

(6) 国家公园公益岗位设置项目。从保护生态、改善民生的高度出发，加快建立一支"牧民为主、专兼结合、管理规范、保障有力"的生态管护员队伍。改革管护员监管体制，创新生态保护机制，管护补助与责任、考核与奖惩、报酬与绩效相挂钩，充分调动农牧民参与生态管护的积极性，切实发挥农牧民自我管理、自我约束作用，提升草原、林地和湿地管护成效。

(7) 国家公园矿业权退出补偿和生态修复工程。坚决停止国家公园内矿产勘查开采活动和审核审批工作。协调争取国家、省级退出补偿资金，支持市、县加快推进矿业权补偿式退出。推动全省其他各级各类保护地内矿业权分类退出。加快编制矿山地质环境恢复和综合治理规划、绿色矿山建设工作方案，大力开展土地整治、地质灾害综合防治体系建设和矿山地质环境恢复治理。

## 10.5.2 自然保护地体系建设工程

加快推动以国家公园为主体的自然保护地体系建设，构建以国家公园为主体、富有青藏高原区域特点的自然保护地体系，建设健康稳定高效的自然生态系统，提升生态产品和生态服务供给能力。主要任务是构建科学合理的自然保护地体系、建立统一规范高效的管理体制、创新建设发展机制、加强生态环境监督考核。建设重点包括：山水林田湖草生态保护修复、科研监测、宣传教育、信息化建设等4项内容(专栏10-2)。

**专栏10-2　自然保护地体系建设工程建设重点**

(1) 自然保护地山水林田湖草生态保护修复工程。最大限度地保护好自然环境、自然资源和自然景观，保护野生物种种质资源和遗传多样性。加强自然保护地野外保护站点、巡护路网、监测监控等管防控基础设施建设，配齐森林防火、有害生物防治和疫源疫病防控等保护管理设施。建立自然保护地资源统一管护机制。逐步完成核心保护区内居民搬迁。妥善解决青海湖等保护区面临的刚毛藻、紫色微蓝藻、微塑料等问题。按照国土空间生态修复规划，综合实施"清、整、通、护、种、景"等措施，对生境破碎化地、拆迁腾退地、生物栖息地、地质灾害隐患点进行全域规划、全域设计、全域修复，推动生态空间优化。

(2) 自然保护地科研监测工程。建设自然保护地监测评估机制。制定自然保护地监测标准，明确监测内容。梳理各类生态监测网点，优化监测网络布局。对自然保护地核心保护区、自然灾害易发区等重点区域进行实时监测。加强监测数据集成分析和综合应用，制定以生态系统状况、环境质量变化、自然资源资产和生态服务价值为核心的考核评估指标体系和办法。逐步建立第三方评估制度。充分利用保护地有利的自然环境和资源优势有重点地开展科学研究。开展本底资源调查，生态定位监测和湿地监测，掌握动态变化规律，为制定保护措施提供科学依据。

(3) 自然保护地宣传教育工程。定期统一发布自然保护地生态环境状况监测评估报告、环境教育和公共服务信息，合理引导社会预期，及时回应社会关切，推动形成社会共识。利用报纸、广播、电视和网站、微信、微博客户端等平台，广泛开展自然保护地建设重要性、生态保护相关法律法规和生态文明理念的宣传，提高自然保护地的社会关注度，营造保护自然生态的良好氛围。通过不同的教育方式，提高区内及周边社区群众的认识程度，并自觉参与保护区的保护与管理，形成社区共管，创造和谐共建氛围和可持续发展。

(4) 自然保护地信息化建设工程。完善"天空地"一体化的监控体系，通过视频监控前端基站、通信传输网络建设，完善资源监管指挥中心建设，提升保护地资源监管信息化能力，实现保护地数据资源信息网络连通和共享，推进信息化进程。开展自然资源全覆盖动态遥感监测，提高动态监测精度和频率。

## 10.5.3 绿水青山工程

坚持保护优先、数量和质量并重,以西宁市、海东市乐都区(含平安区)、海西州德令哈市、海南州共和县、海北州海晏县、玉树州玉树市、果洛州玛沁县、黄南州同仁县(含尖扎县)等8个市(州)政府所在地为实施范围,立足现有绿色基础,全面对接国土空间布局和城市总体规划,构建"一城突破,多点支撑"的绿水青山工程空间布局,实现"山水林田湖草城"有机融合,大幅增加人民群众的绿色获得感,缓解"一城独秀"矛盾,打造特色鲜明、层次结构有序的绿水青山发展格局(专栏10-3)。

---

**专栏 10-3 绿水青山工程建设重点**

(1)宜居西宁提质增绿工程。按照自然条件、经济社会和林地资源等条件,构建"一轴两翼,双屏多点"的城市生态格局,以点带面,从线到片,不断拓展生态体系空间,推进林草生态事业高质量发展,着力塑造良好的城市生态风貌。其中,"一轴"是指以湟水河为东西向发展主轴,构筑西宁生态活力轴;"两翼"是指以南川河和北川河为南北向为发展副轴,通过河流、道路的连接,构建城市"十字形"生态结构;"双屏"是指建成绿色环城的南北山生态屏障,打造城市绿色背景,夯实生态基底;"多点"是指以西堡生态森林公园、园博园、南山公园等生态节点为依托,全面提升城市生态建设,打造公园城市。

(2)醉美海东绿色视窗工程。以南北两山绿化工程为骨干,通过造林增绿添彩,通过抚育修复提质增效,着力构建"一带、两屏、多点"的城市生态格局。"一带"是以湟水河及湟水河川水地带宽度3千米范围为基础,打造流域湿地生态廊道;"两屏"是以湟水河两侧,南北山以山脚线为界向面山扩展,打造两条高标准的绿色景观屏障;"多点"是以现有的湟水规模化林场海东分场、林场、乡镇、森林公园、林业产业园区等重点区域实施防护林、高标准景观绿化工程。

(3)魅力共和城市绿网工程。以构筑生态安全屏障为核心,以提高森林质量、增加生态产品的有效供给为重点,加强生态绿化和生态公园建设,开展幸福滩绿化升级、恰卜恰河岸景观提升和绿色产业发展园区绿化提升,实施达连沟草原生态修复,构建"一河,两滩,两坡,多园"的空间布局。其中,"一河"是指恰卜恰沿河绿化景观;"两滩"是指幸福滩和扎多滩生态保护和修复;"两坡"是指东西山两面坡直观坡面林草防护林带建设;"多园"是指新建的东山生态公园、西沟台生态公园、次汗素湿地公园,已建设的工业园、新城公园、滨河公园、儿童公园等。

(4)神韵同仁绿廊优化工程。针对隆务河两岸山地直观坡面、镇区绿化地块分散、造林效果不好、覆盖率不高、水土流失仍较严重、整体景观质量较差特点,以由黄变绿为核心,以生态综合治理为重点,以通道绿化、绿色长廊建设为补充,构建"一河三山三区"建设格局。其中,"一河"是指以隆务河两岸为核心,建设城周绿色长廊;"三山"是指以同仁县东西两山和尖扎县大南山为对象,实施低效林改造提升,构建健康稳定优质森林生态系统;"三区"是指针对不同区域分类施策,北部重点营造水土保持林,中部着力建设绿廊通道,南部大力培育水源涵养林。

(5)梦幻海晏林草景观提升工程。针对海晏造林绿化困难,适宜造林地已基本绿化的特点,以建设"特色海晏""美丽海晏"为目标,以巩固现有绿化成果为基础,以林草结合为手段,实施G315沿线边坡绿化和绿廊提升,开展金银滩草原生态修复,构建"两片、两廊、一点"的城镇绿化格局。其中,"两片"是指西海镇、三角城景观片区;"两廊"是指麻皮河沿岸绿色生态走廊和G315沿线绿色走廊;"一点"是指金银滩草原绿色生态景观。

(6)生态玛沁林草融合发展工程。立足玛沁县大武镇的区位、生态优势,开展城区增绿、东山绿化、廊道绿化和重要景观节点建设,形成点、线、面相结合,布局结构完整的三江源生态城镇,构建"一心辐射,山水相依,多廊交融,多点共荣"的空间布局,建设生态、和谐新玛沁。其中,"一心"指大武镇建成区,以加强城市公绿地建设和街道绿化,打造以旅游、商贸为主的绿色高原城镇为目标;"山水"指大武镇东山林草复береж工程和格曲河湿地保护恢复区;"多廊"指规划区范围内的道路绿化;"多点"指规划区范围内的湿地公园、果洛机场周边、永宝风景区等重要节点的景观绿化工程。

(7)圣洁玉树扩绿添彩工程。充分尊重现有山、水、城自然风貌特色,以两山为生态屏障,以水道、绿道组成的绿色廊道为纽带,将公园等生态节点有效串联,构建"两山夹一廊,一廊串多点"的生态空间格局。其中,

(续)

"两山"是指对南北两山第一级山体面山区域实施高标准造林和森林质量提升;"一廊"是指以 G214 以及扎曲河、巴塘河形成连续的绿带为廊道,提升线性空间景观风貌;"多点"是指对 G214、扎曲河、巴塘河沿线自然公园、自然教育中心及其他重要生态节点进行生态修复、生态治理和生态建设。

(8) 金色德令哈绿色围城工程。在巩固现有绿化成果基础上,以柏树山绿化、城南、城西、光伏园区防护林建设为重点,以长江路、格尔木路绿化改造为补充,填补城周绿色空白,提升城区绿色品位,构建"绿色围城、绿道绕城、游园靓城、河流润城"的山水城市发展格局,着力打造青海西部戈壁绿洲。

### 10.5.4 大规模国土绿化工程

通过人工造林种草,提高林草植被覆盖度,加快推进森林经营,强化森林抚育、湿地和草原保护修复、退化林修复等措施,精准提升重点生态功能区的林草质量,促进培育健康稳定优质高效的森林生态系统。加强森林生态效益补偿,落实公益林管护责任。主要任务是着力推进重点区域绿化、整体推进乡村绿化、加快推进城镇绿化。建设重点包括:三江源生态综合治理三期工程等 10 项工程(专栏 10-4)。

**专栏 10-4　国土绿化工程建设重点**

(1) 三江源生态保护和建设三期工程。加强森林、草地、荒漠、湿地、冰川生态系统的有效保护和修复,继续实施人工造林、封山(沙)育林(草)、退化草地治理、工程治沙、湿地冰川保护、有害生物防控、野生动物栖息地保护、科技支撑能力保障等项目。

(2) 祁连山生态环境保护与建设综合治理二期工程。加强森林、草地、荒漠、湿地、冰川生态系统的有效保护和修复,继续实施人工造林、封山(沙)育林(草)、退化草地治理、工程治沙、湿地冰川保护、有害生物防控、野生动物栖息地保护、科技支撑能力保障等项目。

(3) 黄河流域重点河流两岸防护林建设工程。根据黄河上游防护林工程的实际情况,以水定林,乔、灌、草、封、飞、造相结合,增加林草植被,开展退化林分修复,实施封山育林育草,持续改善地区生态环境,有效控制水土流失,构筑绿色生态屏障。将老残防护林带和低效林作为退化林分,规划生态恢复措施。

(4) 隆务河流域生态保护与建设综合治理工程。包括森林、草地、湿地生态保护与修复工程;水土流失综合治理、生物多样性保护工程、基本公共服务体系建设、生态监测等。

(5) 湟水流域规模化林场建设工程。包括西宁市区及所辖湟源、湟中、大通 3 县,海东市的平安、互助、乐都、民和 4 县(区)的湟水河及其支流两岸山体,东起民和县马场垣乡、南至民和县古鄯镇、西至湟源县巴燕镇、北至大通县青林乡,新造林 15.86 万公顷,退化林分修复 2.53 万公顷,森林抚育 3.27 万公顷。根据森林资源分布及现有林场的管辖范围,新成立国有林场、中心管护站及股份制林场,实现森林资源的统一管理。完善水利配套设施、道路、林区管护设施等,提高林场经营和管理水平。

(6) 龙羊峡库区周边水土保持林建设工程。营造水土保护林、封山(沙)育林、人工种草修复、森林抚育及低效林改造等。

(7) 国土绿化及水利等基础设施配套建设工程。对人口聚居区周边防护林风景林营建、重点生态区域困难立地条件的林草工程,以水定林,实施节水灌溉等措施,配套建设水、电、路等配套工程。

(8) 森林城镇、森林乡村创建工程。在城市周边建设一批森林特色小镇、城郊森林草原公园、森林草原旅游区、环城林带草地,推进山边、水边、路边、田边"四边"绿化。打造生态体验精品路线,建设一批生态体验驿站和自驾游公共营地。实施工矿园区绿化工程。对适宜绿化的光伏园区、产业园区、工矿企业开展绿化美化,改善生产生活环境。

(9) 南北山绿化四期工程。开展高标准造林绿化,构筑西宁地区南北山绿色屏障,改善区域自然环境,形成结构合理、功能完备、稳定高效的生态系统,更好地发挥生态防护效益、城市景观效益和生态建设示范效益。

(10) 实施高标准绿色通道建设行动。以高速公路、国省县道路、铁路、河道和机场周边为重点,对适宜绿化路段全面绿化,提高通道绿化率,提升通道绿化美化水平。重点加强城区出入口、城际连接线、主要公路、

(续)

> 铁路、机场、河道两岸的绿化工作，强化森林景观提质改造。对进出青海省通道、旅游环线、互通立交和机场、车站等重要区域，坚持一路一景规划，打造一批多树种、多风景的景观大道，加快形成"绿色走廊"骨架。

### 10.5.5 保护"中华水塔"行动

认真落实省委省政府《保护中华水塔行动纲要(2020—2025年)》，积极开展保护"中华水塔"行动，结合工作职责，落实《保护中华水塔行动纲要(2020—2025年)实施方案》，坚守源头责任，建立"一核一圈一带"的保护格局(一核：东昆仑山水源地地区；一圈：核心区周围地区；一带：核心区向西保护带)。统筹推进草原、森林、湿地与河湖、荒漠等生态系统的保护建设，实施水资源涵养功能稳固、生态系统功能提升等五大领域25项重点生态工程，加强江河正源水系保护，按照山水林田湖草系统治理要求对自然保护区、重要湿地、重要饮用水水源地保护区、自然遗产地等实行集中统一管理，严格生态空间管控，努力实现保流量、保水质，全力构建"中华水塔"保护三环层级，提供更多优质生态产品，做到全力护塔、塔惠全国(专栏10-5)。

> **专栏10-5 保护"中华水塔"行动建设重点**
> (1)水资源涵养功能稳固工程。实施雪山冰川河湖湿地系统保护工程、水环境污染防治工程、河流基本生态流量保障工程、水生态空间划定和用途管制、城乡供水保障工程、水资源高效利用工程。
> (2)生态系统功能提升工程。实施草地生态保护工程、森林生态保护工程、生物多样性保护工程、人类活动迹地修复工程。
> (3)应对全球气候变化工程。实施低碳能源体系构建工程、低碳生活普及工程、防灾减灾救灾能力建设工程。
> (4)科技支撑能力增强工程。实施科学考察工程、科研攻关行动、科技支撑体系建设、监测预警体系建设工程。
> (5)人与自然和谐共生工程。实施高原特色农牧业提质增效工程、生态文化体验工程、新兴产业发展工程、民生福祉建设工程、基本公共服务提质增效工程、巩固脱贫攻坚成果工程。

### 10.5.6 地球"第三极"保护工程

牢固树立尊重自然、顺应自然、保护自然的理念，坚持生态优先、绿色发展，坚持预防为主，综合治理，注重自然恢复，加强监督管理，创新体制机制，加快实施重要区域水土综合防治，切实抓好重要高原河湖生态保护与修复，保护地球"第三极"生态系统(专栏10-6)。

> **专栏10-6 地球"第三极"保护工程建设重点**
> (1)地球"第三极"国家公园群建设。持续推进国土绿化，深入实施"两江四河"流域造林绿化工程，深化生态示范建设，加大生态领域投入力度。进一步加强对西藏高寒地区科技植树种草的支持力度，建立责任分担机制，针对高寒高原植树种草难点，加强系统性技术攻关研究支持力度，形成可复制可推广的方法体系，科学筛选和驯化适应青藏高原生长的灌木和草种，特别是有经济价值的灌木，实现高原植树种草可持续发展。
> (2)科技保护工程。构建青藏高原"大生态"观测系统，整合现有观测站点，新建一批无人观测站，开展长年观测，重点加强冰川、冻土监测网点建设，将碳循环、水循环纳入生态观测体系，增设生物多样性监测站点，加大普查力度，加强生物入侵预测与评估研究；加速推进青藏高原卫星遥感与地面跨部门综合监测系统及其多源信息数据共享工程建设；建设"青藏高原环境与气候变化"国家实验室，协调推进国内监测考察、科学研究和国际合作，提升我国应对环境与气候变化科学研究的综合能力；充分利用"互联网+"、物联网、云计算和大数据等智能信息技术，不断加强生态环境信息化及生态环境监测网络体系。
> (3)加强灾害风险评估预判，提高灾害防范能力。开展青藏高原环境与气候变化预测预警和适应技术研究，

(续)

特别是短、中期预测预警技术和对区域经济社会的风险预估，进而研发针对性强的适应技术；推动建设青藏高原国家重大工程综合决策、风险评估及其应对技术系统，强化青藏铁路、公路、隧道、输油管道、光纤光缆、生态型蓄水（湿地）和工程性水利设施等重大工程安全保障系统及其气候变化适应性工程系统等建设；建立青藏高原应对气候变化综合决策支持体系，开展青藏高原生态屏障价值的科学评估，加强气候变化对青藏高原生态环境的影响长期对策研究。

（4）发展大生态产业。发展"自然—微生物技术"支持下的碳汇交易产业，"天然—设施放牧"一体化发展的高原畜牧业，极端环境下的"天然生产—人工种植"一体化发展的高原中藏药产业、高原观光产业等。

（5）建立区域保护联盟。建立跨省区的快速有效的协调沟通渠道，推助缔结形成第三极跨境生物多样性保护合作协议或条约，建立区协作联防保护机制保护地球"第三极"生态系统。

### 10.5.7　退耕还林还草工程

在风沙区、水土流失区域的严重沙化耕地、坡耕地、移民迁出区实施退耕还林还草，巩固退耕还林成果和扩大退耕还林范围，打好新一轮退耕还林还草攻坚战。建设重点包括新一轮退耕还林工程和退牧还草工程（专栏10-7）。

---

**专栏 10-7　退耕还林还草工程建设重点**

（1）新一轮退耕还林工程。积极协调有关部门，争取尽快批准扩大新一轮退耕还林还草规模。将25°以上非基本农田坡耕地、严重沙化耕地、重要水源地15°~25°坡耕地纳入退耕还林范围。对于已划入基本农田的25°以上坡耕地，在确保基本农田保护面积不减少的前提下，调整为非基本农田后纳入新一轮退耕范围。加强与有关部门的沟通协调，争取解决制约新一轮退耕还林还草的一些制度性问题。抓好退耕还林还草工程管理与耕地管护部门协同推进。通过小额信贷、财政贴息等方式，扶持退耕农户发展种养业；支持林产品企业进行技术引进和技术改造，扩大规模，培育和壮大龙头企业，带动退耕户产业发展。

（2）退牧还草工程。以保护和改善天然草原生态、促进草原植被恢复为主，积极推进三江源和祁连山地区休牧围栏建设，加快退化草原改良、人工饲草地建设、黑土滩治理、毒害草治理和舍饲棚圈建设等，加快建设打草场培育、牧道建设和鼠害防治等。启动人工种草生态修复试点，加快退化草原恢复和治理。在符合条件的地区，以及国有林区已垦林地草原，积极实施禁牧封育、休牧轮牧等措施，恢复草原植被，改善草原生态，提高草原生产力。

---

### 10.5.8　防沙治沙工程

遵循"预防为主，科学治理，合理利用"的治沙方针，依据《全国防沙治沙规划（2011—2020年）》和《青海省防沙治沙规划（2011—2020年）》，加强沙漠化土地综合治理。以保护和恢复林草植被、减轻风沙危害为主要手段，重点加大城镇周边、绿洲、交通干线及生态区位特殊地区沙化土地治理力度。加强沙化土地封禁保护区和防沙治沙综合示范区建设，构建以林为主、林草结合的防风固沙林体系。坚持规模化、基地化治理，努力建成1个百万亩、5个10万亩、20个万亩规模化防沙治沙基地。争取国家支持，启动实施柴达木盆地生态环境保护和综合治理工程、青藏铁路重要枢纽—格尔木城市周边地区防沙治沙工程（专栏10-8）。

---

**专栏 10-8　防沙治沙工程建设重点**

（1）防沙治沙示范区建设工程。在贵南县、都兰县、海晏县、共和县、格尔木市，依靠科技支撑，大力推广"麦草沙障+沙生苗木""固身削顶、前挡后拉"等适用的防沙治沙实用科技成果，优化防沙治沙技术模式，加大了人工造林种草和封沙育林育草的力度，建设防风固沙林和网格固沙障等，预防和治理沙化土地，持续推进

(续)

重点地区沙化土地综合治理。开展大规格苗木营造林技术、多树种混交治理模式、优良品种引进驯化、梭梭等沙生灌木平茬复壮更新、柽柳种质资源收集保存、生态修复技术等方面的试验研究。开展多功能立体固沙车机械压沙技术试验示范。建立防沙固沙治沙用沙一体化机制，提高防沙治沙成效。

(2) 黄河流域治沙县精准治理项目。按照先急后缓、先易后难、保证重点、注重效益的原则，贯彻分类、方案、政策、技术、管理和考核"六精准"的治沙思路，区分不同的沙化类型，采取不同的治理技术和恢复模式，集中人力、物力和财力，规划实施一批防沙治沙重点项目；坚持以水定绿，量水而行，宜治则治、宜保则保、宜封则封、宜荒则荒，积极推广低覆盖度治沙技术，增加林草植被，加强沙区林分抚育改造，提升林分质量。综合开展封山育林育草、人工造林种草等措施，提高生态系统稳定性。

(3) 重点区域防沙治沙工程。启动实施柴达木盆地生态环境保护和综合治理工程、青藏铁路重要枢纽-格尔木城市周边地区防沙治沙工程。

### 10.5.9　林草资源保护工程

贯彻落实党中央、国务院关于开展山水林田湖草生态保护修复的部署要求，按照"格局优化、系统稳定、功能提升"的思路，对山上山下、地上地下、陆地水里以及流域上下游的森林、草原、湿地、野生动植物资源进行整体保护、系统修复、综合治理。建设重点包括：森林资源保护工程、草原生态保护修复工程、湿地保护修复工程、生物多样性保护工程等4项工程(专栏10-9)。

专栏10-9　林草资源保护工程建设重点

(1) 森林资源保护工程。严格执行天然林保护修复制度，对全省所有天然林实施全面保护。"十四五"时期重点在对现有林进行管护，退化林进行改造修复及能力建设。

——加强天然林保护。将全省401万公顷的天然林全部纳入管护范畴，确定天然林保护重点区域。开展管护站点、道路、信息网络、智能监测预警体系建设，实现管护设施设备和智能监测预警体系的全覆盖；建设和培养护林员队伍，设立社区共管机制，全面落实天然林保护责任。

——促进天然林修复和质量精准提升。大力开展天然林修复工程，以自然恢复为主、人工促进为辅及其他复合生态修复措施，提升天然林健康水平，遏制天然林分退化。

——重点公益林保护与建设工程。加大低效林改造力度。对低效林，因林制宜，采取抚育改造、补植补造、树种更替等措施，促进形成稳定、健康、生物丰富多样的森林群落结构，提高森林质量、林地生产力和综合效益。对退化林分进行修复。对枯死木、濒死木进行采伐，全面展开退化林分的更新改造。

(2) 草原生态保护修复工程。推进新一轮退耕还林还草，建立草原自然保护地，加强草原保护修复，加快草原治理力度，促进草原生态自然恢复，遏制草原沙化退化趋势，逐步建立健康稳定的草原生态系统。建设重点包括退化草地人工种草生态修复等5项工程。

——退化草地人工修复工程。坚持重点突破与面上治理相结合、工程措施与自然修复相结合，开展"黑土滩"综合治理，对滩地、缓坡地和陡坡地的"黑土滩"退化草地，分类采取人工草地改建、半人工草地补播、封育自然恢复等模式，恢复草原植被。加快重度退化草原的补播改良，发展优质牧草。进一步加强草原监管工作。

——天然草原灌溉、休牧及打草场建设工程。在适宜地区开展草原灌溉、牧草返青期休牧和打草场建设，巩固草原生态保护成效。

——草原自然保护地建设工程。推动新建续建若干草原自然保护区和自然公园，重点保护一批草原生物多样性丰富区域、典型生态系统分布区域和我国特有的、珍稀濒危的、开发价值高的草原野生物种。

——荒漠草原治理工程。采用围栏封育、补播和施肥等方式，在水资源丰富的地区开展草原灌溉试点，加大对海西、共和盆地荒漠草原治理力度。

——草原有害生物防控工程。采用植物检疫、抗病虫育种、化学防治、物理防治(如用鼠夹捕鼠)、生态防治(如焚烧残草、合理利用草地、不同品种的牧草混播)和生物防治等方式，开展草原鼠兔害、虫害、植物病原微生物、寄生性种子植物和杂草等防控工程。

（续）

（3）湿地保护修复工程。加大湿地保护恢复力度，增强湿地生态功能，提升湿地综合管理水平。重点加强黄河等流域湿地、湖泊、水系保护性开发，开展湿地产权确权试点，实施退耕退牧还湿工程，建设湿地公园，建立湿地生态修复机制，规范湿地保护利用行为，基本形成布局合理、类型齐全、功能完善、规模适宜的湿地保护体系。建设重点包括湿地保护与修复、退牧（耕）还湿、小微湿地建设等5项工程。

——湿地保护与修复工程。重点加强湿地生态系统及珍稀濒危物种集中分布区域保护，严格保护高原河湖湿地，通过退牧还湿、蓄水、禁渔与增殖放流、增加植被等措施，提高湿地保护率。加快人工湿地建设。完成湟水河沿线海晏、湟源、互助、乐都、民和污水处理厂尾水人工湿地建设工程，完善人工湿地类型与结构设计、湿地植物筛选与优化，强化基质—微生物—水生植物三位一体的协同处理，进一步提高区域水源涵养功能和河湖水体的自净能力，恢复生物多样性，营建生态景观。

——退牧（耕）还湿工程。大力开展湿地生态修复和退牧还湿，实施退牧还湿、退耕还湿、退养还滩，加强集中连片、破碎化严重、功能退化的自然湿地修复，加强湿地保护设施建设。健全湿地保护管理机构和网络体系，完善湿地公园管理办法、重要湿地认定办法，推动湿地类型的公园、自然保护区、保护小区发展。

——小微湿地建设工程。以平安区硒岛、化隆牙什尕、循化融合小区、民和娘娘天池、乐都朝阳山、互助黑泉等6处为小微湿地试点建设区为起点，利用现有的池塘、沟渠、集水坑等，推进小微湿地的规划建设，加大力度推进小微湿地保护和建设，研究制定小微湿地"青海标准"，主要开展野生动物和水鸟栖息地恢复重建、退化湿地恢复、湿地外来入侵物种治理等。

——湿地公园管理及能力建设工程。制定监测方案，定期开展监测活动，加强湿地生态和园区管理的监测，及时分析监测结果，适时调整管理对策，实现科学经营管理。加强湿地公园宣教体系建设，强化湿地公园动植物本底调查、动态监测技术等能力建设。

——湿地自然教育工程。利用国家湿地公园、专业自然环境教育机构与学校等各方优势，建设湿地自然学校，打造湿地自然课堂，激发学生提高"认识自然、守护湿地、保护生态"的意识。

（4）生物多样性保护工程。加强生物多样性丰富区域的基础设施和能力建设，启动实施生物多样性建设工程，推进可可西里、孟达、青海湖等重点区域建设，建立保护珍稀野生动植物长效机制，完善野生动植物抢救、保护、繁育、交易制度。拯救普氏原羚、麝、雪豹、野生鹿类、黑颈鹤、天鹅、野生雉类、华福花、兰科植物等珍稀濒危野生动植物种，恢复极度濒危的野生动植物及其栖息地，强化就地、迁地和种质资源保护。健全野生动物疫源疫病监测、野生动植物调查监测体系，加强野生动植物保护科研工作。开展古树名木资源普查，抢救和复壮濒危的古树名木，加强古树名木周边生态建设和环境治理。建设重点包括野生动植物资源本底调查、濒危旗舰物种拯救保护与监测等5项工程。

——野生动植物资源本底调查。对全省野生陆生动物、大型维管束植物的种类组成进行本底调查，为保护生物多样性提供科学依据。对黄河上游扎陵湖、鄂陵湖、星星海、黑海等湖泊，以及玛多至若尔石峡干流和重要支流水域的鱼类、浮游生物、大型维管束植物的种类组成进行调查，并实地了解水文、气候、植被等状况对当地鱼类现状的影响，进行渔业资源量评价和鱼类生物学特性分析，掌握黄河上游鱼类资源基础科研数据，为生态资源养护提供科学依据。

——濒危旗舰物种拯救保护与监测工程。实施雪豹、普氏原羚、藏羚羊、野牦牛、藏野驴等珍稀濒危物种拯救保护与监测工程，建设野牦牛、藏羚羊、普氏原羚、雪豹等以旗舰物种保护为主题的野生动物保护区，以这些旗舰物种为抓手，完善保护制度、构建保护网络、严格执法监管、扩大宣传影响。

——野生动植物生态廊道建设工程。在三江源、青海湖、祁连山等野生动物主要分布区，针对围栏、公路等基础设施建设造成重要物种栖息地破碎化、岛屿化、迁徙活动受阻隔、基因交流困难的问题，探索实施拆除围栏、降低围栏、消除或减缓人为障碍因子、建设廊道通道等保护工程。

——林草种质资源拯救保护及种质资源库建设工程。开展优良树草品种的选育、驯化及繁育示范基地建设工程；开展高海拔地区林草种质资源拯救保护工程、国家级林木、草种种质资源库建设。

(续)

> ——珍稀濒危野生动植物抢救性保护工程。根据《中华人民共和国野生动物保护法》开展对栖息地和种群具体化的种类性监测评估和危机评估，比如珍稀雪豹生存状况等。

### 10.5.10 草原生态保护修复和草原保护地建设工程

推进新一轮退耕还林还草，建立草原自然保护区和自然公园，加强草原保护修复，加快草原治理力度，促进草原生态自然恢复，遏制草原沙化退化趋势，逐步建立健康稳定的草原生态系统。建设重点包括退化草地人工种草生态修复等5项工程(专栏10-10)。

> **专栏10-10 草原生态保护修复工程建设重点**
> (1)退化草地人工种草生态修复工程。坚持重点突破与全面治理相结合、工程措施与自然修复相结合，开展"黑土滩"综合治理，对滩地、缓坡地和陡坡地的"黑土滩"退化草地，分类采取人工草地改建、半人工草地补播、封育自然恢复等模式，恢复草原植被。加快重度退化草原的补播改良，发展优质牧草。进一步加强草原监管工作。
> (2)天然草原灌溉、休牧及打草场建设工程。在适宜地区开展草原灌溉、牧草返青期休牧和打草场建设，巩固草原生态保护成效。
> (3)草原自然保护地建设工程。推动新建续建若干草原自然保护区和自然公园，重点保护一批草原生物多样性丰富区域、典型生态系统分布区域和我国特有的、珍稀濒危的、开发价值高的草原野生物种。
> (4)荒漠草原治理工程。采用围栏封育、补播和施肥等方式，在水资源丰富的地区开展草原灌溉试点，加大对海西、共和盆地荒漠草原治理力度。
> (5)草原有害生物防控工程。采用植物检疫、抗病虫育种、化学防治、物理防治(如用鼠夹捕鼠)、生态防治(如焚烧残草、合理利用草地、不同品种的牧草混播)和生物防治等方式，开展草原鼠兔害、虫害、植物病原微生物、寄生性种子植物和杂草等防控工程。

### 10.5.11 湿地保护修复工程

加大湿地保护恢复力度，增强湿地生态功能，提升湿地综合管理水平。重点加强黄河等流域湿地、湖泊、水系保护性开发，开展湿地产权确权试点，实施退耕退牧还湿工程，建设湿地公园，建立湿地生态修复机制，规范湿地保护利用行为，基本形成布局合理、类型齐全、功能完善、规模适宜的湿地保护体系。建设重点包括湿地保护与修复、退牧(耕)还湿、小微湿地建设等5项工程(专栏10-11)。

> **专栏10-11 湿地保护修复工程建设重点**
> (1)湿地保护与修复工程。重点加强湿地生态系统及珍稀濒危物种集中分布区域保护，严格保护高原河湖湿地，通过退牧还湿、蓄水、禁渔与增殖放流、增加植被等措施，提高湿地保护率。加快人工湿地建设。完成湟水河沿线海晏、湟源、互助、乐都、民和污水处理厂尾水人工湿地建设工程，完善人工湿地类型与结构设计、湿地植物筛选与优化，强化基质—微生物—水生植物三位一体的协同处理，进一步提高区域水源涵养功能和河湖水体的自净能力，恢复生物多样性，营建生态景观。
> (2)退牧(耕)还湿工程。大力开展湿地生态修复和退牧还湿，加强湿地保护设施建设。
> (3)小微湿地建设工程。针对小微湿地主要开展野生动物和水鸟栖息地恢复重建、退化湿地恢复、湿地外来入侵物种治理等。
> (4)湿地公园能力建设工程。加强湿地公园宣教体系建设，强化湿地公园动植物本底调查、动态监测技术等能力建设。
> (5)湿地自然教育工程。利用国家湿地公园、专业自然环境教育机构与学校等各方优势，建设湿地自然学校，打造湿地自然课堂，激发学生提高"认识自然、守护湿地、保护生态"的意识。

### 10.5.12 生物多样性保护工程

加强生物多样性丰富区域的基础设施和能力建设,启动实施生物多样性建设工程,推进可可西里、孟达、青海湖等重点区域建设,进一步提高生物多样性保护和管理水平。拯救普氏原羚、麝、雪豹、野生鹿类、黑颈鹤、天鹅、野生雉类、华福花、兰科植物等珍稀濒危野生动植物种,恢复极度濒危的野生动植物及其栖息地,强化就地、迁地和种质资源保护。健全野生动物疫源疫病监测、野生动植物调查监测体系,加强野生动植物保护科研工作。开展古树名木资源普查,抢救和复壮濒危的古树名木,加强古树名木周边生态建设和环境治理。建设重点包括野生动植物资源本底调查、濒危旗舰物种拯救保护与监测等5项工程(专栏10-12)。

---

**专栏10-12 生物多样性保护工程建设重点**

(1)野生动植物资源本底调查。对全省野生陆生动物、大型维管束植物的种类组成进行本底调查,为保护生物多样性提供科学依据。

(2)濒危旗舰物种拯救保护与监测工程。实施雪豹、普氏原羚、藏羚羊、野牦牛、藏野驴等珍稀濒危物种拯救保护与监测工程。

(3)野生动植物生态廊道建设工程。在三江源、青海湖、祁连山等野生动物主要分布区,针对围栏、公路等基础设施建设造成重要物种栖息地破碎化、岛屿化、迁徙活动受阻隔、基因交流困难的问题,探索实施拆除围栏、降低围栏、消除或减缓人为障碍因子、建设廊道通道等保护工程。

(4)林草种质资源拯救保护及种质资源库建设工程。开展优良树草品种的选育、驯化及繁育示范基地建设工程;开展高海拔地区林草种质资源拯救保护工程、国家级林木、草种种质资源库建设。

(5)珍稀濒危野生动植物抢救性保护工程。根据《中华人民共和国野生动物保护法》开展对栖息地和种群具体化的种类性监测评估和危机评估,比如珍稀雪豹生存状况等。

---

### 10.5.13 林草产业化发展工程

围绕建设特色经济林和草产业格局,着力做好种苗培育提升、示范基地建设、知名品牌建设、新型经营主体培育等项目,做大做强林草产业,再造产业发展新优势。建设重点包括特色种植养殖业产业建设、生态旅游业发展等4项工程和项目(专栏10-13)。

---

**专栏10-13 林草产业化发展工程建设重点**

(1)特色种植养殖业产业建设工程。积极推进特色经济林、木本油料、中藏药材、花卉基地、林草种苗、饲草种植、食用菌等林草特色种植规模,加快特色种植业转型升级和提质增效。扩大特色种植养殖规模,开展野生动物驯养观赏和产品精深加工利用。

(2)生态旅游业发展工程。加快森林、草原、湿地、荒漠等自然景观利用等生态旅游业发展,积极培育生态文化、生态教育等特色生态旅游新业态。重点发展以自然公园为主的生态旅游业。

(3)国有林区森林休闲康养建设项目。建设森林浴场、森林氧吧、森林康复中心、森林疗养场馆、康养步道等服务设施。加强林草培育种植、森林食品和药材保健疗养功能研发。

(4)林下经济与草产业建设项目。积极发展林药、林菌、林菜等林下特色种植、林下特色养殖和林区生态旅游,扩大林下经济规模,扩大人工饲草基地、优良草种繁育基地及饲草加工能力建设。加强冬虫夏草资源采集管理,合理利用冬虫夏草等经济植物资源,增加农牧民收入。

---

### 10.5.14 林草事业发展支撑保障工程

强化森林草原火灾预防、防火应急道路、林(草)火预警监测、通信和信息指挥系统建设。完善有害生物监测预警、检疫御灾、防治减灾三大体系,加强重大有害生物以及重点生态区域有害生物防治。加强国有林场道路、饮水、供电、棚户区改造等基础设施建设,提升装备现代化水平。加强林业草原基层站所标准化建设,推进机构队伍稳定化、管理体制顺畅化、站务管理制度化、基础设施现代化、履行职责规范化、服务手段信息化、人才发展科学化、示范效益最大化。推进林业科技支撑能力建设,系统研发重大共性关键技术,加强科技成果转化应用,健全林业草原标准体系,建设林业草原智库。开展"互联网+"林草建设,构建林草立体感知体系、智慧林业草原管理体系、智慧林草服务体系。建设重点包括森林草原火灾高风险区综合治理、森林草原有害生物防控能力建设等11项工程(专栏10-14)。

---

**专栏10-14 黄河流域生态保护和高质量支撑保障工程建设重点**

(1)森林草原火灾高风险区综合治理工程。重点建设林草火灾视频监控、瞭望监测、巡护基础设施及设备、物资储备库、扑火装备及营房建设等。

(2)森林草原有害生物防控能力建设。重点加强森林草原有害生物防控基础设施、基层中心测报点设备等。完善野生动物疫源疫病防控体系。加强进出口物种和动物制品管理。规范野生动植物市场监督和执法协作。

(3)科技体系建设工程。启动全省国有林场提质增效计划,加强科技发展立项。开展森林、草原、湿地和荒漠不同类型的国家级生态定位研究站建设,完善生态系统定位观测研究基础设施。加快国家级生态站建设。完善站网规划布局,争取新的生态站入网。开展生态站基础性研究,做好草原生态站的管理及运行工作。

(4)林草系统基层服务站点能力建设工程。包括基层林业站、科技推广站、木材检查站点的基本能力装备、设施及设备等。

(5)重点区域科技示范区建设工程。依托中科院高寒所、青海大学等科研机构,在三江源、祁连山、青海湖等重点区域建立林草科技示范区,打造林草科技创新平台,充分展示林草新科技、新思路、新做法和新经验。

(6)高原自然生态系统效益监测及评估体系建设工程。通过整合青海省高原地区多来源、多尺度、多过程、多时相的生态环境数据,结合大规模的野外调查和长期定位观测数据,利用3S技术和开发改进的生态系统过程模型、生态位模型、经典方程等技术方法,全面评估青海省高原地区的森林、湿地、荒漠、草原、农田五大生态系统及三江源、青海湖流域、祁连山区等重点生态区域的服务价值和生态资产。在GIS和RS平台支持下,建立青海省高原地区的生态环境数据库,开发定量测算省域生态系统服务价值的数据——模型融合平台,对重点生态系统服务功能进行区划,重点生态工程投资效益进行评估,构建完整的生态系统服务功能及生态资产评估体系。

(7)重大生态修复与保护关键技术研发及科技成果推广项目。重点研发推广自然资源保护、重点区域生态修复治理、森林草原有害生物综合防控、野生动植物栖息地保护及草原利用、草地与人畜及野生动物平衡等技术。

(8)智慧林业草原建设工程。完善森林、草原、湿地、荒漠化和生物多样性等资源数据库系统建设,提高林业草原资源基础信息服务能力,建立综合营造林管理系统,实现对营造林、草原恢复建设现状和发展动态的信息化管理。

(9)国际交流与合作。加强与全球环境基金组织、联合国开发计划署、国际农发基金等国际组织协调与合作,加强与相关国家政府和非政府组织的联系与沟通,引进国际先进技术和资金,提升理念更新和管理水平。

## 10.6 重点任务

坚定实施生态报国战略,正确处理好生态保护与经济发展、绿水青山与民生福祉、顶层设计与地方探索、政府主导与市场机制、突出重点和整体推进、以人为本和尊重自然、制度建设和行动自觉、立足当下和着眼长远等关系,建立重点生态工程长效发展机制。

### 10.6.1 建立到期工程后续政策接续机制

#### 10.6.1.1 天然林保护长效机制

落实《天然林保护修复制度方案》，建立天然林保护长效机制，全面保护天然林资源。在黄河、长江、澜沧江流域的 39 个县(市、区、局)，采取人工造林、封山育林等措施，继续加强天然林资源管护，加大森林资源培育力度，确保森林生态功能持续恢复。力争到 2020 年完成营造林 73 万亩，其中，人工造林 29 万亩、封山育林 44 万亩。

——争取国家林业和草原局支持，充分考虑青海省天然林资源分布的连续性和自然状况，将海西州纳入天保工程实施范围，实现该省天保工程全覆盖，确保全省天然林资源得到全面有效的保护。

——国家级公益林保护和管理。"十三五"期间的建设任务是继续实施好 496.1 万公顷的公益林管护，健全和完善以检查和监理为手段的项目管理体系，合理使用补偿资金，提高公益林资源保护和管理水平，实现公益林资源恢复和扩大的目标。积极争取国家提高现行中央财政森林生态效益补偿标准。

#### 10.6.1.2 到期退耕还林还草工程后续政策接续

主要包括：一是根据国家政策规定，退耕还林中生态林在退耕补助结束后，符合公益林区划条件的纳入公益林管理，享受森林生态效益补偿，用生态效益补偿政策接续退耕还林政策；营造为商品用材林的，可以利用已经形成的郁闭条件，发展林下经济，或者依法采伐利用，获得经济收入。二是制定退耕还林经营长期规划，逐步调整退耕林木结构，加强退耕林木抚育管理，使其进一步产生生态效益和经济效益。三是大力发展继续产业。引导退耕还林主体发展林下经济，通过林下种植、林下养殖、林下采集以及对森林景观的科学利用，高效利用林间空地，增加林业附加值，巩固生态建设成果；将退耕还林与旅游开发相结合，建立观光生态林业，建立治理生态环境和发展旅游产业为一体的生态林业开发体系。

### 10.6.2 完善生态保护与治理机制

把山水林田湖草生态保护修复工作融入转型发展，与全县脱贫攻坚、乡村振兴等工作结合起来统筹推进，通过转变发展方式、生活方式实现长久治理。

一是积极推进生态综合性治理。推行乡土树种造林。按照"适地适树、良种壮苗、就近育苗、就近造林"的原则，优先培育、使用乡土树种。坚持因地制宜，以水定林，宜造则造，宜封则封，科学实施，大力营造混交林。鼓励营造生态经济兼用林，提高林地经济效益。将工程治沙与生物治沙相结合、裸根苗与容器苗造林相结合、插杆造林与植苗造林相结合，探索建立综合性生态治理技术模式。

二是构建一体化生态管护体制。按照生态系统的整体性、系统性及其内在规律，加快推进各有关部门生态管护职能融合，实现草原、森林、湿地、荒漠、湿地管护由部门分割向"多方融合"转变，努力构建全区域、全方位、全覆盖的一体化管护格局。通过政府购买服务形式，不断充实管护力量，鼓励社会力量积极参与生态管护。进一步完善管理机制，修订完善各类管护办法，规范管护行为，提高管护效益和质量。建立生态治理与生态补偿接续机制，将上一轮退耕还林补助政策期满后符合条件的退耕还生态林纳入森林生态效益补偿范围。

三是实行最严格的生态环境保护制度。实行更加严格的禁牧和草畜平衡制度，严格控制天然草原放牧规模，有效缓解草场过载压力，对禁牧减畜居民给予合理补偿。支持在三江源国家公园及祁连山国家公园内扩大生态公益管护岗位设置范围，确保生态资源安全。生态经济林。提升生态系统质量和稳定性。加快推进林长制在青海的全面实施。继续扩大天然林公益林管护责任、效果与管护资金挂钩试点范围，奖优罚劣，以考促管，不断提升公益林、天然林管护水平和效益，完善全省森林保护体制机制。探索和完善以政府购买服务为主的公益林管护机制。加强林业有害生物防控能力建设，提高林业有害生物预测预报和防治水平。加强森林防火，深入开展防火宣教活动，提高全民防火意识，配备防火设施设备，提高森林火情预警预报和火灾扑救能力。

四是推行社会化管护。国有新造林地达到公益林管护条件的，由同级政府采取购买服务方式，实行专业管护。购买服务包括委托管护、协议管护、合同管护等，管护费用按照国有林现行管护费标准支付。鼓励成立以国有为主，个人、集体、企业参与的股份制林场，并纳入国有林场系列管理。对个人、企业、合作社等社会主体新造乔木林地，经林业部门验收合格后，从次年起纳入公益林补偿范围。新造灌木林地覆盖度达30%后，纳入公益林补偿范围。鼓励开展认领管护。引导鼓励企事业单位、机关和个人通过认领新造林地等方式，明确相关权益，加强新造林地抚育管护。各级绿化委员会颁发荣誉证书。

五是建立生态治理工程方案评估制度。高寒地区造林成活率低，成本高，在高寒地区造林不但成果难以巩固，而且由于造林整地会对原生植被造成破坏，难以恢复，因此有些地区不适宜大规模开展人工造林。为防止破坏性治理，应研究探索建立统一的生态环境评估体系、评估方法，建立生态环境第三方评估制度，防止生态治理效果误判，及早提醒生态环境风险，避免离任审计才发现严重破坏生态的被动局面。

## 10.6.3 建立社会化参与机制

认真贯彻落实《青海省人民政府办公厅关于印发创新造林机制激发国土绿化新动能办法的通知》和《青海省营造林工程先建后补实施细则》等文件精神，激励行政村、合作社、企业和个人等社会主体参与重点工程建设的积极性，激发植绿护绿爱绿新动能。

一是完善工程造林投资机制和生态资源管护机制，调动了广大农牧民造林育林的积极性和爱林护林的自觉性。继续完善"申报制造林""奖励制造林"和"利益驱动造林"等造林体制，推广公益林、天保林、草原家庭合同制管护方式，将国有林场（区）管辖内的国有公益林、天然林委托给辖区内的农牧户家庭进行管护。

二是全面落实税收、用电用水等优惠政策，切实保障造林绿化主体的合法权益。造林绿化灌溉用水价格，按当地农业水价综合改革后的农业供水水价制度执行，并与农业灌溉用水同等享受精准补贴和节水奖励政策。造林绿化用电执行农业生产用电价格。实施造林绿化项目过程中，对企业取得的农林项目所得免征企业所得税，对企业取得的花卉、茶以及其他饮料作物和香料作物种植所得减半征收企业所得税。

三是积极培育造林大户、家庭林场、农民合作社、龙头企业、林业职业经理人等新型林业经营主体，完善林业龙头企业动态评比机制。探索向社会主体购买财政性造林绿化、经营管护等服务，吸纳有劳动能力的贫困群众就地转成护林员。推进林权交易平台建设，探索林地、林木股份合作模式，鼓励通过依法流转发展适度规模经营。积极鼓励由行政村、合作社、企业、国有林场和个人等社会主体参与林业重点工程建设，有力推动造林工程建设的健康发展。在重点生态区位推行商品林赎买制度，逐步恢复和扩大自然生态空间。

四是大力推行"先建后补"的造林机制。行政村、合作社、企业、国有林场和个人等社会主体，可申请先行投资林业生态建设项目进行营造林。营造林面积1亩以上并达到标准的，纳入补助范围，营造林前需编制作业设计，按照批复的作业设计实施。对于已签订合同或协议的，按原合同或协议办理；对于新签订合同或协议的，必须明确"承包地5年内未完成造林绿化的，由发包方予以收回"具体内容。积极探索向社会主体购买财政性造林绿化、经营管护等服务。

### 10.6.4 扩大投融资渠道

建立重点生态工程建设多元化投入机制，加快建立和完善以地方投资为主导、引导和吸纳社会资本参与的投融资体制。

一是加大重点造林项目的财政支持力度。纳入重点造林绿化的项目，各级财政、林业管理部门按有关规定，对林木种苗、栽植管护给予补助。切实把造林绿化投资列入地方财政预算，并与上级造林项目补助资金整合使用。各相关部门优先解决造林项目用地和水、电、路等配套设施。抓住国家加强生态、水利、扶贫开发、农业综合开发等建设机遇，积极争取国家专项资金的支持。强化财政涉农资金统筹整合使用力度，有效整合水利、交通、农业综合开发、扶贫等领域专项资金。

二是健全生态保护补偿机制。将天然荒漠灌木林等按照《国家级公益林区划界定方法》将符合条件的林地全部划定为国家级公益林，纳入中央财政森林生态效益补偿范围。积极推进流域上下游横向生态保护补偿机制，鼓励下游与上游通过资金补偿、增量收益、技能培训、就业引导、转产扶持、共建园区等方式建立横向补偿关系。

三是加大金融机构支持力度。创新投融资机制，合理利用政策性、开发性金融推进重点工程建设。鼓励各金融机构积极开发符合林业经济发展需求的金融产品和服务方式创新。研究制定适合青海省利用开发性和政策性金融促进林业生态建设的途径方法。加快金融支持林业发展合作协议落地，为重点工程建设提供全方位、个性化的金融服务。用政策导向和利益机制推进金融机构、社会资本和工商资本参与重点林业生态项目。

四是搭建林业生态建设投融资平台。利用好青海省林业生态建设投资有限责任公司，按照"政府引导、市场运作、主体承贷、项目管理、持续经营"的思路，为全省重点林业生态项目工程打造投资主体、承接平台和经营实体。充分发挥财政资金撬动作用，启动政府和社会资本合作造林项目，积极推行PPP模式。完善财政扶持政策，充分利用财政贴息政策，切实增加林业贴息贷款等政策覆盖面。探索尝试发行绿色债权，拓宽资金来源。

五是充分发挥市场机制。多方位、多层次引进金融、投资、基金、社会资本及民间资本参与林业重点工程建设。鼓励和支持企业、团体、个人等合资、合作、入股等方式，以产业链为纽带，借助市场力量，吸引更多的外资和民营资本参与林业重点工程建设。结合经济林培育、休闲旅游、生态复合型苗木基地建设，细化金融支持林业发展合作协议，通过体制、产品和服务创新，探索一条林业与金融合作创新、互相融合的新途径。

### 10.6.5 建立协调发展机制

坚持重点生态工程与生态美、百姓富协调推进，生态建设与后续产业同步布局。

一是积极推进三产融合。在植树造林更加注重景观营造和实用性，在持续强化造林防风固沙作用的同时，努力开发林木的造景功能，丰富种植品种，打造更具观赏性、实用性及地域特色的景观带、城市公园。结合林业重点工程建设,持续推动沙棘、枸杞、木本油料、藏茶以及森林旅游等林产业基地建设。

二是加强经营管理。多渠道筹集建设资金,大力改善森林乡村、森林人家、森林康养等公共服务设施条件,在重点村优先实现宽带全覆盖。加大对乡村休闲旅游的投入,扶持建设一批具有自然风景、地域、民族特色的景观旅游村镇,打造一批"农家乐""牧家乐""林家乐"、自驾游等特色鲜明的乡村旅游休闲产品。

三是完善森林乡村、森林人家、森林旅游行业标准,建立健全食品安全、消防安全、环境保护等监管规范。大力改善森林旅游、休闲康养基地道路、宽带、停车场、厕所、垃圾污水处理等基础设施条件,创建休闲示范村,开展"一村一品"特色游和夏季度假游活动,建设大草原经济旅游圈。发展富有乡村特色的民宿和养生养老基地。

四是继续实施品牌提升战略。大力发展名特优新林、草产品,培育知名品牌。倾力打造"有机枸杞之乡""富硒之乡"。加大林草产品基地建设力度,积极培育森林生态标志产品生产加工龙头企业。充分利用国内国际两个市场,有效融入"一带一路"战略,鼓励有条件的企业"走出去",推动名特新优农林草产品走向国际市场。充分利用农博会、绿博会、青洽会、清食展等合作交流平台,展示展销青海特色优势林草产品,扩大知名度和市场销售规模。

### 10.6.6 加大贫困地区林业重点工程实施力度

针对林业草原施业区、重点生态功能区与深度贫困区高度耦合的实际,统筹山水林田湖草系统治理,深入实施重大生态保护修复工程。

一是加大对贫困地区天然林保护工程建设支持力度。探索天然林、集体公益林托管,推广"合作社+管护+贫困户"模式,吸纳贫困人口参与管护。探索天然林、公益林托管模式,鼓励国家公园、自然保护区、国有林场、森林、湿地、沙漠、地质公园等开放公益岗位,吸纳贫困人口参与管护和服务。

二是加大贫困地区新一轮退耕还林还草支持力度,将新增退耕还林还草任务向贫困地区倾斜,在确保省级耕地保有量和基本农田保护任务前提下,将25°以上坡耕地、重要水源地15°~25°坡耕地、陡坡梯田、严重石漠化耕地、严重污染耕地、移民搬迁撂荒耕地纳入新一轮退耕还林还草工程范围,对符合退耕政策的贫困村、贫困户实现全覆盖。

三是建设生态扶贫专业合作社(队),吸纳贫困人口参与防沙治沙、石漠化治理、防护林建设和储备林营造。深化贫困地区集体林权制度改革,鼓励贫困人口将林地经营权入股造林合作社,增加贫困人口资产性收入。建立国土绿化任务分配机制,确保将生态修复任务优先向造林、草业合作社安排。

四是推进贫困地区低产低效林提质增效工程。鼓励合作社帮助带动贫困人口积极投身造林种草和抚育管护等劳动,稳定增收不返贫。结合建立国家公园体制,多渠道筹措资金,对生态核心区内的居民实施生态搬迁,带动贫困群众脱贫。完善横向生态保护补偿机制,让保护生态的贫困县、贫困村、贫困户更多受益。鼓励纳入碳排放权交易市场的重点排放单位购买贫困地区林业碳汇。

五是设置和聘用公益岗位。探索改革现有生态建设和管护体制,将现有草原、湿地、林地管护岗位统一归并为生态管护公益岗位,明确岗位职责。按照社会服务工作需求,设定卫生、环保、治安、科普宣教等社会服务公益岗位。优先安排建档立卡贫困人口、国有林场、禁牧农牧户、搬迁移民农牧户、退耕还林农牧户，从事生态体验、环境教育服务、生态保护工程劳务、生态监测等工作，使其在参与国家公园生态保护管理中获益。

六是将生态移民同精准扶贫相结合，统筹使用生态搬迁、易地扶贫搬迁和农牧民危旧房改造项目资金，核心保护区域、重要生态节点、重要生态廊道建档立卡贫困人口纳入易地扶贫搬迁范围，非建档立卡贫困人口享受农牧民危旧房改造补助政策。

## 10.7 政策措施

### 10.7.1 加强重点生态工程规划

按照自然资源统一管理、山水林田湖草综合治理的要求和生态系统自然发展规律推进流域、区域生态一体保护修复。一是对林草生态保护修复区域分类区划。各类自然保护地根据优化整合后的范围和功能分区，确定生态保护和修复的具体措施。其他区域根据地类、植被状况、降水量、灌溉条件、土壤条件、坡度坡向等立地条件分类区划，按照宜乔则乔、宜灌则灌、宜草则草、宜荒则荒原则，明确造林、种草、森林质量精准提升、封育、封禁等区域，科学规划生态保护修复。二是整合项目系统推进。以行政区域为单位，进一步细化各类生态保护修复区域范围，将现有项目整合后严格按照规划区域、流域推进治理。坚持"山连山沟连沟、集中连片治理"的举措，实施好天然林保护、三北防护林、退耕还林、防沙治沙和湟水规模化林场建设等专项工程。只在重点区域高标准灌溉造林，一般区域旱作造林，加强森林质量精准提升，试点推进飞播造林，生态脆弱地区封禁恢复。江河源头主要以封育为主，减少人为干扰；湟水河流域、黄河谷地结合湟水规模化林场建设、南北山绿化等，营造水源涵养林和水土保持林，增加森林面积；沙区以固沙压沙为主，大面积实施封禁保护；其他区域管、封、造结合推进。

### 10.7.2 提升科技支撑能力

主要包括：一是加大科技攻关力度。依托高等院校、科研院所合作开展科学研究，搭建学术交流平台和合作发展平台，加强困难立地造林、混交林营造、节水灌溉造林、退化土地治理等技术攻关。各地结合实际情况，积极探索工程治理模式，采用干旱地区节水灌溉造林模式、林草间作治理模式、浅山地区汇集径流整地治理模式、窄林带小网格农田防护林建设模式、云杉沙棘混交林建设模式、高标准大苗造林模式、生态经济林造林模式等多种治理模式。成立省级生态治理专家委员会，组织开展重点生态工程技术难题攻关。二是加大现有科研成果转化及推广应用力度。积极推广使用优质抗逆的林木植物新品种，支持和鼓励使用优良种苗造林。完善科技成果转化的激励机制，鼓励专业技术人员从事造林绿化科学研究和技术推广，结合科技项目的实施，深入基层开展科技服务。积极转化国内外生态保护、生物多样性保护等方面的重大科技成果，全面提升生态保护的科技水平。三是建立健全造林绿化技术标准体系。针对不同造林区域、立地条件、造林树种和造林类型制定造林绿化地方标准，完善生态保护修复、生态产品、生态服务、生态评价等林业技术标准体系。加大标准贯彻实施和监督检查力度，提高工程采标率，促进造林绿化科学化、标准化和规范化。四是强化科技合作。争取将林草业重点工程纳入生态农牧业重大科技支撑工程范围。与环保部门强化合作，进一步增加青海"生态之窗"远程监控系统监测点位，增加全省五大生态功能区的覆盖程度和监测频次。五是在森林重点火险区综合治理、森林防火指挥系统和森林防火通信系统建设等一批森林防火基础设施建设项目的基础上，加快实施森林和草原防火基础设施项目提升活动，着重提升全省火险预警预报、基础通信、指挥调度、应急通信和数据共享等森林草原立体监控体系和防御能力，建设现代化森林草原防火体系。

### 10.7.3 提升重大生态工程管理水平

在已有重大生态工程管理制度办法基础上，针对"五大生态板块"不同区域特点，完善生态工程管理体系，把联动的理念、法制的思维、开放的战略、科技的支撑融入相关制度办法，改变以往治山、治水、治草各自为战的局面，使管理机制在创新中得到不断完善和升华。一是健全监督考核评估体系。制定可操作的、短期和中长期相结合的、动态调整的绩效考核办法，强化结果运用，实施考核问责，使考核真正发挥好推进实施重大生态工程的激励约束作用。以国家公园示范省建设和推进大规模国土绿化为契机，争取省委、省政府等多层次对林草行业先进个人、单位表彰，带动工作积极性。通过提高政府绩效目标考核林草相关工作比例、发挥绿委双组长制度优势等方式，督促各地党委、政府进一步提高对林草工作的重视和支持。二是进一步强化统筹协调。积极加强与中央国家部委的衔接沟通，在上下联动、横向协作上多下功夫，使已实施和即将实施的重大生态工程有更大规模资金支持、更宽领域技术协作、更高层次政策引领，切实增强各类重大生态工程实施的系统性、整体性和协同性。三是进一步加强宣传引导。以推动公众参与和社会共治为重心，加大生态文明主流价值观的培育，充分尊重公民的知情权、参与权和监督权，完善信息公开制度，强化社会舆论监督，营造良好公众参与氛围。

### 10.7.4 依法保障重点工程建设

主要包括：一是立法层面。研究制定《青海省天然林保护条例》，明确天然林保护行政负责制和目标责任考核制度，建立天然林管护体系，完善管护制度，划分管护责任区，落实管护责任主体、管护责任和措施。开展《三江源国家公园条例（试行）》评估，研究制定《青海省国家公园条例》。围绕重点生态工程建设，逐步建立健全以若干法律为基础、各种行政法规相配合的法律法规体系。二是在执法层面。严格执行《中华人民共和国森林法》《中华人民共和国防沙治沙法》《禁牧令》《禁垦令》《禁伐令》《禁采令》等法律法规，依法惩处盗伐、滥伐林木、毁坏林木绿地以及非法占用林地、绿地的行为，巩固和发展造林绿化成果。强化林业部门管理森林资源的职能，严格使用林地、绿地审批管理。认真贯彻落实《青海省湿地保护条例》，加大湿地保护与恢复工程、湿地公园建设力度①。三是法律宣传层面。不断提高全民的法制观念，形成全社会自觉保护环境、美化环境的强大舆论。

**参考文献**

丛小丽，2019. 吉林省生态旅游系统生态效率评价研究[D]. 长春：东北师范大学.
黄春平，熊英，2019. 生态保护与林下经济的可持续发展[J]. 中国林业经济（5）：91-92+99.
李生宝，2018. 青海省生态保护和建设重大工程研究调研报告[J]. 青海环境，28(2)：58-63.
卢新石，2019. 草原知识读本[M]. 北京：中国林业出版社.
张贺全，2014. 青海省森林资源保护对策建议[J]. 林业经济年(6)：119-120.

---

① 目前，有《中华人民共和国湿地保护条例》《生态文明建设促进条例》。

# 11 湿地保护修复制度研究

## 11.1 研究概述

### 11.1.1 研究背景

近年来，按照党中央、国务院的决策部署，各地区、各部门不断加强湿地保护。为加强湿地保护修复，国家林业和草原局（原国家林业局）牵头制定了《中国湿地保护行动计划》《全国湿地保护工程规划》，出台了《湿地保护管理规定》，开展了湿地公园建设和湿地生态效益补偿、退耕还湿试点，以及湿地保护修复重点工程建设。截至2019年年底，全国共有国际重要湿地57处，湿地自然保护区602个，国家湿地公园899个，湿地保护率达52.19%，初步形成了以湿地自然保护区为主体的湿地保护体系。但是，我国仍面临着湿地面积萎缩、功能退化、物种减少等十分突出的问题，经济社会发展对湿地生态系统的压力持续增大，湿地保护修复制度不健全。为全面保护湿地、维护湿地生态功能和作用的可持续性，制定湿地保护修复制度十分必要。

2016年11月30日，国务院办公厅印发了《湿地保护修复制度方案》，这是我国生态文明体制改革的全新成果，为完善湿地保护管理制度体系奠定了良好基础。青海省政府高度重视湿地保护工作，2017年6月20日印发《关于贯彻落实湿地保护修复制度方案的实施意见》（简称《实施意见》），为全面保护湿地、维护湿地生态功能和作用的可持续性，做出了顶层制度设计。青海省《实施意见》共分7个部分23条。提出了"建立湿地分级管理体系、实行湿地保护目标责任制、健全湿地用途监管机制、健全退化湿地修复制度、健全湿地监测评价体系"等制度框架，明确了建立湿地保护修复制度体系的基本思路。

结合青海省湿地保护面临的新形势、新任务，特别是针对湿地保护面临的突出问题，以及湿地保护相关制度缺失的现状，本研究提出了青海省"十四五"期间完善湿地保护修复制度的重点和方向。

### 11.1.2　研究意义

根据《关于特别是作为水禽栖息地的国际重要湿地公约》(简称《湿地公约》)和《湿地分类》(GB/T 24708—2009),湿地是指天然的或人工的、永久的或间歇性的沼泽地、泥炭地、水域地带,带有静止或流动,淡水或半咸水及咸水水体,包括低潮时水深不超过6米的海域。

湿地作为陆地和水域的过渡生态系统,具有其独特的生物物种多样性保存与遗传基因库功能,天然涵养水源、蓄洪防旱、降解污染、净化水质功能,固定二氧化碳、调节区域气候功能,防浪促淤与造陆功能,独特景观欣赏与生态旅游功能。湿地是生物物种繁衍和保存的"基因库",人类水源、食物和工农业原材料的"储备库",是人类聚居、娱乐、科研、宣教和传承文化的重要场所,是人类社会发展和文明进步的重要物质和环境基础之一。长期以来,人们对湿地功能、价值认识不足,对湿地保护、管理和利用的客观规律研究不够,对湿地生态系统进行整体性、综合性、系统性管理和保护一直未取得进展。随着人口的急剧增加,经济社会的快速发展,不合理开发利用、非法侵占或破坏湿地的行为时常发生,使我国湿地遭到开(围)垦、污染、淤积、资源过度利用、外来物种入侵等破坏或威胁,湿地面积锐减,湿地功能严重受损或丧失。

湿地遭受如此严重破坏的重要原因,是我国针对湿地进行系统性保护,使其整体性功能持续发挥的制度体系不完善,对湿地生态系统的保护和利用行为尚无有效的规范。青海正在建设以国家公园为主体的自然保护地体系示范省,将在人与自然和谐发展等方面为我国的生态文明和美丽中国建设探索经验。青海是湿地大省,建立完善的湿地保护修复制度体系,对于保护好高原湿地和推动生态文明制度建设都具有重大的理论和现实意义。

### 11.1.3　研究方法

本研究主要采用了以下方法:

(1)实地调研。研究启动之初,深入青海省8个市(州)开展了座谈会议、实地考察,与相关行业部门的管理者、专家深入交流,收集了大量第一手材料,形成了研究的基本思路。

(2)文献研究。认真查阅、整理了青海省湿地资源概况、湿地保护管理现状、湿地保护管理政策措施、湿地生态系统受威胁状况等,结合全国湿地保护修复面临的突出问题,分析问题,思考对策。

(3)对比分析。对比国际、国内解决湿地保护修复面临突出问题的一般方法,总结经验,探索出路。青海省湿地保护面临与全国其他地区相同的问题,如水质污染、围垦、矿产开发、过度放牧等,也存在法规不健全、投入不足和政策不合理等制约因素,需要结合青海省特点,提出有针对性的对策建议。

## 11.2　湿地概况

青海省是我国西部的生态安全屏障和全球大气、水分循环的重要调节区域。青海省地形地貌复杂多样,水系发达,河流众多,大小湖泊星罗棋布,高山峰顶常年冰雪覆盖,享有"中华水塔"之美誉。然而,由于降水和蒸发量区域差异比较大,且地处高寒,全省生态系统较为脆弱,水土流失、荒漠化、沙化面积不断扩大,湿地萎缩,草场退化等问题非常突出。加强青海省湿地保护修复，对于维护我国生态安全极为重要。

根据第二次全国湿地资源调查成果，青海省湿地总面积814.36万公顷，占全国湿地总面积的15.19%，居全国第1位。青海省湿地具有海拔高（海拔3000米以上的湿地面积占64.5%）、类型多、分布广、面积大、功能强等特点，青藏高原独特的地质、地形和气候植被条件为高原湖泊湿地、沼泽湿地、河流湿地的广泛发育提供了有利的条件。

### 11.2.1 各类型湿地面积

青海省的湿地资源有4类17型（表11-1），其中，河流湿地①3型，总面积88.53万公顷（占全省湿地总面积的10.87%）；湖泊湿地②4型，总面积147.03万公顷（18.05%）；沼泽湿地③6型，总面积564.54万公顷（69.33%）；人工湿地④4型，总面积14.26万公顷（1.75%）。此外，青海省还有大面积的现代冰川和雪山。

表11-1 青海省各湿地类型面积

| 湿地类 | 湿地型 | 面积（万公顷） | 比例（%） |
| --- | --- | --- | --- |
| 河流湿地 | 永久性河流 | 62.97 | 7.73 |
| | 季节性河流 | 8.85 | 1.09 |
| | 洪泛平原湿地 | 16.70 | 2.05 |
| 湖泊湿地 | 永久性淡水湖 | 33.36 | 4.09 |
| | 永久性咸水湖 | 111.89 | 13.74 |
| | 季节性淡水湖 | 0.14 | 0.02 |
| | 季节性咸水湖 | 1.64 | 0.20 |
| 沼泽湿地 | 地热湿地 | 8.33 | — |
| | 草本沼泽 | 27.19 | 3.34 |
| | 灌丛沼泽 | 0.06 | — |
| | 内陆盐沼 | 224.54 | 27.57 |
| | 沼泽化草甸 | 312.74 | 38.40 |
| 人工湿地 | 库塘 | 5.58 | 0.69 |
| | 输水河 | 0.04 | — |
| | 盐田 | 8.64 | 1.06 |
| 合计 | | 814.34⑤ | 99.98 |

### 11.2.2 湿地分布

青海省地势总体呈西高东低、南北高中部低的态势，西部海拔高峻，向东倾斜，呈阶梯下降，

---

① 指宽度在10米以上、长度5000米以上的永久性、季节性河流和洪泛平原湿地，青海省有河流4915条。
② 由地面上大小形状不一、充满水体的天然洼地组成，分为永久性淡水湖、永久性咸水湖、季节性淡水湖、季节性咸水湖等类型；青海省有湖泊1980多个，其中，淡水湖泊1690个、咸水湖泊291个。
③ 是由水和水生、沼生的湿地植被为优势种组成的群落类型，青海有草本沼泽、灌丛沼泽、内陆盐沼、沼泽化草甸、地热湿地和淡水泉/绿洲湿地等6种类型。
④ 是人为作用形成的湿地，包括人工库塘、输水河、水产养殖场和盐田等类型。
⑤ 青海省有地热湿地1处，面积8.33公顷；有淡水泉/绿洲湿地2处，面积48.77公顷；有水产养殖场1个，面积12.23公顷。因面积太小而无法统计在表格内。

东部地区为青藏高原向黄土高原过渡地带，地形复杂，地貌多样。由于各自然地理单元在地形、气候和水文等方面的自然差异，青海湿地有着明显的地域分布特点：青海南部江河源区主要分布着河流和高寒沼泽草甸湿地；西部可可西里地区主要分布着青海海拔最高的湖泊湿地；东南部黄河源区断陷盆地主要分布着黄河外流水系及高原盆地湖泊湿地；西部北部集中分布着柴达木盆地咸水湖、盐湖及沼泽湿地；东北部青海湖内流区域及祁连山地区主要分布着中国最大的高原湖泊湿地青海湖和祁连山河源沼泽湿地。

按行政区域划分（表11-2），海西州湿地面积（380.18万公顷，占全省湿地总面积的46.68%）最大，玉树州（263.44万公顷）排名第2，其次为果洛州80.94万公顷，海北州44.66万公顷，海南州35.21万公顷，黄南州8.11万公顷，海东市1.19万公顷，西宁市0.62万公顷。

表11-2 青海省各地区湿地面积

| 地区 | 合计（公顷） | 河流湿地（公顷） | 湖泊湿地（公顷） | 沼泽湿地（公顷） | 人工湿地（公顷） |
| --- | --- | --- | --- | --- | --- |
| 西宁市 | 6166.03 | 4210.58 | 0 | 1038.09 | 917.36 |
| 海东市 | 11921.10 | 6038.26 | 21.27 | 662.54 | 5199.03 |
| 海北州 | 446620.49 | 62594.46 | 201737.87 | 181430.36 | 857.80 |
| 海南州 | 352101.54 | 28379.87 | 236124.94 | 47379.65 | 40217.08 |
| 海西州 | 3801775.20 | 309867.35 | 495023.25 | 2905697.33 | 91187.27 |
| 黄南州 | 81140.13 | 11225.81 | 31.06 | 67313.99 | 2569.27 |
| 果洛州 | 809412.68 | 68635.57 | 171645.00 | 567483.70 | 1648.41 |
| 玉树州 | 2634425.02 | 394304.87 | 365718.83 | 1874401.32 | 0 |
| 合计 | 8143562.19 | 885256.77 | 1470302.22 | 5645406.98 | 142596.22 |

按流域划分，青海省境内长江流域区湿地面积190.34万公顷，黄河流域区湿地面积143.65万公顷，澜沧江流域湿地面积14.07万公顷，黑河流域（疏勒河、石羊河等）湿地面积141.51万公顷；内流河流域（可可西里、青海湖、柴达木盆地等）湿地面积324.79万公顷。

### 11.2.3 湿地生物资源

湿地生物资源，是指适宜水环境生长、繁殖的植物、动物和浮游生物。青海省境内分布的湿地动植物物种区系较为复杂，鱼类和鸟类物种资源量非常丰富，且具明显高原特色。

湿地植被是湿地生态系统的重要生物资源，也是湿地生态系统的主要生产者，在涵养水源、净化水质、调节水平衡和气候、提供野生动物栖息生存场所以及在人类生活质量提高等方面发挥着不可替代的作用。青海省境内湿地植被分布有四大类型，即水生植被、沼泽植被、沼泽草甸和盐沼植被。其中，沼泽草甸和沼泽湿地类型植物是青藏高原湿地的独特类型，极具代表性和广泛性。植物资源主要包括被子植物45科136属369种（单子叶植物125种、双子叶植物244种）、蕨类植物1科2属3种，青海省特有湿地植物1种（祁连獐牙菜）。

青海省境内丰富的湖泊与滩涂、河流与沼泽草甸等湿地生境，是众多野生动物，特别是鱼类、鸟类、两栖类动物理想的栖息、繁衍场所，也为一些兽类提供了生存等必要条件，湿地野生动物在全省野生动物资源中占很大比重。全省湿地动物有鸟类119种，隶属于10目24科；鱼类59种，隶属于3目6科；哺乳类14种，隶属于6目9科；两栖类10种，隶属于2目5科；湿地脊椎动物有4纲21目44科，202种。青海省湿地珍稀动物物种多、价值高。鸟类中，国家一级保护野生鸟类 5 种(黑颈鹤、黑鹳、金雕等),国家二级保护野生鸟类 12 种(大天鹅、灰鹤、蓑羽鹤、小青脚鹬等);哺乳类中,国家重点保护野生兽类 6 种(藏野驴、水獭、水鹿、藏羚、藏原羚、野牦牛);两栖类中,国家重点保护野生动物 1 种(大鲵);鱼类中,国家保护 2 种(青海湖裸鲤、川陕哲罗鲑)。

## 11.3 湿地利用与保护现状

青海省独特的地理环境和气候特征,造就了全球高海拔地区独一无二的湿地生态系统,孕育了高原独特的生物谱系,为维护我国生态安全和推动区域经济社会发展提供了基础保障。

### 11.3.1 湿地资源利用概况

(1)水资源利用。青海省水域资源辽阔,水体总面积 136.7 万公顷。全省集水面积在 500 平方千米以上的河流达 380 条。全省年径流总量为 611.23 亿立方米,水资源总量居全国 15 位,人均占有量是全国平均水平的 5.3 倍,黄河总径流量的 49%,长江总径流量的 1.8%,澜沧江总径流量的 17%,黑河总径流量的 45.1%从青海流出,每年有 596 亿立方米的水流出青海。地下水资源量为 281.6 亿立方米;全省面积在 100 公顷以上的湖泊有 242 个,省内湖水总面积 13098.04 平方千米,居全国第 2。2018 年,全省水资源总量为 961.89 亿立方米,其中,地表水资源总量 939.48 亿立方米,地下水资源总量 424.24 亿立方米(22.41 亿立方米未重复计算);全省入境水量 119.76 亿立方米,出境水量 820.57 亿立方米。全年总供用水量 26.10 亿立方米,人均用水量 433.08 立方米,低于全国平均水平(436 立方米/人),在各省份排第 17 位;农田灌溉亩均用水量 482 立方米,灌溉水利用系数 0.499;按当年价格计算,万元地区生产总值和增加值用水量分别为 91.1 立方米和 33.1 立方米。

(2)畜牧资源利用。青海是我国五大牧区之一,畜牧业可利用的沼泽湿地面积 446 万公顷,占全省湿地总面积的 54.77%。其中,沼泽化草甸、湖滨草原等草地为牦牛、绵羊等高原特有牲畜提供了生息和繁衍的环境。畜牧业是青海省国民经济的重要支柱,也是牧区 60 多万少数民族人民赖以生存和发展的基础产业。据统计,2019 年青海省畜牧业总产值 250.81 亿元,占当年全省农林牧渔业总产值的 55.2%[①]。2019 年,青海省牛出栏 148.06 万头,羊出栏 804.43 万只;2019 年年末,牛存栏 494.61 万头,羊存栏 1326.88 万只[②]。

(3)水能资源利用。青海是长江、黄河、澜沧江的发源地,省内河流水能理论蕴藏量为 2537 万千瓦;全省水能储量在 1 万千瓦以上的河流有 108 条,可装机 500 千瓦以上的水电站 241 处。现有水电站坝址 178 处,总装机容量 2166 万千瓦,居全国第 5 位。青海省现已开发的大型水电站主要分布在黄河干流段,特别是在龙羊峡、拉西瓦、李家峡、公伯峡、积石峡和寺沟峡等 6 个大型梯级电站,装机容量达 785 万千瓦,年发电量约 294.5 亿千瓦时,分别占全省可开发水能资源总装机容量的 43.6%和年发电总量的 38.1%,被誉为中国水能资源的"富矿区"。

(4)矿产资源利用。青海省矿产资源丰富,主要包括盐湖、砂金和煤炭资源。青海有大大小小

---

① 数据来源:国家统计局青海调查总队调查结果。
② 数据来源:《青海省 2019 年国民经济和社会发展统计公报》。

的盐湖 100 多个，盐湖资源位居全国第一；盐湖主要集中于柴达木盆地中南部的大柴旦、格尔木地区及东部乌兰县境内和西部冷湖地区。柴达木盆地共有 33 个大中型盐湖，60 多个矿床、矿点、矿化点，已发现大中型钾镁盐矿产地 10 多处，硼矿产地 18 处，锂矿 3 处，钠盐矿 12 处。其中，储量超过 100 亿吨的特大盐湖有 2 个，10 亿～100 亿吨的大型盐湖有 6 个，储量几千万吨的小型盐湖星罗棋布，主要大中型盐湖有察尔汗、大浪滩、昆特依、一里坪、东台吉乃尔、西台吉乃尔、大柴旦、茶卡等，其中，察尔汗盐湖是全国最大的钾镁盐矿床。盆地盐矿以液体矿为主，液固并存。博大的盐湖、盐矿中有丰富的钠、钾、镁、锂、锶、硼、溴、铷、铯、石膏、芒硝、天然碱等十几种矿种。已经进入国家矿产资源储量表的主要有盐矿 3085.5 亿吨，占全国总储量的 22.89%；镁矿 55.68 亿吨，占 83.22%；锶矿 2294.05 万吨，占 41.09%；锂矿 1538.25 万吨，占 83.09%；钾矿 8.37 亿吨，占 77.64%；硼矿 1865.77 万吨，占 24.63%。目前，青海盐湖工业已形成钾盐、钠盐、镁盐、锂盐、氯碱五大产业集群。2017 年，青海省盐湖化工产业总产值 258.19 亿元，占全省工业总产值的 10.19%，列十大优势产业的第 2 位[①]；2018 年，青海省原盐产量 262.82 万吨，钾肥产量 713.30 万吨，分别列全国的第 8 位和第 1 位。青海省域内广泛分布有河砂金，历史上采金活动遍布全省。近年来，青海在全省范围内禁止开采砂金，严厉打击偷采违法犯罪活动，砂金开采量大幅减少。

(5) 旅游资源利用。青海省旅游资源丰富，青海湖、三江源、茶卡盐湖等湿地景观已成为生态旅游的热点。依托独特的生态资源，青海省确立了建成"生态强省"和"旅游名省"的战略目标。2019 年，全省接待国内外游客 5080.17 万人次，比上年增长 20.8%。其中，国内游客 5072.86 万人次，增长 20.9%；入境游客 7.31 万人次，增长 5.7%。实现旅游总收入 561.33 亿元，增长 20.4%。其中，国内旅游收入 559.03 亿元，增长 20.5%；旅游外汇收入 3335.67 万美元，下降 7.7%。

### 11.3.2 青海省湿地保护措施

青海是我国湿地面积最大的省份，保护好青海的湿地，对于维护高原湿地生态功能、改善民生福祉和履行《湿地公约》都具有重要意义。1992 年，中国加入《湿地公约》，青海湖鸟岛于当年首批列入国际重要湿地名录。2005 年，扎陵湖、鄂陵湖第三批列入国际重要湿地名录。目前，青海省共有 3 处国际重要湿地（专栏 11-1），履约面积达 18.4 万公顷。

---

**专栏 11-1　国际重要湿地认定标准**

根据 1999 年第七次缔约国大会和 2005 年第九次缔约国大会做出的规定和修改，国际重要湿地的指定标准包括 2 大组 9 小项。

指定标准组 A：具有代表性、典型性、稀有性或特殊性的湿地。

标准 1：能很好地代表所在生物地理区域的基本特征并处在自然或接近自然状态的、具有所在生物地理区域上代表性、典型性、稀有性或特殊性的湿地。

指定标准组 B：保持生物多样性的湿地。

　基于物种或生态群落的指定标准

标准 2：拥有易危、濒危和极危物种或受到威胁的生态群落的湿地。

标准 3：拥有对维持特殊生物地理区域生物多样性的动植物种群的湿地。

标准 4：为动植物生活史中的关键时期的栖息地或为动植物在不利条件下提供避难所的湿地。

---

① 数据来源：《青海统计年鉴 2018》。

(续)

> 基于水禽的特定指定标准
> 标准5：正常状况下维持了20000只或以上水禽的湿地。
> 标准6：正常状况下维持某一水禽物种或亚种之1%的个体数量的湿地。
> 标准7：维持代表了湿地效益和/或价值的一定数量原产鱼类的亚种、种或科，或其生活期的一定阶段，或其物种相互作用的一部分和/或种群数量，因而能对全球的生物多样性作出贡献的湿地。
> 标准8：无论是否在该湿地区域上或以外的区域，是某些鱼类及其产卵地、生长地和/或鱼群洄游线路的重要食物来源的依靠的湿地。
> 基于其他类群的特定指定标准
> 标准9：正常状况下维持某一依赖湿地生存的非水禽物种或亚种之1%的个体数量的湿地。

2000年，国务院17部委联合发布《中国湿地保护行动计划》《中国重要湿地名录》，全国共有173块湿地被确定为国家重要湿地，其中青海省有17处重要湿地被列入，总面积达到了219.9万公顷。2018年10月，青海省政府办公厅印发《青海省湿地名录管理办法》，对全省重要湿地和一般湿地的认定、管理以及更新规定作了详细说明，为加强全省湿地保护，规范湿地认定及其名录管理工作，建立湿地分级管理体系有了制度保障。至2019年年底，青海省已有国际重要湿地3处、国家公园内湿地和国家重要湿地9处、国家湿地公园19处(表11-3)、省级湿地公园1处；保护总面积215.05万公顷，其中湿地面积104.23万公顷，湿地名录认定保护取得了新的突破。

青海省已初步建立起以国家公园为主体，湿地自然保护区、湿地公园为辅助的湿地保护管理体系，523.75万公顷湿地纳入保护范围，截至2019年湿地保护率达52.19%。

### 11.3.3 青海省湿地破坏与受威胁状况

青藏高原自然生态系统极其脆弱，在全球气候变化和人类过度开发利用对双重压力下，青海省湿地资源呈现面积减少、生态系统健康状况下降、生态服务功能衰退等趋势，严重威胁着区域湿地生态系统安全和社会经济稳定。

长期以来，由于对湿地生态价值缺乏认识，湿地被视为"未利用地"而过度放牧、过量捕捞与采撷、肆意排放污染物和大规模采矿，这是导致青海省湿地萎缩、湿地生态系统破坏和生物多样性锐减的主要原因。由于湿地生态系统的恶化，土地的生产能力发生了变化，湿地物种的种群结构受到了影响，高原鼠兔和中华鼢鼠在部分地区成为优势种群，加重了高原鼠害。从20世纪70年代起，由于过度放牧，草场严重过载，玛多县出现了草场退化、湖泊干涸，严重威胁着当地牧民群众的生产生活。20世纪90年代，玛多县4000多个湖泊超过一半出现干涸，扎陵湖、鄂陵湖面积萎缩，造成源头河水断流长达半年之久。木里煤田是青海省最大的煤矿区，21世纪初以来，因违规开采和过度开发，导致4571.02公顷的湿地破坏；因地表坍塌、植被消失不可恢复的湿地面积4447.71公顷，占受损湿地面积的97.30%。

由于经济社会发展对湿地资源开发利用的需求在增长，青海省湿地生态系统一直受到人类经济活动的威胁，主要包括畜牧业超载、过度捕捞和采撷、面源污染、矿产开发、城市建设、水利工程和旅游开发等。第二次全国湿地资源调查结果显示，青海省受威胁湿地面积占47.33%，其中受重度威胁的面积占比为7.06%。因此，当前亟须完善湿地保护修复相关制度，减轻人类经济活动对湿地生态系统的压力。

表 11-3 青海省 19 处国家湿地公园概况

| 湿地公园名称 | 湿地公园面积（公顷） | 功能分区及面积（公顷） | | | | 主导类型 | 湿地面积（公顷） | 各类湿地面积（公顷） | | | |
|---|---|---|---|---|---|---|---|---|---|---|---|
| | | 保育区 | 恢复重建区 | 宣教展示区 | 合理利用区 | 管理服务区 | | | 沼泽 | 湖泊 | 河流 | 人工 |
| 黄河清国家湿地公园 | 4516 | 2341 | 0 | 167 | 1910 | 98 | 河流 | 3012 | 595 | 160 | 2257 | 0 |
| 湟水国家湿地公园 | 508.7 | 276.07 | 79.36 | 18.77 | 126.19 | 8.31 | 河流 | 241.41 | 0 | 0 | 241.41 | 0 |
| 洮河国家湿地公园 | 38393 | 27878 | 0 | 3845 | 5855 | 815 | 沼泽,河流 | 13820 | 12320 | 0 | 1500 | 0 |
| 阿拉克湖国家湿地公园 | 16799.21 | 14271.4 | 1984.23 | 196.87 | 329.94 | 16.77 | 沼泽,湖泊 | 8442.8 | 4320.78 | 3600.58 | 521.44 | 0 |
| 尕海国家湿地公园 | 11229.4 | 10509 | 232 | 175.2 | 181.2 | 132 | 沼泽 | 7112.9 | 4260.2 | 2746 | 106.7 | 0 |
| 冬格措纳湖国家湿地公园 | 48226.8 | 41527 | 3500.9 | 261.6 | 2884 | 53.3 | 沼泽,湖泊 | 34038.7 | 10158.6 | 22993.9 | 886.2 | 0 |
| 黑河源国家湿地公园 | 63935.62 | 38406.03 | 11575.67 | 10520.5 | 3179.22 | 254.21 | 沼泽,河流 | 42940.59 | 40305.37 | 0 | 2635.22 | 0 |
| 都兰湖国家湿地公园 | 6693.25 | 6466.22 | 32.41 | 98.64 | 54.76 | 41.22 | 湖泊,沼泽 | 5844.81 | 1155.09 | 4533.88 | 155.84 | 0 |
| 巴塘河国家湿地公园 | 12346 | 11696 | 397 | 40.4 | 211 | 1.6 | 沼泽,河流 | 8047.12 | 6628.83 | 0 | 1393.12 | 2.22 |
| 布哈河国家湿地公园 | 7133.97 | 5721.22 | 490.68 | 256.05 | 636.72 | 29.3 | 河流,沼泽 | 6890 | 2143.86 | 0 | 4745.71 | 0 |
| 南门峡国家湿地公园 | 1217.31 | 859.82 | 104.91 | 117.52 | 132.86 | 2.2 | 河流,人工 | 992.95 | 87.68 | 0 | 786.76 | 118.5 |
| 玛可河国家湿地公园 | 1610.74 | 1166.73 | 380.82 | 33.29 | 26.20 | 9.70 | 河流 | 1121.9 | 193.31 | 0 | 928.59 | 0 |
| 大地湾国家湿地公园 | 609.90 | 404.06 | 153.89 | 17.71 | 28.82 | 5.42 | 河流 | 527.73 | 0 | 0 | 507.34 | 20.39 |
| 德曲源国家湿地公园 | 18647.83 | 18252.47 | 318.58 | 9.78 | 62.25 | 4.75 | 河流,沼泽,湖泊 | 12353.55 | 12052.99 | 67.53 | 233.03 | 0 |
| 泽曲国家湿地公园 | 72303.44 | 66076.25 | 4912.21 | 571.17 | 663.3 | 80.51 | 河流,沼泽 | 41548.05 | 40667.74 | 0 | 880.31 | 0 |
| 汪曲国家湿地公园 | 4825.31 | 4584.99* | 162.23 | 19.24 | 55.05 | 3.8 | 河流,沼泽 | 3031.73 | 2111.16 | 0 | 920.57 | 0 |
| 沙柳河国家湿地公园 | 2980.76 | 2886.64 | 43.96 | 7.01 | 40.02 | 3.13 | 河流,沼泽,人工 | 1914.33 | 117.69 | 0 | 1789.58 | 7.06 |
| 班玛仁拓国家湿地公园 | 4431.27 | 4409.47 | 0 | 12.37 | 5.96 | 3.47 | 河流,湖泊,沼泽 | 1604.23 | 1091.15 | 25.08 | 488 | 148.17 |
| 黄河国家湿地公园 | 8671.95 | 7993.02 | 616.53 | 20.8 | 39.52 | 2.08 | 河流,沼泽 | 3101.34 | 390.63 | 0 | 2710.71 | 0 |

## 11.4 现行湿地保护修复制度

近年来,青海省高度重视生态保护修复工作,把推进以国家公园为主体的自然保护地体系示范省建设,作为贯彻落实"一优两高"战略部署的重要举措,扎实筑牢我国西部生态安全屏障。

### 11.4.1 湿地保护管理现状

青海省的湿地保护管理事业起步于 20 世纪 70 年代中期建立青海湖鸟岛自然保护区。30 多年来,青海省湿地保护管理工作经历了初期建设、强化管理和快速发展等几个阶段,积极推进湿地保护管理体系建设,不断完善湿地保护修复制度,启动实施了重要湿地监测评价工作,在全国湿地保护管理工作中走在了前列。

(1)保护管理体制机制建设。长期以来,青海省主要依靠自然保护区建设实现各类自然资源保护管理。为加强湿地资源保护管理工作,依据《青海省湿地保护条例》,2013 年 4 月 12 日,青海省机构编制委员会办公室批准成立了青海省湿地保护管理中心,由原省林业厅管理,负责全省湿地保护管理的组织、协调、指导和监督。2018 年机构改革后,青海省林业和草原局下设湿地处,承担全省湿地资源动态监测与评价工作,指导湿地保护工作;组织实施湿地生态保护修复、生态效益补偿工作,管理国家重要湿地、省级重要湿地,监督管理湿地的保护利用;承担国际重要湿地公约履约工作。截至 2017 年,青海省共划建了国家公园(试点)2 处、自然保护区 11 处、风景名胜区 19 处、水产种质资源保护区 14 处、水利风景区 17 处、地质公园 8 处、森林公园 23 处、湿地公园 20 处、重要湿地 20 处、世界自然遗产地 1 处,基本覆盖了全省绝大多数重要的自然生态系统和自然遗产资源,最大程度上保留了自然本底,完好地保存了典型生态系统、珍稀特有物种资源、珍贵特殊自然遗迹和自然景观。

(2)湿地保护修复项目。中央高度重视青海省湿地保护工作。20 世纪 90 年代以来,青海省相继实施了可可西里、隆宝湖、青海湖和三江源等自然保护区基础设施建设工程,可鲁克湖—托素湖与大通宝库河流域的湿地保护与恢复项目。进入 21 世纪以来,原国家林业局不断加大资金支持力度,开展了湿地保护与恢复、湿地生态效益补偿试点。青海实施了青海湖国际重要湿地和扎陵湖—鄂陵湖国际重要湿地保护与恢复工程,强化了基层湿地保护设施设备,改善了青海省湿地的生态状况,维护了生态安全。2012—2018 年,青海省各类湿地保护与恢复项目累计投入资金 5.26 亿元;其中,中央财政湿地补助资金 2.67 亿元,中央预算内湿地保护与恢复工程资金 1.76 亿元,湿地生态管护员补助资金 0.83 亿元。

(3)创新实施湿地生态管护员制度。为了保护好高原湿地,青海着眼于农牧民生产生活生态良性循环转变,在湿地保护体制机制上积极探索,初步建立了一支"牧民为主、专兼结合、管理规范、保障有力"的湿地生态管护员队伍。青海把确定湿地管护范围作为开展湿地生态管护制度的关键,选择国务院确定的第一个"国家生态保护综合试验区"——三江源国家生态保护综合试验区开展湿地生态管护员制度试点。试验区有三江源、可可西里和隆宝 3 处国家级自然保护区及 10 处国家湿地公园,湿地面积 416.52 万公顷,占全省湿地总面积的 51%。充分发挥湿地生态管护员积极性,提升管护成效,青海要求湿地生态管护员持证上岗,并承担巡护、协助执法、监测调查、宣传等 10 项管护职责。在湿地管护员聘任上,动态管理,绩效考核后,实行一年一聘制。在湿地管护岗位工资发放上,采取"基础工资+绩效工资",按照70%基础工资、30%绩效工资的比例发放。基础工资每季度发放一次,绩效工资在年底考核合格后一次性兑现。

(4)积极履约提升高原湿地保护的影响力和知名度。全球气候变化已成为全人类共同面临的挑战和共同的责任。湿地在全球气候变化中,尤其温室气体减排方面作用已经得到国际社会广泛认同。2011年11月,在南非德班召开的《联合国气候变化框架公约》缔约方大会和2014年IPCC发布的《对2006年IPCC国家温室气体清单指南的2013年湿地增补》,要求各缔约国重点关注不小于1公顷的泥炭沼泽湿地排干和还湿情况,以及2013年开始继续实施《京都议定书》第二期减排任务。我国作为《湿地公约》《联合国气候变化框架公约》等缔约国及全球第二大经济体,在减排中负有重要的国际义务。青海省独特的高原湿地是世界湿地保护组织关注的重点。多年来,随着我国湿地保护工作逐步与国际接轨,青海省湿地保护工作也得到了国际组织的认可和支持,高海拔湿地保护已成为全球生态保护和生物多样性保护的重点、热点。不断加大湿地保护力度,提高社会公众的湿地保护意识,对进一步提高青海省湿地保护在国际上的影响力具有重要意义。

### 11.4.2 青海省湿地保护修复专项制度

为加强湿地保护与管理,青海省积极落实国家关于湿地保护的相关政策措施,不断完善省域内湿地保护与管理相关法规、制度、工程规划和技术标准体系(表11-4),持续提升湿地保护与管理的标准化、规范化水平。

表11-4 青海省湿地保护修复制度文件

| 文件名称 | 发文/编写单位 | 出台时间 | 备注 |
| --- | --- | --- | --- |
| 《青海省湿地公园管理办法(试行)》 | 省政府办公厅 | | |
| 《青海省湿地保护条例》 | 省政府办公厅 | 2013年9月 | 2018年修订 |
| 《三江源国家生态保护综合试验区生态管护员公益岗位设置及管理意见》 | 省政府办公厅 | 2015年1月 | |
| 《青海省草原湿地生态管护员管理办法》 | 省政府办公厅 | 2015年11月 | |
| 《关于贯彻落实〈湿地保护修复制度方案〉的实施意见》 | 省政府办公厅 | 2017年6月 | |
| 《青海省湿地名录管理办法》 | 省政府办公厅 | 2018年9月 | |
| 《青海省湿地监测技术规程》 | 省质量技术监督局 | 2015年3月 | |
| 《重要湿地标识规范》 | 省质量技术监督局 | 2016年6月 | |
| 《省级重要湿地认定通则》 | 省质量技术监督局 | 2016年6月 | |

2017年6月20日,青海省人民政府印发了《关于贯彻落实湿地保护修复制度方案的实施意见》(简称《实施意见》),结合青海省情、湿情,提出建立湿地分级监管体系,探索开展湿地管理事权划分改革,完善保护管理体系,落实湿地面积总量管控和建立湿地保护成效奖惩机制,建立湿地总量管控和用途监管制度(专栏11-2),健全退化湿地修复制度和建立湿地监测评价体系等制度建设目标。《实施意见》严格遵循中央文件要求,突出青海特色,充分考虑全省湿地资源权属不清、多部门管理等现实情况,有序推进各项分级保护、利用管控、监测评估、绩效奖惩等制度和退化湿地修复规划的制定工作。

> **专栏 11-2　非法征占用湿地专项排查**
>
> 根据《青海省人民政府办公厅关于贯彻落实〈湿地保护修复制度方案〉的实施意见》精神，为严格湿地总量管控和用途监管，青海省加大湿地管控力度，"十三五"以来，办理征占用手续 46 件。
>
> 排查内容包括：
> （一）各类工程建设、采石采矿中非法占用重点湿地的行为；
> （二）擅自开（围）垦、填埋、占用湿地或者改变湿地用途；
> （三）擅自排放湿地蓄水或者修建阻水、排水设施，截断湿地与外围的水系联系；
> （四）擅自采砂、采石、取土、采集泥炭、提取草皮；
> （五）擅自猎捕、采集国家和省重点保护的野生动植物，捡拾或者破坏鸟卵；
> （六）擅自新建建筑物和构筑物；
> （七）向湿地投放有毒有害物质、倾倒固体废弃物、排放污水；
> （八）破坏湿地保护设施设备；
> （九）其他破坏湿地及其生态功能的行为。

2013 年 5 月 30 日，审议通过的《青海省湿地保护条例》①明确了湿地保护的责任单位和监督单位，规定了湿地内禁止的行为，包括擅自开垦填埋、采砂采石、捕猎、倾倒废弃物、破坏野生动物重要繁殖区及栖息地等行为；并规定任何单位和个人都有保护湿地资源的义务，有权对破坏、侵占湿地资源的行为进行检举、控告；对主管部门及相关部门违反本条例规定的，依法给予行政处分，构成犯罪的，依法追究刑事责任。此外，为推动湿地生态效益补偿机制的建立和实施，规定县级以上人民政府应当逐步建立健全湿地生态效益补偿制度，对依法占用湿地和利用湿地资源的，按照"谁利用谁保护、谁受益谁补偿"的原则，建立补偿机制；因保护湿地而给湿地所有者或者经营者合法权益造成损失的，应当按照有关规定予以补偿。2018 年 9 月 18 日，青海省第十三届人民代表大会常务委员会第六次会议进一步修订了《青海省湿地保护条例》，涉及 6 项条款，完善了湿地分级保护制度、建立健全湿地保护体系、湿地公园建设、监测调查、监管机制以及湿地红线和"占补平衡"等方面。

2018 年 9 月 29 日，青海省人民政府办公厅印发《青海省湿地名录管理办法》规定，按照重要程度、生态功能，将湿地分为重要湿地和一般湿地。重要湿地包括国际重要湿地、国家重要湿地和省级重要湿地，重要湿地以外的湿地为一般湿地。省级重要湿地认定采取指定与申报相结合的方式。已纳入自然保护区、湿地公园等保护地的湿地，由省林业行政主管部门根据湿地的重要性，通过指定式直接列入省级重要湿地建议名录，报省人民政府同意并公布。未纳入指定式的其他湿地，可由市（州）、县（市、区、行委）人民政府林业行政主管部门根据湿地的重要性，在征求有关部门意见并经市（州）、县（市、区、行委）人民政府同意后，逐级向省人民政府林业行政主管部门提出省级重要湿地申报名录。

《湿地监测技术规程》监测标准是科学开展全省湿地资源监测工作、掌握湿地资源动态变化、了解湿地生态特征及其演变过程和规律、评估湿地保护管理成效的基础。2015 年 3 月 15 日实施的《青海省湿地监测技术规程》，规定了湿地监测的主要内容、监测指标、技术方法、监测频次、监测站位布设、监测报告编写格式等技术要求，为青海湿地资源监测规范化管理、标准化监测提供科学依据，对青海湿地资源的保护起到积极的推动作用。

《青海省湿地公园管理办法（试行）》明确了申请建立湿地公园的条件，要求湿地公园管理机构

---

① 2013 年 5 月 30 日青海省第十二届人民代表大会常务委员会第四次会议上通过，同年 9 月 1 日正式施行。

定期组织开展湿地资源调查和动态监测，建立风险预警机制，建立档案，并根据监测情况采取相应的保护管理措施。禁止的行为和活动包括开(围)垦湿地、开矿、采石、取土、修坟以及生产性放牧等；擅自排放湿地蓄水或者修建阻水、排水设施，截断湿地与外围的水系联系；从事房地产、度假村等不符合主体功能定位的建设项目和开发活动；擅自猎捕、采集野生动植物，捡拾或者破坏鸟卵等行为。破坏野生动物重要繁殖区及栖息地，破坏鱼类等水生生物洄游通道，采用灭绝性方式捕捞鱼类及其他水生生物；投放有毒有害物质、倾倒固体废弃物、排放污水，倾倒垃圾等破坏湿地资源或湿地景观的活动；破坏湿地保护设施设备。

《青海省草原湿地生态管护员管理办法》2012 年开始施行，青海省在全国率先设置了草原生态管护员公益性岗位，成为保障全省广大农牧民脱贫的重要渠道。2014 年，青海省多部门联合，有计划、有步骤地推进了生态管护员公益性岗位选聘工作，采取管护补助与责任、考核与奖励、工资报酬与绩效相挂钩的管理方式。截至 2019 年年初，各类生态管护岗位 137932 名，其中建档立卡林业和草原生态管护员 49844 名，其中林业 19483 个(包括湿地 862 名)，草原 30361 名，占总岗位的 36%。通过设置草原、湿地生态管护员岗位，充分调动农牧民群众参与生态管护的积极性，建立了一支"牧民为主、专兼结合、管理规范、保障有力"的湿地生态管护员队伍，进一步巩固生态保护和建设成果，并为创建全国生态文明先行区奠定坚实基础。

### 11.4.3 地方性法规中有关湿地保护修复的制度

随着湿地萎缩、湿地生态系统逐渐退化和湿地野生动植物资源枯竭等问题日益凸显，许多依托湿地资源而发展的行业部门注意到了保护和修复湿地生态系统的重要性和紧迫性，在地方和行业法规中加入了保护湿地资源的条款。

《青海湖流域生态环境保护条例》提出，青海湖流域生态环境保护以维护生物多样性和保护自然生态系统为目标，以水体、湿地、植被、野生动物为重点，妥善处理生态环境保护与经济建设和农牧民利益的关系。具体管理制度包括实行用水管理制度，禁止在流域内兴建高耗水项目，新增用水应当按有关规定履行审批手续，禁止在湖泊、河道以及其他需要特别保护的区域，排放、倾倒固体废物、油类和含有病原体的污水及残液等有毒有害物质。对有关青海湖流域的一切人类活动，包括旅游、用水、新建水利工程、水土保持、草原建设等，以及普氏原羚、大天鹅、黑颈鹤等珍贵濒危野生动物主要生息繁衍场所的人为活动均作了具体规定。

《青海省饮用水水源保护条例》从饮用水水源保护区的划定、饮用水水源保护、监督管理、法律责任等方面，规范了饮用水水源保护行为，完善了水源管理体制，提出"实行饮用水水源保护区制度"，规定县级以上人民政府应当将饮用水水源保护纳入本地区国民经济与社会发展规划。县级以上人民政府应当建立饮用水水源保护生态补偿制度，加大对饮用水水源保护的投入，确保本行政区域内饮用水水源不受污染和破坏。在饮用水水源准保护区内，禁止新建、扩建严重污染水体的建设项目，改建增加排污量的建设项目；禁止设置存放可溶性剧毒废渣等污染物的场所；禁止进行可能严重影响饮用水水源水质的矿产勘查、开采等活动；禁止向水体排放含低放射性物质的废水、含热废水、含病原体污水等行为。

《三江源国家公园条例(试行)》禁止在三江源国家公园内进行下列活动：采矿、砍伐、狩猎、捕捞、开垦、采集泥炭、揭取草皮；擅自采石、挖沙、取土、取水；擅自采集国家和省级重点保护野生植物；捡拾野生动物尸骨、鸟卵；擅自引进和投放外来物种；改变自然水系状态。三江源国家公园建立特许经营制度，明确特许经营内容和项目，国家公园管理机构的特许经营收入仅限用于生态保护和民生改善。鼓励和支持社会组织、企业事业单位和个人通过社区共建、协议保护、授权管理和领办生态保护项目等方式参与三江源国家公园的保护、建设和管理。

青海省近60%的人口，52%的耕地和70%以上的工矿企业分布在湟水流域，流域内经济社会发展迅速，人口总量持续增长，湟水河水污染防治工作仍然面临很大压力；湟水河水资源利用率超过60%，水资源开发利用程度过高使得水污染治理难度加大。湟水流域水污染防治坚持统一规划、预防为主、防治结合、综合治理的原则，优先保护饮用水水源，严格控制工业污染、生活污染，防治农业面源污染，积极推进生态治理工程建设，预防、控制和减少水环境污染和生态破坏。《青海省湟水流域水污染防治条例》将重点水污染物总量控制指标完成情况、跨行政区界断面水质达标情况纳入水环境保护目标，对流域内县级以上政府及其负责人进行水环境保护目标完成情况年度和任期考核。同时，湟水流域实行重点水污染物排放总量控制制度，细化了对超过重点水污染物排放总量控制指标地区的区域限批制度；对污染物不能稳定达标或者污染物排放总量超过核定指标的企业以及使用有毒有害原材料、排放有毒有害物质的企业，实施强制性清洁生产审核，并在主要媒体上向社会公布企业名单。

《青海省可可西里自然遗产地保护条例》提出了明确保护地边界的具体要求，即通过"设立自然遗产地界桩、界碑和安全警示等标识标牌"，减少对自然遗产地的干扰和破坏。

《青海省盐湖资源开发与保护条例》规定，"开发盐湖资源应当遵循有关环境保护的法律、法规，坚持谁开发、谁保护，谁破坏、谁赔偿，谁污染、谁治理的原则，保护盐湖资源和矿区生态环境"。

上述地方性法规从保护资源和环境角度，提出了对区域生产生活的禁止和限制性措施，不断完善湿地保护补偿制度，为推进健全湿地保护修复制度进行了有益探索。

## 11.5 湿地保护修复的主要经验

为了保护好高原湿地，青海省立足省情，着眼于农牧民生产生活生态良性循环转变，在湿地保护管理体系、湿地保护立法和体制机制上进行了深入探索，取得一些经验。

### 11.5.1 加快建设湿地保护区，提升湿地保护率

建设湿地自然保护区是保护湿地最积极、最直接、最有效的措施，青海省将建立湿地自然保护区作为抢救性保护的关键，在具有特殊保护意义、重要生态价值、经济价值或者重大科学文化价值的湿地区域建立湿地自然保护区，加大自然保护区建设力度，使更多的自然湿地纳入保护管理的范围。目前，青海省已初步建立起以国家公园为主体，湿地自然保护区、湿地公园为辅助的湿地保护管理体系，523.75万公顷湿地纳入保护范围，湿地保护率达52.19%（截至2019年）；其中，国际重要湿地3处（面积18.44万公顷），国家湿地公园19处（4.37万公顷），省级湿地公园1处（455.4公顷）。通过湿地自然保护区建设，抢救性地保护了省内绝大部分的重点湿地资源，其中全省湿地生态系统最典型、生物多样性最富集、珍稀野生动植物分布最集中及湿地风光最优美的区域，基本上都已经被自然保护区所覆盖，受到严格保护。

### 11.5.2 湿地保护，立法先行

2000年出台《中国湿地保护行动计划》之后，全国各地湿地保护工作日益受到重视，湿地保护

地方立法已经向前迈进了很大的一步。2013年5月30日《青海省湿地保护条例》颁布实施，标志着依法保护青海湿地资源工作开始步入法制化轨道，是在国家尚无湿地保护法律和行政法规的情况下，由青海省反复调研论证制定的湿地资源保护地方性法规。2018年9月18日，青海省第十三届人民代表大会常务委员会第六次会议进一步修订了《青海省湿地保护条例》，通过严格依法保护湿地及规范化管理，有力地推进了青海省湿地保护事业的快速发展。为加强全省湿地保护，规范湿地认定及其名录管理工作，建立湿地分级管理体系，2018年9月29日，青海省人民政府办公厅印发《青海省湿地名录管理办法》，按照重要程度、生态功能，湿地分为重要湿地和一般湿地。为规范青海省湿地公园建设和管理，营造人与自然和谐的环境。2019年9月，青海省印发了《湿地公园管理办法(试行)》，明确了申请建立湿地公园的条件，要求湿地公园管理机构定期组织开展湿地资源调查和动态监测，建立风险预警机制，建立档案，并根据监测情况采取相应的保护管理措施。

### 11.5.3　建立湿地管护员制度，助力全省脱贫攻坚

2015年开始，青海省在三江源综合试验区内的玉树州、果洛州、海南州、黄南州的22个县(市)及三江源、可可西里和隆宝国家级自然保护区共设置963名湿地生态管护员。湿地管护面积确定为三江源国家生态保护综合试验区内2890.6万亩湖泊、河流及人工湿地面积。为确保湿地生态管护员履行管护职责，要求湿地管护员应遵纪守法，熟悉村情、湿地情况，有责任心，能做基本文字记录，身体健康，年龄18~55岁，具备基本劳动能力的农牧民参与湿地管护工作。根据青海实际，经测算后确定湿地生态管护员平均按3万亩湿地面积设置1名湿地生态管护岗位。湿地生态管护员工资标准为每人每月1800元，管护员年工资为21600元。三江源地区963名湿地管护员，共计2080万元湿地生态管护资金，全部由省级财政全额负担。在湿地管护岗位工资发放上，采取"基础工资+绩效工资"，按照70%基础工资，30%绩效工资的比例，以"一卡通"形式发放。基础工资每季度发放一次，绩效工资在年底考核合格后一次性兑现。通过设置湿地生态管护员岗位，充分调动了农牧民群众参与生态管护的积极性，建立了一支"牧民为主、专兼结合、管理规范、保障有力"的湿地生态管护员队伍，进一步巩固生态保护和建设成果，并为创建全国生态文明先行区奠定坚实基础。湿地生态管护员是保护高原湿地、助力农牧民脱贫攻坚的新途径。

### 11.5.4　名录管理，分级保护

2018年9月，青海省印发《青海省湿地名录管理办法》，对全省重要湿地和一般湿地的认定、管理以及更新规定作了详细说明，为加强全省湿地保护，规范湿地认定及其名录管理工作，建立湿地分级管理体系有了制度保障。湿地名录是划定湿地生态红线的重要依据。县级以上人民政府在发放不动产登记权属证书时，含有湿地的应当标明湿地类型、面积、范围以及其他依法需要标明的内容。省级重要湿地是指湿地典型性、生物多样性、生态功能等方面具有重要意义，经省人民政府同意并公布的湿地。省级重要湿地认定采取指定与申报相结合方式。已纳入自然保护区、湿地公园等保护地的湿地，由省林业行政主管部门根据湿地的重要性，直接列入省级重要湿地建议名录，报省人民政府同意并公布。未纳入指定式的其他湿地，可通过申报认定为省级重要湿地名录。一般湿地由县级林业行政主管部门会同相关部门提出建议名录，经市(州)林业行政主管部门同意后，报市(州)人民政府同意并公布，报省林业行政主管部门备案。湿地名录在公布前应当公示，公示内容应当包括湿地面积、范围、土地权属、主管部门、管理单位等，公示期限为15

日。湿地名录管理方面，纳入名录管理的湿地，因范围变化、面积增减，或主管部门、管理单位等发生变化的，在符合相关法律、法规的基础上，可进行调整。湿地名录发布后，要求相关湿地主管部门或者湿地管理机构也将设立保护标志，落实管护责任人，尤其对没有建立保护形式的，具有重要生态功能的库塘湿地和沼泽湿地要加强人员、资金的投入和机构建设，同时依据名录对湿地定期开展执法检查。

## 11.6 湿地保护修复面临的主要问题

青海是我国重要的生态屏障和水源涵养区，独特的生态地位决定了青海省湿地保护修复工作对于我国生态文明建设的重要性。青藏高原自然环境恶劣，生态系统极易受到破坏，却很难有效恢复。同时，青海是经济欠发达省份，经济社会发展对于自然生态系统的压力短期内很难降低，全面保护和系统修复湿地生态系统将面临诸多难题。

### 11.6.1 现有湿地保护管理制度的可操作性较差

党的十八大以来，各级党委政府全面履行湿地保护修复主体责任，湿地保护修复制度体系和政策支撑体系不断完善，我国湿地保护管理工作得到全面加强。然而，青海省湿地面积大，保护和管理的力量薄弱，有些制度在执行过程中难于落地。以湿地征占用管控制度为例，《青海省湿地保护条例》(2018年修订)规定，"建设项目应当不占或者少占湿地，经批准确需征收、占用湿地并转为其他用途的，用地单位应当按照先补后占、占补平衡的要求，办理相关手续。有关部门在编制建设项目规划时，应当征求林业主管部门的意见。"这样的原则性规定在执行过程中很难落地，对于建设项目征占用湿地无实际约束力，容易造成"一管就死、一放就乱"的局面。存在的问题：一是没有根据生态区位、保护物种珍稀程度、生态脆弱性等区分湿地的重要性等级，进而制定宽严相济的管控措施；二是没有区别征占用多少而确定审批权限；三是从未明确什么级别的工程项目可以占用多大面积(以及哪类重要)的湿地；四是工程占用湿地的"占补平衡"缺乏可操作性，管理上没有明确的程序。征占用管理制度的不完善、不具体，一方面造成该建的基础设施项目卡在用地审批环节；另一方面也造成部分建设项目不规范占用湿地。

### 11.6.2 资源过度利用依然是湿地生态系统破坏的主因

长期以来，青海省经济社会发展对湿地资源"重利用、轻保养"，存在过度放牧、盲目开垦、无序占用等超越高原湿地承载力的问题，造成部分地区湿地萎缩(干涸)、湿地生态系统失调、生态环境恶化。调查发现，青海省湿地受威胁对主要因子包括超载放牧、沙化、盐碱化、过度捕捞、水土污染、围垦、矿产开发、城市建设、水利工程和旅游娱乐等。湿地受威胁面积385.45万公顷(占全省湿地总面积的47.33%)，其中重度等级威胁面积占7.06%。以分布最广的沼泽湿地为例，青海省畜牧业可利用的沼泽湿地面积446万公顷，占全省湿地总面积的54.77%。20世纪末至2008年以来，青海省草原载畜量不断超载，过度放牧导致草原退化、沙化现象比较严重，2010年青海省牲畜超载率35.79%；实施禁牧补助和草畜平衡奖励政策后，2017年全省牲畜超载率下降到3.74%。

近年来，流域不合理用水、旅游开发和工矿业废水排放都是造成湿地生态系统功能下降或丧失的重要原因，是区域经济社会发展对湿地资源利用超过了湿地生态系统承载力的结果。因此，要约束区域经济社会发展的规模和湿地资源利用的强度，把开发利用的强度限制在湿地生态系统可承受的限度之内。如果不能对湿地资源利用进行有效管控，就不能避免重复"边破坏、边治理"的老路。

### 11.6.3 湿地保护修复的规划和技术标准滞后

中共中央、国务院印发的《湿地保护修复制度方案》提出（第十五条）："坚持自然恢复为主、与人工修复相结合的方式，对集中连片、破碎化严重、功能退化的自然湿地进行修复和综合整治，优先修复生态功能严重退化的国家和地方重要湿地。通过污染清理、土地整治、地形地貌修复、自然湿地岸线维护、河湖水系连通、植被恢复、野生动物栖息地恢复、拆除围网、生态移民和湿地有害生物防治等手段，逐步恢复湿地生态功能，增强湿地碳汇功能，维持湿地生态系统健康"。即在启动湿地保护修复重大工程前，要根据湿地重要性、湿地保护目标和任务、湿地退化的规模和严重程度等因素，编制湿地保护修复的中长期规划，并在规划中明确具体的湿地修复技术手段。

截至目前，青海省湿地保护修复工作还停留在偿还历史欠账阶段，通过控制用水量、草畜平衡、生态补水、关停采矿业等手段，避免湿地生态系统遭到进一步破坏。然而，青海省还没有完成湿地保护修复中长期规划的编制工作，全省湿地生态系统健康状况和资源底数不清；机构改革后，大多数州、县级湿地保护管理机构无固定编制和人员，主要由临时聘用人员承担保护管理工作。受此影响，对全省湿地退化现状没有做过全面调查，没有能力编制科学的湿地保护修复中长期规划，也没有足够的湿地修复技术储备，短期内很难出台湿地修复技术标准。

### 11.6.4 湿地保护修复绩效评估奖惩制度不健全

生态环境监测是生态环境保护的基础，是生态文明建设的重要支撑。中共中央、国务院《关于加快推进生态文明建设的意见》提出，"加快推进对能源、矿产资源、水、大气、森林、草原、湿地、海洋和水土流失、沙化土地、土壤环境、地质环境、温室气体等的统计监测核算能力建设，提升信息化水平，提高准确性、及时性，实现信息共享"。目前，青海省湿地保护修复监测评估工作主要面临监测方法不科学、监测网点布局不合理、监测数据质量不高和监测周期过长（5年）且单一等问题，使得监测数据实效性差，评估结果缺乏公信力。为不断提高生态保护与修复工作成效，青海省应重视监测评估制度建设，在监测评估方法、成果发布与应用上有所创新，确保湿地保护修复政策和投资的高效性。

制度的落实需要绩效考核与奖惩机制作为保障，目前青海省湿地保护修复的绩效奖惩制度尚不完善。《湿地保护修复制度方案》提出："地方各级人民政府对本行政区域内湿地保护负总责，政府主要领导承担主要责任，其他有关领导在职责范围内承担相应责任，要将湿地面积、湿地保护率、湿地生态状况等保护成效指标纳入本地区生态文明建设目标评价考核等制度体系，建立健全奖励机制和终身追责机制"。青海是生态资源大省，也是我国生态安全的屏障，需要用最严格的制度、最严密的法治推进湿地生态系统保护修复。各级政府要从强化自身责任落实做起，加快完善湿地保护修复目标考评制度和绩效奖惩制度体系。

### 11.6.5 湿地保护修复的投融资机制不完善

2014年以来，在中央财政的大力支持下，我国相继启动了湿地保护与恢复、湿地生态效益补偿、退耕还湿等项目,主要在国际重要湿地开展了湿地植被恢复、鸟类栖息地修复和迁徙通道保护、生态补水等建设项目,较好地改善了全国重要湿地的生态状况,调动了有关部门、基层湿地保护管理机构和社区群众保护湿地的积极性。作为湿地资源大省,青海省的湿地保护管理工作得到了中央财政湿地补助资金的大力支持,但因每年支持的项目数量有限,远不能满足青海省湿地保护修复对资金的需求。

然而,现有湿地保护补助项目在实施范围、内容和投资标准等方面不符合青海省的实际情况,青海省面临的突出问题不能从根本上得到解决。首先,湿地生态效益补偿仅限于候鸟迁飞过程中对农作物造成的破坏,因青海不存此类情况,故资金难以落实。其次,青海省已不存在可还为湿地的耕地,而近几年青海湖、扎陵湖、鄂陵湖等湿地水位上升淹没牧草地的问题越来越突出,需要将退牧还湿纳入退耕还湿范围内。再次,青海省有草本沼泽湿地 27.19 万公顷。作为"中华水塔",青海省每年净流出水量超过 600 亿立方米,为下游经济社会发展作出了突出贡献,为确保湿地生态系统持续改善,亟须建立差别化的生态补偿制度,鼓励相关利益主体加强湿地保护修复。最后,为推动青海省以国家公园为主体的自然保护地体系建设,各类湿地保护管理机构和人员力量必须不断加强,但青海省目前的湿地保护管理机构大多没有编制,管护人员以临时聘用人员为主。所有上述问题,根源是没有稳定的财政资金来源,无法启动相应的工作,也难以维持必要的管理和技术人员队伍。

## 11.7 湿地保护修复的中长期目标与任务

根据当前生态文明建设的新要求和湿地保护管理面临的形势任务,新时代湿地工作必须以习近平新时代中国特色社会主义思想为指导,深入学习贯彻习近平生态文明思想,认真践行新发展理念,坚持生态优先、系统治理、科学利用,创新发展思路,完善政策措施,增强支撑保障能力,切实加强湿地保护修复,着力改善湿地生态状况,持续提升湿地多种服务功能,为建设生态文明和美丽中国作出新的更大贡献。

### 11.7.1 青海省湿地保护修复的基本原则

青海省拥有湿地资源 814.36 万公顷,占全国湿地总面积的 15.19%,湿地面积居全国第 1 位。青海省将以国家公园为主体、自然保护区为基础、各类自然公园为补充的自然资源保护地体系建设为依托,统筹"山水林田湖草生命共同体"为基点,遵循全面保护、科学修复、合理利用、持续发展的方针,坚持系统性、全面性、针对性的原则,采取自然修复与人工修复并重措施,融合推进全省湿地生态可持续发展。具体讲,青海省湿地保护修复应坚持以下原则。

(1)全面保护。这是保护和管理湿地生态系统的根本原则,是充分考虑到全省湿地生态系统面临的威胁而制定的。当前,青海省湿地正面临着严重的威胁,湿地退化乃至消失现象时有发生,特别是那些典型的高原湿地生态系统及其拥有的生物多样性,是地球经过数十亿年的自然演化而形成的,一旦受到破坏,将极难恢复,其损失将不可估量。因此,采取全面而有力的措施对青海的湿地进行抢救性保护,尤其是作为野生动植物栖息地的自然湿地纳入保护范围,就十分迫切而必要。

(2)生态优先。是与全面保护紧密相连的。湿地具有多种功能,湿地保护管理工作也涉及多个层面，包括保护、恢复和持续利用等。如此多的功能，很难以现有的人力、财力和物力同时进行，而应该根据湿地保护的目标确定一个主要或优先领域，突出重点。无疑，生态保护和生态建设是处于第1位的，是科学恢复、合理利用和持续发展的前提条件，也是湿地保护工作的根本目的，即保持湿地固有的生态状态和功能，对于受损湿地则采取科学措施努力使其恢复到自然或近自然的状态，进而更好地发挥其在国民经济社会发展中的突出作用。

(3)科学修复。这是保护和管理湿地的重要手段，是基于全省湿地生态系统受损或者面临威胁的前提下采取的科学对策。当前，青海省湿地资源依然承受着巨大的人为干扰压力，湿地生态系统受损现象较为普遍。湿地保护的目的是要发挥这些湿地"地球之肾"的功能以及对区域社会经济发展的支撑作用，就应当采取措施使这些受损湿地尽可能恢复到其自然状态。湿地类型复杂，湿地受损原因多样，而可供选择的途径也有很多。因此，对于某一类湿地或者某一块湿地，采取何种途径才能最有效地恢复其自然或近自然状态，就是一样科学性很强的工作，需要进行相应的研究和探索。

(4)管控利用。这是保护和管理湿地生态系统的必然要求，也是《湿地公约》规定缔约国3项任务之一，引起各缔约国普遍重视也是正确处理湿地保护与国民经济社会发展关系的有效手段。湿地拥有十分丰富的自然资源，其在传统意义上就是当地及周边居民资源利用的重要场所。在制定湿地保护管理政策法规时，如果无视这一现实的存在，将使湿地保护与经济发展之间产生激烈冲突，进而威胁到湿地保护工作的有效性；并且，青海省社会经济发展水平还不具备对湿地资源实行严格保护、禁止利用的条件。因此，在不对湿地资源带来明显影响的前提下，可以在一定范围内适当进行资源合理利用，这可以减轻当地政府的经济压力，支持湿地周边社区居民的生存发展的需求，也能获得社会对湿地保护工作的支持和理解。

(5)多方联动。青海省湿地保护修复工作总体起步晚、底子差、基础弱，涉及的利益群体、制度规范相对复杂，协调任务艰巨。要坚持党委领导、政府主导、部门协作、社会参与的工作机制，促进湿地工作与其他各相关领域工作深度融合。要坚持以人民为中心的思想，在顶层设计和制度规范有待健全的前提下，注重发挥地方的首创精神，尊重基层和群众意愿，全面激活全社会支持、参与保护修复和科学利用湿地的动力。同时，也要积极履行国际义务，广泛开展交流合作，对外宣传推广湿地保护的中国智慧，不断提升中国在全球生态环境治理体系中的话语权和影响力，树立全球生态文明建设重要参与者、贡献者、引领者的良好形象，自觉为国家推进"一带一路"和构建人类命运共同体战略作出贡献。

### 11.7.2 青海省湿地保护修复的主要目标

对湿地实施全面保护，科学修复退化湿地，扩大湿地面积，增强湿地生态功能，加强湿地保护管理能力建设，保护生物多样性，积极推进湿地可持续利用，不断满足新时期建设生态文明和美丽中国对湿地资源的多样化生态需求，为实施国家三大战略提供生态保障。严格湿地用途监管和总量管控，确保湿地面积不减少，增强湿地生态功能，维护湿地生物多样性，全面提升湿地保护与修复水平。到2025年，全省湿地面积不低于813.36万公顷(1.22亿亩)，湿地保护率提高到70%以上，湿地野生动植物种群数量显著增加。

### 11.7.3 青海省湿地保护修复的核心任务

对于青海林草部门来说，"十四五"期间要着力抓好以下工作：

一是持续推进湿地生态保护修复。积极争取扩大湿地补助政策，将中央财政湿地补助重点支持国家重要湿地和国家湿地公园，除支持开展湿地保护与恢复、退耕还湿、湿地生态效益补偿外，补助开展小微湿地建设；整合退耕还林、退耕还湿政策，宜林则林，宜湿则湿；完善湿地生态效益补偿制度，除对国家重要湿地、国家湿地公园实施常态化补偿外，还可补偿因保护湿地受损的相关利益群体，或开展湿地日常管护修复等工作。实施一批湿地保护修复重点工程，对重点区域或流域的重要湿地实施系统修复和综合治理。继续做好生态护林员政策，支持相关群众精准脱贫。

二是健全湿地保护修复制度体系。持续推进贯彻落实《湿地保护修复制度方案》，针对湿地作为地类管理的实际，及时调整完善湿地保护管理的相关制度措施；根据第三次全国国土调查的湿地面积，科学确定全国和各省份湿地总量管控的目标并分解落实，制定湿地用途管制的具体制度，除国家重大战略项目外，严格禁止征收、占用重要湿地，确保湿地面积不减少、功能不降低、性质不改变。建立破坏湿地资源事件督查督办机制，坚决打击各种侵占破坏湿地的违法违规行为。

三是持续完善湿地保护管理体系。推进国家和省级重要湿地的落地定界，定期发布省级重要湿地名录；制定《青海省级重要湿地管理办法》，规范管理省级重要湿地，实行分级分类管理。稳步扩大湿地公园体系，优化湿地公园区划，规范湿地公园验收。总结湿地保护修复实践经验，组织制定一批湿地保护修复的地方标准，不断完善湿地保护修复标准体系。

四是探索合理利用湿地资源。全面系统践行"两山理论"，在坚持生态优先的前提下，注重发挥湿地的多种价值和服务功能，科学合理利用湿地自然和人文资源。依据《关于建立以国家公园为主体的自然保护地体系的指导意见》精神，进一步明确湿地公园作为一般控制区的功能定位，优化空间布局，完善分区管控，促进湿地公园更好地适应生态文明制度改革的要求、更好地适应经济社会发展的需求，推动湿地公园高质量发展。积极发展湿地自然教育和湿地旅游、湿地种植、湿地养殖等产业。湿地自然教育要引领生态公益新趋势，湿地产业要适应市场新需求，创新业态模式，探索实现生态产业化、产业生态化，不断为湿地保护和合理利用注入新动能，向人民群众提供更多更丰富的优质生态产品，促进湿地更深更广地融入经济社会发展大局。

五是深化湿地国际交流合作。引进国外资金、先进技术和理念，配合国家推进"一带一路"倡议，进一步扩大青海省湿地保护的对外影响，增强在发展中国家的引领地位。积极组织申报国际湿地城市、推进国际重要湿地履约等事务。

六是加强湿地机构队伍建设。切实加强湿地管理机构和干部队伍建设，打造一支政治过硬、作风优良、纪律严明、业务精湛的湿地保护管理队伍。结合机构改革新形势、新要求，发扬担当精神、增强协作意识，提升协调能力，创新监管机制，着力提高监督管理湿地开发利用的履职尽责能力。要持续开展业务培训，提高各级湿地管理队伍的专业素养和政策水平。

## 11.8　建立健全湿地保护修复制度的建议

湿地是青藏高原最重要的自然生态系统，在建设生态文明的大背景下，需要全面加强湿地保护和系统修复。面对自然资源约束趋紧、环境污染加剧和生态系统功能退化等诸多问题，加快推进生态文明制度建设显得尤为重要。为在青海省加快建立和完善湿地保护修复制度体系，提出如下建议：

### 11.8.1 建立科学的湿地分级保护修复制度

2017年年初，国务院发布的《全国国土规划纲要（2016—2030年）》提出：要"分类分级推进国土全域保护"。即"以资源环境承载状况为基础，综合考虑不同地区的生态功能、开发程度和资源环境问题，突出重点资源环境保护主题，有针对性地实施国土保护、维护和修复，切实加强环境分区管治，改善城乡人居环境，严格水土资源保护，提高自然生态系统功能，加强海洋环境保护，促进形成国土全域分类分级保护格局"。目前，社会各界对于分级保护与修复自然生态空间有着广泛共识，但就如何分级、分级与分类的关系、分级后管控措施与事权划分等问题，各级政府及不同部门之间难以协调一致。越是在资源环境承载压力大的地区，分级保护越难落实。从保护自然资源和改善生态环境的角度，稀缺优势资源需要重点保护；从经济社会发展对资源的需求角度，开发利用稀缺优势资源才能收益最大化。协调资源保护与利用的关系，要从完善分级保护制度入手，根据资源和环境承载力，明确经济生产允许对资源的开发利用强度。

青海省人口少，经济社会发展与生态保护修复的冲突较小，具有先行探索《湿地分级保护修复制度》的优势。以国家公园示范省建设为契机，实施自然保护地统一设置、分级管理、分区管控；对纳入省级以上重要湿地名录的湿地进行严格保护和重点修复，探索《湿地分级管理制度》，在制度建设方面为其他省份探索出路。

### 11.8.2 健全湿地资源利用管控制度

过度消耗自然资源和过量排放污染物是造成资源枯竭和环境恶化的根源。2018年5月，习近平总书记在全国生态环境保护大会上讲话指出："用最严格制度最严密法治保护生态环境"，提出"要加快划定并严守生态保护红线、环境质量底线、资源利用上线三条红线"。对于自然资源利用，"不仅要考虑人类和当代的需要，也要考虑大自然和后人的需要，把握好自然资源开发利用的度，不要突破自然资源承载能力"。对于生态空间利用，要建立严格的管控体系，确保生态功能不降低、面积不减少、性质不改变。自然资源和生态空间利用监管需要一套完善的制度，用以约束区域生产经营活动，把经济活动、人的行为限制在自然资源和生态环境能够承受的限度内，给自然生态留下休养生息的时间和空间。

在青海省的国家和省级重要湿地，探索建立《湿地资源利用管控制度》更具可行性。在全面评估区域湿地资源与生态环境综合承载力的基础上，提出水、野生生物、景观等湿地资源的可开发利用阈值，建立产业引导和退出机制，通过制度倒逼形成全面节约的生产方式和绿色低碳的生活方式。

### 11.8.3 加快完善湿地保护修复的规划和技术创新激励制度

湿地保护修复是一项复杂的系统工程，也是一项长期、艰巨的任务，需要谋定而动，做到规划先行。建议尽快启动《青海省湿地保护修复工程中长期规划》的编制工作，确定"十四五"期间全省湿地保护修复的"时间表"和"路线图"。目前，需要开展一系列摸底调查，全面了解湿地资源现状，对既往湿地保护修复政策措施（工程）进行客观评估，确定湿地保护修复的重点和难点。

鉴于青海省的财政状况和技术实力，要更多依托国家层面的重大工程，争取中央政府的财政和科技投入，积极引进和吸收国内外湿地保护与恢复的先进理念和科学技术，不断提高本省湿地保护管理水平，培养基层技术人才队伍。为确保国家规划的退化湿地修复工程能在青海省顺利实施，需要出台一系列恢复湿地生态功能、维护湿地生态健康的《湿地修复技术标准》，主要包括退耕(田)还湿(湖)、湿地植被恢复、污染防控、外来物种入侵控制等。同时，为鼓励湿地修复技术创新和吸引人才，应出台相关奖励办法。

### 11.8.4 健全湿地保护修复成效监测和绩效奖惩制度

监测是对政策执行过程及其成效进行跟踪评估，是了解政策有效性和监督政策执行效率的重要手段，能够为科学决策提供重要的依据。2015年9月，中共中央、国务院出台的《生态文明体制改革总体方案》明确提出，要构建生态环境监测、绩效评价考核等方面的制度体系。成效评估(考核)是判断湿地保护修复是否达到既定目标重要手段，要通过连续、科学的监测和评估来实现。青海省应该尽快制定《省级以上重要湿地监测和评价技术规程》及相关地方标准，通过监测评估，查清青海省湿地资源的现状，掌握湿地资源的消长规律，并逐步实现对全省湿地资源进行全面、客观地分析评价，为湿地资源的保护、管理和合理利用提供统一完整、及时准确的基础资料和决策依据，为加强湿地保护与湿地资源管理、履行《湿地公约》及其他有关国际公约或协定、合理利用湿地资源服务。通过监测评估，逐步健全湿地调查监测的技术体系，大力开展基础技术的研究开发和专业技术培训工作，建立一套科学、高效的技术支持体系和一支高素质、稳定的湿地调查监测队伍。

目前，我国的生态文明制度体系中，绩效奖惩制度还不健全，起不到相应的引导和惩戒作用。具体表现在，缺乏常规的考核评比机制，该奖励的没有奖励；出现重大问题时才会追究责任，造成的破坏有时不可逆转，生态修复的成本依然要公共财政承担。为推动国家公园示范省建设，青海省应尽快出台《湿地保护修复绩效奖惩制度》，其目的，一是鼓励各级政府和领导干部在湿地保护修复工作上要真抓实干，出台高效的政策措施；二是惩戒破坏湿地生态系统的行为，追究政府和领导干部盲目决策的责任。对相关责任主体湿地保护修复绩效目标落实情况进行阶段性考核，并依此进行奖惩，这是推动中央决策部署落实和各项政策措施落地的基础性制度安排。

### 11.8.5 优化青海省湿地保护修复的投融资机制

《关于建立以国家公园为主体的自然保护地体系的指导意见(2019年)》提出，为保障国家公园等各类自然保护地保护、运行和管理，要建立以财政投入为主的多元化资金保障制度，鼓励金融机构和社会资本对自然保护地建设管理项目提供融资支持；健全跨行政区域的《湿地生态保护补偿制度》；按自然保护地规模和管护成效加大财政转移支付力度；建立完善野生动物肇事损害赔偿制度和野生动物伤害保险制度。目前，青海省正在推进国家公园示范省建设，各类自然保护地都在探索适合自身的资金保障机制，这对于优化湿地保护修复投融资机制是非常难得的机遇。

"十四五"期间，青海省应从以下几方面完善湿地保护修复投融资政策。首先，要建立健全湿地保护管理机构，配备专业的管理队伍，通过中央财政一般性转移支付提供资金保障。其次，要做好湿地保护修复重大工程中长期规划，通过中央财政专项转移支付保障项目实施。再次，建立多方位、多层次的湿地生态补偿机制，通过建立中央财政生态补偿基金和拓展区域横向生态补偿途径，对于季节性禁(休)牧、草畜平衡、退牧还湿、草场淹没等给予补偿。最后，通过中央财政专项转移支付建立野生动物肇事赔偿基金，或对农牧民投保野生动物伤害险给予补助。

## 11.9 结　论

我国生态文明制度建设起步较晚，制度缺失和约束不到位的问题十分突出，建立健全生态文明制度体系是一个长期过程。

保护生态环境必须依靠制度。通过建立湿地保护修复制度体系，减轻区域经济社会发展对湿地生态系统的破坏，进而提升湿地生态功能，改善生态系统健康状况。因此，制度建设是一个从解决问题到提质增效的过程，当前急需出台的制度一定要针对青海省湿地保护和修复面临的主要问题。只要找准问题，并且能够在"十四五"期间解决这些问题，同时完善相关制度，就能顺利实现湿地保护修复的既定目标。报告初步分析了青海省湿地保护修复面临的问题，提出首先建立《湿地分级保护修复制度》《湿地利用管控制度》《湿地监测评价制度》《湿地保护修复绩效奖惩制度》《湿地修复技术标准》和编制《湿地保护修复工程中长期规划》的建议。上述构成了湿地保护修复制度体系的基本框架，也是"十四五"期间我国最亟须探索的湿地保护修复制度。

制度的出台一定伴随着相关主体的利益调整，因而一定要有相关的支持政策来保障政策落地，如转移支付、生态补偿等。完善湿地保护修复制度的过程要"有堵有疏"，即在财政支持政策到位的前提下有序管控湿地利用，最终才能建立管用的湿地保护修复制度体系。

## 参考文献

国家林业局，2015. 中国湿地资源·青海卷[M]. 北京：中国林业出版社.
青海省水利厅，2017—2019. 青海省水资源公报[R].
郑杰，2007. 对青海高原湿地保护问题的思考[J]. 青海科技(2)：8-11.
何常平，2019. 青海湖流域湿地生态保护与对策[J]. 新农业(11)：94-95.
范彩红，2018. 生态文明视阈下青海湖湿地生态保护研究[D]. 西宁：青海大学.
董得红，2014. 青海湿地资源现状及保护管理对策探讨[J]. 青海环境(4)：158-160，182.
王海，2010. 青海三江源区湿地类型与退化措施浅议[J]. 辽宁林业科技(2)：54-55，60.
苏多杰，桑峻岭，2007. 青海湿地生物多样性保护[J]. 青海环境(4)：173-177.
省政协人口资源环境委员会、农工党青海省委，2020. 青海省湿地保护情况的调研报告[J]. 青海环境(1)：15-18.
唐文家，张紫萍，等，2020. 青海省12类型保护地现状调查与分析[J]. 青海环境(1)：19-25.
国家林业局，2000. 中国湿地保护行动计划[M]. 北京：中国林业出版社.
国家林业局 等10部委，2003. 全国湿地保护工程规划(2004-2010)[R].
黄云霞，张邹，2011. 我国湿地管理问题及政策法律化探析[J]. 环境保护(1)：39-41.
崔丽娟，张骁栋，张曼胤，2017. 中国湿地保护与管理的任务与展望[J]. 环境保护(4)：13-17.
黄成才，2004. 论中国的湿地保护与管理[J]. 林业资源管理(5)：36-39.

# 12 天然林保护修复制度研究

天然林是结构最复杂、群落最稳定、生物量最大、生物多样性最丰富、生态功能最强的陆地生态系统，保护好天然林不仅对维护淡水安全、国土安全、物种安全、气候安全、生存安全具有重大战略意义，而且对实现中华民族永续发展具有深远的历史意义。1998年以来，我国在长江上游、黄河上中游及东北、内蒙古等重点国有林区实施了天然林资源保护工程（以下简称天保工程），标志着我国林业由以木材生产为主向以生态建设为主的重大转变。做出这一重大决策，体现了我国积极参与、引领应对全球气候变化的担当与自信。20多年来，工程区发生了历史性变化，天然林保护取得了巨大的生态、经济及社会效益，在国际社会赢得广泛赞誉，成为我国生态文明建设的典范。

天然林是森林资源的精华，保护好珍贵的天然林资源，是全面提升森林生态系统质量和稳定性的关键举措。党的十八大以来，党中央、国务院高度重视天然林保护工作，习近平总书记主持召开在中央财经领导小组第五次会议上谈到："上世纪90年代末，我们在长江上游、黄河上中游以及东北、内蒙古等地实行了天然林保护工程，效果是显著的。要研究把天保工程范围扩大到全国，争取把所有天然林都保护起来。眼前会增加财政支出，也可能会减少一点国内生产总值，但长远是功德无量的事"。党的十九大报告中，非常明确地把"完善天然林保护制度"作为加快生态文明体制改革、建设美丽中国的重点任务，体现了党中央对天然林资源保护事业的高度重视和期待。

## 12.1 研究概况

青海省地处青藏高原东北部，已成为我国江河源头生态保护与修复的战略要地。然而，青海省生态系统较为脆弱，水土流失、荒漠化、沙化面积比重较大，湿地萎缩、草场退化、雪线上升等问题突出，生物多样性保护任务非常艰巨，森林植被保护与修复对于改善生态环境至关重要。

### 12.1.1 研究背景

2019年1月23日，中央全面深化改革委员会第六次会议审议通过了《天然林保护修复制度方案》(简称《制度方案》),提出"建立全面保护、系统恢复、用途管控、权责明确的天然林保护修复制度体系,维护天然林生态系统的原真性、完整性。"天然林分布区域与集中连片特困地区的重合度较高,很难协调天然林保护与利用的关系;重点国有林区和国有林场改革尚在起步探索阶段,天然林保护修复制度建设与改革目标如何兼顾?对于制度建设过程中出现的新情况、新问题,坚持全面保护天然林和精准提升天然林质量的基本方向,灵活调整政策措施。为防控政策风险,青海省要加强天然林保护修复制度建设顶层设计,鼓励各地积极探索经验,加强学习交流,及时总结,稳步推广。为科学谋划青海省"十四五"林草业发展战略,我们对建立和完善青海省天然林保护修复制度体系开展了专题研究,提出相关政策建议。

### 12.1.2 研究意义

天然林保护修复,不仅是要全面保护天然起源的林分,更是要保护和修复以天然林为主的生态系统。天然林保护修复的目的是促进生态系统恢复、健康与稳定,从而维护人类生存所依赖的生态环境,是为确保天然林生态系统稳定、健康而实行的区域保护。天然林保护要求保护区内全面停止商业性采伐,诸多影响生态改善的经济活动要受到限制,势必会造成当地经济收入减少。但保护不能极端化,即完全保护起来,任其自然发展;而是要通过积极、科学的经营方式达到提质增效的目的,使天然林生态功能得到最大化发挥。因此,在天然林保护的同时,要制定积极的扶持政策,促进区域人口就业,解决经济社会发展面临的约束性问题,才能保证天然林保护修复能够持续高效。

相对于辽阔的土地面积,青海省天然林面积所占比重不大,资源总量不多,但却极为珍贵,在江河源头发挥着非常重要的生态作用。同时,青海又是经济欠发达省份,经济社会发展对土地、林木、草场等自然资源的依赖度非常高,天然林保护修复不仅会减少自然资源可利用量,还需要增加财政投入,将会面临来自社会的各种阻力。因此,在青海省全面保护修复天然林生态系统,亟须建立完善的制度体系和配套的政策措施,相关研究对于青藏高原生态系统保护和推动生态文明制度建设都具有重大的理论和现实意义。

### 12.1.3 研究方法

(1)文献研究。认真查阅了近年来青海省森林资源清查和林地调查等数据资料,整理和总结了20多年来青海省实施天保工程的政策执行和建设成效,结合全国天然林保护修复面临的突出问题,分析全面保护青海省天然林生态系统面临的问题,提出对策建议。

(2)对比分析。搜集整理了世界上主要林业发达国家天然林保护修复的政策,对比国际国内解决天然林保护修复面临的突出问题的一般方法,总结经验,探索出路。

(3)实地调研。研究启动之初,深入青海省8个市(州)开展了座谈会议、现地考察,与相关行业部门的管理者、专家深入交流,收集了大量第一手材料,针对青海省天保工程和天然林保护修复面临的问题,形成了研究的基本思路。

## 12.2 天然林概况

天然林资源是国家重要的战略性资源,是自然界中群落最稳定、生物多样性最丰富、结构最复杂的陆地生态系统，在维护生态系统平衡、应对气候变化、保护生物多样性等方面发挥着不可替代的重要作用，保护好长江上游、黄河上中游地区的天然林资源，对于维护我国大江大河的安澜具有重要作用。

### 12.2.1 森林资源及分布

青海省生态系统主要由高寒型生态系统与干旱型生态系统组成，生态结构不稳定，功能脆弱。全省森林资源总量不多，以灌木林为主，森林质量偏低。青海省植被类型比较丰富，有针叶林、阔叶林、灌木、灌丛、草原、草甸、戈壁、荒漠、草本沼泽以及水生植物等多种植被类型。

全省林业用地面积1092.88万公顷[①]，森林覆盖率为5.82%[②]；森林面积645.42万公顷（表12-1），森林蓄积量4864.15万立方米，主要分布在长江、黄河上游及祁连山东段等水热条件较好的地区。天然草原3882.33万公顷，占全省土地面积的60.48%，主要分布在青南高原和环湖地区。荒漠化面积1904万公顷，占全省土地面积的26.5%，主要分布在柴达木盆地和共和盆地。

表12-1　青海省林业用地状况

| 林业用地 | 合计（万公顷） | 天然林（万公顷） | | 人工林（万公顷） | | 其他林地（万公顷） |
| --- | --- | --- | --- | --- | --- | --- |
| | | 小计 | 乔木林 | 小计 | 乔木林 | |
| 国有 | 702.81 | 450.11 | 43.09 | 15.13 | 3.05 | 237.57 |
| 集体 | 390.07 | 141.98 | 7.33 | 38.21 | 7.70 | 209.89 |

按林木所有权划分（表12-2），青海省森林资源以国有为主，国有森林面积333.02万公顷，占79.34%；蓄积量4423.48万立方米，占90.94%[③]。

表12-2　青海省林地面积和蓄积量的权属结构

| 林木所有权 | 森林面积（万公顷） | 比重（%） | 森林蓄积量（万立方米） | 比重（%） |
| --- | --- | --- | --- | --- |
| 合计 | 419.75 | 100.00 | 4864.15 | 100.00 |
| 国有 | 333.02 | 79.34 | 4423.48 | 90.94 |
| 集体 | 71.00 | 16.91 | 202.69 | 4.17 |
| 个人 | 15.73 | 3.75 | 237.98 | 4.89 |

全省按流域和山系分为九大林区，包括祁连山林区、大通河林区、湟水林区、柴达木林区、黄河下段林区、隆务河林区、黄河上段林区、大渡河上游林区、通天河及澜沧江上游林区。

青海各山体森林具有明显的分布特征，并大都具有相同的垂直带谱，即由下到上为森林草原草甸带、针阔叶混交带、寒温性针叶林带、高山灌木（丛）林带，以上是高山草甸带、高山寒漠带。森林植被带的幅度一般呈下宽上窄，即使是同一树种也是这样。乔木林垂直上限高度，是由北向南逐渐升高，祁连山为海拔3300米，而在南部的唐古拉山系海拔则为4300（4400）米。

由于青藏高原隆起时间不长，且仍在继续抬升，高寒生境不断强化，高原上的草甸化、草原化和荒漠化的进程仍在持续，土壤和植被尚处于发育过程中的不稳定阶段，极易受到破坏。因此，青海省的森林分布缺乏连续性，林区内部也呈断续状态。青海的森林以灌木林为主（90%左右），

---

[①] 本章节林地和森林面积采用2017年青海省林地变更数据。
[②] 森林蓄积量和覆盖率采用第九次全国森林资源清查青海省结果。
[③] 数据来源：《中国森林资源报告（2014—2018年）》。

生物量低，经济价值低。但灌木林具有抗寒、抗旱、耐盐碱、耐贫瘠等特点，能够适应高寒气候条件，生态价值非常突出，是宝贵的高原物种"基因库"。

### 12.2.2 天然林资源

2017年青海省天然林面积592.09万公顷（其中，天然乔木林面积50.42万公顷，仅占8.52%），占全省森林面积的91.74%，且全部区划为公益林(99.99%)[①]；天然林蓄积量4289万立方米，占全省森林总蓄积量的88.18%。全省天然林主要分布在黄河及其支流，长江、澜沧江外流河的河谷两岸和柴达木地区，占全省森林资源总量的98.4%。

青海省自1998年开始天然林保护的试点工作，先后实施了天然林保护一期工程和二期工程。实施天保工程以来，全省天然林资源实现了面积、蓄积量双增长，工程区森林覆盖率由4.92%提升到了11.1%，天然林资源进入了全面恢复和稳定发展的新阶段。

### 12.2.3 野生动植物资源

青海植被地域上跨青藏高原、温带荒漠和温带草原3个植被区，具有高寒和旱生的特点。青藏高原高寒植被是在独特的高原气候条件下产生的，形成了特殊的水平带谱和垂直带谱。在水平分布上，北半部以温带草原和温带荒漠为主，南半部则发育着高寒草甸和高寒草原，由西北向东南总体可划分为荒漠—草原—草甸—森林4带；在垂直带谱上，不同地区有所不同，如祁连山东部植被垂直带谱（由下而上）分布有荒漠草原、草原、山地草甸、和寒温性针叶林、高山草甸、高山灌丛、稀疏垫状植被。温带荒漠区域主要是指柴达木盆地，其植被是强度旱生的荒漠类型。温带草原区主要是黄土分布区，其植被以旱生植物为主。

青海省植被基本为生态防护类型，按水平分布，主要集中在东经96°~103°、北纬31°~39°，可分为山地森林和荒漠灌丛两类。山地森林主要分布在祁连山、西倾山、阿尼玛卿山、巴颜喀拉山和唐古拉山等山系，自东北至西南依次分布有祁连、大通河、湟水、黄河上段、隆务河、黄河下段、玛可河、玉树、柴达木等林区。这些山地森林约占全省森林总面积的90%，活立木蓄积量占97%，是长江、黄河、澜沧江重要的水源涵养林；荒漠灌丛主要分布在柴达木盆地、青海湖盆地和海南台地的半干旱沙地上，主要为柽柳、梭梭、沙拐枣、麻黄、枸杞、白刺、沙棘等荒漠灌丛植被，构成青海省天然的防沙屏障。植被类型以寒温性常绿针叶林为主，其次为温性针叶林以及少量寒温性落叶针叶林，还有部分落叶阔叶林。在柴达木盆地，有较完整的荒漠植被，共有乔灌木53科128属504种，其中天然分布的有371种44变种9个变型。常见的针叶树种有青海云杉、紫果云杉、川西云杉、鳞皮冷杉、油松、祁连圆柏、大果圆柏、方枝柏等，其中圆柏类、云杉类树种几乎全部为我国的特有种属；阔叶树种有青杨、山杨、垂柳、榆树、桦树等；灌木有沙棘、金露梅、山生柳、锦鸡儿、杜鹃、忍冬等。

## 12.3 天保工程建设成效与经验

实施天保工程之前，青海省江河源头的天然森林遭到人工采伐、盗伐和放牧等人为活动的严

---

[①] 青海省区划公益林面积496.1万公顷，其中包含几乎所有的天然林。

重破坏,森林资源呈现退化、减少趋势。1998年11月9日,青海省政府发布了《关于停止天然林采伐的通告》,明确规定对原始林、次生林、灌木林、高寒灌丛要停止一切形式的采伐,关闭林区木材市场。2000年起,青海省在三江源38个县(市、区)和1个森工企业(玛可河林业局)实施天保工程,工程区总面积3913.53万公顷,占全省总面积的54.18%。天保工程的实施,使青海省林业发展开始了由以木材生产为主向以森林资源保护和发展为主的历史性转变,国有林场全面停止了天然林采伐,长期过度消耗天然林的现象得到了遏制。

### 12.3.1 天保工程建设成效

20多年来,青海省全面完成了天然林保护各项建设任务,生态恶化的趋势得到明显改善,取得了显著成效。林区呈现出生物多样性持续恢复、生态环境逐渐好转、基础设施全面改善、社会发展和谐稳定的良好局面。

(1)天然林得到有效保护,森林植被快速恢复。通过20多年来的有效保护和公益林建设,工程区长期过量消耗森林资源的势头得到有效遏制,森林资源总量不断增加,呈现恢复性增长良好态势。2000—2017年,通过人工造林、封山育林、飞播造林等举措,工程区有林地面积增加了26.53万公顷,灌木林地增加了228.77万公顷,森林覆盖率由天保工程实施之初的4.92%提升至11.10%。至2018年,青海省天保工程区367.82万公顷天然林得到了有效管护;其中,国有林281.70万公顷,集体林86.12万公顷(表12-3)。

表12-3 青海省天保工程公益林建设情况

| 天保工程 | 公益林建设<br>(万公顷) | 人工造林<br>(万公顷) | 封山育林<br>(万公顷) | 飞播造林<br>(万公顷) |
| --- | --- | --- | --- | --- |
| 一期 | 36.49 | 2.06 | 32.60 | 1.83 |
| 二期 | 46.66 | 1.33 | 45.33 | — |
| 合计 | 83.15 | 3.39 | 77.93 | 1.83 |

(2)生态环境明显改善,生物多样性持续增加。实施天保工程以来,青海省工程区森林覆盖率大约提高了6.2个百分点。随着工程区森林植被持续恢复,森林生态系统功能逐步提升,水土流失得到有效控制,水源涵养功能凸显。三江源区10年来水资源量增加近80亿立方米,水源涵养量增幅达6.25%。青海省90%的国土空间规划为禁止开发和限制开发区域,将生物多样性和水源涵养作为最重要的两大主导生态功能,实行严格保护,保持了生物多样性功能长期总体稳定的态势。野生动物(尤其是珍稀野生动物)的种群数量都在逐步回升,国际濒危野生动物雪豹、金钱豹频频出现在三江源腹地;在青海湖周边,极度濒危野生动物——普氏原羚的数量,由20世纪80年代的不足300只恢复到近2000只。青藏高原特有的藏茵陈、大黄、秦艽、雪莲、兰花等珍稀植物也呈现恢复性增长。

(3)产业结构不断优化,林区改革成效显著。长期以来,林区经济"独木支撑"的局面不断改变,林区产业结构得到调整优化,负债逐年减少,经济质量不断提高,林区经济呈现出"V"形的发展态势,森林生态旅游成为一大亮点。林区林业产业得到更多关注,各类投资力度不断加强。2018年,全省林业产业新建和改建项目申报和审批152项,主要涉及中藏药材育苗、种植、杂果经济林种植、林产品加工、有机枸杞标准化基地、林家乐、特色养殖、沙棘采摘基地等领域。2006年11月,青海省唯一一家森工企业——玛可河林业局转为公益类事业单位,至国有林场改革结束,全省天保工程区92个国有林场全部纳入财政全额拨款事业单位,初步建立了天然林保护的长效机制。

(4) 民生得到有效改善，林区社会保持稳定。天保工程实施以来，工程区就业结构变化明显，第一产业就业人口比重已明显下降，工程实施单位富余人员全部进行了妥善安置。通过实施森林管护、公益林建设、中幼林抚育、产业发展等项目，为天保工程区创造了一定数量就业机会，为林区群众开辟了新的增收渠道，为周边农村脱贫致富作出了积极的贡献，成为林区群众心目中实实在在的民生工程。近年来，青海省累计聘用社会护林员78694人次，发放管护补助8.76亿元。2013年起，扶持国有林场及周边农牧民发展林下产业累计投入1470万元，起到了很好的引领带动作用。2016年以来，天保工程积极参与生态保护与服务脱贫攻坚行动，为全省打赢脱贫攻坚战提前实现整体脱贫作出贡献。至2017年，天保工程共落实生态公益性管护岗位6557个，生态管护员户均增收超过1400元/月，三江源地区人均年收入达2.16万元，实现了稳定脱贫的目标。

(5) 生态保护意识深入人心，促进了生态文明建设。天保工程一期和二期建设取得了集生态保护、宣传教育、社会行动于一体的良好效果，有力地促进了森林资源保护和生态文明建设。20多年来，天保工程区实现了森林资源由过度消耗向恢复性增长的转变，生态状况由持续恶化向逐步改善转变，林区经济社会发展由举步维艰向稳步复苏转变。天保工程的实施，让人民群众切身感受到了生态改善带来的实惠，提高了人民群众的生态文明意识，坚定了保护自然、改善生态的理念。

## 12.3.2 青海省实施天保工程的主要做法和经验

1998—2018年，这项跨世纪的绿色工程走过了20年的岁月，完成了由木材生产为主向生态建设为主的过渡，天然林资源由过度消耗向恢复性增长的过渡，天然林资源进入了全面恢复和发展的新阶段。工程区水土流失明显减少，生物多样性明显增加；林区经济社会发展由稳步复苏进一步向和谐发展转变，提供林区群众就业岗位，民生明显改善，社会保障全面提升，林区社会和谐稳定。长江、黄河、澜沧江——三江源区域从此建立了稳定的森林绿色屏障，积累了天然林保护修复的诸多经验。

(1) 持续加强天然林管护体系建设。自从《关于停止天然林采伐的通告》发布以后，全省林业工作中心确立了向生态保护与建设为主的历史性转变。经过20年的实践和探索，目前全省已基本形成了以"林场、中心管护站、管护站、管护员"为依托的四级管护体系，管护责任得到全面有效落实。一是加强管护基础建设。依托天保工程中央财政林业改革资金、国有林场改革资金、政社性支出补助资金及贫困林场建设项目资金等，新建及维修林场场部、管护站点基础设施，不断改善国有林场、林区派出所职工办公及生活用房等条件。据天保工程二期中期评估报告显示，仅2011—2015年累计投资3165万元，集中解决重点林区派出所办公条件、警用设施设备不足的实际困难；维修新建林区管护站2.63万平方米，防火道路116千米，优化配备了森林资源管护设施设备，强化了林区管理人员及专业技术人员的能力建设，国有林场森林管护条件、管护能力不断提升。二是因地制宜，创新管护模式。随着林区社会经济的发展，针对林牧矛盾较为突出的青南牧区，推行了家庭合同制管护模式，将牧民个人草场范围内的天然林管护职责以承包管护形式落实给牧户，年签约管护协议6865份，此项措施得到了基层林业单位、牧区群众的一致认可和好评。为最大化发挥森林资源的管护效益，探索新时期森林资源管护的创新模式，自2015年起，相继开展了委托、协议管护和第三方管护服务试点工作，建立个人管护、合作社管护+林场考核监管、公司+林场+合作社的新型护林模式，探索建立用有限的资金，建立效能管护体系，在森林资源得到全面有效保护的同时，进一步发挥护林队伍的力量，林区周边群众创收的自主性和积极性空前高涨。

（2）建立天然林保护长效机制。2006年11月，青海省唯一的一家森工企业——玛可河林业局转为社会公益类事业单位以来，各工程实施地区地方政府也给予了大力的支持，先后将实行差额或自收自支管理的8个国有林场纳入财政全额拨款公益类事业单位，至此全省天保工程区个国有林场全部纳入财政全额拨款公益类事业单位，保护天然林资源的长效机制初步建立。

（3）充分发挥天保工程资金使用效益。2007年以来，青海省率先开展年度省、县级森林管护实施方案编制工作，明确中央下达的财政专项资金在全额保证社会护林员管护工资的前提下，用于国有林场管护设施设备、档案建设和公用经费等支出。地方配套资金主要用于国有林场职工工资和林区派出所人员工资支出，由地方财政统一支付。一是省级负总责，规范引导资金安全使用。省级根据年度天保工程主要任务及青海省林业重点建设工作，编制年度省级实施方案，报请省人民政府批复。县级工程实施单位根据省级方案确定的主要内容，编制年度县级森林管护实施方案，细化确定年度建设重点及资金用途。二是林业财政全面协作，确保资金使用合理合规，全省天保工程省级、县级实施方案均由同级林业、财政部门联合编制完成，纳入年度天保工程建设的项目既要确保林业建设任务全面完成，也要符合资金使用规定，确保资金使用效益最大化。三是实行专家审查制，确保资金项目建设发挥最大效益。年度省、县级森林管护实施方案由省、州、县级林业、财政等相关部门组成专家审查委员会，对方案建设项目及资金使用计划进行逐项审查，避免项目重复建设，确保资金发挥最大效益。经审查修改的实施方案报同级人民政府批复实施，并报上级林业、财政部门备案。

（4）健全天然林保护各项规章制度。完善的制度是工程规范实施的基础，是工程建设质量的保障。天保工程建设实施以来，为做到管理工作规范开展，青海省相继研究制定出台了一系列针对性强且具可操作性的工程管理办法、规程、规范和标准，初步形成了较为完备的制度保障体系。一是规范资金使用与管理。先后制定出台了《青海省天然林资源保护工程财政专项资金管理实施细则》《青海省实施中央财政森林生态效益补偿基金管理办法细则》《青海省天然林保护工程财政专项资金绩效考评管理办法（试行）》和《青海省财政林业改革发展资金管理实施细则》等，进一步规范了资金使用范围，确保资金管理"有法可依"。二是突出质量管理与考核评价。出台《青海省天然林保护工程监理办法（试行）》《青海省天然林保护工程财政专项资金项目绩效考评管理办法》和《青海省林地管护单位综合绩效考核评比办法（试行）》等，确保质量管理"有规可循"。三是加强护林员队伍管理。制定印发了《青海省天然林保护工程护林员管理办法》，对护林员的聘用条件、职责权利、责任落实、考核奖惩等做出了明确规定，使森林管护人员管理"有章可考"。四是注重档案管理。出台了《青海省天然林资源保护工程档案管理办法实施细则》，进一步规范档案管理，确保档案资料"有据可查"。

（5）强化工程建设质量监管。为促进各项措施落实到位，保证项目建设成效，健全了质量监管体系。一是把好核查审计关口，强化指标性考核。近年来，建成由省级巡视监理、绩效考评、资金稽查、国有林场考核评比、全省林业综合核查等多项监督考评相结合的多角度、全方位的质控网，努力做到考核考评无死角。二是全面落实奖惩制度，有效激发发展活力。严格按照各项考评奖惩政策，对各实施单位实行核减或奖励资金、挂牌制度、黑名单制度、质量责任事故追究办法等。通过奖优罚劣，有效激发各实施单位发展活力，从根本上消除各自在工程建设与管理中存在的问题隐患。

(6)积极营造工程建设良好氛围。为扩大天保工程社会影响,继续营造工程实施良好氛围,青海省安排专项资金做好宣传工作,宣传天保工程的好政策、取得的新成效,营造全民关注、参与、监督天保工程建设的良好氛围。一是充分运用常规宣传载体营造浓厚氛围。在全省天保工程区沿线主干道、重点林区交通要道树立天保工程大型宣传牌,宣传天保工程的好政策、取得的新成效,营造全民关注、参与、监督天保工程建设的良好氛围。"十二五"期间,青海省天保工程区新建宣传牌330座,大型宣传牌46座,标识牌99座,责任牌992座,防火宣传牌20座,宣传牌维修126座。二是借助"天保记者行"平台,全面宣传新成效。由国家林业局天保办于2017年8月中旬组织开展"天保记者行"活动,邀请人民日报、新华社、《绿色中国》杂志等中央有关媒体记者一行14人走进青海省重点林区,深入挖掘天保工程实施19年来,在修复生态、改善民生、国有林区改革等方面取得的重大成就,累计形成3万余字专题材料报道青海省天保工程新成效。三是通力合作主流媒体,讲述青海天保老故事。近年来,省多次与青海日报、西宁晚报、西海都市报等省内主要媒体联合宣传天保工程政策及落实情况。2017年7月,青海省与CCTV老故事频道合作,拍摄系列专题片《天保故事·青海篇》两集,摄制组前往西宁市南北两山和海北州门源县仙米林场等重点林区进行现场采访和实地拍摄,讲述天保工程实施中鲜活事例和生动的故事,用镜头记录青海省天保工程区的巨大变化。通过多角度、多层面展示工程实施所取得的显著成效,让群众充分了解工程实施的相关政策和重大意义,进一步强化广大干部群众保护生态环境的意识,为天保工程二期的顺利实施提供强有力的舆论支持和精神动力。

## 12.4 天然林保护制度建设

天保工程实施以来,为规范工程管理,青海省相继制定出台了一系列针对性和可操作性都非常强的管理办法、规程、规范和标准,为工程建设顺利进行提供了必要保障。

### 12.4.1 强化工程质量管理与考核评价

为促进天保工程管理的科学化、规范化、制度化,不断提升天保工程建设成效,2012年,青海省出台了《青海省天然林保护工程监理办法(试行)》,委托第三方对工程实施单位的管理能力、森林资源管护、生态公益性扶贫、森林智能化建设、有害生物防控、森林防火、社会保险、政社性支出、工程建设、档案管理、资金管理等11个方面的评价监理,有力促进了天保工程年度任务落实和实施方案建设任务的完成,确保全省天然林保护建设工作再上新台阶。2015年,青海省出台了《林地管护单位综合绩效考核评比办法(试行)》,在全省102个国有林场为主体的国有林地管护单位和13个县(区)、173个乡镇集体和个人所有的国家级公益林开展管护与责任挂钩绩效评价试点工作,不断创新天保工程考核评价机制。

### 12.4.2 加强护林员队伍管理制度建设

为了维持护林员队伍的稳定和最大限度地保障护林人员的合法权益,青海省印发了《青海省天然林保护工程护林员管理办法》,对护林员的聘用条件、职责权利、责任落实、考核奖惩等作出了明确规定,使森林管护人员管理"有章可考",做到了用制度管人和用制度护林。修订完善了《青海省天然林保护工程森林管护协议书》,将管护责任落实到山头地块、具体责任人;设计制作了图文版的《巡山记录》和《巡护电话记录》，确保管护工作档案完整、规范。

### 12.4.3 规范资金使用与管理

为充分发挥中央财政专项资金的使用效益，2013年青海省出台了《青海省天然林保护工程财政专项资金项目绩效考评管理办法（试行）》，考评内容分为森林管护、森林抚育以及资金使用与管理3项，考评结果作为下年度安排部分林业建设项目的重要依据，对考核成绩前3名的单位给予奖励，考评不合格单位批评处罚。工程实施期间，青海省出台了《青海省天然林资源保护工程财政专项资金管理实施细则》《青海省实施中央财政森林生态效益补偿基金管理办法细则》和《青海省财政林业改革发展资金管理实施细则》等，明确各类资金的使用范围，确保资金管理"有法可依"。

### 12.4.4 科学编制年度森林管护实施方案

2007年以来，青海省率先开展年度省、县级森林管护实施方案编制工作。明确中央下达的财政专项资金在全额保证社会护林员管护工资的前提下，用于国有林场管护设施设备、档案建设和公用经费等支出。地方配套资金主要用于国有林场职工工资和林区派出所人员工资支出，由地方财政统一支付。

一是省级负总责，规范引导资金安全使用。省级根据年度天保工程主要任务及全省林业重点建设工作，编制年度省级实施方案，报请省人民政府批复。县级工程实施单位根据省级方案确定的主要内容，编制年度县级森林管护实施方案，细化确定年度建设重点及资金用途。

二是林业财政全面协作，确保资金使用合理合规。青海省天保工程省级、县级实施方案均由同级林业、财政部门联合编制完成，纳入年度天保工程建设的项目既要确保林业建设任务全面完成，也要符合资金使用规定，确保资金使用效益最大化。

三是实行专家审查制，确保资金项目建设发挥最大效益。年度省、县级森林管护实施方案由省、州、县级林业、财政等相关部门组成专家审查委员会，对方案建设项目及资金使用计划进行逐项审查，避免项目重复建设，确保资金发挥最大效益。经审查修改的实施方案报同级人民政府批复实施，并报上级林业、财政部门备案。

### 12.4.5 开展管护站标准化建设

2014年，青海省印发了《天然林保护工程区管护站建设标准（试行）》，安排森林管护标准站建设专项资金，开展天保工程logo标准制作、悬挂，相关制度上墙，推广有地方特色的管护站规划设计等标准化建设，并鼓励各实施单位开展标准站、明星站、模范站评选评优活动，确保管护站规范化建设"有标可照"。

### 12.4.6 建设林业智能管控系统

天保工程实施以来，青海省非常重视提高森林管护的智能化水平。自2013年以来，统筹安排专项资金，率先在国有重点林区开展天保工程林业"三防"智能管控系统研发及建设，有力推动工程区现代化林业建设进程。目前，该系统建设已在全省天保工程重点林区推广实施，逐渐成为全省提升天保工程森林管护科技化水平的重要抓手。2016年，青海省会同中国科学院计算机网络信息技术中心共同制定出台了《青海省森林三防智能管控系统建设导则》，用以指导各地信息化系统建设工作规范开展。

### 12.4.7 开展国有林场考核评比，开创绩效奖补先河

自 2014 开始，青海省对 102 个国有林场为主体的国有管护单位开展考核评比工作，实现公益林、天然林保护补助资金与责任、成效挂钩。每年根据考评结果，按比例调减在综合考评中不合格和基本合格的县级单位资金，奖励给考核等次为优秀且总分排序靠前的县级单位。通过考核评比、奖优罚劣，充分调动国有管护单位、集体统一管护和个人合同管护的积极性，促使国有林场管理水平得到显著提升。此项工作创全国国有林场考核评比先河，得到原国家林业局和省委、省政府领导的充分肯定，并在《中国绿色时报》头版作了全面报道。

## 12.5 完善天然林保护修复制度面临的主要问题

青海是生态资源大省，也是典型的生态脆弱地区，原生植被的保护与修复对于改善生态环境至关重要。然而，青海省又是经济欠发达地区，经济社会发展对生态资源的依赖性较强，全面保护和系统修复天然林生态系统面临诸多困难。这是青海省建立和完善天然林保护修复制度必须面对的现实情况。

具体讲，青海省天然林保护修复制度建设应重点解决以下问题。

### 12.5.1 处理好全面保护与分区施策的关系

2014 年 3 月 14 日，习近平总书记在中央财经领导小组第五次会议上指出："要研究把天保工程范围扩大到全国，争取把所有天然林都保护起来。"5 年来，全国范围内逐步停止了天然林商业性采伐，中央财政对国有天然林停伐参照停伐木材产量和天然商品林面积等因素给予停伐补助，对集体和个人所有天然林实行停伐管护费补助政策，标准参照集体所有国家级公益林生态效益补偿。全面保护天然林已迈出了关键一步。2019 年发布的《天然林保护修复制度方案》(简称《制度方案》)明确提出："依据国土空间规划划定的生态保护红线以及生态区位重要性、自然恢复能力、生态脆弱性、物种珍稀性等指标，确定天然林保护重点区域，分区施策。"也就是说，要对全国范围内的天然林划定重点保护区域和一般保护区域，在重点区域执行更加严格的保护政策。

青海省的天然林主要分布于大江大河源头，生态区位非常重要。同时，青海省已启动实施国家公园示范省建设，全力推动以三江源、祁连山、昆仑山、青海湖为主体的自然保护地体系建设，全面保护、系统修复天然林生态系统应作为核心任务。以当前青海省基层林业管理机构和人员现状[1]，很难全面保护分散偏远的天然林，也无法有效保护和修复重点区域的天然林。因此，如何贯彻落实《制度方案》，通过完善制度来协调好全面保护和分区施策的关系，是青海省将面临的一个重要问题。

### 12.5.2 天然林保护修复与经济社会发展的矛盾依然突出

青海省的天然林主要分布在三江源藏区的高山峡谷地带，地处偏远，交通不便，且森林与牧草地相互交叉镶嵌，继续加强保护、系统修复天然林和提升天然林质量的难度都非常大。全面保

---

[1] 调研发现，青海省县级及以下大多没有林业和草原管理机构，林草业管理和技术人员不足。

护和修复天然林，一是要增加人力投入，扩大森林管护和植被恢复人员队伍；二是要提高投资标准，确保高质量完成生态建设和修复工程。近年来，青海省的物价和人工费都在持续攀升，森林管护和植被恢复的成本将明显高于当前中央财政投资标准，全面保护和修复天然林仍需要长期、大量资金投入。对于预算支出高度依赖中央财政转移支付的青海省来说，是无法承担之重。

近年来，道路、机场等基础设施建设因为占用生态用地而受阻，旅游和矿业因环保督查而关停，野生动物活动区域的扩张威胁到了畜牧业，都是加强生态保护对经济社会发展造成的不利影响。加强保护修复天然林生态系统，如何能够不影响经济社会的正常发展，以及如何化解生态保护与经济社会发展之间的矛盾，是需要深入探讨的问题。

### 12.5.3 天然林保护修复责任主体需要逐级明确

长期以来，对天保工程建设绩效监管和追责的对象主要是基层工程实施单位，各级党委政府更多是作为监管者，很少被追责和惩罚。《天保工程管理办法》规定："天保工程实行省（含自治区、直辖市）级人民政府负责制和地方各级人民政府目标责任制，坚持目标到省、任务到省、资金到省、责任到省，省级政府对国家负总责。"但具体的年度核查内容是针对基层工程实施单位的组织管理、木材停伐减产与森林管护、公益林建设与森林改造培育、中幼龄林抚育、职工转岗就业与社会保险、资金到位与森林生态效益补偿兑现等方面，省、地、县各级党委政府的目标责任从未明确过，也很少有党委政府因天然林保护不力（未实现既定目标）而被追责。

确保天然林保护修复规划的既定目标能够实现，是全面保护天然林和不断提升天然林质量的关键问题。《制度方案》提出："加强天然林资源保护修复成效考核监督，加大天然林保护年度核查力度，实行绩效管理。将天然林保护修复成效列入领导干部自然资源资产离任审计事项，作为地方党委和政府及领导干部综合评价的重要参考。"也就是说，在将来的天然林保护修复工作中，要明确各级党委政府和领导干部的目标责任，通过年度考核和离任审计等方式，对天然林保护修复各级责任主体进行评估和奖惩。目前，青海省天然林保护修复绩效监测、评估和目标考核相关的制度、措施还不健全（不成体系），"十四五"期间要尽快建立和完善。

### 12.5.4 天然林保护修复规划与技术标准滞后

2020年之后，天然林保护将从周期性、区域性的工程措施逐步转向长期性、全面性的公益性事业；在全面停止商业性采伐的基础上，开展以提高天然林质量为目标的保护修复工作。省级及以下各级地方政府需要编制天然林保护修复的中长期规划，明确天然林保护的目标、任务、措施和扶持政策。此外，受林业科研经费短缺、基础设施差、科研周期长等因素制约，青海省大部分林业技术难题得不到根本解决，许多林业科技成果和实用技术没能大面积推广，林业科技贡献率长期得不到提高。要根据区域自然条件，推动天然林修复技术创新，制定天然林修复的技术规程，科学促进退化天然林修复，加速矿山、荒山植被恢复。

目前，青海省天然林保护修复中长期规划和相关技术标准尚未启动编制，森林抚育经营、退化天然林修复、山水林田湖草综合治理、病虫害防治、生态系统监测预警等方面缺乏技术和人才储备。这是青海省全面保护修复天然林和森林质量精准提升亟待解决的问题。

### 12.5.5 天然林保护修复成效监测能力不足

跟踪监测是开展天然林保护修复成效评估和绩效考核的基础。森林资源监测调查是林业生态建设的一项重要基础性工作，是正确制定林业政策的重要依据。目前，5 年一次的全国森林资源清查和各省不定期完成的森林资源规划设计调查，主要是为了解森林资源的数量、质量及其消长动态，在调查精度、全面性和实效性上都不能满足全面保护和系统修复天然林的需要。

天保工程实施以来，青海省在天保工程区开展了局部或专项效益监测工作，并于 2017 年以地方标准形式出台《天然林效益监测与评估规范标准》(GB63/T 1624—2017)。但监测体系指标仅涉及大气、土壤、水文、森林生态系统，对公益林建设中封山育林和人工造林以及生物多样性的监测方法、指标均没有涉及，监测布点、技术规程、指标体系、数据库建设、评估方法等都不成体系，难以满足跟踪监测和效益评估但需求。然而，监测评估体系建设和能力提升需要一个漫长的过程。2020 年之前，可先完成监测布点、设备设施购置、人员培训和基础数据的收集等工作。

## 12.6　健全天然林保护修复制度体系相关建议

为加快完善生态文明制度体系，解决青海省天然林保护修复面临的突出问题，建议"十四五"期间优先建立和完善以下几项制度。

### 12.6.1　建立天然林总量管控和分级保护制度

天然林保护修复的核心目标是天然林"数量增加、质量提升"，即全省、市(州)和县级行政区内的天然林面积、蓄积量保持增加趋势，维护天然林生态系统的原真性、完整性，提升天然林生态系统稳定性和生物多样性。因此，要建立《天然林总量管控制度》，将海西州所有天然林纳入保护修复范围，制定天然林保护修复的阶段性量化目标，分解落实到各级党委、政府的年度任务中。

为推进天然林保护与公益林管理并轨①，建议出台《青海省天然林分级保护管理制度》，在全省区划重点保护天然林和一般保护天然林，在机构设置、人员配备、资金投入、保护管理措施、监督监测等方面优先向重点保护区域倾斜。依据国土空间规划划定的生态保护红线、国家公园和自然保护地区位划分、地方控制性规划等因素，以及生态区位重要性、自然恢复能力、生态脆弱性、物种珍稀性等指标确定青海省天然林保护重点区域。建议将三江源、祁连山、环青海湖流域、柴达木盆地、河湟谷地等 5 大区域的天然林首批划入重点保护修复范围，在机构设置、人员配备、资金投入、保护管理措施、监督监测等方面优先向重点保护区域倾斜。

### 12.6.2　健全天然林资源用途管控制度

用途管控是指对直接利用林木、林地等各种森林资源的一切生产经营活动进行约束。停止天然林商业性采伐是目前全国各地普遍执行的天然林资源用途管控制度，对天然林资源利用的其他方式，如生态景观、野生动植物、林地征占用、林内采矿以及废弃物填埋等，青海省没有系统的管控制度。因此，在建立《天然林分级保护管理制度》的基础上，要继续完善《天然林资源用途管控制度》，根据天然林重点保护区域和一般保护区域的区划结果，制定差别化的管控制度，提出不利于天然林保护相关产业的负面清单。

首先，建立天然林休养生息制度。继续在全省范围内禁止天然林商业性采伐；对纳入重点保

---

① 青海省的天然林 99.99%是公益林。

护区域的天然林，除林业有害生物防治、森林防火等维护天然林生态系统健康的必要抚育措施外，禁止其他一切生产经营活动；重点保护区域以外的天然林以自然恢复更新为主，减少人工干预措施；通过补偿、奖补等方式，扩大在天然林区的禁牧、轮牧范围，确保天然林区全面休养生息。其次，严格管控天然林地征占用。除国防建设、国家级重大工程项目建设等特殊需要外，禁止征占用重点保护区域的天然林地；省及以下人民政府批准的基础设施、公共事业和民生项目，原则上只能使用保护重点区域以外天然林地；完善天然林地征占用审批制度，健全事前审批、事中监管和事后评估等一系列标准、法规和奖惩制度。最后，建立重点保护天然林区产业负面清单制度。将高能耗、高污染产业列入负面清单，禁止发展并限期退出；在不破坏地表植被、不影响生物多样性保护前提下，适度发展旅游、康养、特色种植养殖等绿色产业。

### 12.6.3　落实天然林保护修复绩效奖惩制度

天然林保护修复绩效考核针对所有责任主体，包括各级党委、政府和直接责任者。要建立《天然林保护修复绩效目标则责任制度》，定期评估天然林保护修复成效，比照阶段目标，对所有责任主体进行评比和奖惩。将天然林保护修复的整体目标逐级分解，转换为单位目标最终落实到各地区、各部门。在目标分解过程中，要科学量化分解目标，明确各地区、各部门的权责利，保证目标方向一致，环环相扣，相互配合，形成协调统一的目标考评体系，定期开展评估，严格落实奖惩制度。

建立《天然林损害责任追究制度》，将天然林保护修复绩效作为领导干部离任审计事项，确保各级党委、政府始终高度重视天然林保护修复工作，不盲目决策，不再为短期经济利益而破坏天然林。对落实天然林保护政策和部署不力、盲目决策，造成严重后果的；对天然林保护修复不担当、不作为，修复工作不力的；对破坏天然林资源事件处置不力、整改执行不到位，造成重大影响的，依规终身追责。

### 12.6.4　加快天然林保护修复规划和标准体系建设

天然林是我国森林的主体和精华。天然林与公益林保护管理并轨后，天然林保护修复工作要重新谋划，需要通过顶层设计来落实保护修复目标、建设任务、相关政策和配套措施，要十分注意规划编制的科学性、战略性、协调性和可操作性。尽快研究编制《青海省天然林保护修复中长期规划》，明确全省、市（州）和县级行政区域的天然林保护目标、任务、措施，同时启动天然林保护修复相关专题研究，提出资金预算和政策需求，争取中央政府的支持。

由于自然条件恶劣，青海省天然林数量少、质量差、退化严重、分布不平衡，生态系统较为脆弱。为避免天然林修复造成不可逆的破坏，需分区域制定《天然林修复技术规程》等标准，在修复工程启动之前解决退化天然林修复和无林地植被恢复的技术难题。目前，青海省应组织科研院所和高校开展高寒山地天然林生长演替规律、退化天然林生态功能恢复、不同类型天然林保育和适应性经营、抚育性采伐、树种选育、林分结构改善、促进复壮等基础理论和关键技术科研攻关，加强对高寒天然林演替规律、人工修复与自然修复方式的技术转化。加快天然林保护修复科技成果转化和技术标准体系建设，开展天然林保护修复技术交流合作，引进先进理念和技术。

### 12.6.5　建立天然林保护修复监测评估制度

为及时掌握全省天然林保护修复工作进展与成效，尽早建立《天然林保护修复绩效监测评价制度》，在重点保护区域和一般保护区域合理布局固定监测点，及时掌握天然林总量、质量和退化状况等关键信息，建立天然林生态系统监测结果发布和共享机制，完善专家论证和社会公示制度，保护修复监督评估与专家验收，形成长效机制，推动天然林生态环境质量改善。

当前，应加快建立天然林保护修复绩效监测体系，明确监测主体、监测内容、监测周期、评估方法和成果发布的关键性问题，在全省正式启动天然林保护修复之前，完成监测样本布点、成立监测队伍、开展技术培训、建立监测数据库。具体讲，要根据国家的统一安排部署，选取具有代表性的重点类型天然林，建设基础监测站，对起源、措施、功能、成效等进行科研监测评估。全面开展三江源、祁连山、环青海湖流域、柴达木盆地、河湟谷地五大重点生态区域骨干监测站点建设。建立省、市(州)、县(市、区、行委)三级天然林数据库，开展天然林保护修复效益监测工作，定期配合国家林业和草原局发布天然林保护修复效益监测评估报告。

**参考文献**

青海省人民政府，2016. 青海省"十三五"林业发展规划[R].
周鸣歧，陆文正，1982. 试论青海的森林资源[J]. 青海农林科技(4)：33-42.
张引娥，2003. 青海省森林资源可持续发展探讨[J]. 林业调查规划(3)：16-18.
李文，李凯，1995. 青海省森林资源现状及发展前景[J]. 青海农林科技(2)：39-43.
党晓勇，2011. 青海天然林资源保护的实践与思考[J]. 绿色中国(10)：50-52.

# 附录 天然林保护修复国际经验借鉴

## 附录1 世界主要国家天然林保护修复情况

天然林,是指自然形成或人工促进天然更新所形成的森林。按退化程度,天然林可分为原生林、次生林和疏林。

根据联合国粮食及农业组织(FAO)《2015年全球森林资源评估报告》(表1),全球天然林资源总面积共计约40.33亿公顷。其中,原生林面积13.59亿公顷,占总数的33.70%;次生林面积约为21.81亿公顷,占总数的54.08%;人工林面积为4.93亿公顷,占总数的12.22%。

原生林主要分布在美洲和欧洲地区。其中,南美洲的分布面积最广,约占原生林总面积的45.92%(6.24亿公顷);北美洲和中美洲的原生林主要分布在加拿大和美国,约占20.60%(2.80亿公顷);欧洲的原生林主要分布在俄罗斯,约占19.28%(2.62亿公顷)。

天然次生林主要分布在欧洲、非洲和北美洲地区。欧洲(主要集中在俄罗斯)的分布面积最广,约占次生林总面积的30.67%(6.69亿公顷);其次是非洲地区,约占20.03%(4.37亿公顷);北美洲和中美洲(主要集中在美国)位居第3,约占17.65%(3.85亿公顷)。

人工林主要分布在非洲和亚洲地区。其中,非洲的人工林面积约为1.89亿公顷,占全球人工林总面积的38.34%;亚洲的人工林面积约为1.24亿公顷,占25.15%。

表1 全球天然林资源分布状况

| 区域 | 森林面积(亿公顷) | 原生林(亿公顷) | 天然次生林(亿公顷) | 人工林(亿公顷) |
| --- | --- | --- | --- | --- |
| 非洲 | 6.74 | 0.48 | 4.37 | 1.89 |
| 亚洲 | 5.93 | 1.10 | 3.59 | 1.24 |
| 欧洲 | 10.05 | 2.62 | 6.69 | 0.74 |
| 北美洲和中美洲 | 7.05 | 2.80 | 3.85 | 0.40 |
| 大洋洲 | 1.91 | 0.35 | 1.51 | 0.05 |
| 南美洲 | 8.64 | 6.24 | 1.80 | 0.60 |
| 合计 | 40.33 | 13.59 | 21.81 | 4.93 |

数据来源:联合国粮食及农业组织《2015全球森林资源评估》。

### 一、总体概述

天然林具有生态系统稳定、生物多样性丰富等特点。20世纪末开始,森林保护问题得到全世界的普遍关注,为保护天然林资源,主要林业发达国家和天然林分布较多的国家采取了有效措施。现将有代表性的天然林保护政策和措施总结如下:

(一)立法禁止或限制天然林商业性采伐

过度采伐是全球森林消失和退化的重要原因。为保护天然林资源,许多国家都颁布了禁止或限制天然林商业性采伐的法令。巴西是世界上天然林面积最大的国家,原生林面积4.77亿公顷,天然次生林面积 0.36 亿公顷，两者合计占本国森林面积的 98.57%。1981 年，巴西制定了《2000 年全国林业发展规划》，将天然林划为永久保护森林和严格利用的森林；永久保护森林禁止任何形式的利用，对严格利用的森林资源在地点或种类上受联邦法律的约束。美国早在 1891 年就颁布了《森林保留地条例》，并在黄石公园附近划定了第一处保留林；2001 年 5 月，美国林务局对其所辖土地上 2367 万公顷的天然林颁布了新法案，除非出于环境原因或为降低火险，禁止在天然林上修建道路和商业性采伐。目前为止，几乎所有林业发达国家和天然林比重较大的国家都曾颁布过此类法令，因而禁止或限制天然林采伐也成为各国保护天然林的重要措施。

### (二) 设立国家公园或自然保护区以保护天然林生态系统

为保护天然林及其中具有特殊重要意义的自然资源、历史遗产和景观等，许多国家通过建立国家公园、森林公园或自然保护区等方式划定保护区域，禁止森林采伐。黄石公园是世界上第一个国家公园，是 1872 年美国为保护野生动物和自然资源而设立；此后，美国逐渐形成了规模庞大、内容全面的自然保护区体系，包括 200 多个国家公园（总面积 1253 万公顷）和 155 个国家森林保护区（8080 万公顷）。德国大部分具有地带性特色的森林都规划为森林公园或自然保护区，全国共有这样的森林 1080 万公顷，其中 1/4 划入自然公园，1/3 划为景观保护区，都是严禁破坏的森林。近年来，全世界国家公园和自然保护区的数量和面积在持续增加，保护天然林已成为一个国家文明与进步的重要标志。

### (三) 实施天然林保护专项工程

为保护现有原始林和天然次生林，在世界银行等国际组织推动和资助下，许多国家纷纷划定区域，实施保护工程，加大天然林保护力度。亚马孙森林是世界上最大的热带雨林区，占地球上热带雨林总面积的 50%，其中有 4.80 亿公顷在巴西境内；2002 年，巴西政府、世界银行、全球环球基金会和世界自然基金会联合签署声明，启动了有史以来规模最大的热带森林保护项目——亚马孙区域保护区项目，保护期 10 年，保护森林面积 5000 万公顷。2012 年，印度尼西亚政府批准了一项为期 4 年的热带雨林保护计划，是联合国一项名为"减少森林砍伐、林地退化造成的碳排放"（REDD）项目的组成部分之一，覆盖森林面积约为 8 万公顷，投资人可以通过保护森林而获得碳信用额度，从而抵消自己在经营活动中产生的碳排放，碳信用销售收入用于地方民生。

### (四) 培育人工用材林替代天然林采伐

采伐利用人工林，减轻木材需求对天然林资源的压力，是保护天然林的重要措施，也是主要林业发达国家满足林产加工业对木材需求的主要途径。20 世纪中期，新西兰划出部分林地集约经营人工林，实行商业化管理，用不到 6% 的林地满足了木材供应；国家每年商品材采伐量达 1800 万立方米，基本全部依赖于速生、丰产、集约经营的人工辐射松林的采伐。从 2008 年，新西兰政府还实施了"不剪羊毛改种树"政策，鼓励牧民不放养动物改为种植树木，每公顷地补贴 600 新西兰元[①]；2009 年，这项计划使 3500 公顷土地转换成人工林地。

### (五) 开展近自然森林经营

近自然林业理论的创始者是德国林学家盖耶尔（Karl Gayer）。他对德国残存的天然林进行了观察，提出了人工促进天然林更新的方法，使森林进入正向演替，在森林出现衰退前获取其自然损失的一部分而维持森林生物的总量。20 世纪 90 年代中期，近自然林业理论在德国已被广为宣传，并主要通过《森林法》和《自然保护法》保证实施。近自然的林业经营方法成效突出，主要表现在森

---

① 1 新西兰元 = 4.3625 元。

林的蓄积量提高、抗性增强、森林病虫害发生减少等几个方面。德国的近自然林业经营原则和方法被瑞士、匈牙利、波兰、挪威、比利时、斯洛伐克、荷兰、奥地利、法国等国家先后效仿，某些国家还得到了政府的立法支持。

## 二、国别介绍

### (一) 北美洲

北美洲跨纬度范围大，美国和加拿大两个大国就几乎占据了北美洲的全部版幅。北美洲大部分地区有着极高的人类发展指数和经济水平，以温带大陆性气候和亚寒带针叶林气候为主，降水量和年平均温度由于纬度差异而呈现出明显不同。

1. 美国

美国森林面积3.04亿公顷，其中天然林面积2.79亿公顷，占91.8%。美国纳入保护的联邦及州所有的天然林约占其天然林总量的13.62%，保护措施呈现两个特点：

一是法律先行。早在1891年，美国颁布了《森林保留地条例》，并在黄石公园附近划定了美国的第一处保留林，这标志着美国的森林保护和资源管理工作开始走上了法制的轨道。2001年5月，美国林务局对其所辖土地上的2367万公顷的天然林颁布了新的法案，除非出于环境原因或须降低火险，否则禁止在天然林上修建道路和商业性采伐。

二是建立国家公园、森林公园或自然保护区。通过这种方式，保护天然林及具有特殊重要意义的自然资源和景观。有1400万公顷划入国家公园或保护区的天然林被保护了起来。由于美国大面积的天然林属于私人所有，私有林主出于各种目的也会对森林采取保护措施，这一部分面积难以查到，但很显然的，美国的受保护天然林面积远远不止1400万公顷。

2. 加拿大

加拿大森林面积3.1亿公顷，其中天然林面积3.0亿公顷，占97%。加拿大纳入保护的天然林约占天然林总面积的27.6%。主要保护措施：

一是建立国家和省级公园、保护区。加拿大在实行分类经营中，把大量的森林划为保护区，或者依赖森林环境和海岛、湖泊等，附建少量旅游服务设施，建立国家和省级公园，公园内的森林禁止采伐，野生动物、鱼类、山石、水资源等都要精心保护。在保护森林资源的同时也发展了森林旅游事业。1885年，加拿大联邦政府在落基山脉划定了第一个保护区，同时建立了第一个国家公园；1893年建立了第一个省立公园。到了1930年，议会通过了《国家公园法》，政府制定了《国家公园法案实施细则》，联邦政府已建立国家公园2450万公顷，各省划定省级公园3320万公顷，国家公园分别代表了不同类型的自然保护区域，公园内的森林禁止采伐，这标志了加拿大天然林保护工作的正式开始。

二是BC省新型管理计划，停止天然林皆伐。为保护野生动物栖息地，保护土壤，维持自然景观。从1989年起不列颠哥伦比亚省(BC省)着手制定森林资源新型管理计划，实施森林经营区域划分，停止天然林皆伐，保护生物多样性并增加收益。

三是可持续林业的认证体系。森林管理委员会(FSC)于1993年在加拿大多伦多创建。在FSC的10条通用的准则中，不允许将天然林转变为人工林或非林地用地，并维护高保护价值森林。

四是国民自觉保护天然林资源。加拿大保护森林、追求和改善生态环境的意识强。与发展经济比较，人们把保护生态环境看作是第一位的，各项和社会活动必须以不破坏生态、保护环境、维护生物多样性为前提，否则就会受到社会各界和广大人民的强烈反对和抵制。

### (二)南美洲

南美洲大部分地区处在赤道附近,属于热带雨林和热带草原气候,年平均气温高,降雨丰沛,因此很多国家都生长有大面积的天然林,且热带森林中大多是新陈代谢旺盛,生长迅速的树种,森林中物种丰富,土壤碳储量高,具有很高的生态效益和科学研究价值。但是坐落于此的国家大多数属于欠发达国家之列,面临着国家经济要发展、人口众多等问题,因而对于天然林的保护仍处于不成熟的阶段,对于天然林的破坏现象也时有发生。

#### 1. 巴西

巴西森林面积5.2亿公顷,其中天然林面积5.12亿公顷,占98%,是名副其实的天然林大国。巴西通过立法和多种补偿措施,已经基本停止了大规模的天然林采伐。

一是限制利用天然林。1966年,巴西政府颁布一个方案,即提供税收刺激鼓励私人和公司投资营造大规模人工林,引进澳洲桉树作为人工林主要树种。自此,巴西开始大力保护天然林,逐年停止大规模的天然林采伐,且采伐方式多用轻度择伐或卫生伐,并发展人工林以取代天然林作为主要林产品来源。1981年巴西制定了《2000年全国林业发展规划》,将天然林化为永久保护和严格利用两类,永久保护的天然林实施严格保护,禁止任何形式的利用;对严格利用的天然林在地点或种类方面实施约束利用。

二是保护亚马孙森林。2002年,巴西政府、世界银行、全球环球基金会和世界自然基金会联合签署声明,启动了有史以来规模最大的热带林保护项目——亚马孙区域项目。该项目保护森林面积5000万公顷,保护期10年。为此,巴西政府先后颁布了《环境法》和《亚马孙地区生态保护法》,修订了宪法,加入了有关环境问题的条文,规定亚马孙地区是国家遗产。同时,出台了保护生态平衡的相关细则,提出了政府和公民在保护环境方面的权利与义务。巴西国家林业发展局也制定有关法规,对毁林烧荒给亚马孙森林造成严重灾害的个人或机构,将以破坏生态环境罪予以起诉,给予严厉的法律制裁和巨额罚款。

三是建立森林公园或保护区。1994年以来,巴西政府通过建立森林公园、保护区、生态站、生态和生物保留区等,提高天然林保护力度,先后建立了34个森林公园,其面积为960万公顷;建立了30个生态站,面积为310万公顷;建立了26个生态和生物保留区,面积为330万公顷;建立了12个环境保护区,面积50万公顷。这种是有明确范围的保护,意味着天然林被严格保护起来,而有别于泛泛而低效的保护。

四是实施森林保护补助计划。为保护森林免遭砍伐并改善原住民的生活水平,2007年,亚马孙州政府启动了森林保护补助计划。这项计划的核心内容就是,通过"森林保护补助"机制,"用钱换树",定期奖励放弃采伐森林的当地居民,实现森林的"零"破坏。居住在该州保护区的居民如果不砍树,就可以获得政府的资金奖励,奖励额度为每户每月28美元。除此之外,保护区的地方社区能得到一定比例的补助用于社区公共开支。同时,鼓励和帮助当地社区居民开展森林生态旅游,促进经济发展,改善居住生活条件。"森林保护补助"资金的来源为巴西银行以及多家大型企业。如万豪国际酒店除了提供200万美元的捐赠,每晚向顾客收取一美元的自愿碳补偿来支持这一项目。目前,已有5000户已经开始从中获益。从实施效果来看,"森林保护补助"实现了森林资源保护和扶贫的双赢,并让当地居民从森林资源的破坏者成为森林的保护者。从实施特点来看,"用钱换树"机制,易实施,能达到小步快跑的效果。

#### 2. 秘鲁

秘鲁的森林面积0.68亿公顷,其中天然林面积0.67亿公顷,占99%。秘鲁为了促进经济发展，在很长一段时间内采取采伐森林出口原木政策，后随着资源的减少，开始采取保护政策。

一是建立自然保护区。秘鲁政府通过建立自然保护区，包括国家公园、国家自然保护区和历史保护区等措施来保护天然林，法律规定在保护区内严禁直接采伐使用其自然资源。

二是采用人工林替代天然林采伐。秘鲁从20世纪90年代开始了大规模的人工造林，主要树种为松属，并借鉴巴西的经验，希望以不断成熟的人工林来取代天然林成为主要生产资料，并制定和完善了《林业和野生动物资源法》《森林与野生动物保护法》等法律，逐年降低天然林采伐量并严格制定采伐标准。

三是通过转变生产结构保护天然林。秘鲁是一个经济林大国，其生产的咖啡和香蕉很少甚至不使用化肥而在国际市场上非常畅销。进入21世纪，秘鲁转变林业产业结构，部分森林采伐人员转业至经济林生产，一定程度上缓解天然林的生产压力。

### (三) 大洋洲

大洋洲是全球最小的大洲，但温润的气候条件，丰富的降雨以及其地广人稀的特点对于林业的发展大有裨益，因而该洲的国家都拥有大面积的天然林并且得到了很好的经营和保护。

1. 新西兰

新西兰的森林面积826.9万公顷，其中天然林面积645.7万公顷，占78.1%。新西兰对于天然林保护开展得晚，但是效果十分显著。

一是对国有天然林全面禁伐。1921年，国家林务局按照《林业行动法规》(Forest Act) 对部分国有天然林采伐利用进行了控制；1987年，将大部分国有天然林禁伐，由资源保护部专门管理。此后，新西兰政府在环保运动的压力下还做出决定，禁止采伐国有天然林。

二是对私有天然林严格管控。1991年，新西兰颁布《森林经营法》，规定对私有天然林资源实行严格管控，使得私有天然林保护变得更加严谨和具有约束力。1993年修改《森林法》，加强了对私有天然林的采伐限制。1996年和2004年再次修改《森林法》，进一步强化了对私有天然林采伐的限制。

三是建立国家森林公园或保护区。在新西兰的645.7万公顷天然林中，约有490万公顷(75.9%)被纳入国家森林公园和保护区内。总的原则是，政府不鼓励天然林资源的工业利用，并且采取可持续经营的原则，使天然林蓄积量逐年攀升。

四是人工林替代天然林。从20世纪20年代中期开始，新西兰先后发起的三次造林运动，通过"合资造林"等方式，大力发展人工林。人工造林的结果是新西兰从一个木材缺乏的国家变成了木材供应自足的国家，用不到6%的土地根本上解决了木材供应的问题。2008年，新西兰政府还实施了"不剪羊毛改种树"政策，鼓励牧民不放养动物改为种植树木，每公顷地补贴600新西兰元。

2. 澳大利亚

澳大利亚森林面积1.49亿公顷，其中天然林面积1.47亿公顷，占98%。澳大利亚对天然林资源采取了一系列保护措施：

一是建立国家公园和自然保护区。澳大利亚通过建立永久性的国家公园和自然保护区等措施来保护天然林。国家公园和自然保护区面积达到2624万公顷，主要保护大面积具有特殊生态价值、观赏价值和科研价值的森林和自然景观。

二是限制天然林商业性采伐。从19世纪80年代开始，澳大利亚联邦政府与地方政府签订具有法律效力的区域性林业协定，确定各地自然保护区的规模和保护力度，促进森林资源进行生态意义上的永续经营和管理。协定签约后，由联邦政府通过议会立法，产生法律约束力。目前，澳大利亚天然林的26%禁止采伐,其余的74%虽然允许采伐,但限制条件繁多,致使这些天然林实际上没有办法进行采伐。

三是实施《塔斯马尼亚新森林协定》。2013年,澳大利亚政府决定投入9450万澳元[①],支持《塔斯马尼亚新森林协定(2013)》的实施。该协定通过直接资助停止采伐乡土阔叶树、投资回购木材供应合同、支持人工林木材产业的发展的方式,使塔斯马尼亚的原始林得到永久保护。

四是促进天然林健康经营。制定天然林保护具体目标,应用可持续经营的方式,维护和管理天然林资源;通过拟态经营理念,让天然林经营经营方式和过程尽量模拟自然生态过程,确保森林经营健康。

五是实施国家生态旅游计划。澳大利亚政府积极资助森林生态服务市场开发,建立生态旅游开发和森林经营转型援助基金,资助开发除木材外的森林经济利用价值。先后发布了《国家森林政策宣言》(1992)、《地区森林协议》(1997)、《可持续森林战略》(2004)、《国家土著林业战略》(2005)等一系列政策,强化天然林非木质林产品的商业开发,对不具有开发木材利用价值的天然林,进行生态旅游开发和长期科学研究利用。

**(四)欧 洲**

欧洲是人类生活水平较高、环境以及人类发展指数较高及适宜居住的大洲之一,大部分为温带海洋性气候,也有地中海气候、温带大陆性气候、极地气候和高原山地气候等气候。由于欧洲经济条件普遍较好,森林保护手段也处于相对较高的水平。

1. 德国

德国森林面积1107.6万公顷,其中天然次生林面积579.3万公顷,占52%。德国没有严格意义上的原始天然林,只有天然次生林。通过采取近自然森林经营的方式,达到逐渐向天然原始林方向过渡。

一是近自然林业经营。近自然林业理论的创始人是德国林学家嘎耶。他对德国残存的天然林进行了观察,提出了人工促进天然林更新的方法,使森林进入正向演替,在森林出现衰退前获取其自然损失的一部分而维持森林生物的总量。20世纪90年代中期,近自然林业理论在德国已被广为宣传,并主要通过《森林法》和《自然保护法》保证实施。近自然的林业经营方法成效突出,主要表现在森林的蓄积量提高、抗性增强、森林病虫害发生减少等几个方面。德国的近自然林业经营原则和方法被瑞士、匈牙利、波兰、挪威、比利时、斯洛伐克、荷兰、奥地利、法国等国家先后效仿,某些国家还得到了政府的立法支持。

二是建立森林公园、自然保护区。德国的森林面积中,有1080万公顷被规划建设森林公园或自然保护区,占全部森林面积的97.5%。通过森林公园、自然保护区保护森林。

三是重视森林经营的远景规划。德国强调森林培育目标和方向的自然化,希望用自然的方法培育出混合型的、多层次的、多样性的森林。为此每一块林地都相应建立了林地立地类型远景规划图,并通过政府资助引导林业经营者实施政府提出的远景规划。

2. 瑞典

瑞典森林面积2820.3万公顷,其中天然林面积2459万公顷,占87%。瑞典作为全世界福利最优渥的国家之一,国民对于森林的需求,更多的是优美的环境、清新的空气、休憩的场所和科研的条件。因此,国民对于天然林的保护意识十分强烈。

---

① 1澳元=4.7343元。

一是颁布法律，保护天然林。1903年制定的第一部《森林法》，其宗旨是，森林所有者采伐森林后，必须及时进行造林，尽快恢复森林，这意味着瑞典天然林保护的开端。

二是建立自然保护区。瑞典2459万公顷的天然林面积中，有5%的天然林作为自然保护区完全保护而不做任何开发利用。

3. 俄罗斯

俄罗斯森林面积8.09亿公顷，其中天然林面积7.92亿公顷，占98%。俄罗斯是世界森林第一大国，也是世界天然林第一大国。俄罗斯对天然林保护最主要的手段是实施分类经营。

苏联1943年就根据森林分布状况及其在国民经济中的作用，实施了森林分类经营的方针。苏联解体后，俄罗斯政府继续采用这一方针，将森林划分为三大类：第一类森林，我们称之为保护林，主要的经营目标是发挥森林的防护、环境和社会效益，不允许主伐利用，这部分森林约占全国森林面积的21.7%；第二类森林，我们称之为兼用林，既具有环境和防护功能，亦具有一定的可利用价值，可以进行适度工业利用，但以不损害其发挥保护功能为前提。这部分森林主要分布在人口稠密地区，约占全国森林面积的7.6%；第三类森林，我们称之为利用林，主要分布在多林地区，具有开发利用价值，并可在不影响其防护功能的前提下不断满足国民经济对木材的需求。

(五) 亚　洲

亚洲人口众多，虽然自然资源储量巨大，但人均资源少。亚洲大多数国家都经历了重视经济发展，忽略天然林保护的发展阶段。可喜的是，近年来由于全世界对于环境问题的关注度提升，森林的作用越发凸显，越来越多的亚洲国家开始着手于天然林的保护。

1. 日本

日本森林面积2497.9万公顷，其中天然林面积1465.3万公顷，占59%。日本天然林普遍具有林分结构复杂、物种多样性丰富、抗逆性较好的特点，通过法律等措施，对48%（超过700万公顷）的天然林实施了保护。

一是颁布法律保护天然林。1955年日本颁布的《森林法》中，划定了保安林，这标志着日本正式开始了天然林保护。

二是建立自然保护区保护天然林。日本根据《自然环境保全法》，划定原生态自然环境保全区和自然环境保全区，根据《自然公园法》划定自然公园。保护区和自然公园内的天然林被严格保护。

三是实施人工林补贴政策，替代对天然林的利用。日本对民有林的造林、抚育、间伐以及林道建设等都给予补助，这一措施促成了20世纪50~60年代大规模的造林运动，使得人工林资源大幅度增长，并通过从国外进口木材的方式，人工林材加进口材基本满足了自身经济发展的需要，也起到了保护天然林的作用。

2. 马来西亚

马来西亚森林面积2045.6万公顷，其中天然林面积1864.9万公顷，占91%。马来西亚属于典型的热带雨林气候，天然林也以热带雨林为主。近年来，马来西亚开始对天然林实施保护。

一是实施分类经营。马来西亚按照森林的用途，将森林划分为永久保存林、保护区、转化林、人工林和经济林。1992年，马来西亚修订了《国家林业政策》，把永久保存林划分为保护林、生产林、休憩林、研究和教育林4类，并进一步明确了受保护的天然林不允许破坏，马来西亚的天然林保护工作正式步入正轨。大约有85.7%（1600万公顷）的天然林被保护了起来。

二是永久保存林和保护区实施禁伐。这两类是采伐的禁区，不允许商业利用。

三是采取措施修复被破坏的天然林。针对已经被破坏的天然林，也积极地采取工程抚育措施，投入人力和资金，促进其更新，使之形成次生天然林。

3. 印度尼西亚

印度尼西亚森林面积9443.2万公顷，其中天然林面积9088.3，占96%。

一是划定分类保护区。印尼政府为了充分地利用资源和保护环境，从20世纪70年代就实施森林保护政策和限制性措施。将部分林区划为保护林区，作为国家公园和野生动物栖息地，禁止作为商业应用，以保持森林原有的自然状态。

二是禁止天然林作商业用途。2010年，印度尼西亚政府代表团在奥斯陆气候与森林大会上，公布了一个保护本国天然林的"两年计划"，禁止天然森林资源用于商业用途，以此来应对全球气候变化问题。

(六) 非 洲

非洲森林资源相对较少，且分布不均衡，加之经济落后，对天然林资源的保护乏力。

1. 南非

南非森林面积924.1万公顷，其中天然林面积747.8万公顷，占81%。南非的天然林资源在全世界范围来看并不算突出，但是在非洲其他国家相比算是维护得比较好的。

一是颁布法律保护天然林。1983年，南非颁布了《森林法》，禁止天然林采伐。虽然有国家法律，但根据旧的《班图法》和《行政管理条例》，天然林林地的使用和管理权仍然由部落当局掌握，因此禁伐的法令并没有得到很好的执行。1985年，也只有30万公顷的天然林被保护。

二是发展人工林来替代保护天然林。近年来，南非越来越重视人工林的营造，2010年，南非人工林面积已经发展到176.3万公顷，南非政府希望以此来减轻天然林的压力。

2. 刚果民主共和国

刚果民主共和国森林面积1.54亿公顷，根据1995年统计数据，天然林比重高达99.81%。

一是取消木材贸易保护森林。2014年，刚果决定取消大部分木材贸易合同，以保护世界第二大热带雨林。为了制止森林砍伐的迅速增长，2002年刚果对新签订的木材商贸条约实施了五年的暂停。对于那些不遵守森林保护准则、在国家禁止期间签订的合同以及无法证实合法性的都会被取消。拥有森林特许权但没有纳税的同样要被取消资格。

二是实施国际保护计划。国际保护计划是为保护未来的森林资源提供资金资助。刚果希望每年能够由此得到60亿美金的援助，以此来保护国内天然林资源。

# 附录2　美国天然林管护相关政策法规及其启示

美国全国森林大部分属于自然生长和更新的次生林，其中的国有林多为天然林，注重保护，生产性采伐几乎很少，近年来一直推行可持续森林经营理念，具体数据比例为天然次生林占67%；原始林占25%；人工林仅占8%。美国私有林面积为1.72亿公顷，占全国森林总面积的57%；公有林面积为1.32亿公顷，占全国森林总面积的43%。76%的公有林集中在西北太平洋沿岸和洛基山脉，主要为联邦政府所有；东部公有林则主要为州及县政府所有。大多数保护林为公有林，而大部分生产林为私有林。绝大部分国有林由林务局管理。美国林务局于1905年正式成立，其主要意义恰恰在于保护森林并对国有林实施科学经营，木材采伐和加工利用活动多由私人企业从事。全国约有1130万个私有林主，其中，企业所有林地占美国私有林地的1/3。所以，美国天然林的概念是十分弱化的，只要涉及森林保护内容就涵盖了天然林保护，而且美国森林管护是以各州为基础单位实施的。经多方查找，并未找到美国曾制定天然林保护法案的信息，这个法案名称的由来应该是已发表的某些中文文献的错误翻译和引用。

## 一、美国森林保护政策法规概览

美国依法治林的历史分为4个阶段。初始保护阶段，自然资源开始受到关注时期（19世纪末至20世纪20年代末），相继出台了《森林保护区法》（Forest Reserve Act）、《建制法》（Forest Service Organic Administration Act）、雷斯法案（Lacey Act）、《威克斯法》（Weeks Law）、《克拉克—麦克纳利法》（Clark-McNally Law）等；工程保护实施阶段（20世纪30年代初至50年代末），启动了防护林工程项目，起草了《美国林业联邦计划》（American Forest Federal Program），颁布了《森林病虫害防治法》（Forest Pest Control Act）；依法保护阶段（20世纪60年代初至80年代末），美国开始关注自然资源的保护，制定了许多资源和环境保护法律，如《荒野法》（The Wilderness Act）、《国家环境政策法》（National Environment Policy Act）、《濒危物种保护法》（The Endangered Species Act）、《城市森林法》（Urban Forestry Act）和《森林生态系统与大气污染研究法》（Forest Ecosystems and Atmospheric Pollution Research）等；20世纪90年代以来，美国林业进入了一个以森林生态系统健康为目标的现代森林系统保护阶段。1992年，美国国会通过了《森林生态系统健康与恢复法》（Forest Ecosystem Health and Recovery Act），并于1993年开始实施森林保健计划。

进入21世纪，美国通过加强科学研究、立法、公众教育以及国际合作等途径，进一步加强了森林资源保护工作，以应对气候变化、能源短缺等热点问题的挑战。如2008年出台了《食物、环境保育及能源法》（Food, Environmental Conservation and Energy Act），更新并加强授权美国林务局在私有林保护、社区林业、公共领地保护、文化遗产保护、森林恢复、森林保护区建设、林业生物质能源建设方面的作用。于2008年5月22日正式生效的《雷斯法案修正案》全面禁止进口、销售或买卖非法采伐的木材和林产品。

2009年奥巴马政府颁布了《美国经济恢复和再投资法案》（American Recovery and Reinvestment Act），联邦政府依据该法案资助了512个项目，用于开展林内可燃危险物清理、森林环境保护、灾后恢复重建等活动，同时创造就业机会和恢复私有、州有和国有林，其中有近170个项目致力于减少森林火灾，以保障森林健康。

其中，美国农业部林务局对全国森林资源的调查，是通过国有林管理局与地方政府共同组织完成的，全国共设置450多万个各种土地用途的遥感样地，超过12.5万个永久性林地野外样地系统，对每个样地进行超过100项因子测量，已经连续进行了70年的野外调查，自1953年起出台了8份全国森林资源报告。

美国比较重视国家对国有林管理方面的立法。具体涉及森林保护的相关法案：1891年，美国国会就颁布了《森林保护区法》，标志着美国的森林管理工作开始走上法制化轨道。1897年，国会通过了森林生态系统管理法。1960年《森林多种利用及永续生产条例》的通过，标志着美国的森林经营理念由生产木材为主向经济、生态、社会多效益利用的转变。1969年通过了《国家环境保护法》，1974年通过了《森林和草地可再生资源计划法》，1976年通过了《国有林经营法》（National Forest Management Act），1978年通过了《协助林业援助法》，1990年通过了《国际林业合作法》，1993年提出了西北林业计划。

根据各个法案内容相关度，最具参考借鉴意义的为1976年《国有林经营法》以及1993年西北林业计划。

## 二、美国《国有林经营法》提出的背景及相关内容

在《多用途永续利用法》的推动下，20世纪70年代初期就可以见到一系列主要国有林的规划。到了70年代中期，经营单位规划（护林区水平）和多种森林规划都已编制完成。许多国有林区建立了规划队，以便对林区的各种资源进行综合利用规划。林务局也聘用了许多新专家，包括野生动物学家、土壤学家、风景园林专家以及水文专家。

《国有林经营法》于1976年10月22日签署成为法律。它改进了《森林与牧场可再生资源规划法》，为国有林经营提供了一个全面的蓝图。《国有林经营法》规定之一，就是由农业部长聘请一批科学家组成科学家委员会，委员会不应包含林务局官员或者雇员，就如何进行林区科学规划提出建议和忠告。为落实这些规定大约用了三年时间。

《国有林经营法》规定，美国林务局必须根据《土地和资源管理计划》管理国家森林。《土地和资源管理计划》要求定期提交《环境影响报告》。每个国有林区都要做出长期经营规划，规划周期为10~15年，要将公众参与和顾问委员会咨询、各种自然资源、运输系统、木材销售、森林更新、国家对学校和修路的补助以及病害发生率的报告等都紧密地结合起来。此外，国有林经营法还有一些要求，如公众参与修改规划、重新定义永续利用和皆伐、对皆伐做出限制，规定了采伐特许权的最高期限，必须以竞标的方式销售木材等。另一个要求是保护和加强动植物多样性，至少要达到天然林中预期的水平。

## 三、美国西北林业计划提出的背景及相关内容

美国国有森林一直担负着木材供给和生态保护等多重目标，随着天然林区过度采伐的现象越来越严重，导致野生动植物栖息地保护与木材采伐的矛盾激化。1993年，美国发起的西北林业计划是由政府资助，以天然林保护为目标的一项大型林业生态工程。西北林业计划的实施，对国有森林经营中涉及的重要问题进行了适当的探索。美国西北林业计划和我国正在实施的天然林保护工程有很大的相似性，其做法和经验对我国具有一定的借鉴意义。

整个美国西北林业计划包括位于加利福尼亚州北部、俄勒冈州和华盛顿州的980万公顷的国有林地。全部计划林地被划分为原始林保护区、适应性经营区、原始林经营区、河流保护区、行

政禁伐区、立法禁伐区和木材采伐区等 7 种类型。美国西北林业计划划定大约 300 多万公顷的原始林保护区，约占全部计划面积的 30%。划定这一保护区的主要目的就是保护花斑猫头鹰的栖息地。在栖息地保护区外围，西北林业计划还划定了大约 160 多万公顷的可以从事木材采伐的森林，约占整个西北林业计划面积的 16%。在这个地区，除了猫头鹰巢穴附近的森林之外，可以进行木材的采伐和销售。另外，可以进行木材采伐的还有原始林经营区以及适应性经营区。这 3 类共占整个计划面积的 23%。

为进一步改进森林经营方法，解决栖息地保护和木材采伐之间的矛盾，西北林业计划设立了 10 个适应性经营区，总面积达 61.58 万公顷，用于试验各种不同的采伐和管理方法，探索对生态环境影响最小的采伐和管理模式。为防止水土流失，造成河床淤积，破坏鲑鱼的生存环境，西北林业计划在河流的两边设立了 100 米宽的禁伐区，作为缓冲带，合计面积 106.33 万公顷。

在 1994 年 4 月，美国农业部和内务部最终下达了西北林业计划的实施方案，在原先森林生态系统管理评估小组报告的基础上增加了一条，要求所有的野外作业（包括木材采伐、间伐和实验等）都要进行环境影响调查，对花斑猫头鹰在内的野生动植物提供详细的影响报告。这一条款使得西北林业计划从原来单一的保护花斑猫头鹰演变成保护整个森林生态系统，这是美国国有森林经营的一个重大变化。有学者认为这一附加条款，虽然使得整个西北林业计划更容易得到法院的通过，但是它也给西北林业计划的实施带来了一些负面影响，比如，它使得木材采伐和适应性经营很难开展，甚至使整个林业计划难以实施。

### 四、对于我国天保工程的借鉴意义

虽然美国森林保护政策，尤其是西北林业计划，和我国当前实施的天然林保护工程并不完全相同，但是其中的一些做法对我国还是有所启发，对提高天然林保护工程的有效性和持续性，适当调整相关林业政策有不少借鉴。

#### (一) 健全法律法规

美国的森林保护都是凭借法律条例等相关正式文件不断推进的。其间公示、审议、修改不断，听取各方专家、利益相关方的意见，根据各林区实际情况不断调整、完善。在 20 世纪六七十年代美国颁布实施的《濒危物种保护法》《国家环境保护法》和《国有森林管理法》是美国环境方面的三大主要法律，为国有森林的保护和利用提供了必要的法律依据。1976 年颁布的《国有森林管理法》要求国有森林的木材采伐量不得超过年平均生长量，维持国有森林的多种用途，国有林业计划的制定必须有多部门多学科专家的参与。1994 年 12 月 21 日，在西北林业计划的实施方案提出之后，联邦法官 Dwyer 最终裁决认为西北林业计划和国有森林管理法的要求相一致。这一裁决为西北林业计划的实施，保护以国有森林为栖息地的物种（包括没有被列入濒危物种的生物）提供了法律依据，也标志着美国国有森林管理模式已经从原先的注重单一物种保护（如保护花斑猫头鹰）演变成一种生态系统管理方法。我国天保工程的顺利实施也必然要依靠不断成熟健全的相关法制体系的支撑。

#### (二) 加强多部门、跨学科合作

在制定相关法律法规或者执行天然林保护政策时，要特别注重人才队伍的培养，像美国西北林业计划一样强调跨部门、跨学科的合作。1993 年美国西北林业计划的起草就是一个由来美国林务局、土地管理局和大学等不同部门，涉及生态学、生物学、经济学、社会学、林学等各个研究领域的 100 多位专家组成的小组负责的。这种机制能有效地降低政策失效的可能性，加强了部门

之间的合作。我国天然林保护同样也是一个涉及多个部门利益的大型工程。在整个实施过程中涉及中央、地方(森工局)和基层(乡镇或林场)许多级别的政府单位。建立一个部门间协调统一的机制(工作小组)将会大大提高天保工程实施的效率。当前，国家林业和草局为天保工程的牵头、协调和最高执行机构，负责制定总体方案、年度计划，负责指导、检查项目在各地的实施情况。而与天然林保护相关的农业部、民政部和环保局等部门却没有参与项目的实施，缺少部门之间的合作。

**(三) 重视森林生态系统的管理**

从美国西北林业计划实施前后的比较，我们可以明显地看出美国国有森林经营的变化：从单一的强调保护猫头鹰到强调保护整个森林生态系统。美国西北林业计划一方面强调对单个物种的研究，如花斑猫头鹰种群数量监测和模拟、栖息地类型的研究；同时还十分重视整个森林生态系统和生物多样性的评估。首先，对单一生物的研究并不能反映其他生物的栖息地状况，不能完全反映天然林保护的影响。其次，不同生物的栖息地常常是相互联系、相互影响的。因此，在国有森林经营中必须综合考虑整个森林生态系统，强调综合管理。从我国天然林保护工程的实施情况来看，绝大部分地区的天然林保护还只是单一的强调禁伐，把森林经营简单地理解为"封"林，对于生物多样性的保护重视不够。此外，从美国国有森林经营的经验来看，通常采用抚育和间伐等手段恢复被高强度利用的森林。但我国的天保工程排斥了间伐等重要的经营手段，"一刀切"的实施禁伐，缺乏对整个森林生态系统的研究和管理。

**(四) 强调项目实施监督和监测**

为提高天然林管护效果和工程实施质量，应强调项目实施的监督和实施效果的监测，并不断进行管理办法、监督机制等方面的创新与改进。美国西北林业计划的另一个重要特点就是项目的实施得到了有效的监督，实施的效果得到了连续的监测，相关数据的收集为国有森林经营的决策和政策的改进提供了基础，如对花斑猫头鹰种群数量、原始森林面积的长期、连续监测，有利于西北林业计划实施的生态环境效益的准确评估。就目前我国天然林保护工程监测的情况而言，有关数据，特别是森林资源和水土流失等方面的数据非常缺乏，工程区许多县森林资源数据老化，无法对森林资源进行动态监测，也无法对天然林保护的成效进行及时、准确的定量分析。而且，在我国天保工程中先进技术设备缺失、监测手段不足等也是制约其管护效果的一大短板。